考前充分準備 臨場沉穩作答

千華公職資訊網
http://www.chienhua.com.tw
每日即時考情資訊 網路書店購書不出門

千華公職證照粉絲團
https://www.facebook.com/chienhuafan
優惠活動搶先曝光

千華 Line@ 專人諮詢服務

- 有疑問想要諮詢嗎？歡迎加入千華 LINE@！
- 無論是考試日期、教材推薦、勘誤問題等，都能得到滿意的服務。
- 我們提供專人諮詢互動，更能時時掌握考訊及優惠活動！

桃園捷運公司新進職員招考

壹 應考資格

桃捷考情資訊

https://goo.gl/FD1mBt

(一) 國籍：具有中華民國國籍者，且不得兼具外國國籍。不限年齡。

(二) 招募人員體格須符合簡章要求。

(三) 國內外高中(職)以上學校畢業，並已取得畢業證書者即可報名。

(四) 原住民類職別，須具原住民身分者。

(五) 身心障礙類職別，須領有舊制身心障礙手冊或新制身心障礙證明者。

貳 應試資訊

(一) 筆試 (50%)：共同科目佔第一試(筆試)成績 40%、專業科目佔第一試(筆試)成績 60%。其中一科目零分或缺考者，不得參加第二試(口試)。

(二) 口試 (50%)：口試成績以 100 分計，並依與工作相關之構面及當日繳交各項資料進行綜合評分(職涯發展測驗成績不列入口試成績計算)。

(三) 共同科目：1.國文、2.英文、3.邏輯分析

(四) 專業科目：

類組	專業科目
技術員(維修機械類)	機械概論
技術員(維修電機類)	電機概論
技術員(維修電子類)	電子概論
技術員(維修軌道類)	機械工程
技術員(維修土木類)	土木概論
司機員(運務車務類)	大眾捷運概論

類組	專業科目
站務員(運務站務類)	大眾捷運概論
工程員(運務票務類)B103	1.程式語言 2.資料庫應用(50%)
工程員(運務票務類)B104	1.網路概論(50%) 2.Linux作業系統(50%)
助理工程員(運務票務類)	大眾捷運概論
助理工程員(企劃資訊)	1.計算機概論(50%) 2.程式設計(50%)
副管理師(會計類)	1.內部控制之理論與實務 2.會計審計法規與實務
副管理師(人力資源類)	1.人力資源管理實務 2.勞工法令與實務
技術員(運務票務類)	電子學概要

詳細資訊以正式簡章為準

歡迎至千華官網(http://www.chienhua.com.tw/)查詢最新考情資訊

千華數位文化股份有限公司
新北市中和區中山路三段136巷10弄17號
TEL: 02-22289070　FAX: 02-22289076

臺灣菸酒(股)公司
從業職員及從業評價職位人員甄試

一、報名時間：112年10月（正確日期以正式公告為準）。

二、報名方式：一律採網路報名方式辦理，不受理現場與通訊報名。

三、測驗地點：分台北、台中及高雄三個考區同時舉辦。

四、測驗日期：

(一)第一試（筆試）：112年12月。（正確日期以正式公告為準）。

(二)第二試（口試及體能測驗）：112年12月。

五、遴選說明：

(一)共同科目佔第一試（筆試）成績比例請參閱簡章。

1. 從業職員：國文（論文）題型為非選擇題，英文題型為四選一單選題。
2. 從業評價職位人員：題型為四選一單選題。

(二)專業科目測驗內容及佔第一試（筆試）成績比例請參閱簡章。

1. 從業職員：題型為非選擇題。
2. 從業評價職位人員：題型為四選一單選題。

(三)應試科目（節錄）

1.從業職員（第3職等人員）：

甄試類別	共同科目	專業科目 1	專業科目 2	專業科目 3
行銷企劃	國文（論文）、英文	行銷管理	消費者行為	企業管理
地政		民法物權編	都市計畫法與土地法相關法規	不動產投資分析、土地開發及利用
化工		普通化學	分析化學（含儀器分析）	單元操作
機械		工程力學	自動控制	機械設計
電子電機		電力系統（含電路學）	自動控制	電子學
電機冷凍		電力系統（含電路學）	電機機械	冷凍原理及空調設計（含自動控制）
職業安全衛生管理		職業安全衛生相關法規	職業安全衛生計畫及管理	安全工程

甄試類別	共同科目	專業科目 1	專業科目 2	專業科目 3
建築（土木）工程	國文（論文）、英文	施工與估價概要	營建法規概要	工程力學概要
人力資源管理		勞工法令（以勞動基準法、勞工保險條例及性別工作平等法為主）	人力資源管理（含個案分析）	企業管理
事務管理（身心障礙組）		事務管理	初級會計學	政府採購法
電子商務		行銷管理	電子商務	
國際貿易		國際行銷	國際貿易實務	
政風		行政法概要、公職人員利益衝突迴避法及公職人員財產申報法、政府採購法	刑法概要、民法概要、刑事訴訟法概要	
會計		中級會計學	成本與管理會計	

2.從業評價職位人員：

甄試類別	共同科目	專業科目 1	專業科目 2
冷凍電氣	國文、英文	電工原理	冷凍空調原理
環保		環保法規	環工概要、環境水質標準檢驗方法
電子電機		電子學	電工機械
機械		機械製造與機械材料	工程力學
鍋爐		機械材料	工程力學
護理		護理學概要	基礎醫學概要
儲運、儲酒		企業管理概要及倉儲管理概要	作業（含運輸）安全概要
資訊技術		資訊管理	網路管理及資料庫管理
訪銷推廣		企業管理概要	行銷管理學概要
事務管理（原住民組、身心障礙組）		會計學概要與企業管理概要	事務管理

六、本項招考資訊及遴選簡章同時建置於：

(一)臺灣菸酒有限公司(http://www.cht.com.tw)

※詳細資訊請以正式簡章為準！

目次

一本企管必殺絕技的誕生

你的企管分數總是差臨門一腳嗎？
想要擺脫一考再考的輪迴，
企管名師—楊均，將淬鍊多年的54個必殺絕技
一次傳授給你！

帶你挑戰三大企管應考難題

(一) 根據統計目前教師平均退休年齡為50歲，公務員55歲，國營事業員工60歲。而戰後嬰兒潮是從34年次到52年次，從民國99年就開始進入法定退休年齡（65歲），再加上國人提早退休，所以五年後會達到退休高潮。所謂國營單位的遞補黃金十年，亦即未來十年內國營單位勢必不斷增補人力，以防退休潮所產生的人事斷層。但是偏偏事業單位從招考訊息公告到考試舉行，時間往往不到1個月，最多2個月，試想在這麼短的時間，該如何準備？

(二) 本人在補教界上課期間發現，學生苦無一本較簡易又好記的企管參考書，但目前坊間並沒有一本完整而詳細的單科重點速成版書，能提供在短短的1、2個月作為複習準備工具（僅有4合1的速成版），經常向我反映：雖做了很多題目，還是不太懂，有些觀念還是會有混淆的問題。

(三) 企管考科是商學類的必考科目。但企業管理範圍廣泛，這也解釋為何企管參考書總是厚厚的一大本，少則600頁，多則1000頁，要把那麼厚的書讀通最少則需要6個月，多則要1年，但真的買回來把內容全部讀完，就可以考取高分嗎？
未必！因為有的內容不見得都會考。根據筆者在補教及大學多年的教學以及解題、命題經驗。事實上，企管重要且會考的重點就是那一些，幾乎可以把它歸納整理出來。

給你六大應考準備優勢

國營事業單位考科通常包括國文、英文，可根據過去累積的底子吃老本，法規部分可透過背誦記憶，所以往往勝負關鍵會在《企業管理》這一科。但企管內容廣泛，而且題目又考得很深入，大學企管系都要唸四年，若商學院選修企業管理科目也要讀一學期，這對非商管背景的人而言，要在一朝半夕將企業管理讀熟讀透，絕對會是一項非常艱難的挑戰。因此這本企管必殺絕技就應運而生。

這本書絕對是你參加考試必備的工具書、致勝的關鍵！閱讀本書可以帶給你以下的幫助：

(一) **聚焦核心**：整理各事業單位如台電、台糖、台酒、自來水、中油、農會、中華電信、經濟部、中華郵政、桃園機場、桃園機場捷運最近5年的考古題，並予以統整分類，讓你可以迅速找到必考的重點。

(二) **大量圖表**：重要觀念透過表格或圖案呈現，避免繁複文字敘述，讓你輕鬆閱讀，高效率地吸收企管知識。

(三) **充分練習**：單就【模擬題試煉】之【基礎題】與【進階題】的題目加計【實戰大進擊】（歷屆考題），合計2559題，完全不輸給坊間的題庫書。經過今年改版，本書可說是目前市場上涵蓋面最廣的參考書，有台電、台糖、台水、農會、港務、中油、台酒、郵政、經濟部等10幾種試題及內容匯總。

(四) **實力提升**：大量補充課外資料以加強實力、獲取高分。

(五) **觀念釐清**：對比較容易答錯的觀念，特別挑出來再予以釐清。

(六) **重點管理**：根據柏拉圖（Pareto）定律80/20法則，只要掌握20%的重點，就可以獲得80分以上。再輔以豐富的資料補充，絕對可以掌握到90分以上。

(4) 一本企管必殺絕技的誕生

參考書目及網站

1. A.Kinicki, B.K.Williams，胡桂玲（2005）譯，《管理學》，麥格羅希爾公司。
2. C.Hill& G.Tones，黃盈杉、楊景傅（2004）譯，《策略管理》，華泰文化。
3. F.L.Fry, C.R.Stoner等，胡國強、林宜瑄（2004）譯，《企業概論：整合性觀點》，高立圖書。
4. Kotler, P. & Armstrong，方世榮（1999）譯，《行銷學原理》，東華書局。
5. P.Kotler & G.Armstrong，張逸民（1999）譯，《行銷學》，華泰書局。
6. P.Kotler, S.M.Leong等，謝文雀（1996）譯，《行銷管理—亞洲實例》，華泰文化。
7. S.P.Robbins，王秉鈞（1994）譯，《管理學》，華泰文化。
8. S.P.Robbins & M.coulter，林孟彥（2006）譯，《管理學》，華泰文化。
9. S.P.Robbins & D.Decenzo，林建煌（2002）譯，《現代管理學》，華泰文化。
10. S.P.Robbins，黃家齊，李雅婷，趙慕芬，《組織行為學》，華泰文化。
11. Slack, Chambers等，李茂興、黃敏裕、葉宏明（1998）譯，《生產與作業管理》，華泰文化。
12. T.S.Bateman, S.A.Snell，張進德等（2004）譯，《管理學精要》，麥格羅希爾公司。
13. 中山大學企管系，《管理學：整合觀點與創新思維》，前程文化。
14. 方至民（2015），《策略管理：建立企業永續競爭力》，前程文化。
15. 李長貴（2000），《人力資源管理—組織的生產力與競爭力》，華泰文化。
16. 余秋鴻，〈行銷管理〉，教學資源。
17. 沈揚（2012），《掌握商業概論複習講義》，龍騰文化。
18. 林建煌（2006），《管理學》，新陸書局。
19. 林財丁、陳子良（2002），《人力資源管理》，滄海書局。
20. 林震岩（2005），《資訊管理理論與實務：企業E化的藍圖與建置》，學貫行銷公司。
21. 徐俊明（2001），《財務管理—理論與實務》，新陸書局。
22. 許士軍（1990），《管理學》，東華書局。
23. 徐守德（2014），《財務管理》，滄海書局。
24. 黃恆獎、王仕茹、李文瑞（2005），《管理學》，華泰文化。
25. 黃英忠（1997），《人力資源管理》，三民書局。
26. 陳文賢（2002），《資訊管理》，東華書局。
27. 郭倉義（2001）譯，《作業管理》，新陸書局。
28. 曾光華（2010），《行銷管理》，前程文化。
29. 曾光華，饒怡雲（2014）《行銷學原理》，前程文化。
30. 張緯良（2005），《企業概論：掌握本質創造優勢》，前程文化。
31. 張緯良（2015），《管理學》，雙葉書廊。
32. 張緯良（2003），《人力資源管理》，雙葉書廊。
33. 傅和彥（2005），《生產與作業管理：建立產品與服務標竿》，前程文化。
34. 葉日武（2003），《財務管理》，前程圖書。
35. 謝劍平（2004），《財務管理—新觀念與本土化》，智勝圖書。
36. 謝劍平（2009），《財務管理原理》，智勝圖書。
37. 蕭富峰（2009），《行銷管理》，智勝文化。
38. 黃恆獎等三人，《管理學》，華泰文化。
39. 陳昇等三人，《商業概論II》，全華圖書。
40. 林震岩，《資料管理理論與實務》，學貫行銷公司。
41. MBA智庫網站（http://www.mbalib.com）
42. 163.15.202.98/localuser/ming.ht1960/.../管理學第六章－策略管理.pdf
43. https://wiki.mbalib.com/zh-tw/

絕技 01 企業的定義與種類

命題戰情室：本絕技屬於《企業概論》的內容，不過各事業單位仍偏好命題，必須能清楚的區別企業的所有權的形式：獨資企業、合夥企業、兩合企業、公司型態企業。並比較四者間的意涵、責任範圍、優缺點。

重點訓練站

一、企業

企業係提供產品與服務以賺取利潤的組織（Ebert & Griffin,1995）。按我國相關法令的規定，可分為獨資、合夥與公司三大類。

(一) **定義**：獨資係自然人以自己為權利義務為主體，依法登記從事商業交易以賺取利潤的組織。

合夥則指二人以上互約出資以經營共同事業之契約，其出資得為金錢或其他財產權，或以勞務、信用或其他利益代之。

公司以營利為目的，依照公司法組織、登記、成立的社團法人，根據公司法規定可分為無限、有限、兩合公司和股份有限公司四種。

(二) **優缺點比較**

比較	優點	缺點
獨資	成立與解散容易、經營管理單純、經營管理決策迅速、經營成果獨享、自己當老闆	籌資不易、企業規模受限、事業生命有限、業主負無限責任、進用人才不易
合夥	較多資源（財務與人才）、企業生命較長	利潤由出資者分享、負無限責任、責任合夥人間易意見不合、結束經營困難
公司	股東風險有限、資金來源廣泛、投資與結束容易、企業存續期間較長	間接控制、機動性較差

(三) 類型

類型	組成人數	股東責任	法律依據
獨資	1人	負無限清償責任	商業登記法
合夥	2人	負連帶無限清償責任	民法
無限公司	2人以上	負連帶無限清償責任	公司法
有限公司	1人以上	負有限責任	—
兩合公司	1人無限、1人有限責任	1人負無限、另1人有限責任	—
股份有限公司	2人以上股東或政府、法人	負有限責任	—

二、股份公司的組織

公司的管理機構由股東大會、董事會、監事會，以及總經理等組成。

(一) **股東大會**：又稱股東全會或股東會，係由股份有限公司全體股東所組成的，決定公司經營管理重大事項之最高權力機構。

(二) **董事會**：由股東大會選舉產生，在股東大會閉會期間行使股東大會職權的常設機構，負責執行公司重大經營管理的事項。

(三) **監事會**：又稱監察人會，是法定的監督機關，在股東大會領導下，與董事會並列設置對董事會和總經理行政管理系統行使監督職權。

(四) **總經理**：公司中對內有業務管理權限、對外有商業代理權限的人。其職能作用是輔助董事會等法定業務執行機關執行公司具體業務，以及執行董事會的決議。

若將股東大會視作立法機關（決策機構），董事會視為行政機關（業務執行）機構；則監事會視為司法機關（監督機構）。符合三權分立的體制，互相制衡。

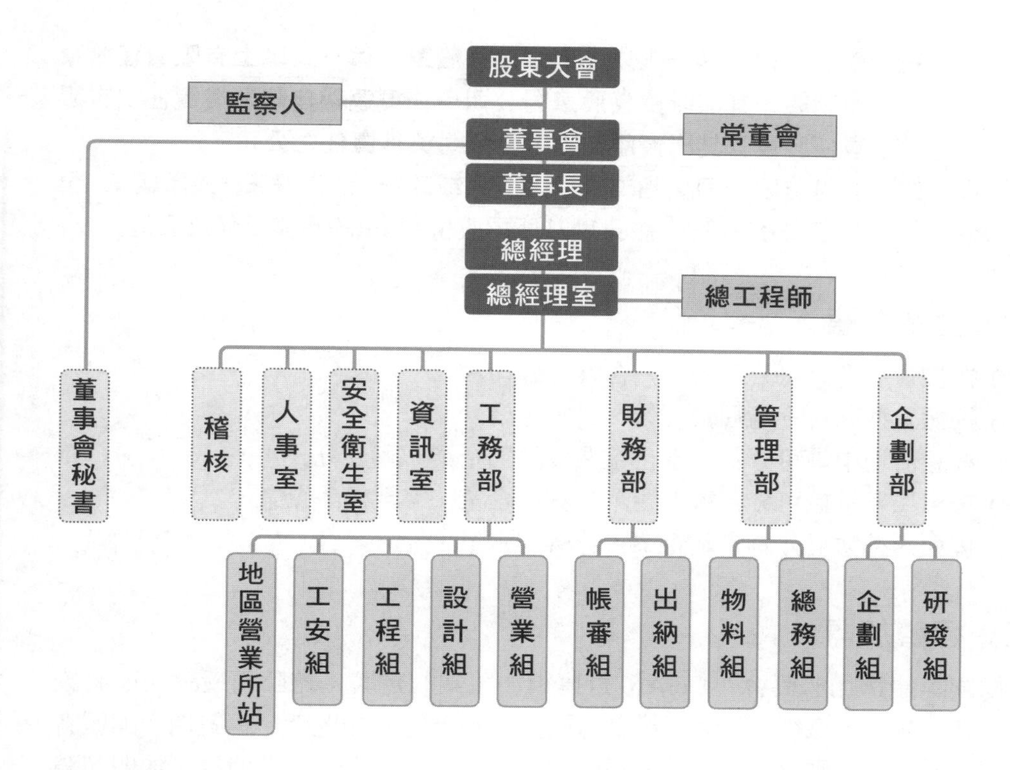

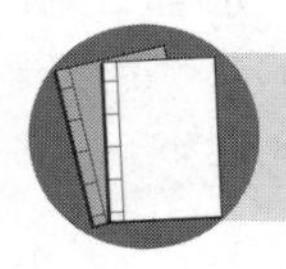

資料補給站

一、公司法相關條文

第1條　本法所稱**公司，謂以營利為目的，依照本法組織、登記、成立之社團法人**。

公司經營業務，應遵守法令及商業倫理規範，得採行增進公共利益之行為，以善盡其社會責任。

第2條　公司分為左列四種：

一、無限公司：指二人以上股東所組織，對公司債務負連帶無限清償責任之公司。

二、有限公司：由一人以上股東所組織，就其出資額為限，對公司負其責任之公司。

三、兩合公司：指一人以上無限責任股東，與一人以上有限責任股東所組織，其無限責任股東對公司債務負連帶無限清償責任；有限責任股東就其出資額為限，對公司負其責任之公司。

四、股份有限公司：指二人以上股東或政府、法人股東一人所組織，全部資本分為股份；股東就其所認股份，對公司負其責任之公司。

二、企業型態

(一) 按投資者型態可分為獨資、合夥、公司。

(二) 按擁有型態可分為國營事業、民營企業。

(三) 按註冊地申請可分為本土化企業、外國企業、國外分公司。

(四) 按市場競爭性可分為獨占企業、寡占企業、完全競爭企業。

(五) 按利潤型態可分為營利企業、非營利企業。

三、連鎖加盟

根據國際連鎖加盟協會（I.F.A）對連鎖加盟業的定義：總公司授權加盟者經營生意，並且組織結構、人員訓練採購及管理上協助加盟者。相對地，加盟者也須付予相當代價給總公司的一種持續性關係。又可分為直營連鎖、加盟連鎖（自願加盟、委任加盟、特許加盟、合作加盟）。

四、家族企業（familial enterprise）

定義	家族成員掌握經營權、董監事及重要經營幹部。
特性	1. 管理核心為家族成員、外人不易進入。 2. 企業中地位受到家族關係影響。 3. 企業利益與家族利益結合。 4. 重用家族成員、難吸引人才。 5. 傳家繼承、不輕易放手。
優點	1. 企業的員工多實行終身僱用制，員工穩定且很少流動。 2. 員工對企業的依賴性高，企業有較強凝聚力。 3. 內部人際關係和諧。 4. 對新技術有較強的吸收能力，能有效地防止企業機密外露。 5. 管理者與員工在感情上存在著感恩的思想。

五、生產活動的要素

生產活動的要素指企業用來生產商品及服務的基本資源，生產要素可分為：土地（生產用地、自然資源）、勞動（勞工、智慧、技能）、資本（資金、廠房、倉庫、機器、設備）、企業家才能（企業家精神及管理能力）。

易錯診療站

獨資是一人獨立出資的公司，可能是商號或企業社，雖有**容易成立、解散容易、具有較高的彈性與機動性**，但也同時**必須承擔比較大的風險。合夥則指二人以上互約出資以經營共同事業**，通常是好朋友或事業夥伴，容易意見分歧。所以**大部分的企業都是屬於公司型態**。

模擬題試煉

一、基礎題

(　　) **1** 有關企業的定義，下列何者錯誤？　(A)企業是由一個人或一群人所組成的組織　(B)僅銷售有形的產品　(C)主要活動是取得並運用生產要素　(D)以追求利潤為主要目的。

(　　) **2** 下列何者不是我國商業法規所規範的企業型態？　(A)獨資　(B)合夥　(C)卡特爾　(D)公司。

(　　) **3** 股份有限公司至少要有幾個以上股東組織而成？　(A)1人　(B)2人　(C)5人　(D)7人。

(　　) **4** 由二人以上股東所組成，對公司債務負連帶無限清償責任為：　(A)合夥　(B)無限公司　(C)有限公司　(D)兩合公司。

(　　) **5** 下列何者可以發行股票，向社會大眾募集資金？　(A)有限公司　(B)無限公司　(C)股份有限公司　(D)兩合公司。

(　　) **6** 下列何種組織不須負無限清償責任？　(A)有限公司　(B)獨資企業　(C)無限公司　(D)合夥企業。

( ) 7 若您要成立經營一家公司，公司營業設立登記可採以下何種作為？ (A)先營業，再申請登記 (B)邊營業，邊申請登記 (C)先登記，再營業 (D)有賺錢，再申請登記。

( ) 8 對公司企業的敘述，下列何項錯誤？ (A)以營業為目的 (B)屬於財團法人 (C)具有永續的生命 (D)依公司法組織登記而成立。

( ) 9 透過企業本身經營範疇的擴大，並以其為中心所發展起若干新事業體，稱為： (A)公營事業 (B)地方企業 (C)集團企業 (D)家族企業。

( ) 10 熊彼得（Joseph Schumpter）認為決定廠商生產的重要因素，除了有土地、勞力、資本外，還有哪一要素？ (A)物流系統 (B)產業條件 (C)國際金融 (D)企業家精神。

二、進階題

( ) 11 台積電為上市公司，其資本額可不斷擴增，是為何種型態的公司？ (A)無限公司 (B)有限公司 (C)兩合公司 (D)股份有限公司。

( ) 12 企業所有權歸屬於兩位股東共同擁有乃屬何種企業型態？ (A)獨資 (B)合夥 (C)股份有限公司 (D)有限公司。

( ) 13 下列那一種企業組織型態個人所負的責任風險最大？ (A)獨資 (B)合夥 (C)有限公司 (D)股份有限公司。

( ) 14 下列何者最能說明台灣中小企業的組織特性？ (A)員工任務分工細密明確 (B)決策權分散 (C)以人情為基礎的協力生產網路 (D)組織正式化程度高。

( ) 15 下列有關「股份有限公司」的敘述，何者正確？ (A)由5至21位股東所組成 (B)股份不可自由轉讓 (C)企業所有權與管理權分開 (D)股東須負起連帶無限責任。

( ) 16 凡已辦理登記之商業，因其營業負責人、合夥人、資本、地址等有所變更，須於事項變更之日起幾天內向主管機關申請變更登記？ (A)10天 (B)15天 (C)20天 (D)30天。

(　　) **17** 以下何者為國營企業？　(A)台鹽公司　(B)台灣高鐵公司　(C)台糖公司　(D)中鋼公司。

解答與解析

一、基礎題

1 **(B)**。提供有形產品與無形服務以賺取利潤的組織。

2 **(C)**。(C)是一種同業聯盟組織，參加的企業對契約約定範圍，在一定的合作期限內，採取一致性的行動。

3 **(B)**。股份有限公司是指二人以上股東或政府、法人股東一人所組織，全部資本分為股份；股東就其所認股份，對公司負其責任之公司。
從本條定義性條文中，明確規定：股份有限公司的股東人數限制，如公司為自然人股東所組成者，至少要有二人以上，一人股份有限公司的情況，則僅限於是由政府或法人股東所組織者；其次它是資合公司，因為股東就其所認股份，對公司負其責任。

4 **(B)**。我國公司法第2條規定：公司分為下列四種：
(1) 無限公司：指二人以上股東所組織，對公司債務負連帶無限清償責任之公司。
(2) 有限公司：由一人以上股東所組織，就其出資額為限，對公司負其責任之公司。
(3) 兩合公司：指一人以上無限責任股東，與一人以上有限責任股東所組織，其無限責任股東對公司債務負連帶無限清償責任；有限責任股東就其出資額為限，對公司負其責任之公司。
(4) 股份有限公司：指二人以上股東或政府、法人股東一人所組織，全部資本分為股份；股東就其所認股份，對公司負其責任之公司。

5 **(C)**。楊君仁教授認為就公司法而言，「股份」具有下列意涵：
(1) 股份是公司的資本成分。
(2) 股份表彰的公司股東身分，指股東基於股東地位而對公司之相關權利義務等。
(3) 股份通常經由股票以表彰其股東權，股票是有價證券，可在證券市場自由轉讓。

6 **(A)**。由一人以上股東所組織，就其出資額為限，對公司負其責任之公司。

7 **(C)**。應先登記才能營業，其步驟為：名稱預查→經濟部公司設立登記→國稅局營業登記→請領發票。

8 **(B)**。為社團法人。

9 **(C)**。由若干獨立的企業結合起來，而具集團性的一個商業團體。

10 **(D)**。又稱「創業家精神」，指具有創新、冒險、革新、積極、進取的精神。

二、進階題

11 (D)

12 (B)。合夥則指二人以上互約出資以經營共同事業之契約。

13 (A)。獨資所負的責任風險最大，而股份有限公司所負風險最小。

14 (C)。(A)員工任務分工並不明確。(B)決策權集中。(D)組織正式化、複雜化程度均低。

15 (C)。(A)由二人以上股東或政府、法人股東一人所組織。(B)可自由轉讓。(D)股東就其所認股份，對公司負其責任之公司。

16 (B)。一營業人經核准登記之營業負責人、資本、地址變更時，應自事實發生之日起15日內（辦妥公司或商業變更登記之日起15日內），填具營業人變更登記申請書，檢附有關證件，向所在地稽徵機關申請變更登記。

17 (C)。公司的全部或大部份由政府所持有，即政府持股超過50%以上。

實戰大進擊

( ) **1** 下列何者非屬企業所有權的型態？ (A)獨資 (B)合夥組織 (C)自由工作者 (D)有限公司。 【103中華電】

( ) **2** 關於「獨資企業」的敘述，下列何者正確？ (A)獨資企業是二人出資合營的企業 (B)獨資企業是由一個人單獨出資，擁有並單獨經營的企業 (C)獨資企業是發行股票由民眾認購的企業 (D)獨資企業的所有者不必要獨自承擔所有債務。 【105郵政】

( ) **3** 下列何者不是獨資（sole proprietorship）企業的優點？ (A)所有權者擁有制定所有決策的自由 (B)所有權者負有限的債務清償責任 (C)獨資企業容易設立也容易解散 (D)所有權者可以獲得潛在稅負的優勢。 【106中油】

( ) **4** 下列何者為獨資的優點？ (A)無限清償責任 (B)利潤獨享 (C)有限清償責任 (D)有限的財務資源。 【103中華電】

( ) **5** 合夥企業各合夥人的責任範圍為： (A)有限清償責任 (B)無限清償責任 (C)連帶有限清償責任 (D)連帶無限清償責任。【103台酒】

( ) **6** 下列何者為獨資（sole proprietorships）企業的優點？ (A)容易聚集資金與才能 (B)容易創立 (C)有限債務的清償責任 (D)延續性較長。【103中油】

( ) **7** 由一人以上股東組成，就其出資額為限，對公司負其責任之公司，稱為下列何者？ (A)無限公司 (B)有限公司 (C)兩合公司 (D)股份有限公司。【101郵政】

( ) **8** 相對於其他企業型態，下列何者是「股份有限公司」的優點？ (A)業者要獨自承擔無限債務 (B)成立時複雜且費時 (C)所有權移轉方便 (D)不容易吸引資金。【105郵政】

( ) **9** 台灣電力公司的最高權力機構為： (A)董事會 (B)監事會 (C)股東大會 (D)事業部。【104台電】

( ) **10** 對於企業經營型態的分類，下列敘述何者錯誤？ (A)按投資者型態可分為獨資、合夥、公司 (B)按擁有型態可分為本土化企業、外國企業、國外分公司 (C)按市場競爭性可分為獨占企業、寡占企業、完全競爭企業 (D)按利潤型態可分為營利企業、非營利企業。【104郵政】

( ) **11** 關於加盟的特點，下列何者錯誤？ (A)加盟主可以迅速得到專業的協助與響亮的品牌 (B)加盟主對加盟企業的控制力很大 (C)加盟主必須和加盟企業分享利潤 (D)加盟主通常需要付龐大的授權費。【105自來水】

( ) **12** 下列何者不是透過連鎖加盟創業的特徵？ (A)授權加盟者可以透過利金的收入讓連鎖企業快速成長 (B)創業者可以很快地擁有自己的事業 (C)授權加盟者在創業展店過程中提供管理經驗以及相關的支援 (D)創業者可以保有自己事業的獨特性。【104郵政】

( ) **13** 有關家族企業的敘述，下列何者錯誤？ (A)主要管理職位都由家族成員占有，外人不易進入核心 (B)企業的員工多實行終身雇佣制，員工穩定且很少流動 (C)員工對企業的依賴性不高，企業缺乏凝聚力 (D)管理過分重視人情，忽視制度建設和管理。【105台糖】

( ) **14** 由一人所有並且單獨經營的企業，是指下列何者？ (A)合夥企業 (B)無限公司 (C)獨資企業 (D)股份有限公司。【107郵政】

( ) **15** 下列何者不是企業從事生產活動的要素資源？ (A)勞工 (B)商品 (C)原物料 (D)資金。 【107郵政】

( ) **16** 我國公司多為中小企業，故在發展與管理上多受限制，下列何者並非中小企業常見的問題？ (A)缺乏完善的管理制度 (B)綠色產品的趨勢 (C)資金不足 (D)技術升級常遇瓶頸。 【107台糖】

( ) **17** 「合夥」的企業組織，由兩個人以上共同出資，共同負擔損益，合夥人之間對於債權人的債務應負何種責任？ (A)有限責任 (B)連帶有限責任 (C)就各自的出資額度負責 (D)連帶無限責任。 【107台酒】

( ) **18** 有關獨資企業的敘述，下列何者錯誤？ (A)設立手續簡便 (B)經營管理決策迅速 (C)資金受限 (D)有限清償責任。 【108台酒】

( ) **19** 對有志創業的人士而言，成立獨資企業最主要的好處在於： (A)無機會取得額外的財務資源 (B)受法律保障的償債責任 (C)獨資企業較有機會永續經營 (D)自己當老闆。 【108郵政】

( ) **20** 企業的基石為生產要素，下列何者不屬於傳統的生產要素？ (A)自然資源 (B)知識 (C)勞力 (D)資金。 【109桃機】

( ) **21** 有關企業，下列敘述何者錯誤？ (A)企業是出售商品或服務的組織 (B)企業的利潤是其總收入扣除總成本的部份 (C)企業的經營不以賺取利潤為目的 (D)企業的利潤是企業主冒險投入金錢與時間所獲得的報酬。 【111台酒】

解答

1(C) 2(B) 3(B) 4(B) 5(D) 6(B) 7(B) 8(C) 9(C) 10(B) 11(B) 12(D) 13(C) 14(C) 15(B) 16(B) 17(D) 18(D) 19(D) 20(B) 21(C)

絕技02 企業管理概論

命題戰情室：本絕技乃重點中的重點，包含了9個考點：管理、效率效能、企業功能、管理功能、管理矩陣、管理者的工作、管理者核心能力、管理者三大類十大角色、管理者對組織績效的影響，幾乎都是必考精華，非常重要，必須熟讀內容，並透過題目加強演練。

重點訓練站

一、管理的意涵

管理是透過他人共同努力，以有效完成任務的過程。而此一過程涵蓋了規劃、組織、領導與控制的功能，同時為了完成組織任務，管理必須兼顧效率與效能。

二、組織績效衡量

組織的績效衡量是依據「效率」與「效能」來衡量，但兩者並不相同。

差異／項目	效率（efficiency）	效能（effectiveness）
定義	以最少投入資源投入得到最大產出	目標達成預期結果或影響的程度
公式	效率＝實際產出（O）／實際投入（I）	效能＝實際產出（Output）／計畫產出（Objective）
重點	資源的使用率	目標達成程度
衡量	強調數量、可以具體衡量	強調品質、內涵甚廣，難以量化
關注	手段、過程（防止資源浪費）	目標、目的（追求價值目標）
學者定義	將事情做對（Doing the thing right）	做對的事（Doing the right thing）

三、組織運作過程

(一) **企業的功能（business function）**：又稱業務機能，係企業為達生存發展，將不同工作性質將以區分，以達到專業分工的目的。

項目	內容
生產	運用設備與技術將原料轉換成商品或勞務的過程，以滿足顧客需求
行銷	瞭解顧客需要，設計並生產商品，透過行銷組合以滿足其需求
人事	組織人員甄選、訓練與任用等過程，以達到適才適所的目標
研發	新技術、觀念、流程的引進與改變，藉以取得組織的競爭優勢
財務	組織資金的籌措、管理與運用的過程，務期達到股東財富極大化
資訊	透過資訊科技應用（軟硬體、資料庫等），以提高作業品質與生產力

企業的直線功能或主要活動：生產與作業管理、行銷管理。企業的幕僚功能或輔助活動：財務管理、人力資源管理、研究發展管理、資訊管理。

(二) **管理的功能（management function）**：對於管理功能區分，學者見解不一，如Anthony提出「規劃與控制系統」、行政三聯制「計畫－執行－考核」、Fayol提出「規劃、組織、命令、協調、控制」、Dessler採取「規劃、組織、用人、領導、控制」等。事實上，管理功能本身就是一個概念化的方法，其間具有密不可分的互動關係，又稱「管理循環」。而一般採用的為：規劃、組織、領導、控制功能。

項目	內容
規劃	設定目標，建立策略與計畫
組織	整合人力、財務、物力等資源
領導	指導與激勵員工，使其達成目標
控制	監督進展並採取必要修正程序

(三) **管理矩陣（managerial matrix）**：是由企業功能與管理功能所構成的一種交互關係，亦即企業的所有業務功能，都可以利用管理功能來達成。因此，透過企業與管理功能的配合，企業得以創造有價值的經濟活動。

管理／企業功能	生產	行銷	人事	研發	財務	資訊
規劃						
組織						
領導						
控制						

四、管理者的工作、技能與角色

(一) **工作**：管理者主要任務為監督組織中其他人的工作。通常可分為高階管理者、中階管理者與基層管理者。

類別	層級	任務	職責
基層管理者	作戰或技術	監督員工作業活動與目標達成	為一工作群體領導者，實際參與工作執行
中階管理者	戰術或整合	落實高層決策，處理部門的運作	介於第一線與高階主管之間，須對高階主管負責
高階管理者	策略	組織經營與未來發展方向的決策	由董事會任命，必須對管理階層所有決策負責

(二) **核心能力**：卡茲（R.Katz）認為成功的管理者須具備三項核心能力：

技術性能力	精通特定的專業領域，擁有相關專業知識，對基層管理者特別重要。
人際關係能力	以領導、激勵與溝通來達成組織目標，對中階管理者特別重要。
概念性（觀念化）能力	能將複雜情境概念化，運籌帷幄，指引未來發展的方向，此項能力對高階管理者特別重要。

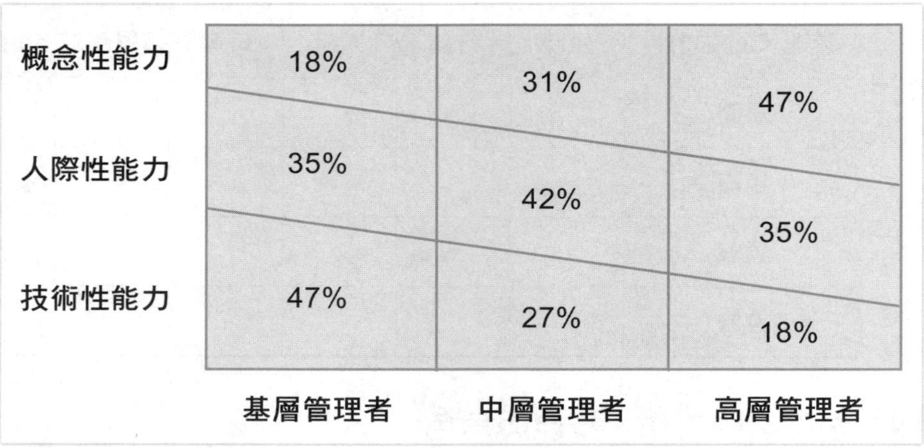

	基層管理者	中層管理者	高層管理者
概念性能力	18%	31%	47%
人際性能力	35%	42%	35%
技術性能力	47%	27%	18%

(三) **管理者的角色**：明茲伯格（H.Mintzberg）在1973年出版「The Nature of Managerial Work」中將管理者（manager）扮演的角色分為三大類，即人際角色、資訊角色、決策角色。

三大類	十大角色	描述	活動內容
人際角色	**頭臉人物（代表人物）** Figurehead	正式場合代表公司，執行法律與典禮儀式，象徵性的領導者，非正式場合主持或參加各種社交活動。	接見訪客、主持會議、簽署法律文件、剪綵、主持慶生會、參加員工婚禮。
	領袖 Leadership	領導與監督部屬完成工作，並使部屬需求和組織目標一致，負責激勵、用人、訓練與連絡部屬。	執行所有與部屬有關的事務。
	連絡人 Liaison	聯繫組織內部與外部人際關係，為內外部人際網絡核心維持與外界建立資訊網，使外界訊息能不斷傳遞進來。	接收消息、書面文件收領、涉外活動、商務工作、與外界人士建立關係。

三大類	十大角色	描述	活動內容
資訊角色	**監控者** **（監理者、偵測者）** Monitor	接收各種訊息，以充分掌握內外環境的資訊，成為資訊流通中心、尋求企業所需資訊、留意競爭對手的情報。	閱讀期刊、維持個人連絡、考察旅行。
	傳播者 **（傳達者）** Disseminator	傳播來自外界或內部員工的正確訊息、與同事分享資訊將公司重要政策與主管決策傳達給每位成員。	主持發表會、打電話傳訊息、透過電子郵件、會議方式傳播重要訊息。
	發言人 **（代言人）** Spokesman	將組織的計畫、政策、作為與結果傳播給外界擔任對外界發言的角色，負責對外發佈組織內部消息。	主持股東會議、發佈新聞、召開記者會代表公司發表聲明或接受訪問。
決策角色	**企業家** **（創業家）** Entrepreneur	在組織及環境中尋求機會，並發動改革，促進改變具備創新、冒險、改革的精神。	負責策略與評估會議以發展新方案推動組織變革。
	危機處理者 **（清道夫、** **困擾或問題處理者）** Disturbance Handler	組織面臨重要與未預期的紛亂時，負責提出矯正計畫擔任危機事件的緊急處理者。	組織策略與評估會議以處理危機、成立危機應變小組。
	資源分配者 Resource Allocator	負責組織所有資源的分配（人力、物力、財務、時間）。	執行與預算或設計部屬工作、相關活動工作排程議定。
	談判者 **（仲裁者）** Negotiator	負責在主要談判中代表組織代表公司負責重要協商案件。	參與工會協約的談判、合併或併購案協商。

(四) **管理者對組織整體表現的影響**

管理者對環境影響的觀點	說明
全能性觀點 omnipotent view of management	組織表現的優劣是由於管理者的決策與行動差異所致，所以管理者應直接對組織的成敗負責。
象徵性觀點 symbolic view of management	許多組織的成敗是由於管理者無法掌控的外力所造，所以管理者只是象徵性地控制和影響組織的運作。
綜合性觀點 reality suggests a synthesis	管理者受到外部的限制來自於組織環境，內部的束縛來自於組織文化。所以管理者既非全能，但也不是完全無用的。

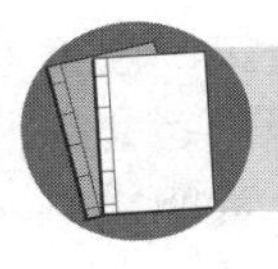

資料補給站

依據學者羅賓遜（Stephen Robbins）的定義，現代管理功能的內容包含了「規劃、組織、領導、控制」，管理者（manager）是指和一群人共事，並藉由協調他人的努力，來完成工作與達成組織目標的人。而管理者所追求的最適管理者作為應該是：高效率（efficiency）、高效果（effectiveness），管理者的效率及效果可透過PDCA循環獲得改善，所謂PDCA循環又稱「戴明循環」，是指：規劃（Plan）→執行（Do）→檢討（Check）→行動（Action），一系列不斷循環的持續改進活動。

易錯診療站

一、效率（efficiency）是「把事情做好」（doing things right），以最少的投入，得到最大的產出。效能（effectiveness）是「做對的事情」（doing the right things），幫助組織達成目標。效率講求方法，重點為資源使用，管理者努力的方向在減少資源浪費；效能強調結果，管理者努力的方向在提高目標達成度。而效率與效能（果）二者相互獨立沒有關係。

二、凱茲（R.Katz）認為成功的管理者須具備概念性、技術和人際關係三種基本能力，其中技術能力對基層管理者最為重要，人際關係能力對所有管理者都同樣重要，而高階管理者則須具備較多概念化（觀念化）能力。

三、**明茲伯格（Henry Mintzberg）歸納出十種管理者角色，並劃分成如下三大類：**

人際性角色	代表人（頭臉人物、形象人物）、領導者（領袖）、聯絡者。
資訊角色	監視者（監督者、偵測者）、傳播者、發言人。
決策角色	創業家（企業家）、解決問題者（危機處理者、清道夫、矯枉者）、資源分配者、協調者（談判者）。

模擬題試煉

一、基礎題

(　　) **1** 管理功能主要的目的為何？　(A)描述產品產出的重要活動和過程　(B)提昇企業活動的效率和效能　(C)和消費者進行溝通與協調　(D)為自己謀求權力的最大化。

(　　) **2** 以最少的時間、人力和經費去完成一件事情，可稱之為：　(A)效率　(B)效能　(C)績效　(D)投資報酬。

(　　) **3** 下列何者最適合做為組織效能（Organization effectiveness）的定義？　(A)組織滿足消費者的程度　(B)組織做為社會一份子，其貢獻的程度　(C)員工效忠組織、竭盡所能的程度　(D)組織達成其目標的程度。

(　　) **4** 對效率與效果之間的關係敘述何者正確？　(A)效率就是效果　(B)有效果才會有效率　(C)有效率才會有效果　(D)二者相互獨立沒有關係。

(　　) **5** 一般企業會將組織劃分為各種不同的機能的部門，如生產作業、行銷、財務等，這些為管理學中所提到的：　(A)企業功能　(B)管理功能　(C)企業矩陣　(D)管理矩陣。

( ) **6** 針對顧客需求，提供商品勞務，區隔市場，以滿足顧客需求的管理機能，稱為： (A)財務管理 (B)行銷管理 (C)人力資源管理 (D)生產作業管理。

( ) **7** 法國實業家亨利．費堯（Henri Fayol）所提出的管理功能，與現代管理典範所定義管理功能不同的是何項？ (A)規劃 (B)組織 (C)協調 (D)控制。

( ) **8** 激勵功能是屬於管理活動中何者？ (A)規劃 (B)控制 (C)領導 (D)組織。

( ) **9** 在組織不同層級的管理者中，何者較重視規劃的工作？ (A)高階主管 (B)中層主管 (C)基層主管 (D)一般員工。

( ) **10** 在組織中，通常誰是變革發動者？ (A)領導者 (B)CEO (C)執行董事 (D)任何一個管理者。

( ) **11** 下列何者不屬於凱茲（Katz）認為管理者必須具備的能力？ (A)規劃性能力 (B)技術能力 (C)觀念化能力 (D)人際關係能力。

( ) **12** 明茲伯格（H.Mintzberg）將管理角色分成那三大類？ (A)代表人、領導人、聯絡人 (B)人際角色、資訊角色、決策角色 (C)問題處理者、資源分配者、對外協商者 (D)輔助角色、專業角色、指導角色。

( ) **13** 下列哪一種能力是所謂的「概念化能力」？ (A)思考的能力及將抽象複雜的東西予以概念化 (B)與他人或團隊相處融洽 (C)從應徵者中找到對優秀的人才 (D)精通某些特定的專業能力。

( ) **14** 管理者必須經常閱讀期刊及報告並維持個人的人脈接觸，在明茲伯格（Mintzberg）的分類中，屬於何種管理角色之扮演？ (A)頭臉人物 (B)領導者 (C)創業家 (D)監控者。

( ) **15** 根據明茲伯格（Henry Mintzberg）的主張，下列何者屬於管理者的人際角色之一？ (A)領導者 (B)監督者 (C)發言人 (D)問題處理者。

( ) **16** 認為組織的績效好壞難以歸咎是管理者的直接影響，但管理者仍要為組織績效負起大部分責任，是採取何種觀點？ (A)全能性觀點 (B)象徵性觀點 (C)綜合性觀點 (D)負責性觀點。

二、進階題

( ) **17** 下列有關效率與效能敘述何者正確？ (A)效率＝投入÷產出 (B)效率著重手段方法 (C)效率為"Do the right thing"；效能為"Do the thing right" (D)有效率的組織必定產生高效能。

( ) **18** 下列哪一位學者最早提出文獻以界定和區別效能和效率？ (A)泰勒 (B)費堯 (C)巴納德 (D)杜拉克。

( ) **19** 若一家電子公司今年在相同的成本下比去年增加6%的產量，而沒有提高生產良率，這在管理上稱為何種現象？ (A)兼具效率和效能 (B)提升了效率 (C)提升了效能 (D)無效率且效能。

( ) **20** 探索企業營運上的各種問題，以及將所得的知識轉化為企業發展的基礎是企業的何種功能？ (A)生產 (B)行銷 (C)人力資源 (D)研究發展。

( ) **21** 管理學家狄斯勒（Gary Dessler）提出管理功能，其內容程序為：(A)規劃→組織→用人→領導→控制 (B)規劃→用人→組織→控制→領導 (C)規劃→組織→用人→控制→領導 (D)規劃→用人→組織→領導→控制。

( ) **22** 以下何者是透過企業與管理功能的配合，使企業得以創造有價值的經濟活動？ (A)企業矩陣 (B)管理矩陣 (C)功能矩陣 (D)專案矩陣。

( ) **23** 下列哪一項功能是當組織的成員彼此之間發生意見不合時，管理者必須適當的解決並激勵員工？ (A)規劃 (B)組織 (C)領導 (D)控制。

( ) **24** 下列關於高階管理者的敘述，何者為非？ (A)通常由組織的董事會所指派 (B)必須對管理階層的所有決策負責 (C)負責有關組織經營與未來發展方向的決策 (D)必須將董事會所要求的目標轉化為第一線管理者可以執行的明確作業活動。

( ) **25** 在羅伯・凱茲(Robert L.Katz)所指出管理者應具備的三種能力中,有哪一種是對所有層級的管理者同樣重要? (A)概念化能力 (B)人際關係能力 (C)技術性能力 (D)政治能力。

( ) **26** 餐廳內場人員知道如何製作各種餐點,外場人員熟悉菜單的內容與整個服務流程,是屬於下列何者? (A)人際能力(human skill) (B)概念能力(conceptual skill) (C)效能能力(efficient skill) (D)技術能力(technical skill)。

( ) **27** 當鴻海集團總裁郭台銘以其鴻海負責人身份接待來訪貴賓時,此時所扮演角色為: (A)形象人物 (B)領導角色 (C)企業家角色 (D)發言人角色。

( ) **28** 下列何者不屬於明茲伯格(Mintzberg)所謂的決策角色? (A)創業家 (B)領導者 (C)問題處理者 (D)談判者。

( ) **29** 管理者對組織績效的影響較合理的看法應是何項? (A)管理者必須為組織績效負全責 (B)管理者受環境影響無法為組織績效負責 (C)管理者對組織績效應負有限的部份責任 (D)視情況而定。

解答與解析

一、基礎題

1 (B)。管理是透過有效資源運用,來達到組織目標。

2 (A)。(B)指目標的達成程度。(C)兼具效率與效能兩者。(D)總報酬與總投資金額的比值。

3 (D) **4 (D)**

5 (A)。企業功能涉及組織業務的描述,屬「做事」的工作。

6 (B)。透過規劃、組織、領導、控制等管理功能,以有效的方式研究目標市場及外在環境,據以制定定整體的行銷活動,以有效滿足顧客需要,達成企業目標。

7 (C)。費堯(Henri Fayol)是最早提出管理程序(規劃、組織、命令、協調、控制)觀念的人,所以被稱為「現代管理理論之父」。而現代管理典範為:規劃、組織、領導、控制功能。

8 **(C)**。係指導、溝通、激勵員工使其達成目標。

9 **(A)**。尤其是規劃項目中的策略性規劃。

10 **(B)**。行政長官、行政總裁或執行長（Chief Executive Officer, CEO），是在一個企業集團或行政單位中的最高行政負責人。執行董事又稱常董，是法人代表的董事。

11 **(A)**

12 **(B)**。明茲伯格（H.Mintzberg）在1973年出版「The Nature of Managerial Work」中將管理者（manager）扮演的角色分為三大類，即人際角色、資訊角色、決策角色。

13 **(A)**。(B)人際關係能力。(D)技術能力。

14 **(D)**。又稱為偵察者，搜尋或接受企業所需的資訊或情報。

15 **(A)**。另有形象人物及連絡者。

16 **(A)**。認為當組織表現不佳時，不管原因為何，總要有人負責，而需要負責的人便是管理者。

二、進階題

17 **(B)**。(A)效率=產出÷投入。(C)彼得杜拉克在《有效的管理者The Effective Executive》一書中表示，效率是以正確的方式做事（Do the thing right），而效能則是做正確的事（Do the right thing）。(D)不一定能產生高效能。

18 **(C)**。巴納德於1938年所發表的《行政主管的職能The Functions of the Executive》一書，是最早界定和區別效能和效率的重要文獻。他主張個人在組織中的行為能夠達成組織的目標，即為具有效能；若組織的目標同時亦可滿足個人的動機，則亦兼具有效率。而效能與效率二者，則有賴行政主管功能的發揮，從而維持組織與其成員間的合作行為。

19 **(B)**。效率是投入與產出之比率，效能是目標達成的完美度，效率是計量為主，效能是計質為主。

20 **(D)**。係指為開發新產品或新生產技術，或對現有產品或生產技術做「重大」修改所從事之一系列相關活動。

21 **(A)**

22 **(B)**。亦即企業的所有業務功能，都可以利用管理功能來達成。

23 **(C)**。領導乃影響他人或團體的行為，包括溝通協調、衝突管理與如何進行有效的激勵。

24 **(D)**。為中階管理者職責，即承上啟下。

25 **(B)**。技術性能力對基層管理者最為重要，人際關係能力對所有管理者都同樣重要，而高階管理者則須具備較多概念化能力。

26 **(D)**。指精通特定的專業知識及技能。

27 **(A)**。代表公司歡迎訪客。

28 **(B)**。為人際關係角色。

29 **(C)**

實戰大進擊

( ) **1** 在管理的定義，關於效率（efficiency）的意義或指標，不包括下列哪一項？ (A)增加生產力 (B)目標達成 (C)減少資源使用 (D)把事情做對（doing things right）。 【103中油】

( ) **2** 網路購物業者強調其具有整合資源的能力，能將人力、財力、物力等資源做最妥善的分配，以提供顧客最快速的服務。從管理學的角度來看，此策略最符合以下何種概念？ (A)效率 (B)效能 (C)效應 (D)效度。 【103台酒】

( ) **3** 一家電子商務的管理人員，嘗試在相同的營運成本下，縮短顧客上網訂購至取得商品的流程。請問這位管理人員追求的是： (A)提高效率（efficiency） (B)增加效果（effectiveness） (C)減少服務人員 (D)同時增加效率及效果。 【104郵政第2次】

( ) **4** 做對的事（do the right thing）是一種 ________ 的概念。空格中應為下列何者？ (A)效率（efficiency） (B)資源使用 (C)效能（effectiveness） (D)公司治理（corporate governance）。【104郵政】

( ) **5** 依據組織分工的專業技術分類為生產、行銷、財務、人事、研發稱為：
(A)管理功能 (B)企業功能 (C)管理循環 (D)管理矩陣。 【104台電】

( ) **6** 描述管理活動包涵五個要素：計畫、組織、指揮、協調和控制，請問這是誰提出的論點？
(A)福特（Henry Ford） (B)泰勒（Frederick W.Taylor） (C)杜拉克（Peter Drucker） (D)費堯（Henri Fayol）。 【104港務】

( ) **7** 要達成組織的目標，管理者必須執行四項管理功能，下列哪一個功能排列順序最合理？ (A)規劃、領導、組織、控制 (B)組織、領導、規劃、控制 (C)規劃、組織、領導、控制 (D)組織、規劃、控制、領導。 【105郵政】

( ) **8** 有關管理基本的功能，包含： (A)規劃、組織、命令、協調 (B)規劃、組織、領導、用人 (C)規劃、組織、領導、控制 (D)規

劃、組織、用人、控制。【104郵政第2次】

(　　) 9 決定組織目標屬於管理功能活動中的：(A)規劃　(B)組織　(C)領導　(D)控制。【104郵政】

(　　) 10 管理涉及到四個基本功能，而管理程序的最後一個步驟是什麼？此步驟的內容包括設立標準（例如銷售額度及品質標準）、比較實際績效與標準，然後採取必要的矯正行為。(A)組織　(B)領導　(C)控制　(D)規劃。【103台糖】

(　　) 11 低階層管理人員的工作重點是：(A)建立目標　(B)規劃　(C)控制　(D)領導。【103農會】

(　　) 12 下列哪個敘述不屬於第一線管理者所具備的特徵？(A)相較於中高階管理者，第一線管理者的工作複雜且具備多樣性　(B)第一線管理者必須花費大量時間在監督下屬的工作　(C)第一線管理者通常是由過去表現優秀的作業人員經過晉升而來　(D)第一線管理者的薪資與報酬往往較中高階管理者差。【104郵政】

(　　) 13 組織可分為四個階層：(1)策略階層（strategy level）；(2)管理階層（management level）；(3)知識階層（knowledge level）；(4)作業階層（operational level）。其中策略階層為下列何者所構成？(A)知識及資料工作者　(B)高階主管　(C)中階主管　(D)作業主管。【105台糖】

(　　) 14 凱茲（Katz）提出的管理者能力中，對於基層管理者來說，何者最重要？(A)政治能力　(B)技術能力　(C)人際能力　(D)概念化能力。【105中油】

(　　) 15 基層管理者最需要具備哪一項管理能力？(A)概念化能力　(B)人際能力　(C)技術能力　(D)政治能力。【103中油】

(　　) 16 管理者須具備概念性、技術和人際關係三種基本能力，但技術能力對下列何種管理者特別重要？(A)基層作業人員　(B)中階管理者　(C)高階管理者　(D)低階管理者。【103中華電】

(　　) 17 組織中之管理者應具備多項管理能力，且依管理層級不同有所側重，依Katz的主張，相對於基層管理者，高階管理者最應具備哪項

管理能力？ (A)技術能力 (B)概念化能力 (C)人際能力 (D)政治能力。 【104、105自來水】

( ) 18 從複雜事務中釐清問題發展解決方案的能力，是管理者應具備技能中的哪一種能力？ (A)技術能力 (B)人際關係能力 (C)概念化能力 (D)政治能力。 【103台酒】

( ) 19 下列敘述何者正確？ (A)中階管理者著重觀念與決策技能 (B)低階管理者著重技術技能 (C)效能指把事情作對 (D)衝突解決屬於觀念與策技能。 【104郵政】

( ) 20 如以 Robert L. Katz 所指管理者應具備的技術能力、人際關係能力與概念化能力而言，高階主管應具備各種能力的比重，下列敘述何者正確？ (A)概念化能力＞技術能力＞人際關係能力 (B)技術能力＞人際關係能力＞概念化能力 (C)人際關係能力＞概念化能力＞技術能力 (D)概念化能力＞人際關係能力＞技術能力。 【105台糖】

( ) 21 明茲伯格（Mintzberg）將十種管理者角色，歸納出哪三大類？ (A)人際性角色、資訊性角色、決策性角色 (B)技術性角色、資訊性角色、決策性角色 (C)技術性角色、領導性角色、決策性角色 (D)人際性角色、資訊性角色、領導性角色。 【104郵政】

( ) 22 對於管理者角色與工作，下列敘述何者正確？ (A)領導者是人際關係方面角色 (B)協商談判者是資訊溝通方面角色 (C)頭臉人物是決策制定方面角色 (D)發言人是決策制定方面角色。 【104郵政】

( ) 23 下列何者屬於管理者的資訊角色？ (A)監視者（monitor） (B)連絡者（liaison） (C)協商者（negotiator） (D)資源分配者（resources allocator）。 【103台電】

( ) 24 管理角色有三種類型，「資源分配者」是屬於哪一類型？ (A)人際角色 (B)資訊角色 (C)決策角色 (D)文化角色。 【105台酒】

( ) 25 管理者扮演資訊角色時，所獲得的資訊會幫助他做重要的決策。閔茲柏格（Mintzberg）的研究確認了四種角色。請問下列何種角色為策動組織創新的推手，且該角色的目的就是使組織獲得更有效的變革？ (A)干擾處理者（disturbance handler） (B)資源分配者（resource allocator） (C)企業家（entrepreneur） (D)協商者（negotiator）。 【103台糖】

( ) **26** 在管理的象徵性觀點中，下列敘述何者錯誤？ (A)管理者對經營成果有完全的掌握力 (B)管理者所交出的經營成果會受到外部因素的影響與束縛 (C)組織的績效會受到管理者所無法控制的因素所影響 (D)管理者必須在隨機、渾沌與充滿不確定性的環境中做決策。 【102郵政】

( ) **27** 生產、行銷、財務、人事與研究發展等功能，一般稱之為： (A)控制程序 (B)組織層級 (C)企業機能 (D)管理矩陣。 【106桃機】

( ) **28** 企業內部負責設計並管理從原物料購買到轉換為最終產品或服務過程的部門是： (A)行銷部門 (B)財務部門 (C)作業部門 (D)董事會。 【106台糖】

( ) **29** 下列哪一類管理者需要透過各類資訊進行營運規劃、目標設立以及策略擬定？ (A)高階經理人 (B)中階經理人 (C)第一線管理者 (D)領班。 【106台糖】

( ) **30** 對於管理者而言，下列哪個能力和激勵他人以及與同仁相處有重要的關聯性？ (A)人際能力 (B)技術能力 (C)決策制定能力 (D)財務能力。 【106台糖】

( ) **31** 根據明茲伯格Herry Mintzberg在1960年代末期觀察管理者所做的工作發現管理者扮演許多角色其可區分成三大下列何者非屬之： (A)專家角色 (B)決策角色 (C)資訊角色 (D)人際角色。 【106桃機】

( ) **32** 下列何者對於創業家的敘述最為貼切？ (A)創業家通常是專精於創新的經理人 (B)創業家通常是已退休的商人 (C)創業家通常具備有隨環境變化而做出因應的特質 (D)創業家通常不能忍受不確定性。 【106台糖】

( ) **33** 除了具備創造力與創意之外，創業家往往具備下列哪個特徵？ (A)比一般人聰明 (B)較願意承擔風險 (C)往往來自社經地位較低的家庭 (D)父母均為高知識份子。 【106台糖】

( ) **34** 「效率」的定義為下列何者？ (A)做對的事情 (B)把事情做對 (C)達到個人的目標 (D)指揮他人。 【107郵政】

( ) **35** 激勵部屬、指導他人活動、選擇最有效的溝通管道或是解決紛爭是下列何項管理功能？
(A)規劃 (B)組織 (C)領導 (D)控制。 【107郵政】

( ) **36** 企業的實際產出（Output）與實際投入（Input）的比值稱之為 (A)效能（Effectiveness） (B)邊際成本（Marginal Cost） (C)效率（Efficiency） (D)邊際投資（Marginal Investment）。 【107台酒】

( ) **37** 管理上做正確的事就是所謂的？ (A)效能 (B)效率 (C)效果 (D)標準。 【107農會】

( ) **38** 下列何者是透過眾人完成事情的藝術？ (A)領導 (B)統御 (C)管理 (D)傳道。 【107農會】

( ) **39** 管理者有四個功能以下何者為非？ (A)控制 (B)組織 (C)溝通 (D)規劃。 【107農會】

( ) **40** 管理功能中透過分派任務與責任，協調人員與資源來完成共同的目標指的是？ (A)規劃 (B)組織 (C)領導 (D)控制。 【107農會】

( ) **41** 有關企業組織內部管理者的敘述，下列何者錯誤？ (A)第一線管理者最重要的是技術性的技能 (B)對中階管理者而言協調溝通的能力最重要 (C)高階管理者需要具備概念性技能為企業組織規劃未來 (D)高階管理者不需要具備溝通能力。 【107台糖】

( ) **42** 下列何者不是管理者在企業組織營運過程中所可能扮演的角色類型？ (A)人際角色 (B)決策角色 (C)資訊角色 (D)酬庸角色。【107台糖】

( ) **43** 效率與效能有何不同？ (A)效率強調方法；效能強調結果 (B)效率強調提高達成率；效能強調減少浪費 (C)效率強調目標達成；效能強調資源使用 (D)效率強調做對的事情；效能強調用對的方法做事情。 【108郵政】

( ) **44** 「為企業組織建立願景，並透過引導、訓練、激勵以及其他方式與員工一起完成組織目標並實現願景」符合下列哪一個管理功能？ (A)組織　(B)控制　(C)領導　(D)用人。【108郵政】

(　) 45 基層管理者最需要的下列何項管理能力？ (A)概念化能力　(B)人際能力　(C)技術能力　(D)整體觀點來看組織的能力。【108郵政、108台酒】

(　) 46 下列何者最有可能在企業組織內部的策略規劃會議中列席？ (A)執行長　(B)電商平台客服領班　(C)預算分析助理　(D)廣告代理商。【108郵政】

(　) 47 願意承擔相關風險創立一家新企業的人，稱為： (A)管理者　(B)利害關係人　(C)天使投資人　(D)創業家。【108郵政】

(　) 48 有關企業家精神（Entrepreneurship）之敘述，下列何者正確？ (A)企業家精神就是為他人管理企業　(B)企業家精神就是想獨自要擁有一家企業的意圖　(C)企業家精神就是管理一家在許多國家營運的企業　(D)企業家精神就是願意承擔起創立及營運一家企業所帶來的風險。【108郵政】

(　) 49 下列何者不屬於基本管理功能？ (A)規劃　(B)領導　(C)激勵　(D)控制。【108台酒】

(　) 50 對於效能（Effectiveness）與效率（Efficiency）的敘述，下列何者有誤？ (A)彼得杜拉克將效能定義為「Do the Things Right」　(B)某工廠的排污符合政府的規定是屬於組織的效能　(C)食品廠每小時原本生產1,000單位，提升為1,100單位是屬於效率提升　(D)效率是指投入和產出的相對衡量。【111經濟部】

(　) 51 下列何者為四大管理功能的最後一個步驟？ (A)組織　(B)規劃　(C)控制　(D)領導。【109桃機】

(　) 52 有關企業管理矩陣之敘述，下列何者正確？ A.企業管理矩陣的管理功能包含規劃、組織、領導、控制　B.企業管理矩陣的管理功能包含規劃、組織、領導、實踐　C.企業管理矩陣中的企業功能為優勢功能、劣勢功能、機會功能、威脅功能　D.企業管理矩陣中的企業功能為生產、行銷、人資、研究與發展、財務、資訊　E.企業管理矩陣的管理功能包含計畫、執行、查核、行動 (A)A.C (B)B.D. (C)A.D. (D)C.E.。 【111經濟部】

( ) **53** 下列何者是管理者應該具備，能進行抽象地思考、診斷與分析不同情境狀態，以及洞悉未來的能力？ (A)技術能力（Technical Skills） (B)人際關係能力（Interpersonal Skills） (C)概念化能力（Conceptual Skills） (D)決策能力（Decision-making Skills）。 【111經濟部】

( ) **54** 用以管理組織的技能可簡單分成概念性技能、人際技能與專業技能，以下關於管理技能的敘述何者正確？ (A)不同層級的管理者，這三種技能的程度高低有不同的組合 (B)依照不同的管理層級，管理者不一定需要具備每一項技能 (C)在高度依賴專業技術的公司中，基層員工會更在意基層主管的專業能力而非人際能力 (D)對於中階主管而言，概念性技能的重要性會大於人際技能。 【111台鐵】

( )**55** 下列何者屬於Mintzberg主張管理角色中的資訊角色？ (A)聯絡人 (B)談判者 (C)領導者 (D)發言人。 【111台酒】

解答

1 (B)	2 (A)	3 (A)	4 (C)	5 (B)	6 (D)	7 (C)	8 (C)	9 (A)	10 (C)
11 (C)	12 (A)	13 (B)	14 (B)	15 (C)	16 (D)	17 (B)	18 (C)	19 (B)	20 (D)
21 (A)	22 (A)	23 (A)	24 (C)	25 (C)	26 (A)	27 (C)	28 (C)	29 (A)	30 (A)
31 (A)	32 (C)	33 (B)	34 (B)	35 (C)	36 (C)	37 (A)	38 (C)	39 (C)	40 (B)
41 (D)	42 (D)	43 (A)	44 (C)	45 (C)	46 (A)	47 (D)	48 (D)	49 (C)	50 (A)
51 (C)	52 (C)	53 (C)	54 (A)	55 (D)					

絕技 03 企業倫理與社會責任

命題戰情室：企業社會責任（Corporate Social Responsibility, CSR）的觀念開始於20世紀初期的美國，21世紀以後也越來越受到世人的重視，如國外安隆的作假帳問題，國內的毒澱粉、沙拉油、起雲劑事件，跟著企業倫理與社會責任也成為各種考試的必考議題。

重點訓練站

一、企業倫理

倫理（Ethics）是指符合道德與良心的行為標準，亦即社會接受「對」、而非「錯」的行為，符合倫理的行為將有助於企業獲致成功。

(一) **企業倫理內涵**：以身作則（合法、公平、如何看待自己）、超過合法性（倫理規範應超越法律要求）、超脫個人（倫理與管理密不可分）、推展應由上而下。

(二) **倫理信條**

1. 以服從為基礎的倫理標準：強調嚴格處罰犯錯，以制止不法行為。
2. 以正直為基礎的倫理標準：定義組織之最高價值，創造支持倫理行為環境，強調員工負有共同責任。

二、管理道德

係管理者管理行為之準則。根據Cavangh,Moberg & Valasquez說法，對於道德有三種不同觀點：

道德	說明	釋例
功利觀	決策以結果為依歸，為最多數人爭取最大的利益。	為股東爭取最大利益，鼓勵效率與生產力、利潤極大化。

道德	說明	釋例
權利觀	決策以個人基本權利之尊重與保障為依歸。	包括隱私權、良心權、言論自由及合理的處理程序。
正義觀	決策者追求公正、不偏地執行法律，以伸張正義。	保護未受重視或沒有權力的人。

倫理道德四大觀點：功利主義、基本權利、公平正義、均衡務實。

功利主義原則	提供最多數人的最大效用為道德原則。
基本權利原則	強調每個人權利與自由的重要性。
公平正義原則	將可能的好處與壞處，依公平正義的程序，分配給所有人。
均衡務實原則	企業在處理道德議題時，同時考量決策效用及後果，對個人權益影響，以及是否符合公平正義，以補足各自不足的地方。

(一) **影響道德因素**

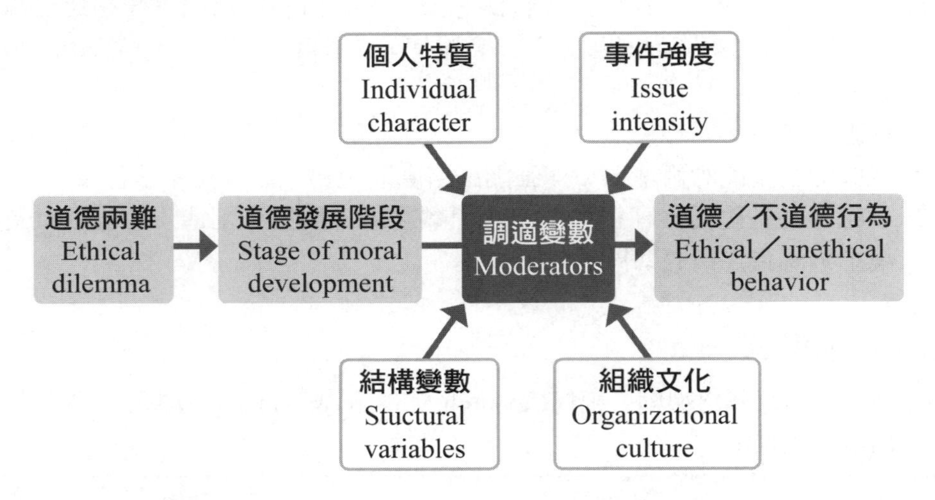

(二) **道德發展階段**

	階層	階段描述
前習慣的	1. 完全由個人利益所影響。	謹守規定以避免體罰。
	2. 決策以自利為主，根據各種行為獎懲而定。	只有在自己最直接利益才遵守。
習慣的	3. 受他人期望所影響。	為親近的人期望而活。
	4. 包括對法律服從、對所在意者期望反應、對一般應有期望的概念。	為你承諾而盡力。
原則的	5. 受個人道德所影響與或不與社會規範法律相一致。	重視他人權利；無論與大眾意見是否一致，堅持獨立價值。

(三) **道德計畫**：一個完整的道德計畫應包括：在招募時除去道德不符人選、道德規範書、高階主管的承諾、清楚實際的工作目標、道德訓練、完整的績效評估、獨立的社會審計以及正式的保護機制。

三、社會責任

社會責任存在著兩種不同觀點，古典觀點認為管理唯一的社會責任就是利潤的極大化；而社會經濟觀點則認為社會責任應超過利潤追求，涵蓋保護與改進社會福祉。

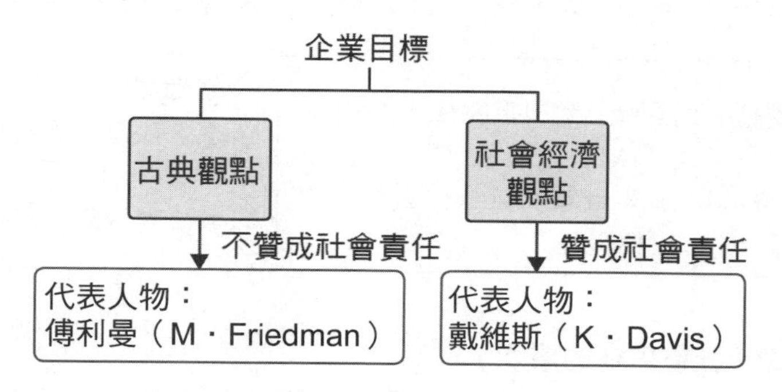

反對企業應善盡社會責任論點	傅利曼（M.Friedman）認為：「企業唯一的社會責任就是利潤極大化。」
反對理由	違反利潤極大化原則、混淆了企業主要目的、負擔成本變高、企業權力變大、本身缺乏能力、欠缺資源、缺乏廣泛的社會支持。
支持企業應善盡社會責任論點	戴維斯（K.Davis）認為：「社會責任是一個企業在法律與經濟之餘的義務，去追求長期對社會有益的目標。」
支持理由	符合公眾期望、追求長期利潤、善盡道德義務、可提升公眾形象、創造更好環境、減少政府的干預、責任與權力的平衡、提高股東權益、擁有較多資源、預防勝於治療。

(一) **社會責任內涵**

社會責任乃指企業所追求對社會長期有益的目標，卡洛爾（A.Caroll）認為有四種不同的社會責任是企業必須考量的。

社會責任	說明	指標
經濟責任	善用社會資源、為股東賺取利潤	財務報表、顧客滿意度
法律責任	遵守法令，避免違反法律	是否遵守法律規範
倫理責任	照顧企業利害關係人的權益	善盡社會公民的責任、公共秩序、社會善良風俗
自我裁量的責任	企業自願或無條件對社會付出的責任	從事社會公益、對社會的回饋

(二) **表現方式（社會責任的層次）**

塞西（S.Sethi）曾提出一個由企業行為到社會需求的三種模式：社會義務、社會回應、社會責任。

1. 社會義務（Social obligation）：企業必須滿足其經濟與法律責任的義務。

2. 社會回應（Social responsiveness）：企業能對社會的要求適時地回應。
3. 社會責任（Social responsibility）：企業以追求有益於社會的長期目標。
   三者比較如下：

社會義務、社會回應、社會責任的比較

	社會義務	社會回應	社會責任
主要考慮	法律要求	社會偏好	道德真理
關注點	企業本身	企業與社會	企業與社會
積極性	被動	消極	積極
考慮的時間幅度	短期	中短期	長期
社會領先性	落後於社會要求	和社會要求同步	領先於社會要求

(三) **企業利害關係人**

佛瑞迪克（W.C.Frederick）將企業的利害關係人分為三大類：

第一類是企業內部相關人士；第二類為與市場經營有關人士；第三類為其他人，為與市場經營無直接關係。

傅利曼（M.Friedman）列舉了企業的五大關係人：

供應商、顧客、員工、股東、企業所處的區域。

(四) **企業社會責任的反應策略**

企業經營者面對社會責任的職責，有四種不同回應方式：

1. **阻礙式反應**（obstructionist response）
   企業經營者的行為已屬非法或不符倫理要求，對問題採掩蓋的態度。
2. **防衛式反應**（defensive response）
   企業經營者只求合法，無意多負額外責任，股東的利益優先。
3. **順應式反應**（accommodative response）
   企業經營者滿足企業倫理的要求，對所有重要關係人的福祉給予平衡的處置。
4. **主動式反應**（proactive response）
   企業經營者積極主動負擔起社會責任，費心費力去學習對重要關係人給予關懷與協助。

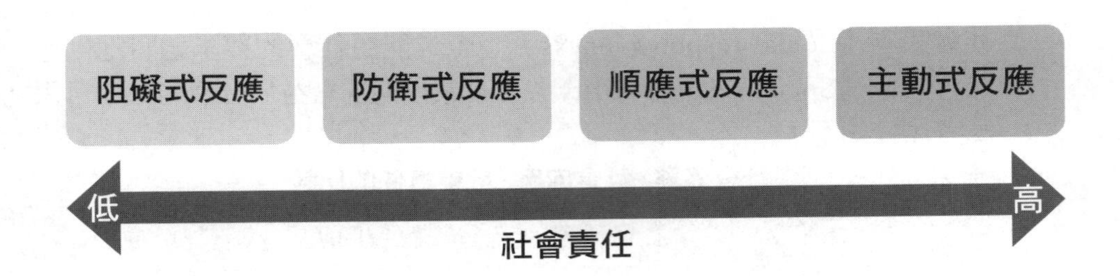

四、綠色管理（Green management）

將環境保護的觀念融於企業的經營管理之中，它涉及企業管理的各個層次、各個領域、各個方面、各個過程，要求在企業管理中時時處處考慮環保、體現綠色。

(一) **管理的綠化**：組織的決策與行動及其對自然環境所造成的衝擊間，有很密切的關係，管理者須對此一問題有所認知。例如面對的全球環境問題：有毒廢棄物所造成的污染、溫室效應造成全球暖化、資源的耗竭等。

(二) **組織如綠化途徑**

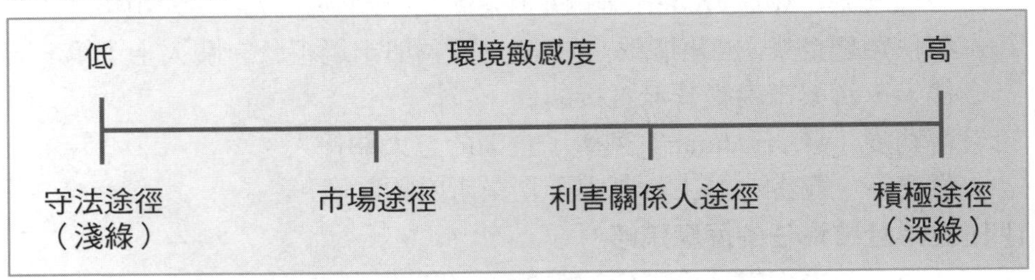

1. **守法途徑（淺綠途徑）**：反映的是社會義務，這類組織的環保敏感度很低，他們遵守法律的規範，但就僅止於此而已。
2. **市場途徑**：組織會對顧客的環境偏好有所回應，顧客在環保上有任何要求，組織都會盡可能提供。
3. **利害關係人途徑**：盡力滿足組織的所有利害關係人，如員工、供應商或社區對環保的要求。
4. **積極途徑（深綠途徑）**：極力尋求保護地球資源的方法，並展現最高程度的環保敏感度。

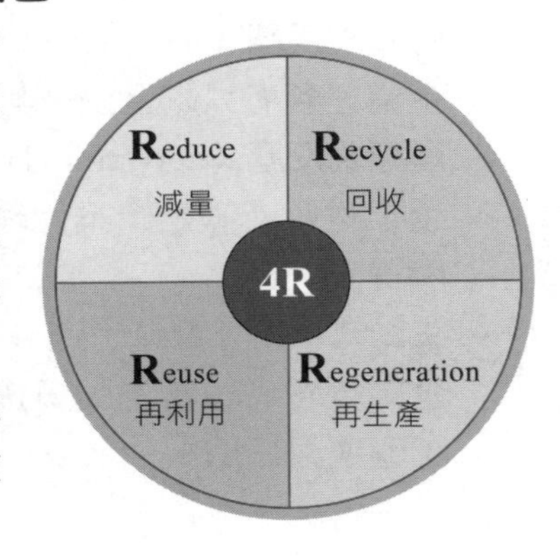

(三) **綠色企業（greening enterprise）的4R精神**

綠色企業要符合4R精神，必須具備4R元素：

1. **減量（Reduce）**：節約資源，減少污染。
2. **回收（Recycle）**：分類回收，循環再生。
3. **再利用（Reuse）**：重複使用，多次利用。
4. **再生產（Regeneration）**：透過回收，再製造使用。

另根據行政院環境資源部（資源循環利用法草案總說明）內文中提到綠色設計5R之精神包括：

1. **減量（Reduction）**：源頭減量，減少製造端之原料使用量及消費端之廢棄資源產生量。
2. **再使用（Reuse）**：物品丟棄前應予以再使用。
3. **物料回收（Recycling）**：將廢棄資源資源化為可用之物質。
4. **能源回收（Energy Recovery）**：無法再利用者，進行能源回收。
5. **新生土地（Land Reclamation）**：竭盡前述方式仍無法再利用或回收者，則妥善處理至安定化、無害化後，用於國土再造。

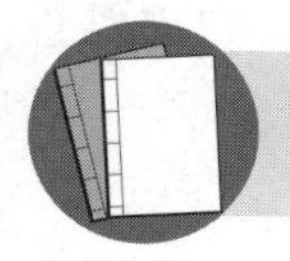

資料補給站

有關「企業倫理與社會責任」議題，在許多管理書籍都有著墨，但因所參考之國外著作有所差異略顯不同，本書透過廣泛蒐集、補充以增加廣度與實力。

一、倫理的四種觀點

(一) **目的論（teleology）**：以結果的好壞來論定是非，其中最有名的是功利主義（utilitarianism）原則。

(二) **道義論（deontology）**：以過程與結果是否公平且顧及個人的各項權利是否來論定是非。

(三) **相對主義（relativism）**：沒有放諸四海而皆準的倫理原則，必須針對當時的特定情況來評斷。

(四) **社會契約論（social contract theory）**：主張有某些適用於各種狀況的倫理原則，但也有一些是只能適用於特定狀況的原則。

二、企業社會責任

企業社會責任有四種反應策略：拒不認錯型（Reaction）、積極防禦型（Defense）、適度回應型（Accommodation）與積極主動型（Proactive）。

拒不認錯型 Reaction	企業對本身社會責任認知較缺乏，通常不會主動回應，但當社會對企業有不同意見時，就會立即展開行動予以回應。
積極防禦型 Defense	企業對於社會回應採取迴避態度，亦即對於社會的意見不加理睬。
適度回應型 Accommodation	企業本身有自己的社會責任認知，但隨著外界預期，企業會不斷調整目標，以符合社會的要求。
積極主動型 Proactive	企業為求符合社會責任目標，先建立內部管理機制，主動偵測預防可能產生的問題。

三、SA8000

SA8000是繼ISO9000、ISO14000之後出現的又一個涉及體系的重要的國際性認證標準。SA8000主要文件內容包含9大項目：

(一) 童工（Child Labor）。

(二) 強迫性勞工（Forced Labor）。

(三) 健康與安全（Health and Safety）。

(四) 組織工會的自由與集體談判的權利（Freedom of Association and Right to Collective Bargaining）。

(五) 歧視（Discrimination）。

(六) 懲罰性措施（Discipline）。

(七) 工作時間（Working Hours）。

(八) 薪酬（Compensation）。

(九) 管理體系（Management Systems）。

四、倫理困境（ethical dilemma）

決策者所面對的決策問題牽涉到倫理議題，而且面臨倫理準則模糊、衝突難以兩全的決策情境。例如，當公司面臨破產危機，這時候是否應該裁員？

倫理決策：當個人遭遇到倫理困境時的決策過程，指的是針對爭論議題做出合乎道德的判斷，並且做出決定。在決策過程中，在不同價值之間進行權衡和取捨是無法避免的。

易錯診療站

功利主義又稱效用、效益、有用主義，由十九世紀哲學家邊沁（Jeremy Bentham）與米勒（John Stuart Mill）所創，他們認為倫理行為應以組織中之最多數人為考量，並謀取這些人之最大福利（the greatest happiness of the greatest number）。功利主義追求目標、強調結果論。

模擬題試煉

一、基礎題

(　　) **1** 本著合情、合理、合法的原則以達企業營利目的道德觀及行為稱之為：　(A)組織文化　(B)企業文化　(C)企業倫理　(D)管理風格。

(　　) **2** 倫理信條可以區分為兩類，分別為：　(A)以服從為基礎及以正直為基礎的倫理標準　(B)以服從為基礎及以誠實為基礎的倫理標準　(C)以服從為基礎及以利潤為基礎的倫理標準　(D)以誠實為基礎及以正直為基礎的倫理標準。

(　　) **3** 管理者在面對不同利害關係人之間的利益衝突時，如何掌握其分寸取捨，依靠的是：　(A)組織文化　(B)管理道德　(C)公司治理　(D)企業經營策略。

(　　) **4** 下列哪項不屬於倫理的四項觀點之一？　(A)功利觀點　(B)權利觀點　(C)服務觀點　(D)正義觀點。

(　　) **5** 近年來，某些大型的國際企業不斷力行瘦身裁員，以減少公司因冗員造成的財務虧損，這是道德觀點中倫理的何種觀點？　(A)功利觀　(B)權利觀　(C)正義觀　(D)綜合觀。

( ) **6** 企業在處理道德議題時，同時考量決策的效用及後果、對個人權益的影響，以及是否符合公平正義，以弭平各自不足的地方。此種處理企業倫理道德的原則為：(A)功利主義原則 (B)基本權利原則 (C)公平正義原則 (D)均衡務實原則。

( ) **7** 有效的道德訓練不包括何項？ (A)建立員工的道德觀念 (B)教導員工正確的決策準則 (C)幫助員工合理化其所作所為 (D)正面鼓勵員工的道德行為。

( ) **8** 就社會經濟觀點而言，企業的目標應該是追求何項？ (A)以最大獲利為唯一目標 (B)以善盡社會責任為唯一目標 (C)利潤與社會責任的均衡 (D)全人類最大福祉。

( ) **9** 某家一健身中心因經營不善而無預警倒閉，是表示未盡到下列何種社會責任？ (A)法律責任 (B)經濟責任 (C)倫理責任 (D)自由裁量責任。

( ) **10** 企業主動參與修橋鋪路、濟助孤貧等活動係屬於何種社會責任的表現？ (A)企業的經濟責任 (B)企業的法律責任 (C)企業的倫理責任 (D)企業自我裁量的責任。

( ) **11** 企業在守法的前提下，盡可能尋求最大利潤，此一觀點為：(A)社會回應 (B)社會義務 (C)社會貢獻 (D)社會反應。

( ) **12** 下列何者不是企業的主要利害關係人（Stakeholders）？ (A)投資者 (B)員工 (C)消費者 (D)政府機構。

( ) **13** 履行社會責任的最高境界為：(A)妨礙型 (B)順應型 (C)防禦型 (D)主動型。

( ) **14** 在組織綠化的途徑中，公司尊重地球與自然資源，並想辦法維護它，這種途徑稱為：(A)守法途徑 (B)市場途徑 (C)積極途徑 (D)利害關係人途徑。

( ) **15** 下列何者是關於社會責任的國際標準？ (A)ISO9001 (B)SA8000 (C)YS1000 (D)TL2000。

二、進階題

(　　) **16** 下列何者屬於「不道德的企業行為」？　(A)產品廣告以事實為訴求　(B)遵守所有會計和內部控制法規　(C)在品質上偷工減料　(D)鼓勵對環境有益科技的研究和採用。

(　　) **17** 從「每個人都有自己的隱私權，Google不願將客戶的資料隨意的交給美國司法單位」這句話，可以看出Google在這件事上，是根據下列哪項原則進行的判斷？　(A)功利主義原則　(B)基本權利原則　(C)公平正義原則　(D)均衡務實原則。

(　　) **18** 「拆除農地設置科學園區可以為當地提高就業率，有益於當地的經濟發展」這句話，是根據以下哪項原則進行的判斷：　(A)功利主義原則　(B)基本權利原則　(C)道德原則　(D)均衡務實原則。

(　　) **19** 某醫生擬依不同道德觀點來考慮如何對其篩檢出絕症的病人進行說明，是語帶保留作善意欺騙以免刺激他的情緒，或是誠實告之病情，則下列敘述何者為真？　(A)依功利觀（utilitarian）可不必考慮病人家屬意見自行決定　(B)依權利觀（moral rights）應依照病人家屬意見辦理　(C)依正義觀（justice）宜語帶保留，善意欺騙　(D)依權利觀（moral rights）醫生應著重於病患權利的維護。

(　　) **20** 美體小舖（The Body Shop）以公平價格購買因戰爭、貧窮地區之原料，協助其維持謀生技能，藉以建立當地醫療、教育設施，主要是實踐該公司的：　(A)社會教育　(B)社會責任　(C)社會倫理　(D)以上皆非。

(　　) **21** 下列何者不屬於企業之社會責任的範圍？　(A)改善及保障勞工權益　(B)防止社會公害　(C)穩定市場的公平競爭　(D)配合政府南進政策進行企業國際化。

(　　) **22** 社會責任就古典學派的觀點而言，下列敘述何者為非？　(A)企業最大的社會責任就是要確保股東權益最大　(B)企業的管理者應具備處理社會責任的專業　(C)企業並沒有負起社會責任的直接義務　(D)企業追求社會責任，會稀釋企業的利潤。

( ) **23** 企業社會責任的範圍包括下列哪些方面？ (1)利益關係者 (2)員工 (3)股東 (4)社會大眾
(A)僅(1)(2) (B)僅(1)(3)
(C)僅(2)(3) (D)(1)(2)(3)(4)。

( ) **24** 台電公司對地方提供「回饋金」，是展現何種社會責任？ (A)對股東的責任 (B)對員工的責任 (C)對地方社會的責任 (D)對其他企業的責任。

( ) **25** 咖啡豆大多數生產於非洲、中南美洲等發展較落後的國家，某國際級咖啡公司為了避免農藥的濫用而破壞生態環境，因此向農民保證願意以高價收購有機咖啡豆，請問此一作法係該公司善盡下列哪一種社會責任？ (A)經濟責任 (B)法律責任 (C)倫理責任 (D)自由裁量責任。

( ) **26** 某電子公司不斷致力於廢水廢棄物的減量甚至超過環保署的要求，請問這種作法稱為： (A)社會回應 (B)社會義務 (C)社會任務 (D)社會化過程。

( ) **27** 在事件發生過程中有人刻意中傷公司，並散播謠言，此時公司應採取何種反應策略？ (A)拒不認錯型（Reaction） (B)積極防禦型（Defense） (C)適度回應型（Accommodation） (D)積極主動型（Proactive）。

( ) **28** 管理者對環境問題的認知稱為「管理的綠化」。杜邦公司（Du Pont）發展新的除草劑，每年幫助全世界農民減少4,500噸的農藥用量。以上這段話說明杜邦公司是採取下列何者？ (A)守法途徑 (B)利害關係人途徑 (C)市場途徑 (D)積極途徑。

解答與解析

一、基礎題

1 (C)。企業行為處世的對錯信念，或遵循的道德原則與標準。

2 (A)。以服從為基礎的倫理標準：強調嚴格處罰犯錯，以制止不法行為。以正直為基礎的倫理標準：強調員工負有共同責任。

3 (B)。道德係定義正確與錯誤行為的法規與原則。

4 (C)。倫理道德四大觀點：功利主義、基本權利、公平正義、均衡務實。

5 (A)。以結果為依歸，追求最大多數人的最大利益。

6 (D)

7 (C)。員工必須以符合道德的工作態度與行為來完成組織目標。

8 (C)。社會經濟觀點：認為企業的社會責任超過追求利潤，包括保護與改進社會福祉。亦即追求利潤與社會責任的均衡。

9 (B)。企業透過提升經營績效帶來利潤，除能為社會大眾帶來附加價值外，也給股東帶來投資的獲利，並照顧到員工的生計。

10 (D)。企業除盡到經濟、法律與倫理責任外，更可積極主動從事社會大眾期許的社會公益事業。

11 (B)。社會義務係滿足一個企業的經濟與法律責任。

12 (D)。次要利害關係人：工會、政府機關、社會大眾。

13 (D)

14 (C)。(A)僅遵守法律的規範。(B)顧客在環保上有任何要求，組織都會盡可能的提供。(D)盡力滿足組織的所有利害關係人對環保的要求。

15 (B)。SA8000（Social Accountability International，社會責任管理體系），是世界上第一個規範組織道德行為與社會責任的標準，該管理標準係以保護勞動環境、勞動條件、勞動場所、勞動權力為內容要求企業在健康安全、工作安全及工作報酬等方面，要有一致的條件。（王美玲，〈SA8000社會責任管理體系之簡介〉）

二、進階題

16 (C)

17 (B)。企業的決策必須基於對基本道德權利的考量包括：自由、隱私、生命安全、私有財產、言論自由等。

18 (A)。以決策的結果為基準，來判斷決策是否合乎道德，亦即決策目標是為最大多數人求得最大利益。

19 (D)。(A)以結果為依歸，追求最大多數人的最大利益，醫生應依照病人家屬意見辦理。(B)重視個人權利與自由，認為對人權的尊重，是道德行為最高的指導方針。(C)重視不偏不倚的公平準則，醫生應遵循法律的規範，公正的實行各項規定，不必考慮病人家屬意見，自行決定。

20 (B)。在法律與經濟規範之外，企業從事有益社會的事或行為。

21 (D)。企業社會責任（Corporate Social Responsibility，CSR）泛指企業在創造利潤、對股東利益負責的同時，還要承擔對所有利害關係人的責任，以達成經濟繁榮、社會公益及環保永續之理念。

22 (B)。屬於社會經濟觀點。

23 (D)。包括所有利害關係人與自然環境。

24 (C)

25 (D)。企業除善盡經濟、法律、倫理責任外，更積極主動從事社會大眾期許的社會公益事業。

26 (A)。企業能對社會的要求適時地回應。

27 (D)。應闢謠甚至提告，採取積極的回應措施。

28 (C)。組織會對顧客的環境偏好有所回應，顧客在環保上有任何要求，組織都會盡可能提供。

實戰大進擊

( ) **1** 過去黑心油事件，或者黑心商品事件中，所牽扯到的企業議題為何？(A)企業利潤 (B)企業倫理 (C)企業回饋 (D)企業目標。【105郵政】

( ) **2** 下列何者的定義是「決定行為對錯的準則、價值觀及信念」？(A)價值觀（Values） (B)告密（Whistle-blowing） (C)企業家精神（Entrepreneurship） (D)道德（Ethics）。【103台糖】

( ) **3** 企業非常尊重與保護員工個人隱私權與言論自由。此為何種道德觀點？ (A)道德的功利觀 (B)道德的權利觀 (C)道德的正義觀 (D)道德的權變觀。【103台酒】

( ) **4** 下列哪個項目是企業倫理理論中，強調集體利益極大化的原理？ (A)功利主義 (B)正義原則 (C)黃金法則 (D)基本責任論。【103經濟部】

( ) **5** 下列哪個理論觀點是指倫理決策的制定完全是基於成果或結果？此外，該理論觀點會利用數量模型來做倫理決策，考慮到如何產生最大的數量效應。 (A)權利觀點 (B)正義觀點 (C)整合契約觀點 (D)功利觀點。【103台糖】

( ) **6** 下列何者並非是管理者在決策時所採取的倫理規範（ethical norms）準則？ (A)效用（utility） (B)權利（right） (C)公正（justice） (D)合法性（legitimacy）。【103中油】

( ) **7** 管理者面臨營收衰退，採取裁減現有10%的員工，以保障剩餘90%員工的工作權，並照顧股東權益，這種觀點稱為： (A)倫理的功利觀 (B)倫理的權利觀 (C)倫理的公平觀 (D)倫理的社會觀。【103自來水】

(　) **8** 管理者在面對企業倫理困境時，若管理者在做道德決策時，必須考慮該決策對所有利害關係人之影響，並以能為大多數人帶來最大利益為原則。此時管理者所採用解決道德困境的原則為：(A)正義原則 (B)道德權利原則 (C)個人主義原則 (D)有用性原則。【104郵政】

(　) **9** 人們處於道德發展三個層次中的哪一個層次時的行事準則是「避免處罰、獲得獎賞」？ (A)傳統的層次（conventional stage） (B)高尚的層次（elevated stage） (C)原則的層次（principled stage） (D)傳統前層次（preconventional stage）。【103台糖】

(　) **10** 管理者為了提升道德行為，透過對於組織的基本價值觀及公司對員工道德標準的期望的正式說明，以減少模糊與困擾，稱為下列何者？ (A)道德訓練（ethics training） (B)道德規範（code of ethics） (C)道德領導 (D)工作規範。【105台糖】

(　) **11** 企業社會責任是企業為了保護與強化社會，所需要善盡的義務，下列何者非社會責任支柱之一？ (A)職場人權與僱用標準 (B)資源獲取與採購道德 (C)行銷與消費者議題 (D)併購與利潤議題。【105郵政】

(　) **12** CSR是下列哪一個選項的英文縮寫？ (A)企業利害關係人 (B)企業倫理 (C)企業社會責任 (D)公司治理。【104郵政】

(　) **13** 以 Milton Friedman 為代表的古典經濟學派之觀點，認為企業社會責任為何？ (A)為利害關係人追求利潤最大化 (B)企業社會責任是要維護員工福利與股東利益 (C)企業的社會責任是要嚴守法令規範 (D)企業唯一社會責任是為股東追求利潤最大化。【105自來水】

(　) **14** 支持企業承擔社會責任的理由，通常不包括下列哪一個論點？ (A)企業藉由追求社會目標，來創造良好的公眾形象 (B)企業承擔社會責任，有助於股價上升 (C)企業擁有資助公眾及慈善活動所需的資源 (D)企業追求社會責任是為了擴大企業的權力。【105中油】

(　) **15** 下列何者不是贊成企業承擔社會責任的主要因素之一？ (A)企業組織在運作過程中會製造各種問題，當然也應該要協助解決問題 (B)企業組織也是社會公民，理應承擔社會責任 (C)承擔社會責任有利可圖 (D)企業組織相較於個人往往具備較多解決問題的所需資源。【104郵政】

( ) **16** 企業對顧客的社會責任，通常不包括下列哪一項？ (A)誠實陳述財務資訊 (B)避免廣告不實 (C)不實施聯合定價 (D)重視消費者權益。 【103中油】

( ) **17** 下列何者不屬於利害關係人（stakeholder）？ (A)員工 (B)股東 (C)銀行 (D)自然環境。 【104郵政第2次】

( ) **18** 員工執行組織要求的某項行動時，此行動違反自己的倫理標準。此時，該員工面臨的情境是下列何者？ (A)倫理困境 (B)社會回應 (C)自利偏差 (D)倫理絕對主義。 【105台酒】

( ) **19** 組織綠化有四種途徑，下列何者不是組織綠化的方法？ (A)守法途徑（legal approach） (B)行動途徑（operations approach） (C)市場途徑（market approach） (D)積極途徑（activist approach）。 【103台糖】

( ) **20** 綠色企業（greening enterprise）符合4R精神，下列何者非屬4R的元素？
(A)Reduce (B)Remark (C)Recycle (D)Regeneration。 【103臺北自來水】

( ) **21** 作為一個想要鼓勵員工遵守職場道德的領導者，下列哪個行為並不恰當？ (A)協助員工解決職場道德問題 (B)協助企業建立與職場道德有關的規範 (C)做其他員工的好榜樣 (D)隨時準備在員工違背職場道德時承擔社會大眾的責難。 【106台糖】

( ) **22** 強調管理的社會責任不只是追求利潤，而應包括社會福祉的保護與增進，是何種社會責任的觀點？ (A)社會經濟觀點 (B)古典經濟觀念 (C)整合契約觀點 (D)社會義務觀點。 【106桃機】

( ) **23** 當企業認為其社會責任的對象包含股東與整個社會，這種觀點稱為？ (A)古典學派 (B)社會經濟學派 (C)社會反應學派 (D)凱因思學派。 【106桃捷】

( ) **24** 關於企業社會責任的敘述，下列何者正確？ (A)企業社會責任對於競爭力較強的企業來說並不重要 (B)企業社會責任與成本無關 (C)企業社會責任會提高企業的成本負擔，不過對於企業以及社會整

體有益　(D)企業社會責任會降低企業的競爭力。　【106台糖】

(　　) **25** 利害關係人能對組織運作帶來正面的影響，如提高對環境變化的預測能力、帶來成功的創新、增進彼此的信賴，以及較大的組織彈性以降低變化的衝擊等。請問下列何者不是利害關係人？　(A)社區　(B)社會與政治團體　(C)股東　(D)文化。　【106台糖】

(　　) **26** 下列何者不屬於利害關係人（Stakeholder）？　(A)員工　(B)股東　(C)銀行　(D)自然環境。　【106桃機】

(　　) **27** 經理人了解且考慮該企業以及其作為對自然環境造成的影響，是下列何者？
(A)綠色管理　(B)績效管理　(C)目標管理　(D)成本管理。　【107郵政】

(　　) **28** 企業社會責任主要關注的是在企業組織營運過程中受影響的哪一類利益關係人（Stakeholder）？　(A)股東　(B)員工　(C)社區、社會、環境與國家　(D)供應商。　【107台糖】

(　　) **29** 花蓮地區發生大地震，許多災民倉促逃出住處，台酒公司緊急調度3,000箱物資，投入花蓮救災支援工作，此為台酒公司何種行為的表現？　(A)社會責任　(B)社會回應　(C)社會義務　(D)策略性責任。　【107農會】

(　　) **30** 臺灣菸酒公司的經營理念之一為「善盡社會責任」，而這樣的理念亦徹底落實在日常的營運中，經由全公司共同的努力，並將執行成果，彙編成各年度「企業社會責任報告書」。請問有關社會責任的內容，不包括以下何者？　(A)經濟責任　(B)政治責任　(C)倫理責任　(D)法律責任。　【107台酒】

(　　) **31** 企業倫理上的兩難指的是？　(A)做與不做的窘境　(B)動與不動的需求　(C)要與不要的想法　(D)能與不能的機會。　【107農會】

(　　) **32** 企業在社會中扮演的主要角色為：　(A)照顧員工　(B)支持政治活動　(C)滿足社會人們的各種需求　(D)配合政府產業政策。　【108郵政】

( ) **33** 下列何者不是道德發展階段的干擾變數？ (A)個人特質 (B)事件強度 (C)道德兩難 (D)結構變數。 【111台酒】

( ) **34** 企業銷售產品時不做過度包裝，也不做誇大的廣告，是為下列哪一種之企業社會責任？ (A)自我責任 (B)經濟責任 (C)法律責任 (D)倫理責任。 【110台酒】

( ) **35** 下列何者不是支持社會責任的論點？ (A)減少政府的干預 (B)責任與權力的平衡 (C)公眾的期望 (D)中期利潤。 【111台酒】

( ) **36** 企業在有關社會責任的論述中，主要考慮點是「強調社會偏好，並且消極地和社會要求同步」，這是屬於： (A)社會義務 (B)社會回應 (C)社會觀感 (D)社會責任。 【111台鐵】

( ) **37** 高階管理當局對社會責任的實踐觀點常會有所不同，其中強調嚴格遵守法律規範，不會逾越法律要求的觀點是： (A)妨礙型觀點 (B)防禦型觀點 (C)調適型觀點 (D)主動型觀點。 【111台鐵】

( ) **38** 有關綠色管理之敘述，下列何者有誤？ (A)認為透過技術創新可以抵銷環保費用的支出 (B)是企業責無旁貸的核心義務 (C)管理者了解且考慮該企業以及其作為對自然環境造成的影響 (D)核心主張為企業應綠化公司的環境。 【111經濟部】

解答

1 (B) **2 (D)** **3 (B)** **4 (A)** **5 (D)** **6 (D)** **7 (A)** **8 (D)** **9 (D)** **10 (B)**
11 (D) **12 (C)** **13 (D)** **14 (D)** **15 (C)** **16 (A)** **17 (D)** **18 (A)** **19 (B)** **20 (B)**
21 (D) **22 (A)** **23 (B)** **24 (C)** **25 (D)** **26 (D)** **27 (A)** **28 (C)** **29 (A)** **30 (B)**
31 (A) **32 (C)** **33 (C)** **34 (D)** **35 (D)** **36 (B)** **37 (B)** **38 (D)**

絕技 04 企業的經營環境

命題戰情室：企業經營與環境有密不可分的關係，無論是內部環境抑或外部環境。本單元內容不多但題目卻可以出的很靈活，例如先前考過的「京都議定書」、M型社會、TPP跨太平洋戰略經濟伙伴關係協定（請參考「企業全球化」）、國發會公佈的景氣指標、老人國、經濟體制等，在準備之餘仍須注意時事議題。

重點訓練站

一、經營環境

企業面臨的環境可分為：內部環境、任務環境（或稱個體、特定、直接環境）、一般環境（或稱總體、大環境、系統、間接環境）、超環境。

內部環境	為企業內部的因素，如組織結構、管理程序、組織文化等，可以有效控制，端賴良好的管理功能發揮。
任務環境	為企業直接面對環境，如顧客、競爭者、供應商、經銷商、地方社區、利益團體等，可以加以改變。
一般環境	不會直接影響企業，但會透過競爭環境因素間接影響到企業的運作，如政治法律、科技、社會文化、經濟、自然環境等，無法改變只能適應。
超環境	為神佛環境，無法加以控制，應審慎恭敬，如中元普渡公司拜拜或上樑等。

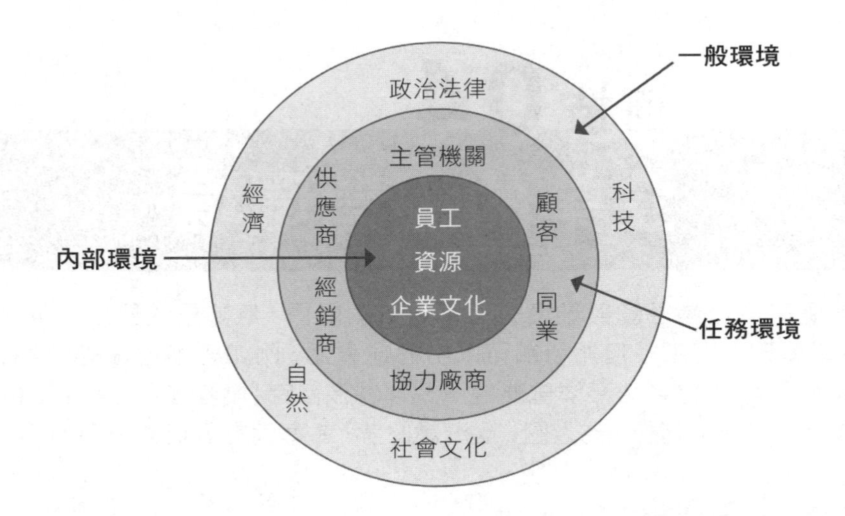

二、政治法律環境

涵蓋了與政府有關的各項因素，包括國家的政治與經濟體制、主要政黨生態與基本政策、執政團隊的政策、各項法令規章、官員執法態度等。

經濟體制的類型包括：

自由經濟制度	又稱市場經濟制度、資本主義經濟制度，根據亞當斯密自由放任的想法而形成，強調政府干預愈少愈好。主要是以私有財產為基礎，自由競爭為原則，追求利潤為目的。但會產生社會貧富懸殊的現象。
共產經濟制度	又稱計畫經濟制度，依據馬克斯的觀點而形成，主要強調政府對社會經濟的強制性。共產經濟制度反對社會的所有一切私有財產，強調一切經濟活動的生產與分配全交由政府來主導。將會導致社會普遍貧窮的現象。
社會經濟制度	強調以政府計畫經濟為主，市場經濟為輔的經濟制度，為重視社會福利國家的經濟制度。
混合經濟制度	是強調以自由經濟制度為主，政府管制為輔的經濟制度，為二十一世紀經濟制度發展的主流。

三、經濟環境

涵蓋了與整體經濟活動有關的各項因素，包括國民所得、經濟成長率與景氣循環階段、利率、匯率、失業率、通貨膨脹率、消費者信心指數等。

景氣指標與對策信號乃是為衡量經濟景氣概況，將一些足以代表經濟活動且能反映景氣變化的重要總體經濟變數，以適當統計方式處理，編製而成。目前國發會發布包含領先、同時、落後三種景氣指標，並同時發布景氣對策信號，提供各界衡量我國景氣脈動之用。

(一) **景氣指標**

1. **領先指標**：由外銷訂單指數、實質貨幣總計數M1B、股價指數、工業及服務業受僱員工淨進入率、核發建照面積（住宅、商辦、工業倉儲等）、SEMI半導體接單出貨比，及製造業營業氣候測驗點等7項構成項目組成，具領先景氣波動性質，可用來預測未來景氣之變動。
2. **同時指標**：由工業生產指數、電力（企業）總用電量、製造業銷售量指數、商業營業額、非農業部門就業人數、實質海關出口值，與實質機械及電機設備進口值等7項構成項目組成，代表當前景氣狀況，可以衡量當時景氣之波動。
3. **落後指標**：由失業率、工業及服務業經常性受僱員工人數、製造業單位產出勞動成本指數、金融業隔夜拆款利率、全體貨幣機構放款與投資，及製造業存貨率等6項構成項目組成，用以驗證過去之景氣波動。

(二) **景氣對策信號**：景氣對策信號係以類似交通號誌五種不同信號燈表示目前景氣狀況，其中「**綠燈**」表示景氣穩定、「**紅燈**」表示景氣熱絡、「**藍燈**」表示景氣低迷，至於「**黃紅燈**」及「**黃藍燈**」二者均為注意性燈號，宜密切觀察景氣是否轉向，藉由不同的燈號，提示政府應採取之對策，亦可利用對策信號變化做為判斷景氣榮枯參考。

四、社會文化環境

涵蓋了整個社會的人口特徵以及和言行與心態有關的各項因素。

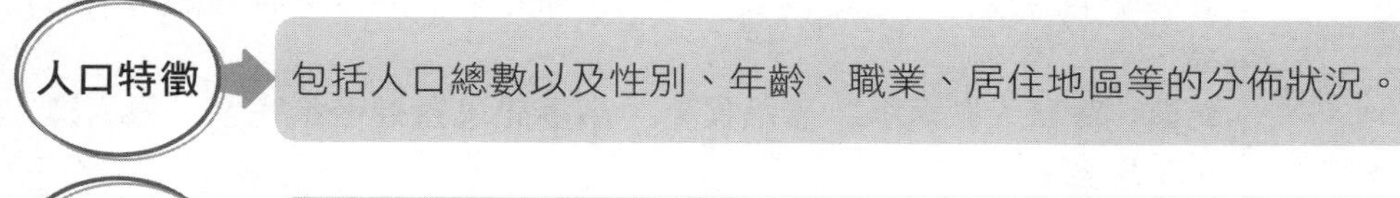

五、科技環境

涵蓋了社會中各項人為事物及其製造與使用方法的相關因素，如產品、服務、流程技術等。

六、自然環境

指一個國家所處的地理位置和自然環境，包括地形、地勢、土壤、氣候、物產狀況甚至是人種等自然要素。

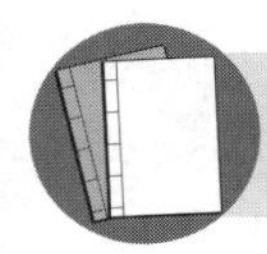

資料補給站

一、市場結構的類型

經濟學家依據產品市場結構競爭性的準則，將市場型態區分下列三種：

完全競爭市場	指一個買賣的雙方人數眾多，且具有充分自由競爭之市場。 **特徵**：買賣的人數多、交易金額少，競爭者數目很多、競爭程度很大，每個企業所提供的產品，在消費者的眼中是相同。生產者是價格接受者，而非決定者。
完全獨占市場	或稱完全壟斷，指在一個產品市場上，只有一家廠商，生產沒有近似替代品的產品，一家廠商構成整個產業的市場型態。 **特徵**：產品獨特，缺乏替代性、市場資訊極端缺乏、廠商加入市場十分困難。
不完全競爭市場	是介於完全競爭與完全獨占二極端之間。在現實經濟社會中，絕大多數產業均屬之，可分為獨占性競爭市場與寡占市場。

不完全競爭市場又可分為獨占性競爭市場與寡占市場：

獨占性競爭市場	又稱壟斷性競爭，此市場廠商的行為具有獨占性又具競爭性。是由許多廠商生產類似但非同質的產品，新廠商加入非常容易的市場組織。 **特徵**：買賣人數眾多、產品異質、市場訊息靈通但不完全、廠商進出市場容易。

寡占市場	又稱寡頭壟斷。係指由生產相同的或有差異性產品的少數幾家廠商控制整個產業，彼此互相競爭、互相牽制、高度依賴。 特徵：只有少數幾個廠商、產品可能同質（亦可能異質）、市場資訊不完全、廠商進出市場不容易。

二、景氣對策信號組成要素

目前國發會編製之對策信號由貨幣總計數M1B、股價指數、工業生產指數、非農業部門就業人數、海關出口值、機械及電機設備進口值、製造業銷售量指數、商業營業額，及製造業營業氣候測驗點等9項構成項目組成。

易錯診療站

一、企業所面臨的經營環境可分為

總體環境	指一般性的、不限特定企業的環境因素，可約略分為：政治、法律、經濟、社會、文化、科技、自然環境、國際現勢等。
個體環境	與組織活動有直接關係的，包括顧客、競爭者、供應商等。
內部環境	指企業內部的組織結構、組織文化或組織氣候。

二、經濟體制的類型

市場經濟體制	又稱「自由經濟體制」，是純粹的資本主義經濟制度，以私有財產和經濟自由為基礎、價格制度為指引，追求利潤為目標的一種經濟制度。
計畫經濟體制	又稱「指令型經濟」是對生產、資源分配以及產品消費事先進行計畫的經濟體制。而這種體系下，國家在生產、資源分配以及產品消費各方面，都是由政府或財團事先進行計畫。
混合式經濟制度	融合了計畫性與市場經濟的特徵，既有私人企業，又存在政府涉入。

三、產業結構

產業活動的可分為：第一級產業為農業、第二級產業為工業、第三級產業為服務業、第四級產業為知識密集產業、第五級產業為文創業。

產業分級	定義	實例
第一級產業	直接從自然界獲取產品的產業	農、林、漁、牧礦業
第二級產業	利用各種原料所從事的製造活動	製造業、建築營造、水電工程、水泥製造等
第三級產業	為人們提供各類服務的活動	商業、飯店、物流、運輸業、房地產仲介業等
第四級產業	生產具有高附加價值、高生產率、更多創新與豐富的知識做為依據的知識密集型產業	1. 知識密集型的高科技產業，如生物科技、奈米科技、能源科技等。 2. 知識密集型的服務業，如金融保險業（資產管理）等
第五級產業	指體現出文化與創意的產業	出版、電子遊戲、動漫業、演員、作曲家、指甲彩繪等

模擬題試煉

一、基礎題

( ) **1** 政治環境、經濟環境、社會環境、科技環境等統稱為何？ (A)超環境 (B)總體環境 (C)任務環境 (D)內部環境。

( ) **2** 企業面對外在環境的挑戰，一般而言，可將外在環境分成自然環境、社會文化環境、政治法律環境、科技環境、產業環境、國際環境，以及那一項重要的環境？ (A)經濟環境 (B)勞動環境 (C)消費環境 (D)休閒環境。

( ) **3** 以下何者不屬於企業的一般環境？ (A)顧客 (B)科技 (C)政治 (D)法律。

(　　) **4** 下列何種經濟制度允許私有財產及選擇自由，對經濟活動干涉較少，較有利於經濟發展？ (A)社會主義 (B)資本主義 (C)馬克斯主義 (D)共產主義。

(　　) **5** 市場機能與政府機能並存的經濟體系是何者？ (A)共產主義 (B)資本主義 (C)自由主義 (D)混合經濟。

(　　) **6** 在台灣，下列哪個單位主管全國勞動政策？ (A)勞工局 (B)健保署 (C)勞動部 (D)勞保局。

(　　) **7** 規定勞動最低條件與保障勞工權益的法令為： (A)勞工保險法 (B)勞動基準法 (C)勞資爭議處理法 (D)兩性工作平等法。

(　　) **8** 消費者信心指數（CCI）在預測消費者對於耐久財消費力時，是一個很強的領先指標。請問消費者信心指數是屬於總體環境的何種因素？ (A)政治因素 (B)社會因素 (C)經濟因素 (D)國際因素。

(　　) **9** 「貧者越貧、富者越富，中產階級失去競爭力而突然消失，財富被重新分配」此一現象被稱為「M型社會」，請問「M型社會」一書的作者是那位？ (A)嚴長壽 (B)彼德．杜拉克 (C)麥可．波特 (D)大前研一。

(　　) **10** 下列各種景氣訊號所代表的意義，何者為非？ (A)紅燈：顯示景氣過熱 (B)黃紅燈：顯示景氣轉熱或趨穩 (C)藍燈：顯示景氣穩定 (D)黃藍燈：顯示景氣轉穩或衰退。

(　　) **11** 以下何者不是「3C」的範圍？ (A)電腦 (B)管理資訊系統 (C)通訊 (D)消費性電子。

(　　) **12** 生產者對價格影響最大的市場型態是何種？ (A)完全競爭市場 (B)獨占性競爭市場 (C)獨占市場 (D)寡占市場。

(　　) **13** 目前我國的航空業市場是屬於下列何種市場結構？ (A)獨占 (B)寡占 (C)獨占性競爭 (D)完全競爭。

(　　) **14** 影響商業環境的內部因素是： (A)政治因素 (B)經濟因素 (C)法律因素 (D)研究與發展。

( ) **15** 下列何者非屬於企業所面臨的特定環境？ (A)股東 (B)科技與經濟 (C)供應商 (D)競爭者與顧客。

( ) **16** 以下何者不是組織所面臨的一般環境要素？ (A)經濟情勢 (B)政治與法律情勢 (C)科技發展情勢 (D)國防武器採購金額的變化。

二、進階題

( ) **17** 下列何者屬於組織的總體環境因素？ (A)文化、風俗、民情 (B)公司配銷結構的改變 (C)競爭對手的促銷策略 (D)顧客偏好的改變。

( ) **18** 總體環境可區分為六類。其中若探討種族結構、教育結構、職業結構等，稱為： (A)自然環境 (B)人口統計環境 (C)經濟環境 (D)科技環境。

( ) **19** 有關總體環境的敘述，下列何者錯誤？ (A)總體環境包括政治、經濟、社會、科技等環境 (B)總體環境產生的影響不因特定企業而有所不同 (C)總體環境又稱為任務環境 (D)人口統計變數也是總體環境之一部份。

( ) **20** 企業外部特定環境變動，將會對企業經營產生立即而直接影響的因素，被稱為任務環境因素，包含下列何者？ (A)供應商 (B)消費者 (C)競爭者 (D)以上皆是。

( ) **21** 有關混合經濟制度的敘述，何者正確？ (A)為目前多數自由世界的國家所採行 (B)兼具社會主義體制及資本主義精神 (C)屬於一種計畫經濟 (D)政府的經濟職能受到較大的限制。

( ) **22** 政府對企業經營方面的職能不包含以下哪一項？ (A)建立良好的經濟環境 (B)保護消費者及勞工權益 (C)挽救經營不善的企業 (D)保護國內產業、對抗國際競爭。

( ) **23** 下列哪一項不是目前國內企業應重視的環境問題？ (A)全球化競爭 (B)勞動力過剩 (C)消費者意識提高 (D)自然環境保護。

( ) **24** 我國政府近年來逐漸重視老人的醫療照護，原因之一乃是六十五歲以上老人占人口總數的比率已經超過以下哪項門檻標準，而進入所謂的「老人國」、「老年社會」或「高齡化社會」階段？ (A)6% (B)7% (C)10% (D)12%。

( ) **25** 有關「京都議定書」的議題，請問該協議目的為何？ (A)減少石油的使用量 (B)減少二氧化碳的排放量 (C)鼓勵再生能源的發展 (D)減少核能發電的使用率。

( ) **26** 四種市場結構中，依廠商家數多寡的排序為何？ (A)完全競爭＞寡占＞獨占性競爭＞獨占 (B)完全競爭＞獨占性競爭＞獨占＞寡占 (C)完全競爭＞獨占性競爭＞寡占＞獨占 (D)完全競爭＞獨占＞寡占＞獨占性競爭。

( ) **27** 完全競爭市場和獨占性競爭市場的差異： (A)長期無超額利潤 (B)廠商眾多 (C)廠商有無訂價能力 (D)以上皆非。

( ) **28** 下列關於企業環境的敘述，何者有誤？ (A)有新競爭者和公共壓力的企業環境仍有可能是穩定的環境 (B)有些公司或組織沒有競爭者 (C)若環境中的元素不多，管理者容易掌握，這種環境稱為簡單環境 (D)公司表現有可能受到外部的因素影響。

( ) **29** 下列對總體環境的敘述何者錯誤？ (A)由於科技的發展，使產業結構由勞力密集轉為資本密集 (B)在貿易自由化浪潮下，各國政府逐漸開放國內市場 (C)高效率的通訊設備，縮短了國際間的距離 (D)技術的變化多端，延長了產品生命週期。

解答與解析

一、基礎題

1 (B)。加上法律，稱為（PESTL）為總體環境因素。

2 (A)

3 (A)。為任務環境因素。

4 (B)。又稱自由經濟制度或市場經濟制度。

5 (D)。強調以自由經濟制度為主，政府管制為輔的經濟制度，為21世紀經濟制度發展的主流。

6 (C)。勞動部是全國勞動政策的主管機關。

7 (B)。「為規定勞動條件最低標準，保障勞工權益，加強勞雇關係，促進社會與經濟發展」而訂定的法規。

8 (C)。包括國民所得、經濟成長率與景氣循環階段、利率、匯率、失業率、通貨膨脹率、消費者信心指數等。

9 (D)。「M型社會」出自日本趨勢學家大前研一在《中下階層的衝擊》一書中提出的概念。

10 (C)。綠燈：顯示景氣穩定。

11 (B)。3C產品可分為：電腦（Computer）、通訊（Communication）、消費性電子（Consumer electronics）。

12 (C)。完全競爭市場訂價權最少（價格接受者）；獨占市場訂價權最多（價格決定者）。

13 (B)。由生產相同的或有差異性產品的少數幾家廠商控制整個產業。

14 (D)。(A)(B)(C)為一般環境因素。

15 (B)。為總體環境因素。

16 (D)。自然環境變化、社會文化情勢。

二、進階題

17 (A)。(B)(C)(D)為任務環境因素。

18 (B)。一般企管所提總體環境概分為PESTEL，即政治、經濟、社會、科技、自然環境、法律環境，人口統計、文化均屬於社會環境；其他版本如《行政學》總體環境更細分為人口、教育、文化、憲政、國際現勢等。在企管大意－行銷管理的市場區隔的基礎：人口統計區隔化（demographic segmentation）：則以基本的人口統計變數將市場分成許多不同的群體，包括：年齡、家庭人數、家庭生命週期、性別、所得、職業、教育、宗教、種族、世代、國籍以及社會階級。

19 (C)。一般環境或系統環境。

20 (D)。為企業直接面對環境，如顧客、競爭者、供應商、經銷商、地方社區、利益團體等。

21 (A)。強調以自由經濟制度為主，政府管制為輔的經濟制度。

22 (C)

23 (B)。少子化及人口老化問題，可能在未來20年後會造成勞動力不足現象。

24 (B)。聯合國規定65歲以上的老年人口比例占全國的7%以上，就稱為高齡化社會。

25 (B)。1997年通過的《京都議定書》（Kyoto Protocol），又譯《京都協議書》、《京都條約》，全稱《聯合國氣候變化綱要公約的京都議定書》，具體規範二氧化碳排放量的約束，共有183個國家通過了該條約。

26 (C)

27 (C)。完全競爭市場訂價權最少，是價格的接受者。

28 (A)。屬於不穩定的環境。

29 (D)。技術的變化多端，縮短了產品生命週期。

實戰大進擊

(　　) **1** 企業活動深受經濟、社會文化、科技、政治與法律等外在環境因素的影響。下列何者屬於「經濟因素」？　(A)社會價值觀改變　(B)人口結構　(C)教育　(D)物價。【104自來水】

(　　) **2** 對於組織環境的敘述，下列何者錯誤？　(A)外部環境包含一般與任務環境會影響所有的產業　(B)一般環境則會影響特定產業　(C)競爭者、顧客供應商策略夥伴等是任務環境中的重要因素　(D)內部環境則包含所有權人、董事會員工組織文化以及實體工作環境等等。【104郵政】

(　　) **3** 在哪一種經濟制度之下，私有企業比較能夠蓬勃發展？　(A)計畫經濟制度　(B)社會主義經濟制度　(C)市場經濟制度　(D)共產主義經濟制度。【103中油】

(　　) **4** 有關計畫經濟（planned economies）的敘述，下列何者錯誤？(A)基本信念是政府能提供社會大眾最佳的利益　(B)多以自由經濟為最大的代表　(C)社會主義也是計畫經濟形式之一　(D)大部份的資源是由政府所擁有。【105台糖】

(　　) **5** 市場上只有一個生產者，進入障礙很高，該廠商即代表該產業，可賺取超額利潤，係為哪一種產業競爭結構？　(A)完全競爭　(B)獨占　(C)寡占　(D)獨占性競爭。【102中油】

(　　) **6** 自由市場內的競爭有四種，當中市場由少數賣方所操控的競爭形態稱為：　(A)獨占　(B)寡占　(C)完全競爭　(D)壟斷競爭。【103台酒】

(　　) **7** 依照經濟學的理論，在何種市場結構下，廠商的訂價權最少？(A)獨占市場　(B)寡占市場　(C)獨占競爭市場　(D)完全競爭市場。【103自來水】

(　　) **8** 企業處於哪一種「市場型態」的競爭程度最大？　(A)完全競爭市場　(B)獨佔市場　(C)獨佔性競爭市場　(D)寡佔市場。【104自來水升】

(　　) **9** 企業對產品價格沒有控制能力的市場，稱為：　(A)完全競爭　(B)寡占　(C)獨占競爭　(D)獨占。【104郵政】

(　　) **10** 景氣對策信號出現藍色燈號表示：　(A)景氣過熱　(B)景氣復甦　(C)景氣低迷　(D)景氣穩定。【103台酒】

(　　) **11** 為了配合國家經濟發展階段之政策，顯示經濟情況及其預先設定的因應措施的信號是：　(A)景氣動向指標　(B)景氣對策信號　(C)經濟動向指標　(D)經濟對策信號。【103自來水】

(　　) **12** 下列何者屬於經濟景氣動向的領先指標？　(A)海關出口值變動率　(B)工業生產指數變動率　(C)國內貨物運輸量　(D)票據交換差額變動率　(E)以上皆非。【104郵政第2次】

(　　) **13** 企業欲瞭解所有投資市場居民的性別、年齡、出生率、死亡率、種族等因素，此為何種環境因素？　(A)法律因素　(B)社會文化因素　(C)人口統計變數因素　(D)政治因素。【103台酒】

(　　) **14** 胖達人麵包添加人工香料，消費者對業者涉廣告不實案，提出消費團體訴訟申請，以保障消費者應有的權益，是基於：　(A)消費者保護主義　(B)社會主義　(C)綠色組織　(D)經濟議題。【102中油】

(　　) **15** 環保意識抬頭，應視為管理上：　(A)經濟環境　(B)政治環境　(C)社會環境　(D)科技環境的改變。【104農會】

(　　) **16** 下列何者非屬任務環境的要項？　(A)現有市場的競爭廠商分析　(B)政治、經濟、社會、科技環境分析　(C)產業供應商的交易能力分析　(D)產業潛在競爭者分析。【103自來水】

(　　) **17** 組織的運作會受到其內部環境（internal environment）的影響，此外，組織的運作也會受到外部環境（external environment）的影響。請問下列何者不屬於組織內部環境？　(A)顧客　(B)所有者（owner）　(C)員工　(D)文化。【103台糖】

(　　) **18** 下述何種外部力量（External Forces）將會影響員工的行為？　(A)科技發展　(B)全球化　(C)政府法規變動　(D)以上皆是。【105農會】

(　) **19** 市場或產業中的賣方家數眾多，且賣家的產品具有差異化。此為何種市場結構？
(A)完全競爭　(B)獨佔競爭　(C)寡佔　(D)獨佔。【106桃機】

(　) **20** 「PEST」分析是企業檢閱其外部環境的一種方法，其中E指的是下列何者？
(A)Effect　(B)Evaluate　(C)Efficiency　(D)Economic。【106桃機】

(　) **21** 關於「完全競爭市場」特徵的敘述，下列何者正確？　(A)競爭者數目很少　(B)競爭程度很小　(C)個別企業有能力控制市場價格　(D)每個企業所提供的產品，在消費者的眼中是相同。【107郵政】

(　) **22** 政府機關對國內食品公司販售的綠豆粉絲、冬粉進行稽查，發現部分公司涉嫌竄改商品有效期限，有欺騙消費者之虞。請問這些公司可能已違反下列哪一項法律規範？　(A)商品標示法　(B)定型化契約　(C)商標法　(D)勞動基準法。【107台酒】

(　) **23** 第四級產業是指：　(A)知識密集產業　(B)服務業　(C)工業　(D)農業。【107台糖】

(　) **24** 企業面臨潛在競爭者的挑戰是屬於哪一種環境因素？　(A)內在環境　(B)產業環境　(C)總體環境　(D)國際環境。【107台北自來水】

(　) **25** 近年來台灣社會逐漸面臨少子化與高齡化的壓力，也影響企業經營環境，請問此一分析，主要是企業一般環境中，哪部分分析會得到的結果？　(A)科技環境分析　(B)政治與法律環境分析　(C)人口統計變項環境分析　(D)自然生態環境分析。【108台酒】

(　) **26** 在下列哪個市場情況下，某特定產品的供給僅由單一銷售者決定？
(A)完全競爭市場　(B)寡佔市場
(C)獨佔市場　(D)資本主義市場。【108郵政】

(　) **27** 近年來消費者傾向避免油炸食物，此種改變對速食業者而言，屬於下列何種環境的改變？　(A)政治環境　(B)經濟環境　(C)法律環境　(D)社會文化環境。【109桃機】

(　　) **28** 下列何種產業結構是指市場上存在無數多小廠商，且提供高度同質性的產品？
(A)獨占　(B)寡占　(C)完全競爭　(D)獨占競爭。　【109桃機】

(　　) **29** 景氣動向指標有所謂的同時指標、領先指標與落後指標三種，下列何者是領先指標？　(A)工業生產指數　(B)實質海關出口值　(C)股價指數　(D)製造業銷售量指數。　【111台鐵】

(　　) **30** 政府編製景氣對策信號作為施政參考，分成紅燈、黃紅燈等五個景氣對策信號，在綜合判斷項目上，未包括下列何者？　(A)股價指數　(B)工業生產指數　(C)製造業銷售量指數　(D)全體貨幣機構放款與投資。　【111台鐵】

(　　) **31** 下列何者是影響企業經營的國際因素？　(A)國際石油價格　(B)企業內部資源　(C)國內利率　(D)國內供應商。　【111台酒】

解答

1 (D)　**2 (B)**　**3 (C)**　**4 (B)**　**5 (B)**　**6 (B)**　**7 (D)**　**8 (A)**　**9 (A)**　**10 (C)**
11 (B)　**12 (E)**　**13 (C)**　**14 (A)**　**15 (C)**　**16 (B)**　**17 (A)**　**18 (D)**　**19 (B)**　**20 (D)**
21 (D)　**22 (A)**　**23 (A)**　**24 (B)**　**25 (C)**　**26 (C)**　**27 (D)**　**28 (C)**　**29 (C)**　**30 (D)**
31 (A)

絕技 05 傳統理論時期

命題戰情室：古典理論時期（1900～1940）是管理思想啟蒙與發展的階段，可簡單細分為：科學管理學派（scientific management school）、管理程序學派（management process school）與層級結構學派（bureaucracy school）。本階段強調運用科學方法與技術來解決企業組織的問題，著重在效率的提升。比較常被命題的是費堯（Henri Fayol）、韋伯（Max Weber）的理論，其次是泰勒（Frederick Taylor）、甘特（Henry Gantt）的主張。

重點訓練站

主要是受到亞當・史密斯（A.Smith）的《國富論》以及工業革命發展的影響而產生。根據卡斯特與羅森威（Kast & Rosenzwing）的歸納，傳統理論時期（1900～1940）主要代表學派：科學管理學派、管理程序學派與層級結構學派。

本時期著重於權責之合理分配、組織結構健全及工作方法標準化、系統化，並尋求最佳的管理原則，以使組織有效運作，達到最高效率及理性目標。

一、科學管理學派

又稱「管理技術學派」，強調使用科學方法來找出完成工作的最佳的方案。

代表人物	稱譽、著作	重要主張
泰勒 F.Taylor	科學管理之父 〈論件計酬制〉、〈差別計件比率〉、〈工廠管理〉、《科學管理原則》	1. 提出管理四科學管理原則 2. 建構職能式組織 3. 實行例外管理 4. 提出「差別計件工資制度」 5. 設置不同專長領班 6. 透過時間研究以訂定標準工時

代表人物	稱譽、著作	重要主張
吉爾布勒斯 F.Gilbreth	動作研究之父	1. 動作科學研究 2. 動作經濟原則：22條 3. 動作基本模型：17個動素 4. 發明微量測量儀
甘特 H.Gantt	人道主義之父 《工業領袖》、《工作組織》	1. 提出「任務與獎金制度」 2. 發展出「甘特圖」
艾莫生 H.Emerson	效率教主 《效率的十二原則》	提出十二項效率原則

泰勒科學管理四原則

原則	內容
動作科學原則	使用科學方法來研究最佳工作方法，以代替舊式隨意操作的「經驗法則」。
工人選用科學原則	以一套科學方法來選用、訓練、指導工人，以代替過去工人自己選擇摸索方式。
誠心合作及和諧原則	管理人員與工人要真誠合作，而資本主與勞工間亦應採「和諧共利」的立場。
發揮最大分工效率原則	管理人員與工人厲行分工，各司其責。而每個人對生產力提高應負相當的責任。

科學管理學派的學者主張為了提升工作效率，工作設計應依循3S原則：

1. **簡單化**（Simplification）：將作業流程盡可能化繁為簡，可以提高員工工作效率。
2. **專業化**（Specialization）：將一切工作盡可能的細分專業化，以提高品質與績效。
3. **標準化**（Standardization）：將各項工作作業流程標準化，可以確保作業的一致性。

二、管理程序學派

又稱「行政理論學派」，強調管理應是一套合理適用的程序與步驟，為可「放諸四海皆準」的管理原則。

代表人物	稱譽、著作	重要主張
費堯 H.Fayol	行政理論之父、 現代管理理論之父 《一般管理與工業管理》	1. 提出十四項管理原則。 2. 管理程序：規劃、組織、命令、協調、控制。 3. 提出組織結構的「OSCAR原理」即目標、專業化、協調、權威與職責。 4. 首先將企業活動分為「企業功能」（技術性、商業性、財務性、安全性與會計性功能）及「管理功能」。
古力克 L.Gulick **歐威克** L.Urwick	《行政科學論文集》	提出八項原則： 1. 配合組織需要選取人才。 2. 承認高層主管為權威來源。 3. 堅守指揮統一原則。 4. 利用一般及專門幕僚。 5. 依目的、程序、人員與地區原則分設部門。 6. 授權並利用例外原則。 7. 責任與權威相當。 8. 考慮適當控制幅度。
穆尼 J.Mooney **雷利** A.Reiley	《組織的原則》	提出四個基本原則： 1. 協調原則。　2. 階梯原則。 3. 機能原則。　4. 幕僚原則。

費堯十四項管理原則

分工原則	透過分工可達專業化，提高效率。
權威原則	權力應伴隨著責任。
紀律原則	員工須遵守組織規定。

統一指揮原則	每位員工都應只接受一位上司命令。
目標一致原則	具同一目標工作，均應只有一位上司及一套計畫。
共同利益優先原則	個人利益應置於組織利益之下。
報酬公平原則	完善薪酬制度須具備：公平待遇、績效獎勵、適度獎勵。
中央集權化原則	組織須視員工素質與組織狀況決定集權程度。
階層鏈鎖原則	從最高層到最低層權力路線應正視：骨幹原則〔垂直關係〕與跳板原則〔水平關係〕。
秩序原則	員工與物料均應在適當時候，出現在適當的地方。
公正原則	管理者應和善公平對待下屬。
任期穩定原則	管理者應作好人事規劃，減少人員流動，穩定人事。
主動原則	讓員工參與計畫可激發、培養其創意與成就感。
團隊精神原則	高階管理者須強化員工團結與協作精神。

費堯將企業活動分為「企業功能」與「管理功能」兩大類六大項：

企業功能	1. 技術性功能：包括生產、物管、生管、品質維護、設計等。 2. 商業性功能：包括採購、銷售及交換行為。 3. 財務性功能：包括資金取得及控制。 4. 安全性功能：包括商品、人員及設備的保護。 5. 會計性功能：包括盤存、會計報表、成本分析及統計等。
管理功能	**規劃、組織、指揮、協調及控制。**

三、層級結構學派

又稱官僚體系或科層體系，認為有效率的組織，應有嚴格規則、控制與階層、專業分工，而其權力基礎係源自於「理性法制權威」。

代表人物	稱譽、著作	重要主張
韋伯 M.Weber	現代社會學創始者 《新教倫理與資本主義精神》 《經濟組織與社會組織》	1. 發展出一套權威結構與關係的理論。 2. 將威權區分為三種型態： (1) 傳統型：由古老傳統文化、信仰、世襲而產生的職權。 (2) 魅力型：基於個人特質、信仰與影響力所形成的職權。 (3) 理性法定型：基於法令及規範所賦予的職權。 3. 理想中的組織型態，其核心是建立在理性與法制之上。 4. 官僚組織具有專業分工、層級節制、規章詳細、不講人情、以技術為水準嚴格挑選員工、根據成就或年資升遷。
霍爾 R.Hall	〈官僚概念－實證評估〉	官僚是程度上的，並非絕對可用六個構面來衡量： 1. 分工之專業或程度。 2. 階級之清楚程度。 3. 權責規定之詳細程度。 4. 工作程序之詳細程度。 5. 人際關係之鐵面無私程度。 6. 升遷與甄選取決於技術的程度。

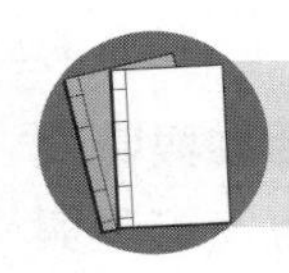

資料補給站

一、巴拜治（Babbage）在1832年出版《論機器與生產（製造者）的經濟性》，強調生產效率的重要性，呼籲管理者多利用平時生產與銷售紀錄，來建立工作研究、成本分析、獎勵制度等科學管理制度。

二、古立克（L.Gulick）與歐威克（L.Urwick）兩人在1937合編《行政科學論文集》，提出行政管理七項功能「POSDCORB」：P計畫（Planning）、O組織（Organization）、S人事（Staffing）、D指揮（Directing）、CO協調（Coordinating）、R報告（Reporting）、B財政（Budgeting）。

三、費堯（H.Fayol）認為一般組織中存有「**骨幹原則**」，以利命令下達與意見溝通。但是在大型組織中由於層級太多，於緊急狀況下常失去訊息傳遞的失效，所以費堯另外提出「**跳板原則**」，作為補救方法。

四、佛萊特（M.Follet）是最早發現組織可以個人或團體觀點分析學者之一。是科學管理時代一位改變風氣的社會哲學家，認為組織應基於團體的倫理而非個人主義；管理者的工作就是和諧與協調團體，並視工人為夥伴－團體的一份子。其重要主張有：

(一)組織應以社群方式運作，讓管理者與部屬能和諧地共同工作。

(二)管理者與員工應透過整合（intergration）化解衝突，即找出雙方滿意的解決方式。

(三)工作流程必須在具有關鍵知識的員工控制下進行，而非由扮演輔助角色的管理者所操控。

易錯診療站

一、工業革命以機器代替人工，帶動了人類經濟與文明的發展，分別由歐美國家開始，如美國**泰勒從微觀觀點**，也就是**基層工人工作方法與技術的提升**；法國**費堯從宏觀觀點**，也就是從**中上管理階層著手，試圖建立良好的制度、原則，可放諸四海皆可行**；德國**韋伯設計一個理想的結構－科層體制**，藉以提高效率，達到組織目標。

二、**甘特圖（Gantt chart）**是由亨利・甘特在1910年開發出，係**將活動與時間聯繫起來的一種圖表形式，可顯示每個活動的歷時長短**。亦是專案管理與計畫排程中，不可或缺的重要圖表。

模擬題試煉

一、基礎題

(　　) **1** 就管理思潮的演變而言，下列何者是最初工業革命的自然結果？ (A)管理科學 (B)科學管理 (C)行為科學 (D)系統理論。

(　　) **2** 被視為現代經濟學之父，第一個建構創造財富、改善人們生活制度的是何者？ (A)費堯 (B)韋伯 (C)泰勒 (D)亞當・斯密。

(　　) **3** 被稱為「科學管理之父」的是下列哪一位學者？ (A)亨利・甘特（Henry Gantt） (B)法蘭克・吉爾伯斯（Frank Gilbreth） (C)亨利・費堯（Henri Fayol） (D)菲特列克・泰勒（Frederick Taylor）。

(　　) **4** 依照管理思想之演進，所謂傳統管理理論期包括的管理學派有以下何者？ (A)管理科學、管理程序、科層體制 (B)科學管理、管理程序、系統理論 (C)科學管理、管理程序、科層體制 (D)管理科學、管理程序、行為科學。

(　　) **5** 「將工作動作進行分析及合理化，消除非必要的動作以提高工作效率」是下列哪一位管理學者的重要貢獻？ (A)甘特（Gantt） (B)吉爾博斯（Gilbreth） (C)泰勒（Taylor） (D)費堯（Fayol）。

(　　) **6** 甘特圖（Gantt Chart）在管理過程中，可以呈現什麼作用？ (A)組織分層負責情形 (B)組織的歷史發展週期 (C)組織內部的辦事細則 (D)組織工作流程與完成期限。

(　　) **7** 下列何者著有「十二效率原則」？ (A)費堯 (B)杜拉克 (C)泰勒 (D)艾默生。

(　　) **8** 下列何者不屬於法國管理學者費堯（H.Fayol）所提出的五種管理要素？ (A)計畫 (B)組織 (C)溝通 (D)控制。

(　　) **9** 在費堯提出之十四項管理原則中，主張「給予成員一穩定的任期，使其能夠適應而後發揮效能」？ (A)紀律原則 (B)職位安定原則 (C)秩序或職位原則 (D)權威原則。

( ) **10** 古立克（L.Gulick）提出POSDCORB一字來說明行政管理的內容，其中「CO」意指為何？ (A)合作（Cooperation） (B)合產（Coproduction） (C)協調（Coordinating） (D)吸納（Cooptation）。

( ) **11** 下列何者非為穆尼及雷利所提的原則？ (A)利潤原則 (B)協調原則 (C)層級原則 (D)幕僚原則。

( ) **12** 利用組織取代個人專斷和主觀統治的管理理論為何？ (A)科學管理學派 (B)管理程序學派 (C)官僚理論學派 (D)行為科學學派。

( ) **13** 韋伯（Max Weber）提出一個理想且具效率的組織模式，認為組織結構各層級的關係乃建立在理性與嚴密的規章制度下，各層級人員依其職位取得職權，此理論為下列何者？ (A)科學管理理論 (B)系統學派 (C)權變理論 (D)科層體制理論。

( ) **14** 根據霍爾的官僚概念，一個組織可從六個構面來判斷官僚程度，下列何者不屬於上述六個構面？ (A)組織成員人數的多寡 (B)層級劃分嚴明的程度 (C)分工程度 (D)人際關係鐵面無私的程度。

二、進階題

( ) **15** 下列何種管理學派強調有系統的求知及解決問題，並透過「觀察、蒐集、分析、綜合、應用、證實」的過程，以尋找完成工作的最佳工作方法？ (A)科學管理學派 (B)管理程序學派 (C)行為科學學派 (D)系統管理學派。

( ) **16** 下列何項敘述不屬於泰勒所主張的「科學管理原則」？ (A)以科學方法選訓工人 (B)尋求最佳的工作方法，以取代經驗法則 (C)管理人員應重視員工的需要、動機，以激勵的原則來領導部屬 (D)管理人員與工人各司其責並真誠合作。

( ) **17** 吉爾伯斯夫婦（Frank & Lillian Gilbreth）最著名的研究是下列何項？ (A)生鐵實驗 (B)砌磚工作 (C)鏟煤科學 (D)伐木動作。

( ) **18** 企業可以運用下列那種工具或技術，來呈現某件專案中的各項具體任務，以及該任務的起迄期間和花費的時間長度？ (A)PDCA

(B)SWOT (C)甘特圖表（Gantt Chart） (D)六標準差（Six Sigma）。

( ) **19** 下列何者為科學管理根本的原則？ (A)增加效果 (B)提高合法性 (C)提高效率 (D)強化權威。

( ) **20** 下列有關管理學家費堯（H.Fayol）的敘述何者是錯誤的？ (A)管理觀點是個別性的，自下而上 (B)著有《一般管理與工業管理》一書 (C)主張管理是由規劃、組織、指導、協調、控制等五個程序功能所組成 (D)被尊稱為「現代管理理論之父」。

( ) **21** 費堯（Henri Fayol）被稱為管理程序學派之父，1916年初版《一般及工業管理》，並提出了「管理的十四項原則」以下何者並非其主張？ (A)分工原則 (B)人性原則 (C)公正原則 (D)主動原則。

( ) **22** 下列有關「科學管理學派」與「管理程序學派」的敘述，何者是錯誤的？ (A)管理程序學派或稱為「行政管理學派」 (B)科學管理學派或稱為「管理科學學派」 (C)管理程序學派注重組織的整體，企圖發展出一套普遍有效的管理準則 (D)科學管理學派著重於工作的管理，強調精確和效率的科學精神。

( ) **23** 下列何者不是管理程序學派的代表人物？ (A)韋伯（M.Weber） (B)雷利（A.Reiley） (C)費堯（H.Fayol） (D)古力克（L.Gulick）。

( ) **24** 學者韋伯（Max Weber）提出之「官僚模型」組織理論中，下列所述論點何者為非？ (A)強調功績管理 (B)著重依法辦事 (C)重視專業分工 (D)兼顧人情義理。

( ) **25** 下列何者不屬於官僚體系（bureaucracy）的原則？ (A)清楚地界定階層原則 (B)激勵原則 (C)書面文件的講求原則 (D)專業分工原則。

( ) **26** 韋伯（Weber）認為權威可分為三種，依其發展之歷史次序，下列何者正確？ (A)傳統權威－超人權威－合法權威 (B)傳統權威－合法權威－超人權威 (C)超人權威－傳統權威－合法權威 (D)合法權威－超人權威－傳統權威。

(　　) **27** 有關「官僚學派」的敘述，下列何者是錯誤的？
(A)官僚學派亦可稱為層級結構學派
(B)官僚學派企圖以權威理論發展出一套「以制度取代人治」的管理方法，建立一個具備「理性—法規」的組織
(C)「以制度取代人治」的管理方法奠定了今日大型組織的雛形，且非常重視組織非正式構面及人性面
(D)官僚學派過份重視規章、集權，導致組織彈性低、創新能力低，進而不易適應環境變化。

解答與解析

一、基礎題

1 (B)。工業革命的發展，係由十八世紀的英國開始，迅速擴展到美洲大陸，主張：以機器代替人工，從事大規模生產。

2 (D)。亞當·斯密（Adam Smith）於1776年著《國富論》一書，是近代經濟學的奠基之作，本人被譽為「經濟學之父」。

3 (D)。(A)被譽為「人道主義之父」。(B)被譽為「動作研究之父」。(C)被譽為「管理程序之父」。

4 (C)

5 (B)。最大貢獻在於「動作科學」研究，並致力於工作中不必要的動作的消除。

6 (D)。又稱「條型圖」，係以「排程活動」為縱軸，以「時間」為橫軸所畫出之長條圖，用以控制工作進度，使產量大幅提高。

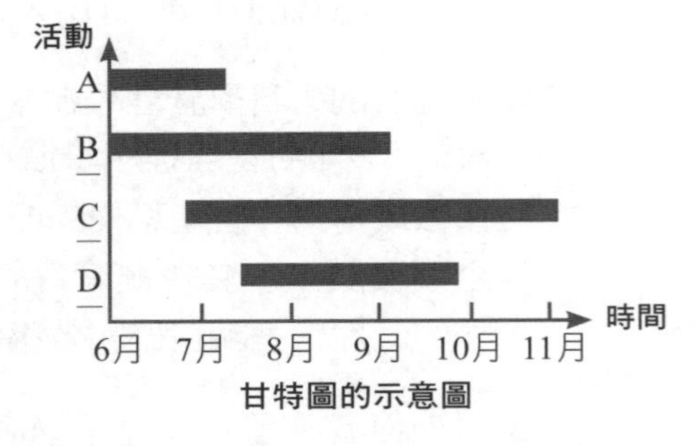

甘特圖的示意圖

7 (D)。被譽為「效率教主」、「效率專家」，著有《效率的十二原則》。

8 (C)。費堯（H.Fayol）所界定的管理功能包括計畫、組織、指揮、協調與控制。

9 (B)。(A)企業的經營和發展，必須維持相當的紀律。(C)組織體內的任何事物及人員，皆應有其位置，不可混亂。(D)職權和職責必須相當，不可有權無責，也不可有責無權。

10 (C)。提出行政管理七項功能「POSDCORB」：P計畫（Planning）、O組織（Organization）、S人事

(Staffing)、D指揮(Directing)、CO協調(Coordinating)、R報告(Reporting)、B財政(Budgeting)。

11 (A)。機能原則。

12 (C)。又稱層級結構學派或科層體系學派。

13 (D)。又稱官僚體系或科層體系，認為有效率的組織，應有嚴格規則、控制與階層、專業分工，而其權力基礎係源自「理性法制權威」。

14 (A)。另有：權責規定程度、工作程序詳細程度、升遷取決於技術。

二、進階題

15 (A)。科學管理(Scientific management)是藉由重新設計工作流程,對員工與工作任務之間的關係進行系統性的研究,及透過標準化與客觀分析等方式,使效率與產量極大化。

16 (C)。屬於行為科學的主張。

17 (B)。重要實驗：砌磚工作的研究、利用「影片與顯微計時器」來記錄分析人類動作。

18 (C)。甘特圖橫軸表示時間，縱軸則表示工作計畫，可讓管理者可以得知工作目標執行的狀況，以及與預定進度之間的差距。

19 (C)。科學管理的宗旨在於為每一項工作找到一個最佳的工作方法，以提升生產的效率。

20 (A)。是整體性的，自上而下。

21 (B)。費堯管理十四原則包括：
(1) 分工原則。
(2) 權責相稱原則。
(3) 紀律原則。
(4) 統一指揮原則。
(5) 目標一致原則。
(6) 個人利益小於團體利益原則。
(7) 獎酬公平原則。
(8) 中央集權原則。
(9) 層級節制原則與跳板原則。
(10)秩序原則。
(11)公平公正原則。
(12)員工任期穩定原則。
(13)積極主動原則。
(14)團隊精神原則。

22 (B)。或稱為「管理技術學派」。

23 (A)。是官僚體系學派代表學者。

24 (D)。強調非人情化。

25 (B)　**26 (A)**

27 (C)。「官僚學派」並未重視組織非正式構面及人性面。

實戰大進擊

(　) **1** 下列何者為科學管理學派最根本的原則？ (A)提高合法性 (B)強化權威 (C)提升效能 (D)提高效率。 【105自來水】

(　　) **2** 有系統的研究管理、組織並有重大貢獻而被稱為「科學管理之父」的是：(A)馬斯洛　(B)泰勒　(C)費堯　(D)杜拉克。【104郵政、106桃機】

(　　) **3** 根據科學管理的原則，泰勒（Frederick Taylor）提出下列何種薪酬制度？　(A)底薪制　(B)底薪加獎金　(C)按件計酬　(D)員工分紅。【104郵政第2次】

(　　) **4** 下列何者並非是泰勒（Taylor）提出的管理四個原則？　(A)管理者的工作是溝通與激勵員工　(B)為每一工作發展一套科學方法，取代經驗法則　(C)運用科學方法篩選與訓練員工　(D)工作與責任由全員分擔，但管理者負整體成敗責任。【105中油】

(　　) **5** 泰勒根據他的實際工作經驗，提出與哪一位學者大同小異的結論之後，科學管理的原則才開始受到舉世的重視，泰勒本人也因而贏得了科學管理之父的美譽？　(A)巴納德　(B)愛默生　(C)歐文　(D)巴拜治。【105台糖】

(　　) **6** 甘特圖（Gantt Chart）是一種排程工具，下列何者為其橫軸？(A)工作　(B)時間　(C)人員　(D)預算。【101台酒】

(　　) **7** 甘特圖是由亨利・甘特於1990年所發展出來的，其橫軸表示時間，縱軸表示為何？　(A)所需進行的各項活動及其起迄時間　(B)組織成員　(C)各種互補性資源　(D)金錢。【102郵政】

(　　) **8** 有關管理程序學派的敘述，下列何者錯誤？　(A)費堯被稱為現代管理程序之父　(B)偏重中高階層的管理　(C)注重工人的工作管理　(D)又被稱為一般管理學派。【105台糖】

(　　) **9** 將規劃、組織、命令、協調及控制視為管理基本程序或功能的為下列何者？　(A)費堯（H.Fayol）　(B)韋伯（Max Weber）　(C)泰勒（F.W.Taylor）　(D)賀茲伯格（Herzberg）。【103台酒】

(　　) **10** 描述管理活動包含五個要素：計畫、組織、指揮、協調和控制，請問這是誰提出的論點？　(A)福特（Henry Ford）　(B)泰勒（Frederick W. Taylor）　(C)杜拉克（Peter Drucker）　(D)費堯（Henri Fayol）。【104港務】

(　) **11** 下列何者不是費堯（Henri Fayol）所提出的十四點原則？ (A)例外原則 (B)主動原則 (C)公平原則 (D)職位原則。 【103台電】

(　) **12** 企業組織內部的每一位員工都應該只接受一位上司的命令，以上的敘述符合費堯（Henri Fayol）十四項管理原則中的哪一項？ (A)分工原則 (B)領導原則 (C)命令原則 (D)指揮權統一原則。 【104郵政】

(　) **13** 提出以官僚體制（bureaucracy）做為管理大型企業之標準組織結構的學者是哪一位？ (A)柴斯特・巴納德（Chester Barnard） (B)亨利・費堯（Henri Fayol） (C)馬克斯・韋伯（Max Weber） (D)菲德烈・泰勒（Frederick Taylor）。 【104、105自來水】

(　) **14** 下列何者非屬學者韋伯(Max Weber)提出理想科層組織的特性？ (A)專業分工 (B)層層節制 (C)保障工作權 (D)高度集權。 【103自來水】

(　) **15** 馬克斯・韋伯（Max Weber）在十九世紀發展出一套權威結構與關係的理論，並以官僚體制（bureaucracy）描述他理想中的組織形式，以下何種不是官僚體制的特性？ (A)專業分工 (B)具有詳細規範 (C)不徇私 (D)以人為中心。 【104台電】

(　) **16** 下列何者並非馬克思韋伯（Max Weber）所提出官僚體系（Bureaucracy）的特性？ (A)企業組織的分工明確 (B)企業組織的管理者以主觀的方式經營 (C)企業組織內部人員的晉升與聘雇以技術專業為考量依據 (D)企業組織訂有一致的規則以確保任務的達成。 【104郵政】

(　) **17** 下列何者不屬於官僚體系（bureaucracy）的原則？ (A)團隊精神原則 (B)清楚地界定階層原則 (C)詳細的規則及規章原則 (D)分工原則。 【104郵政第2次】

(　) **18** 提出組織理論的管理學派為何？ (A)系統管理學派 (B)計量管理學派 (C)行為管理學派 (D)古典管理學派。 【105台糖】

(　) **19** 關於科學管理（Scientific Management）的敘述，下列何者錯誤？ (A)最初由科學管理之父泰勒所推動 (B)主張論件計酬 (C)用科學的方法針對每個工作制定標準的流程 (D)認同改變工作流程以配合員工需求是達成企業組織目標的重要方式。 【107郵政】

( ) **20** 下列何者不是韋伯（Weber）所提官僚體制（Bureaucracy）的特徵？ (A)合理的分工 (B)依規定與章程辦事 (C)組織架構較為鬆散有彈性 (D)組織成員的行為有明確規範。【107郵政】

( ) **21** 下列何者為古典觀點之管理項目？ (A)早期行為主義 (B)科學管理 (C)行為科學學派 (D)人際關係學派。【107農會】

( ) **22** 哪位學者運用科學研究與實驗方法設計出專業分工原則？ (A)韋伯 (B)費堯 (C)泰勒 (D)黎溫。【107農會】

( ) **23** 行政管理中所關心整個組織的管理的是？ (A)泰勒 (B)大前研一 (C)韋伯 (D)彼得杜拉克。【107農會】

( ) **24** 今日所盛行的專業分工的概念，最早出現在亞當・史密斯的哪一本著作中？ (A)科學管理的原則 (B)國富論 (C)效率的十二原則 (D)一般管理與工業管理。【109郵政】

( ) **25** 下列何者是馬克斯韋伯（Max Weber）所提出科層式組織（Bureaucratic Organization）所能夠帶來的好處？ (A)科層組織對於顧客的需求總是能夠快速地反應 (B)科層組織的管理層級數較少 (C)科層組織中不同的部門之間彼此樂於互助合作 (D)科層組織中的員工有明確的工作規範可以遵循。【108郵政】

解答

1(D) 2(B) 3(C) 4(A) 5(D) 6(B) 7(A) 8(C) 9(A) 10(D)
11(A) 12(D) 13(C) 14(D) 15(D) 16(B) 17(A) 18(D) 19(D) 20(C)
21(B) 22(C) 23(C) 24(B) 25(D)

絕技 06
修正理論時期

命題戰情室：本絕技是事業單位命題的重點所在，其中霍桑實驗係開啟了行為科學（人群關係）研究的濫觴；後人群關係學派的主張如馬斯洛（A.Maslow）的需求層級理論、赫茲伯格（F.Herzberg）的雙因子理論更是激勵內容理論的核心基礎；二次大戰以後管理科學被廣泛的運用在各領域的決策上，如美國國防部的治水工程運用成本效益分析法，其重要性不言可喻。

重點訓練站

1940年代以後，整個社會文化環境，發生了劇烈改變，人們教育水準普遍提高，已不能再像過去僅憑藉經濟手段來滿足員工慾望，必須運用新的方法，才能保持員工有效參與。

本時期著重於組織中人員行為之研究，如人性激發、人格尊重、意見溝通、非正式組織影響等試圖建立通則，以運用至各社會科學領域。

一、行為科學學派

認為人是工作最重要的因素，管理者應瞭解人性，並應用心理學、社會學及人類學等社會科學的技能來處理問題。

代表人物	稱譽、著作	重要主張
蒙斯特伯格 H.Munsterberg	工業心理學之父 《心理學與工業效率》	1. 以科學方法研究人類行為模式，並解釋個體的差異。 2. 依據個人特性作人力資源管理的決策。 3. 用心理測驗來改進選拔員工的方法。 4. 運用學習理論於訓練中。

<table>
<tr><th>代表人物</th><th>稱譽、著作</th><th>重要主張</th></tr>
<tr><td>巴納德
C.Barnard</td><td>現代行為科學之父
《主管人員的功能》</td><td>1. 互動體系論。
2. 提出職權接受理論。
3. 提出貢獻與滿足平衡理論。
4. 認為在正式組織中，主管是關鍵人物，應執行建立溝通系統、激發員工認同、界定組織目標三項職能。</td></tr>
<tr><td>霍桑實驗
Hawthorne Studies</td><td>開啟人群關係學派研究的先河</td><td rowspan="2">1. 「繼電器裝配試驗」發現「人格尊重」與「社會平衡與士氣」。
2. 「大規模面談計畫」得到「參與情緒的發洩」之理論結果。
3. 「接線工作室的觀察實驗」發現「小團體與小團體的約束」。
4. 行為與情緒有密切的關係。
5. 管理者除基本物質條件的滿足外更應重視人性。
6. 非正式組織是必然存在的，且有很大影響力。</td></tr>
<tr><td>梅育
E.Mayo</td><td>人群關係之父</td></tr>
<tr><td>馬斯洛
A.H.Maslow</td><td>人本主義心理學之父
《激勵與個性》</td><td>1. 提出需求層級理論，認為人類有五個基本的需求（生理、安全、社會、尊重與自我實現）。
2. 需求由低而高，循序漸進，組織須設法滿足其需求。</td></tr>
<tr><td>赫茲伯格
F.Herzberg</td><td>《工作與人的本質》</td><td>1. 提出「二因子理論」。
2. 保健因素：消極的在維持原有狀況，又稱「不滿意因素」。
3. 激勵因素：積極的可激發人員工作意願，又稱「滿意因素」。</td></tr>
<tr><td>麥克葛羅格
D.McGregor</td><td>《企業的人性面》</td><td>1. 對人性提出X與Y理論的假設。
2. X理論假設人性本惡。
3. Y理論假設人性本善。</td></tr>
</table>

赫茲伯格的兩因子激勵理論：

保健因素	激勵因素
機關組織的政策與管理	成就
上司的監督	賞識
報酬與待遇	工作本身
人際關係	責任
工作環境與條件	升遷與發展

X理論與Y理論的比較：

	X理論	Y理論
假設	人性本惡	人性本善
著重	制度	人性
背景年代	科學管理	人群關係管理
使用手段	威脅懲罰	啟發激勵
關注焦點	工作完成	員工滿足

二、管理科學學派

主張以科學方法，尤其數量方法來管理問題，又稱「計量管理學派」。

代表人物	稱譽、著作	重要主張
賽蒙 H.Simon	決策學派創始人 1978年諾貝爾經濟學獎得主《行政行為》	1. 人不可能純理性作出複雜決策，只能作出「滿意的決定」。 2. 所謂行政行為根本就是組織中決策制定的整個過程。 3. 決策活動包括：智慧、設計與選擇三活動。
麥納馬拉 R.McNamara	將數字管理導入科學管理 新時代人物	運用數量方法於企業組織的決策。

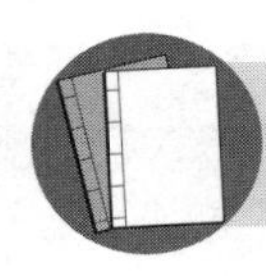

資料補給站

一、人群關係學派源自於科學管理學派只重視效率與效能提升，而忽略人性的缺失，並立即成為管理界一項新興的學問。主張**採用行為科學方法以研究組織中複雜的人事關係，並探討組織內部人員間或單位間的互動行為**。

二、後人群關係學派受人群關係之啟蒙，主張以組織中個人為中心，強調個人需求，並質疑組織目標是否就是個人目標，提倡組織民主化。

三、行為科學是由芝加哥大學教授於1949年，在美國福特基金會補助鉅款的〈個人行為與人群關係研究計畫〉喊出來的，嗣後乃大為流行至1960年並蔚為主流。係以科學方法來研究人類行為問題的一門科學。

四、超Y理論是1970年由美國管理心理學家莫爾斯（J.Morse）和洛希（J.Lorscn）根據「複雜人」的假定，提出的一種新的管理理論。主要見於1970年《哈佛商業評論》雜誌上發表的《超Y理論》一文和1974年出版的《組織及其他成員：權變法》一書中。超Y理論在對X理論和Y理論進行實驗分析比較後，提出一種既結合X理論和Y理論，又不同於X理論和Y理論，是一種主張權宜應變的經營管理理論。實質上是要求將工作、組織、個人、環境等因素作最佳的配合。

易錯診療站

在管理學的演進上，**科學管理與管理科學兩者關係密切，均採理性的假設，並強調以科學的方法來解決管理上的問題**，屬於規範性導向。易言之，現代管理科學所使用的若干技術，均源自於科學管理的啟發，可以說，**管理科學是科學管理的延伸**。兩者差異比較如下：

項目／類別	科學管理	管理科學
年代	1900	1950
目的	效率	效能
觀念	個別階層	企業整體

項目／類別	科學管理	管理科學
重點	生產過程	決策過程
對象	現場工作人員	決策者
內容	時間研究、動作研究等	作業研究、系統分析等
代表人物	泰勒	賽蒙

模擬題試煉

一、基礎題

(　　) **1** 被稱為「非正式組織理論先驅學者」，同時也被稱為「現代行為科學之父」的是下列哪一位？　(A)費堯（Henri Fayol）　(B)韋伯（Max Weber）　(C)泰勒（Frederick Taylor）　(D)巴納德（Chester Barnard）。

(　　) **2** 根據巴納德（C.Barnard）的「權威的接受論」（acceptance theory of authority），權威的影響程度，係由下列何者決定？　(A)受命者　(B)仲裁者　(C)發令者　(D)旁觀者。

(　　) **3** 下列有關霍桑研究的敘述，何者有誤？　(A)以科學管理觀點設計實驗　(B)開啟行為學派大門　(C)代表人物為霍桑　(D)扭轉「視工人如機器」的看法。

(　　) **4** 「人群關係學派」（Human Relations School），係奠基於下列何種研究？　(A)動作時間研究　(B)社會關係研究　(C)心理實驗　(D)霍桑實驗。

(　　) **5** 根據心理學學者馬斯洛（Abraham Maslow）的需求層次理論，人類的基本需求可以區分為幾種？　(A)四種　(B)五種　(C)六種　(D)七種。

(　　) **6** 依照馬斯洛的需要層次理論，人類的社會滿足以後，繼續追求的是何種需求？　(A)安全需要　(B)生理需要　(C)尊榮需要　(D)自我實現需要。

( ) **7** 根據馬斯洛（A.Maslow）的需要層次理論，需要滿足的程度與該項需要的激勵強度，兩者呈現的關係為何？ (A)沒有差別 (B)成正比 (C)沒有關係 (D)成反比。

( ) **8** 赫茲伯（Herzberg）提出的激勵理論包含了激勵因子和保健因子，下列那一項屬於保健因子？ (A)薪資福利 (B)責任 (C)成就感 (D)成長。

( ) **9** 古典的管理理論對人性的假設為何？ (A)X理論 (B)Y理論 (C)Z理論 (D)M理論。

( ) **10** 在麥克葛里（McGregor）X理論中，下列何項假設為非？ (A)員工不喜歡工作 (B)員工會逃避責任 (C)員工視工作保障為第一要務，沒有雄心大志 (D)若對工作產生認同，員工會自我監督控制。

( ) **11** Y理論認為員工的工作態度有下列哪個特徵？ (A)員工通常會逃避責任 (B)員工喜歡工作 (C)員工不願意自我管理與學習 (D)員工的目標與企業組織的目標並不一致。

( ) **12** 有關X理論與Y理論，下列敘述何者錯誤？ (A)X理論與Y理論是以人性特質為出發的觀點 (B)Y理論認為員工傾向逃避責任，僅願意聽從指揮行事 (C)X理論認為大部分的員工只重視工作安全並不具備企圖心 (D)Y理論假設員工對於責任或目標認同時，會自我要求與自我控制。

( ) **13** 賽蒙認為人的理性是無法廣博充足，充其量是為有限理性，因此人在組織中只能稱為是： (A)經濟人 (B)社會人 (C)政治人 (D)行政人。

( ) **14** 近十年來，我們常見的系統分析，成本效益分析等都可歸納為何種學派？ (A)科學管理學派 (B)管理程序學派 (C)管理科學學派 (D)系統觀念學派。

二、進階題

(　　) **15** 有關巴納德（C.Barnard）的「貢獻與滿足平衡論」的說法，下列所述何者為非？　(A)組織的存續發展有賴貢獻與滿足的平衡　(B)對組織而言，滿足係屬於一種誘因條件　(C)組織只要提供物質滿足就能使大多數人貢獻得更多　(D)人之所以對組織貢獻所能乃在於組織提供各種滿足。

(　　) **16** 以下對於霍桑研究的結論敘述何者正確？　(A)工作環境的差異會顯著影響員工的生產力　(B)員工的行為與情緒彼此間是無關的　(C)增加薪水會顯著的提升員工的生產力　(D)社會規範與群體標準是影響個人工作行為的關鍵決定因素。

(　　) **17** 馬斯洛的需求層級理論敘述，何者正確？　(A)需求層級由高至低依序為自我實現、社會、自尊、安全、生理　(B)工作保障的需求屬於安全　(C)完成具挑戰性工作的需求為自尊　(D)自信屬於社會需求。

(　　) **18** 根據報導，台灣社會開始出現年輕族群「向下流動」的「下流社會」，對年輕人而言，「學歷不再保證工作機會及收入的穩定，象徵安定的自有住宅已成為奢望」。面對這樣的情境，根據馬斯洛（Maslow）的需求層級理論，對這批年輕族群應該以何種「需要的滿足」作激勵較為有效？　(A)自我實現需要　(B)尊重需要　(C)社會需要　(D)安全需要。

(　　) **19** 下列何者對於「兩因素理論」的敘述是錯誤的？　(A)又稱為激勵保健理論　(B)保健因素其作用是積極的，在於增進員工滿意的因素　(C)激勵因素若能妥善運用可使部屬發揮潛力為組織賣力　(D)令人不滿意的事情多與工作環境有關。

(　　) **20** 「外界的管制及懲罰，並非督促人努力達成目標的唯一方式，人們會自我引導及自我管制，以實現自己所負責的目標」，是指下列的哪一種激勵理論？　(A)M理論　(B)X理論　(C)Y理論　(D)Z理論。

(　　) **21** 下列有關麥克瑞格對人性的假設，何者有誤？　(A)X理論對人性假設持不完美的想法　(B)著作《企業的人性面》中的理論全是源自古典學派對人性的假設 (C)Y理論假設其實一般人並非天生就厭惡工作 (D)其主張賦予員工較大的責任是植基於Y理論。

( ) **22** 麥克葛里哥（McGregor）對X、Y理論應用的主張何者正確？ (A)對X型的員工應該用X理論方法來管理他，對Y型員工就用Y理論的方式來管理他 (B)X理論的管理創造了X型的員工；Y理論的管理可以造就Y型的員工 (C)員工天生是被動的，應該用X理論的方法來管理 (D)Y理論的管理與造就Y型的員工無關。

( ) **23** 下列有關管理科學的敘述，何者正確？ (A)目的在研究人類行為動機及行為方式 (B)最早提倡的學者是孟斯特伯（H.Munsterberg） (C)作業研究是其研究方法之一 (D)大量運用社會學及心理學的理論與技術來探討。

( ) **24** 賽蒙（H.Simon）認為決策活動應包括三項活動，其順序為何？ a.設計活動 b.情報活動 c.抉擇活動 (A)bac (B)abc (C)bca (D)acb。

( ) **25** 利用數量方法、統計方法、作業研究等方法尋求資源最佳分配，有效完成決策程序係指以下哪一種學派？ (A)科學管理 (B)管理科學 (C)行為科學 (D)系統理論。

解答與解析

一、基礎題

1 (D)。(A)管理程序之父。(B)現代社會學創造者。(C)科學管理之父。

2 (A)。重視組織中個人所能發揮的功能，認為經理人主要是領導與激勵部屬努力以赴，人員合作是組織成功的要素，他的職權接受理論並認為主管之所以有職權，是源自於受命者（部屬）的接受。而部屬要能接受權威須符合：(1)部屬了解命令內容；(2)部屬有能力執行；(3)命令合於組織目標一致；(4)命令不違背部屬個人利益。

3 (C)。代表人物為梅育（E.Mayo），實驗地點在西方電器公司的霍桑廠。

4 (D)。為開啟人群關係學派研究的先河或濫觴。

5 (B)

6 (C)。生理需要→安全需要→社會需要→自尊（尊榮）需要→自我實現需要。

7 (D)。成反比關係。

8 (A)。屬消極的，在維持原有狀況，對進一步改善並無幫助，稱為「不滿意因素」，如待遇、監督、公司政策、工作環境、工作保障、人際關係。

9 (A)。認為人性本惡，須嚴密監督。

10 (D)。Y理論的假設。

11 (B)。(A)(C)(D)為X理論假設特徵。

12 (B)。X理論認為員工傾向逃避責任，僅願意聽從指揮行事。

13 (D)。反對經濟人的假設，認為人是有限理性的行政人。

14 (C)。主張以科學方法，尤其數量方法來管理問題。

二、進階題

15 (C)。巴納德認為，維持生存以上的物質報酬，只能對極少數人有效，多數人不會只為多得一點物質的報酬而貢獻得更多些，所以誘因不能只靠物質條件，更要重視非物質條件。

16 (D)。霍桑實驗發現了社會及心理因素，才是決定工人生產量及滿足感的重要原因。

17 (B)。(A)需求層級由高至低依序為自我實現、自尊、社會、安全、生理。(C)為自我實現需求。(D)為自尊需求。

18 (D)。企求安定屬於安全需求。

19 (B)。是消極的，無法增進員工滿意的因素。

20 (C)。Y理論假設：工作如同遊戲一樣自由、一般人並非天生厭惡工作、一般人潛力只發揮1/3、會自治自律、設法尋求職責、有豐富想像力及創造力。

21 (B)。對人性提出X理論（對人性負面看法）與Y理論（對人性正面看法）的假設。

22 (B)

23 (C)。(A)行為科學。(B)賽蒙（H.Simon）是決策學派的創始人。(D)行為科學。

24 (A)

25 (B)。又稱計量管理或作業研究學派，鼓勵將統計模型、方程式、公式與模擬方法，運用在管理決策上。

實戰大進擊

(　　) **1** 下列何者是指「霍桑效應（Hawthorne effect）」？　(A)照明影響員工的生產力　(B)薪資影響員工的生產力　(C)福利影響員工的生產力　(D)管理者特別注意員工行為而影響員工的生產力。【105郵政】

(　　) **2** 下列何者是霍桑實驗對於「人在組織內部行為模式」的結論？(A)提高廠房的照明度可以提高員工生產力　(B)降低廠房的照明度會

降低員工生產力 (C)團體的績效與團隊的規範會影響員工個人的績效表現 (D)員工團隊精神的高低與績效表現沒有關係。【102郵政】

( ) **3** 關於行為科學學派，下列敘述何者錯誤？ (A)行為科學學派最具代表人物為梅約（Mayo） (B)用行為科學對人類行為的研究，作為管理上範疇 (C)梅約於美國西方電器公司所做的一系列研究稱為霍桑研究 (D)主張用電腦、數學、統計技術作分析，以系統方法求得問題解答。【103台酒】

( ) **4** 下列何種管理學派是由霍桑實驗所導引出來？ (A)科學管理學派 (B)人群關係學派 (C)管理科學學派 (D)管理程序學派。【103台電】

( ) **5** 霍桑研究（The Hawthorne Studies）的研究發現為哪一個管理理論學派奠定基礎？ (A)科學管理學派 (B)系統學派 (C)組織行為學派 (D)權變學派。【104自來水升】

( ) **6** 從1924到1933年間在芝加哥西方電氣公司所進行的研究發現當員工得到特別的關注時，不論工作條件如何改變，生產力都可望增加。這個現象就是指什麼效應？ (A)西瓜效應 (B)月暈效應 (C)霍桑效應 (D)連鎖效應。【103台糖】

( ) **7** 有關「霍桑效應（Hawthorne effect）」的敘述，下列何者正確？(A)工廠照明設備的明亮度與員工的生產力有關係 (B)增加薪資可以提升員工的生產力 (C)員工生產力提升主要是因為員工認為管理層特別注意他們行為所致 (D)增加工時可以提升員工生產力。【104自來水】

( ) **8** 根據霍桑研究（Hawthorne studies）的結果，當一個工作表現不佳的個人加入一個工作績效很高的群體時，他的工作績效會如何改變？ (A)工作績效不會改變 (B)工作績效會降低 (C)工作績效會提高 (D)工作績效會變得不穩定。【104自來水升】

( ) **9** 1920年代左右於美國西方電氣公司的霍桑研究導致了那方面的發展？ (A)要徑法 (B)人群關係 (C)系統與計量方法 (D)計畫評核術。【104農會】

( ) **10** Maslow的需求層級理論中，最高層次的需求是什麼？ (A)尊重需求 (B)社會需求 (C)安全需求 (D)自我實現需求。【103台糖】

( ) **11** 下列何者是赫茲伯格（F.Herzberg）二因子理論（two-factor theory）的激勵因子（motivating factors）？ (A)工作成就感 (B)監督 (C)工作環境 (D)福利。 【104自來水】

( ) **12** 下列何種理論假設員工缺乏野心、不喜歡工作且規避責任，必須嚴密控制才能有效工作？
(A)麥克里高的X理論 (B)麥克里高的Y理論 (C)馬斯洛的需求層級理論 (D)麥克里蘭的三項需要理論。 【105台酒】

( ) **13** 根據Y理論，下列敘述何者正確？
(A)員工不喜歡自我管理 (B)員工通常會主動承擔責任 (C)員工不喜歡工作 (D)員工不喜歡學習。 【104郵政】

( ) **14** 下列何者沿用X理論與Y理論觀念，提出了更具人性化管理的Z理論？ (A)麥克葛里哥（Douglas McGregor） (B)威廉大內（William Ouchi） (C)強伍沃德（Joan Woodward） (D)喬治梅奧（George Mayo）。 【101自來水】

( ) **15** 在管理學派中，又可稱為「作業研究」或「管理科學」之學派，係為下列何者？ (A)計量管理學派 (B)科學管理學派 (C)一般行政學派 (D)行為學派。 【101郵政】

( ) **16** 主張以科學方法、數量分析來解決管理問題，透過模擬找出啟發來協助決策者的管理學派為下列何者？ (A)科學管理學派 (B)層級結構學派 (C)開放系統學派 (D)管理科學學派。 【103臺北自來水】

( ) **17** 在管理思想中，運用數學符號與方程式來處理各種管理問題；從建立模式為主，來求取最佳解答。此為下列何種管理理論？
(A)管理過程理論 (B)管理科學理論 (C)行政管理理論 (D)組織環境理論。 【103中華電】

( ) **18** 下列何者不屬於管理科學學派（又稱作數量學派）所使用的方法？
(A)最佳化模式 (B)統計決策模型 (C)存貨模型的經濟訂購量模式 (D)組織行為研究。 【104自來水】

( ) **19** 下列對於早期管理的四個學派的敘述，何者正確？ (A)行政理論為企業的組織與管理提供了架構與程序的基礎 (B)科學管理學派引用數學的方法協助管理者做決策 (C)組織行為學派的研究著重在提升工人的工作效率 (D)管理科學學派偏重管理者的行為。【104港務】

( ) **20** 有關「X，Y人性論」，以下敘述何者錯誤？ (A)麥克葛瑞格（Douglas McGregor）提出 (B)X理論的假設偏向於傳統嚴密監督制裁的管理 (C)Y理論的假設偏向於民主式的管理 (D)X理論偏向馬斯洛所提出的社會與自尊的需要。【106桃機】

( ) **21** 在許多的企業研究中，對於企業人力資源的本質，有許多不同的看法。下列何種論點認為人是天性懶惰與不合作的，因此必須以懲罰或獎賞的方式使之提高生產力？ (A)X理論 (B)Y理論 (C)T理論 (D)霍桑效應。【109郵政】

( ) **22** 根據X、Y理論，下列敘述何者正確？ (A)Y理論認為一般人自私自利，以自我為中心 (B)Y理論認為人工作是為了金錢 (C)X理論認為人普遍具有創造性決策能力，只是沒有運用 (D)X理論認為人不願承擔責任。【107台酒】

( ) **23** 在企業管理上利用數學來協助解決問題稱為？ (A)管理科學 (B)科學管理 (C)科學應用 (D)應用科學。【107農會】

( ) **24** 根據赫茲伯格（Frederick Herzberg）的雙因素理論，員工因為工作所產生的成就感以及對所屬企業組織的認同感，屬於下列哪一類的因素？ (A)激勵因素 (B)保健因素 (C)員工滿足社會需求的途徑 (D)與X理論的描述一致。【108郵政】

解答

1(D) **2**(C) **3**(D) **4**(B) **5**(C) **6**(C) **7**(C) **8**(C) **9**(B) **10**(D)
11(A) **12**(A) **13**(B) **14**(B) **15**(A) **16**(D) **17**(B) **18**(D) **19**(A) **20**(D)
21(A) **22**(D) **23**(A) **24**(A)

絕技07 整合理論時期

命題戰情室：本絕技比較會考權變理論的觀點，權變即通權達變之意，管理者必須隨時注意新的情境，而有效的管理方式要視管理的情境而定。清楚的聚焦在此部分之閱讀，考試應不難拿分。

重點訓練站

1960年代，管理學者普遍認為傳統理論與行為科學理論雖各有其貢獻，然皆有所偏頗，應將組織視為一種「開放型系統」，並認為：「無所謂單一最佳的組織方法，需視組織與環境互動性來因時制宜。」故其產生背景是在整合前兩時期優點並彌補其共同缺點。

一、系統理論學派

系統是一個有組織的統一體，是由兩個或兩個以上的相互依存個體或構成體或次級系統所構成；存在於其外在環境的高級系統之內，並與外在環境之間具有明確邊界。代表的學者與主張表列如下：

學派	代表人物	主要論點
一般系統理論	貝特蘭菲 L.Bertalanffy	1. 平行論：系統研究必須將各層次加以整合，觀察其平行現象，求得普遍法則。 2. 提出開放與封閉系統概念。
	鮑丁 K.Boulding	1. 提出「系統管理」一詞。 2. 提出「GST理論」將系統分為九個層次系統。
	湯普森 J.Thompson	提出封閉與開放系統。

學派	代表人物	主要論點
環境系統理論	卡斯特與羅森威 Kast&Rosenzweig	1. 環境可分一般環境及特定環境。 2. 開放組織系統應包括兩大次級系統：垂直性次級系統、水平性次級系統。
社會系統理論	萊斯 Rice	提出技術子系統與社會子系統。
	卡茲與卡恩 Katz&Kahn	1. 利用系統研究法提出組織的綜合理論。 2. 認為純心理的研究不能涵蓋組織之理論。
	杜拉克 P.Drucker	提出管理子系統，認為是建立在社會與技術系統之上，使其相互配合。

二、權變理論學派

強調管理者的管理方法，無放諸四海而皆可行原理原則，應隨著個體及環境的不同而改變，即因時因地制宜。

代表人物	稱譽、著作	主要論點
伍華德 J.Woodward	權變理論先驅 《管理與技藝》	發現無任何一種管理方式或組織型態，可以有效適用於所有公司。
伯恩斯與史托克 Burns&Stalker	權變理論的奠基者	1. 區別「機械式的」和「有機式的」組織。 2. 機械式管理途徑適合於任務明確與環境穩定組織；有機式途徑則適合於任務需要創新冒險與環境多變組織。

權變理論內容	敘述
否定兩極論	人性並非絕對的好亦非絕對的壞。
彈性的運用	認為沒有一套絕佳的組織原則。
效率與效能並重	組織的目標，應能同時兼顧效率與效能。

權變理論內容	敘述
殊途同歸性	任何方法都能達到組織目標。
管理的層次性	管理隨階層不同所運用手段與方法亦不同。
若即關係	透過If...then方式以權宜行事。

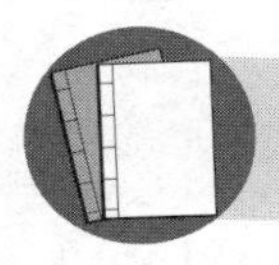

資料補給站

一、權變管理的情境變數有：

組織規模	組織成員的人數是管理者作為的主要影響因素。當規模增加時，協調的問題也會增加。研究顯示，當組織規模越大，組織的正式化、複雜化程度越高。
技術需求	組織為了達成其目標，必須使用科技，使投入產出流程更有效率。例如，對大量生產的技術程序適合的組織結構，對訂製或非例行生產的技術程序可能不適合。
環境狀態	環境的不確定性常會影響到管理程序。例如，對穩定與可預測環境適合的管理方法，並不見得適用於快速變動與不可預測的環境。
個人差異	每個人的成長需求、自主程度、工作期望與對不確定性的忍受度都不同。例如，每個人對自我實現的需求或風險的容忍度都不同。所以管理者在進行職務設計，或者在選擇激勵模式、領導風格、溝通技術時，這些個人差異就顯得特別重要。

二、彼得・杜拉克（Peter.F.Drucker）是一位作家、管理顧問、大學教授，他專注於寫作有關管理學範疇的文章，「知識工作者」一詞經由彼得・杜拉克的作品變得廣為人知。他催生了管理這個學門，他同時預測知識經濟時代的到來。被某些人譽為「現代管理學之父」。（維基百科）

易錯診療站

一、系統學派：強調系統觀點，綜合全局。

二、權變學派：強調通權達變，因勢利導。

模擬題試煉

一、基礎題

(　) **1** 一般系統理論的最早提出者為何人？ (A)鮑丁（K.Boulding） (B)帕恩斯（T.Parsons） (C)雷格斯（F.Riggs） (D)貝特蘭菲（L.Bertalanffy）。

(　) **2** 下列何者最不可能是系統理論的觀點？ (A)組織是單獨存在於環境之中，其生存不會受到外在環境的影響 (B)宇宙萬事萬物都是系統，而每一個大系統裡都包含許多次系統 (C)企業與各個利害關係人之間存在著互動，且相互影響 (D)組織中管理者的工作是協調各方利益以達成組織的目標。

(　) **3** 有關系統的描述，以下敘述何者錯誤？ (A)包括封閉及開放系統兩種 (B)現代企業是一種開放系統 (C)從管理的立場來看，系統是一種方法或技術 (D)系統是相互連結、共同運作的結合體。

(　) **4** 根據卡斯特與羅森威劃分，將組織內部區分為：策略次級系統、管理階層、技術階層，是屬於開放組織系統的何種系統？ (A)水平性次級系統 (B)垂直性次級系統 (C)綜合次級系統 (D)交叉次級系統。

(　) **5** 管理大師彼德杜拉克（Peter Drucker）可被歸類於下列的何種學派中？ (A)系統學派 (B)管理程序學派 (C)權變學派 (D)科學管理學派。

(　) **6** 下列哪一學派的觀點之最大特色和貢獻是擺脫過去單一最佳管理方式的思考傳統，鼓勵管理者分析與瞭解情境的差異，然後選擇與該情境的組織、程序與人員最適合的管理解決方案？　(A)系統觀點　(B)權變觀點　(C)行政管理觀點　(D)科學管理觀點。

(　　) **7** 組織管理理論中，權變觀點（contingency perspective）所強調的重點是什麼？　(A)人　(B)事　(C)系統　(D)情境。

(　　) **8** Burns與Stalker認為組織強調彈性與創新時，需採用何種組織模式？　(A)科層模式　(B)功能模式　(C)有機模式　(D)機械模式。

(　　) **9** 下列何者不是權變理論主要論點？　(A)否定兩極　(B)強調情境　(C)運用彈性　(D)模式化與數量化。

(　　) **10** 中國人所謂的「中庸之道」，最相似於權變理論的哪種特徵？　(A)定律論的解脫　(B)以變應變的管理　(C)兩極論的否定　(D)異途同歸的管理。

(　　) **11** 下列關於權變理論的敘述，何者為非？　(A)重視原則　(B)關心能否有效管理　(C)沒有一套絕對的組織原則　(D)強調管理的層次性。

二、進階題

(　　) **12** 下列何種管理學派的理論之「全貌觀照」，把管理學術的領域提昇到崇高博大的新境界？　(A)系統學派　(B)管理程序學派　(C)權變學派　(D)管理科學學派。

(　　) **13** 系統理論中透過管理與技術的程序而轉換成組織的產品或服務，是指何者？　(A)輸入　(B)轉換　(C)輸出　(D)回饋。

(　　) **14** 下列何項不是系統理論的組織特徵？　(A)組織是個開放體系　(B)組織是個明確的層級節制體系　(C)組織是個有機體　(D)組織為因應環境變化而有不同的種類。

(　　) **15** 哪一種學派認為組織會受到外界的環境影響，管理者應隨著所面臨的環境而調整管理活動？　(A)管理程序學派　(B)系統理論學派　(C)管理科學學派　(D)權變理論學派。

( ) **16** 下列何者認為在管理中沒有放諸四海皆準的管理規範，成功的管理者應利用對各種環境偵測的結果，進而採用最佳的原則或技術？ (A)管理科學理論 (B)系統理論 (C)權變理論 (D)環境理論。

( ) **17** 以下何者為權變理論的重要觀點？ (A)主張制度的理性迷思 (B)主張組織的控制幅度原則 (C)主張最佳效率原則 (D)認為沒有一套絕對的組織原則。

( ) **18** 組織的監督途徑應有層次觀念，基層監督的重點在於： (A)設計與溝通 (B)賞罰與協調 (C)如何有效完成工作 (D)如何成功對外宣傳。

( ) **19** 下列何者不是權變學派所提之權變因素？ (A)組織規模 (B)環境不確定性 (C)任務科技例行性 (D)人際關係。

( ) **20** 「權變理論」的主要貢獻為何？ (A)強調外在環境對組織的重要性 (B)面對管理問題的解決，應作通盤、徹底的考量 (C)視不同情境及問題，應以不同的理論解決 (D)強調意見溝通的重要性。

解答與解析

一、基礎題

1 (D)。係一般系統理論創立者。

2 (A)。組織具有開放性，無法離開環境而孤立的存在，會與外在環境交換資訊、資源或訊息。

3 (C)。系統是一個有組織的統一體，由兩個或兩個以上相互依存的個體所構成；存在於其外在環境的高級系統之內，與外在系統之間有明確的邊界。

4 (B)　**5 (A)**

6 (B)。強調通權達變，因事制宜。

7 (D)。權變觀點強調的是不同組織面對不同情境時，應採取不同的管理方式。所謂情境變數有：組織規模、人員特性、科技技術、環境因素等。

8 (C)。有機模式比較能適應動盪的環境。

9 (D)。強調動態管理，模式化與數量化是管理科學的主張。

10 (C)。視組織為一個由封閉到開放的連續體，人性並非絕對的好也非絕對的壞，在管理方面不能僅固定採用某一方法，應因人、事、時、地而有所不同。

11 **(A)**。強調組織的多變性，在面對外在環境衝擊，組織及其管理不可能有一套絕對最好的方法，所謂「萬靈丹」是不存在的。

二、進階題

12 **(A)** **13** **(C)**

14 **(B)**。是傳統理論的組織特徵。

15 **(D)**。強調組織的多變性，在面對外在環境衝擊，組織及其管理不可能有一套絕對最好的方法，所謂「萬靈丹」是不存在的。

16 **(C)**。組織應隨著個體及環境的不同而改變。

17 **(D)**。無放諸四海而皆可行方法，管理者需視組織與環境互動性因時因地制宜。

18 **(C)**。又稱技術層級。

19 **(D)**。個人差異。

20 **(C)**。認為在管理中沒有放諸四海皆準的管理規範，成功的管理者應利用對各種環境偵測的結果，進而採用最佳的原則或技術。

實戰大進擊

( ) **1** 由於彼得．杜拉克（Peter Drucker）的遠見與貢獻，人們往往稱他為： (A)動作研究之父 (B)組織理論之父 (C)現代管理學之父 (D)科學管理之父。 【102郵政】

( ) **2** 由於組織各有不同的規模、目標及任務，因此很難以簡單的管理原則去適用各種企業管理情況。此一論述較接近下列何種管理哲學？ (A)程序觀點 (B)系統觀點 (C)權變觀點 (D)整合觀點。 【104郵政第2次】

( ) **3** 管理理論中的權變學派，主張要視情境採取不同的管理方法。下列何者並非是權變學派指出的權變變數？ (A)組織的規模 (B)環境不確定性 (C)技術的例行性 (D)財務的寬裕性 【105中油】

( ) **4** 下列何者並非權變觀點中常被提到的變數？
(A)組織規模大小 (B)管理者人數多寡 (C)外部環境的不確定性 (D)員工的個別差異。 【102郵政】

( ) **5** 身為管理者的你，相信沒有最好的管理方法，只有依情況而定出適合的方法來實行。你應該屬於何種學派？ (A)系統學派 (B)權變學派 (C)管理過程學派 (D)科學管理學派。 【100經濟部】

( ) **6** 下列那一個學派，認為組織或管理方法的適用性是依情況而定，視組織的工作種類及環境特性而做選擇？ (A)官僚學派 (B)程序學派 (C)權變學派 (D)科學管理學派。 【101交通事業】

( ) **7** 有關管理學學派的敘述，下列何者錯誤？ (A)系統學派的理論乃體悟生物學原理 (B)霍桑效應發現人性的重要性 (C)甘特被稱為人道主義之父 (D)效率專家是韋伯。 【105台糖】

( ) **8** 將組織視為由相互關連的部分所組成的系統為？ (A)行政觀點 (B)品質觀點 (C)系統觀點 (D)科學觀點。 【107農會】

( ) **9** 下列有關「權變理論」的敘述，何者錯誤？ (A)管理上沒有一種管理理論，可適用於任何情況 (B)強調靜態的管理 (C)企業經營和管理並無一定的程序與方法 (D)企業組織是否恰當，管理方法是否良好，端視工作性質與企業之環境而定。 【107台酒】

( ) **10** 「不同的組織會面臨不同的情境，需要採取不同的管理方式」是下列哪一種管理觀點？ (A)經驗觀點 (B)管理系統觀點 (C)權變觀點 (D)行為管理觀點。 【110台酒】

解答

1(C)　2(C)　3(D)　4(B)　5(B)　6(C)　7(D)　8(C)　9(B)　10(C)

絕技 08 規劃的程序與類型

命題戰情室：古人說：「凡事豫則立，不豫則廢」，其中的「豫」就是指「計畫」。本絕技為規劃的基礎，會考的內容包括規劃意涵、規劃的利益（理由）、規劃程序、良好的目標特徵。其中最重要的考點在：目標管理（MBO）、計畫的種類（尤其是策略計畫）、Steiner的整體規劃模型。

重點訓練站

規劃是首要的管理功能，包含設定目標以及如何達成目標的計畫。規劃的另一個定義是藉由對未來方向的規劃來處理不確定性，以達成特定的結果。

一、規劃的基本特性

首要性 Primacy	規劃是管理功能之首。
理性 Rationality	規劃乃是基於一種客觀事實的評估，亦即是一種理性的分析和選擇。
時間性 Timing	此乃強調規劃功能中時間因素的重要性。
持續性 Continuity	規劃是一種動態性的、有彈性、繼續不斷的程序。

二、規劃的利益

(一) 規劃可以提供努力的方向。
(二) 減少改變所造成的影響（減少不確定性）。
(三) 減少資源的重疊與浪費。
(四) 建立的目標與標準可做為控制之用。
(五) 採系統性積極活動。

三、規劃的缺點

(一) 造成僵化。 (二) 扼殺直覺與創造力。 (三) 可能提供錯估安全感。

四、規劃流程

界定經營使命→設定目標→環境偵測→本身所有資源評估→發展可行方案→選定方案→實施計畫→評估修正。（許士軍）

建立目標→分析情境並建立計畫前提→決定可行的行動方案→評估各個可行的行動方案→選擇並執行計畫。（Dessler,2001）

五、規劃構面

六、目標的建立

(一) 良好目標的特徵：

1. 可形諸文字的結果，以反映出目標重要性。
2. 必須可以量測或量化。
3. 目標必須清晰且制訂完成期限。
4. 目標必須具有挑戰性，但也必須可完成。
5. 必須與所有成員溝通計畫的目標。
6. 好的目標必須與報酬系統相連結。

(二) 目標管理（Management by Objectives, MBO）

係由杜拉克（P.Drucker）1954年於《管理實務》一書提出，意指上下級人員經由會談方式，來共同訂定組織目標及各部門目標，而人員於執行目標過程中，作自我控制、自我考核。而其構成目標管理的四個基本要素為：

目標明確化	清楚的陳述目標。
參與決策	管理者與部屬共同設定目標。
明確的期限	有明確的時間限制。
績效回饋	要求員工瞭解自己的目標，並有能力針對目標來衡量自己的績效。

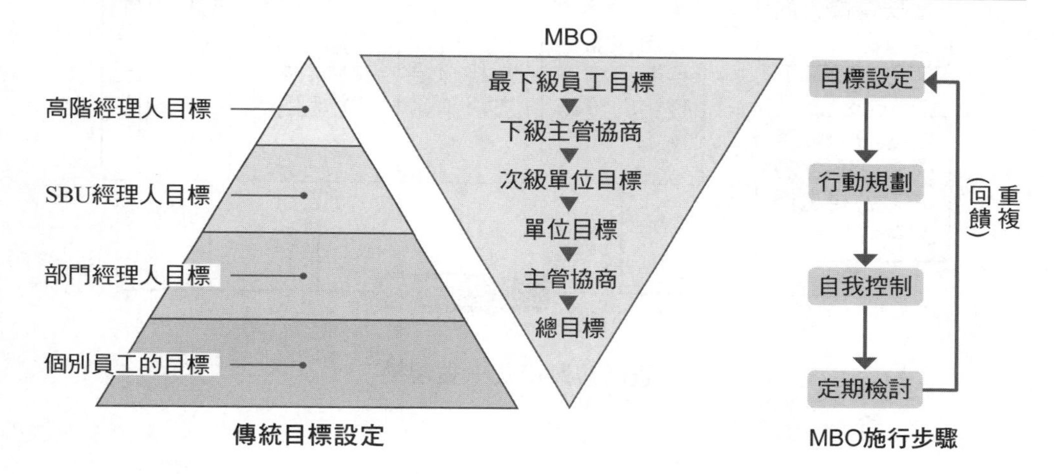

同時，Drucker也提出目標設定的SMART原則，即：

1. 目標必須是具體的（Specific）。
2. 目標必須是可以衡量的（Measurable）。
3. 目標必須是可以達到的（Attainable）。
4. 目標必須和其他目標具有相關性（Relevant）；或者目標必須以結果做為導向（Result-oriented）。
5. 目標必須具有明確的截止期限（Time-based）。

七、整體規劃

整體規劃是指企業針對未來長期性的目標，基於整體之觀點，以綜合性的分析方式，所擬出完成目標的方法與過程。

整體規劃最著名模式是由史坦納（Steiner）於1969年在《高階管理規劃》一書中，所提出的企業整體規劃模式，共分為三大部份：第一部份為規劃的基礎；第二部份為規劃主體；第三部份為規劃實施與檢討。兩個輔助工作：規劃研究、可行性測定。

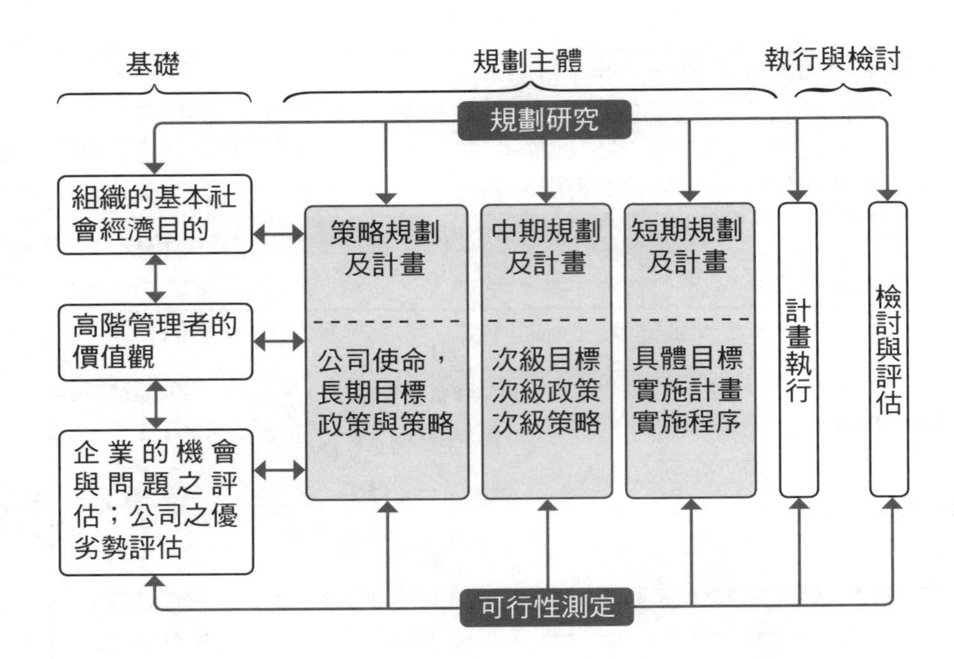

整體規劃模式－史坦納

八、計畫類型

計畫（plan）是記載「如何達成目標」的文件。其種類有：

廣度	策略性計畫：建立組織全面性目標，可應用於整個組織，涵蓋的層面較廣。 功能性計畫：各功能部門（生產、行銷、財務、人事等）的計畫。 作業性計畫：針對某特定操作部門，實際執行的作業細節。
時間幅度	長期計畫：考量時間達五年以上的計畫。 中期計畫：介於長期計畫與短期計畫之間。 短期計畫：時間在一年或以下的計畫。
明確度	方向性計畫：又稱彈性計畫，僅列出所要達成的目標，以及少許執行上的原則。 特定性計畫：又稱細部計畫，計畫的內容詳盡的列出明確目標及程序。
頻繁度	單一性計畫：管理者針對特殊需要所定的一次性計畫，又稱專案計畫。 經常性計畫：提供重複性、例行性活動執行之方針，包括政策、程序、規則。

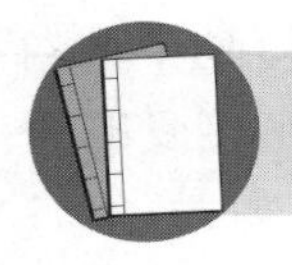

資料補給站

一、政策

一般性的指導原則，用以指引規劃或執行的方向，作為處理問題的參考準則。

二、程序

包含了多個相關的步驟，可以用來管理組織中經常發生的例行事務。

三、規則

在每一個程序或步驟是否可以做或不可以的決策準則。

四、規劃的權變因素

規劃的層級	策略性計畫位於較高層級；作業性計畫位於較低層級。
環境的不確定性	穩定環境為具體計畫；動態環境時應具體且有彈性的計畫。
未來承諾的時間長短	如果計畫涉及需要未來投入許多資源，則規劃時間跨距就要愈長。

易錯診療站

一、傳統目標設定法是「方法目標鏈（mean-ends chain）」從最高階到最基層架構，由上而下形成一個整體的目標網。此種目標是由上而下逐級傳遞，但員工若不能認同於所設定的目標，則成果有限。
MBO的目標設定的程序是由上而下訂定，也是由下而上訂定，亦即上下交互訂定，反覆討論，逐步定案。

二、**策略規劃（計畫）**係決定企業的基本使命、目標與資源配置方式的過程。通常由**高階主管負責**，所做的**規劃涵蓋時間較長、涉及部門較廣泛**，擬定出的計畫屬於**非例行作業**，重視對環境變化的因應，所做的決策通常是**方向性的**。

三、Morrisey以四點模式說明一個完整目標，該有以下資訊：(一)行動本身內容；(二)單一可衡量的成果；(三)期望日期或時間限制；(四)可接受的時間或金錢成本。

模擬題試煉

一、基礎題

( ) **1** 明白指出組織要達成的事（目標）以及該如何執行（措施），即針對未來所計畫採取的行動是下列何種管理功能的意義？ (A)組織 (B)領導 (C)控制 (D)規劃。

( ) **2** 規劃乃是基於一種客觀事實的評估，是規劃的何種特性？ (A)首要性 (B)理性 (C)時間性 (D)動態性。

( ) **3** 以下對規劃的敘述，何者錯誤？ (A)管理活動之首 (B)提供組織努力的方向 (C)規劃的核心為目標 (D)規劃的方案是多個的。

( ) **4** 在管理過程中的規劃（planning）部分，下列何項不包括在此範圍內？ (A)品質管制 (B)目標的設立 (C)標準 (D)政策與預算。

( ) **5** 下列何者非屬規劃流程的五大步驟？ (A)建立目標 (B)建立時間序列 (C)決定可行的行動方案 (D)選擇並執行計畫。

( ) **6** 規劃的種類與形式中，下列何者不是依照層次高低來分配？ (A)策略性規劃 (B)整體性規劃 (C)功能性規劃 (D)作業性規劃。

( ) **7** 鴻海集團擬定長期規劃，是否進入新市場、開發新產品、購併通路商等是為何種規劃類型？ (A)作業性規劃 (B)功能性規劃 (C)策略性規劃 (D)以上皆非。

( ) **8** 良好目標的特色為何？ (A)可衡量量化 (B)不具挑戰性 (C)低度挑戰性 (D)以行動而非結果呈現。

( ) **9** 目標管理的四大要素，不包括下列何項？ (A)明確時程 (B)績效回饋 (C)具體目標 (D)上司指定目標。

(　　) **10** 下列有關目標管理（MBO）的計畫要點敘述何者為誤？　(A)根據目標衡量績效　(B)主管與下屬共同討論下屬的目標　(C)應用德菲法了解專家意見　(D)自我控制與執行。

(　　) **11** 下列有關史坦納（Steiner）整體規劃模式的敘述，何者有誤？　(A)由規劃的基礎、主體、實施檢討與輔助工作四部分組成　(B)高層主管的價值觀為規劃的基礎　(C)規劃研究與可行性測定為經常性的輔助工作　(D)辨認企業的內外環境為規劃的主體。

(　　) **12** 下列何者是用以記載「將如何達成目標」的文件？　(A)計畫　(B)報表　(C)憑證　(D)記錄。

(　　) **13** 通常在政府機構組織中一年內完成，由基層或中層主管負責的營運計畫是屬於：　(A)短程計畫　(B)中程計畫　(C)長程計畫　(D)特定計畫。

二、進階題

(　　) **14** 下列何者關於規劃的描述錯誤？　(A)規劃的時間越長風險越高，因此規劃期間越短越佳　(B)規劃可協調各部門間活動，因此較易於達成目標　(C)規劃必須要有彈性，必須要隨著實際的狀況調整　(D)中層主管偏重於部門功能性規劃，屬於戰術性質的規劃。

(　　) **15** 規劃對組織績效的影響敘述何者有誤？　(A)規劃考量的績效通常是利潤　(B)內部環境是影響規劃績效的原因　(C)規劃本身的品質更重於是否有做規劃　(D)正式規劃比非正式規劃好。

(　　) **16** 組織進行目標設定過程中，管理者常以SMART原則來研判目標設定是否妥善，下列何者非SMART的衡量原則？　(A)滿意性（Satisfaction）　(B)可衡量性（Measurable）　(C)可達成性（Achievable）　(D)成果導向（Result-oriented）。

(　　) **17** 適當的目標設定（Goal setting）涵義為以下何者？　(A)目標愈困難愈好　(B)目標只有在年度績效評估會議上討論　(C)員工須接受已設定的目標且持續投入至目標達成　(D)最佳的目標設定是依上年度目標加上某一比例。

(　　) **18** 目標管理法係經由管理者和員工共同訂定明確的目標，其基本假設認為：　(A)當員工參與目標的設定時，將會更瞭解公司實際目標　(B)當員工參與目標的設定時，將會更努力的達成目標　(C)當管理者自行設定目標時，目標將會過於狹隘、侷限　(D)兩者共同參與目標設定時，充分的交流將使目標創新。

(　　) **19** 由員工與經理人一起訂定明確目標，並定期檢視目標進度，根據進度給予獎勵的做法，是下列那一種管理方法？　(A)目標管理法　(B)高階主管訂定法　(C)市場導向法　(D)傳統目標管理法。

(　　) **20** 企業營運規劃的過程中，其目標訂定涵蓋了組織的使命與願景，並涵蓋了組織的營收、利潤及成長相關願景與目標，其屬於何種目標策略之訂定？　(A)戰術性目標　(B)功能性目標　(C)營運性目標　(D)策略性目標。

(　　) **21** 關於規劃的定義與涵義，學者往往從不同角度給予不同觀點的闡釋，依您對規劃的了解，請問下列何者是正確的？　(A)針對目前的組織問題與困境，提出解決方案的過程，亦即規劃的過程　(B)Steiner（1969）所提出整體規劃模式，認為規劃的基礎在於管理者與員工的互動　(C)規劃是透過一個邏輯思考與分析的過程產生的結果　(D)規劃強調因應環境變化之靜態回饋的過程。

(　　) **22** 學者史坦納（G.A.Steiner）在其所提出的企業整體規劃模式中，為建構所謂策略規劃（或長程規劃），必須彙集規劃之基礎資訊，這些規劃基礎，下列何者有誤？　(A)企業的社會責任與道德觀　(B)高層管理者之價值觀　(C)企業內外環境的SWOT分析　(D)企業基本的社會與經濟目的。

(　　) **23** 下列有關規劃（Planning）與計畫（Plan）之關係，何者不正確？(A)規劃是因，計畫是果　(B)規劃是後果，計畫是過程　(C)規劃是議，計畫是決　(D)規劃是動態的，計畫是靜態的。

(　　) **24** 接班人計畫（Succession Planning）主要適用於以下何種狀況？(A)高階經理人的接班　(B)部門經理人的接班　(C)內部專家的接班　(D)以上皆是。

解答與解析

一、基礎題

1 **(D)**

2 **(B)**。亦即是一種理性的分析和選擇的過程。

3 **(C)**。規劃的核心為決策。

4 **(A)**。品質管制是屬於控制，不屬於規劃。

5 **(B)**。建立目標→分析情境並建立計畫前提→決定可行的行動方案→評估各個可行的行動方案→選擇並執行計畫。

6 **(B)**。亦可謂從廣度區分，不涵蓋整體性規劃。

7 **(C)**。策略規劃的目的是協助企業了解環境變遷的趨勢，掌握機會，逃避威脅，整合內部資源，發揮企業的競爭優勢，彌補經營劣勢，有效達成企業的目標。

8 **(A)**。(B)(C)必須具備可達成的挑戰性。(D)以結果方式呈現。

9 **(D)**。參與決策性。

10 **(C)**。「德菲法」是一種團體決策方法。

11 **(D)**。是規劃的基礎。

12 **(A)**

13 **(A)**。為一年以下的計畫，所涵蓋的時間較短。

二、進階題

14 **(A)**。不一定，如策略性規劃需較長時間作規劃。

15 **(B)**。規劃與績效的關連性有：
(1) 規劃考量的績效通常是：利潤、資產報酬率等財務表現。
(2) 有進行正式規劃的組織，其績效優於沒有規劃或非正式規劃的組織。
(3) 規劃本身的品質更重於是否有做規劃。
(4) 外在環境是影響規劃績效的原因。
(5) 規劃與績效的相關性會受規劃時程長短影響。

16 **(A)**。明確或具體性（Specific）；時效性（Timely）。

17 **(C)**

18 **(B)**。指上下級人員經由會談方式，共同訂定組織目標與各部門目標，而人員於執行目標過程中，需作自我控制，於目標執行完後，尚須作自我考核的一種方式。

19 **(A)**。MBO的目標設定的程序是上下級人員交互討論逐步定案的。

20 **(D)**

21 **(C)**。(A)規劃是組織為達成目標與實現政策所制定的行動方案，具有未來性。(B)規劃基礎為確定經營宗旨、高階主管價值觀、SWOT分析。(D)因應環境變化之動態回饋的過程。

22 **(A)**

23 **(B)**。規劃是過程，計畫是後果。

24 (A)。接班人計畫緣起於1960年末至1970年初，著重在組織人才績效與潛力評估，通常只強調高階管理者如總經理、執行長的職位承續，並規劃這些人才於組織中的升遷路徑，及為其建立發展計畫。

實戰大進擊

( ) **1** 決定組織目標並訂定達成目標的方法之一系列過程，是為下列哪一項管理功能？ (A)組織 (B)規劃 (C)領導 (D)控制。【105台酒】

( ) **2** 決定組織目標屬於管理功能活動中的： (A)規劃 (B)組織 (C)領導 (D)控制。【104郵政】

( ) **3** 規劃是首要的管理功能，規劃工作主要涵蓋哪兩項重要內涵？ (A)方案與預算 (B)預算與流程 (C)目的（或目標）與計畫 (D)效能與效率。【104自來水升】

( ) **4** 下列對於規劃的基本特性之敘述何者錯誤？ (A)規劃是一種動態性的、有彈性 (B)規劃是一種理性的分析和選擇 (C)規劃是管理功能之首 (D)規劃主要工作在於針對過去資料加以整理分析。【104郵政】

( ) **5** 下列何者不是規劃的主要理由？ (A)指引組織未來的方向 (B)降低環境變化的衝擊 (C)充分利用多餘的資源 (D)設定組織控制的標準。【103經濟部】

( ) **6** 下列哪一個敘述並不是企業組織目標的特徵？ (A)目標可以為企業組織中的所有人員提供指引與統一的方向 (B)設定目標是規劃流程中的最後一個步驟 (C)目標可以被視為激勵組織員工的來源 (D)目標為評估與控制提供有效的機制。【104郵政】

( ) **7** 下列哪一項不是良好目標的特色？ (A)可衡量且可量化 (B)富挑戰性卻不好高騖遠 (C)有明確時間表 (D)以口頭方式呈現。【105中油】

( ) **8** 下列何者不是一個設計良好的目標所具備的特徵？ (A)必須清晰而且可形諸於文字的結果 (B)目標必須可量測或量化 (C)與報酬系統相連結 (D)不一定要說明完成期限。【104自來水升】

( ) **9** 市場佔有率通常被用於評估下列哪一項目標？ (A)獲利性目標 (B)行銷目標 (C)生產力目標 (D)財務目標。 【104自來水】

( ) **10** 藉組織整體目標隨著組織層次逐次展開到單位與個人，經上下階層充份討論、溝通並協議確定後，單位或個人的目標，就成為績效考核的依據。這種方法為何？ (A)評鑑中心 (B)現場審查法 (C)目標管理 (D)360度回饋評估。 【105自來水】

( ) **11** 企業中將組織目標轉換成員工目標，並使所有人參與討論與設定，各層級目標相連，屬於下列何種管理方式？ (A)目標管理 (B)行為管理 (C)激勵管理 (D)成本管理。 【105郵政】

( ) **12** 有關目標管理（management by objectives，MBO）的描述，下列何者正確？ (A)所制定的目標必須是可以很容易完成的 (B)目標是由員工獨自決定的 (C)目標是由管理者與員工共同決定的 (D)目標管理不需要明確期限。 【104自來水升】

( ) **13** A公司各門市的管理方式是由店長與門市人員一起決定績效目標，並定期評估，報酬會依達成度作為基礎來進行分配。此種管理方式為： (A)專家系統 (B)規模校正 (C)目標管理 (D)價值鏈管理。 【103台酒】

( ) **14** 下列何者「不是」目標管理（Management By Objectives, MBO）的內容？ (A)由主管訂定部屬的目標 (B)訂定達成目標的行動方案 (C)透過自我控制來達成目標 (D)定期檢視執行成果並且進行績效評核。 【105台酒】

( ) **15** 下列何者不是目標管理（management by objectives，MBO）的構成元素？ (A)多元的目標 (B)參與式的決策制定 (C)明確的期限 (D)成果的檢視。 【103中油】

( ) **16** 下列哪一種規劃，是關於組織長期目標與活動資源配置的樣式，涵蓋組織主要部份，並且多由高階或資深主管負責規劃的發展和實行？ (A)戰術性規劃 (B)作業性規劃 (C)策略性規劃 (D)控制性規劃。 【105自來水】

(　) 17 針對策略性計劃(strategic plans)的敘述，下列何者錯誤？ (A)特定作業性部門的計劃 (B)涵蓋的時間較長 (C)屬於方向性計劃 (D)資源相對投入較大。 【105中油】

(　) 18 下列有關策略規劃的說明，何者為最正確？ (A)決定企業的基本使命、目標與資源配置方式的過程 (B)擬定出的計畫經常是各項例行作業 (C)擬定者多為部門主管 (D)所做的規劃涵蓋時間短。 【104台電】

(　) 19 在下列規劃項目中，基層管理者最主要的工作是： (A)策略性規劃 (B)功能性規劃 (C)作業性規劃 (D)專案性規劃。 【103自來水】

(　) 20 高階主管主要是負責公司的： (A)作業性規劃 (B)功能性規劃 (C)策略性規劃 (D)專案性規劃。 【103台酒】

(　) 21 下列何種規劃的特徵為在先前的計畫行動受到干擾或被證實為不適當時，將採取的因應之道(要採取的替代方案)？ (A)戰術規劃 (B)權變規劃 (C)長期規劃 (D)作業規劃。 【103台糖】

(　) 22 根據Steiner的整體規劃模型(Integrated Planning Model)，下列何者不是主要步驟？ (A)規劃 (B)執行與檢討 (C)可行性測試 (D)前提。 【102經濟部】

(　) 23 下列何者為策略性計畫(strategic plan)的特徵？ (A)一年以下的計畫 (B)會議中初步發想的計畫 (C)經常性計畫 (D)方向性計畫。 【104自來水升】

(　) 24 訂定組織目標、建立達成目標之策略，並發展一套有系統的計畫，來整合並協調企業的各項活動，係指下列哪一項管理功能？ (A)目標 (B)策略 (C)協調 (D)規劃。 【106台糖】

(　) 25 企業中將組織目標轉換成員工目標，並使所有人參與討論與設定，各層級目標相連，屬於下列何種管理方式？ (A)目標管理 (B)行為管理 (C)激勵管理 (D)成本管理。 【106桃機】

(　) 26 目標管理(MBO)是透過組織成員共同制定目標的過程，可以讓目標更？ (A)困難達成 (B)操作導向 (C)策略導向 (D)實際可行。 【106桃捷】

( ) **27** 針對特定企業的優勢、劣勢、機會與威脅進行分析，通常是在下列哪個規劃階段進行？ (A)戰術規劃 (B)權變規劃 (C)作業規劃 (D)策略規劃。【106台糖】

( ) **28** 由上司部屬共同設定的目標，並且用此來衡量員工之績效是指下列何者？ (A)目標管理 (B)放任管理 (C)集權管理 (D)民主管理。【107郵政】

( ) **29** 下列何者非目標管理之特性？ (A)主管與部屬共同參與決定 (B)注重整體目標 (C)強調自我控制 (D)對人性假設為X理論。【107台酒】

( ) **30** 有關目標管理，下列敘述何者錯誤？ (A)目標管理是授權的、參與的、合作的管理 (B)目標管理的要素包括：績效回饋、明確的期限 (C)強調「由上而下」的運作，上級設定部屬目標後，監督其是否達成 (D)目標管理亦重視目標執行過程的自我檢討與自我評估。【107台北自來水】

( ) **31** 下列有關「策略」與「計畫」的敘述，何者正確？ (A)策略必須有具體的時間表，計畫則否 (B)策略是用來指引未來發展方向，而計畫則是根據策略來擬訂具體工作事項 (C)計畫擬訂在先，策略規劃在後 (D)策略必須根據計畫來擬訂。【107台酒】

( ) **32** 決定需要做什麼、如何做以及由誰去做，是下列何項管理功能？(A)規劃 (B)組織 (C)領導 (D)控制。【108台酒】

( ) **33** 下列何者不是目標管理（MBO）的計畫步驟？ (A)設定組織整體目標與策略 (B)由員工自行決定達成目標的行動方案 (C)定期檢視進度，並回報問題點 (D)對於達成目標者給予獎賞。【108台酒】

( ) **34** 有關計畫類型，下列敘述何者正確？ (A)策略性計畫強調長期 (B)作業性計畫強調方向性 (C)策略性計畫強調經常性 (D)作業性計畫為建立一般準則的彈性計畫。【111台酒】

( ) **35** 下列何者不是完善目標的特色？
(A)描寫結果與行動並重 (B)以書面方式呈現 (C)可衡量且可量化 (D)有明確的時程表。【111台酒】

解答

1 (B) 2 (A) 3 (C) 4 (D) 5 (C) 6 (B) 7 (D) 8 (D) 9 (B) 10 (C)
11 (A) 12 (C) 13 (C) 14 (A) 15 (A) 16 (C) 17 (A) 18 (A) 19 (C) 20 (C)
21 (B) 22 (C) 23 (D) 24 (D) 25 (A) 26 (D) 27 (D) 28 (A) 29 (D) 30 (C)
31 (B) 32 (A) 33 (B) 34 (A) 35 (A)

NOTE

絕技 09 規劃的技術與工具

命題戰情室：本絕技為規劃的技術與工具，首先應能清楚的區分量化與質化預測兩大技術；標竿管理或稱標竿學習、標竿設定（benchmarking）是另一個考點，其他如預算、資源分配與排程的工具也要稍微注意。損益平衡點與期望時間的計算是企管考科計算題的主要來源之一，尤其損益兩平點銷售量的計算是必考的重點，尤應熟記公式並加強練習。

重點訓練站

一、規劃技術

「規劃的技術」可以幫助管理者於規劃進行時，正確地預測趨勢與有效的掌握資源。

評估環境的技術

環境偵測	閱讀報章雜誌、書籍，以及獲取競爭者情報。
預測	可分為定性（質化）預測與定量（量化）預測。
標竿設定	向參考對象或標準進行比較或學習之意。

環境偵測可最為預測的基礎，經由偵測所得的資訊可用來勾勒未來景象。

	預測技術	內容說明	應用實例
定量技術	時間序列分析	將過去趨勢以數學方程式表達，並用以預測未來發展。	以過去四期資料來預測下一季銷售額。
	迴歸模型	以已知或假設值之變數來預測另一變數之值。	尋找可以影響銷售金額的關鍵因素。
	計量經濟模型	以一套迴歸方程式去模擬經濟活動之一部份。	預測稅法改變對汽車銷售的影響。

	預測技術	內容說明	應用實例
定量技術	經濟指標	使用一個或多個經濟指標以預測未來經濟狀況。	以GDP預估可支配所得。
定量技術	替代效果	以數學公式預測新技術或新產品將於何種狀況下，以何種方式取代既有技術或產品。	以傳統烤箱的銷售來預測微波爐的銷售。
定性技術	專家意見	綜合各個專家的意見。	調查公司內部人事主管對明年大學畢業生招募的需求。
	銷售代表意見	綜合第一線銷售代表的銷售預期。	汽車公司調查主要經銷商意見來決定產品的形式與數量。
	顧客評估	分析既有顧客購買屬性，以預測未來銷售數量與種類。	如購買Lexus的車主未來可能升級買Benz的數量。

二、規劃工具

(一) **預算**：係以數字表示的計畫，來分配特定資源製特定活動。

預算形式	收入預算	預測未來的營業收入。
	支出預算	列出未來主要活動及所需的費用。
	現金預算	預測組織現在與未來的現金需求。
	資本支出預算	預測未來在土地、建物、設備的投資預算。
	利潤預算	決定每單位的利潤貢獻預算。
	變動預算	考慮隨數量不同而變動成本的預算。
	固定預算	假設固定的生產與銷售水平預算。
預算方法	增額預算	根據前期分配方式而分配資金至各部門預算。
	零基預算	預算要求一切從無開始，不管以前是如何編列。

(二) 作業規劃工具

資源分配工具	說明
排程	係將所需完成任務，依活動順序、完成者及所需完成時間加以表示。
損益平衡分析	總收益正好等於其總成本，即達到不虧不盈的狀況。 損益兩平銷售量＝總固定成本／（產品單位價格－每單位變動成本）。
線性規劃	用來解決資源分配問題的數學技術。
等候理論	在等候線的成本和維護那條線的服務間取得平衡的技術。
機率理論	運用統計學來分析過去以預測未來計畫的風險。
邊際分析	計畫技術用來評估某一特定決策內增加的成本或收入。
蒙地卡羅技術	利用模擬方法，創造一個環境，從而衡量各種不同決策的效果。
時間管理	有效地安排時間的個人表格。

排程種類	說明
甘特圖	使用一般的長條圖，橫軸表示時間，縱軸則列出所需進行的各項活動及其起訖時間。
負荷圖	甘特圖的修正，將縱軸改以整個部門或特定資源取來取代各項活動，以利產能控制。
計畫評核術 PERT	1958年美國海軍執行「北極星飛彈計畫」所發展出一套採網狀圖作為計畫管制技術，其實施步驟為規劃、配當、跟催。
要徑法 CPM	杜邦公司所發展，利用網狀圖將作業活動路線描繪出來，並尋求其中需時最長之途徑。

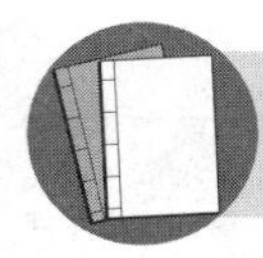

資料補給站

此部分為計算題的命題來源，所以下列公式必須熟記！

一、損益平衡點（Break-Even Point）

指使損益兩平的銷售數量，也就是在損益平衡點的銷售數量，表示公司沒有獲利也沒有虧損。其公式如下：

損益平衡點＝總固定成本÷（單位售價－單位變動成本）

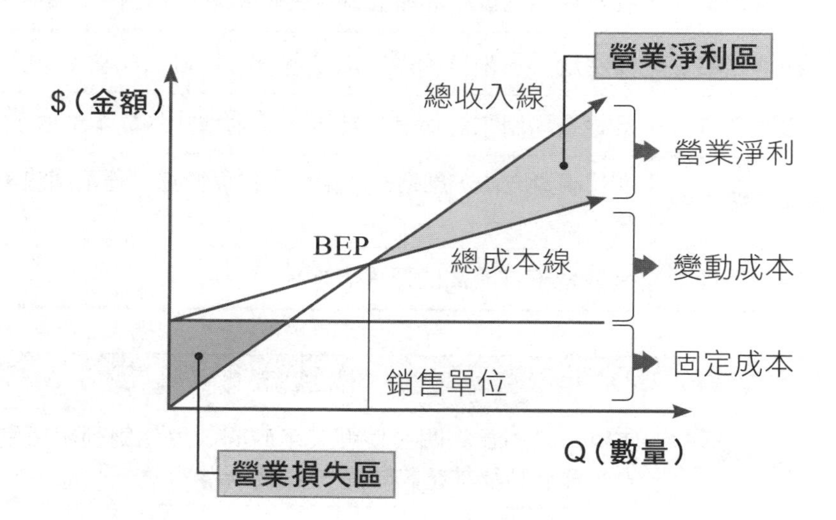

二、計畫評核術（Program Evaluation and Review Technique, PERT）

最早在1958年美國海軍所創，以類似流程圖來描繪出完成計畫所需作業的先後順序，以及每項作業的相關時間或成本，用以規劃及控制作業流程。

t：期望時間，為完成各項作業預估時間，由a：樂觀時間、m：最可能時間（正常時間）、b：悲觀時間計算出來；

期望時間：$t=\frac{a+4m+b}{6}$。

每個作業時間的變異數：$\sigma^2=\left(\frac{b-a}{6}\right)^2$。

作業時間的標準差：$\sigma=\left(\frac{b-a}{6}\right)$。

每條路徑的標準差：$\sigma=\sqrt{\sum(\text{作業變異數})}$。

三、規劃的技術

標竿管理	從競爭或非競爭者中，找出能讓組織達到優越績效的最佳作法。而標竿設定的程序，通常會有以下四個步驟： 1.首先成立一個標竿設定規劃小組。 2.小組必須蒐集組織內部資料及其他組織資料。 3.利用所蒐集資料找出績效差距及確定造成差異原因。 4.規劃一個可超越他人行動計畫並加以實行。
專案管理	使專案的作業能根據工作説明書的要求，並在有限的時間與預算內完成所有作業的工作。
情景規劃	情景規劃之目的並不是要預測未來，而是藉由在不同特定情況下的沙盤演練，來減少不確定性的風險。
權變規劃	發展情境，一旦假設的狀況確實發生時，使管理者得以事先確定應採取的行動。

四、景氣指標預測法

景氣指標與對策信號乃是為衡量經濟景氣概況，將一些足以代表經濟活動且能反映景氣變化的重要總體經濟變數，以適當統計方式處理，編製而成。目前國發會每月發布包含領先、同時、落後三種景氣指標，並同時發布景氣對策信號，提供各界衡量我國景氣脈動之用。

(一) 景氣指標包含「領先指標」、「同時指標」及「落後指標」，其構成項目為：

1. **領先指標**：由外銷訂單動向指數（以家數計）、實質貨幣總計數M1B、股價指數、工業及服務業受僱員工淨進入率、建築物開工樓地板面積（住宅、商辦、工業倉儲）、實質半導體設備進口值，及製造業營業氣候測驗點等7項構成項目組成，具領先景氣波動性質，可用以預測未來景氣之變動。

2. **同時指標**：由工業生產指數、電力（企業）總用電量、製造業銷售量指數、批發、零售及餐飲業營業額、非農業部門就業人數、實質海關出口值、實質機械及電機設備進口值等7項構成項目組成，代表當前景氣狀況，可以衡量當時景氣之波動。
3. **落後指標**：由失業率、製造業單位產出勞動成本指數、金融業隔夜拆款利率、全體金融機構放款與投資、製造業存貨價值等5項構成項目組成，用以驗證過去之景氣波動。

(二) **景氣對策信號**：又稱「景氣燈號」，係以類似交通號誌方式的5種不同信號燈代表景氣狀況的一種指標，目前由貨幣總計數M1B變動率等9項指標構成。每月依各構成項目之年變動率變化（製造業營業氣候測驗點除外），與其檢查值做比較後，視其落於何種燈號區間給予分數及燈號，並予以加總後即為綜合判斷分數及對應之景氣對策信號。景氣對策信號各燈號之解讀意義如下：若對策信號亮出「綠燈」，表示當前景氣穩定、「紅燈」表示景氣熱絡、「藍燈」表示景氣低迷，至於「黃紅燈」及「黃藍燈」二者均為注意性燈號，宜密切觀察後續景氣是否轉向。

易錯診療站

一、定性（質化）預測（qualitative forecasting）

使用**具專業知識的個人或團體的判斷或意見來預測未來可能的結果**，通常是使用於環境變化過大或缺乏歷史資料的情形下，預測未來可能的結果常常只能是大趨勢。包括**專家意見、銷售代表意見、顧客評量、德菲法**等。

二、定量（量化）預測（quantitative forecasting）

針對一連串的歷史資料，**透過數學或統計工具來預測未來可能的結果**，預測未來可能的現象可以用數字形式表示，使用此種預測方法的前提是必須存在相當數量的歷史資料。包括**時間序列分析、迴歸模型、計量經濟模型、經濟指標分析、替代效果**等。

模擬題試煉

一、基礎題

(　　) **1** 下列有關預測的敘述，何者錯誤？　(A)預測的項目愈多，預測的結果愈可靠　(B)預測的時間愈短愈不正確　(C)選擇預測方法時，首重其準確性　(D)預測所得結果應設置誤差的比率。

(　　) **2** 何種類型的預測是將一連串的歷史資料，套用在數學模型以預測未來的結果？　(A)調查預測　(B)定性預測　(C)資料預測　(D)定量預測。

(　　) **3** 企業抱持著「見賢思齊」之的革新精神，不斷追求進步，是屬於何種組織學習種方法？　(A)MBO　(B)PERT　(C)顧客滿意法　(D)競爭標竿法。

(　　) **4** 標竿管理（Benchmarking）背後的基本理念是，管理者可藉由下列何者改善品質與績效？　(A)創新　(B)觀摩與模仿佼佼者　(C)自行實驗　(D)以上皆非。

(　　) **5** 規劃中的預測（Forecasting）可分為量化及質性，以下何者屬於質性預測？　(A)趨勢分析　(B)替代效果　(C)顧客評量　(D)經濟指標。

(　　) **6** 何種規劃的技術主要是運用數學公式以預測新產品或技術在何種狀況下可能取代現有的產品？　(A)迴歸模型　(B)經濟指標　(C)替代效果　(D)計量經濟模型。

(　　) **7** 預算係以何種方式表示的計畫，用以分配特定資源製特定活動？(A)敘述　(B)要點　(C)時間　(D)金錢。

(　　) **8** 一種不以前一年度預算為依據，而依當年度實際工作項目所需經費編列之預算制度是何項？　(A)財務預算　(B)短期預算　(C)零基預算　(D)資本支出預算。

(　　) **9** 一位管理者希望知道至少要銷售多少單位才能達到其利潤目標，或者是某一產品應該繼續還是停止銷售，應採用下述那一個模式？(A)損益平衡分析　(B)決策樹　(C)比率分析　(D)邊際分析。

(　) **10** 美國海軍於1958年首次應用於北極星飛彈計畫的控制技術為何者？ (A)要徑法 (B)線性規劃 (C)迴歸分析 (D)計畫評核術。

(　) **11** 若一經理人要規劃一個大型計畫時，此時最好使用的排程工具為何項？ (A)甘特圖 (B)負荷圖 (C)計畫評核術 (D)線性規劃。

(　) **12** 甘特圖（Gantt Chart）是一種排程工具，下列何者為其橫軸？ (A)工作 (B)時間 (C)人員 (D)預算。

(　) **13** 公司每月固定成本為2萬元，產品單位售價15元，每單位變動成本為5元，該企業每月至少應達到多少銷售量才能損益平衡？ (A)1,000單位 (B)1,500單位 (C)2,500單位 (D)2,000單位。

(　) **14** 已知固定成本為$1,000萬，單位售價是$10，變動成本$5，損益兩平銷售額為多少？ (A)200萬元 (B)2,000萬元 (C)300萬元 (D)3,000萬元。

(　) **15** 當在做「計畫評核術（PERT）」分析時，需對各活動的完成時間進行估計。現假設完成某活動的樂觀時間是4天，悲觀時間是12天，而最可能時間是5天，則估計平均的完成時間應該是： (A)3天 (B)4天 (C)5天 (D)6天。

(　) **16** 景氣指標是景氣預測工具之一，目前國發會會所編製的「台灣景氣指標」，何者不包括在其中？ (A)國民生產毛額指標 (B)領先指標 (C)落後指標 (D)景氣對策信號。

二、進階題

(　) **17** 預測（Forecasting）技術可分為量化及質化預測兩大技術，請問下列何者不屬於量化預測技術？ (A)專家意見 (B)替代效果 (C)時間序列 (D)計量經濟模型。

(　) **18** 從相關的競爭者或非競爭者中，尋找學習對象或找出使企業績效優異的方法，稱之為何？ (A)情境管理 (B)經濟預測 (C)標竿管理 (D)量化預測。

( ) **19** 下列何者是用來進行不同變數之間因果關係的分析與預測的統計方法？ (A)迴歸分析 (B)變異數分析 (C)最小平方法 (D)時間數列分析。

( ) **20** 以下何種預算制度是對任何一項新增或既有的計畫，欲獲得預算編列，均需重新受到審查以證明其存在的必要性，不符時宜或效益之既有或新增計畫均不予編列預算？ (A)現金預算 (B)零基預算 (C)增額預算 (D)資本支出預算。

( ) **21** 在管理會計技術中，可以求出損益兩平點（Break-Even Point）的成本分析方法是屬於： (A)成本數量利潤分析 (B)獲利能力分析 (C)責任會計分析 (D)標準成本分析。

( ) **22** 冠軍公司某項產品之全年固定成本須支出$300,000，其單位售價為$25，單位變動成本為$20，則其全年損益兩平點銷售額為多少錢？ (A)$1,000,000 (B)$1,500,000 (C)$2,000,000 (D)$2,500,000。

( ) **23** 清新公司推出一單價為100元的產品，需投入120萬元的總固定成本，而生產該產品的單位變動成本為50元，則要銷售多少單位產品，才能達到10萬元的目標利潤？ (A)20,000單位 (B)24,000單位 (C)26,000單位 (D)30,000單位。

( ) **24** 計畫評核技術（PERT）之網狀圖分析，是以何種符號代表事件間的活動？ (A)矩形 (B)圓形 (C)直線 (D)箭頭。

( ) **25** 建築業可以運用下列那種工具或技術，來呈現某件專案中的各項具體任務，以及該任務的起訖期間和花費的時間長度？ (A)PDCA (B)SWOT (C)甘特圖表（Gantt Chart） (D)六標準差（Six Sigma）。

( ) **26** 若從烏日高鐵搭計程車到高美濕地最樂觀時間為26分，最可能時間為30分，最悲觀時間為40分，則預期時間大約為多少？ (A)26分 (B)31分 (C)33分 (D)40分。

( ) **27** 在專案管理中，假設執行A工作所需的最樂觀時間為10、最悲觀時間為18、最有可能時間為11（以上均忽略單位），則可以求算出執行A工作所需時間之期望值為12，請問其變異數約為何？(A)1.3333 (B)1.4444 (C)0.1111 (D)1.7778。

( )**28** 若要縮短下列網路圖中之完工工期，首先應在哪一條路徑上趕工？
(A)①→②→④→⑥
(B)①→②→③→④→⑥
(C)①→②→③→⑤→⑥
(D)①→③→⑤→⑥。

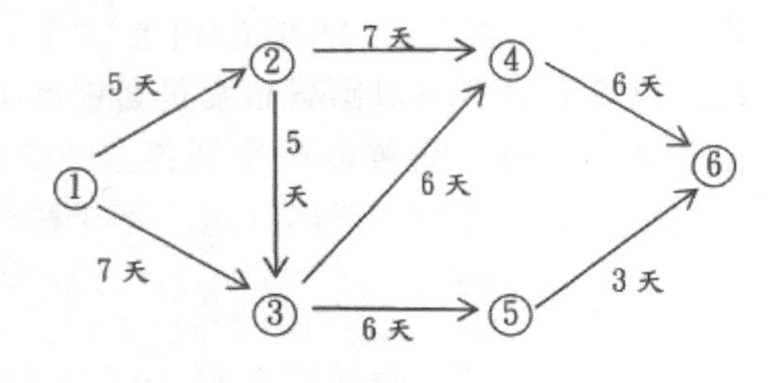

( ) **29** 下列燈號的轉變，何者表示景氣有好轉現象？ (A)由黃藍燈轉藍燈 (B)由綠燈轉藍燈 (C)由黃紅燈轉黃藍燈 (D)由黃藍燈轉綠燈。

解答與解析

一、基礎題

1 **(B)**。一般而言，預測時間愈短，則正確性愈高；反之，預測時間愈長，則其誤差也愈大。

2 **(D)**。

3 **(D)**。又稱標竿設定法，係向參考對象或標準進行比較學習之意，以追求最佳實務。

4 **(B)**。向楷模學習最佳實務。

5 **(C)**。「定量」的預測技術強調運用數學或統計方式，以預估未來發展趨勢。「質性」的預測技術強調透過專家訪談或蒐集資料來預估未來發展趨勢。

6 **(C)**。如運用傳統烤箱的銷售來預測微波爐的銷售。

7 **(D)**。或數字方式表示的計畫。

8 **(C)**

9 **(A)**。適用於控管銷貨數量和成本，在某一銷售量（額）下會相等。

10 **(D)**。即「PERT」。

11 **(C)**。相對的要徑法（CPM）較適用於小型計畫。

12 **(B)**。橫軸是時間，縱軸是工作項目。

13 **(D)**。損益兩平點＝總固定成本÷（單位售價－單位變動成本）
＝$20,000÷（$15－$5）
＝2000單位。

14 **(B)**。損益兩平點＝總固定成本÷（單位售價－單位變動成本）
＝$10,000,000÷（$10－$5）
＝2,000,000。
損益兩平銷售額
＝2,000,000×$10
＝$20,000,000。

15 (D)。預期時間＝（最樂觀時間＋最可能時間×4＋最悲觀時間）÷6
＝（4＋5×4＋12）÷6＝6天。

16 (A)。國內生產毛額（GDP）：指一國在特定期間內，所有生產的勞務及最終商品的市場價值，反映國家經濟力的指標，數值愈高，代表景氣愈好。

二、進階題

17 (A)。(B)(C)(D)均屬於量化預測技術。

18 (C) **19 (A)**

20 (B)。零基預算（ZBB）要求對任何一個新增或既有計畫審查其必要性，對不符時宜者則不予編列，可改除萬年預算的弊病，但所動員的人力與工作負荷卻難以估計。

21 (A)

22 (B)。損益兩平點＝總固定成本÷（單位售價－單位變動成本）
＝$300,000÷（$25－$20）
＝60,000單位。
損益兩平點銷售額
＝損益兩平點×單位售價
＝60,000×$25＝$1,500,000。

23 (C)。目標利潤點＝（總固定成本+利潤）÷（單位售價－單位變動成本）
＝（$1,200,000＋$100,000）÷（$100－$50）
＝26,000單位。

24 (D)。主要為事件（圓形）與活動（箭頭）所構成。

25 (C)。以時間為橫軸及工作細項為縱軸來顯示生產的時間表，以長條來代表工作起訖時間，用來協助管理者規劃與控制生產時程與進度。

26 (B)。預期時間＝（最樂觀時間＋最可能時間×4＋最悲觀時間）÷6
＝（26＋30×4＋40）÷6＝31分。

27 (D)。每個作業時間的變異數：

$$\sigma^2 = \left(\frac{b-a}{6}\right)^2$$

每個作業時間的變異數
=〔（最悲觀時間－最樂觀時間）÷6〕²
=1.7778。

28 (B)。要徑法應找最長的路徑：1→2→3→4→6共22天。

29 (D)。代表景氣由低迷逐漸轉為穩定或持平。

實戰大進擊

( ) **1** 下列何種預測技術不屬於定量預測技術？ (A)時間序列分析 (B)經濟指標分析 (C)銷售代表意見 (D)經濟計量模型。【104郵政第2次】

( ) **2** 有關標竿學習的敘述，下列何者正確？ (A)尋找到標竿企業通常是一件很容易的事 (B)標竿的學習對象不僅限於同產業的競爭者 (C)標竿企業只能是國內公司，以避免文化差異的問題 (D)只需要集中心力蒐集標竿企業的資料，不需要檢視組織內部的現狀。 【104自來水升】

( ) **3** 有關標竿學習（benchmarking）之敘述，下列何者正確？ (A)標竿的學習對象不限於同產業的競爭者 (B)尋找到標竿企業是一件容易的事 (C)標竿企業不包括海外的公司，因為會有文化差異 (D)只需要蒐集標竿企業的資料即可，不需要審視組織內部的現況。 【104郵政第2次】

( ) **4** 下列何者為損益兩平的主要概念？ (A)找到顧客滿意度與員工滿意度均衡點 (B)找到企業成本與虧損均衡點 (C)找到員工滿意與員工績效均衡點 (D)找到產品售價與銷售量均衡點。 【105郵政】

( ) **5** 下列何者是「損益平衡銷售量」？ (A)總收入等於總成本的銷售量 (B)總收入等於變動成本的銷售量 (C)總收入等於固定成本的銷售量 (D)銷售價格等於總成本的銷售量。 【104自來水】

( ) **6** 計算損益平衡點分析（break-even analysis），不需要下列哪一項資訊？ (A)產品的需求量 (B)總固定成本 (C)產品的銷售價格 (D)產品的變動成本。 【105中油】

( ) **7** 下列哪一項工具可以幫助經理人員設定獲利的目標？ (A)因素分析 (B)成本分析 (C)損益平衡分析 (D)PERT（Program Evaluation and Review Technique）。 【104郵政第2次】

( ) **8** 下列問題何者不能利用線性規劃來進行分析？
(A)選擇運輸路線的組合來最小化運輸成本 (B)分配廣告預算到不同的產品企畫上 (C)分配兩種飲料的生產量 (D)多位高階主管的會議日期排程。 【104港務】

( ) **9** 繪製各項預排工作及實際已完成進度，以便看出實際進度與預定進度差異的生產進度控制圖稱為： (A)泰勒圖 (B)網路要徑圖 (C)特性要因圖 (D)甘特圖。 【104台電】

( ) **10** 建構一個要徑（critical path）分析，需要的內容包括活動名稱、活動編號外，還包括________。 (A)後續活動及預估時間 (B)預估時間及前置活動 (C)嚴重路徑及預估時間 (D)嚴重路徑及寬鬆時間。 【104港務】

( ) **11** 在專案管理當中，最晚起動時間與最早起動時間之差額，稱為：(A)閒置時間(slack time) (B)趕工時間(rush time) (C)關鍵路徑時間(critical path time) (D)活動時間(activity time)。【105台酒】

( ) **12** 陳君希望投資巧克力商店，每月固定開銷為10萬元，每盒巧克力預計售價為220元，巧克力製造成本為每盒170元，請問陳君每月需銷售多少盒巧克力，方能達到損益平衡？ (A)1000盒 (B)1500盒 (C)2000盒 (D)2500盒。【104郵政】

( ) **13** 某商店販售商品每個月的固定成本為100,000元，該商品每單位的變動成本為160元，預定售價為240元，若希望每月能獲得利潤20,000元以上，請問每個月至少需要販售多少個商品？ (A)1,000個 (B)1,200個 (C)1,500個 (D)1,800個。【104郵政第2次】

( ) **14** 假設馬克杯單位售價$20，單位變動成本$6，每年固定成本$350,000，則損益兩平點銷售量為何？ (A)17,500個 (B)58,333個 (C)13,462個 (D)25,000個。【102郵政】

( ) **15** 公司的固定成本為$300萬，產品每單位售價為$5，平均單位變動成本為$3；則公司損益平衡銷售量為何？ (A)100萬個產品 (B)150萬個產品 (C)200萬個產品 (D)250萬個產品。【101自來水、102中油】

( ) **16** 某公司推出一項新產品，若單價在$10時能銷出25,000件，該公司總固定成本為$120,000，產品單位變動成本為$4，請問損益兩平之銷售量為何？ (A)5,000件 (B)2,500件 (C)20,000件 (D)4,166件。【101台酒】

( ) **17** 專案活動時間採用三項時間估計法，且估計時間符合Beta分配，若估計時間分別為樂觀4hrs，最可能6hrs，悲觀14hrs，則其期望時間為： (A)6hrs (B)7hrs (C)8hrs (D)9hrs。【104郵政第2次】

( ) **18** 以下哪種預測方法，屬於專家判斷法？ (A)迴歸分析 (B)指數平滑法 (C)德非法 (D)市場調查。【106桃捷】

( ) **19** 面對快速、跳躍式或不連續的環境改變，何者為較佳的預測技術？(A)時間序列分析預測(Time-series Analysis) (B)德菲法(Delphi Method) (C)迴歸分析(Regression Analysis) (D)因果預測(Causal Forecast)。【106桃機】

( ) **20** 下列何者是企業用來監控企業活動之實際進度與預期進度的圖表？(A)魚骨圖 (B)組織圖 (C)甘特圖 (D)策略圖。【107郵政】

( ) **21** 國家發展委員會所公布的景氣對策訊號為藍燈時，代表何種經濟狀況？政府應該採行何種政策？ (A)景氣穩定，應採穩定性經濟政策 (B)景氣活絡，應採擴張性經濟政策 (C)景氣衰退，應採擴張性經濟政策 (D)景氣趨緩，應採緊縮性經濟政策。【107台酒】

( ) **22** 台中公司推出一項新產品，估計每月總固定成本$84,000，單位變動成本$10，單位售價為$15，其損益兩平點是： (A)3,360件 (B)5,600件 (C)8,400件 (D)16,800件。【107台酒】

( ) **23** 假設臺酒公司推出玉泉紅葡萄酒，每瓶售價為200元，總固定成本為280萬元，單位變動成本60元，則臺酒公司要銷售多少瓶的紅葡萄酒才能達到70萬元的目標利潤？ (A)14,600瓶 (B)10,770瓶 (C)20,000瓶 (D)25,000瓶。【107台酒】

( ) **24** 某家紅茶廠商的固定成本是20萬元，每杯紅茶售價80元，變動成本是40元，希望有20萬元的利潤目標時需要賣多少杯才能達成？(A)5,000 (B)10,000 (C)15,000 (D)20,000。【111台鐵】

( ) **25** 下列何者可以表示企業活動之實際進度與預期進度？ (A)甘特圖（Gantt chart） (B)組織圖 (C)價值鏈 (D)策略地圖。【111台鐵】

解答

1 (C) 2 (B) 3 (A) 4 (D) 5 (A) 6 (A) 7 (C) 8 (D) 9 (D) 10 (B)
11 (A) 12 (C) 13 (C) 14 (D) 15 (B) 16 (C) 17 (B) 18 (C) 19 (B) 20 (C)
21 (C) 22 (D) 23 (D) 24 (B) 25 (A)

絕技 10 規劃的核心－決策

命題戰情室：決策是規劃的核心，更是考試的焦點所在，舉凡決策程序、決策情境、決策風格、決策類型，都有可能入題。但其中又以理性決策模式與準理性決策模式、團體（群體）決策、決策偏誤（承諾升級）、改進團體決策的方法（德菲技術）最常被拿來命題。

重點訓練站

管理活動離不開決策，決策指的是在兩個或兩個以上的替代方案中作抉擇，亦是規劃的核心。

一、決策程序

包括八個步驟：

確認問題→確認決策準則→分配決策準則權重→發展替代方案→評估替代方案→選擇一個替代方案→執行所選擇替代方案→評估決策效能。

二、決策情境

管理者在面臨決策時常會面臨三種情境：確定性情境、風險性情境、不確定性情境。

情境	說明	處理工具
確定性情境	決策者確知目標、手段與結果	成本利潤分析法、償付矩陣法、線性規劃法
風險性情境	決策者確知目標、手段與可能結果	決策樹、最可能發生狀況決策法、平均期望值決策法、績效標準決策法
不確定性情境	決策者確知目標、手段但不知結果	最少遺憾原則、悲觀原則、樂觀原則、主觀機率原則、博弈理論

三、決策者風格

決策者行為模式可能是理性或非理性方式，但在決策風格上，亦會展現個人特質。

(一) 根據魯賓斯與辛絡（Robbins & Cenzo）的分類

根據「個人思考方式」及「對不確定性的忍受程度」兩個構面，將決策風格分為四大類型：

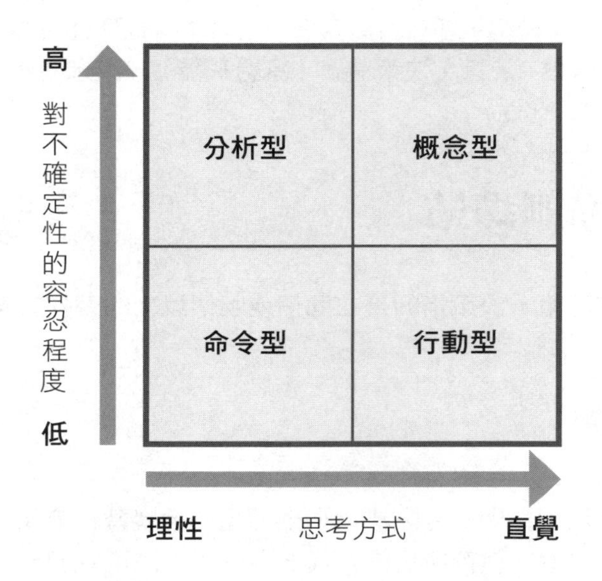

決策風格	說明
命令型 directive	管理者決策速度快，有效率，邏輯性，其快速和有效率來自於他們根據較少的短期的資訊，並只評估少數的方案。
分析型 analytic	管理者善於處理特殊的情況，比命令型的決策者收集更多的資訊與考量更多的方案。
概念型 conceptual	通常有較宏觀的看法，並會找尋很多解決方案，較專注於長期目標，善於以創造性的思考來解決問題。
行動型 behavioral	關心部屬的績效且易於接納別人的意見，利用會議來達成溝通，並盡量避免衝突。

(二) **根據古斯及塔古里（Guth & Tagiuri）的分類：**
個人價值可分為六類：

類型	說明
理論人	重視思考與推理，追求真理與知識
經濟人	重視實際與效用，追求經濟資源的有效利用
藝術人	重視美觀與和諧，追求生活情調
社會人	重視人本身的價值，富於利他和公益心
政治人	重視權力與競爭，追求地位與影響力
宗教人	具悲天憫人胸襟，追求超乎世俗意義的價值

四、決策模式

(一) **理性決策模式：**又稱古典模式，係假設管理者對環境因素具有完整知識，能做出最合理、最佳的決策，為公司帶來最大利益。理性決策有六大假設：明確目標、問題清晰、已知的方案、清楚的偏好、持久的喜好、無時間成本的限制、最大利益。

(二) **受限理性決策模式：**或稱「準理性決策模式」，指決策者受限個人處理資訊的能力，其決策行為只在某些簡化的決策作成程序裡的理性，以達到自己所認知的最佳決策。有限理性決策有三大假設：資訊不充足、受限於個人影響、追求滿意解答。在有限理性決策模型中最有名的，當屬賽蒙（H.Simon）所提出的「滿意型模式」，認為人只是「有限理性」或「限度內理性」的行政人，只能做到「差強人意的」或稱「滿意的」決策。並認為決策過程由三種活動所構成：

活動	步驟
智慧活動	1. 瞭解待決策的問題。 2. 確認解決問題的目標。
設計活動	3. 蒐集相關資料。 4. 提出各種解決問題之可行方案。
選擇活動	5. 各種可行方案的比較分析。 6. 選擇最佳方案。

五、決策類型

類型 1	組織決策	以企業中職務立場作決策。
	私人決策	以私人立場作決策。
類型 2	團體決策	組成委員會方式作決策。
	個人決策	由管理者單獨作決策。
類型 3	程式化決策	針對高度結構化問題，所建立的一套標準化作業流程（SOP）。
	非程式化決策	針對低度結構化問題，需採取創造性的作法解決問題。

個人與群體決策優缺點：

	優點	缺點
個人決策	1. 時間較迅速。 2. 限制較少，容易進行。	1. 資訊不足與思慮不夠，容易誤判。 2. 獨裁主觀。
群體決策	1. 提供更完整的資訊。 2. 產生更多的方案。 3. 增加解決方案的接受程度。 4. 增加正當性（合法性）。	1. 較花費時間。 2.少數壟斷。 3. 順從的壓力。 4.群體迷思。 5. 責任的模糊。

六、決策偏誤

直覺	一種由個人經驗、感覺和判斷累積而成的決策方式。
過度自信	認為自己懂得很多，或不切實際，而把一切都理想化看成很簡單時。
先入為主（定錨或定見效應，Anchoring Effect）	過度依賴初期資訊，一旦心中有定案後，就拒絕他人的意見或接受後來的資訊。
立即滿足	不想有太多投入，卻希望有立即的效果。
選擇性認知	選擇用比較偏狹的觀念來組織並分析事情。
自我鞏固（佐證偏差）	刻意尋求與自己經驗吻合的資訊，而忽視與過去經驗抵觸的資訊。

框架影響	侷限於某些看法而排除其他的意見。
近期效應（接近性偏差、可得性偏差）	傾向於根據最新近發生、印象最深刻的事件，以作為決策的依據。
代表事件	以一個事件與另一事件相似的程度，來評斷該事件應有的處理方式。
隨機因素偏差	刻意要找出隨機問題發生的理由。
沉沒成本錯誤	忘記現在的決策無法改變過去的事實，在分析問題時，沒有專注於未來。
自私偏差	一味爭功，而將失敗推給外在的因素或他人。
放馬後砲（後見之明偏差）	總在事後才大放厥詞，吹噓他們早就料到事情的結果。
承諾升級（加倍投注）	雖然已知先前的決策有錯，卻仍加碼投入資源。
贏家詛咒	決策者會因為過於恐懼、貪心等，做出有違判斷的決定，通常拍賣場上得標的金額，往往遠超過此物實際的估價。當得標者喊價「贏」過其他出價者時，反而是「輸」在自己的不理性。
葛思漢規劃法則	管理者希望先解決較為簡單的程式化決策，再集中精力來解決非程式化決策，但是因為時間有限，有時會發現管理者在解決完程式化決策後，缺乏足夠時間來解決非程式化決策的現象。

（資料改編自：林孟彥、林均妍譯《管理學》十版，華泰文化。）

七、改進團體決策的方法

方法	說明
腦力激盪法	激發創意過程，鼓勵任何意見發表，暫停所有批評。
德菲技術	成員不面對面開會，採用問卷方式反覆進行。
名目群體法	讓團體中成員親自出席，但獨立運作。
電子會議	經由電腦資訊設備連線而達到交談目的。

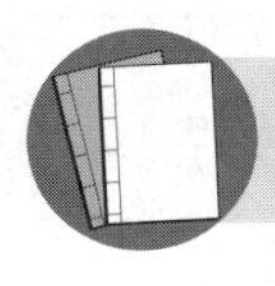

資料補給站

一、互動團體法（interacting group）

最常見的一種團體決策形式。它是由成員面對面地進行互動，透過口語及非口語的方式溝通來達成決策；但此一方法有可能有成員迫於順從團體多數人觀點，而失去原來進行團體決策的用意。

二、直線型思考風格（Linear Thinking Style）

偏好蒐集外部資料及事實，用理性且邏輯方式分析資訊，並依此制定決策和執行。

非直線型思考風格（Nonlinear Thinking Style）：傾向於依直覺行事，用個人獨特方法和感覺消化資料，並依此制定決策和執行。

三、理性決策在實際運用上，必須具備以下的基本條件

(一) 決策過程中必須獲得全部有效的訊息。
(二) 尋找出與實現目標相關的所有決策方案。
(三) 能夠準確地預測出每一個方案在不同的客觀條件下所能產生的結果。
(四) 非常清楚那些直接或間接參與決策制定利害關係人的社會價值取向及其所佔的相對比重。
(五) 可以選擇出最佳化的決策方案。

四、在不確定性下管理者所做決策準則

(一) 極大極大準則（maximax criterion）：基於積極樂觀的想法，在每一個可行方案中找到個別的最大報酬，在每一個個別最大報酬中找到一個整體最大報酬。
(二) 極大極小準則（maximin criterion）：基於極悲觀的想法，在每一個可行方案中找到個別的最小報酬，在每一個個別最小報酬中找到一個整體最大報酬。
(三) 極小極大遺憾準則（minimax criterion）：讓遺憾（regret）降至最低，亦即使最大的遺憾最小。
(四)拉普拉斯準則（laplace criterion）：認為每一個情況一樣可能，將每個情況的報酬取平均值，再從各個報酬平均值中選擇最大者。

易錯診療站

準理性決策模型即有限理性決策或滿意決策模式，會建構簡化的模式，遵循理性決策過程的基本程序，將複雜的問題加以簡化，僅擷取理性決策程序的核心觀念，而不去掌握問題的所有細節。再以理性態度，在個人與組織條件的限制下，**尋求一個可以接受的滿意結果，而放棄追求最佳的結果**。故其所追求的是短期效益，只能達到滿意解，容易發生系統性偏差。

模擬題試煉

一、基礎題

(　　) **1** 管理上，在兩個以上的方案中作選擇，稱為：(A)決策 (B)預測 (C)規劃 (D)情境。

(　　) **2** 在決策的程序中最後一個步驟是何項？ (A)挑選下一個決策的準則 (B)執行所選擇替代方案 (C)評估決策的效能 (D)再分配準則的等級以尋求不同的結果。

(　　) **3** 若組織在進行決策時，缺乏足夠的資訊來推測不同替代方案結果的機率時，是屬於下列何種決策情境？ (A)確定情境 (B)風險情境 (C)彈性情境 (D)不確定情境。

(　　) **4** 管理者在作決策時，常面臨三種情境，不包括以下何者情境風險情況？ (A)確定情境 (B)標準情境 (C)風險情境 (D)不確定情境。

(　　) **5** 下列何項不是在確定性情境所應採行的決策工具？ (A)決策樹 (B)償付矩陣法 (C)線性規劃法 (D)成本利潤分析法。

(　　) **6** 根據古斯及塔古里的個人價值觀念，認為重視權力與競爭，追求地位與影響力的是：(A)理論人 (B)經濟人 (C)政治人 (D)社會人。

(　　) **7** 下列何者是指個人或組織應遵行的步驟，以求提升決策符合邏輯與最適化的可能性，其前提假設是決策者的決策會符合組織的最大經濟利益？　(A)理性模式　(B)有限理性　(C)直覺模式　(D)經驗模式。

(　　) **8** 決策者所面臨的問題，其目標清楚，對問題也熟悉，是為何種性質的問題？　(A)低結構化問題　(B)高結構化問題　(C)非結構化問題　(D)中結構化問題。

(　　) **9** 在決策的過程中，經理人在處理結構化問題時，何種管理特質最顯重要？　(A)經驗　(B)判斷　(C)創造力　(D)數量技巧。

(　　) **10** 管理者最重要的工作就是作決策，而賽蒙（Herbert A.Simon）將此決策的活動分為下列那三種活動？　(A)智慧活動、設計活動、抉擇活動　(B)知識活動、思考活動、整合活動　(C)創意活動、設計活動、知識活動　(D)思考活動、智慧活動、整合活動。

(　　) **11** 西蒙（Simon）提出有關的決策概念為何者？　(A)絕對理性　(B)完全理性　(C)有限理性　(D)無限理性。

(　　) **12** 群體決策（group decision making）的優點有很多，但不包含下列何者？　(A)提供更完整的資訊　(B)產生較多的可行方案　(C)增加合法性　(D)較不會出現少數壟斷的情形。

(　　) **13** 賭徒十賭九輸，卻押房子、賣車子也要去賭，總認為就快有翻本的一天，這是那一種決策偏誤？　(A)先入為主　(B)先有結論，再找證據　(C)加碼投注　(D)便利性偏誤。

(　　) **14** 下列何者並非團體決策常用的技術？　(A)德菲法　(B)作業研究　(C)名目群體技術　(D)腦力激盪法。

(　　) **15** 一種不讓參與會議成員碰面，藉由彼此匿名、單獨地各自表達看法，卻又能知道他人看法，但耗費時間與成本的一種群體決策方式。此為哪一種群體決策方式？　(A)德菲爾法　(B)電子會議　(C)腦力激盪　(D)逐步領袖法。

二、進階題

(　) **16** 決策是指從數項可能的行動方案中選擇一項最佳的方案，在組織中的決策是最常見的決策例子？　(A)規劃的核心觀念在於預測　(B)管理者工作的本質是決策　(C)決策是高階主管的職責　(D)高階管理者每天的必要工作是進行程式化決策。

(　) **17** 決策者無法確知各種可行方案的結果，但可以藉由各種方案可能產生的機率性進而計算出各方案的期望值。上述是屬於決策的何種情況？　(A)確定情況　(B)不確定情況　(C)混淆情況　(D)風險情況。

(　) **18** 有關命令型決策風格的主管，以下敘述何者並不正確？　(A)決策速度快，答案也不盡求完美　(B)喜歡視覺性的資訊，重視短期　(C)作決策使用較少資訊，很少替代方案　(D)較無法忍受混淆，無法處理複雜資訊。

(　) **19** 有關理性決策與有限理性決策之敘述，何者有誤？　(A)有限理性決策又稱為準理性決策　(B)理性決策無法解決資訊不充分的問題　(C)透過有限理性決策能夠得到最佳解　(D)在環境不確定下，理性決策則有所限制。

(　) **20** 對於理性決策的假設，下列敘述何者有誤？　(A)各方案均可賦予數量化　(B)有時間與成本限制　(C)所有資訊必須是已知的　(D)追求最大報償。

(　) **21** 下列對於問題的結構性與決策類型之關聯敘述，何者正確？　(A)高階主管應多留意非結構性問題　(B)結構性問題為策略性且經常發生之問題　(C)組織問題結構良好代表可採用非程式決策　(D)非結構性問題為確定性高、時常重複發生，可用例行作業處理方式解決。

(　) **22** 下列有關「例行性決策」的敘述何者有誤？　(A)指對經常出現的問題所進行的決策　(B)決策的時機和內容均有規則可循　(C)通常影響很重大　(D)可以編入公司SOP，讓組織簡化許多作業並且讓行動一致。

(　) **23** 下列有關組織決策和個人決策的比較，何者不正確？　(A)組織決策的決策品質較佳　(B)個人決策較單純且容易進行　(C)個人決策受到的限制較少　(D)組織決策較適用於遇到緊急事故，必須立刻作決定時。

(　　) **24** 下列何者為群體盲思（groupthink）的病徵？ (A)群體會議時心思常無法集中 (B)受到外來聲音的干擾 (C)考量群體成員的意見差異 (D)群體成員意見會有趨同現象。

(　　) **25** 以下何者是群體決策的缺點？ (A)提供較少的資訊 (B)提供較少的選擇方案 (C)順從的壓力 (D)減少方案被接受的程度。

(　　) **26** 當有人質疑管理者決策不當，但仍然堅持其作法。若其原因乃為管理者不願承諾最初的決策是錯誤的，所以只好在原先的決策上繼續加碼。此種情況是犯了何種偏誤？ (A)直覺決策 (B)承諾升高 (C)結構化問題 (D)不確定性規避。

(　　) **27** 在對未來進行預測時，可以將有關問題以列表問卷的方式，分別探詢多位熟悉該問題的專家意見。如果意見未能一致，則將所有的意見加以整理彙編，再進行第二回合的意見調查，如此重複直到達成共識為止。這樣的方法通稱為： (A)德爾菲法 (B)腦力激盪法 (C)意見調查法 (D)人員預測法。

(　　) **28** 下列哪一種方法「是一種量中求質並避免團體因追求共識所可能產生的盲點，以產生創意方案的團體創意技巧」？ (A)魔鬼辯證法 (B)德菲爾法 (C)腦力激盪 (D)名目群體技術。

解答與解析

一、基礎題

1 (A)。組織內的每個人，無論是在那個層級或部門，皆需要在二或多個方案中作選擇。

2 (C)。決策步驟：確認問題→確認決策準則→分配決策準則權重→發展替代方案→評估替代方案→選擇一個替代方案→執行所選擇替代方案→評估決策效能。

3 (D)　**4 (B)**

5 (A)。係利用樹形圖的方式，表明各項替選方案的風險及可能結果，並計算出各自方案的「數學期望值」，再加以比較抉擇。決策樹屬於風險性情境下的決策途徑。

6 (C)

7 (A)。在特定限制下會做出價值最大化決策。

8 (B)。許多公司會針對高度結構化問題，建立一套標準作業程序（Standard Operation Procedure）。

9 (A)　**10 (A)**

11 (C)。認為人只是「有限理性」或「限度內理性」的行政人，只能做到「滿意的」決策。

12 (D)。群體決策由於群體成員共同參與決策，因而可增加對解決方案的認同和承諾程度。群體決策會造成少數菁英的壟斷，是群體決策常出現的問題。

13 (C)。又稱為承諾升級或升高投入。

14 (B)。為管理科學學派重要工具，強調以數量方法來解決管理問題。

15 (A)。又稱專家意見法，不面對面、採問卷匿名方式，反覆方式進行。

二、進階題

16 (B)。(A)規劃的核心觀念在於決策。(C)決策是所有人員的職責。(D)高階管理者每天的必要工作是進行非程式化決策。

17 (D)。在風險的情境下，決策者在評估每一替代方案後果時，可根據各項資料及經驗，計算出結果可能發生機率。

18 (B)。這種類型的管理者決策速度快，有效率，邏輯性，其快速和有效率來自於他們根據較少的短期的資訊，並只評估少數的方案。

19 (C)。透過有限理性決策能夠得到滿意解。

20 (B)。沒有時間與成本限制。

21 (A)。(B)結構性問題為作業性且經常發生之問題。(C)組織問題結構良好代表可採用程式化決策。(D)結構性問題為確定性高、時常重複發生，可用例行作業處理方式解決。

22 (C)。影響比較重大是指非例行性決策。

23 (D)。個人決策較適用於遇到緊急事故，必須立刻作決定時。

24 (D)。受到團體規範影響，在壓力下做決策缺乏個人意見。

25 (C)。耗時且耗費成本、造成少數人的壟斷結果、造成在服從壓力下形成「群體迷思」（Groupthink）、責任模糊不清。

26 (B)。組織或行為人常明知過去的決策有錯，還不斷投入資源。

27 (A)。德爾菲法是屬於一種專家意見判斷法。

28 (C)。鼓勵成員突破常規、大膽的想像，能由各種不同角度理解問題，提出看法、彼此激盪，此法較常用於決策初期階段。

實戰大進擊

(　) **1** 決策是尋找對策以解決問題的思考過程，下列何者是決策過程的第一步驟？ (A)尋找可行方案 (B)分析可行方案 (C)收集並分析資料 (D)確認中心問題。【103台電】

(　) **2** 關於有限理性（bounded rationality）的說明，下列何者為非？ (A)決策者並未評估所有可能的替代方案 (B)決策者收集所有相關資訊，並評估所有可能的替代方案 (C)決策者只要找到令人滿意的結果即可 (D)有限理性的決策顯示的只是經過決策者簡化決策程序的最佳選擇。【104港務】

(　) **3** 學者賀伯賽門（Herbert Simon）認為「純理性決策或追求最佳效果的決策實際上並不存在，管理者在追求決策效率的時候，滿足當事人的現實需要」，此稱為下列何項原則？ (A)有限理性 (B)目標導向 (C)承諾升高 (D)最佳化決策。【103自來水】

(　) **4** 下列何者不是理性決策（rational decision making）的前提條件？ (A)問題定義清楚明確 (B)已知道所有選項產生的結果 (C)管理者的偏好是清楚與穩定的 (D)管理者追求令人滿意的選擇。【103中油】

(　) **5** 關於理性決策模式與準理性決策模式之敘述，下列何者正確？ (A)準理性決策模式追求長期績效 (B)理性決策模式缺乏彈性應變能力 (C)準理性決策模式追求最佳解 (D)理性決策模式會發性系統性偏差。【103經濟部】

(　) **6** 某一企業新的科技投資案或是新產品的開發，是屬於何種決策？ (A)情緒式 (B)直覺式 (C)非程式化 (D)程式化。【105台糖】

(　) **7** 一般來說，下列何者比較可能屬於非結構化的決策問題（unstructured problem）？ (A)顧客退貨 (B)供應商延遲交貨 (C)夏天供電不足進行限電 (D)進入國外某個特定市場。【104自來水升】

(　) **8** 下列何者不是「非例行性決策」（nonprogrammed decision making）？ (A)是否應跨足海外市場 (B)生產線缺料問題 (C)是否應發展多角化事業 (D)企業合併。【104港務】

(　　) **9** 決策者用比較偏狹的觀念來組織及分析事情，此為何種決策偏差？ (A)過度自信的偏差（over-confidence bias） (B)先入為主的偏差（anchoring bias） (C)選擇性認知的偏差（selective perception bias） (D)代表性偏差（representation bias）。 【104自來水升】

(　　) **10** 當質疑管理者決策不當，但其仍然堅持作法，若原因為管理者不願承諾最初的決策錯誤，仍執意加碼投入資源。此為下列何種現象？ (A)直覺決策 (B)承諾升高 (C)結構化問題 (D)不確定性規避。 【105台北自來水】

(　　) **11** 心理學家將「決策過程中知道可能錯了，還不停止，硬撐下去」或「既然走到這一步，就再堅持下去」的決策偏差現象稱為什麼？ (A)直覺（intuition） (B)定見（anchoring） (C)系統決策（systematic decision） (D)承諾升級（escalation of commitment）。 【103台糖】

(　　) **12** 如果你的做法被別人批評，覺得很委屈，所以到處找人訴苦，若有人同情，你就很高興的說：「就是說嘛！」你已經掉入何種陷阱？ (A)認同性證據 (B)沉沒成本 (C)停留在過去 (D)基點效應。 【105台糖】

(　　) **13** 管理者的決策常會受到腦海中立即可以想到資訊的影響，此種傾向稱為： (A)代表性偏差 (B)可取性偏差 (C)錨定與調整 (D)承諾遞升。 【105台酒】

(　　) **14** 有關採用「腦力激盪術」開發新產品之敘述，下列何者正確？ (A)鼓勵自由自在的聯想 (B)構想越少越好 (C)鼓勵批評他人構想 (D)參與者越多越好。 【104郵政第2次】

(　　) **15** 哪一種類型的思考模式是傾向於運用內部資料，用個人獨特的方法及感覺來消化資料，然後用直覺來決策和行動？ (A)非直線型（nonlinear） (B)主動體驗型（active experimentation） (C)直線型（linear） (D)有機型（organic）。 【105台糖】

(　　) **16** 下列何者不是團體決策的優點？ (A)大量的資訊 (B)更多的觀點與想法 (C)團體偏移 (D)成員對決策有較高的接受度。 【105台糖】

(　　) **17** 下列哪一個敘述並非群體決策的缺點？　(A)決策流程比個人決策長　(B)決策成本較高　(C)決策過程通常不會受到特定個人的主導　(D)可能出現集體迷思。　【104郵政】

(　　) **18** 下列哪一種團體決策的技術承受較高的社會壓力？　(A)電子會議（Electronic Meeting）　(B)名目群體技術（Nominal Group Technique）　(C)腦力激盪（Brainstorming）　(D)互動團體（Interacting Groups）。　【103台糖】

(　　) **19** 管理者在做決策時，通常因無法分析所有相關資訊，亦即，管理者會在資訊處理能力的限制下，作出理性的決策，稱為：　(A)直覺決策　(B)有限度理性決策　(C)代理決策　(D)無決策。　【106台糖】

(　　) **20** 企業高階管理者面對的問題多屬於？　(A)非結構性問題　(B)結構性問題　(C)程式化決策　(D)一般性問題。　【106桃捷】

(　　) **21** 關於理性決策在實際運用上所需要具備的假設，下列何者錯誤？(A)決策過程可以獲得全部有效的訊息　(B)最佳解決方案必然存在　(C)對不同解決方案的結果可以準確預測　(D)對於決策相關利害關係人的價值取向不需有過度深入的了解。　【107郵政】

(　　) **22** 下列何者不是群體決策的優點？　(A)統整不同參與者的智慧　(B)決策的實施可以獲得較多支持　(C)決策過程的效率較高　(D)有機會建構較令多數人滿意的方案。　【107郵政】

(　　) **23** 請依序排列決策的過程：(1)方案評估；(2)選擇最佳方案；(3)問題發現；(4)方案發展；(5)資料蒐集及分析　(A)(2)(1)(5)(4)(3)　(B)(3)(5)(4)(1)(2)　(C)(1)(3)(2)(4)(5)　(D)(5)(3)(1)(2)(4)。　【107台酒】

(　　) **24** 在決策過程中所謂問題指的是？　(A)一個不知道的答案　(B)理想與現實的差距　(C)一個複雜的過程　(D)一個簡化的目的。　【107農會】

(　　) **25** 企業管理上做決策最困難的點在於？　(A)解決組織目前存在的問題　(B)界定問題之所在　(C)擬訂策略方向　(D)選擇最佳方案。　【107農會】

(　　) **26** 有關行政人決策模式的敘述，下列何者錯誤？　(A)由賽門（Simon, H.A.）與馬曲（March,J.）提出　(B)決策者會窮其所

能找出最佳的解法 (C)建立在有限理性和滿意水準兩個概念上 (D)強調決策者不可能無限制的蒐集資訊，期待在毫無失敗風險的狀況下做決策。【107台北自來水】

( ) **27** 下列何者為激發群體創造力的方法？ (A)腦力激盪法 (B)名目群體技術 (C)德菲法 (D)以上皆是。【107農會】

( ) **28** 有關創意團隊的決策發展技巧，若鼓勵成員提出方案，而不做任何批評的創意發展過程，係為下列何者？ (A)記名團體術 (B)腦力激盪術 (C)電子會議 (D)德菲法。【107台北自來水】

( ) **29** 團體討論後的團體決策與團體個別成員的決策往往不同，團體的決議最終不是更謹慎保守，就是要冒更大的險，請問在管理上稱這種情況為何？ (A)團體暴力 (B)團體迷思 (C)團體偏移 (D)團體凝聚力。【107台北自來水】

( ) **30** 下列何者是決策過程的第一步？ (A)確認決策的評估標準 (B)發展解決方案 (C)確認問題 (D)評估決策效能。【108郵政、108台酒】

( ) **31** 有關預設決策與非預設決策之敘述，下列何者正確？ (A)非預設決策之資訊容易取得 (B)預設決策之解決依據為程序、規則、政策 (C)預設決策需較長時間處理 (D)非預設決策之目標清楚、明確。【108郵政】

( ) **32** 下列何者不是群體決策的優點？ (A)增加合理性 (B)提供更完整的資訊和知識 (C)提出更多的方案 (D)比個人決策花更少的時間。【108郵政】

( ) **33** 根據最新近發生、印象最深刻的事件作為決策依據係指為下列何者？ (A)近期效應偏差 (B)過度自信偏差 (C)立即滿足偏差 (D)自我中心偏差。【108台酒】

( ) **34** 決策者在資訊處理過程中，往往選擇的是滿意的決策，而非最佳的決策。以上敘述符合下列何種決策？ (A)綜合掃描決策模式 (B)預設決策模式 (C)有限理性決策模式 (D)漸進決策模式。【111經濟部】

( ) **35** 有關程式化決策，下列敘述何者正確？ (A)管理層級較高階 (B)需較長時間處理 (C)目標清楚、明確 (D)頻率創新或少見。【111台酒】

( ) **36** 決策可以分為程式化（programmed）與非程式化（nonprogrammed）決策，下列何者是程式化決策的特色？ (A)管理層級屬於較高階 (B)資訊較模糊與不完整 (C)需要較長的時間處理 (D)解決的根據乃是規則與政策。 【111台鐵】

( ) **37** 決策者因過往經驗與資訊，對某些方案心中早有定見，因此不會因為後來資訊有所變更調整而修改決策，稱之為？ (A)過度自信偏差（overconfidence bias） (B)框架偏差（framing bias） (C)定錨效果（anchoring effect） (D)自我鞏固偏差（confirmation bias）。 【111台鐵】

( ) **38** 下列何者是基於一事件與另一事件相似的程度來評估某事件的可能性？ (A)沉默成本錯誤 (B)自我中心偏差 (C)馬後炮偏差 (D)代表事件偏差。 【111台酒】

( ) **39** 在有限理性的決策模式下，已經投入的事情後來發現有誤，將錯就錯，越陷越深的現象稱為？ (A)組織承諾（organizational commitment） (B)承諾續擴（escalation of commitment） (C)減少承諾（reduced commitment） (D)專業承諾（professional commitment）。 【111台鐵】

解答

1 (D) **2 (B)** **3 (A)** **4 (D)** **5 (B)** **6 (C)** **7 (D)** **8 (B)** **9 (C)** **10 (B)**
11 (D) **12 (B)** **13 (B)** **14 (A)** **15 (A)** **16 (C)** **17 (C)** **18 (D)** **19 (B)** **20 (A)**
21 (D) **22 (C)** **23 (B)** **24 (B)** **25 (D)** **26 (B)** **27 (D)** **28 (B)** **29 (C)** **30 (C)**
31 (B) **32 (D)** **33 (A)** **34 (C)** **35 (C)** **36 (D)** **37 (C)** **38 (D)** **39 (B)**

絕技 11 組織結構設計

命題戰情室：本絕技的若干概念，都是組織構成的重要基礎，舉凡正式化（形式化）、複雜化、集中化、專業分工、命令統一、職權、控制幅度、部門化原則、機械與有機結構比較，均是考試的重點所在，尤應閱讀再三。

重點訓練站

組織是由兩個或兩個以上的個體，為了實現共同的目標而結合起來協調行動的一個社會體。亦即一群具有特定任務的群體成員組合，且通常會表現在組織結構和組織圖上。

一、組織圖 (organization chart) 與組織結構 (organization structure)

(一) 組織圖用以呈現企業組織內有關工作任務與階層的正式安排圖示，組織圖可以反映組織結構。組織圖揭露了組織結構的四項重要資訊（Hellriegel,2001）：執行的任務、分工合作、組織的層級、指揮鏈。

(二) 組織結構則是組織各構成部份的某種特定關係形式。組織結構之構成要素有：

複雜化	組織的分化情況，包括垂直、水平與空間分化。
正式化	組織依賴規則、程序指揮員工行為的程度。
集權化	決策權集中在高階管理者的情形。

垂直分化根據權責劃分，會產生很多層級；水平分化根據工作性質劃分，會產生很多部門；空間分化根據地理的分佈範圍。

二、組織設計基本概念

基本概念	古典觀念	現代觀點
分工	將工作分解成數個步驟，由每個人負責完成一個步驟。	透過工作擴大化以提高生產力。
命令統一	每位部屬應該有一位，而且僅有一位上司。	須適時修正，應強調彈性，如矩陣組織，即打破指揮統一原則。
職權與職責	1. 職權與職責對等的重要性。 2. 管理者授予操作職責，最終職責仍被保留。 3. 區別直線職權與幕僚職權。	1. 職權是一種權力，基於組織職位的安排。 2. 權力是影響決策的能力。 3. 職權為權力的一部分。
控制幅度	認為控制幅度不能太大。	組織朝向層級扁平，控制幅度寬廣方向發展。
部門化	可依功能、顧客、產品、地區或流程不同來劃分部門。	1. 顧客別部門化重要性逐漸提高。 2. 利用跨部門工作小組來解決問題。

職權、職責及負責三者意涵：

類型	意涵	特性
職權	經由正式法律途徑所賦予某項職位的一種權力。	職位上的權力，而非某特定個人的權力。
職責	代表一種完成某種被賦予任務的責任。	伴隨職位而來，職責與職權必須相當。
負責	管理人員對於本身職權行使與職責之履行，並應將情況與結果向上級報告。	負責必須有良好的職責與職權行使為前提。

部門劃分：

部門化	說明	釋例
功能別	依執行功能來組織活動。	如人事、製造、會計等部門。
產品別	依產品線來組合活動。	如生鮮、麵包、飲料等部門。

客戶別	基於共同的客戶來組合活動。	如銀行消費金融、企業金融等部門。
程序別	基於產品或客戶流程來組合活動。	如紡織廠設裁布、縫合、包裝部門。
地區別	按地理位置為劃分基礎。	如設北、中、南、花東營業所。

三、組織設計取向

(一) 正式與非正式組織結構

正式組織結構	是一個經過正式設計的結構。
非正式組織結構	未經正式規劃，發生於組織成員間的一種活動關係型態。

(二) 機械與有機式組織結構

機械式組織結構	主張高度集權化、部門化與正式化，強調高度分工、指揮統一、層級多、管理幅度小，偏向固定、嚴密、制度化。
有機式組織結構	主張低度集權化、複雜性與正式化，強調高度適應形式，鬆散具有彈性，層級較少、較寬管理幅度，偏向變動、自主性。

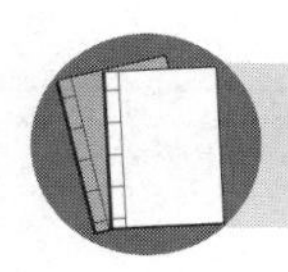

資料補給站

一、直線職能（Line Functions）

直接和企業的利潤與營業收入有關，包括生產與作業職能與行銷的職能。直線職能負有釐訂政策及達成組織目標之直接責任。

二、幕僚職能（Staff Functions）

位於輔助的位置，包括財務職能及人力資源的職能。幕僚職能乃為提供直線職能之諮詢及支援而存在。

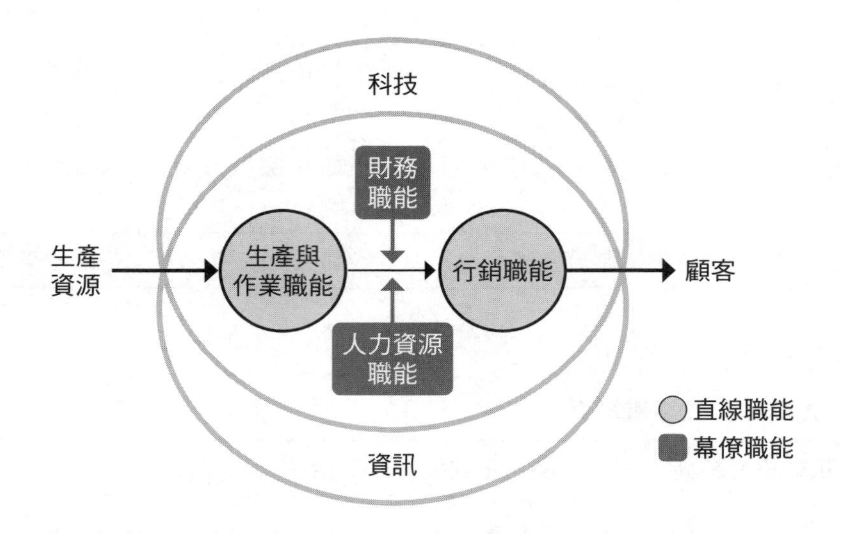

三、職權（authority）

管理職位上所擁有的權力。職權又可分為兩種：直線職權和幕僚職權。

直線職權 line authority	直接指揮部屬作業的職權，對組織目標之達成具有直接貢獻。直線人員所擁有的包括發佈命令及執行決策等的權力，亦即所謂的指揮權。
幕僚職權 staff authority	協助直線經理遂行管理職責，本身並無直接指揮權力，但以專業功能輔佐其他個人或單位的特定職權。

四、控制幅度（span of control）

又稱「管理幅度」，由葛萊克納斯（A.Graicunas）於1993年所提出。是指一個主管直接所能指揮監督的部屬數目，有一定限度，超過了限度，不但無法充份管理部屬，部屬亦會感到不滿，招致工作推展上障礙。而決定控制幅度因素有：工作特性（複雜性、重要性、重覆性）、人員能力（主管、員工、幕僚襄助）、組織規範（權責劃分程度、監督工作所需時間、工作相關程度）、工作地點集中程度。若工作簡單且重複、主管或部屬能力強、工作範圍集中、權責劃分清楚、監督工作所需時間少，則控制幅度可以愈大。反之，則愈小。

五、分權式組織（decentralized type of organization）

指下級機關在其管轄範圍內的一切行政措施，具有獨立自主的權力，不必凡事皆需聽命於上級，而上級機關對於下級機關權責範圍內的事項，也不會多加干涉。

六、管理強度（administrative intensity）

係指管理職位集中在幕僚職位的程度，一個組織的管理強度高，代表該組織設有許多幕僚職務（相對於直線職務）。

易錯診療站

一、**集權、分權、授權、賦權**很容易讓人混淆，茲詳加說明如下：

集權 centralization	係指系統化地將決策權保留在高階經理人身上的過程。
分權 decentralization	係指系統化地將決策權授予中低階層經理人的過程。
授權 delegation	係指經理人將其部分工作分派給部屬的過程。
賦權 empowerment	具有賦予成員更多自主權，且增進成員的專業知能。

例如，某企業的總經理事必躬親，認為大小事都要經過他認可才行，舉凡年度徵才、資金如何募集、生產線機器採購、行銷廣告文宣等，這就是集權。相反的，若把這些事宜充分授權給各功能別經理來負責，像是否徵才與徵才人數全權由人資部經理負責，就是分權。而某天總經理出國考察，交代副總在他出國期間的平常事宜由其代行，這就是授權。若出國考察回來，總經理發現某國外公司的品管做得很好，於是交代生管經理成立一個品質提升小組，並給予一切可資運用的資源，來達成目標，這就是賦權。

二、古典學派認為分工可使生產力提昇，這在二十世紀初期的確無誤，因那時生產作業不夠專精化，引進分工制度可立即增加生產力。事實上，分工的結果也會產生不少負面現象，例如對工作產生無聊或厭煩，容易疲勞造成低生產力、低品質、高流動率等後果。因此，適度的專業分工，可提昇生產力；但分工到某一限度，卻也往往會造成人力不經濟的結果。

三、組織設計部門劃分：

功能別劃分	按功能或相同的活動將工作歸類。
地理區域別劃分	以區域或地理作為劃分之基礎。
產品別劃分	按生產線來區別工作。
程序別劃分	依產品或顧客的流動方向來劃分。
客戶別劃分	以相同需求或問題的顧客群為基礎。

四、穀倉效應（The Silo Effect）：

由英國《金融時報》（Financial Times）編輯主任暨專欄作家邰蒂（G.Tett）首先提出。利用農場中的穀倉，譬喻政府部門、企業組織等，像是一個一個小型的稻作倉庫，多數人只願安穩地在組織內專注地工作，卻可能因為某些偏誤，鮮少發現不同組織間的優點，甚至妥善溝通與協作。在管理上指企業內部因「過度分工」而缺少溝通，各自為政，只專注在自身的營運利益，而非整個企業的利益，最終導致整個組織功能失調、企業走向衰敗。

模擬題試煉

一、基礎題

( ) **1** 透過一張完整的組織圖，可看出一家公司的哪些主要層面？ (A)部門別 (B)指揮鏈 (C)組織層級 (D)以上皆是。

( ) **2** 組織結構的特徵，一般可由下列那三層面來作分析？ (A)官僚化、標準化、專業化 (B)複雜化、形式化、集權化 (C)扁平化、集權化、結構化 (D)複雜化、專業化、官僚化。

( ) **3** 描述組織劃分的有多細，是為組織何種構成要素？ (A)正式化 (B)集權化 (C)複雜化 (D)專精化。

(　　) 4 傳統組織結構的設計不包括何者？　(A)作業核心　(B)部門化　(C)控制幅度　(D)集權與分權。

(　　) 5 將工作分解成許多步驟，每一個人只負責一個步驟，例如生產線上的女工，不斷重複同樣簡單而標準的工作。稱為：　(A)部門化　(B)控制幅度　(C)指揮鏈　(D)工作專業化。

(　　) 6 古典的管理原則中的「指揮統一原則」係指：　(A)組織層級應單純化　(B)一個主管指揮一個部屬　(C)一個部屬僅接受一個主管的指揮　(D)同一個時間的指揮目標應盡量單純化。

(　　) 7 矩陣式組織不符合下列哪項原則？　(A)授權原則　(B)指揮統一原則　(C)分工原則　(D)集權原則。

(　　) 8 下列何者係指職位所賦予的權力，可指示部屬達成其所期望的工作？　(A)職責　(B)指揮鏈　(C)職權　(D)指揮權統一。

(　　) 9 確認部屬和經理人報告的人數，而且間接確認組織內管理層級的人數，稱為：　(A)授權的職責　(B)指揮權統一　(C)職責要素　(D)控制幅度。

(　　) 10 傳統管理學派對「控制幅度」的主張為何者？　(A)應該寬廣　(B)無所謂　(C)應該狹窄　(D)不一定。

(　　) 11 控制幅度越大則會產生以下何種情況？　(A)組織層級越高　(B)管理者人數越多　(C)組織越扁平　(D)組織傾向集權。

(　　) 12 甲公司每名主管有四個部屬，乙公司每名主管有八個部屬，假設這兩家公司員工人數一樣多，下列何項描述較正確？　(A)甲的組織結構比乙扁平　(B)甲的控制幅度比乙窄　(C)甲會比乙分權　(D)甲會比乙更鼓勵授權。

(　　) 13 下列那一種不是部門化的類型？　(A)地區別　(B)技術別　(C)功能別　(D)產品別。

(　　) 14 按照企業之基本業務功能，如行銷、人事、生產、財務等，來加以部門劃分，是屬於何種部門劃分方式？　(A)功能別　(B)生產程序（或設備）別　(C)產品別　(D)顧客別。

( ) **15** 按照東元企業之電視機、洗衣機等來加以部門劃分，係屬於何種部門劃分方式？ (A)功能別 (B)生產程序別 (C)產品別 (D)地區別。

( ) **16** 按照歐美、東南亞等業務，來加以部門劃分，是屬於何種部門劃分方式？ (A)功能別 (B)設備別 (C)產品別 (D)地區別。

( ) **17** 下列對非正式團體的特性敘述何者正確？ (A)有正式的結構組織 (B)有明確的規範 (C)每個人有明確的責任與義務 (D)是隨意、無特定目的團體。

( ) **18** 有關機械式組織之敘述，何者有誤？ (A)正式化程度高 (B)通常管理幅度較小 (C)專業分工的生產技術必屬機械式組織 (D)採嚴密監督式管理。

( ) **19** 以下那一項是屬於有機式組織的特質？ (A)較窄的控制幅度 (B)較具組織彈性 (C)較少的參與 (D)較為集權。

( ) **20** 傳統的金字塔型組織特徵為： (A)較重視彈性 (B)鼓勵員工對話 (C)組織成員團體學習 (D)管理幅度小的組織。

( ) **21** 有關科層結構（bureaucracy structure）的特性，下列敘述何者正確？ (A)階層數很少 (B)低度標準化 (C)低度正式化 (D)有細緻的工作分工。

( ) **22** 顧客中心的組織（Customer centric organizations）在下列何種情況下運作將會最佳？ (A)穩定的市場 (B)可預測的市場 (C)未知與複雜的市場 (D)以上皆非。

二、進階題

( ) **23** 組織結構分析中，組織金字塔化的程度是指下列何者？ (A)複雜化 (B)正式化 (C)集權化 (D)以上皆非。

( ) **24** 組織結構分析中，組織強調標準作業程序（SOP）及公文化的程度為下列何者？ (A)正式化 (B)複雜化 (C)集權化 (D)標準化。

(　　) **25** 下列對於組織結構的敘述，何者正確？　(A)垂直分化程度越高溝通越容易　(B)形式化程度越高，員工就能有較多的自由發揮空間　(C)集權化程度越高，基層員工就更不可能有決策的機會　(D)部門劃分的越多，代表水平分化程度越低。

(　　) **26** 以下何種情況下，組織愈傾向分權？　(A)當外在環境的變動性與不確定性高時　(B)當決策成本愈小與風險愈低時　(C)當營運區域集中在某一地理範疇時　(D)當高階管理者的能力愈高或低階主管的能力愈低時。

(　　) **27** 下列何者與主管的控制幅度最無直接關係？　(A)幕僚的襄助　(B)部屬的教育程度　(C)監督工作所花費的時間　(D)監督工作的複雜性與重要性。

(　　) **28** 以下有關控制幅度的敘述，何者為非？　(A)探討一位管理者所可以有效地管理的部屬數目　(B)控制幅度對組織的一個重要影響便是決定組織的階層數　(C)當控制幅度很小時，組織會偏向一種高塔式組織　(D)現今學者認為理想的控制幅度以不超過6位人員。

(　　) **29** 下列有關控制幅度（Span of Control）的敘述，何者有誤？　(A)部屬愈能自動自發工作，則控制幅度愈小　(B)工作愈重要，則控制幅度愈小　(C)工作環境愈複雜，則控制幅度愈小　(D)主管能力愈弱，則控制幅度愈小。

(　　) **30** 假設某工廠最高主管為廠長一人，若組織架構中「控制幅度」為4人，則「第五層」應有多少員工？　(A)1,024人　(B)4,096人　(C)64人　(D)256人。

(　　) **31** 過去對於職權之研究，認為只要下命令，部屬即會執行主要原因為何項？　(A)個人權力　(B)部門獲利　(C)職位權力　(D)社會權力。

(　　) **32** 主管將份內工作分配給部屬，並提供完成活動所需之工具與訓練，此管理程序稱為：　(A)授權（Delegation）　(B)集權（Centralization）　(C)賦權（Empowerment）　(D)分權（Decentralization）。

( ) **33** 關於功能式組織，下列何者有誤？ (A)容易整合各部門 (B)缺乏不同部門間的水平溝通 (C)不願和其他部門多做往來 (D)過分強調本單位目標及利益。

( ) **34** 下列何者係按照切割、成型、銲接、研磨或車床、銑床、沖床等，來作為劃分部門之依據之部門劃分方式？ (A)功能別 (B)生產程序別 (C)產品別 (D)顧客別。

( ) **35** 某電子公司在總經理之下設有音響設備部、電腦電子部、消費者電信設備部、工業用通訊設備部等四個部門。請問該公司的部門是依何種方式劃分？ (A)功能別 (B)產品別 (C)地區別 (D)程序別。

( ) **36** 當部門化的規模達到某一程度時，部門就可以擴張為事業部。此是指哪一種部門化？ (A)顧客部門化 (B)地理部門化 (C)產品部門化 (D)功能部門化。

( ) **37** 形成非正式組織的基本原因是社會的需要、意見一致及共同利益所致，故其： (A)與正式組織有完全相同的結構 (B)不像正式組織的穩固，各項關係時有變動 (C)為一固定組織型式 (D)可用組織結構圖表示。

( ) **38** 下列何者為機械式組織最可能的特徵？ (A)低度制度化 (B)地方分權 (C)自由流通的資訊 (D)高度專業分工。

( ) **39** 下列有關有機式組織（Organic Organization）的敘述，何者正確？ (A)又稱科層組織 (B)嚴格遵守指揮鏈 (C)高度分權的組織 (D)組織往往制訂許多管制措施。

( ) **40** 管理者對組織內的非正式組織應採取何種措施？ (A)設法消除，以免影響正式組織的運作 (B)善加運用，使其成為管理的助力 (C)變更組織，使其成為正式組織 (D)不加理會，因為其並無大礙。

( ) **41** 下列何種組織結構較能快速反應外在環境的變化？ (A)策略性組織 (B)機械式組織 (C)官僚式組織 (D)有機式組織。

(　　) **42** 何者並非功能式組織結構的優點？　(A)專業分工，有助專業知識累積　(B)注重結果，部門主管對其產品負責　(C)集合相同性質工作，產生規模經濟　(D)人員與設備減少重複。

解答與解析

一、基礎題

1 (D)。執行的任務、分工（部門）合作、組織的層級、指揮鏈。

2 (B)

3 (C)。指組織的分化，包括水平分化、垂直分化、空間分化。

4 (A)。作業核心為構型理論（Configuration theory）的構成要素，屬於現代組織結構的設計。

5 (D)。亦即「分工」概念。

6 (C)。又稱命令統一原則。

7 (B)。矩陣式組織屬於雙重隸屬，違反指揮統一原則。

8 (C)。組織所合法授予，亦即來自法定性的權力。

9 (D)

10 (C)。是指一個主管直接所能直揮監督的部屬數目，有一定限度。超過了限度，不但無法充份管理部屬，部屬亦會感到不滿，招致工作推展上的障礙。古典學派認為控制幅度不能太寬，理想應不超過6人。

11 (C)。控制幅度與組織層級呈反比關係。

12 (B)。(A)乙的組織結構比甲扁平。(C)甲會比乙集權。(D)乙會比甲更鼓勵授權。

13 (B)。程序別、顧客別。

14 (A)。依企業主要的業務活動（如產銷、財務等）來劃分組織部門。

15 (C)。依所生產的產品來劃分。

16 (D)。根據地區或處所為基礎而設置部門，當公司面對市場範圍廣泛，且隨地區而有不同時，經常會採用此方式。

17 (D)。人在組織中交互行為自然而然所形成的。(A)(B)(C)均屬於正式組織特性。

18 (C)。不一定屬於機械組織，有機組織有的也強調專業分工。

19 (B)。具有高度適應形式。

20 (D)。又稱機械式組織。(A)(B)(C)屬於有機式組織特徵。

21 (D)。階層數很多、高度標準化或形式化、高度正式化、傾向集權。

22 (C)。可滿足顧客不同需求，達到客製化的效果。

二、進階題

23 (C)。指決策權位於階層之何處，有些組織決策權是基於高階層的中央集權；有些組織集權化程度很低，通常稱之為分權化。

24 (A)。指組織內使用規則、程序來引導員工行為的程度。

25 (C)。(A)垂直分化程度越低溝通越容易。(B)形式化程度越低，員工就能有較多的自由發揮空間。(D)部門劃分的越多，代表水平分化程度越高。

26 (A)。(B)(C)(D)組織愈傾向集權。

27 (B)。應是指部屬個人的能力。另外尚有：主管個人的能力、工作重覆性、權責劃分的程度、工作地點集中度等。

28 (D)。古典學派認為理想的控制幅度以不超過6位人員為原則。

29 (A)。部屬愈能自動自發工作，則控制幅度愈大。

30 (D)。第1層員工人數為40（1人），第2層員工人數為41（4人），第3層員工人數為42（16人），第4層員工人數為43（64人），第5層員工人數為44（256人）。

31 (C)。正式組織所取得之權力。

32 (C)。賦予權力並增強能力。(A)主管將份內的工作分配給部屬。(B)指決策權在組織系統中較高層次的一定程度的集中。(D)將組織的決策權力授予各級單位主管，使其擁有決策權力。

33 (A)。容易產生本位主義，整合困難。

34 (B)。係依工作程序不同為基礎而設置之部門，採用此方式，主要是基於經濟或技術方面考量。

35 (B)

36 (C)。事業部通常是產品線的組合。

37 (B)

38 (D)。(A)(B)(C)是有機組織的特徵。

39 (C)。(A)(B)(D)為機械組織的特徵。

40 (B)。非正式組織是正式組織的副產品，也是一種必然的現象，因為人在組織中會產生交互行為，彼此就會有瞭解與認同。主管人員如與非正式組織保持良好關係，則人員必與主管採取合作態度，能自發自動的工作，積極提供意見，可減少主管事必躬親之辛勞。

41 (D)。又稱扁平式組織，具備高度的調適性。

42 (B)。屬於產品式組織結構的優點。

實戰大進擊

(　　) **1** 下列何者並非是管理流程中組織（organizing）階段的工作？
(A)將工作分派至特定的部門與職位　(B)協調組織的各項作業
(C)激勵部門的人員　(D)配置與部署組織資源。　【105中油】

(　　) **2**「根據企業所必須完成的任務，來安排執行人員之間的相互關係」，這是哪一種管理職能？ (A)規劃 (B)組織 (C)領導 (D)控制。【104自來水】

(　　) **3** 下列何者是指「使企業組織結構明確化，讓員工知道他們隸屬於企業哪一部門與業務的圖」？ (A)策略地圖 (B)組織圖 (C)魚骨圖 (D)甘特圖（Gantt chart）。【104自來水】

(　　) **4** 組織圖可揭露一家公司組織結構的重要訊息，但無法看出： (A)管理層級 (B)部門別 (C)目標明確度 (D)指揮鏈。【103中華電】

(　　) **5** 在組織設計時決定分工精細程度的是下列哪一個構面？ (A)複雜化程度 (B)結構化程度 (C)正式化程度 (D)集權化程度。【103自來水】

(　　) **6** 當經理人透過規則和程序規範員工的工作行為時，工作將變得更如何？ (A)多樣化 (B)正式化 (C)垂直化 (D)水平化。【103經濟部】

(　　) **7** 關於專業分工（work specialization）與生產力的關係，下列敘述何者正確？ (A)專業分工的高低與生產力無關 (B)專業分工可以無限制地提高生產力 (C)專業分工程度愈高，其生產力愈高 (D)適度的專業分工，其生產力最高。【105郵政、106桃機】

(　　) **8**「工作專業化（Specialization）」在企業中的主要優點是能增加：(A)動機 (B)進步的機會 (C)生產力 (D)工作豐富化。【105自來水】

(　　) **9** 管理者將原先屬於自己職位的正式權威與責任傳遞給其他職位的人，此作法稱為： (A)分權 (B)授權 (C)集權 (D)職權。【105台酒】

(　　) **10** 以下對授權（delegation）的敘述何者正確？ (A)授權的下屬只對該事務有管理或執行的責任，缺少裁量權 (B)授權是組織中的最高管理者的特權 (C)通常注重團隊合作的領導者授權程度較低 (D)組織結構越偏向機械式授權程度越高。【104台電】

(　　) **11** 管理者為了能將任務迅速完成，讓部屬執行任務時不須凡事請示，而將自己的職權透過指揮鏈指定某位部屬承擔，此為： (A)控制幅度 (B)授權 (C)集權 (D)分權。【103中華電】

( ) **12** 下列有關分權（decentralization）的敘述，何者有誤？ (A)下屬做決定前需向上級請示的次數愈少，則表示分權程度愈低 (B)基層主管所做決策數愈多，則表示分權程度愈高 (C)基層主管所做決策的重要性程度愈重要，則表示分權程度愈高 (D)同一階層主管所做決策的涵蓋功能範圍愈廣，則表示分權程度愈高。【103台電】

( ) **13** 總公司給與不同地區商店管理者採購、標價、以及促銷適合當地商品的權力，但對一些基本重要事項總公司仍保有控制權，這樣的權力分配方式稱為： (A)集權管理 (B)職權管理 (C)平權管理 (D)分權管理。【103台酒】

( ) **14** 隸屬於同一位主管的部屬人數，稱為： (A)組織結構 (B)部門化 (C)管理幅度 (D)科層組織。【105台酒】

( ) **15** 向主管報告的員工人數稱為________。 (A)部門化 (B)多層次或扁平的組織 (C)控制幅度 (D)管理程度。【104港務】

( ) **16** 一位主管能有效監督的部屬人數稱為： (A)授權 (B)工作職權 (C)管理幅度 (D)職責。【104郵政、107郵政】

( ) **17** 在組織的某一層級，管理者可以有效管理的直屬員工數，稱為： (A)指揮鏈長度 (B)控制幅度 (C)集權化程度 (D)正式化程度。【104郵政第2次】

( ) **18** 管理者可以有效指揮部屬的人數，稱之為： (A)指揮鏈長度 (B)集權化程度 (C)控制幅度 (D)正式化程度。【103中油】

( ) **19** 在下列何種情況下，管理者的控制幅度無法增加？ (A)部屬工作任務相似性降低 (B)管理者愈偏好高控制幅度 (C)透過資訊科技輔助資訊處理與傳達 (D)工作程序的標準化程度增加。【104自來水升】

( ) **20** 在下列何種情況下，管理者的管理幅度（Span of Management）愈小？ (A)部屬工作地點集中 (B)部屬工作性質必須經常和主管商量 (C)部屬彼此工作的關聯性小 (D)部屬工作的相似程度高。【103台電】

( ) **21** 下列哪一類型組織結構，係以企業基本功能或活動作為建置組織結構的基礎？ (A)功能式組織結構 (B)矩陣式組織結構 (C)委員會組織結構 (D)事業部組織結構。【105台酒】

(　) **22** 下列何種組織的缺點是不易培植出大格局、全方位的管理人才？ (A)矩陣式 (B)直線別 (C)功能別 (D)顧客別。 【105台糖】

(　) **23** 某家電信公司設有行動通信、國際電信、數據電信等部門，則此種部門化方法屬於下列何種類型？ (A)顧客別部門化 (B)功能別部門化 (C)產品別部門化 (D)流程別部門化。 【104自來水升】

(　) **24** 將組織部門化（departmentalization）有許多種方式，為了對顧客需求的變化提出較佳的回應，下列哪一種部門劃分方式愈來愈受業者青睞？ (A)依地理區域別劃分 (B)依產品種類別劃分 (C)依生產技術別劃分 (D)依客戶特性別劃分。 【105郵政】

(　) **25** 一企業將其組織分成三個部門，A部門服務政府單位、B部門服務企業、C部門服務終端消費者，這樣的組織設計是根據： (A)產品別劃分 (B)地區別劃分 (C)顧客別劃分 (D)功能別劃分。 【104郵政第2次】

(　) **26** 某企業將部門劃分成A、B、C、D四個部門，A部門處理政府單位的業務、B部門處理批發商的業務、C部門處理學校單位的業務、D部門處理零售的業務。以下哪個選項最能表達該企業的組織設計？ (A)地理部門化 (B)產品部門化 (C)程序部門化 (D)顧客部門化。【103台酒】

(　) **27** 可使組織很容易的因應各不同地區的獨特消費者及環境特性，為下列何種部門化的主要觀點？ (A)功能部門化 (B)產品部門化 (C)顧客部門化 (D)地理部門化。 【103台糖】

(　) **28** 下列何者為公司中的非正式組織？ (A)同鄉會 (B)董事會 (C)資訊處 (D)總經理室。 【104自來水升】

(　) **29** 非正式組織： (A)可在組織圖中呈現 (B)上層主管即是領導者 (C)無群體規範 (D)易產生角色混淆現象。 【104農會】

(　) **30** 下列哪一項因素可增進組織創新的發生？ (A)機械式組織 (B)有機式組織 (C)官僚式組織 (D)科層式組織。 【104港務】

(　) **31** 如果企業在經營及管理上需要有較大彈性，較快反應，較高之創新及主動能力。此時較適合的組織型態為： (A)官僚層級組織 (B)集權式的組織 (C)分權式的組織 (D)情境理論式的組織。 【104郵政】

( ) **32** 因應外在環境快速變化能力較強的組織設計是： (A)有機式組織 (B)機械式組織 (C)官僚式組織 (D)大規模組織。 【103台酒】

( ) **33** 什麼情境下適合採取中央集權的組織設計？ (A)穩定的組織環境 (B)基層管理者具決策能力與經驗 (C)組織文化開放而允許自由表達意見 (D)分散在不同地理區域的企業。 【105中油】

( ) **34** 下列敘述何者正確？ (A)扁平式組織結構（flat organizational structure）的組織層級較多於高架式組織結構（tall organizational structure） (B)管理者的控制幅度大，係謂其管理的部屬較少 (C)高架式組織結構（tall organizational structure）優點在於員工有較大之授權與自主性、工作滿足度較高，且組織不易官僚化女 (D)授權包括分派責任與授予職權。 【104自來水】

( ) **35** 下列何者為企業中的「直線職能」？ (A)財務管理 (B)教育訓練 (C)生產與作業管理 (D)會計。 【103台酒】

( ) **36** 下列何者是幕僚人員？ (A)行銷經理 (B)生產經理 (C)配銷經理 (D)人事經理。 【104自來水升】

( ) **37** 下列何項職權是在專長領域中給予其他單位或個人的建議及諮詢的權力？ (A)個人職權 (B)直線職權 (C)員工職權 (D)幕僚職權。 【103中華電】

( ) **38** 從組織高層到基層的一條連續性的職權關係，稱為： (A)一條龍 (B)指揮鏈 (C)權責系統 (D)組織層級。 【106台糖】

( ) **39** 一位管理者所能直接指揮監督部屬的人數，稱為： (A)集中化控制 (B)控制幅度 (C)授權 (D)監控。 【106台糖】

( ) **40** 若政府機構設置一個公益服務部門，以孩童、勞工，以及殘疾人士為服務對象，請問以下那一種部門化（departmentalization）方式較適合？ (A)產品部門化 (B)地理區域部門化 (C)程序部門化 (D)顧客部門化。 【106桃機】

( ) **41** 當組織強調任務導向、期待員工對組織任務及目標的投入、採取分權式控制、強調專業知識的影響力與雙向溝通，適合採用何種組織

設計？ (A)有機式組織 (B)機械式組織 (C)變形蟲組織 (D)無疆界組織。【106桃機】

( ) **42** 員工具有決策裁量的權力，得以做任何取悅顧客必須做的事為下列何者？ (A)賦權 (B)全球化 (C)外包 (D)領導。【107郵政】

( ) **43** 具有高度分工、正式化及集權等特性是指下列何種組織？ (A)有機型組織 (B)無邊界組織 (C)學習型組織 (D)機械式組織。【107郵政】

( ) **44** 管理人員能夠有效地監督、指揮其直接下屬的人數是有限的在管理學上稱為？ (A)領導力 (B)控制權 (C)管理幅度 (D)指揮鏈。【107農會】

( ) **45** 下列有關控制幅度的敘述，何者有誤？ (A)控制幅度增大時，組織的階層便會增加 (B)控制幅度越大，組織型態會越扁平 (C)指每位主管能夠有效掌控部屬的程度 (D)又稱管理幅度。【107台酒】

( ) **46** 組織設計有兩種最典型的模式，當中能隨環境變化而調適、具高度彈性、跨功能團隊及自由資訊流通依賴非正式溝通途徑的溝通，是屬於何種組織模式？ (A)機械式組織 (B)有機式組織 (C)事業部組織 (D)簡單式組織。【107台北自來水】

( ) **47** 有關組織圖的敘述，下列何者正確？ (A)組織圖描繪組織結構 (B)組織圖描繪組織文化氛圍 (C)組織圖描繪組織願景 (D)組織圖描繪組織宗旨。【108台酒】

( ) **48** 工作專業化（Specialization）最主要的目的為何？ (A)降低授權的必要性 (B)提升工作績效 (C)建立工作團隊 (D)確立工作流程。【108郵政】

( ) **49** 下列何者不是常見的組織分工部門化的方式？ (A)職能別部門化 (B)產品別部門化 (C)專利別部門化 (D)地理別部門化。【108台酒】

( ) **50** 有關機械式組織的敘述，下列何者錯誤？ (A)嚴格的部門劃分 (B)小的控制幅度 (C)跨階層的團隊 (D)也稱為官僚組織。【108郵政】

( ) **51** 與有機式組織不同，機械式組織強調下列何者？ (A)大的控制幅度 (B)自由流通的資訊 (C)清楚的指揮鏈 (D)跨功能的團隊。【108台酒】

( ) **52** 有關集權，下列敘述何者錯誤？ (A)複雜而不確定的環境 (B)決策內容較不重要 (C)基層管理者不願參與決策 (D)基層管理者容易產生依賴的心態。【111台酒】

( ) **53** 下列哪一種類型的組織結構是依企業基本功能或活動劃分部門？ (A)功能型組織結構 (B)事業部型組織結構 (C)矩陣型組織結構 (D)國際型組織結構。【111台酒】

( ) **54** 企業在進行組織結構設計時，會依照企業的運作與發展採用不同的方式進行部門化。美國J集團計畫分拆為4個部門，分別為消費者保健品部門、醫療藥品部門、醫療器材部門及運動裝備部門，上述例子較符合下列何種部門化類型？ (A)產品別部門化 (B)程序別部門化 (C)顧客別部門化 (D)職能別部門化。【111經濟部】

( ) **55** 敘述過度分工反而造成個人或企業失去競爭力的概念是： (A)長尾效應 (B)曼德拉效應 (C)霍桑效應 (D)穀倉效應。【111台鐵】

解答

1 (C)	2 (B)	3 (B)	4 (C)	5 (A)	6 (B)	7 (D)	8 (C)	9 (B)	10 (A)
11 (B)	12 (A)	13 (D)	14 (C)	15 (C)	16 (C)	17 (B)	18 (C)	19 (A)	20 (B)
21 (A)	22 (C)	23 (C)	24 (D)	25 (C)	26 (D)	27 (D)	28 (A)	29 (D)	30 (B)
31 (C)	32 (A)	33 (A)	34 (D)	35 (C)	36 (D)	37 (D)	38 (B)	39 (B)	40 (D)
41 (A)	42 (A)	43 (D)	44 (C)	45 (A)	46 (B)	47 (A)	48 (B)	49 (C)	50 (C)
51 (C)	52 (A)	53 (A)	54 (A)	55 (D)					

絕技 12 組織設計應用

命題戰情室：本絕技涉及組織設計，比較會考的重點有事業部組織、矩陣式與專案式組織、無疆界組織、虛擬組織、網路組織、學習型組織、A型J型組織比較。

重點訓練站

一、傳統組織設計

傳統的組織設計方法包括簡單的組織結構、功能式組織結構與事業部組織結構。

形式	說明	適用狀況
簡單式組織	層級少，複雜性、正式化程度均很低，為「扁平組織」，職權集中於一人。	適用於規模小、業務單純企業。
功能式組織	以功能導向作為整個組織結構設計，具有專業化、規模經濟優點。	為企業最常用或最基本的形式。
事業部組織	由數個完整獨立的單位或部門所組成，並由一位事業部經理人負責，又稱為利潤中心制。	適用於大型企業。

二、權變組織設計

類型	說明	適用情況
區段式結構	將組織成員作彈性組合並依市場需要配置，或將部門作整合成立策略事業單位。	適用於環境不確定性高，競爭激烈。
複合式結構	由一群彼此獨立、性質分散的公司組成，採用多角化經營方式以降低經營風險。	經營許多不同業務、跨足無關聯領域大型公司。

類型	說明	適用情況
矩陣式結構	係功能式組織與專案式組織的結合。	因特殊任務而成立的團隊。
自由式結構	是一種多重型態，組織會隨時空環境改變。	依權變觀點而設計。

專案組織：肇始於美國航空與太空工業之產品研發策略所形成的彈性組織結構，是一種專業分部化與自給自足原則交互運用的混合體制。又稱矩陣組織、欄柵組織、多構面式組織，係為達特定任務而成立，屬臨時性動態開放性組織，如團隊、工作小組，具備功能與產品分部化之優勢、能訓練通才、可消除本位主義等優點。但卻也可能產生：專案與功能主管間產生職權衝突、人員變動大、容易產生雙重忠貞問題。

三、創新時代組織設計

類型	說明
虛擬組織	因任務需要，由不同組織（同業或跨業）所組成臨時組織。
無疆界組織	不受傳統結構所設定的疆界所限制的組織設計。
網絡式結構	企業間以合作關係代替控制亦即「企業網絡化」。
動態網路組織	透過虛擬整合的方式，將某些活動予以外包。
學習型組織	是一種不斷在學習與轉化組織。

學習型組織：由彼得・聖吉（P.Senge）於1990年在其《第五項修練：學習型組織的藝術與實務》中提出，主要內涵有：系統思維（神髓、核心、基礎）、超越自我（首要修練）、改善心智模式（改變主管管理方式）、建立共享願景、團隊學習（建構學習型組織著手點）等五項。

學習型組織之特徵：清晰的組織願景、創新的文化、顧客導向的策略、廣泛的資訊分享、重視每位成員、參與式領導、更趨扁平化（有機結構組織）與行動敏捷。（歸納Garvin、Tobin等人見解）

四、A型與J型組織比較

威廉大內（William Ouchi）所提出《Z理論》與彼得斯與沃特曼（T.Peters & R.Waterman）的《追求卓越》，代表著東西文化不同管理方式。

比較項目	美國A型組織	日本J型組織
契約關係	短期僱用	長期僱用
工作生涯	專業化工作	非專業化
決策方式	個人決策	集體決策
績效評估	短期、正式評估	長期、非正式評估
升遷方式	快速升遷	緩慢升遷
工作核心	強調專業能力與工作績效	強調工作倫理與團隊精神
關心重點	關心與工作有關活動	關心員工所有的生活

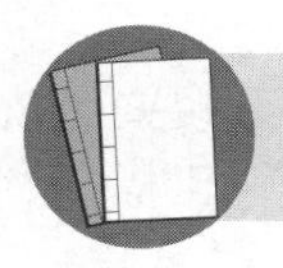

資料補給站

一、明茲伯格（Mintzberg）

在1983年出版《五種組織結構：有效組織的設計》，主張任何一個組織由於其構成要素的力量獨特性或強弱不一，將會導引建構成不同的組織架構。

(一) **構成要素：**

策略層峰 Strategic Apex	組織之最高決策者，負責制定組織策略、控制組織方向。
中階直線 Middle Line	組織中各直線事業部門主管，負責溝通與協調工作。
支援幕僚 Support Staff	不同領域專家，提供諮詢與協助的幕僚人員。
技術幕僚 Technical Staff	負責專業技術分析，以建立作業人員SOP的幕僚人員。

作業核心 Operating Core	負責實際生產、行銷等實務工作人員。
意識型態 Ideology	組織特有的共同信念與價值觀。

(二) **組織結構型態：**

簡單結構 Simple structure	集權化組織型態，強調高階直接監督，低正式化與複雜化，能快速反應，適用於小規模組織。
機械官僚 The machine bureaucracy	正式化、複雜化與集權化程度高組織，追求經濟效率，適用於大規模組織。
專業科層組織 Professional bureaucracy	非常依賴於各個企業機能的專業知識與技能，以製造出標準化的產品及服務。適用於大學、醫院、政府研究機構等。
事業部型組織 The divisionalized form	各事業部間獨立性高，總公司充分授權給各事業部，但仍擔負協調以達共同目標責任，適用於多角化企業或跨國籍企業。
統協式組織 Adhocracy organization	有機式、自由變動性的組織結構，適用於解決各種挑戰問題的專案或任務小組。
傳導式組織 Missionary structure	組織間主要藉由標準化的規範體系作為協調與控制，適用於教會或地方性組織。

二、虛擬組織的特徵

(一) 並非正式的組織結構。 (二) 通常是任務導向的。
(三) 並非常設性的組織。 (四) 其成員通常來自外部不同領域的專業者。

三、企業內部創業（Internal corporate entrepreneurship）

是由一些有創業意向的企業員工發起，在企業的支持下承擔企業內部某些業務內容或工作項目，進行創業並與企業分享成果的創業模式。這種激勵方式不僅可以滿足員工的創業慾望，同時也能激發企業內部活力，改善內部分配機制，是一種員工和企業雙贏的管理制度。（MBAlib）

易錯診療站

一、**無疆界組織組織設計不受限於水平式、垂直式或公司內外界線的限制，以消除公司與顧客及供應商之間的藩籬，通常包含兩種類型：虛擬組織與網路組織。**

虛擬組織	以少數的全職員工為核心，有工作要處理時，組織再由外部僱用短期的專業人員。
網路組織	組織可以集中心力於自己所專精的整合部分，而將其它工作委由各自擅長的外部廠商處理。

二、現代企業先後採用過三種內部的層級組織結構：第一種是集中的一元結構（Unitary structure），簡稱U型結構（U-Form）；第二種是控股公司結構（Holding company），簡稱H型結構（H-Form）；第三種是多分支單位結構（Multidivisional structure，或譯事業部制），即M型結構（M-Form）。這幾種結構實際上都是管理層級制的不同形式。

U型組織結構（直線職能制）	企業經營活動按照功能劃分為若干個職能部門，每一個部門又是一個垂直管理系統，各部門獨立性很小，企業實行集中控制和統一指揮，每個部門或系統由企業高層領導直接進行管理。
H型組織結構（控股公司制）	持有子公司或分公司部分或全部股份，下屬各子公司具有獨立的法人資格，是相對獨立的利潤中心。亦即集團下由各個不相關的事業單位所組成的組織設計方式，各事業單位保有較大的獨立性。
M型組織結構（事業部制）	又稱多部門結構，可以針對單個產品、服務、產品組合、主要工程或項目、地理分佈、商務或利潤中心來組織事業部。

模擬題試煉

一、基礎題

(　　) **1** 下列哪一種組織規模較小，其優點為簡單、彈性，可適用於少數單一產品功能或快速變遷的環境？　(A)簡單式組織　(B)功能式組織　(C)事業部組織　(D)官僚式組織。

(　　) **2** 台大醫院的部門可分為醫療、檢驗、藥品、會計、研究等部門，這個例子是屬於何種部門化的類型？　(A)顧客別部門化　(B)產品別部門化　(C)功能別部門化　(D)流程別部門化。

(　　) **3** 國內某企業集團因應組織規模擴大，分設麵粉部、食品部、飼料部、油脂部四個部門，請為這是屬於何種組織設計？　(A)功能式結構　(B)事業部結構　(C)專案式結構　(D)網路式結構。

(　　) **4** 哪一種組織結構強調將成員彈性組合，或依市場需要配置，或將部門做整合成立「策略事業單位」（Strategy Business Unit；SBU）？　(A)功能式結構　(B)事業部結構　(C)矩陣式結構　(D)區段式結構。

(　　) **5** 以下哪一種組織中會有專案經理（project manager）產生？　(A)功能式組織　(B)部門式組織　(C)矩陣式組織　(D)產品式組織。

(　　) **6** 在矩陣式組織裡，最可能產生下列哪一種問題？　(A)增加協調成本　(B)有違指揮統一原則　(C)成員角色混淆　(D)員工的工作動機變弱。

(　　) **7** 不被傳統結構設定的界限或種類所定義或限制的組織設計是何者？(A)簡單式結構　(B)功能式結構　(C)事業部結構　(D)無邊界組織。

(　　) **8** 下列何者為並沒有正式的組織結構，往往將某些或全部的作業功能外包給其他的組織，然後透過總部的管理者或其他人員來進行協調與整合？　(A)網絡組織　(B)封閉組織　(C)區域組織　(D)開放組織。

(　　) **9** 學習型組織的學習方式，主要不包括下列何者？　(A)藉由討論來獲得知識　(B)轉移與分享知識　(C)由過去的經驗獲得教訓　(D)由其他人的優良創意或作法來學習。

(　　) **10** 哪一項不是學習型組織的五項修練的內涵？　(A)虛擬學習　(B)自我超越　(C)心智模式　(D)共同願景。

(　　) **11** 威廉大內（William Ouchi）提出何種理論來闡述日本文化的特質？(A)X理論　(B)Y理論　(C)Z理論　(D)W理論。

(　　) **12** 根據Mintzberg所提出的構型理論（Configuration Theory），以下何者強調組織間主要藉由標準化的規範體系作為協調與控制？　(A)簡單式組織　(B)扁平式組織　(C)專業科層組織　(D)傳導式組織。

二、進階題

(　　) **13** 組織結構中常會產生決策遲緩、本位主義、責任歸屬困難的是以下哪一種結構？　(A)矩陣結構　(B)網路結構　(C)功能別結構　(D)虛擬化結構。

(　　) **14** 為了兼具集權制與分權制二者之長，而避其短，管理學者設計一種突破性的組織型態，稱之為「事業部門制」（divisionalization），關於其特徵下列何者是錯誤的？　(A)分權式的政策，集權式的管理　(B)各事業部門自身為一完整的產品或服務中心　(C)每一事業部門即為一獲取利潤的中心　(D)擁有陣容堅強的幕僚群。

(　　) **15** 企業在原有的組織結構之下，常常為了處理臨時性及具有相互依存關係的任務，集中組織中最佳與特定的人才來完成此一任務。當任務結束之後隨即自行解散，人員歸建原單位。這樣的組織型態屬於何種組織型態？　(A)產品別組織　(B)矩陣式組織　(C)程序式組織　(D)功能別組織。

(　　) **16** 下列何者為虛擬式組織（virtual organization）之最主要的優點？(A)控制能力　(B)預測能力　(C)組織彈性　(D)經濟規模。

(　　) **17** 無疆界組織概念的用意為何？　(A)消除水平與垂直的疆界　(B)不受傳統指揮路線的約束　(C)運用策略聯盟，網路消除外部疆界　(D)以上皆是。

(　　) **18** 學習型組織強調五項修練的整合來建立組織，其第五項修練為何項？　(A)系統思考　(B)自我超越　(C)建立共同願景　(D)改善心智模式。

( ) **19** 下列有關學習型組織的說明，何者不正確？ (A)鼓勵員工創新 (B)重視員工彼此的共享交流學習 (C)參考標竿企業的做法和經驗 (D)只是組織中新增加的一個單位部門。

( ) **20** 學習型組織不包括下列何者特性？ (A)承諾的領導 (B)創新的文化 (C)機械式的組織 (D)顧客導向的策略。

( ) **21** 下列何者較屬於虛擬企業（virtual corporation）的特性？ (A)先在電腦上模擬經營方式 (B)特別重視資訊科技的運用 (C)採用流程整合的經營方式 (D)開創新事業或產品之前，先從事實驗性營銷活動。

( ) **22** 威廉大內（W.Ouchi）提出組織文化的Z理論，下列何者不是其所指稱的特徵？ (A)長期僱傭 (B)非專業化 (C)快速升遷 (D)集體決策。

( ) **23** 根據Mintzberg所提出的構型理論（Configuration Theory）醫院是屬於哪種組織？ (A)簡單式組織 (B)扁平式組織 (C)專業科層組織 (D)傳導式組織。

解答與解析

一、基礎題

1 (A)。指複雜化和正式化程度低，但集權程度高的扁平組織。通常為小型企業所採用，但隨著規模慢慢的擴大，組織會傾向於專門化與制式化。

2 (C)。依企業活動之主要功能或活動而安排的組織結構。

3 (B)。事業部制適用於規模龐大，產品種類繁多，技術複雜的大型企業。即在集團公司最高決策層的領導下，按產品、地區、顧客等來劃分事業部，如寶僑公司按產品類別劃分事業部；麥當勞公司按區域成立事業部；一些銀行則按顧客類型為依據來劃分事業部，各事業部具有相對獨立的責任和權力。

4 (D)。區段式結構（Sector Structure）適用於產品線廣、差異大有整合必要之組織。

5 (C)。將功能式部門中的專家，指派到一個或多個專案，由專案經理來領導的組織設計。

6 (B)。成員須接受多重領導，當專案經理與功能經理意見相左時，將使專案成員無所適從。

7 (D)。又稱無界線的組織（boundaryless organization），不以傳統組織結構的

界線或畫分來定義或限制的組織設計。將員工組合起來完成核心過程，提高組織與環境的相依性。

8 (A)。企業常將一些業務外包給其他廠商，而自己只保留擅長的核心部分，以創造最高價值及保持最佳彈性。

9 (C)。藉由系統性、有組織性的一致方法來解決問題。

10 (A)。團隊學習、系統思考。

11 (C)

12 (D)。例如教會。

二、進階題

13 (C)。功能別結構是一種將人員劃分在一起的設計，被劃分在一起的原因是具有類似技術或是使用相同資源。如生產、行銷、人事、研發、財務等功能別群體。

14 (A)。集權式的政策，分權式的管理。

15 (B)。從不同功能部門中調集人手組成團隊，並由一位專案經理來領導，專案結束後各自回到原來工作崗位。

16 (C)。虛擬式組織是彈性與非結構化的組織，希望消除垂直與水平的組織界線，消除指揮鏈並消除企業與顧客及供應商間的藩籬。

17 (D)。移除組織內外疆界以少數的全職員工為核心，透過策略聯盟來達到組織目標。

18 (A)。第一項修練為自我超越；第二項修練為改善心智模式；第三項修練為建立共同願景；第四項修練為團隊學習；第五項修練為系統思考。系統思考（system thinking）是塑造學習型組織五項修練中的神髓，也是展開變革行動的哲學與理論基礎。

19 (D)。學習型組織是一種不斷在學習與轉化組織，涵蓋成員個人、工作團隊一直到組織整體。

20 (C)。有機式的組織。

21 (B)。目的在於可以提高組織彈性並集中資源。

22 (C)。緩慢升遷、強調團隊精神、關心員工等。

23 (C)。高度依賴各部門專業知識與技能，追求技能的標準化。

實戰大進擊

(　　) 1 下列哪一類組織是以企業基本功能與活動，作為設計組織結構的主要依據？　(A)產品式組織　(B)功能式組織　(C)混合式組織　(D)矩陣式組織。【105郵政】

( ) **2** 當企業進行多角化成為大型企業時，其最可能採用的組織結構為：(A)簡單結構（simple structure） (B)功能結構（functional structure） (C)事業部結構（divisional structure） (D)矩陣式結構（matrix structure）。【103中油】

( ) **3** 某公司即將轉型為事業部組織，以下何者是關於事業部組織結構的敘述？ (A)粗略的部門，較大的控制幅度 (B)專業分工的成本節省優勢，依工作的相似性，將員工分組 (C)注重結果，部門管理者對其產品與服務負責 (D)具多變性和彈性，沒有固定的組織層級來阻礙決策或行動的速度。【104台電】

( ) **4** 下列何種設計是由各個不相關的事業單位所組成的組織設計方式？ (A)U型（功能性組織設計） (B)M型（多事業組織設計） (C)H型（複合式組織設計） (D)矩陣式組織設計。【103台糖】

( ) **5** 「有一種組織架構，有傳統的功能架構，但以達成各種專案任務為目標。專案成員由功能部門內抽調 組成團隊，專案結束後，成員則自專案解編，歸回原來的部門，兼收功能專業性與專案運作的彈性。」前述係指下列何者？ (A)無邊界組織 (B)矩陣組織 (C)專案組織 (D)自我管理團隊。【105自來水】

( ) **6** 對人力資源調度上最具彈性的組織結構方式是： (A)功能式組織 (B)矩陣式組織 (C)事業部組織 (D)專案式組織。【103台酒】

( ) **7** 現代的組織設計中，哪一種是不受限於水平、垂直或公司內外界線等，其優點是可善用任何地方的人才？ (A)跨功能團隊（cross-functional team） (B)無疆界組織（boundaryless structure） (C)矩陣式結構（matrix structure） (D)專案式結構（project structure）。【103台糖】

( ) **8** 組織設計不受限於水平式、垂直式或公司內外界線的限制，以消除公司與顧客及供應商之間的藩籬，通常包含兩種類型：虛擬組織與網路組織。此種組織設計被稱為？ (A)矩陣式組織（Matrix Organization） (B)無疆界組織（Boundaryless Organization） (C)團隊結構（Team Structures） (D)學習型組織（Learning Organization）。【103台鐵】

(　　) **9** 因資訊與通訊科技發達，促使虛擬式組織（virtual organization）的發展。以下有關虛擬式組織的敘述，何者錯誤？ (A)虛擬式組織並非正式的組織結構 (B)虛擬式組織通常是任務導向的 (C)虛擬式組織為一常設性的組織 (D)虛擬式組織的成員通常來自外部不同領域的專業者。 【104、105自來水】

(　　) **10** 在專案結構與無疆界組織中，管理者更需要下列何者來有效的管理組織？ (A)如何建立員工的溝通平台 (B)如何建立員工間的階層 (C)如何找尋更多的臨時員工 (D)如何找尋更多的供應商。 【105自來水】

(　　) **11** 面對全球競爭的環境，一個具有持續學習、調適與應變的組織，稱為下列何者？ (A)網路組織（network organization） (B)無疆界組織（boundaryless organization） (C)學習型組織（learning organization） (D)團隊組織（team organization）。 【104自來水升、105台糖】

(　　) **12** 學習型組織強調的是下列何者？ (A)透過公司購買套裝軟體，以加強員工的工作技能 (B)做中學 (C)經由較資深的員工指導年輕的新進員工 (D)不斷的學習知識、適應環境與自我調整。 【104郵政第2次】

(　　) **13** 彼得聖吉指出，學習型組織（learning organization）中的成員需掌握的原則包括下列何者？ (A)團隊學習 (B)建立共同願景 (C)系統思考 (D)以上皆是。 【105農會】

(　　) **14** Peter Senge提出五項修練的學習型組織，認為學習型組織需具備此五項修練才能使成員的創造潛力得以發揮，更能提高組織的整體能力。下列何者非屬該五項修練之一？ (A)自我超越 (B)改善心智模式 (C)建立共同願景 (D)社會規範。 【103中華電】

(　　) **15** 彼得．聖吉學習型組織的五項修練中，最經典、重要的為下列何者？ (A)系統思考 (B)改善心智模式 (C)建立共同願景 (D)自我超越。 【105台糖】

(　　) **16** 彼得聖吉（Peter M.Senge）在《第五項修練》一書中，提及學習性組織的五項修練，下列何者為其五項修練的核心？ (A)自我超越 (B)系統思考 (C)改善心智模式 (D)建立共同願景。 【103台電】

( ) **17** 下列何者不是學習型組織的特性？ (A)科層的組織結構 (B)創新的文化 (C)顧客導向的策略 (D)廣泛的資訊分享。 【104郵政】

( ) **18** 相較於傳統組織，下列何項不是學習型組織的觀點？ (A)如果不進行改變，目前的運作不會好多久 (B)沒有學習、不能適應 (C)員工賦能（使員工有能力） (D)不是在公司內發明的，就不要用。 【103台糖】

( ) **19** 在大企業與官僚結構中，為創造及維持如小企業般的彈性與創新活力，常使用的作法為： (A)成立非正式組織 (B)採用虛擬組織 (C)採用矩陣型組織 (D)鼓勵內部創業。 【104郵政】

( ) **20** 在下列哪一種組織架構中，企業內部不同功能領域的員工會組成團隊，結合不同的專長以完成特定的專案或計畫？ (A)矩陣式組織 (B)部門式組織 (C)區域式組織 (D)功能式組織。 【106台糖】

( ) **21** 結合功能式結構的專業化優點與產品事業部結構的專注與負責所形成之組織結構稱為： (A)有機式組織結構 (B)矩陣式組織結構 (C)無邊界組織結構 (D)虛擬式組織結構。 【106桃機】

( ) **22** 下列何者不是學習型組織的特性？ (A)科層的組織結構 (B)創新的文化 (C)顧客導向的策略 (D)廣泛的資訊分享。 【106桃機】

( ) **23** 下列何者不是學習型組織的特徵？ (A)團隊學習在這類組織中相當常見 (B)成員間有著共同的願景 (C)成員認同自我超越的重要性以促成共同願景的實現 (D)成員平時沒有太多時間分享訊息。 【107郵政】

( ) **24** 矩陣式組織可能會遇到下列哪一種問題？ (A)無法獲得專業分工的好處 (B)導致組織僵化 (C)員工出現角色衝突 (D)減少協調資源分配所需的時間。 【107台糖】

( ) **25** 下列哪種組織問題最可能發生於矩陣式組織？ (A)無法發揮專業分工之機能 (B)指揮不統一，工作人員易發生角色衝突 (C)組織僵硬、缺乏機動性 (D)各部門各自為政，缺乏溝通與協調。 【107台北自來水】

(　) **26** 所謂的內部創業家（Intrapreneur），通常會運用下列哪一類的資源來開發新產品或新服務，為所屬企業組織的未來綢繆？ (A)既有雇主的人力、財務與實體資源 (B)個人所擁有的財務資源 (C)政府所提供的實體與財務資源 (D)市場競爭者所提供的財務資源。
【108郵政】

解答

1(B) **2**(C) **3**(C) **4**(C) **5**(B) **6**(B) **7**(B) **8**(B) **9**(C) **10**(A)
11(C) **12**(D) **13**(D) **14**(D) **15**(A) **16**(B) **17**(A) **18**(D) **19**(D) **20**(A)
21(B) **22**(A) **23**(D) **24**(C) **25**(B) **26**(A)

NOTE

絕技 13 組織的工作設計

命題戰情室：管理者可用工作擴大化（job enlargement）、工作豐富化（job enrichment）、工作特性模型（job characteristics model）來設計具激勵性的工作，此三種工作設計方法也是各種事業單位考試，最喜歡命題的焦點。

重點訓練站

組織構成的五項基本元素，包括工作設計、部門化、建立報告關係、建立職權關係與劃分工作職位、協調等。工作設計為組織結構的第一個元素，係指對於組織需要進行的個別工作之內容與方式作明確的界定。

工作再設計則是指重新確定所要完成的具體任務及方法，同時確定該工作如何與其他工作相互聯繫起來的過程。工作再設計在很多情況下是改善員工工作生活品質的工具。

一、工作設計方式

方式	說明
工作專精化	將工作分解成眾多細小、專精化的任務。
工作輪調	對不同任務之不同工作員工作水平互調。
工作擴大化	工作範圍的擴大。
工作豐富化	藉由增加工作之規劃以及評估的責任垂直擴展工作。
工作團隊	以個人間之合作以完成數項任務的工作方式。
自我管理工作團隊	一個垂直整合的工作團隊，對完成工作有完全自主權。

方式	說明
壓縮週工時	一週工作為四天，每天十小時。
彈性工時	允許員工對其工作時間，有自由選擇工作時程。
工作分擔	允許兩位以上員工來分割一份傳統的工作。
電子通勤	員工可於家中透過電腦與同事主管相連結工作方式。
臨時員工	透過暫時性或兼職人力來補充組織長期工作人力。

二、工作特性理論（Job Characteristic Model, JCM）

工作特性模型（JCM）係海克曼及歐德漢（Hackman & Oldham）於1975根據Turner & Lawrance的研究成果，將工作特性與個人對工作的反應兩者之間的關係予以模式化所提出。其內容主要是指：工作中的五種「核心工作構面」會激發員工感受到的「關鍵的心理狀態」，進而會影響到「個人和工作的成果」。

這五項核心工作構面包含技能多樣性（Skill Variety）、工作完整性（Task Identity）、工作重要性（Task Significance）、工作自主性（Task Autonomy）、工作回饋性（Task Feedback）。

五種核心構面

技術多樣性	工作上需要多樣性活動的程度。
任務完整性	工作上需要完成一個整體而明確工作的程度。
任務重要性	該工作會影響他人工作及生活的程度。
自主性	在排定工作時間與決定執行步驟上，個人擁有的自由、獨立性以及判斷性的程度。
回饋性	完成一項工作時，個人對其工作績效，能得到直接與清楚訊息的程度。

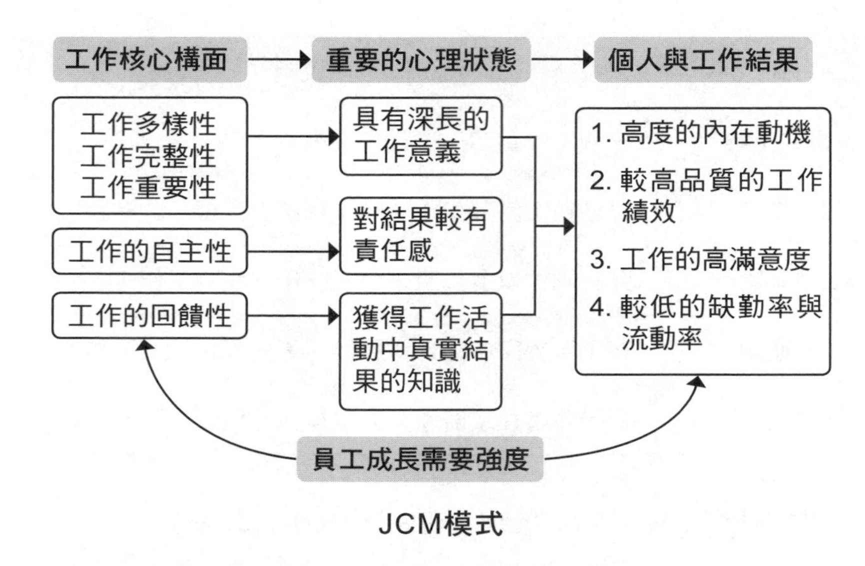

JCM模式

動機潛在分數(Motivation Potential Score, MPS)

$$\text{MPS}=\frac{\text{工作多樣性}+\text{工作完整性}+\text{工作性}}{3}\times\text{自主性}\times\text{回饋性}$$

解釋：

① MPS越高，工作激勵效果越高。

② 自主性與回饋性都不得為零。

③ 由公式可知工作擴大化與工作豐富化亦可使MPS提高。

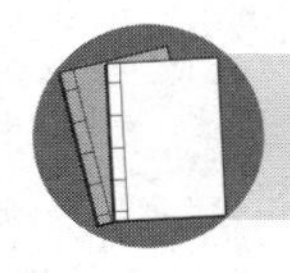

資料補給站

一、工作設計的指導方針：

合併任務	將現存不完整的任務加以連結，使其成為新的、較大的工作單元（工作擴大），以增加技術的多樣性與任務的完整性。
創造自然的工作單位	設計完整及有意義的任務，以增加員工對工作的「所有權」，並鼓勵員工將工作視為有意義且重要的。
建立顧客關係（內部或外部）	建立員工與顧客的直接關係，以增加技術的多樣性、自主性與回饋性。
垂直工作擴展	垂直擴展（工作豐富化）會讓員工擁有過去是管理者專屬的責任與控制權，進而增加員工的自主性。
開放回饋管道	讓員工知道工作表現如何，以及工作績效是否改善。

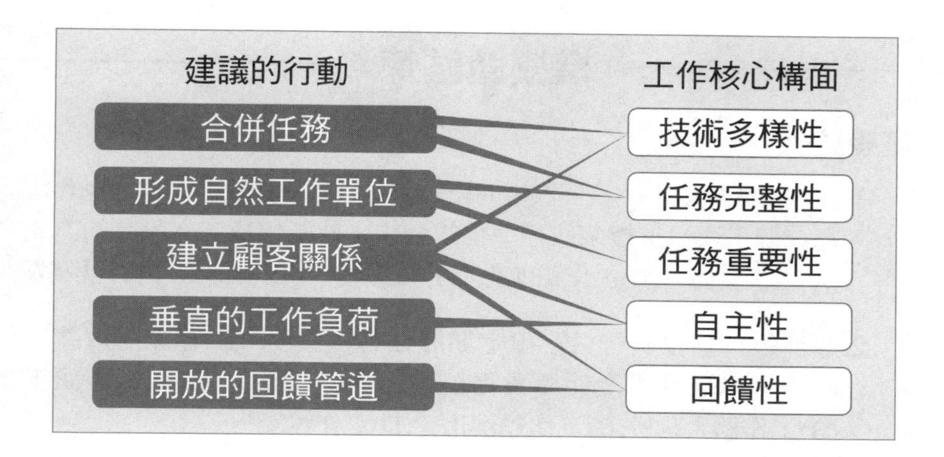

二、激勵潛在分數是用來量測員工士氣的潛在分數之高低，MPS分數高，表示員工擁有正面的士氣，工作績效及滿意程度都會提高，負面如缺席率等將維持一較低的水準。

MPS計算方式為：

$$MPS=\left(\frac{\text{技能變化性}+\text{工作完整性}+\text{工作重要性}}{3}\right)\times\text{自主性}\times\text{回饋性}$$

易錯診療站

一、工作擴大化（Job Enlargement）

藉由擴展水平方向的工作，增加「工作範疇」，亦即增加工作不同任務的種類與發生次數，即工作多樣化。

二、工作豐富化（Job Enrichment）

藉由賦予規劃與評估的責任，來垂直擴展員工對工作的控制程度，可增加「工作深度」。亦即增加員工的自主性。

模擬題試煉

一、基礎題

( ) 1 在汽車裝配線上，整個汽車的組裝工作被拆解成許多細部的動作，而每一個工人只重複某些標準化的動作。此為何種工作設計的方式？ (A)工作輪調 (B)工作標準化 (C)工作專精化 (D)工作特性模型。

( ) 2 亞洲銀行要求其行員必須定期歷任各項職務，如存款、放款、代收等，以達到「全能櫃員化」的目標，此為： (A)工作簡單化 (B)工作擴大化 (C)工作豐富化 (D)工作輪調。

( ) 3 為避免工人工作單調或無聊，而將工人的工作範圍與內容擴大時，稱為： (A)工作豐富化 (B)工作輪調 (C)工作參與 (D)工作擴大化。

( ) 4 下列何種工作設計是用垂直式增加工作任務的方式，以增加員工工作內容的多樣性和獨立性來增加員工更多的自主性與責任感？ (A)工作輪調 (B)工作豐富化 (C)工作分攤計畫 (D)工作擴大化。

( ) 5 哪一種工作設計的重點在提高員工的自主裁量權？ (A)工作輪調 (B)工作豐富化 (C)工作專業化 (D)工作擴大化。

( ) 6 「在團隊裡沒有一個正式的主管督導，完全由員工控制工作。」這是屬於哪一種工作團隊類型？ (A)跨功能工作團隊 (B)解決問題工作團 (C)自我管理工作團隊 (D)虛擬工作團隊。

( ) 7 彈性工作時間制中，規定每天當中某幾個鐘頭內，所有的工作人員必須全部到齊的時間稱之為： (A)彈性時間 (B)尖峰時間 (C)離峰時間 (D)核心時間。

( ) 8 對想工作但卻不願全時間工作的人，那一種組織功能最適合他？ (A)彈性工時（flextime） (B)電子通勤（telecommuting） (C)工作分擔（job sharing） (D)勞動分工（division of labor）。

( ) 9 以下何者不是工作特性模型理論的五個核心構面？ (A)技術多樣性 (B)文化多元性 (C)任務完整性 (D)自主性。

(　　) **10** 工作特性模型（job characteristics model, JCM）是由Richard Hackman & Greg Oldham於1967所提出，強調「在工作的執行上，員工可獲得明確的工作成果與績效之資訊到何種程度」為其中的哪一個核心構面？　(A)回饋性（feedback）　(B)技能多樣性（skill variety）　(C)工作重要性（task significance）　(D)自主性（autonomy）。

二、進階題

(　　) **11** 「在員工現有的工作上增加更多的工作項目，但其工作的難易度並無太大的改變」，此應屬於工作設計的哪一項原則？　(A)工作簡單化　(B)工作豐富化　(C)工作擴大化　(D)工作輪調。

(　　) **12** 讓現場員工除進行製造加工以外，亦能參與產品設計、製程規劃及品質檢驗活動，以增加其工作內涵及成就感，此種將垂直工作整合之作法稱為：　(A)工作豐富化　(B)工作輪調　(C)工作擴大化　(D)彈性上班時間。

(　　) **13** 下列那一項不屬於工作重新設計方式？　(A)工作輪調　(B)工作擴大化　(C)工作豐富化　(D)工作簡單化。

(　　) **14** 管理者希望增加員工的工作深度與自主權，應採取下列哪一種方法？　(A)工作擴大化　(B)工作評價　(C)工作豐富化　(D)工作規範。

(　　) **15** 一種新的技術變革改變傳統員工必須在固定時間集中在辦公室上班的工作型態，取而代之的是哪一種彈性的工作模式？　(A)彈性工時　(B)電子通勤　(C)壓縮工作週　(D)工作分享。

(　　) **16** 工作特性模型（JCM）有五個核心構面，「工作需要不同活動多寡的程度」稱為：　(A)工作完整性（task identity）　(B)技能多樣性（skill variety）　(C)工作重要性（task significance）　(D)自主性（autonomy）。

(　　) **17** 小珍在自來水公司工作了26年，年底申請退休，其職缺遇缺不補，所以原來工作移交給小嫻與老劉二位同事處理。請問這是何種工作型態？　(A)工作分攤　(B)工作輪調　(C)壓縮工時　(D)工作團隊。

( ) **18** 根據J.Richard Hackman和Gregory Oldham的工作特性模式，所發展的工作之動機潛能分數（Motivating Potential Score，簡稱MPS），其組成因素不包括以下何項？ (A)完整性 (B)自主性 (C)回饋性 (D)專業性。

解答與解析

一、基礎題

1 (C)。工作專精化（work specialization）的概念可追溯到十八世紀亞當斯密（Adam Smith）所提出的分工。

2 (D)。員工每隔一段特定時間就換另外一個工作。

3 (D)。擴大工作人員專業工作領域，增加工作人員水平之活動種類。

4 (B)。透過良好工作設計，給予員工更挑戰性工作內容與自主性，以提高員工個人工作效率，進而達到自我發展的目標。

5 (B)。增加對工作的自主性與控制程度。

6 (C)。團隊自己規劃工作目標、安排工作進度、擬訂作業與人事決策、解決問題、設定優先順序、決定誰來擔任什麼工作，以及由成員承擔領導責任。

7 (D)。彈性時間則允許人員可彈性的選擇工作時間。

8 (B)。在家工作，並利用電腦與工作場所連結，是一種遠距離辦公型態。

9 (B)。這五項核心工作構面包含：技能多樣性（Skill Variety）、工作完整性（Task Identity）、工作重要性（Task Significance）、工作自主性（Task Autonomy）、工作回饋性（Task Feedback）。

10 (A)。工作人員是否可以獲知工作進行的優劣。

二、進階題

11 (C)。主要是增加工作人員水平性的活動種類。

12 (A)。將工作垂直式地擴張，讓員工有更多的責任與自主權。

13 (D)

14 (C)。提升員工對自己的工作之規劃、執行、考核的掌控程度。

15 (B)。員工每週至少有兩天在家透過電腦連線，不必到辦公室上班。

16 (B)。(A)工作人員所做的工作是一完整的工作整體，或只是一個工作的小部分。(C)工作人員認為任務本身是否有意義感或重要性程度。(D)對於工作如何進行，工作人員所具有的控制程度。

17 (A)。允許兩位以上的員工來分割一份傳統的工作。

18 (D)

實戰大進擊

( ) **1** 有系統的將員工從一個工作換到另一個工作是指： (A)工作擴大化 (B)工作輪調 (C)工作豐富化 (D)工作標準化。 【103台糖】

( ) **2** 「藉由增加工作的職權（authority）、自主性（autonomy）及對如何達成任務與工作的控制權，以提升員工對職務的滿意度，係屬於一種垂直式的工作重整方法。」這種方法是下列哪一種？ (A)工作豐富化（job enrichment） (B)工作輪調（job rotation） (C)工作擴大化（job enlargement） (D)工作簡化（job simplification）。 【105自來水】

( ) **3** 對於員工的工作除了增加任務的數目外，也增加員工對工作的控制程度。此種作法稱為： (A)工作整合 (B)工作擴大化 (C)工作輪調 (D)工作豐富化。 【104郵政】

( ) **4** 下列何者代表垂直擴張工作內容，增加規劃與評估的責任？ (A)團隊生產（team production） (B)工作擴大化（job enlargement） (C)工作輪調（job rotation） (D)工作豐富化（job enrichment）。 【104自來水、105台酒】

( ) **5** 小陳為汽車公司裝修員，部門主管林課長為增加小陳對其他相關工作之內容與責任，除繼續讓小陳進行裝修工作外，另再增加執行品管檢驗工作，此種工作設計的方式稱為： (A)工作輪調 (B)工作簡化 (C)工作豐富化 (D)工作規範。 【103台電】

( ) **6** 下列何種工作設計是用垂直式增加工作任務的方式，以增加員工工作內容的多樣性和獨立性來增加員工更多的自主性與責任感？ (A)工作輪調 (B)工作豐富化 (C)工作分攤計畫 (D)工作擴大化。 【103中華電】

( ) **7** 有關激勵員工的工作設計之中，「給予工作者較多參與規劃、組織、協調的機會，工作中賦予員工更多的責任、自主權和控制權。」稱為： (A)工作輪調 (B)工作擴大化 (C)工作豐富化 (D)工作簡化 【103台北自來水】

( ) **8** 下列哪一種彈性工作安排模式，會因員工的能力差異與工作習性的不同，而造成工作配合的困難？ (A)遠距離辦公

（telecommuting） (B)彈性工時（flextime） (C)工作分享（job sharing） (D)壓縮工作週（compressed weekwork）。 【105郵政】

( ) **9** 小王所任職的企業為了培育他成為未來主管，於是為其增加多元的工作種類與項目，亦即增加原本執行工作所牽涉的任務範圍，使小王勝任更有挑戰的工作。下列哪個選項內容最足以說明上述內容？ (A)工作豐富化 (B)工作滿足感 (C)工作擴大化 (D)工作特性模型。 【103台酒】

( ) **10** 下列何者不是工作特性模型（Job Characteristics Model）的工作核心構面？ (A)技能多樣性 (B)自主性 (C)工作認同性 (D)任務重要性。 【105中油】

( ) **11** 學者Hackman & Oldham提出工作特性模型（Job characteristics model），不包含下列哪一個因素？ (A)自主性 (B)完整性 (C)回饋性 (D)豐富性。 【103台北自來水】

( ) **12** 根據工作特性模型（job characteristics model），自主性（autonomy）主要是使員工在心理上哪種狀態的改變？ (A)工作的意義感 (B)對結果的責任感 (C)了解實際工作結果 (D)技能多樣性。 【103台糖】

( ) **13** 根據工作特性模型（Job Characteristics Model）進行工作設計，下列敘述何者錯誤？ (A)將零散的任務合併成為較大的工作單位，可以增加任務完整性 (B)創造自然的工作單位，可以增加任務重要性 (C)建立顧客關係，可以增加任務自主性 (D)開放回饋管道，可以增加技術多樣性。 【103中油】

( ) **14** 根據J.Richard Hackman和Gregory Oldman的工作特性模式，為提高員工動機、工作滿足、工作績效等，工作必須重新設計，在實務的做法上，應該遵從一些原則，下列何者為非？ (A)為增加工作多樣化，得提供員工不同類的訓練，並擴大其職務 (B)增加工作整體性，分派專案計畫，工作組合成模組形式 (C)增加員工自主性，多授權 (D)增加員工回報專業性，提供主管客觀、立即的訊息。【103經濟部】

(　　) **15** 原本專門負責銷售的員工被企業要求需學習產品包裝以及協助運送的工作，稱為： (A)工作輪調 (B)工作擴大化 (C)工作重新設計 (D)工作分析。 【106台糖】

(　　) **16** 企業將員工的工作內容進行垂直方向的擴充，也增加工作的深度與廣度，是指？ (A)工作特徵模式化 (B)工作簡單化 (C)工作專業化 (D)工作豐富化。 【106桃捷】

(　　) **17** 某公司日前宣布「所有員工將可以在一定的範圍內自行選擇上下班時間」，請問這樣的方式一般被稱為下列何者？ (A)通勤補貼 (B)彈性工時 (C)作業外包 (D)自主排程。 【107郵政】

(　　) **18** 下列何者為工作垂直式擴張，讓員工有更多的責任與自主權？ (A)工作擴大化 (B)工作豐富化 (C)工作深耕 (D)工作輪調。【107農會】

(　　) **19** 小李在臺酒公司擔任業務代表超過五年且表現良好，公司主管決定除了讓小李與客戶有議價的權限之外，更增加議約的權限，同時議約的權限也很大，在不讓公司虧損的前提下，均無需向主管報告、這是屬於工作設計中的哪一種內容？ (A)工作簡單化 (B)工作擴大化 (C)工作豐富化 (D)工作複雜化。 【107台酒】

(　　) **20** 有關工作設計的敘述，下列何者錯誤？ (A)工作輪調可以降低企業的員工訓練成本 (B)工作豐富化可以提升員工成長與進步的機會 (C)工作擴大化會提高員工的工作負擔 (D)工作專業化可以有效提高工作效率。 【107台糖】

(　　) **21** 大學課堂上常有兩位以上的老師共同開設一門課程，或在企業也有一個工作由兩個人去平分做的這種型態稱為： (A)工作擴大化（job enlargement） (B)工作豐富化（job enrichment） (C)工作輪調（job rotation） (D)工作分擔（job sharing）。 【111台鐵】

(　　) **22** 在Hackman & Oldham兩位學者所提出的工作特性模式（job characteristics model）中，所提及的那一個工作核心構面，會讓員工體會要對工作結果有責任感？ (A)技術多樣性（skill variety） (B)任務完整性（task significance） (C)自主性（autonomy） (D)回饋性（feedback）。 【111台鐵】

解答

1 (B) 2 (A) 3 (D) 4 (D) 5 (C) 6 (B) 7 (C) 8 (C) 9 (C) 10 (C)
11 (D) 12 (B) 13 (D) 14 (A)(D) 15 (B) 16 (D) 17 (B) 18 (B) 19 (C)
20 (A) 21 (D) 22 (C)

NOTE

絕技14 組織行為與組織衝突

命題戰情室：組織行為、組織衝突、管理團團隊是近年事業單位企管考科相當熱門的考點，但其內容極為浩瀚，單就《組織行為學》、《心理學》就有很多論述可考。例如五大人格因素特質（Big Five Model）、其他性格特徵、周哈理窗模式、MBTI人格特質測驗認知、知覺偏誤（選擇性知覺、刻板印象、月暈效果、似己效應）、心理契約、團體發展的階段、Thomas的衝突管理策略等都很重要，須加強準備。

重點訓練站

一、組織行為

組織行為主要研究範疇有個體行為與群體行為兩大部份。

(一) **個體行為**：關注焦點包括性格、態度、知覺。

1. **性格**：係個人較為穩定的心理狀態，其決定個人採取何種型態或方式來對外環境產生反應。柯斯塔與麥克雷（Costa and McCrae,1998）大致定義出五個性格特徵構面，稱為五因子性格模型（Five-factor model of personality），這五個構面包括：

友善 agreeableness	個人與群體共處的一種能力，反映出一個人與群體共處具有和善、信賴、坦率、順從、謙虛、善解人意等良好本質。相反地，一個不友善的人在與群體共處時往往容易動怒、急躁、不合作、曲解人意、很自我意識等。
謹慎 conscientiousness	個人按部就班、有責任心、追求勝任感與成就、自我約束和謹慎行事。 **例如**：謹慎者專注較少的目標，可將資源有效分配，因應突發狀況，比較容易仔細規劃。

外向 extraversion	代表個人熱情、合群、果斷、喜愛參與活動、尋找刺激且對人生充滿正面情緒。 **例如**：外向者善於社交，面對問題較果斷；內向者拙於外交，面對問題舉棋不定。
開放 openness	指個人有鮮明的想像力，崇尚美學、重感受、喜歡採取行動改變傳統、有好奇心與理念。 **例如**：開放者熱衷於傾聽新意見而改變想法；保守者對新訊息不為所動，舊思維根深蒂固。
神經質 neuroticism	顯現個人充滿焦慮、抑鬱、敏感和衝動，往往因為無法應付壓力而易受傷害，甚至心生憤怒和敵意。 **例如**：神經質者有負面情緒、掌握個人情緒程度偏低；相反，較少負面情緒，泰然自若。

※五大模型（the big five model）的人格特質構面，依不同版本亦可翻譯或解釋為：親和性（agreeableness）、勤勉審慎性（conscientiousness）、外向性（extraversion）、經驗開放性（openness to experience）、情緒穩定性（emotional stability）。

其他性格特徵：

內外控	1. 指個人認為他們的行為與結果之間的相關程度。 2. 內控者認為他們可以控制自己的命運，內控傾向強的員工工作投入及滿意度較高。 3. 外控者認為命運是由上蒼或是外力所控制，外控傾向強的員工工作投入及滿意度較低。
自我效能	1. 指一個人對自己具備能力去有效完成一件工作的信念、自我認知和期望。 2. 自我效能高者因為比較強調自己的能力，所以不一定會去迎合社會的主流價值。

威權主義	1. 指個人認為在組織層級中，權威和力量必須享有至高無上地位的程度。 2. 高度權威傾向者對上司的命令務必使命必達，比較重視傳統價值，不敢挑戰權威。 3. 低度權威傾向者對上司的命令或許會努力達成，不過對於不合理的命令會質疑。
馬基維利主義 Machiavellianism **（權謀主義）**	代表個人對於權力取得與指揮他人慾望。高度權謀者偏向以實用主義為本位，喜怒不形於色，為達目的不擇手段，不重視組織忠誠度、關係與情感。
自尊	指個人認為自己是值得的、該受賞識的程度。自尊程度較高者會尋求較高階工作，認為自己可達更高績效，更可獲得更多滿足感。低自尊程度者會滿足於現有工作，受他人影響。
自我監控	指個人適應外界情境因素或他人行為以調整自我的能力。高自我監控者對外部訊息有相當的敏銳度，可以隨外在情境來調整自己的情緒和行為。
風險偏好	指個人對於改變的接受度與作出風險決策的意願。高風險偏好者比較積極冒險，低風險偏好型式風格比較保守。

性格與工作配合：

荷蘭得（J.Holland）於1985年提出「性格－工作匹配理論」，認為員工對於工作的滿足感與離職傾向，主要是由個人性格與工作環境的匹配度而定。性格與工作類型：

務實型	性格特徵為穩定、遵從、務實，適合擔任技工、生產線人員、農民等。
研究型	性格特徵為獨立、好奇、分析，適合擔任數學家、經濟學者等。
社會型	性格特徵為友善、合作、交際的，適合擔任教師、顧問、社會工作者等。

傳統型	性格特徵為效率、堅定、有條理、明確清楚，適合擔任會計師、銀行出納等。
企業家型	性格特徵為自信、野心、獨斷、精力充沛，適合擔任律師、中小企業經營者。
藝術型	性格特徵為富想像力、理想主義、不切實際，適合擔任畫家、作家、音樂家等。

2. **態度**：是一種學習傾向，反映出個體如何地去感受某些事物。態度是由三個要素所組成：

認知要素（cognitive）	對外在事務的主觀解釋和看法。
情感要素（affective）	個人對事務所產生的情緒或情感。
行為要素（behavior）	針對某特定事務而顯露於外的行為意圖。

工作態度的種類：

工作滿意度	員工從工作中所獲得的滿足或成就程度。
工作涉入	員工對於工作的參與及投入是否積極。
組織承諾	一種對於組織認同、情感的依附與必須留在組織內的承諾。

※ 組織承諾的三因素模型（Meyer, Allen, 1990）：

(1)**感情承諾**（affective commitment）：指員工對組織的感情依賴、認同和投入。

(2)**繼續承諾**（continuance commitment）：指員工對離開組織所帶來損失的認知。

(3)**規範承諾**（normative commitment）：反映員工對繼續留在組織的義務感。

3. **知覺**：個人對於環境的感覺、產生意義與解釋的過程。知覺程序主要是透過選擇性知覺（selective perception）與刻板印象（stereotype）所組成。

選擇性知覺	指個人會將導致自己不舒服或與自己信仰互相矛盾的資訊加以過濾刪除。
刻板印象	個人僅因為某個人屬於一個特定群體，就將某些特殊的屬性加諸在這個人身上。

知覺與歸因息息相關，歸因是觀察行為以後，對產生行為原因推論的一種機制。
歸因理論是指個人觀察到他人的行為時，會試圖去認定這是由內在或是外在因素所引起。

內部歸因	行為被認為是由於個人因素引發的行為。
外部歸因	行為是由外在因素所導致。

歸因主要受三種因素影響：一致性、特殊性與共通性。

一致性	個人在面對不同情境時，均會產生相同的行為。
特殊性	個人在面對其他情境時，會有不同的行為。
共通性	其他人在相似的情境下也會有相似的行為。

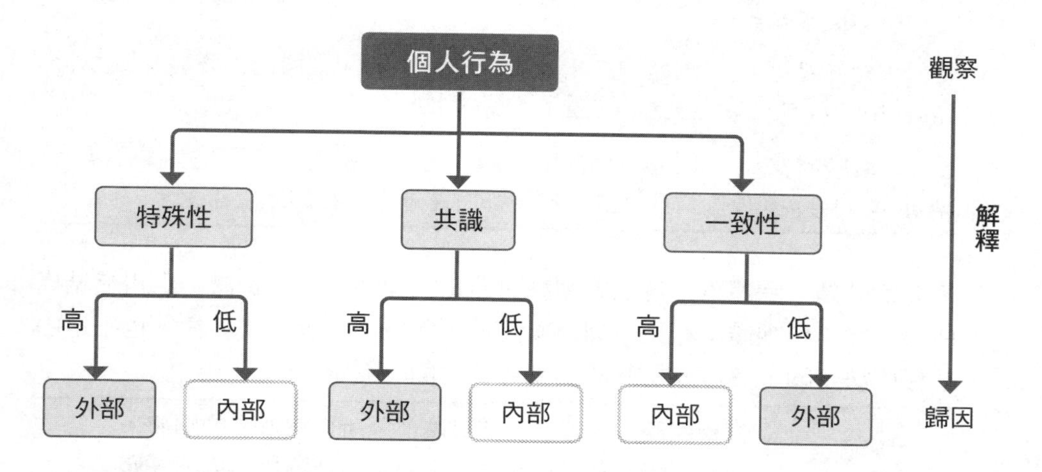

歸因的謬誤：有許多謬誤和偏差，會造成歸因的扭曲。
基本的歸因謬誤：評判個體行為時，很容易低估外在因素的影響，而高估內在因素的影響。

自利偏差：個體傾向於將自己的成功，歸因於自己的能力或努力等內在因素；而將失敗歸咎於外在因素所造成的。

(二) **團體群體行為**：團體或群體（group）是由兩個或兩個以上的組織成員所組成，藉由彼此互動與相互依賴，進而完成特定目標。Tuckman在1977年歸納的五階段團體發展模式：**形成期→動盪或風暴期→規範期→執行期→解散期**。

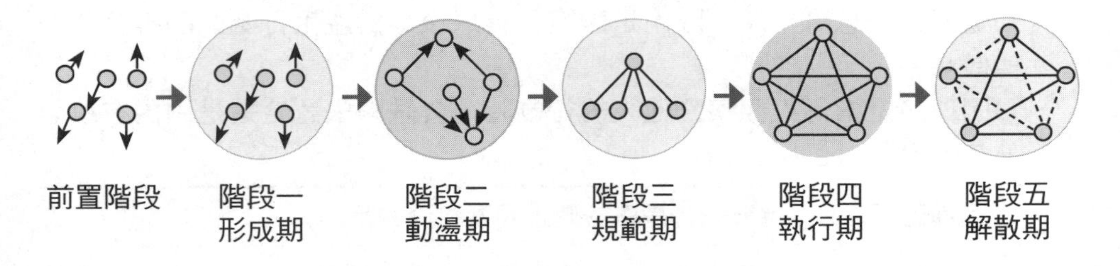

1. **團體發展的階段**

形成期 forming stage	團體的目標、結構與領導的從屬關係十分不穩定。
動盪期 storming stage	團體內仍存在著衝突的階段。
規範期 norming stage	團體凝聚力增強，團體成員發展較密切關係的階段。
執行期 performing stage	團體的結構完全發揮其功能。團體的力量轉移到執行任務，注重工作績效上。
解散期 adjourning stage	團體準備解散，追求高任務績效已不再是首要目標。取而代之，成員都將注意力放在結尾工作上。

2. **團體的分類**：團體可分為正式團體與非正式團體。正式團體：由組織結構所界定的工作團體；非正式團體：此種團體既不具有正式結構，也不是由組織所決定的，其形成是基於回應社會接觸的需求。

正式團體	指揮團體：管理者和其直屬部屬所自然形成的團體。 任務團體：為了共同完成某項工作任務所形成的團體。
非正式團體	利益團體：共同關心某特定事物的人所形成的團體。 友誼團體：成員間有著共同的特質而形成的團體。

3. **團體結構**：指團體中各成員間、次團體間，以及成員與領導者間所形成的人際關係型態；由此型態，不僅可瞭解成員們的行為，更可解釋並預測團體的績效與大多數團體的行為。一般而言，團體結構可透過角色、規範、地位、團體的大小、凝聚力來說明。

角色	指人們因為在社會單位中擔任某一職位，而有一組預期的行為型態。
規範	可接受的行為標準，為團體成員所共同遵守的。
地位	他人給予團體或團體成員社會上所定義的職位或階級。
團體規模	團體成員人數的多寡。
凝聚力	團體成員相互吸引且願意留在團體內的程度。

團隊（team）：為兩個或兩個以上具有互補才能的個體，具有共同認知、目標、績效衡量標準，透過彼此協調互助以達到團隊對目標。團隊自治權連續帶：

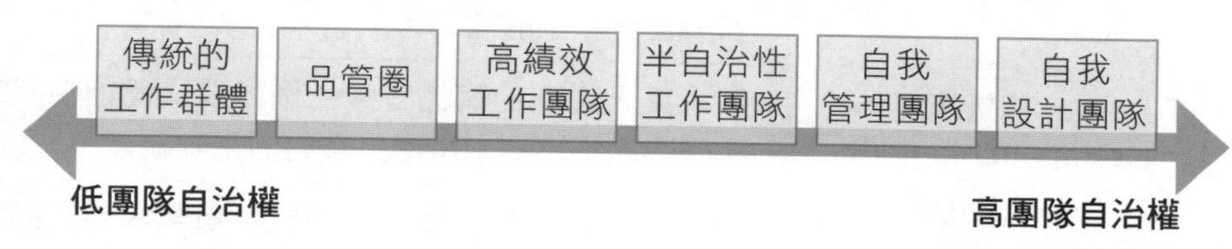

傳統工作群體	績效表現建立在團體個別表現總和上，並不尋求透過共同努力來完成工作。
品管圈	來自不同生產團隊的員工所自願組成的團隊，其對品質提出建議。
高績效團隊	團隊成員間相互承諾達成目的，團隊運作效能在此階段呈現巔峰的表現。
半自治性工作團隊	作出管理與執行生產活動決策，但品質控制與維護仍須外援。
自我管理團隊	通常被賦予廣泛須完成的任務，其成員必須自行確認特定步驟之完成。
自我設計團隊	控制整個團隊的設計並執行自治工作群體的責任。

二、組織衝突

衝突是由於彼此的領域不同、溝通不良、目標不一致、角色與認知差異等原因而造成彼此的對立，進而妨礙、阻止或破壞組織目標的達成。

衝突在**科學管理學派觀點認為具破壞性，應需設法加以消除**。而在**行為學派觀點認為衝突是組織運作不可避免的現象，須設法加以解決**。晚近，**互動學派觀點則認為衝突是正常合理的，且要利用衝突來發揮組織效能**。

(一) **衝突類型**：可分為人際間的衝突；群體間衝突；組織間衝突；個人、群體、組織、環境間的衝突。

(二) **衝突的範疇**：

1. **功能性衝突**：能支持群體目標，並改善群體的績效，是有建設性的衝突，如任務衝突、程序衝突、目標衝突。
2. **非功能性衝突**：會破壞及妨礙團隊達成目標的衝突。

(三) **衝突的類型**：

任務衝突 task conflict	與工作內容及目標有關，例如生產部門重視品質與成本的目標與行銷部門重視顧客的滿意目標兩者間差異產生的衝突。
關係衝突 relationship conflict	與人與人之間的關係有關，例如成員間因情緒或人際間的不協調，所產生敵對的互動關係。
程序衝突 process conflict	與工作如何完成有關，例如成員對解決問題的所採取的方式，無法獲得共識所產生的衝突。

種類／衝突程度	程序衝突	任務衝突	關係衝突
高	惡性	惡性	惡性
中	惡性	良性	惡性
低	良性	良性	惡性

(四) **組織的衝突管理**：

1. **刺激衝突**：透過激勵員工互相競爭、運用工作輪調或工作豐富化、聘任外部管理者。
2. **控制衝突**：管理者可擴大分配資源、組織願景建立、溝通管道暢通、員工心理輔導。

3. **解決與降低衝突**：協調溝通、召開調解委員會、由公正第三者主持會議中協商。

(五) **衝突管理的策略**：Thomas（1976）認為意圖係在衝突事件中，決定以何種方式行動的決策。它包含兩個向度，即合作性（cooperativeness）（一方試圖滿足對方需求的程度）、獨斷性（assertiveness）（某方試圖滿足自己需求的程度）。有五種類型：

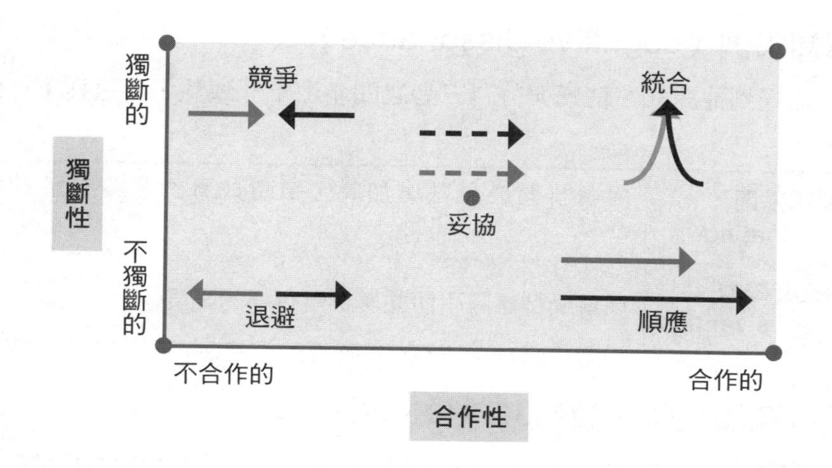

1. **競爭型**：追求滿足於一己私利，而不顧衝突對他人的影響。
2. **統合（合作）型**：衝突雙方都希望能完全滿足對方的需求。
3. **退避（規避）型**：對衝突採取逃避或壓抑的態度。
4. **順應（遷就）型**：衝突的一方願將對方的利益置於自己的利益之上的態度。
5. **妥協型**：衝突雙方都願意放棄某些事物的狀態。

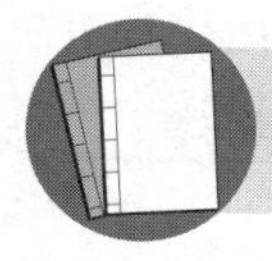

資料補給站

一、A／B型人格

由弗雷曼（Meyer Friedman）與羅生門（Ray Rosenman）在1974所提出：
A型個性急躁、好勝、求好心切，追求完美主義，容易引發情緒激動。
B型則是較為隨和、悠閒、放鬆，對成敗的得失心比A型淡薄。

二、MBTI（Myers-Briggs Type Indicator）人格特質測驗的四個分類構面

(一) 外向型（extrovert）或內向型（introvert）應用在社會互動。
(二) 理性（sensing）或直覺（intuitive）應用在收集資料。
(三) 感覺型（feeling）或思考型（thinking）應用在決策偏好。
(四) 認知型（perceptive）或判斷型（judgmental）應用在決策方式。

三、認知失調（cognitive dissonance）

意指個人知覺到他認知、情感與行為三者之間產生不一致性，而這種不一致性就是失調。

社會賦閒 social loafing	隨著群體成員數增加時，每位成員的貢獻有遞減的趨勢。
群體凝聚力 group cohesiveness	成員受群體吸引而共享群體目標的程度。

四、個人職場工作必備的3Q（IQ、EQ、AQ）

(一) **智力商數**（Intelligence Quotient, IQ）：是一種表示人的智力高低的數量指標，但也可以表現為一個人對知識的掌握程度，反映人的觀察力、記憶力、思維力、想像力、創造力以及分析問題和解決問題的能力。由法國的比奈和他的學生所發明，他根據這套測驗的結果，將一般人的平均智商定為100，而正常人的智商，根據這套測驗，大多在85到115之間。
(二) **情緒商數**（Emotional Intelligence Quotient, EQ）：是一種自我情緒控制能力的指數，由美國心理學家彼德・薩洛維於1991年創立，是一種認識、了解、控制情緒的能力。丹尼爾・高爾曼（Goleman）更指出EQ由自我認知、自我管理、自我激勵、同理心、社會能力五個構面組成。

自我認知	瞭解自我情緒的能力。
自我管理	管理及控制自我的情緒。
自我激勵	為達成目標，不受他人影響，並堅持到底的能力。
同理心	瞭解他人需求及所關心的事物為何的能力。
社交能力	如何與他人維持並發展關係的能力。

(三) **逆境商數**（Adversity Quotient, AQ）：指人們面對逆境時的反應方式，即面對挫折、擺脫困境和超越困難的能力。保羅・斯托茨教授將逆商劃分為四個部分，即：控制感、起因和責任歸屬、影響範圍、持續時間。

五、工作團隊的種類

(一) **問題解決團隊**：由同部門，或相同功能領域的員工組成，他們的任務是改善工作流程或解決特定的問題。

(二) **自我管理團隊**：由員工組成的正式團隊，但其管理則是自主性而沒有受管理者的監督。

(三) **跨功能團隊**：組合不同領域的專家，以共同完成各式各樣任務的工作團隊。

(四) **虛擬團隊**：使用電腦科技將分散在各地的成員連結，以完成共同目標的團隊。

六、品管圈

是由8～10個與工作責任相關的員工與管理者所組成，透過定期討論品質問題、調查其原因，提出解決方案與矯正活動。

七、全球團隊

其成員來自全球具有以下優缺點

優點	缺點
(1)多元化的意見。	(1)可能有不喜歡的團隊成員。
(2)較不易產生群體迷思的現象。	(2)彼此間不具信任基礎。
(3)較容易注意到彼此的意見與想法。	(3)刻板印象。
－	(4)具有溝通上的障礙。
－	(5)壓力與緊張。

八、有效能的工作團隊

特徵包括：清楚的目標、成員擁有相關的技能、成員彼此互信分享資訊、一致的承諾、良好的溝通、適當的談判技巧、下放權力，以及合適的領導。

易錯診療站

一、重要名詞解釋

	重要名詞	解釋
	心理契約	員工與公司彼此的默契、信念與預期。
性格	內外控傾向	內控者認為他們可以控制自己的命運。 外控者則認為命運是由上蒼所控制。
	自我效能	對自己具備能力去完成一件工作的信念。
	馬基維利主義	以實用主義為本位，為達目的可以不擇手段。
知覺	似己效應（投射作用）	假設所有人的特質皆與自己相似。
	刻板印象	依據我們對某群體認知，來判斷屬於群體中的成員。
	選擇性認知	用比較偏狹的觀念來組織並分析事情。
	月暈效應	根據單一特質表徵，來產生對於某個人整體的印象。
	歸因理論	個人觀察他人行為時，會試圖認定是由內在或外在所引發。

※心理契約（psychological contract）係指員工與所屬組織間的僱用關係，員工知覺組織所能給予的允諾及承諾，將心理契約當作是員工與組織間的互惠機制。心理契約是勞方與資方間的無形契約，勞方進行勞務奉獻後期望有所收穫，而資方盡量滿足勞方的需求與發展。因此，**心理契約是一種正式定義員工與組織之權利義務的非正式契約**，其管理攸關企業如何取得心理契約、公平性及用人需求之間的平衡，並需考慮個人的異質性。（《勞動力發展辭典》，職訓局）

二、團體的發展

團體的發展會經歷五個不同階段，此五個階段為：形成期、動盪期、規範期、執行期、解散期。

三、團隊領導者的角色

(一) **與外部相關人員的聯繫者**：領導者對外代表相關、確保所需的資源、釐清他人對團隊的期望、蒐集外界資訊並與團隊成員分享。

(二) **問題解決者**：當團隊有困難或需要援助者時，領導者可藉由相關會議協助問題的解決。

(三) **衝突管理者**：協助處理衝突，並幫忙確認衝突來源、有誰涉入、爭議為何、可行的解決方案。

(四) **教練**：他們釐清期望和角色，他們教導、提供支援、鼓勵和協助任何維持高績效所必須做的事。

四、工作團體（group）與工作團隊（work team）

工作團體	為二人以上，具備共同利益、目標、且持續互動的一群人。強調個人的領導、團體重視分工、個人的工作責任與個人的工作成果。
工作團隊	為一群擁有互補技能的人，且認同共享的使命、績效目標，以及對彼此的責任感。強調特定目的的建構、共享的領導、共有的責任以及集體的工作產出。

五、學界對衝突的看法有三種不同觀點

傳統觀點	衝突是有害的，應避免衝突。
人際關係觀點	衝突是很自然的，它是任何群體所無法避免的。
交互影響觀點	衝突對群體不只是一種正面力量，有些衝突對群體效能的提升，可能有絕對的必要性。

六、人際互動模型周哈理窗（Johari Window）

由美國社會心理學家Joseph Luft和Harry Ingham在1955年所提出，周哈理窗顯示了關於自我認知和他人對自己的認知之間在有意識或無意識的前提下形成的差異，由此分割為四個範疇，一是面對公眾的自我塑造範疇，二是被公眾獲知

但自我無意識範疇，三是自我有意識在公眾面前保留的範疇，四是公眾及自我兩者無意識範疇，也稱為潛意識。（Wikipedia）

	自己知道	自己未知
他人知道	開放我	盲目我
他人未知	隱藏我	未知我

七、衝突類型

衝突的類型可分為：

(一) **任務衝突**（task conflict）：指的是「與目標及工作內容相關」的衝突，企業各部門都有不同的目標，所以會發生衝突。中度或適當的衝突，有助於討論如何完成一項複雜的工作，可避免團體迷思發生。

(二) **程序衝突**（process conflict）：或稱「過程衝突」，指的是「與如何完成工作有關」的衝突。亦即針對完成任務所使用的方式、責任的歸屬，以及資源的分配所引發的衝突。

(三) **關係衝突**（relationship conflict）：指「人與人之間關係」的衝突，這種衝突通常是沒有建設性的，只會損害組織目標的達成。

模擬題試煉

一、基礎題

( ) **1** 下列何者是指個體反應及與他人互動的所有方式？ (A)性格 (B)知覺 (C)情緒 (D)態度。

( ) **2** 在人格特質大五模型（Big Five Model）中，何者指出某人脾氣好、合群與否，以及可信任的程度？ (A)外向性 (B)親和力 (C)嚴謹

性　(D)情緒穩定性。

(　　) **3** 下列何者是組織和解釋由感官所得來的印象，並賦予周遭環境意義的過程？　(A)歸因　(B)選擇　(C)知覺　(D)學習。

(　　) **4** 對人、事、物的好惡表現與主張，反映出我們對某種事物的感受，所指為何？　(A)學習　(B)性格　(C)知覺　(D)態度。

(　　) **5** 若你相信可以掌握自己命運，那你的人格可被歸於何種性格特質？　(A)外控傾向　(B)高馬基維利主義　(C)內控傾向　(D)高度自尊。

(　　) **6** 當個人以實用性為本位，不為情緒所影響並相信為達目的可以不擇手段時，其具有下列哪種性格特質？　(A)高度的權威主義　(B)外控傾向　(C)認知失調　(D)馬基維利主義。

(　　) **7** 個人可以調整自我行為以適應外在環境因素的能力，是何種人格特質？　(A)低自尊　(B)內控傾向　(C)高自我監控　(D)高風險承擔。

(　　) **8** 「那個人留一撇小鬍子，他應該是日本人」指的是何種認知上的偏誤？　(A)月暈效果　(B)刻板印象　(C)對比效果　(D)選擇性認知。

(　　) **9** 老陳到公園散步時，看到一些白人，他認為他們的生活悠閒又懂得享受；但同樣是在散步時看到黑人，老劉卻覺得他們大概是靠救濟金過活。請問老陳的想法是受到下列哪項因素的影響？　(A)選擇性知覺　(B)歸因理論　(C)月暈效果　(D)對比效果。

(　　) **10** 個人傾向於將自己的成功，歸因於像自己的能力或努力等內在因素，而把失敗的原因歸咎於外在因素，如運氣，這就是所謂的？　(A)自利偏差（self-serving bias）　(B)月暈效果（halo effect）　(C)選擇性記憶（selective memory）　(D)自我效能（self-efficacy）。

(　　) **11** 一般而言，團隊的發展會經歷五個不同階段：(1)風暴期（Storming）；(2)形成期（Forming）；(3)績效期（Performing）；(4)規範期（Norming）；(5)解散期（Adjourning）。此五項依次為：　(A)(1)(2)(3)(4)(5)　(B)(2)(1)(4)(3)(5)　(C)(3)(1)(4)(2)(5)　(D)(2)(3)(1)(4)(5)。

( ) **12** 一群在組織上分散各地之成員藉由先進資訊科技與通訊技術組合稱為： (A)虛擬團隊 (B)自主團隊 (C)任務小組 (D)垂直團隊。

( ) **13** 指派設計者、生產工人和銷貨人員至工作團隊以發展一種新產品，被稱為何種團隊？ (A)虛擬 (B)產品 (C)跨功能 (D)非正式。

( ) **14** 在組織衝突的研究當中，承認衝突的絕對必要性是那一個學派的看法？ (A)傳統學派 (B)行為學派 (C)互動學派 (D)以上皆非。

( ) **15** 下列何種衝突管理型態是尋求雙贏？ (A)合作型 (B)競爭型 (C)妥協型 (D)遷就型。

( ) **16** 請問周哈里窗（Johari windows）理論中，他人知道我；而我不知道自己，稱為？ (A)公眾我 (B)隱藏我 (C)盲目我 (D)未發現的我。

( ) **17** 勞資之間彼此合宜的對待方式，往往建立在哪種不成文的契約？ (A)心理契約 (B)勞資契約 (C)安全契約 (D)責任契約。

二、進階題

( ) **18** 組織行為研究包含員工生產力、曠職、流動與下列哪一個態度？ (A)工作滿意 (B)薪資滿意 (C)個人主義 (D)風險承擔。

( ) **19** 五大人格因素理論中，認為個人對於某些目標之專注，因而產生責任感、可信賴、一致性的使命必達特質，是下列何者？ (A)外向性（extraversion） (B)誠懇性（conscientiousness） (C)親和力（agreeableness） (D)情緒穩定性（emotional stability）。

( ) **20** 下列有關因果歸因的敘述何者錯誤？ (A)內控型的人傾向於把失敗歸因於自己的疏失 (B)外控型的人認為自己有控制外在環境，戰勝運氣的能力 (C)外控型的人傾向把失敗歸因於別人的影響 (D)內控型的人認為凡事操之在我。

( ) **21** 若有一名員工工作時，以實用性為本位，不為情緒所影響，並相信為達目的可以不擇手段，則其人格特質是典型的： (A)高度自我監控（self-monitoring） (B)外控（external locus of control） (C)高度馬基維利主義（Machiavellianism） (D)內控（internal locus of control）。

( ) **22** MBTI（Myers-Briggs Type Indicator）人格特質測驗的四個分類構面中，依照人們與社會互動，區分為哪兩種型態？ (A)理性或直覺 (B)外向或內向型 (C)感覺型或思考型 (D)認知型或判斷型。

( ) **23** 弗雷曼（Meyer Friedman）與羅生門（Ray Rosenman）認為何種人格類型，比較急躁、好勝、求好心切？ (A)A型 (B)B型 (C)C型 (D)AB型。

( ) **24** 當員工表示「我在這家公司領的薪水比在其他家少」時，他是反應態度的何種要素？ (A)認知 (B)行為 (C)情感 (D)意見。

( ) **25** 一個抽煙的人看到防治菸害的廣告時，心中對於抽煙行為與不該抽煙的態度有著不一致的看法時，此人正面臨下列何種狀態？ (A)認知失調 (B)人際衝突 (C)任務衝突 (D)角色衝突。

( ) **26** 某小型企業的老闆以很快速的時間來作出決策，可能具有的特質為何者？ (A)高自尊 (B)外控傾向 (C)低自我監控 (D)高風險傾向。

( ) **27** 一個在賀蘭量表社會型得分很高的人，很可能合適下列何種職業？ (A)農夫 (B)畫家 (C)教師 (D)經濟學家。

( ) **28** 構成態度的三要素係指何項？ (A)認知、情感及行為的 (B)特質、行為與情緒的 (C)知識、意見及個人歷史 (D)意圖、意見與環境。

( ) **29** 下列何者認為個人特質會導致某項行為，如主管看到員工經常上班遲到，即歸咎於該員工欠缺時間觀念，缺乏自我克制能力？ (A)認知扭曲（cognitive distortions） (B)刻板印象（stereotyping） (C)內在歸因（internal attribution） (D)外在歸因（external attribution）。

( ) **30** 一組織內某些人員未必屬於同一部門，由於共同擔負某項工作或專案，因而構成為一種群體，是屬於以下哪一種？ (A)功能群體 (B)任務群體 (C)利益群體 (D)友誼群體。

( ) **31** 衝突管理的論述，下列何者錯誤？ (A)衝突源自組織交互行為 (B)傳統管理學界主張消除衝突 (C)行為學派認為衝突是不可避免的 (D)互動學派強調衝突並非絕對必要。

(　　) **32** 團隊成員從其團隊成員身分獲取利益，但未分擔適當比率的工作：稱為：　(A)社會賦閒效果　(B)社會助長效果　(C)沉沒成本　(D)逆選擇。

(　　) **33** 團體凝聚力是指團體成員相互吸引且願意留在團體內的程度，會影響到組織的績效。以下何種作法不會促進團體凝聚力？　(A)促使成員對團體目標有所承諾　(B)增加成員相處的時間　(C)團體人數多一些　(D)在實體上把團體孤立起來。

解答與解析

一、基礎題

1 (A)。性格是心理系統的動態組合，是決定個人適應外在環境的獨特形式。

2 (B)。友善（agreeableness）即個人與群體共處的一種能力。

3 (C)

4 (D)。態度是價值性的陳述，是對人、事物、或事件的喜歡或不喜歡。

5 (C)。(A)相信命運受制於外在力量。(B)又稱「權謀主義」，崇尚務實主義並相信結果決定手段。(D)認為他們擁有足以獲致成功的能力。

6 (D)。(A)指個人所具有權威性的信念、人格特質或行為。(B)命運受外力所擺佈。(C)態度之間，或態度與行為之間的不一致。

7 (C)。指個人適應外界情境因素或他人行為以調整自我的能力。

8 (B)。將觀察對象列入某一特定族群，並以此來判斷其性格。

9 (C)。判斷某人的依據是以其單一特徵來加以評斷。

10 (A)。(B)或稱「光環效用」，指當某個人有一些正面的特質，我們往往也會推斷他也擁有其他正面的特質。(C)人們只記憶他們想記憶的部份，而忘記他們不想記憶的部份。(D)指一個人對自己具備能力去完成一件工作的信念、自我認知與期望。

11 (B)。形成期－動盪期（風暴期）－規範期－執行期（績效期）－休止期（解散期）。

12 (A)

13 (C)。團隊集合許多不同工作領域的員工，以便完成某一特定任務。

14 (C)。不但認為衝突是正常合理的，且要利用衝突來發揮組織效能。(A)認為衝突是有組織性且具破壞性，需設法加以減少或消除。(B)認為衝突是組織運作不可避免的現象，須設法加以解決。

15 (A)。又稱統合型，即衝突雙方都希望能完全滿足對方的需求。

16 (C)。指別人能知道你而你自己卻不知道的部分。

17 (A)。指員工與企業間的彼此默契。

二、進階題

18 (A)

19 (B)。或稱「謹慎」(conscientiousness)即有責任心、追求勝任感與成就、自我約束和謹慎行事。

20 (B)。內控型的人認為自己有控制外在環境，戰勝運氣的能力。

21 (C)。(A)個人調整自我行為以適應外在環境因素的能力。(B)相信命運受制於外在力量。(D)認為凡事操之在我。

22 (B)。(A)應用在收集資料。(C)應用在決策偏好。(D)應用在決策方式。

23 (A)。A型個性急躁、好勝、求好心切，追求完美主義，容易引發情緒激動。

B型則是較為隨和、悠閒、放鬆，對成敗的得失心比A型淡薄。

24 (A)。指個體將他感受到的印象、資訊加以組織解釋，然後使周遭環境附上一層意義。

25 (A)。指個人知覺到他認知、情感與行為三者之間產生不一致性。

26 (D)。高度風險偏好的主管，其特質為決策速度較快、使用較少資訊來做決策。

27 (C)。性格特徵為友善、合作、交際的，適合擔任教師、顧問、社會工作者等。

28 (A)

29 (C)。認為行為是當事人決定者，如睡過頭、無時間觀念等。

30 (B)。為了完成某特定任務而組成的群體。(A)從事相類似組織活動或運用相同組織資源而組成，如行銷群體。(C)由於彼此具有共同經濟上的利益關係，為了爭取或維持這種利益而構成。(D)具有某種共同特徵而組成，如年齡、性別、興趣、同鄉等。

31 (D)。互動學派強調衝突是絕對必要。

32 (A)。隨著群體成員數增加時，每位成員的貢獻有遞減的趨勢。(B)指當他人在場或與他人一起活動時，個體行為效率有提高的傾向。(C)已經付出且不可收回的成本。(D)交易雙方中某一方有較多的資訊，資訊較欠缺的那一方很可能因此受害的風險。

33 (C)。促進團體凝聚力的作法：(1)團體人數少一些；(2)促使成員對團體目標有所承諾；(3)增加成員相處的時間；(4)提升團體的地位或成員加入團體的困難度；(5)刺激與其他團體相互競爭；(6)給團體獎賞優於給個別成員酬償；(7)在實體上把團體孤立起來。（Stephen P.Robbins,《組織行為》，華泰文化）。

實戰大進擊

( ) **1** 人格特質的五大模型（The Big Five Model）不包括下列哪一個構面？ (A)外向性（extraversion） (B)冒險性（risktaking） (C)開放性（openness to experience） (D)親和性（agreeableness）。 【104自來水升】

( ) **2** 下列何者並非五大模型（the big five model）的人格特質構面？ (A)自我調適性（self-monitoring） (B)親和性（agreeableness） (C)勤勉審慎性（conscientiousness） (D)情緒穩定性（emotional stability）。 【103中油】

( ) **3** 表現出工作過度賣力、力爭上游、易引發情緒激動的表徵是： (A)內控的人格特質 (B)外控的人格特質 (C)中性的人格特質 (D)A型的人格特質。 【103自來水】

( ) **4** Mark是一名某運動品牌的產品經理，他總是將低劣的銷售業績歸咎於環境因素、部屬推廣不利或是顧客不識貨等自己無法控制的因素，從不認為也有可能是自己管理不當等與自身相關因素所造成的結果，請問Mark具有以下何種性格？ (A)內控傾向 (B)外控傾向 (C)馬基維利主義 (D)低度自我監控。 【103台酒】

( ) **5** 具有下列何種人格特質的人較務實，喜怒不形於色、相信為達目的可以不擇手段？ (A)控制傾向 (B)自我監控 (C)自尊 (D)馬基維利主義。 【104自來水】

( ) **6** MBTI（Myers-Briggs Type Indicator）人格特質測驗的四個分類構面中，依照人們對做決策的偏好（preference of decision making），區分為哪兩種型態？ (A)外向型（extrovert）或內向型（introvert） (B)理性（sensing）或直覺（intuitive） (C)感覺型（feeling）或思考型（thinking） (D)認知型（perceptive）或判斷型（judgmental）。 【105中油】

( ) **7**「休假日到遊樂園人潮眾多會影響旅遊品質，所以我都選擇平日才到遊樂園遊玩」，句中「我都選擇平日才到遊樂園遊玩」

是代表態度的哪一要素？ (A)認知的 (B)行為的 (C)情感的 (D)投入的。【104自來水升】

( ) **8** 員工認同特定組織及其目標，並希望與組織繼續維持僱傭關係，稱之為： (A)工作滿意 (B)組織公民 (C)工作投入 (D)組織承諾。【105中油】

( ) **9** 下列何者代表員工對於組織的忠誠，認同及投入於組織的程度？ (A)工作投入 (B)組織承諾 (C)全球的承諾 (D)提升工作技能。【104自來水升】

( ) **10** 下列何者不是組織承諾（organizational commitment）的主要成份？ (A)認知承諾 (B)規範承諾 (C)情感承諾 (D)持續承諾。【105農會】

( ) **11** 代表員工與組織之間關係的心理契約（psychological contract）之相關敘述，下列何者錯誤？ (A)是一種正式定義員工與組織之間權利義務的非正式契約 (B)心理契約管理乃攸關企業如何取得心理契約、公平性及用人需求之間的平衡 (C)員工與組織間的心理契約具有穩定恆常性 (D)心理契約管理需要考慮個人異質性。【105自來水】

( ) **12** 人們常將觀察對象歸屬於某一特定族群，並以此來快速判斷其性格時，所用方法是下列何種方法？ (A)刻板印象 (B)選擇性 (C)假設相似 (D)月暈效應。【104自來水升】

( ) **13** 暈輪效應（halo effect）是指： (A)假設其他人都與自己相同 (B)依據其所屬團體的認知來評斷某人 (C)以一個人的單一特徵來評斷某人 (D)以高估其個人因素影響來判斷某人行為。【105中油】

( ) **14** 當一個人的「印象確立」之後，人們就會自動「印象概推」，將第一印象的認知與對方的言行聯想在一起。這是說明下列何者現象？ (A)霍桑效應 (B)月暈效應 (C)授權效應 (D)蝴蝶效應。【103台糖】

( ) **15** 某主管在與新進員工面談時，經常認為名校畢業的學生，整體工作表現一定很好，此主管可能在判斷一個人時產生何種現象？ (A)刻板印象 (B)月暈效應 (C)基本歸因謬誤 (D)自利偏差。【103台酒】

(　　) **16** 主管傾向對那些與自己的特質很相近的部屬給予較高的績效評分，而對那些與自己特質不相近的部屬給予較低的評分。此種傾向為何種知覺偏誤？ (A)刻板印象 (B)似己效果 (C)月暈效果 (D)對比效果。 【105農會】

(　　) **17** 一般而言，團隊的發展會經歷五個不同階段，此五個階段為：(A)形成期、動盪期、執行期、縮減期、解散期 (B)形成期、縮減期、規範期、擴大期、解散期 (C)形成期、動盪期、規範期、執行期、解散期 (D)形成期、擴大期、執行期、縮減期、解散期。 【103中華電】

(　　) **18** 有關群體發展（group development）階段的敘述，下列何者錯誤？ (A)在形成期（forming），群體成員定義群體目標及結構 (B)在動盪期（storming），群體成員會因意見不同產生衝突 (C)在規範期（norming），群體結構已完全功能化且為成員接受 (D)在休止期（adjourning），群體已預備解散，高績效不是最重要考量。 【105中油】

(　　) **19** 團體發展階段中的哪一個階段團體成員間會有很多的衝突，對應該做的事有不同的意見，若沒有順利地通過這個階段，團隊可能就會夭折，或者在後來產出較差的專案？ (A)動盪期（storming） (B)規範期（norming） (C)執行期（performing） (D)休止期（adjourning）。 【103台糖】

(　　) **20** 工作團體（work group）與工作團隊（work team）有別，而下列何者不屬於工作團隊的特質？ (A)討論時講求效率 (B)領導角色共享 (C)以特定目的建構組織 (D)成員享有工作分配權 【105郵政】

(　　) **21** 為特別需求所設立的特設委員會，是屬於下列哪一種團體或團隊？(A)指揮團體 (B)虛擬團隊 (C)友誼團體 (D)任務編組。 【105台酒】

(　　) **22** 搜尋引擎公司谷歌（Google），是採取下列哪一種組織結構來創造競爭優勢？ (A)矩陣式專案結構（matrix structure） (B)無疆界結構（boundaryless organization） (C)學習型組織結構（learning organization） (D)團隊結構（team structure）。 【105郵政】

(　　) **23** 下列何者不是全球團隊的優點？ (A)多元的意見 (B)較不易有群體迷思的現象 (C)較容易注意彼此的意見與想法 (D)較容易達成共識 【103中油】

(　　) **24** 沒有管理者並自行負責完整工作流程或傳遞產品、服務給外部或內部顧客的正式員工群體，稱之為： (A)問題解決團隊（problem-solving team） (B)自我管理團隊（self-managed team） (C)跨功能團隊（cross-functional team） (D)虛擬團隊（virtual team）。 【103中油】

(　　) **25** 下列哪一項不屬於團隊領導者（team leader）的角色？ (A)目標制定者 (B)問題解決者 (C)衝突管理者 (D)教練。 【105郵政】

(　　) **26** 下列何者不屬於團隊領導者主要扮演的角色？ (A)問題解決者 (B)教練 (C)控制者 (D)外界關係聯繫者。 【104、105自來水】

(　　) **27** 一個人在團體中的付出比起他一個人單獨工作時要來得少，此現象被稱為： (A)社會閒散 (B)團體凝聚力 (C)團體規範 (D)團體角色。 【105台酒】

(　　) **28** 現代化管理對衝突的看法是採取互動的觀點，認為： (A)組織內不允許衝突 (B)組織內應避免衝突 (C)衝突在所難免，只好接受 (D)應該維持適度的衝突。 【104自來水】

(　　) **29** 組織衝突可分為建設性衝突和非建設性衝突。下列哪一種衝突最無法產生建設性的衝突效果？ (A)任務衝突 (B)關係衝突 (C)程序衝突 (D)目標衝突。 【105郵政】

(　　) **30** 解決衝突的方法中，藉由退縮或是壓抑來解決衝突，稱之為： (A)合作（collaboration） (B)妥協（compromise） (C)強制（coercion） (D)避免（avoidance）。 【105中油】

(　　) **31** 解決組織衝突的方法，不含 (A)改變組織設計 (B)增加組織會議 (C)開放溝通管道 (D)員工調動。 【104農會】

(　　) **32** 在組織中當發生衝突時，衝突方不再堅持己見，願意犧牲自己的利益，放棄自己的主張，而接受對方的看法。請問此種衝突的解

決策略為： (A)合作策略 (B)妥協策略 (C)規避策略 (D)遷就策略。 【104郵政】

( ) **33** 下列選項中，何者為衝突可以帶來的正面結果？ (A)協議不成 (B)關係減弱 (C)學習 (D)以上皆是。 【105農會】

( ) **34** 人際互動模型喬哈理窗（Johari Window）中，我們可以透過自我揭露或是尋求回饋，來擴大哪一部份的自我？ (A)隱藏我 (B)開放我 (C)盲目我 (D)未知我。 【105農會】

( ) **35** 由自我認知、自我管理、自我激勵、同理心、社會能力五構面所組成，被證實與工作績效成正向關係，可準確的察覺與管理情緒的能力，稱為： (A)情緒管理 (B)情緒失調 (C)情緒智商 (D)情緒檢測。 【106台糖】

( ) **36** 想成為有效的團隊領導者，管理者不必學習下列哪一項技能？ (A)分享資訊 (B)信賴他人 (C)下放權力 (D)干預控制。 【106桃機】

( ) **37** 衝突管理是有關群體程序的決策，學界對衝突提出三種不同的觀點，其中認為衝突是很自然的，衝突不一定是負面的，有可能因衝突的存在，反而對團隊的績效有正面的幫助，這是屬於下列哪一種觀點的內涵？ (A)互動者觀點 (B)功能性衝突 (C)人際關係觀點 (D)傳統觀點。 【106台糖】

( ) **38** 下列何者不是「五大人格特質模型（Big Five Personality）」的組成要素？ (A)外向性 (B)經驗開放性 (C)親和性 (D)智力。【107郵政】

( ) **39** 個人對自己有能力完成任務的信念為下列何者？ (A)自我效能 (B)自我成長 (C)自利偏差 (D)角色衝突。 【107郵政】

( ) **40** 根據某人的單一特質來形成整體印象為下列何者？ (A)月暈效應 (B)自利偏差 (C)角色模糊 (D)團體迷思。 【107郵政】

( ) **41** 下列何者不是團體發展的階段？ (A)形成期 (B)風暴期 (C)規範期 (D)落後期。 【107郵政】

( ) **42** 下列何者的定義是成員互相吸引及分享團體目標？ (A)團體凝聚力 (B)社會閒散 (C)自我管理團隊 (D)任務小組。 【107郵政】

( ) **43** 關於工作滿意度的敘述，下列何者正確？ (A)滿意度高的員工留任意願較低 (B)滿意度高的員工比較不容易展現組織公民行為 (C)滿意度高的員工比較容易達成高績效表現 (D)滿意度高的員工比較不願意幫助其他同事完成工作。 【107台糖】

( ) **44** 下列何者對提升企業組織內部員工凝聚力的影響性較低？ (A)擴大企業組織的規模 (B)在員工間形成一致性的目標 (C)提高員工彼此間互動的頻率 (D)績效表現獲得企業組織外部人士的認可。 【107台糖】

( ) **45** 當上司在考核員工時，只根據某些工作表現來推論該員工全面的表現，並以此為考評的依據，稱之為： (A)刻板印象 (B)月暈效應 (C)比馬龍效應 (D)漣漪效應。 【107台酒】

( ) **46** 為自己或他人行為背後原因之過程找出合理的解釋稱為？ (A)內容理論 (B)成就動機 (C)公平理論 (D)歸因理論。 【107農會】

( ) **47** 由於網路技術的發達，團隊不再需要實體的人與人之會面，而是透過電子科技（例如網路郵件、視訊、Line等），團隊成員得以穿越時空的限制，彼此溝通，以達成團隊目標，此種團隊稱之為： (A)跨功能團隊（cross-functional team） (B)高階管理團隊（top-management team） (C)虛擬團隊（virtual team） (D)研發團隊（R&D team）。 【107台酒】

( ) **48** 所謂的虛擬團隊具備下列哪一個特徵？ (A)團隊成員間彼此非常熟悉 (B)團隊成員間運用資訊科技完成工作任務 (C)團隊成員所具備的能力互相重疊 (D)團隊任務完成後會轉為正式隊。 【107台糖】

( ) **49** 五大人格特質中強調個人社交、健談與善於人際相處的程度為下列何者？ (A)外向性 (B)親和性 (C)開放性 (D)情緒穩定性。 【108台酒】

( ) **50** 群體發展的第一階段為下列何者？ (A)行動期 (B)形成期 (C)動盪期 (D)規範期。 【108台酒】

( ) **51** 下列何者是工作團隊（team）的特點？ (A)績效的評估決定於對他人工作的影響 (B)只須對自我負責 (C)領導權是共有的 (D)會議特徵是通常較少涉及意見的匯集或開放式的討論。 【108郵政】

( ) **52** 有關「關係衝突」的敘述，下列何者正確？ (A)關係衝突是發生在人與人之間的關係 (B)關係衝突幾乎都是功能性衝突 (C)關係衝突與工作完成的步驟有關 (D)關係衝突與工作目標及內容有關。 【108郵政】

( ) **53** 下列何者為解決衝突方法中合作程度最高之狀態？ (A)強制 (B)妥協 (C)避免 (D)通融（統合）。 【108台酒】

( ) **54** 若有位員工遲到，而且其他所有走相同路線上班的員工也都遲到，則人資主管可將該員工之遲到行為視為下列何者？ (A)自利偏差 (B)月暈效應 (C)歸因理論內在歸因 (D)歸因理論外在歸因。 【111經濟部】

( ) **55** 群體發展階段依序排列為下列何者？ (A)形成期－規範期－動盪期－行動期－休止期 (B)規範期－形成期－行動期－動盪期－休止期 (C)形成期－動盪期－規範期－行動期－休止期 (D)形成期－規範期－行動期－休止期－動盪期。 【111台酒】

( ) **56** 有關工作團隊（work team），下列敘述何者正確？ (A)由一位領導者負責 (B)群體目標與組織整體目標相同 (C)工作由個人獨力完成 (D)可快速形成、部署、集中與解散。 【111台酒】

( ) **57** 一個人會傾向把個人成功歸因於內部的因素，而將個人失敗歸咎於外部的因素，這種錯誤的知覺稱之為？ (A)刻板印象（stereotyping） (B)月暈效果（halo effect） (C)基本歸因謬誤（fundamental attribution error） (D)自利偏差（self-serving bias）。 【111台鐵】

( ) **58** 組織期待員工對組織有所貢獻，而員工期待組織會提供報酬，以上敘述屬於下列何者？ (A)組織承諾 (B)認知失調 (C)公民行為 (D)心理契約。 【111經濟部】

( ) **59** 下列何者為衝突的類型？ (A)任務衝突、關係衝突、過程衝突 (B)事務衝突、關係衝突、過程衝突 (C)任務衝突、團隊衝突、過程衝突 (D)任務衝突、工作衝突、過程衝突。 【111經濟部】

(　) **60** 工作完成的方式有關之衝突是屬於下列何者？　(A)程序衝突　(B)關係衝突　(C)非理性衝突　(D)人際衝突。　【109台糖】

解答

1 (B)　**2** (A)　**3** (D)　**4** (B)　**5** (D)　**6** (C)　**7** (B)　**8** (D)　**9** (B)　**10** (A)
11 (C)　**12** (A)　**13** (C)　**14** (B)　**15** (A)(B)　**16** (B)　**17** (C)　**18** (C)　**19** (A)　**20** (A)
21 (D)　**22** (A)(B)(C)(D)　**23** (D)　**24** (B)　**25** (A)　**26** (C)　**27** (A)　**28** (D)　**29** (B)
30 (D)　**31** (B)　**32** (D)　**33** (C)　**34** (B)　**35** (C)　**36** (D)　**37** (C)　**38** (D)　**39** (A)
40 (A)　**41** (D)　**42** (A)　**43** (C)　**44** (A)　**45** (B)　**46** (D)　**47** (C)　**48** (B)　**49** (A)
50 (B)　**51** (C)　**52** (A)　**53** (D)　**54** (D)　**55** (C)　**56** (B)　**57** (D)　**58** (A)　**59** (A)
60 (A)

NOTE

絕技 15 組織氣候與組織文化

命題戰情室：組織氣候與組織文化的意涵是經常被命題考的焦點。另外，組織文化的構成分層次、強勢組織文化與弱勢組織文化區別，亦須留意。

重點訓練站

一、組織氣候

代表組織成員對於組織內部環境的一種感覺或知覺。黎特文與史春格認為組織氣候應包括九個構面：

結構	個人在團體中感受到的拘束程度。
責任	個人感到自己可作主，而不必事事請示的程度。
獎酬	個人感到做好事情，能獲得獎酬的程度。
風險	個人感到在工作上，所具有的挑戰性程度。
人情	團體中人員間相處融洽程度。
支持	認為其上級與同僚間，在工作上相互協助程度。
標準	個人對組織目標及績效標準，認為重要程度。
衝突	個人感到上級與其他人願意聽取不同意見程度。
認同	個人對組織所具有的隸屬感程度。

二、組織文化

係組織內成員所共享的價值觀、信念、態度、行為準則與習慣，能夠使成員明瞭組織成立目的、行事準則與主要的價值觀。

(一) **層次性**：雪恩（E.Schein）將組織文化的構成分為三個層次，包括人為飾物、價值觀、基本假設層次。

(二) **要素**：組織文化要素有：故事、典禮或儀式、象徵、符號、術語、物質表徵及裝飾、塑造社會化、價值觀與規範，以及共享假設。

(三) **類型**：強勢與弱勢文化劃分：

強勢文化	指組織成員皆深深地信守且廣泛地分享其主要的價值觀，並願意對組織文化作出承諾。
弱勢文化	指組織成員未能堅持其主要價值觀，而且共享程度不高。
優點	強勢組織文化中的員工，會比弱勢組織文化的員工對其組織有更高的忠誠度。
缺點	強勢文化有時會阻礙員工嘗試新的方法，尤其是對於處在快速變動環境中的組織。

海爾利格（Hellriegel）等人的分類：

類型	注意力焦點	控制工具	建立基礎
官僚文化	組織的內部作業	正式規章與標準化作業程序	控制與權力
派閥文化	組織的內部作業	傳統、忠誠、承諾、社會化價值	團隊
市場文化	組織外部	行銷目標或財務目標衡量	績效
創業文化	組織外部	意見表達、獨特創意	創新變革

迪爾（Deal）與甘乃迪（Kennedy）的分類：

1	**長線風險的組織文化**	重視層級權威、過去經驗與專家判斷
2	**硬漢式的組織文化**	成王敗寇，以成敗論英雄，以績效論賞
3	**強調過程的組織文化**	重視形式、程序，但求穩定平安無事
4	**辛勤工作盡情享樂的組織文化**	即時行動，要求「先做、再修正、不斷嘗新」

(四) **組織文化的建立與維持**

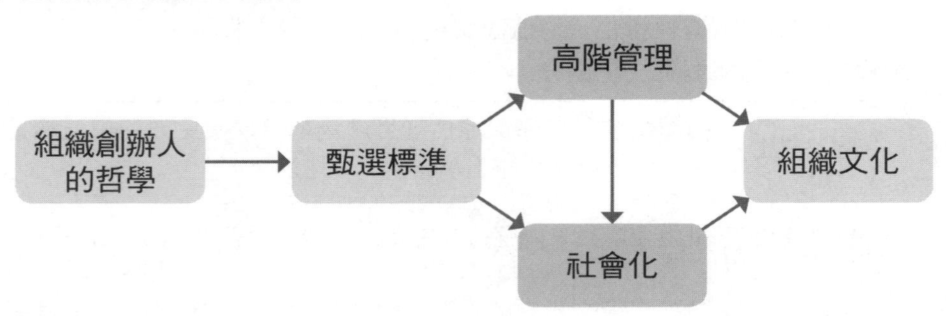

三、組織文化與組織氣候的關係

組織氣候是指組織內部環境持久的特性，而組織文化是指組織共同的信仰、價值觀與基本假設。組織氣候是透過例行公事與獎懲制度傳達訊息組織成員，組織文化的訊息是透過歷史途徑來傳達。組織文化之持續性較強，其範圍較廣，但組織氣候範圍較窄，僅是組織文化一部分。

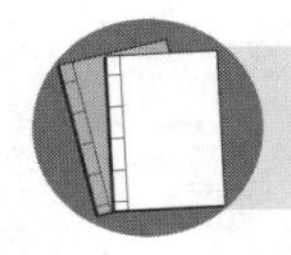

資料補給站

O'Reilly等人（1991）為了衡量個人與組織的契合度，發展出組織文化輪廓量表（Organizational Culture Profile, OCP），將組織文化分為八個構面，分別是：創新性（Innovation）、注意細節（Attention to Detail）、結果導向（Outcome Orientation）、積極進取性（Aggressiveness）、支持性（Supportiveness）、強調報酬（Emphasis on Rewards）、團隊導向（Team Orientation）、恆常性（Decisivness）。

創新性 Innovation	提倡革新、冒險性及實驗性的組織。
注意細節 Attention to Detail	在細節上注意，且要求精確性的組織。
結果導向 Outcome Orientation	以成就導向為需求、重視結果及設定高標準的組織。

積極進取性 Aggressiveness	強調主動、積極的組織。
支持性 Supportiveness	給予支持、提倡資源分享的組織。
強調報酬 Emphasis on Rewards	對於績效表現及專業成長給予高報酬的組織。
團隊導向 Team Orientation	以團隊為主並提倡互助合作的組織。
決斷力 Decisiveness	具有果斷之決策力而能使衝突較少的組織。

易錯診療站

強勢文化即核心價值被多數員工深入接納的文化，會比弱勢文化對員工有更大的影響力。

兩者比較如下：

強勢文化	弱勢文化
核心價值為多數員工所接納。	核心價值只被小部分人接受，通常是高階管理層。
對於「什麼是重要的」，組織文化總是傳達很一致的訊息。	對於「什麼是重要的」，組織文化所傳達的訊息前後很不一致。
大部分員工都講得出公司歷史或英雄人物的事蹟。	員工對於公司歷史或英雄人物所知不多。
員工對組織文化有強烈的認同感。	員工對組織文化沒什麼認同感。
核心價值與員工行為間有很直接的關聯。	核心價值與員工行為之間不太相關。

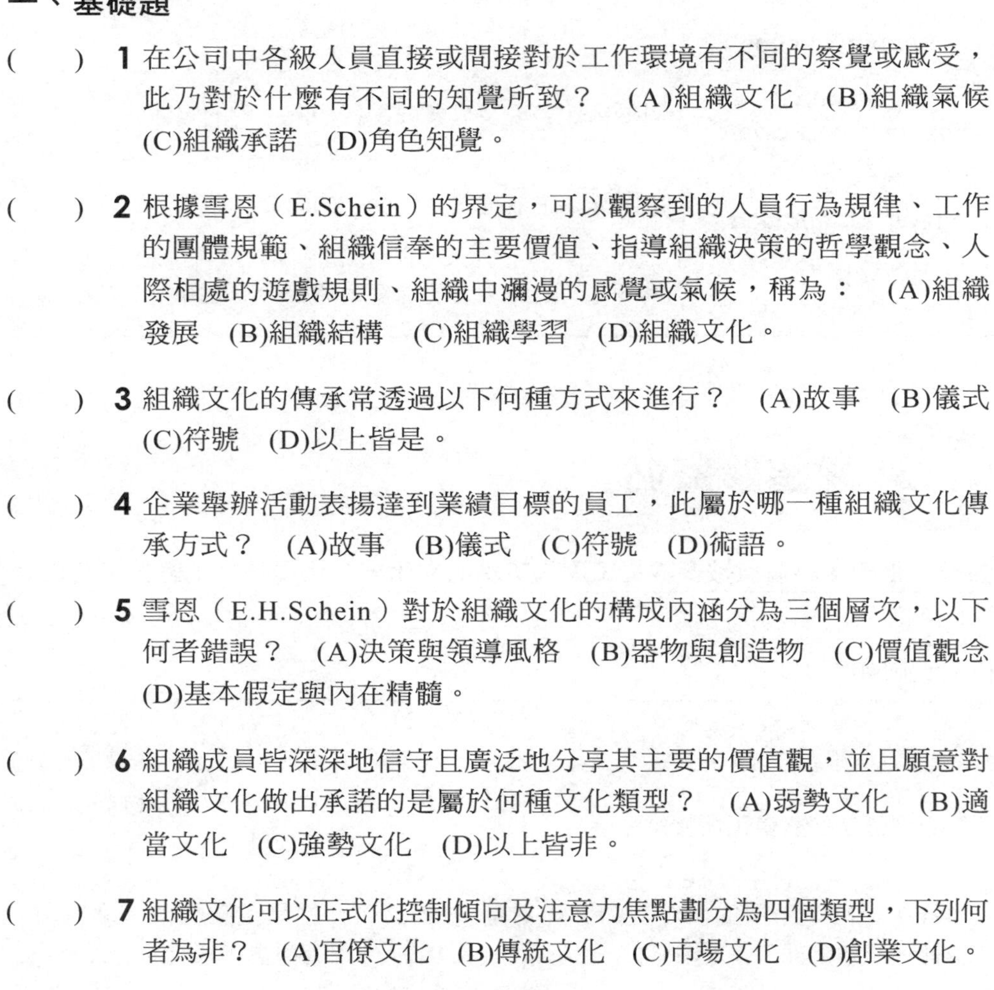

模擬題試煉

一、基礎題

( ) **1** 在公司中各級人員直接或間接對於工作環境有不同的察覺或感受，此乃對於什麼有不同的知覺所致？ (A)組織文化 (B)組織氣候 (C)組織承諾 (D)角色知覺。

( ) **2** 根據雪恩（E.Schein）的界定，可以觀察到的人員行為規律、工作的團體規範、組織信奉的主要價值、指導組織決策的哲學觀念、人際相處的遊戲規則、組織中瀰漫的感覺或氣候，稱為： (A)組織發展 (B)組織結構 (C)組織學習 (D)組織文化。

( ) **3** 組織文化的傳承常透過以下何種方式來進行？ (A)故事 (B)儀式 (C)符號 (D)以上皆是。

( ) **4** 企業舉辦活動表揚達到業績目標的員工，此屬於哪一種組織文化傳承方式？ (A)故事 (B)儀式 (C)符號 (D)術語。

( ) **5** 雪恩（E.H.Schein）對於組織文化的構成內涵分為三個層次，以下何者錯誤？ (A)決策與領導風格 (B)器物與創造物 (C)價值觀念 (D)基本假定與內在精髓。

( ) **6** 組織成員皆深深地信守且廣泛地分享其主要的價值觀，並且願意對組織文化做出承諾的是屬於何種文化類型？ (A)弱勢文化 (B)適當文化 (C)強勢文化 (D)以上皆非。

( ) **7** 組織文化可以正式化控制傾向及注意力焦點劃分為四個類型，下列何者為非？ (A)官僚文化 (B)傳統文化 (C)市場文化 (D)創業文化。

( ) **8** 哪一種組織文化方強調控制與權力，並且依賴管理規則、規定、程序以及政策？ (A)官僚文化 (B)市場文化 (C)宗族文化 (D)創業文化。

( ) **9** 下列哪一種文化類型的企業，常面臨的競爭環境，對未來很難預測，所以極需具有企業家精神或充滿挑戰的成員？ (A)官僚文化 (B)派閥文化 (C)市場文化 (D)創業文化。

(　) **10** 在公司中，個人的薪資取決於他／她的績效水準，而不是忠誠度或年資時，其公司的文化是屬於哪一種類型？ (A)派閥文化 (B)官僚文化 (C)市場文化 (D)創業文化。

二、進階題

(　) **11** 黎特文（G.Litwin）與史春格（R.Stringer）倡導以「整體」與「主觀」的環境觀念研究組織成員的行為動機，這是屬於哪方面的理論？ (A)組織氣候 (B)組織診斷 (C)組織文化 (D)組織重組。

(　) **12** 「代表一人在團體中所感到拘束的程度，譬如法規、程序等限制之類。」以上敘述是屬於組織氣候衡量的哪一個變數？ (A)責任 (B)結構 (C)標準 (D)認同。

(　) **13** 組織中各級人員所使用的辦公器材、所穿著的制服、交談所用的詞語等皆能表現下列何種概念的行為規範？ (A)組織文化 (B)組織結構 (C)組織決策 (D)組織協調。

(　) **14** 下列有關組織文化的敘述，何者不正確？ (A)組織文化是指組織共同的信仰、價值觀與根本假定 (B)每一種組織文化皆具獨特性質 (C)組織文化是組織行為的重要指標 (D)組織文化與組織氣候意義完全相同。

(　) **15** 組織文化的強弱程度會受到下列因素所影響？ (A)組織的規模 (B)組織成立的時間長短 (C)高階經理人的承諾 (D)以上皆是。

(　) **16** 建築物、語言、技術與產品、組織的神話與故事、價值觀的標語、儀式等是屬於組織文化三個層次中的哪一個層次？ (A)價值觀（values） (B)人為飾物（artifact） (C)基本假設（basic underlying assumption） (D)行為模式（behavior model）。

(　) **17** 亞馬遜書店的座右銘：「努力工作，玩得盡興，以及創造歷史」，是屬於何種組織文化類型？ (A)長線風險型 (B)硬漢型 (C)依循過程型 (D)辛勤工作盡情享樂型。

(　) **18** 在組織文化的類型中，正式化控制傾向為「穩定的」且注意力焦點為「內部的」，此屬下列何種類型？ (A)派閥文化（clan culture）

(B)官僚文化（bureaucratic culture） (C)創業文化（entrepreneurial culture） (D)市場文化（market culture）。

( ) **19** 組織舉辦活動表揚達到業績目標的員工，此屬於哪一種組織文化傳承方式？ (A)故事 (B)儀式 (C)符號 (D)術語。

解答與解析

一、基礎題

1 (B)。組織氣候是組織人員和環境相互影響而成的，尤其是人員的心理反應、動機作用是構成組織氣候的主要變因。

2 (D)。組織文化（organizational culture）是組織成員所共享的價值與意義體系，由信念、價值、規範、態度、期望、儀式、符號、故事和行為等組合而成，界定了成員的價值觀與行為規範。

3 (D)。一般常見的組織文化傳承方式是透過故事、儀式、符號與術語來進行。

4 (B)。典禮或儀式：指組織所舉辦特殊事件或正式活動。(A)傳頌故事、傳奇與神話等。(C)任何能夠傳遞共享意義的可見物品，如商標、制服、建築物。(D)組織成員能夠溝通，並傳達特殊的共享價值的聲音、文字或身體姿勢。

5 (A)。雪恩（Schein）認為組織文化的構成要素為：器物、價值、基本假定。

6 (C)。強勢文化是核心價值被廣泛而深入接納的文化，對員工有很大的影響力，且員工對組織產生很高的凝聚力、忠誠度及順從性。

7 (B)。組織文化類型包含：派閥文化、創業（創新）文化、官僚（層級）文化及市場文化。

8 (A)。關注的焦點為組織的穩定性，組織運用命令、法規與制度來控制組織之活動。

9 (D)。強調冒險犯難、創新精神。

10 (C)。組織中瀰漫著尋求競爭力與利潤導向的價值觀。

二、進階題

11 (A)。哈佛大學教授黎特文（George L.Litwin）與史春格（Robert Stringer）倡導以「整體」與「主觀」的環境觀念，來研究組織成員的行為動機及他們所表現的行為，於是形成了所謂的「組織氣候」。

12 (B)。(A)代表一人在團體中感到自己可以作主而不必事事請示的程度。(C)代表一人對於組織目標及績效標準之重要性程度之看法。(D)代表一人對於所服務之組織具有隸屬感程度。

13 (A)。組織文化乃是組織內成員所共享的價值觀、信念、態度、行為準則與習慣，能夠使成員明瞭組織成立目的、行事準則與主要的價值觀。

14 (D)。組織文化之持續性較強，其範圍較廣，但組織氣候範圍較窄，僅是組織文化一部分。

15 (D)。另有：員工流動率、組織文化的清晰程度、組織是否有計畫地設計社會化的過程來揭櫫與散播文化等。

16 (B)。(A)指組織外顯價值，係指組織的策略、目標與哲學觀。(C)指組織的真實價值，是組織文化的精髓，亦即組織成員視為理所當然的價值觀與信念，並穩定不易改變，進而影響成員的思考模式及行為表現。

17 (D)。即時行動，要求「先做、再修正並不斷的嘗新」。

18 (B)。(A)正式化控制傾向為「彈性的」且注意力焦點為「內部的」。(C)正式化控制傾向為「彈性的」且注意力焦點為「外部的」。(D)正式化控制傾向為「穩定的」且注意力焦點為「外部的」。

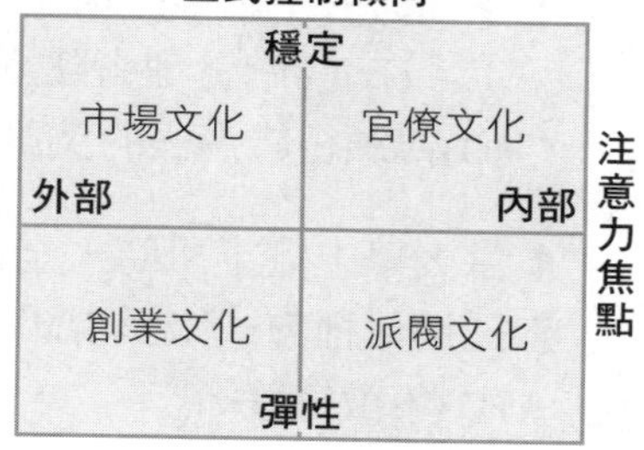

19 (B)。一般常見的組織文化傳承方式是透過故事、儀式、符號與術語來進行。

(1) 故事：組織內往往會流傳著一些傳奇、故事或歷史事蹟，這些故事所傳達的，正是組織所堅信的一些價值和理念。

(2) 儀式：是一套重複性、一連串的活動。

(3) 符號：組織文化所傳達的價值有些是很抽象、很精神層次的，其內涵並不那麼容易就讓員工理解，因此必須借助於具象的符號或象徵來傳達。

(4) 術語：很多組織運用術語，來界定組織成員個別所歸屬的次組織與次群體；而組織成員則透過學習和使用術語，來表示他們對組織文化的認同。

實戰大進擊

(　　) **1** 組織成員對組織的察覺和認知，將形成所謂的：　(A)組織氣候　(B)組織設計　(C)組織文化　(D)組織公民行為。　【104農會】

(　　) **2** ________是公司組織成員共享之價值觀、信念、共識和基準，且來源絕大部份來自企業之創辦人。空格為：　(A)社會責任　(B)企業文化　(C)管理道德　(D)企業管理。　【103台酒】

(　　) **3** 下列何者不是維持組織文化的方法？　(A)甄選與組織理念相符的員工　(B)高階管理者建立行為規範　(C)進行組織內部工作流程再造　(D)傳頌組織過去的英雄事蹟。　【105中油】

(　　) **4** 每天早上剛上班時，全體員工一起作晨操以建立成員的向心力，係透過何種方式來呈現組織文化？　(A)會議　(B)儀式典禮　(C)故事　(D)象徵符號。　【105台糖】

(　　) **5** 一個組織的識別系統是屬於企業文化的內涵中哪一個層級？　(A)價值觀　(B)人為表徵　(C)基本假設　(D)核心精神。　【103自來水】

(　　) **6** 下列何者不是組織文化的特徵？　(A)組織文化包含組織成員共有的價值觀與原則　(B)組織文化會規範並影響組織成員的行為　(C)組織文化可以在短時間內就形塑完成　(D)組織文化會影響組織的行事風格。　【102郵政】

(　　) **7** 在下列何者中，組織成員皆會奉行組織的價值觀與行為規範，他們會運用自我控制來追求組織的利益，因此較不需要太多的外在控制？　(A)強勢文化　(B)弱勢文化　(C)市場導向　(D)員工導向。　【105台北自來水】

(　　) **8** 下列何者是強勢文化（strong culture）的特徵？　(A)組織的核心價值僅為少數員工接納　(B)組織核心價值與員工行為沒有關聯　(C)組織總是傳遞不一致的訊息　(D)員工對組織文化有強烈的認同感。　【104郵政第2次】

(　　) **9** 下列何者不是強勢組織文化（strong cultures）的特質？　(A)核心價值為多數員工所接納　(B)組織文化總是傳遞一致的訊息　(C)員工對組織文化有強烈的認同感　(D)組織核心價值與員工行為間沒有關聯。　【103中油】

(　　) **10** 在組織文化中，強調把組織內部的事情做好，重視處理事情的程序及手續，在組織面對問題時，只要求保持穩定。此種組織文化稱為：　(A)官僚文化　(B)派閥文化　(C)市場文化　(D)適應性文化。　【104郵政】

(　　) **11** 公司內多數管理者對結果的重視程度遠高於過程，這意謂公司重視下列哪一種組織文化？ (A)團隊導向 (B)創新導向 (C)績效導向 (D)細節導向。【105郵政】

(　　) **12** 正向的組織文化強調下列何種理念？ (A)個人活力與成長 (B)組織標準化與制度化 (C)高度集中化的管理 (D)以上皆是。【105農會】

(　　) **13** 根據瑞典學者Goran Ekvall的觀點，下列何者不是創新型組織文化的特徵？ (A)員工嚴格遵守紀律 (B)員工間互相幫助 (C)員工高度自主 (D)員工願意承擔風險。【104自來水】

(　　) **14** 一套共享的價值、原則、傳統與做事方式，可以影響組織成員的行為是下列何者之定義？ (A)目標設定理論 (B)工作滿足 (C)組織文化 (D)走動管理。【107郵政】

(　　) **15** 員工無法藉由下列何種方式學習所處企業之組織文化？ (A)故事 (B)儀式 (C)物質符號 (D)其他公司之組織文化。【107郵政】

(　　) **16** 組織成員共有的信念、價值、傳統和行為規範，稱為： (A)組織環境 (B)組織結構 (C)組織績效 (D)組織文化。【107台北自來水】

(　　) **17** 下列何者不是維護或傳遞組織文化的可能來源？ (A)創辦人的價值 (B)典禮與儀式 (C)組織的名稱 (D)組織成員共通的語言。【107台糖】

(　　) **18** 下列何者不是組織文化建立和維持的重要因素？ (A)組織創辦人的哲學 (B)甄選標準 (C)社會化 (D)低階管理。【108郵政】

(　　) **19** 下列何者不是組織文化建立與維持的主要因素？ (A)組織創辦人的哲學 (B)甄選標準 (C)個人化 (D)高階管理。【111台酒】

解答

1(A)　2(B)　3(C)　4(B)　5(B)　6(C)　7(A)　8(D)　9(D)　10(A)
11(C)　12(A)　13(A)　14(C)　15(D)　16(D)　17(C)　18(D)　19(C)

絕技 16 領導的權力來源

命題戰情室：領導的權力來源是領導很重要的基礎，可能來自正式組織法定職權的賦予，也可能是來自非正式組織個人的影響力。此一部分會考實例題，所以對每一個領導權力型態都應能清楚的辨別與定義。

重點訓練站

領導係指藉由影響他人的行為以達到群體或組織目標所採取的行動。領導與管理在某些方面重疊，但兩者所著重焦點亦有所差別。領導強調「帶心」，管理強調「帶行」；領導著重「對人」，而管理則著重「對事」。

法蘭屈與雷門（John French & Bertan Raven,1959）認為權力的基礎，由五種力量構成，其為強制權、獎賞權、法定權、參考權、專家權。其後1975年雷門與克魯格蘭斯基（W.Kruglanski）認為尚可加上「資訊權」。到了1979年赫賽（P.Hersey）與高史密斯（M.Goldsmith）主張「關聯權」亦為領導的基礎。所以領導的權力來源有包括：

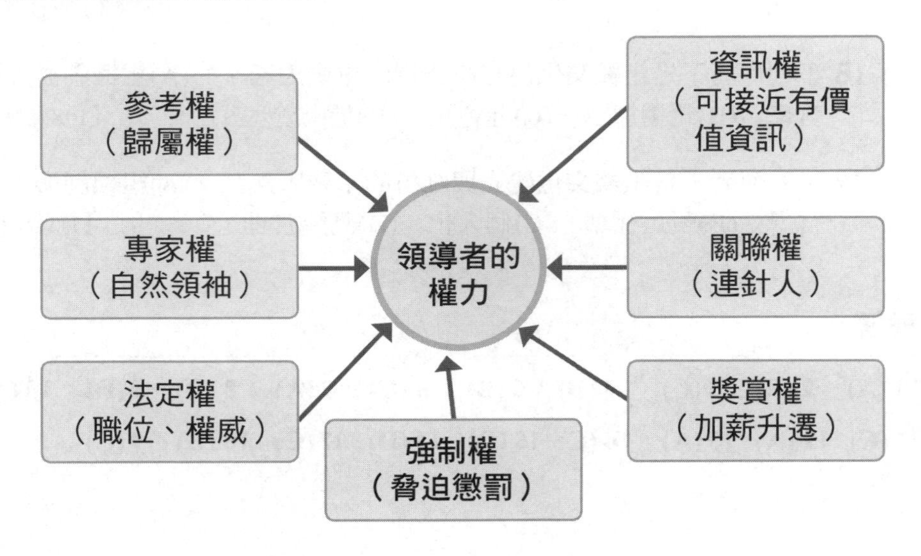

正式組織的權力	法定權力	權力取得係源自組織正式任命，如課長、處長。
	獎賞權力	能使他人得到獎賞與鼓勵，如獎金、記功。
	強制權力	若不接受領導將受懲罰，如降職、減薪。
非正式組織的權力	參考權力	個人魅力或特質，使他人佩服、尊敬與認同，如證嚴法師。
	專家權力	由專業知識而來的權力，如會計師、法律專家。
	資訊權力	擁有或接近具有價值的資訊權力，如發言人。
	關聯權力	與組織內具權勢者有密切關係者，如秘書、司機。

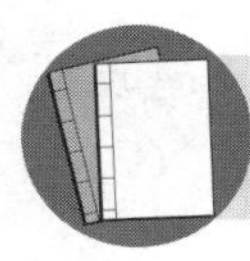

資料補給站

一、管理者（manager）是指和一群人共事，並藉由協調他人的努力，來完成工作與達成組織目標的人。管理者的職位是被指派的，並基於職權而影響他人。領導者（leader）則是可影響他人又擁有管理職權的人。領導者的職位不一定是經指派，也可能是由團隊中產生。所以領導者不一定是管理者，但管理者應該都是領導者。

二、Bennis & Nanus認為：管理者是那些把事情做對的人，而領導者則是那些做對的事情的人。哈佛大學教授John Kotter則認為：管理要克服的是複雜的狀況；領導要克服的則是變動。

易錯診療站

領導者權力的來源（French & Raven）：有效的領導者會透過數種不同型態的權力，來影響部屬的行為和績效。

法定權力 legitimate power	可翻譯為法統權、法制權、法理權、法職權、正式權。依法取得的權力，包含強制及獎賞權力。
獎賞權力 reward power	可翻譯為獎勵權或獎酬權。藉獎賞鼓勵而取得的權力。

強制權力 coercive power	可翻譯為強迫權、脅迫權、懲罰權、壓制權、威嚇權。藉強迫或懲罰而取得的權力。
專家權力 expert power	可翻譯為專技權。藉專門知識而取得的權力。
參考權力 referent power	可翻譯為參照權、歸屬權、榜樣權、敬仰權。因個人特質或魅力而為部屬喜愛的權力。

模擬題試煉

一、基礎題

( ) **1** 在一特定情境下，為影響一人或一群人之行為，使其趨向於達成某種群體目標中之人際互動程序。稱為： (A)組織 (B)命令 (C)領導 (D)控制。

( ) **2** 領導與管理者的關係何者敘述較為合理？ (A)領導者就是管理者 (B)管理者就是領導者 (C)領導者和管理者無關 (D)領導者領導管理者。

( ) **3** French,Jr.,J.與Raven,B.所提出的權力分類中，不包括下列何者在內？ (A)資訊權力 (B)獎賞權力 (C)強制權力 (D)專家權力。

( ) **4** 領導者依據組織職權的規定而賦予領導部屬的權力，稱為： (A)獎賞權 (B)法統權 (C)強制權 (D)專家權。

( ) **5** 依學者見解，他人之所以願意接受領導者的影響，乃是部屬了解，若不接受領導的話，將會受到某種程度的懲罰。此為領導基礎中的那一種權力？ (A)專家權力 (B)關聯權力 (C)參考權力 (D)強制權力。

( ) **6** 部屬接受主管的領導，是因為他們相信如果接受領導將可獲得優渥的報酬，這是屬於何種權力？ (A)專家權力 (B)獎酬權力 (C)合法權力 (D)關係權力。

( ) **7** A君因為擁有專長與特殊技能或知識，使得他能擁有權力。請問A君所擁有的權力稱為： (A)法治權力 (B)參考權力 (C)專家權力 (D)獎賞權力。

(　　) **8** 運用組織成員的認同感來達到領導效果，這是屬何種權力？ (A)歸屬權力 (B)強制權力 (C)法統權力 (D)專家權力。

(　　) **9** 由於某人與組織內具有權勢地位的重要人士有密切的關係，我們稱這種人擁有何種權力？ (A)法統權力 (B)參照權力 (C)關聯權力 (D)專家權力。

二、進階題

(　　) **10** 關於領導的敘述，下列何者為非？ (A)領導是屬於「帶心」的工作 (B)領導是指藉由影響他人的行為以達到群體或組織目標所採取的行動 (C)領導著重於「對人」的影響，其工作重點在於魅力與權力 (D)領導工作包含管理。

(　　) **11** 有關領導權力的基礎，下列何者不是來自於正式組織所授予的權力？ (A)獎酬權（reward power） (B)法統權（legitimate power） (C)脅迫權（coercive power） (D)參考權（reference power）。

(　　) **12** 以下何種觀念是由組織所合法授予的，也就是來自於法定性？ (A)職權 (B)權力 (C)義務 (D)影響力。

(　　) **13** 小彤擔任班代，她平常相當熱心幫助同學，且凡事以身作則。因此，在班上推行活動時，同學皆相當配合。請問小彤是運用何種權力？ (A)獎勵權力 (B)參照權力 (C)專業權力 (D)懲罰權力。

(　　) **14** 勝捷是某上市公司總經理特助，職位雖不是很高，但是企業內部上下主管或員工都避免得罪他。這個現象顯示出機要人員擁有下列何種權力？ (A)關聯權力 (B)合法權力 (C)參照權力 (D)關係權力。

(　　) **15** 從權力基礎來源考量，領導者因個人特質，而取得權力。此種權力是屬於 (A)法定權力 (B)獎酬權力 (C)專家權力 (D)參照權力。

(　　) **16** 下列何者為領導者所憑藉的資訊權力的意涵？ (A)基於被領導者避免受懲罰的認知 (B)基於被領導者對社會中文化倫理的認知 (C)領導者的專業能力充足 (D)領導者可取得具有價值的資訊。

(　　) **17** 「自然領袖」是屬於下列何種領導的權力基礎？ (A)強制的權力 (B)法定的權力 (C)專家的權力 (D)歸屬的權力。

解答與解析

一、基礎題

1 (C)。指藉由影響他人的行為以達到群體或組織目標所採取的行動。

2 (B)。在理想狀況下，所有管理者都應該是領導者，但領導者則不必然是管理者。

3 (A)。學者法蘭屈與雷門（French & Raven）認為權力的種類與來源有五種：法定權力、獎賞權力、強制權力、參考權力與專家權力。

4 (B)。為組織正式授與的人事命令之權。

5 (D)。又稱「脅迫權」或「懲罰權」，其產生是基於畏懼的心理。害怕在違背要求的情況下會受到懲罰，故會服膺此權力。

6 (B)。重在鼓勵，可分配給人有價值事物，如支持、讚美、獎金、小禮物等。

7 (C)。又稱「自然領袖」由專業知識而來的權力。

8 (A)。又稱參考（參照）權力，指的是一種權力來自於個人的魅力與特質，為他人所認同或敬仰。

9 (C)

二、進階題

10 (D)。管理者皆為領導者，領導者不必然是管理者。領導是屬於「帶心」的工作，重點在於發展願景、建立認同與激勵部屬，而管理則是屬於「帶行」的工作，重點在於建立規則、協調整合與控制監督。管理著重於「對事」的管理；領導著重於「對人」的影響。

11 (D)。是來自非正式組織或個人的影響力。

12 (A)。依葛立克（Glueck）的定義，法定權力（legitimate power）是指一位主管經由組織正式任命，因擔任組織正式職位而取得權力，此權力實際該職位所規範的職權。因職權所擁有權力有：強制權力、獎賞權力、法制權力。

13 (B)。當某人由於在學識、能力、技術、做人處事等被認為表現優越，使他人對他產生由衷敬仰，願意以他為學習的榜樣，願意接受他的影響時，即享有此權力。

14 (A)。因與組織內具有權勢地位的重要人士有密切的關係，能隨時接近層峰，便易被他人所巴結，因而擁有的權力。

15 (D)。來自於個人的魅力與特質，為他人所認同或敬仰的權力。

16 (D)

17 (C)。因具有某方面的專業技能，自然而然產生的影響力。

實戰大進擊

(　　) **1** 下列針對企業組織中「權力（power）」的敘述，何者錯誤？(A)「權力」是指一個人影響決策的能耐　(B)在企業組織圖中所處的位置愈高，權力一定愈大　(C)權力可由其在組織中的垂直位置和其與組織權力核心的距離來決定　(D)組織中某人之所以擁有「專家權力」，是因為其擁有專長、特殊技能或知識而產生之權力。　【103台酒】

(　　) **2** 因職位而擁有的權力稱為：　(A)專家權　(B)獎酬權　(C)參考權　(D)法理權。　【103自來水】

(　　) **3** 林經理是董事長的女婿，多年來表現的非常稱職，最近將被擢昇為副總經理，他在組織所擁有的權力應屬於French and Raven（1960）所提出的何種權力來源？　(A)法定權　(B)獎賞權　(C)專家權　(D)參照權。　【103經濟部】

(　　) **4** 正式主管職位對於下屬權力的來源，通常不包括：　(A)法制權（legitimate power）　(B)強制權（coercive power）　(C)獎賞權（reward power）　(D)參考權（referent power）。　【103中油】

(　　) **5** 海軍潛艇的指揮官之權力來自正式職權，下列哪一項不是他一定擁有的權力？　(A)法制權（legitimate power）　(B)強制權（coercive power）　(C)專家權（expert power）　(D)獎賞權（reward power）。　【103台糖】

(　　) **6** 下列何者是管理者可給予下屬懲罰或建議懲罰的權力？　(A)法制權　(B)獎賞權　(C)強制權　(D)參考權。　【101郵政】

(　　) **7** 在權力的來源基礎中，基於可以給予他人所認為有價值的獎賞，而所產生對他人的權力，稱為：　(A)法制權力　(B)壓制權力　(C)獎賞權力　(D)專家權力。　【104郵政】

(　　) **8** 公司裡的律師在給予法律上的建議時，擁有 ________ 權力。(A)專家（expert）　(B)強制（coercive）　(C)獎賞（reward）　(D)地位（status）。　【104港務】

( ) **9** 魅力型領導（charismatic leadership）的權力來源主要可對應為下列哪一種？ (A)專家權（expert power） (B)法制權（legitimate power） (C)參照權（referent power） (D)強制權（coercive power）。 【105自來水】

( ) **10** 下列何種權力來自於個人的魅力，使其能獲得他人的喜愛、佩服與認同，進而願意跟從或接受其影響與指揮？ (A)專家權力 (B)獎賞權力 (C)法定權力 (D)參考權力。 【104自來水】

( ) **11** 根據French和Raven的社會權力基礎（bases of social power）理論，由於成為別人學習或仿效榜樣所擁有的力量，稱為： (A)專家權力 (B)法制權力 (C)參照權力 (D)強制權力。 【104郵政】

( ) **12** 下列何者不屬領導的權力來源之一？ (A)法定的權力 (B)獎賞的權力 (C)專家的權力 (D)年長者的權力。 【107郵政】

( ) **13** 法蘭屈和雷文（French & Raven）所提出領導者的權力來源，包含下列哪些？ (A)合法權（Legitimate Power） (B)強迫權（Coercive Power） (C)參考權（Referent Power） (D)同意權（Agreement Power）。 【107台糖】

( ) **14** 以下有關權力來源的敘述，何者錯誤？ (A)獎酬權（reward power）：可以透過實質的獎勵來影響另一個人 (B)專家權（expert power）：在知識經濟時代中，擁有重要資訊可以影響另一個人 (C)強制權（coercive power）：一個人可以透過處罰來影響另一個人 (D)合法權（legitimate power）：基於組織中正式的職位有權力來影響另一個人。 【107台酒】

( ) **15** 有關領導者權力之敘述，下列何者錯誤？ (A)法制權比強制權與獎賞權的影響更廣泛 (B)大部分的有效領導者，會透過不同型態的權力，來影響部屬的行為與績效 (C)參照權是指伴隨專業、特殊技術或知識而來的影響力 (D)強制權是懲罰或控制部屬的權力。 【108郵政】

( ) **16** 因為一個人擁有令人渴望的資源或個人特質而發生的權力，係屬於下列者？ (A)專家 (B)參照 (C)法治 (D)獎賞。 【111台酒】

解答

1 (B)　2 (D)　3 (A)　4 (D)　5 (C)　6 (C)　7 (C)　8 (A)　9 (C)　10 (D)
11 (C)　12 (D)　13 (A)(B)(C)　14 (B)　15 (C)　16 (B)

NOTE

絕技 17 領導的特質論與行為論

命題戰情室：早期領導理論的發展可區分為特質理論（領導能力是天生的）、行為理論（領導效能與領導行為關聯性）。縱觀命題取向則集中在Blake和Mouton所提出的「管理方格」，尤其是五種不同領導風格類型，所在座標也要注意。另外，其他大學的研究，如愛荷華大學的研究（專制、民主及放任型態）、密西根大學研究（員工導向、工作導向）、俄亥俄州立大學研究（定規、關懷導向）也要留意。

重點訓練站

現有之領導理論，大致可分為四種不同特性的領導理論：領導特質理論、行為模式理論、情境理論與新近領導理論。

期間	理論取向	研究主題	主要學說
1904年代晚期以前	領導特質理論途徑	領導能力是天生的	Stogdill、Davis的研究
1940年代晚期～1960年代晚期	行為模式理論途徑	領導效能與領導行為有關聯性	連續構面理論、三種領導方式、仁慈權威、管理方格理論
1960年代晚期～1980年代早期	情境理論途徑	領導有賴於所有因素的結合	領導權變模式、途徑目標理論、領導生命週期理論
1980年代早期以前	新近領導理論途徑	具有願景的領導者	轉換式領導

一、特質理論

又稱「偉人理論」、「屬性理論」，認為領導者必有其異於常人的特質，如拿破崙等，乃英雄造時勢。一般常提到的特質有生理特質、人格特質、人際背景、智力口才等。

二、風格理論（行為理論）

領導效能不應取決於領導者個人特質，而應取決於其行為表現。

	領導理論研究	提出者	領導行為	研究結果
單構面領導風格	連續構面理論	譚寧邦與史密特 Tannenbaum&Schmidt	獨裁式－民主式，視為一連續的構面	何者較佳應視情況而定
	愛荷華大學的研究	盧溫（K.Lewin）等人	權威式 民主式 放任式	1. 民主式最好 2. 權威式短期效果佳，但長期則下降 3. 放任式績效最差
雙構面領導風格	密西根大學的研究	李克特（Likert）等人	工作導向 員工導向	「員工導向」比「工作導向」領導風格在工作績效表現上較佳
	俄亥俄州大學研究	韓菲爾（Hemphill）等人	定規構面 關懷構面	生產部門採「高定規」風格績效較佳 非生產部門採「高關懷」風格績效較佳
	德州大學的研究	布雷克與莫頓 Blake&Mouton	關心生產 關心工作	團隊式管理（9,9）領導風格的績效最佳

布雷克與莫頓於1964年提出「管理格道」，利用「關心生產」及「關心人員」兩項構面，對領導者風格進行研究，透過九點量表衡量，管理者可能有81種不同組合。其中最重視者有五種方式：權威服從式管理（9,1）、鄉村俱樂部式管理（1,9）、無為式管理（1,1）、中庸式管理（5,5）、團隊式管理（9,9）。

高 關心人員 低（縱軸 1–9）

懷柔型
鄉村俱樂部式管理（1,9）
高度注意人員的需求，產生滿意關係，導致舒適的、友善的組織氣氛與工作速度

理想型
團隊式管理（9,9）
由於對組織目標的共同關心產生互信與互尊，使員工互賴並承擔效命，因而工作有了成就

平衡型
中庸式管理（5,5）
經由平衡對完成工作的要求與維持員工適當士氣水準的方式獲得足夠的組織績效

赤貧型
無為式管理（1,1）
運用最低限度的努力完成工作，並視此為維持組織成員的適當方法

任務型
權威服從式管理（9,1）
經由安排工作使受人性因素干擾減至最低而獲致運作的效果

1 2 3 4 5 6 7 8 9
低 關心生產 高

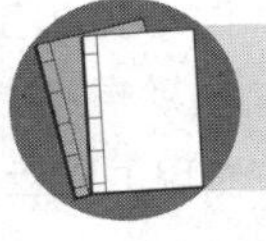

資料補給站

李克特（R.Likert）依照一般管理者對人性假設，將領導型態分為四種：

獨裁式專權領導	適用管理系統 I	這些人被假定為「性惡者」，亦即厭惡工作、逃避責任、消極被動等。領導者應採嚴厲的監督作法，相當的專斷與權威。
仁慈式專權領導	適用管理系統 II	這些人仍是相當被動消極的，故領導者應採權威式領導，不過已多少考慮被領導者立場。
諮詢式民主領導	適用管理系統 III	這些人接近「性善者」，已能夠自動自發，故領導者凡事都會徵詢部屬意見以作為決策參考。
參與式民主領導	適用管理系統 IV	被假設為「性善者」會主動積極、負責盡職地去完成工作，領導者非常尊重他們的意見，會給予同等的權力參與決策的制定。

易錯診療站

俄亥俄州大學韓菲爾（Hemphill）和柯恩斯（Coons）等人於1945年發展出「領導行為描述問卷」（Leader behavior description questionnaire, LBDQ），將領導行為分為兩個基本面向：**倡導結構（Initiating structure）與關懷（Consideration）**。

一、**倡導結構：指領導者與工作團體成員關係中的領導行為，努力建立明確的組織模式、溝通管道、與程序方法**。

二、**關懷：指領導者與其成員之間友善的、相互信任、尊重、與溫暖的關係**。

三、根據LBDQ量表，可以測量出領導者在倡導結構與關懷兩個面向的程度高低，形成了四個象限不同的領導風格。第一象限的領導風格，即所謂的「高倡導高關懷」，領導者在兩方面都有高程度的水準。第二象限的領導風格，為「高倡導低關懷」，領導者重於工作內容，勤於計畫各種活動，所溝通的是必要的資訊。第三象限的領導風格，為「高關懷低倡導」，領導者傾向讓成員自行作業不加干擾或互動，幾乎沒有明顯的領導行為。第四象限的領導風格，為「低倡導低關懷」，領導者鼓勵上下之間的合作，並在互尊互信的氣氛下工作。

高		
	高關懷與低倡導 III	高倡導與高關懷 I
	低倡導與低關懷 IV	高倡導與低關懷 II
低		高

LBDQ所形成的四象限的不同領導風格

四、**高關懷與高定規會導致高績效與滿意的員工**，但並非所有狀況皆是如此。

模擬題試煉

一、基礎題

(　　) **1** 下列何者不是領導理論？ (A)行為理論 (B)特質理論 (C)權變理論 (D)ERG理論。

( ) **2** 何種論點認為領導者具有特定的特質，而些特質則是構成領導者權力與威權的基礎，同時這些特質也不會隨時間或情境改變？ (A)管理特質論 (B)領導特質論 (C)行為理論 (D)專業特質論。

( ) **3** 組織的決策由大家分享，領導者對部屬使用鼓勵和教導的方式，主管以身作則，屬那一種領導方式？ (A)民主式領導 (B)放任式領導 (C)權威式領導 (D)交易型領導。

( ) **4** 盧溫（K.Lewin）、李比特（R.Lippitt）及懷特（R.White）三位學者曾界定三種領導風格，下列那一種領導風格非彼等所說？ (A)權威式 (B)自主式 (C)民主式 (D)放任式。

( ) **5** 下列哪一種領導風格，可以描述一個領導者傾向於集權、設定工作方法、單方面作決策與限制員工參與？ (A)文化式風格（cultural style） (B)威權式風格（autocratic style） (C)民主式風格（democratic style） (D)放任式風格（laissez-faire style）。

( ) **6** 下列有關李克特（R.Likert）兩構面論敘述，何者為不是？ (A)以工作為中心的 (B)以員工為中心的 (C)生產力高的多採以員工為中心 (D)生產力高低與以工作為中心沒有關連。

( ) **7** 下列何種理論主張領導行為可用「關懷（體恤）」及「體制（創制）」兩個構面來描述？ (A)愛荷華學派理論 (B)密西根學派理論 (C)俄亥俄學派理論 (D)德州學派理論。

( ) **8** 在管理方格中（9,1）位置所代表之領導風格為何，其意在於只重生產，不關心員工。一切以工作達成為主，為了生產效率可以犧牲員工權益？ (A)威權型領導 (B)赤貧型領導 (C)團隊型領導 (D)平衡型領導。

( ) **9**「團隊管理」是管理座標（Managerial Grid）理論中的那一型？ (A)（1,1）型 (B)（1,9）型 (C)（9,1）型 (D)（9,9）型。

( ) **10** 哈爾品（A. Halpin）所提出的LBDQ研究，最大的缺點在於其忽略了那個因素？ (A)個人因素 (B)任務因素 (C)行為因素 (D)情境因素。

二、進階題

(　　) **11** 認為領導者在團體中之所以能取得領導地位是由於身材高大，精力旺盛，聰明能幹，表達能力好，此種看法是屬於哪一學派？　(A)特質理論　(B)行為理論　(C)人性理論　(D)情境理論。

(　　) **12** 從1940年代後期至1960年代中期，研究者將焦點移至領導者的行為表現而非個人特質，而形成領導的「行為理論」。以下何者非屬領導的行為理論？　(A)俄亥俄州立大學的LBDQ研究　(B)密西根大學的領導研究　(C)Blake和Mouton的管理方格理論　(D)Robert House的路徑目標理論。

(　　) **13** 譚寧邦（R.Tannenbaum）與史密特（W.Schmidt）於1958年根據何者將領導者之領導風格以連續構面方式展現？　(A)依對部屬人性假設　(B)允許下屬參與決策程度　(C)考量組織效能因素　(D)加入部屬人格成熟度。

(　　) **14** 在民主的領導方式下，所強調的重點為何者？　(A)群體份子的參與　(B)正確的授權行為　(C)自由放任的態度　(D)天生的領導人才。

(　　) **15** 以工作為中心的行為領導最可能採用的是下列哪種情況？　(A)信任部屬　(B)尊重人格　(C)單向溝通　(D)給予員工較大自主權。

(　　) **16** 依據美國俄亥俄州立大學所發展之「領導行為描述問卷」的實徵研究發現，下列哪一種領導行為最具效果？　(A)低倡導高關懷　(B)低關懷高倡導　(C)高倡導高關懷　(D)低倡導低關懷。

(　　) **17** 依學者布雷克（R.Blake）與莫頓（J.Mouton）的管理格道理論中（1,9）位置所代表之領導風格為何？　(A)鄉村俱樂部領導　(B)赤貧型領導　(C)團隊型領導　(D)中庸型領導。

解答與解析

一、基礎題

1 (D)。ERG理論屬於激勵的內容理論。

2 (B)。特質論主張：領導者是天生的。

3 (A)。領導者與部屬共同討論，集思廣益，然後再進行決策，要求上下融合，合作一致地工作。

4 **(B)**。愛荷華大學的盧溫(K.Lewin)等人將領導歸納為三種方式:權威式領導、民主式領導、放任式領導。

5 **(B)**。領導者強調其權威是絕對而不容挑戰的,對部屬則會做嚴密的管控,要求部屬毫不保留地服從。

6 **(D)**。李克特(Likert)與其同僚於西元1945年針對眾多營利與非營利組織領導活動加以研究,並將領導風格區分為「工作導向」及「員工導向」。研究顯示,著重「員工導向」的領導風格在工作績效表現上,較著重「工作導向」的領導風格為佳。

7 **(C)**。1940年晚期俄亥俄州立大學研究認為領導者有兩大構面:定規(initiating structure)與關懷(consideration)。

8 **(A)**。(B)同時對員工與生產顯示最少關心的管理方式。(C)同時將關心員工與關心生產整合到最高水準管理方式,是一種團隊合作方式。(D)主管同時對產量與員工表示適度關心管理方式,大多數管理者採用此方式。

9 **(D)**。(A)放任管理。(B)鄉村俱樂部管理。(C)任務管理。

10 **(D)**。基於行為研究未顧及情境因素對領導效能的影響,學者們進一步發展並提出了情境的探討途徑。

二、進階題

11 **(A)**。早期的領導特質研究探討的是領導人與非領導人之間不同的特質。

12 **(D)**。屬於領導的權變或情境理論。

13 **(B)**。依領導者允許下屬參與決策程度,將領導者之領導風格以連續構面方式展現,可分為專制式領導及民主式領導。

14 **(A)**

15 **(C)**。以工作或產量為目的,員工僅是完成工作或產量的手段。

16 **(C)**。高倡導與高關懷比低倡導、低關懷的領導者更讓團隊滿意,同時可以帶來更好的團隊績效。

17 **(A)**。強調關切員工需求,塑造一個舒適友善的工作氣氛。

實戰大進擊

( ) **1** 由懷特與李皮特(White and Lippett)所提出的領導方式理論,當中主要政策均由群體討論與決定,領導者採取鼓勵與協調態度,經由討論使其他人員對工作全貌有所認識,是哪一種領導方式? (A)權威式領導(Authoritarian) (B)放任式領導

（Laissez-faire）　(C)指揮式領導（Command）　(D)民主式領導（Democratic）。　【103台酒】

(　　) **2** 注重人際關係，瞭解部屬的個別需求，並接受成員間的個別差異。這是哪一種型態的領導者？　(A)員工導向　(B)生產導向　(C)任務導向　(D)無為導向。　【104自來水】

(　　) **3** 管理方格理論（the managerial grid theory）採取哪兩個構面界說領導方式？　(A)對員工關心、對生產關心　(B)對法規關心、對產能關心　(C)對社會關心、對收益關心　(D)對職責關心、對績效關心。　【104台電】

(　　) **4** 在管理座標（Managerial Grid）中，對員工表現最大關心，對工作展現最少關心的管理方式稱為：　(A)團隊式管理（team management）　(B)鄉村俱樂部式管理（country club management）　(C)中庸式管理（middle-of-the-road management）　(D)放任式管理（impoverished management）。　【105台北自來水】

(　　) **5** 在管理方格理論中，極關心生產而忽視關心員工的領導方式稱為：(A)（5,5）型態　(B)（9,1）型態　(C)（1,9）型態　(D)（9,9）型態。　【104郵政】

(　　) **6** 認為工作績效來自於高組織承諾的員工，同時關切員工與生產，試圖建立一種互信與互尊的關係。此理念屬於Blake和Mouton提出的管理方格理論中的何種領導風格？　(A)放任型（improverished management）　(B)任務型（task management）　(C)鄉村俱樂部型（country club management）　(D)團隊型（team management）。　【104自來水】

(　　) **7** 由布萊克（R.R.Blake）及莫頓（J.S.Mouton）所提出的管理格矩（managerial grid，又稱管理格道），若橫軸代表對生產的關心程度（concern for production），縱軸代表對人的關心程度（concern for people）。請問（9,9）型的領導風格為何？　(A)任務管理者（production pusher）　(B)團隊管理者（team management）　(C)組織人（organization man）　(D)無為管理者（do-nothing manager）。　【103台糖】

( ) **8** 管理方格（Managerial Grid）是由布列克（Blake）與莫頓（Mouton）發展出來的，下列敘述何者正確？ (A)（9,9）是中庸式管理（middle-of-the road management），對生產與員工關心都在中等程度 (B)（1,9）是鄉村俱樂部管理（country club management），極度關心員工，但對生產之關心為最低 (C)（5,5）是團隊式管理（team management），極度注重績效生產但對於員工部份毫不關心 (D)（1,1）是赤貧式管理（impoverished management），極端注重績效生產，對員工十分關切。【103台酒】

( ) **9** 李克特（Likert）的管理系統研究，將民主與專權領導區分為四種類型，其中管理系統II是屬於下列哪一種領導型態？ (A)仁慈式專權領導 (B)參與式民主領導 (C)諮詢式民主領導 (D)獨裁式專權領導。【103台電】

( ) **10** 1940年代後期到1960年代中期認為好的領導者行為是可以培養的是屬於？ (A)特質理論 (B)行為理論 (C)權變理論 (D)學習理論。【107農會】

( ) **11** 管理方格領導理論中，「鄉村俱樂部式」係指： (A)高度對事關心、高度對人關心 (B)高度對事關心、低度對人關心 (C)中度對事關心、中度對人關心 (D)低度對事關心、高度對人關心。【107農會】

( ) **12** 領導者傾向於員工參與決策、授權，並藉由給員工回饋來訓練員工是下列何種領導型態？ (A)民主型態 (B)專制型態 (C)放任型態 (D)直接規定部屬工作型態。【108台酒】

( ) **13** 下列何者是常見「優質領導者」所具備的特質？ (A)願意擁抱變革 (B)特別關注技術性議題 (C)事必躬親不喜歡授權 (D)認為有秩序與穩定才是企業組織該追求的方向。【108郵政】

解答

1(D) 2(A) 3(A) 4(B) 5(B) 6(D) 7(B) 8(B) 9(A) 10(B) 11(D) 12(A) 13(A)

絕技18 領導權變理論與新近領導理論

命題戰情室：權變領導理論是近年領導命題焦點所在，其中又以Fiedler的權變模型最重要，其次是Hersey-Blanchard情境領導理論，再其次是House的路徑—目標理論。當代的領導理論則仍在發展之中，轉換型領導是比較會考的地方，仍請注意。

重點訓練站

一、權變理論

領導者須適應環境需要，因人事時地物不同，採取適當領導方式。

(一) 費德勒（Fiedler）的權變模式

1951年提出LPC量表（最難共事同仁量表），測量人員對領導者與領導型態感知，LPC分數低者屬於任務導向型領導，LPC分數高者屬於關係導向領導。影響領導行為三項情境因素為：職位權力、工作結構、領導者與部屬關係。領導型態可分為任務導向（專斷、體制式）及關係導向（民主、體諒式）。研究結果：當領導情境屬於有利與不利兩個極端時應採任務導向之領導型態。相反的，若處於有利與不利之間，則應採關係導向之領導型態，較易獲得高度績效表現。

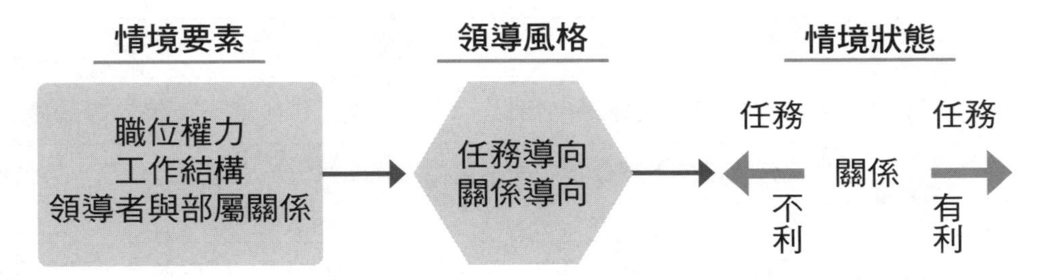

(二) 豪斯（House）的途徑目標理論

乃根據佛洛姆（V.Vroom）之期望理論引申而來，認為一個人的激勵程度，受個人達成任務努力與慾望影響，領導者須扮演好輔助角色及功能，包括藉助目標來激勵部屬與釐清完成目標的路徑。

類型	說明
指導型	明確指示工作方向、內容及方法
支援型	以友善、親和、支持態度關心部屬
參與型	決策時徵詢部屬意見，請其支援建議
成就導向型	設定具挑戰目標，以激勵部屬有較高表現

而領導行為應以工具行為、支持、參與行為、成就導向為架構。故領導採取之風格有：

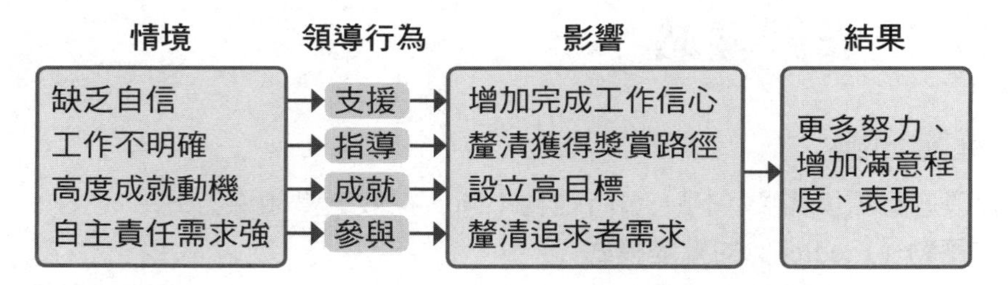

(三) 雷登（Reddin）的三層面領導理論

Reddin認為領導者的領導行為是三個層面的組合體，即任務導向、關係導向、領導效能。據此，以三個層面中之「任務」及「關係」兩層面，組成四個基本的領導型態；而第三層面「效能」，分為高效能和低效能，視領導者的行為是否能適合情勢而定。如果領導者的行為能適合情勢，則能有高效能；反之，則產生低效能。

類型	說明
隔離型	任務導向及關係導向均低，既不重視工作，亦不重視人際關係。
奉獻型	高任務導向低關係導向，不重視人際關係，一心想達成任務，秉公辦事。
關係型	高關係導向低任務導向，只求與部屬和睦相處，關係融洽，不重視任務。
統合型	任務導向及關係導向均高，兼顧群體需求及任務達成。

(四) **「生命週期的領導理論」**

又稱情境領導理論。由赫賽（P.Hersey）與布蘭查（K.Blanchard）於1993年所提出，認為領導方式取決於被領導者之準備水準（人格成熟度），而領導風格可依任務與關係行為雙構面，區分四種類型：

類型	說明	人格成熟度	適用領導風格
告知式	提供明確指導，密切控管其績效	偏向低度	高任務與低關係
推銷式	解釋作決策理由，傾聽對方意見	中度偏低	高任務與高關係
參與式	共享構想與理念，幫助作成決策	中度偏高	高關係與低任務
授權式	交付作決策與執行之權力	偏向高度	低關係與低任務

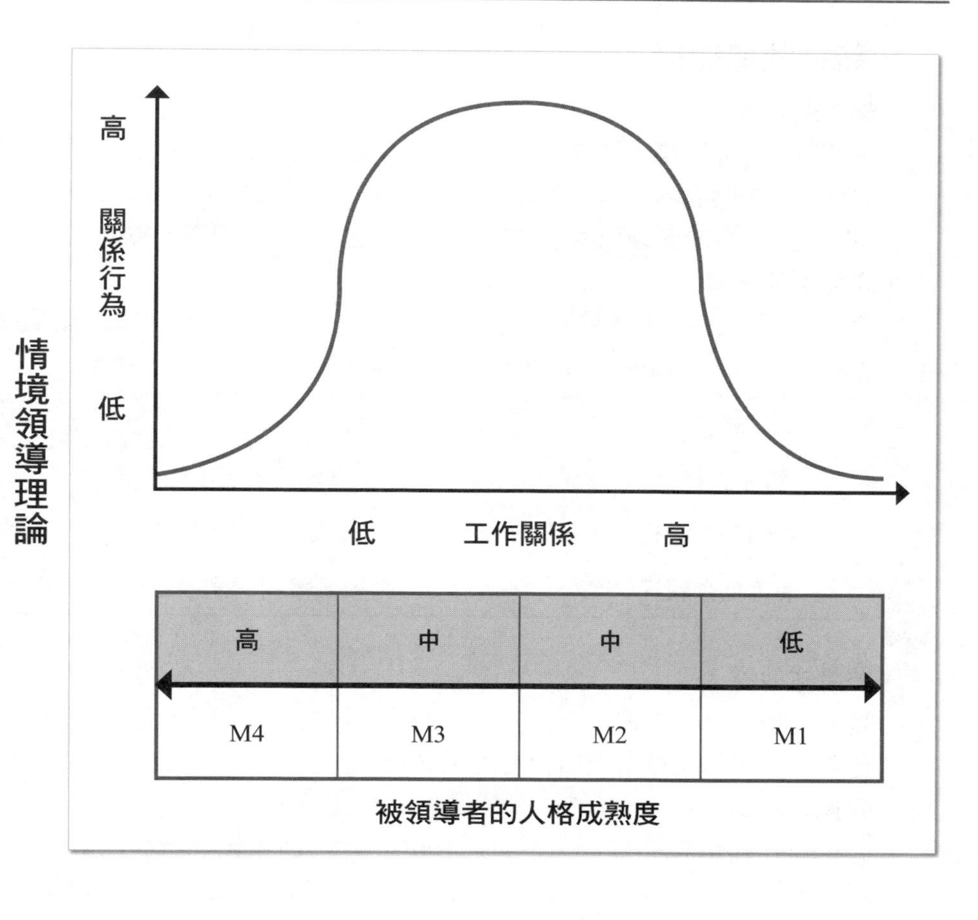

(五) 領導替代理論

1978年由克爾和傑邁爾（Kerr & Jemier）所提出，認為隨著知識經濟的崛起，員工的知識水平提高，其能力與素質亦提升。因此，在許多情形下被領導者可以替代領導者的部分職責。

情境	可取代的領導功能
部屬的經驗、能力、訓練	可以取代工作導向的領導
部屬的專業素養	可以取代工作及人際導向的領導
能帶來內在滿足的工作	可以取代人際導向的領導
領導者職權低時	工作導向及人際導向的領導無從發揮功能

二、新近領導途徑

(一) 魅力型領導

由特質論延伸而來，領導者利用個人所具備人格特質，透過個人的意志與願景來贏得追隨者的信賴、影響與服從。領導者善於應用溝通技巧將遠景傳達給追隨者並善於充分利用自己的優點，其魅力特質有熱情、勇敢、自信等。

(二) 交易型領導者

是藉由工作角色的澄清和工作要求來建立目標，並依此引導或激勵其跟隨者。Bass、Avolio及Yammarino等學者將交易式領導分為三個層次：

層次	說明
權變式獎賞	根據表現給予適度的獎勵
主動例外管理	主動監控成員的行為
消極例外管理	被動等待問題發生

(三) 願景式領導

是魅力型領導的更進一步發展，指創造並清楚表達一種能改變現狀，並且是實務、可信與具有吸引力的未來願景。

(四) 轉換式領導

又稱為「變革型領導」，盛行於1990年代，注重領導者與部屬相互影響關係，是最能鼓舞員工不斷學習成長提升自我能力領導方式，最早出現於柏恩斯（J.Burns）1978年所著《領導》一書。

轉換型領導係領導者運用個人的魅力以影響部屬，取得部屬的尊敬、信任並將部屬動機層次提升，分享願景並鼓勵部屬共同去完成，以激發同仁對於工作與自我實現更加努力，而讓部屬所表現的成果超乎預期。

(五) **火線領導**

指挺身領導就如同將自己置身在火線上。

(六) **第五級領導**

柯林思（J.Collins）在《從A到A+》一書中所提倡，是指領導者結合謙虛的個性（personal humility）和專業的堅持（professional will），將個人自我需求轉移到組織卓越績效的遠大目標。

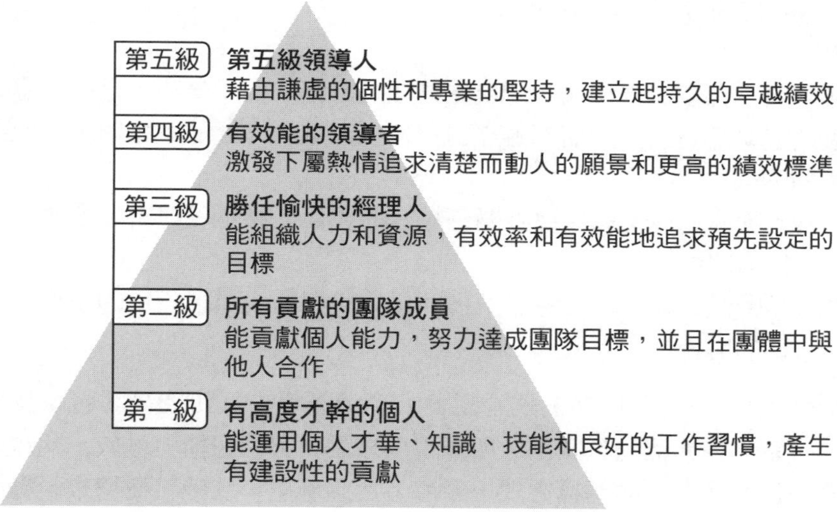

第五級　**第五級領導人**
藉由謙虛的個性和專業的堅持，建立起持久的卓越績效

第四級　**有效能的領導者**
激發下屬熱情追求清楚而動人的願景和更高的績效標準

第三級　**勝任愉快的經理人**
能組織人力和資源，有效率和有效能地追求預先設定的目標

第二級　**所有貢獻的團隊成員**
能貢獻個人能力，努力達成團隊目標，並且在團體中與他人合作

第一級　**有高度才幹的個人**
能運用個人才華、知識、技能和良好的工作習慣，產生有建設性的貢獻

(七) **僕役型領導**

一種由下而上的領導，從體恤追隨者的需求開始，認為工作是為了培養員工而存在，與員工為工作而存在一樣重要。

(八) **道德領導**

領導者要培養高尚的人格，本著為正義與行善的義務感實施領導，冀求成員也能為正義與行善來充分完成組織目標而努力。

(九) **領導者與成員的交換（Leader-Member Exchange, LMX）理論**

強調領導者與其每一位成員之間會發展出不同程度的關係。領導者與成員因為工作上的互動與接觸，會根據某些因素及影響，將某位成員歸入「圈內人」（in-group）或「圈外人」（out-group）的關係類別。

(十) **策略領導**（strategic leadership）

指具備審慎權衡、展望擘劃、維持彈性，必要時還能充分授權他人進行策略性變革的一種領導能力。而有效的策略領導作法包括：1.決定組織的目標或願景；2.開發並維持組織的核心競爭力；3.創造並支持組織強勢文化；4.重視組織道德決策與行為；5.發展組織的人力資本；6.提出尖銳問題並質疑基本假設來挑戰主流看法；7.建立並維持組織關係；8.適當建立並平衡的組織控制。

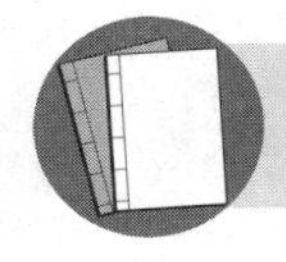

資料補給站

一、領導者－部屬交換理論：認為影響領導風格的情境變項，是由領導者與部屬的互動品質決定。而領導者對待每位部屬的方式並不相同，一般而言有兩種型式：

(一) 內團體成員：與領導者關係較好的成員，獲得領導者較多的信任、支持與關注。

(二) 外團體成員：與領導者交換關係較不好的成員，獲得的授權、考核、獎酬與晉升均較低。

二、哈佛大學Silin（1976）透過對華人企業領導方式研究後，將家長式領導界定為：在人治的氛圍下，所顯現出來之具嚴明紀律與權威、父親般的仁慈及道德廉潔性的領導方式，領導者透過施恩、立威、樹德來影響部屬，以展現領導績效。在這個定義之下，家長式領導包括：仁慈、德行及威權領導三個重要的元素。

易錯診療站

情境領導模式反映了生命週期模式觀點，認為有效的領導風格，取決於部屬的成熟度。亦即領導風格由任務導向與關係導向不同組合而成：

命令型 Telling	指高任務－低關係的領導型態，也就是由領導者給予清楚的指示與明確的方向。

推銷型 Selling	指高任務－高關係的領導型態，領導者同時提供部屬在指引上與支持性的行為。
參與型 Participating	指低任務－高關係的領導型態，領導者與部屬共同參與決策。
授權型 Delegating	指低任務－低關係的領導型態，領導者提供部屬較少的指引與支持。

模擬題試煉

一、基礎題

( ) **1** 費德勒設計「最難共事同仁量表」（LPC），分數低者為那一型的領導？ (A)關係導向 (B)權威導向 (C)任務導向 (D)顧客導向。

( ) **2** 學者費德勒（F.E.Fiedler）提出權變領導理論，強調有三種組織情境對領導產生重要影響，其中不包括下列何者？ (A)職位權力 (B)部屬特性 (C)工作結構 (D)領導者與部屬關係。

( ) **3** 依據費德勒（F.E.Fiedler）的權變領導理論，當領導情境為中度（即不好不壞時），應採取何種領導，才會產生較良好的團體績效？ (A)關係導向 (B)任務導向 (C)團隊導向 (D)個人導向。

( ) **4** 豪斯（R.J.House）的途徑目標理論（Path Goal Theory）將領導行為分為支持行為（supportive behavior）、參與行為（participative behavior）、成就導向行為（achievement-oriented behavior）以及下列何項行為？ (A)工具行為（instrumental behavior） (B)關係行為（relation behavior） (C)工作行為（task behavior） (D)組織公民行為（organizational citizenship behavior）。

( ) **5** 瑞賓（Reddin）提出三層面領導理論，認為除了任務取向與關係取向之外，還需要將哪一項因素納入考量？ (A)意願 (B)結果 (C)效能 (D)動機。

( ) **6** 賀賽（P.Hersey）和布蘭查（K.Blanchard）的情境領導理論（Situational Leadership Theory）認為部屬的成熟度在最低的

時候，應採取何種領導行為？ (A)告知（telling） (B)推銷（selling） (C)參與（participation） (D)授權（delegating）。

( ) **7** 當部屬的成熟度落在「能夠做卻不願意做」的狀態，根據情境領導理論，應採取何種方法領導該部屬？ (A)告知式 (B)授權式 (C)參與式 (D)推銷式。

( ) **8** 認為領導行為在某些情境下是多餘或不必要的，甚至會有反效果。是屬於哪一種領導理論的主張？ (A)交易理論 (B)替代理論 (C)情境理論 (D)特徵理論。

( ) **9** 柏恩斯Burns（1978）指出，領導者與成員共同相互提升至較高的人性行動與道德動機層次，並訴諸道德價值，如公道、平等來提升成員的意識，進而實踐於行動之中，稱為： (A)交易式領導 (B)機械式領導 (C)官僚式領導 (D)轉換式領導。

( ) **10** 列關於「轉換型領導」（transformational leadership）之敘述中，何者有誤？ (A)重視組織願景的打造 (B)鼓舞部屬的學習動機 (C)執守命令控制的組織原則 (D)超越私利謀求組織更大利益。

( ) **11** 強調「任何人只要願意挺身而出就是領導者，要成為領導者不需要躋身高層或身居要職。」這是屬於何種領導型態？ (A)火線領導 (B)僕役領導 (C)轉式領導 (D)替代領導。

二、進階題

( ) **12** 依照費德勒教授所提出的權變領導理論，若欲追求良好績效的領導模式，下列敘述何者正確？ (A)其自行設計的「最難共事同仁量表」（LPC），分數愈高者，愈趨向任務導向領導 (B)情境特性愈有利，愈傾向關係導向的領導 (C)指出管理當局必須依情境選擇適當的領導者 (D)說明領導者必須適應情境採取相同的領導方式。

( ) **13** 強調領導者應為部屬釐清及排除可能障礙與陷阱，以協助員工達成目標的領導理論為何？ (A)費德勒的權變領導理論 (B)豪斯的途徑目標理論 (C)轉式領導理論 (D)領導替代理論。

(　　) **14** 在豪斯（R.J.House）的途徑目標理論觀點，領導者與部屬共同分享資訊，徵詢部屬意見，並運用部屬的構想與建議，以達成團體的決策，此為何種領導行為？ (A)參與行為 (B)工具行為 (C)支持行為 (D)合作行為。

(　　) **15** 下列有關三層面領導者有效性模式，何者為非？ (A)領導者的有效性取決於問題環境的特性 (B)任務行為和關係行為分成高低兩種 (C)有效與無效的風格，是一個連續光譜的兩端 (D)任務與關係導向均高係屬奉獻型。

(　　) **16** 依照Hersey & Blanchard的情境領導模式中，在關係行為較低、任務行為較高的情境下，領導者較適用？ (A)Telling style (B)Delegating style (C)Selling style (D)Participating style。

(　　) **17** 具有熱情、自信的領導者，其個性和行動會影響到他人的追隨，此為何種領導？ (A)交易型領導 (B)魅力型領導 (C)道德領導 (D)人格領導。

(　　) **18** 下列那一個不是轉型領導的特質？ (A)自信 (B)有清楚願景 (C)具改革者形象 (D)行為與常人無異。

(　　) **19** 領導理論各有其主要論點、應用情境與優缺點，下列陳述何者正確？ (A)Hersey和Blanchard的路徑目標理論認為有效的領導者在於能夠確認部屬通往目標達成之路徑，協助部屬提昇績效 (B)House的情境領導理論納入部屬的成熟度作為影響領導的情境因素 (C)Reddin認為領導研究多侷限於工作與關係層面的研究，必須加上「效能」 (D)Fiedler的領導權變模式提出領導者與屬員間關係、任務結構程度、部屬職權等三個情境因素。

(　　) **20** 柯林斯（Collins）的第五級領導所指為何？ (A)謙遜的執行人 (B)有效能的領導者 (C)有高度才幹的個人 (D)勝任愉快的經理人。

解答與解析

一、基礎題

1 (C)。LPC分數低者屬於任務導向型領導，LPC分數高者屬於關係導向領導。

2 (B)。任何領導型態均可能有效，要視情勢因素而定；因此，一位有效的領導者，必須是一位有適應性的人。權變模式指出影響領導效果的情勢因素有三個：(1)職位權力：領導者職權的強或弱。(2)工作結構：具體明確程度的高或低。(3)領導者與部屬的關係：良好或惡劣。

3 (A)。當領導情境屬於有利與不利兩個極端時應採任務導向之領導型態。相反的，若處於有利與不利之間，則應採關係導向之領導型態，較易獲得高度績效的表現。

4 (A)。領導行為應以工具行為、支持行為、參與行為、成就導向為架構。

5 (C)。Reddin（1967）的三面領導理論（Three Dimension Theory of Leadership）(1)任務導向（Task Orientation, TO）：領導者為達成目標，對員工指揮程度。(2)關係導向（Relationship Orientation, RO）：領導者為改進與員工關係，如取得信任的程度。(3)效能（Effectiveness）：根據所負責任，經由領導行為過程後產生的效果。

6 (A)。(B)部屬的成熟度在中度偏低的時候所採行。(C)部屬的成熟度在中度偏高的時候所採行。(D)部屬的成熟度在最高的時候所採行。

7 (C)。指領導者與部屬提出構想並相互溝通，共同規劃以立決策達成，屬高度關係與低度任務行為導向。

8 (B)。在某些情境可以取代某種領導功能，形同領導的替代物。

9 (D)。其領導方式是藉由激勵領導部屬，透過訴求部屬的理想與道德價值，以激發部屬超出平常的動機。

10 (C)。訴諸道德價值。

11 (A)。火線領導（leadership on the line）是由海菲茲（Heifetz）和林斯基（Linsky）教授所提出，主要是在於闡釋領導人如何親上火線，有效回應危機，將領導風險降至最低的具體方法，進而達到成功領導。

二、進階題

12 (C)。(A)（LPC）分數愈高者，愈趨向關係導向領導。(B)情境特性愈有利，愈傾向任務導向的領導。(D)領導者必須適應情境採取不同的領導方式。

13 (B)

14 (A)。訂定方案、決策時會徵詢部屬意見，請其支援建議。

15 (D)。任務與關係導向均高係屬整合型。

16 (A)。告知型領導。(B)授權型領導，關係行為、任務行為均低。(C)銷售型領導，關係行為、任務行為均高。(D)參與型領導，關係行為較高、任務行為較低。

17 (B)。源自於領導者個人具備天賦、超世俗之人格特質，透過個人意志與遠見，跟隨者無不由衷信服。

18 (D)。轉換領導過程中，領導者是組織上下信仰的對象，必須樹立啟誠實、信用、正義與公道等價值信念，以作為人員奉行的依據。

19 (C)。(A)House的路徑目標理論。(B)Hersey和Blanchard的情境領導理論納入部屬的成熟度作為影響領導的情境因素。(D)Fiedler的領導權變模式提出領導者與屬員間關係、任務結構程度、主管職權等三個情境因素。

20 (A)。根據柯林思（Collins）的研究，領導能力可分為五個等級：
第一級領導：高度才能的個人。
第二級領導：有貢獻的團隊成員。
第三級領導：勝任愉快的經理人。
第四級領導：有效的領導者。
第五級領導：結合謙虛個性和專業意志的領導者。

實戰大進擊

(　　) **1** 下列何者為權變（contingency）領導理論的基本假設？ (A)優秀的領導與領導者的特質有關 (B)好的領導與領導者的特質無關，最重要的是領導者做了什麼事 (C)適宜的領導風格會隨著情境所改變 (D)領導的過程跟「權」力「變」化有關。【104港務】

(　　) **2** 權變領導理論的基本假設為適宜的領導行為會隨著情境的改變而改變。下列何者不是費德勒（Fiedler）權變模式所定義的情境因素之一？ (A)領導者－部屬關係 (B)職位權力 (C)組織類型 (D)任務結構。【104自來水】

(　　) **3** 在費德勒（Fiedler）「情境模式」（contingency model）中，當在最有利的領導情境下，適合使用下列哪一種領導方式所獲績效較高？ (A)任務導向 (B)關係導向 (C)授權型 (D)參與型。【103台電】

(　　) **4** 路徑-目標理論對於領導提出四種領導方式，其中強調領導者在領導部屬時，對部屬有信心，會為部屬設計具有挑戰性的目標。此類的領導方式稱為： (A)支持型領導 (B)指揮型領導 (C)成就型領導 (D)參與型領導。【104郵政】

(　　) **5** 依據賀喜與布蘭查（Hersey & Blanchard）所提出的「領導生命週期理論」（LifeCycle Theory of Leadership），當部屬具備足夠的能

力，但缺乏信心和動機處理工作時，管理者應採取下列哪一種領導方式？ (A)告知式領導（Telling Leadership） (B)授權式領導（Delegating Leadership） (C)推銷式領導（Selling Leadership） (D)參與式領導（Participating Leadership）。 【103台電】

( ) **6** 下列何者領導風格可以用來描述一位領導者自行做決策，但會向部屬說明決策的背景及理由，傾聽部屬的感受與意見，提供部屬明確的任務指導與動機上的支持？ (A)教導型領導（directing leadership） (B)推銷型領導（selling leadership） (C)參與型領導（participating leadership） (D)授權型領導（delegating leadership）。 【104港務】

( ) **7** 領導者給予追隨者個別的關懷與智力的啟迪，並且帶給他啟發性的激勵。此為下列哪一種領導型態？ (A)魅力型領導 (B)交易型領導 (C)轉換型領導 (D)僕人式領導。 【105台酒】

( ) **8** 領導者利用與部屬共享價值及信念，進而啟動組織變革進行領導。以上敘述為何種領導者類型？ (A)魅力型領導者 (B)轉換型領導者 (C)交易型領導者 (D)以上皆非。 【103台酒】

( ) **9** 一位領導者會以部屬的內在需求與動機作為其影響的機制，並強調改變組織成員的態度和價值觀，此種領導者為________。 (A)轉換型（transformational） (B)交易型（transactional） (C)指導型（directive） (D)資訊型（informational）。 【104港務】

( ) **10** 領導者很可能具有高度的自信心、堅定的信念，以及影響他人的強烈慾望，同時傾向於表達對追隨者表現出高績效的期望及信心。請問上述的領導類型是屬於？ (A)變換性領導 (B)團隊領導 (C)魅力領導 (D)代替領導。 【105台糖】

( ) **11** 領導者給予部屬明確的任務及角色，引導與激勵部屬完成組織目標，以達到雙方相互滿足，這種領導類型稱為： (A)交易型領導 (B)願景型領導 (C)轉換型領導 (D)魅力型領導。【103台北自來水】

( ) **12** 下列關於領導的理論概念，何者正確？ (A)管理者的領導行為是因其職位所賦予的參考權 (B)領導特質理論強調領導者的領導風格來

自於其個人特質　(C)Fiedler的權變領導模式強調關係導向的領導方式在中度控制的情境下，領導效能較高　(D)魅力領導強調無為而治，只要發揮個人魅力即可達成領導效能。【103經濟部】

(　　) **13** 企業中有效地領導，不包含考量下列哪一個因素？　(A)領導者行為　(B)追隨者行為　(C)情境因素　(D)企業文化。【105郵政】

(　　) **14** 林書豪近來在美國職籃表現優異，卻展現出謙沖為懷的個性，其符合《從A到A＋》一書中之何種領導人？　(A)第一級領導人　(B)第五級領導人　(C)第二級領導人　(D)第四級領導人。【102經濟部】

(　　) **15** 在領導模式中強調放下身段去服務他人，強調犧牲奉獻的精神，從部屬、顧客的角度去瞭解他們的需要，傾聽他們的聲音，才能成為一個真正的領導者。此種領導模式稱為：　(A)道德領導　(B)願景型領導　(C)魅力型領導　(D)僕人式領導。【104郵政】

(　　) **16** 領導者將成員歸為「圈內人」（in-group）與「圈外人」（out-group），這是下列哪一種領導理論的觀點？　(A)路徑–目標理論（path-goal theory）　(B)情境領導理論（situational leadership theory）　(C)領導者與成員的交換理論（leader-member exchange theory）　(D)領導者特質論（trait theory）。【105郵政】

(　　) **17** 領導者調整其領導風格，來反應追隨者的要求，是下列何種領導模式？　(A)情境領導　(B)生產導向領導　(C)任務導向領導　(D)專制領導。【107郵政】

(　　) **18** 依據「路徑－目標」理論指出的四種領導型態，其中領導者不斷關懷部屬，並提供各種援助，以滿足其需求，是屬於下列何種領導類型？　(A)支援型領導　(B)參與型領導　(C)成就導向型領導　(D)指導型領導。【107台酒】

(　　) **19** 領導者使用獎勵（或懲罰），藉由澄清角色和工作要求來建立工作目標，並依此目標來激勵或引導部屬，稱之為：　(A)交易型領導（Transactional Leadership）　(B)轉化型領導（Transformational Leadership）　(C)魅力型領導（Charismatic Leadership）　(D)情境式領導（Situational Leadership）。【107台酒】

( ) **20** 華人家族企業極為普遍的是何種領導方式？ (A)權威式領導 (B)家長式領導 (C)典式領導 (D)仁慈式領導。 【107農會】

( ) **21** 在權變模型中，下列何者不是定義領導效能中關鍵情境因素的權變構面？ (A)任務結構 (B)領導者-成員關係 (C)職位權力 (D)領導者特質。 【111台酒】

( ) **22** 依據路徑－目標理論，在指導型領導中哪種領導特質，會協助員工達成最高的績效？ (A)設定具挑戰性的目標，並希望員工能有最高水準的表現 (B)明確表示完工期限，並給予完成任務的協助 (C)友善並關心員工需求 (D)在決策前和群體成員磋商，並採用他們的建議。 【111經濟部】

( ) **23** 在Hersey & Blanchard 兩位學者提出情境領導理論中，領導者與追隨者共同制定決策，領導者主要負責溝通與協調，此乃是屬於低任務結構及高關係導向，此是指那一種領導風格？ (A)告知型（telling） (B)參與型（participating） (C)推銷型（selling） (D)授權型（delegating）。 【111台鐵】

( ) **24** 強調高任務導向與低關係導向是屬於下列何種領導風格？ (A)推銷型 (B)參與型 (C)告知型 (D)授權型。 【111台酒】

( ) **25** 激勵並鼓舞跟隨者以促使其達到超越平常水準的績效，屬於下列何種領導方式？ (A)轉換型領導 (B)願景型領導 (C)魅力型領導 (D)交易型領導。 【111經濟部】

( ) **26** 有關領導理論之敘述，下列何者有誤？ (A)特質理論為最早出現之觀點 (B)費德勒權變模式在對領導者的特質恆常性上，持有與特質理論同樣之觀點 (C)追隨者準備程度需同步考量追隨者之能力與意願 (D)行為學派繼權變模式後出現，認為人的行為可以學習，但必須考量情境優先。 【111經濟部】

( ) **27** 下列何者不是有效的策略領導？ (A)提出尖銳問題並質疑基本假設來挑戰主流看法 (B)不特別創造並支持組織強勢文化 (C)重視組織道德決策與行為 (D)發展組織的人力資本。 【111台酒】

解答

1 (C) 2 (C) 3 (A) 4 (C) 5 (D) 6 (B) 7 (C) 8 (B) 9 (A) 10 (C)
11 (A) 12 (C) 13 (D) 14 (B) 15 (D) 16 (C) 17 (A) 18 (A) 19 (A) 20 (B)
21 (B) 22 (B) 23 (B) 24 (C) 25 (A) 26 (D) 27 (B)

NOTE

絕技 19 激勵的意涵與內容理論

命題戰情室：激勵的內容理論是各種考試命題的焦點所在，舉凡Maslow需要層級理論、Hertzberg雙因子理論、Alderfer的ERG理論、McClelland三種需要理論，以及McGregor的X與Y理論（亦有學者將之歸入內容理論），均須熟讀再三。

重點訓練站

激勵係某人某機關針對他人生理及心理上之各種需求，適當採取物質與精神之刺激鼓勵方法，設法滿足其需求，以激發其內在工作意願，從而產生符合組織預期行為之活動。激勵理論可分內容理論、過程理論與增強理論。

類別	特徵	理論	管理上實例
內容	有關發起、發動或著手的因素。	需要層級理論、ERG理論、雙因子理論。	滿足個人金錢、地位及成就需要予以鼓勵。
過程	有關激起行為的因素及行為模式的過程、方向或選擇。	期望理論、公平理論。	澄清個人對於工作投入、績效要求及獎勵知覺予以激勵。
增強	有關增強重複及所希望行為的可能性，及減少所不希望行為的可能性因素。	增強理論。	藉獎酬所希望行為予以激勵。

一、內容理論

探討何種內在動機或外在誘因，可以激發人員從事某種期望或不期望的行為。又可分為下列幾種觀點：

(一) **需求層級理論**：由馬斯洛（A.Maslow）所提出，為當今最著名的激勵理論之一。指出人類有生理需求、安全及保障需求、社會（歸屬感與愛）需求、尊重需求與自我實現需求之五種需求，而且呈現宛如階梯式的排列，需設法加以滿足。

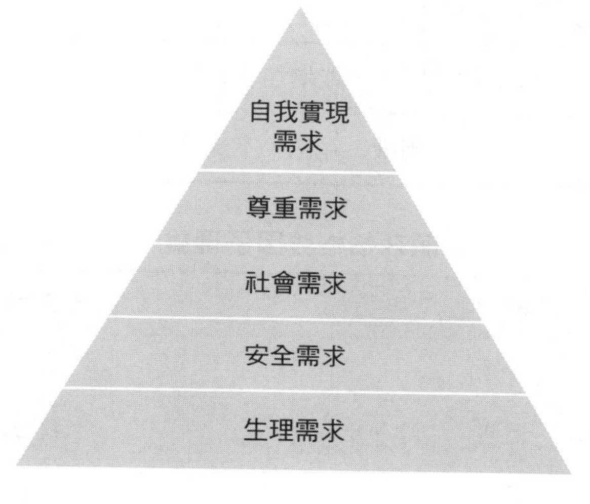

Maslow需求層級理論的意涵

生理需求	飢餓、口渴、溫暖、性等基本需求。
安全需求	免於生理上的傷害與心理上的恐懼，身體、感情的安全、安定與受保護感。
社會需求	被愛和有歸屬感，是人際互動、感情、陪伴和友情等需求。
尊重需求	追求自我的價值感，被認知、社會地位及成就感。
自我實現需求	指個人有追求成長的需求，將其潛能完全發揮，且人格的各部份協調一致。

Maslow理論在個人或組織的實際運用

生理需求	薪資、福利、津貼、工作環境。
安全需求	消防、勞健保、工作安全、退休制度、工作保障。
社會需求	同事情誼、工作團隊、員工聚會、員工旅遊。
尊榮感需求	獎狀、名銜、升遷、勳章。
自我實現需求	攀登玉山、橫渡日月潭、終生志工服務。

(二) **雙因子理論**：又稱激勵保健理論，由赫茲伯格（F.Herzberg）所提出，認為員工的態度足以影響其工作績效。在工作滿足與需求關係的研究，更發現有兩類因素會影響員工工作情況：

激勵因素	屬於內在因素，能增加滿足的因素。
保健因素	屬於外在因素，能減少不滿足的因素。

赫茲伯格雙因子理論

保健因素	激勵因素
待遇	賞識
監督	責任
公司政策	成就感
工作環境	工作本身
工作保障	升遷發展
人際關係	自我實現

(三) **ERG理論**：阿特福（C.Alderfer）將Maslow之五種需求層次簡化為三種需求類別即生存需要（Existence needs）、關係需要（Relatedness needs）、成長需要（Growth needs）。

需求	說明
生存需求	維持生存的物質需求
關係需求	涉及工作場所中與他人互動關係
成長需求	指個人努力表現自我以獲致發展

ERG理論主張可以同時有兩種以上的需要來影響人們的動機，其與馬斯洛的需求層次理論最大差異在於，Maslow之理論係以滿足前進途徑作為基礎，而ERG理論則主張，除了這種滿足前進的程序外，還強調挫折退化的狀況。

(四) 三需求理論

需求	說明
成就需求	企圖超越別人，達到卓越的標準
歸屬需求	追求友誼與親密人際關係
權力需求	能夠令他人做其不願做的事

麥克理蘭（D.McClelland）認為需要非與生俱來的，而是從文化中學得，亦即從經驗中學習而來，並將之分為三種：成就需要（need for achievement）、歸屬（情感、隸屬親密）需要（need for affiliation）與權力需求（need for power）。

各內容理論關聯性：

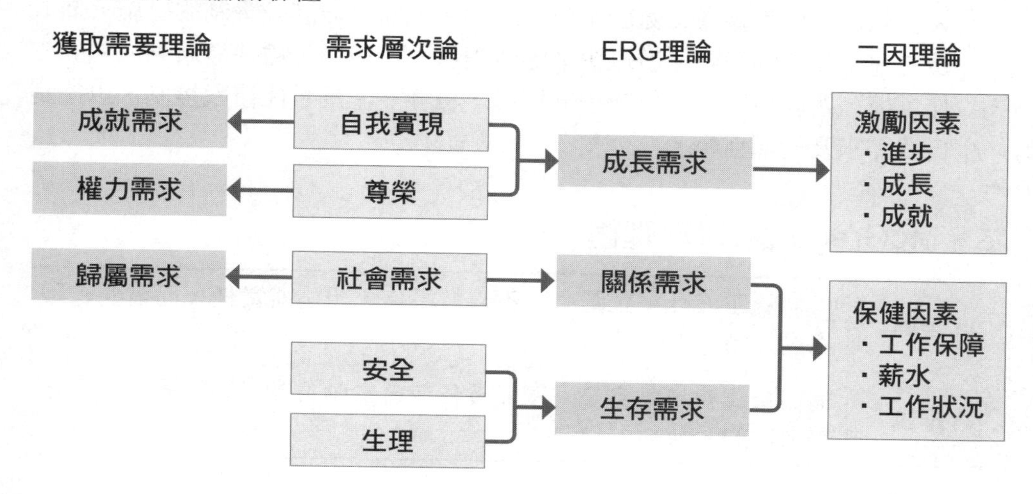

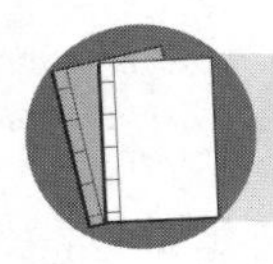

資料補給站

一、成熟理論（maturity theory）

艾吉利斯（Chris Argyris,1957）認為：個體在組織中，會從不成熟發展到成熟的狀態，須經過七種變化：

不成熟	成熟
被動狀態	主動狀態
依賴他人狀態	獨立自主狀態
少數個體行為方式	多種行為方式
淺薄的興趣	強烈的興趣
重視目前的時間觀念	注意過去與未來的長時間觀念
順從聽命於他人	追求與他人同等地位或凌駕他人
缺乏自我認識	具自我認識且有能力自我控制

大多數的組織都視員工處於不成熟狀態，因而採取許多管制的措施，造成員工在工作上的障礙。所以組織應能提供一個讓員工盡速發展到成熟的工作環境，讓成員成為一位成熟的個體，積極、主動且能自我控制，以達到自我需求及組織目標。

二、McGregor的X與Y理論

X理論	假設員工沒什麼企圖心、不喜歡工作、想逃避責任，而需要有嚴密的控制。
Y理論	假設員工會自動自發、接受責任並會主動負責，同時還認為工作是自然的活動。

易錯診療站

一、**管仲曾說：「衣食足而後知榮辱，倉廩實而後知禮儀」從這句話最可以說明，馬斯洛的理論中，生理層次的需求應該先予以滿足，然後「日趨上流」追求更高層次的需求。**

二、**阿特福（C.Alderfer）的「ERG理論」除了服膺「衣食足而後知榮辱」之「日趨上流」特性外，同時也符合「飽暖思淫慾」之「日趨下流」的傾向。**

三、當員工保健需求不能得到滿足時，必然會對工作產生不滿意；但當其基本保健需求得到滿足時，卻只是對工作不會感到不滿足。而激勵因子與工作的本質及其挑戰有關，會提昇工作滿足感。

四、**McClelland的「三需求理論」認為人們工作的主要動機，源自三項後天的需求：**
成就需求：達到、超越一個水準以上成功的驅動力。
權力需求：能夠影響他人行為的需求。
歸屬需求：對友情與親密人際關係的需求。

模擬題試煉

一、基礎題

(　　) **1** 激勵是一種內在的驅動力，它使得某些結果變得更具有吸引力。而激勵理論發展至今，可分為內容理論、過程理論與以下何者？(A)環境理論　(B)增強理論　(C)情境理論　(D)個性理論。

(　　) **2** 馬斯洛（Maslow）的需求層級理論指出了人們有那幾種需求？(A)生理需求、安全需求　(B)社會（施予及接受）需求　(C)自尊需求與自我實現的需求　(D)以上皆是。

(　　) **3** 依照馬斯洛（Maslow）的需求層次理論，20歲出頭，家中有多名幼齡子女的單親媽媽，工作收入不高，娘家亦無人支援，此刻她最想滿足的應是何種需求？　(A)社會需求　(B)生理需求　(C)尊重需求　(D)自我實現需求。

(　　) **4** Herzberg認為哪一種需要因為很快就會被滿足，所以不具激勵效果？　(A)激勵因素　(B)內在因素　(C)維生因素　(D)自我實現。

(　　) **5** 學者何茲柏格（Frederick Herzberg）曾提出激勵保健的兩因理論，請問下列何者不屬於激勵因素的內涵？　(A)工作本身　(B)上司賞識　(C)升遷發展　(D)人際關係。

(　　) **6** ERG理論是將馬斯洛的五種需求層次歸納成為三種，下列何者非ERG理論所定義的需求？　(A)生存需求　(B)強化需求　(C)關係需求　(D)成長需求。

(　　) 7 阿德福（C.Alderfer）所提出的ERG理論中，"E"代表何種基本需要？ (A)情緒（emotion） (B)期望（expectancy） (C)生存（existence） (D)自我（ego）。

(　　) 8 麥克里蘭（D.McClelland）在其「獲取需要論」中提出三種需求，不包括下列那一項？ (A)歸屬的需求 (B)物質的需求 (C)成就的需求 (D)權力的需求。

(　　) 9 以下何者不屬於Argyris「成熟理論」中「成熟」員工的特質？ (A)把握當下 (B)強烈興趣 (C)獨立自主 (D)多種行為方式。

二、進階題

(　　) 10 依據馬斯洛需求層級理論，公司提供員工團體旅遊與生日聚會等福利，是為了滿足員工的哪種需求呢？ (A)生理需求 (B)社會歸屬需求 (C)尊嚴需求 (D)自我實現需求。

(　　) 11 下列何者對於「兩因素理論」的敘述是錯誤的？ (A)又稱為激勵保健理論 (B)保健因素其作用是積極的，在於增進員工滿意的因素 (C)激勵因素若能妥善運用可使部屬發揮潛力為組織賣力 (D)令人不滿意的事情多與工作環境有關。

(　　) 12 下列何者不屬於赫茲伯格（Herzberg）雙因子理論中的激勵因素？ (A)福利 (B)肯定 (C)工作本身 (D)個人成長。

(　　) 13 阿德福（Alderfer）的ERG理論之重要論點為何？ (A)需求成階梯式排列有先後次序 (B)是一種滿足提昇的程序 (C)工作豐富化與工作品質的提昇 (D)滿足提升與挫折退化並存的程序。

(　　) 14 有哪一種需要的人，會想要透過給予意見和建議以直接影響他人的決定；或是透過聊天，使他人從事特定活動？ (A)歸屬 (B)成就 (C)權力 (D)關係。

(　　) 15 就激勵理論而言，下列何者敘述為非？ (A)Maslow最早提出需求階層理論 (B)Herzberg雙因子理論是指保健激勵因素 (C)Alderfer的生存需要與馬斯洛的尊重需要相似 (D)McClelland的成就需要，是指一個人喜歡接受具有挑戰性的工作，以及達成卓越的個人標準的需要。

(　　) **16** 以下哪一種需求是馬斯洛在晚期時所提出？ (A)超自我實現 (B)靈性需求 (C)審美需求 (D)以上皆是。

(　　) **17** 在激勵的理論類型中，下列何者不屬於內容理論（content theory）？ (A)公平理論（equity theory） (B)需求層次論（need hierarchy theory） (C)激勵保健理論（motivator-hygiene theory） (D)不成熟－成熟理論（immaturity-maturity theory）。

解答與解析

一、基礎題

1 (B)

2 (D)。馬斯洛（A.Maslow）指出，人類從出生就有五種需求：生理需求、安全需求、社會需求、自尊需求與自我實現需求，而且呈現宛如階梯式的排列，須設法加以滿足。

3 (B)。生理需求為最低層次的需求，如食物、飲水、居住、性滿足等。

4 (C)。又稱保健因素或稱不滿足因素，如果這些因素不理想，會導致人員不滿足，如工作保障、薪水待遇、工作條件、公司政策、人際關係、福利措施等。

5 (D)。屬於保健因素是消極的。

6 (B)。阿特福（C.Alderfer）將Maslow之五種需求層次簡化為三種需求類別即生存需要（Existence needs）、關係需要（Relatedness needs）、成長需要（Growth needs）。

7 (C)。生存需求（Existence needs）係維持生存的物質需求，可以透過食物、空氣、薪水與工作環境來滿足，相當於Maslow之生理與安全需求。

8 (B)。認為應該對員工的成就需求、歸屬需求及權力需求來進行激勵。

9 (A)。注意過去與未來的長時間觀念。

二、進階題

10 (B)。又稱社交需求（Love and belonging needs），屬於較高層次的需求，如：對友誼、愛情以及隸屬關係的需求。

11 (B)。保健因素其作用是消極的，在於減少員工不滿意的因素。

12 (A)。屬於保健因素。

13 (D)。主張「挫敗與退後」（frustration-regression），當個體在某種需要上無法獲得滿足時，他會選擇原先已經滿足的需要，並會增加對後者的需要。

14 (C)。權力需求上要求高的人，往往想要控制整個場面；也想控制或影響其他人；喜歡競爭，討厭輸的感覺。

15 (C)。Alderfer的生存需要與馬斯洛的生理、安全需要相似。

16 (D)。馬斯洛在1969年提出第六種需求「超越自我的靈性需求」（Over Actualization），以上答案譯名均可，亦即無私無我的哲學觀。

17 (A)。屬於程序理論（process theory）。

實戰大進擊

( ) **1** ________是指一種驅動力，會促使人們作出特殊的、有某種目的的行為。 (A)個性（personality） (B)良知（conscience） (C)激勵（motivation） (D)特質（trait）。 【104港務】

( ) **2** 友誼的需要屬於馬斯洛需求層次關係中的： (A)生理需求 (B)安全需求 (C)社會需求 (D)尊重需求。 【104郵政】

( ) **3** 根據Maslow需求層級理論，主管重視部屬意見與參與，能滿足部屬的何種需求？ (A)生理需求 (B)社會需求 (C)尊重需求 (D)自我實現需求。 【103經濟部】

( ) **4** 員工希望能被同儕接納的需求，這是馬斯洛需求層次理論（Maslow's Hierarchy of Needs）中的哪一種需求？ (A)安全需求 (B)社會需求 (C)尊重需求 (D)自我實現需求。 【104自來水】

( ) **5** Maslow的需求層級理論中，最高層次的需求是什麼？ (A)尊重需求 (B)社會需求 (C)安全需求 (D)自我實現需求。【103台糖、104自來水升】

( ) **6** 馬斯洛（Maslow）的需要層次為：A.安全感需要；B.尊重的需要；C.生理的需要；D.社會的需要；E.自我實現的需要，請由高層次至低層次的需要排列出其順序： (A)CADBE (B)EBDAC (C)EDABC (D)BEDCA。 【103台酒】

( ) **7** 有關Abrham H. Maslow需要層級理論的敘述，下列何者錯誤？ (A)需要分成五大類 (B)需要有層級之分 (C)最高層級的需要是自我實現 (D)不包括歸屬感的需要。 【104郵政第2次】

( ) **8** 下列有關馬斯洛（Maslow）的需求層級理論，何者錯誤？ (A)五種層級需求依次為，生理需求、安全需求、社會需求、尊重需求、自我實現需求　(B)沒有被滿足的最低階需求是最具有激勵效果的需求，已經被滿足的需求則較不具激勵效果　(C)公開表揚肯定員工、提供升遷管道是滿足員工的社會需求　(D)自我實現需求是不會被滿足，它是會不斷的被增強。　【105台酒】

(　　) **9** 關於激勵理論中「兩因子理論（two-factor theory）」的敘述，下列何者正確？　(A)進步與成就是激勵因子　(B)監督是激勵因子　(C)制度是激勵因子　(D)工作成長是保健因子。　【105郵政】

(　　) **10** 下列何者不是赫茲伯格（Herzberg）「兩因素理論」中的保健因素（hygiene factors）？　(A)薪資　(B)工作環境　(C)工作本身　(D)人際關係。　【103台電】

(　　) **11** 下列何者屬於Herzberg 雙因子理論中的激勵因子？　(A)和主管的關係　(B)責任感　(C)工作環境　(D)和同仁的關係。　【105中油】

(　　) **12** 下列何者為二因子理論（Two Factor Theory）中的激勵因子？　(A)公司政策　(B)個人成長　(C)行政措施　(D)實體環境。　【105台酒】

(　　) **13** 下列何者不屬於賀茲伯格（Herzberg）兩因子理論中的激勵因素？　(A)薪資　(B)成就　(C)肯定　(D)個人成長。　【103台酒】

(　　) **14** 何者不是「兩因素理論（two-factor-theory）」中提升工作滿足感的內在因子？　(A)升遷　(B)挑戰機會　(C)人際關係　(D)責任。　【104台電】

(　　) **15** 下列何者是赫茲伯格（F.Herzberg）二因子理論（two-factor theory）的激勵因子（motivating factors）？　(A)工作成就感　(B)監督　(C)工作環境　(D)福利。　【104自來水】

(　　) **16** 下列何者不屬於麥格里蘭提出的三需求理論（McClelland's Three-Needs Theory）的需求？　(A)生理需求　(B)歸屬需求　(C)權力需求　(D)成就需求。　【103中油】

(　　) **17** 根據McClelland的三需求理論（three-needs theory），一個好的管理者應該具有下列哪種需求？　(A)高關係需求　(B)高權力需求　(C)高成就需求　(D)高社交需求。　【103台糖】

( ) **18** 「需求未被滿足→緊張壓力→搜尋行為→需求滿足→降低緊張」稱為？ (A)壓力過程 (B)需求過程 (C)緊張過程 (D)激勵過程。 【106桃捷】

( ) **19** 依據馬斯洛（Maslow）的人性需求理論，企業提供員工福利津貼，可滿足員工何種需要？ (A)生理需要 (B)社會需要 (C)自尊需要 (D)自我實現需要。 【106桃機】

( ) **20** 根據馬斯洛的需求層次理論，下列哪一個需求最難獲得滿足？ (A)社交的需求 (B)自尊的需求 (C)自我實現的需求 (D)安全需求。 【106台糖】

( ) **21** 馬斯洛（Maslow）的需求層級理論中，下列何者排序正確？ (A)生理、自尊、安全、社交、與自我實現 (B)生理、安全、社交、自尊、與自我實現 (C)保健、安全、社交、自尊、與自我實現 (D)生理、社交、安全、自尊、與自我實現。 【106桃捷】

( ) **22** 在Herzberg的雙因素理論中，工作滿意主要來自下列哪個因素？ (A)保健因素 (B)激勵因素 (C)平等因素 (D)滿意因素。【106台糖】

( ) **23** 馬斯洛(Maslow)所提出的需求層次理論（Hierarchy of Needs）不包含下列何者？ (A)生理的需求 (B)學習的需求 (C)自尊的需求 (D)自我實現的需求。 【107郵政】

( ) **24** 激勵理論的雙因子理論（two factors theory）認為企業員工工作滿意與不滿意是受到二個因子的影響，該二因子為何？ (A)保健因子與激勵因子 (B)成功因子與失敗因子 (C)成長因子與自我實現因子 (D)成長因子與升遷因子。 【107郵政】

( ) **25** 馬斯洛（Abraham Maslow）所提出需求層次理論中，不包括下列哪一類需求？ (A)生理需求 (B)安全需求 (C)心理需求 (D)自我實現需求。 【107台糖】

( ) **26** 下列有關馬斯洛需求理論的敘述，何者有誤？ (A)認為員工工作的目的在於追求內在需求的滿足 (B)將人的需求層次由高至低分成五個需求 (C)自尊需求是最高層級的需求 (D)需求的改善是造成需求有層級之分的主因。 【107台酒】

(　) **27** 管理學家F.Hertzberg提出激勵的兩因子理論（Two Factor Theory），以下何者屬於保健因子（Hygiene Factor）？ (A)工作自主性 (B)個人成長 (C)有趣的工作 (D)主管的管理方式。【107台酒】

(　) **28** 成長、發揮自我潛能、自我滿足的需求，是屬於下列 Maslow 需求層次理論的何種層級？ (A)愛與歸屬需求 (B)社會需求 (C)自我實現需求 (D)尊重需求。【108郵政】

(　) **29** 下列何者是工作雙因子理論中的激勵因子？ (A)工作環境 (B)和主管的關係 (C)薪水 (D)成就感。【108台酒】

(　) **30** 馬斯洛（A.Maslow）的需求層級模型，將人的需求分為五種需求型態，即自尊需求、生理需求、安全需求、自我實現需求與社會需求這五種需求型態依需求高低層級排序，下列何者正確？ (A)（最低層級）生理需求→安全需求→社會需求→自尊需求→自我實現需求（最高層級） (B)（最低層級）安全需求→生理需求→社會需求→自尊需求→自我實現需求（最高層級） (C)（最低層級）生理需求→自尊需求→安全需求→社會需求→自我實現需求（最高層級） (D)（最低層級）生理需求→社會需求→安全需求→自尊需求→自我實現需求（最高層級）。【111台酒】

(　) **31** 激勵理論的兩因子理論（two factors theory）認為員工的工作滿意或不滿意受二類因子的影響。下列何者屬於這二類因子？ (A)成長因子與升遷因子 (B)保健因子與激勵因子 (C)成長因子與自我實現因子 (D)環境因子與自我控制因子。【111台酒】

(　) **32** 依據Maslow的需求階層理論與ERG理論，員工工作動機若來自穩定被僱用的工作環境，屬於下列哪個階層？ (A)自我實現需求與Growth（成長需要） (B)自我實現需求與Existence（生存需要） (C)安全需求與Existence（生存需要） (D)安全需求與Growth（成長需要）。【111經濟部】

(　) **33** 員工到處吹噓他個人於新產品開發上的突破，這符合大衛．麥克利蘭（David McClelland）所發展的成就動機理論（achievement motivation theory），又稱三種需要理論中的那項需求？ (A)成就需求 (B)親和需求 (C)權力需求 (D)滿足需求。【111台鐵】

(　　) **34** 有關三需求理論中成就需求，下列敘述何者正確？ (A)能夠影響他人行為的需求 (B)對友情與親密人際關係的需求 (C)努力追求個人成就，而不太在乎成功後的頭銜或報酬 (D)最好的管理者傾向有較高的成就需求和較低的歸屬需求。 【111台酒】

解答

1 (C) **2** (C) **3** (C) **4** (B) **5** (D) **6** (B) **7** (D) **8** (C) **9** (A) **10** (C)
11 (B) **12** (B) **13** (A) **14** (C) **15** (A) **16** (A) **17** (B) **18** (D) **19** (A) **20** (C)
21 (B) **22** (B) **23** (B) **24** (A) **25** (C) **26** (C) **27** (D) **28** (C) **29** (D) **30** (A)
31 (B) **32** (C) **33** (A) **34** (C)

NOTE

絕技 20 激勵－過程理論與增強理論

命題戰情室：當代的激勵理論有：目標設定理論、增強理論、公平理論、期望理論，均須加強閱讀。

重點訓練站

一、過程理論

解釋人們為什麼「選擇」一種特殊的行為模式，以達成工作目標的理由，主要理論包括公平理論與期望理論。

(一) **期望理論**：由伏倫（V.Vroom）所提出，認為個體採取某種行為的動機取決於下列三項要素：

1. 期望（expectancy）：個體努力就會達成績效的期望，亦即努力就會達成績效的機率。
2. 工具性（instrumentality）：知覺到成功的績效與獲得報償間的關係。
3. 偏好（valence）：個體知覺到所獲得報償的價值，或是所獲得報酬對個體的吸引力。因此，激勵強度Motivation＝E×I×V（VIE型模）。

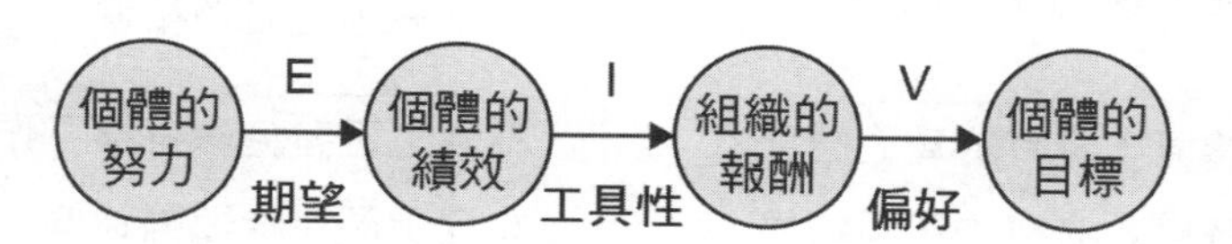

(二) **公平理論**：亞當斯（J.Adams）的公平理論是由巴納德「貢獻與報酬均衡」概念的進一步引申而來，認為個體對於公平的知覺會影響其行為。當員工以自己努力付出與所獲得報酬比率與其他員工進行比較時，若覺得公平就會維持現況；相反的，若覺得不公平時內心將會產生失調。當不公平給付發生時，會有四種情形發生：

認知比率之相較	員工的評估
$\frac{產出A}{投入A} < \frac{產出B}{投入B}$	不公平（報酬過低）
$\frac{產出A}{投入A} = \frac{產出B}{投入B}$	公平
$\frac{產出A}{投入A} > \frac{產出B}{投入B}$	不公平（報酬過高）

1. 按件計酬時，自認報酬過多的員工會生產的比公平支付的員工多。
2. 按時計酬時，自認報酬過多的員工會比公平支付的員工生產較少但較高品質的產品。
3. 按時計酬時，自認報酬不足的員工會生產較少貨品質較差的產品。
4. 按件計酬時，自認報酬不足的員工會比公平給付的員工生產較多但品質較差的產品。

二、增強理論

主要係以史金納（B.Skinner）之學習理論為依據，其重點在於探討工作人員被激發之行為如何可以長久維持。增強理論認為可以強化或改變個人行為之增強，有四個基本類型：

給予結果	**正向強化** 鼓勵行為	**懲罰** 改除行為
移除結果	**消滅** 改除行為	**負向強化** 鼓勵行為

類型	解釋	釋例
正向增強	給予個體正面結果，以鼓勵行為重複發生	達到業績者發績效獎金
懲罰	給予個體負面結果，以避免某些行為發生	經常缺勤者給予扣薪
負向強化	移除個體原本擁有的負面結果	準時上班者免除打掃工作
消滅	移除個體原本擁有的正面結果	為達生產目標取消休假

增強時間的安排：

固定間隔	不管行為本身，每隔一段固定的時間便出現增強物。
固定比率	指不管時間本身，每隔固定的行為次數便出現增強物。
變動間隔	增強物的出現時間是變動的。
變動比率	指在一定的變動次數後，便出現增強物。

三、目標設定理論

洛克（E.A.Locke）於1968年提出目標設定理論（goal-setting theory），說明目標與工作績效之間的關係。認為明確的目標能提升績效，而一個困難的目標，若能在事先被接受，則其績效會比簡單目標的績效來得高。根據這樣的觀點有二個目標特性會影響部屬的績效。

(一) **目標困難度（Goal Difficulty）**：指目標的挑戰性與需要努力的程度。目標困難度會影響部屬對目標的接受與認同。

(二) **目標特定性（Goal Specificity）**：指目標的明確與清楚的程度。目標特定性愈高，則目標的明確與清楚的程度也愈高。

影響績效高低的因素：

(一) **目標的明確性**：明確與挑戰性的目標，有著很大的激勵作用。

(二) **挑戰性**：我們會受「有適度挑戰性的目標」所激勵。

(三) **是否有回饋**：在員工朝目標努力的過程中，若能得到有關進度的回饋時，他們會有較好的表現。員工可以自行監督進度，比外部監督所回饋更有激勵的力量。

洛克（E.A.Locke）同時亦提出目標設定的四個條件，簡稱為MARC：可衡量的（Measurable）、可達成的（Achievable）、可報酬的（Rewardable）、可承諾的（Committable）。

四、整合的動機作用模式

波特與勞勒（Porter & Lawler）以期望理論為基礎，綜合各種激勵理論所發展出來的「動機作用理論」。

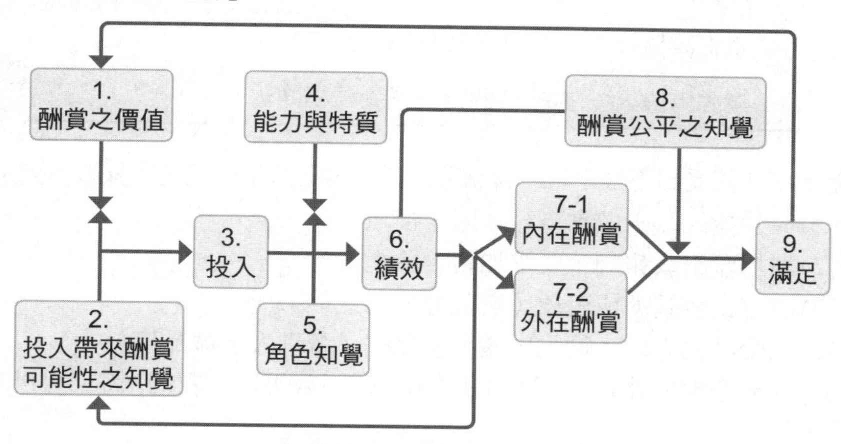

工作動機之波特．勞勒模式

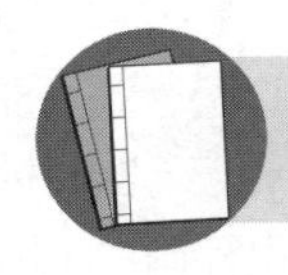

資料補給站

一、學習理論

(一) **古典制約理論**：巴夫洛夫（Ivan Pavlov）以狗與鈴聲和食物的實驗，提出「古典制約行為的理論」，認為任何原本無關的中性刺激，若與反射動作的刺激伴隨出現，連續伴隨出現數次之後，該制約刺激也會引發出反射動作的反應行為。

(二) **操作制約理論**：史金納（B.F.Skinner）的小老鼠操作制約實驗，小老鼠用腳去壓桿（反應行為），可以得到食物（增強物），提出「操作制約理論」，認為人的某項行為其實是受到這個行為的結果（操作物或制約物）所影響而產生的。如果你的某個行為產生了你所喜歡的結果，你將會重複表現出這個行為。相反的，如果產生了你不喜歡的結果，將會傾向不再重複這個行為。桑代克（Thorndike）將這種現象稱為效果律（the law of Effect）。

(三) **社會學習理論**：班度拉（A.Bandura）的「攻擊行為研究」，主要探討：人們如何學會攻擊行為？從試驗結果顯示：學習是社會化行為，可經由觀察他人行為間接學習。亦即人的行為是藉由觀察別人的行為而產生的結果，藉由觀察學習的行為，可省略嘗試錯誤歷程，直接學到最後應有的行為。而觀察模仿須經歷四個階段：

注意階段	注意到楷模的行為。
記憶階段	編碼儲存到記憶中。
重複階段	能夠做出模仿而來的行為。
增強階段	從楷模的行為得到積極強化。

二、當員工在感受到不公平時，會試著降低此種不公平的狀況，採取下列措施：

(一) 減少投入（少做點事、缺席、摸魚等）。

(二) 增加產出或報酬（要求加薪、獎金）。

(三) 改變比較基準或對象（與其他公司比較）。

(四) 改變其他人的「投入／產出」比率（讓別人多做點事）。

(五) 改變心理的比較狀態（自我安慰，視不公平為短暫的，將來可以改善解決）。

(六) 離開此種不公平的情境（離職或調職）。

三、根據公平理論（Equity Theory），員工會將他的付出（input）及報酬（outcome）與其他人比較以進行公平性的判斷，並依此來消除不公平的狀態。當員工覺得自己的報酬與付出之比例低於其參考對象時，可能會怠工、改換其他情況較差的參考對象、要求加薪等。相反的，當員工覺得自己的報酬與付出之比例高於其參考對象時，則會更加努力工作。

易錯診療站

一、**行為修正的四種方法：**

(一) 正向增強：給予所愛。　(二) 負向增強：取走所惡。

(三) 處罰：給予所惡。　(四) 消弱：取走所愛。

二、**Vroom的期望理論（Expectancy Theory）認為員工會受到激勵以提高生產力，員工相信他的努力可以得到好的績效考核，而好的績效考核可以得到組織的報酬，報酬可以滿足員工的個人目標。**期望理論認為會影響員工的努力和動機，進而促使組織期望行為的發生，受三個主要變項的影響：

(一) **努力能達成績效的期望（Effort-to-Performance Expectancy）**。

(二) **績效能帶來報酬的期望（Performance-to-Outcome Expectancy）**。

(三) **個人對報酬的偏好與價值（Value）**。

模擬題試煉

一、基礎題

(　) **1** 下列何者是屬於激勵理論中的過程理論？　(A)需求層次理論　(B)公平理論　(C)兩因理論　(D)ERG理論。

(　) **2** 根據伏倫（V.Vroom）的期望理論，決定一項激勵作為能否對人員產生激勵效果的關鍵在於以下何者？　(A)主管領導的風格　(B)人員對主管下令的接納程度　(C)主管交付任務的態度　(D)人員對所交付任務自覺可以達成的可能性。

(　　) **3** Vroom的預期理論認為一個人的激勵是由哪些函數所組成？ (A)預期努力會達到績效 (B)所認知績效和報酬之間的關係 (C)人們認為報酬所附加的價值 (D)以上皆是。

(　　) **4** 何項理論認為工作投入與所獲得的報酬相等時，可產生最大的報酬？ (A)期望理論 (B)公平理論 (C)需求理論 (D)雙因子激勵理論。

(　　) **5** 下列何人提出「公平理論」，認為「無論何時，一個人覺得其工作結果及工作投入的比率，與他人的結果及投入之比不相稱時，不公平即存在」？ (A)亞當斯（J.S.Adams） (B)佛洛姆（V.H.Vroom） (C)阿德福（C.P.Alderfer） (D)何茲柏格（F.Herzberg）。

(　　) **6** 學者史金納（B.F.Skinner）所提有關激勵的增強理論認為，個體行為是由什麼所控制？ (A)增強物 (B)成就感 (C)吸引力 (D)期望值。

(　　) **7** 下列哪一項激勵理論係源自於心理學的學習理論？ (A)ERG理論 (B)公平理論（Equity Theory） (C)需求層次論（Theory of Needs Hierarchy） (D)增強理論（Reinforcement Theory）。

(　　) **8** 有關於增強理論的敘述，下列何者有誤？ (A)有正向結果的行為，傾向於被重覆進行 (B)增強的時程會影響到行為的修正 (C)當所欲的行為發生時，每次都予以強化，稱為「變動式增強」 (D)增強理論起源於心理學的工具制約（operant conditioning）。

(　　) **9** 波特（Porter）與勞勒（Lawler）的動機作用模式認為：a.工作報償 b.工作滿足 c.行為努力 d.工作績效 (A)a→b→c→d (B)c→d→b→a (C)c→d→a→b (D)d→c→a→b。

二、進階題

(　　) **10** 有關激勵過程理論（Process Theory）的敘述，下列何者錯誤？ (A)以行為為中心 (B)強調激發員工行為的動機因素 (C)研究焦點在於探討員工如何選擇工作行為以及選擇的過程 (D)代表理論有公平理論（Equity Theory）與期望理論（Expectancy Theory）。

(　　) **11** 王品集團的員工享有分紅入股的獎勵制度，抱持「即時獎勵、立即分享」的理念，請問這比較符合何種理論？　(A)期望理論　(B)需求層級理論　(C)公平理論　(D)增強理論。

(　　) **12** 某甲時常抱怨「領同樣的薪水、為什麼我的工作比較多」，而顯得意興闌珊士氣低落，這種現象可以從下列何種激勵理論加以解釋？　(A)權變理論　(B)內容理論　(C)公平理論　(D)傳統理論。

(　　) **13** 經理想要讓員工準時上班，他決定取消遲到員工的休假，這是屬於增強理論中的哪一種類型？　(A)正面強化　(B)懲罰　(C)負面強化　(D)消滅。

(　　) **14** 假設大雄在公司很少遲到，偶爾遲到一次時主管並不斥責。此時依據增強理論，主管是用什麼方式來激勵大雄？　(A)正增強　(B)消弭　(C)處罰　(D)負增強。

(　　) **15** 主管對於遲到的員工予以扣薪，而準時上班的員工將不會被扣薪水。此時管理者使用了行為塑造的哪一種方法？　(A)正強化　(B)消滅　(C)處罰　(D)以上皆非。

(　　) **16** 下列哪一種增強方式的缺點是：長期而言可能會因個體的疲乏而失去效果？　(A)連續性增強　(B)部分增強　(C)增強的時程　(D)變動性增強。

(　　) **17** 根據Locke之目標設定理論（goal setting theory），目標設定必須具備四個條件，才能達到激勵作用，下列何者為非？　(A)可期望的（Expectant）　(B)可能承諾的（Committable）　(C)可達成的（Achievable）　(D)可明確衡量的（Measurable）　(E)有報酬的（Rewardable）。

解答與解析

一、基礎題

1 (B)。(A)(C)(D)屬於激勵的內容理論。

2 (D)。主張個人會根據行為所產生某種結果的期望，以及此結果對個人吸引力的大小，而決定行為的傾向。

3 (D)。激勵強度（Motivation）＝E（期望）×I（工具性）×V（價值或偏好）。

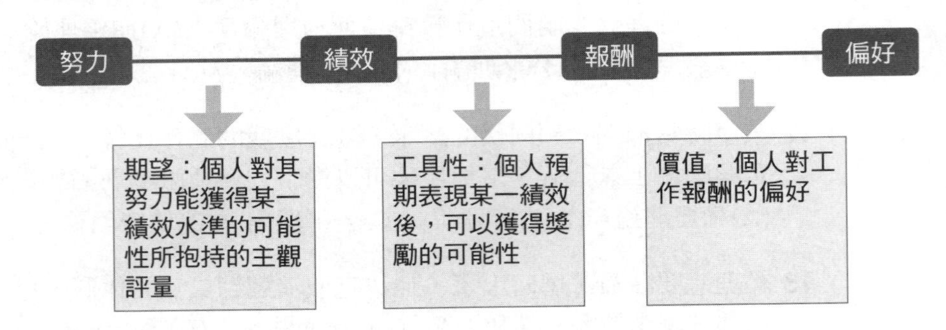

4 (B)。員工會比較自己和參考對象（Referent）的投入產出比率，並依據公平與否而影響其行為。

5 (A)。(B)提出「期望理論」。(C)提出「ERG理論」。(D)提出「二因子理論」。

6 (A)。或稱操作物、制約物。

7 (D)

8 (C)。稱為「連續性增強」。

9 (C)

二、進階題

10 (B)。探討個人的行為如何開始？如何被引導？如何持續或中斷。

11 (A)。認為員工於決定從事某種行為前，必先評估各種行為策略，如果某個策略是其相信可獲取報酬的策略，而此項策略又是他所期望的，那麼他就會選擇該項行為策略。

12 (C)。組織成員對行為的選擇，是以個人認為在組織中獲得公平的待遇為準。

13 (D)。移除個體原本擁有正面結果。

14 (D)。移除個體不想要的負面結果。

15 (D)。主管對遲到員工予以扣薪為處罰行為；對準時上班員工給予不扣薪為負強化行為。本題主管同時應用了兩種行為塑造方法，所以本題答案為以上皆非。

16 (A)。每次個體執行管理者想要的行為時，就給予個體強化。其優點是可使個體快速學習到行為與結果的關聯性。但缺點：長期而言可能會因個體的疲乏而失去效果。

17 (A)。目標設定MARC理論：可明確衡量的（Measurable）、可達成的（Achievable）、有報酬的（Rewardable）、可能承諾的（Committable）。

實戰大進擊

(　　) **1** 由於在大學時認真讀書，故可以在考試中獲取良好成績，而優良課業成績有助於找到一份好工作，獲得較高收入水準及地位。此種解釋績效與報酬關係的激勵理論稱為：　(A)期望理論　(B)公平理論　(C)需求理論　(D)Y理論。【104郵政第2次】

(　　) **2** 下列何種理論是一個整合而全盤性的理論，主張激勵的產生是由兩個因素所成的：(1)個人有多麼希望獲得某種東西（或某種結果）；(2)個人認為獲得此東西（或此結果）的可能性有多大？　(A)期望理論　(B)權變理論　(C)公平理論　(D)目標設定理論。【103台糖】

(　　) **3** 佛倫（Victor H. Vroom）的期望理論（expectancy theory）認為一個人的激勵是________的函數，但下列何者錯誤？　(A)預期努力會達到所欲績效水準　(B)所認知績效和報酬之間的關連性　(C)個人對工作報酬的偏好　(D)個人對績效的價值觀與態度。【104港務】

(　　) **4** 期望理論認為：　(A)人的選擇行為能夠導致所希望的報償　(B)工作設計應人性化　(C)人性喜好工作，只要給予獎勵誘因，即可提升其工作效率　(D)行銷目標應明確訂定。【104農會】

(　　) **5** 員工滿意度取決於他的投入和產出比率，與其他員工投入和產出比率的比較，稱為：　(A)增強理論　(B)行動激勵（action motivation）　(C)公平理論　(D)目標設定。【104郵政第2次】

(　　) **6** 員工比較自己和他人的投入產出比率後，據以採取行為，是下列哪一理論的觀點？　(A)期望理論　(B)需求層次理論　(C)公平理論　(D)雙因子理論。【103台北自來水】

(　　) **7** 激勵理論中，認為人們會在投入（Input）與結果（Output）之間，儘量保持平衡狀態，此理論稱為：　(A)期望理論　(B)增強理論　(C)公平理論　(D)兩因素理論。【103台電】

( ) **8** 根據增強理論（reinforcement theory），當下列何種情形，員工會快速地遵照主管所期望的方式行為？ (A)他們舉止適當，但沒有獲得任何肯定 (B)他們做錯事受到處罰 (C)他們獲得立即且持續性地獎勵 (D)他們設定明確，但困難的目標要達成。 【104郵政第2次】

( ) **9** 下列何者屬於負向強化（negative reinforcement）的行為塑造方法？ (A)管理者稱讚員工的好表現 (B)管理者說如果員工準時上班，就不會扣薪水 (C)管理者將經常遲到的員工扣兩天的薪資 (D)管理者取消自願加班的額外福利。 【105中油】

( ) **10** 一位管理者藉由排除令員工不愉快的事作為獎勵，以塑造員工行為，此方法稱之為： (A)正向強化（positive reinforcement） (B)負向強化（negative reinforcement） (C)處罰（punishment） (D)消弱（extinction）。 【103中油】

( ) **11** 依據激勵的增強理論，老師想要學生每堂課都能出席，因此告知若有缺課則取消獲得該科學期成績額外加分的機會，這是屬於增強理論中的何種類型？ (A)正面強化 (B)負面強化 (C)消滅 (D)懲罰。 【104自來水】

( ) **12** 關於各激勵理論的論述，下列何者錯誤？ (A)McClelland 的三需求理論，是指成長、關係與權力三者 (B)Herzberg試圖區分工作本身與工作外兩種因素的效果 (C)Vroom的期望理論以努力與績效、績效與報酬、報酬與其吸引力三者關係來解釋員工行為 (D)增強理論認為行為是其結果的函數。 【105自來水】

( ) **13** 下列關於激勵理論的敘述何者有誤？ (A)目標設定理論認為設定困難的目標可以達到激勵的效果 (B)根據增強理論，個人的行為是其結果的函數，真正控制人們行為的是增強物（reinforcers） (C)工作設計理論的重點在於縮小工作範圍與專業化 (D)期望理論的關鍵在於瞭解個人目標，以及努力、績效、獎賞、個人目標滿足之間的關聯性。 【104台電】

( ) **14** 有關目標設定理論的敘述，下列何者正確？ (A)目標的設定不會影響工作績效 (B)明確的目標可以提昇工作績效 (C)應盡量設定很難達到的目標 (D)設定容易達成的目標會讓員工很快樂。 【104自來水升】

(　　) **15** 社會學習理論認為，學習成立與否決定於四個程序，其中哪一個程序是指個人要實際地體會到重複該行為的後果，才決定以後是否要再進行這個行為？ (A)注意階段 (B)記憶階段 (C)重複行為階段 (D)增強階段。 【103台糖】

(　　) **16** 下列哪一個激勵理論是主張個人會根據對行為結果的期望，以及此結果的吸引力，來決定其對某種行為的傾向。而且此理論關鍵在於了解個人目標，以及努力與績效、績效與獎賞、獎賞與個人目標滿足之間的關聯性？ (A)公平理論 (B)期望理論 (C)雙因子理論 (D)需求理論。 【106台糖】

(　　) **17** 根據期望理論（Expectancy Theory），主要提出三項變數：績效（P）、努力（E）、報酬（O）。這三項變數的前後順序關係為：(A)P→E→O (B)E→P→O (C)P→O→E (D)O→E→P。【106桃機】

(　　) **18** 期望理論模型不包括下列哪個要素？ (A)個人努力 (B)個人績效 (C)組織增員 (D)個人目標。 【107郵政】

(　　) **19** 增強理論認為「運用不同類型的增強工具，員工將有機會展現更多有助達成企業組織目標的行為」，關於增強工具的敘述，下列何者錯誤？ (A)給予正增強可以鼓勵特定行為的重複發生 (B)適當、立即性的報酬或處罰可以修正員工行為 (C)連續性的增強效果必然比間歇性增強來得高 (D)增強工具的運用實際上與操作性制約相似。 【107郵政】

(　　) **20** 下列哪個理論認為企業組織的經理人可以運用獎賞（Rewards）與懲罰（Punishments）來激勵員工展現有利於完成工作任務的行為？ (A)期望理論（Expectancy Theory） (B)公平理論（Equity Theory） (C)增強理論（Reinforcement Theory） (D)目標設定理論（Goal-Setting Theory）。 【108郵政】

(　　) **21** 激勵理論中的期望理論（expectancy theory）由Vroom學者所提出，其中一個簡化的模式，可清楚描述期望理論的內涵，其順序為下列何者？ (A)個人努力→組織報酬→個人績效→個人目標 (B)個人目標→組織報酬→個人努力→個人績效 (C)個人努力→個人績效→

組織報酬→個人目標 (D)個人目標→個人努力→個人績效→組織報酬。【111台鐵】

( ) **22** 阿珍在公司努力工作，獲得優異的績效，獎金雖然比同事高，卻沒有得到她所在意的肯定與尊重，因此阿珍決定離職。下列何種理論最適合解釋阿珍的行為？ (A)目標設定理論（Goal Setting Theory） (B)公平理論（Equity Theory） (C)期望理論（Expectancy Theory） (D)三需求理論（Three Needs Theory）。【111經濟部】

( ) **23** 根據公平理論，下列何者無法降低當事者的認知不公平？ (A)改變工作上的努力 (B)改變認知 (C)部門輪調 (D)離職。【111台鐵】

( ) **24** 塑造員工行為時，如果對於常遲到的員工扣一些薪水，這樣的做法屬於那一種行為塑造方式？ (A)正強化（positive reinforcement） (B)負強化（negative reinforcement） (C)懲罰（punishment） (D)消滅（extinction）。【111台酒】

( ) **25** 有些公司會要求員工星期六加班，管理者意識到員工通常不喜歡在星期六工作，如果員工在5個工作日內達到績效水平，經理可以提議在星期五結束工作，此為下列何種增強理論類型？ (A)消滅 (B)懲罰 (C)負面強化 (D)正面強化。【111經濟部】

解答

1(A) 2(A) 3(D) 4(A) 5(C) 6(C) 7(C) 8(C) 9(B) 10(B)
11(C) 12(A) 13(C) 14(B) 15(D) 16(B) 17(B) 18(C) 19(C) 20(C)
21(C) 22(C) 23(C) 24(C) 25(C)

絕技 21
溝通的基本概念

命題戰情室：管理學者賽蒙（H.Simon）說：「沒有溝通即無組織可言」，溝通是從一個體到另一個體，並使對方了解其意義的訊息轉換過程，對組織而言尤其重要。本絕技有關溝通意涵、程序（要素）、溝通類型、溝通的障礙與改進溝通障礙方法，都是命題關鍵所在。

重點訓練站

(一) 溝通是一種人際間互動的過程，亦即一個人將資訊傳遞給他人以達共同理解的過程。

(二) 史考特與米契爾（Scott & Mitchell）認為，溝通具有四項功能：傳遞訊息、強化控制、提高動機、增加滿足。

一、溝通程序

溝通的程序，係由發訊者與收訊者、編碼與解碼、溝通管道或媒介、回饋與噪音四大部份組成。

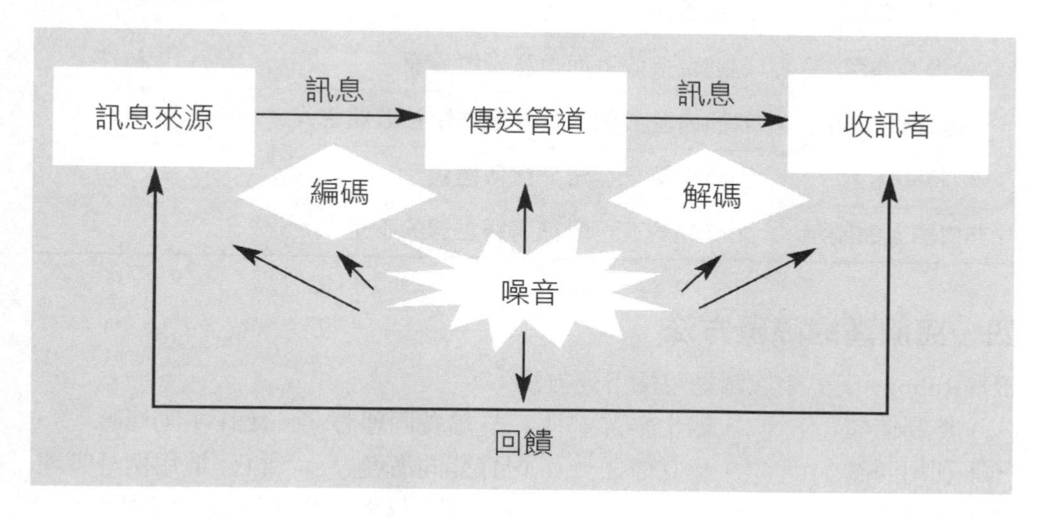

二、溝通類型

	類型	說明
人際與組織溝通	人際溝通	兩個個體之間的溝通
	組織溝通	部門間對內或對外的溝通
言辭與非言辭溝通	言辭溝通	包括口頭溝通與書面溝通
	非言辭溝通	係指肢體溝通方式
正式與非正式溝通	正式溝通	係組織正式層級結構所進行溝通
	非正式溝通	經由組織正式溝通系統以外的溝通

三、溝通的障礙

溝通障礙發生根據Robbins與吳秉恩教授的敘述有以下數種原因：

原因	說明
情感障礙	恐懼、焦慮、仇恨等因素引起
價值差異	溝通雙方價值觀念不同所引起
表達不良	口齒不清、語意混淆等因素造成
組織缺陷	組織本身規模太大或層級太多造成
資訊超載	訊息資訊超過負荷
過濾作用	為迎合接收者而蓄意操縱資訊
選擇性認知	收訊者基於個人喜好選擇所接收訊息
時間壓力	因時間緊急無法完整傳達訊息
非口語上的暗示	如肢體語言可彌補溝通主體的不足

四、克服溝通障礙方法

根據Robbins與吳秉恩歸納可採下列方法：

(一) 控制情緒　(二) 簡化語言　(三) 培養同理心　(四) 主動傾聽
(五) 利用回饋　(六) 建立信任　(七) 雙向溝通　(八) 運用例外管理
(九) 注意非語言的暗示（目光接觸、臉部表情、肢體語言、聲音、線索）。

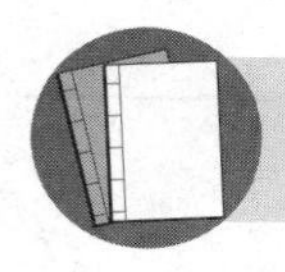

資料補給站

認知障礙，會對訊息的解讀造成影響，溝通認知障礙有：

月暈效果	僅依有限資訊獲得對人的概括印象與認知。
刻板印象	以一個人所屬的團體作為判斷他的基礎。
選擇性認知	有意或無意地過濾訊息，只選擇特定部分來聚焦的過程。
對比效果	依據先前經驗來解讀訊息而產生偏誤。
投射作用	假設別人跟我一樣會有相同的反應。

易錯診療站

溝通的要素：

發訊者 sender	溝通過程中想要傳遞訊息的一方，是整個溝通過程的溝通來源。
編碼 encode	訊息發送者將溝通內容轉化為詞句，並有意或無意地賦予內容更多涵意。
解碼 decode	訊息接收者透過認知過濾，將接收到的訊息賦予意義的過程。
溝通管道 channel	訊息傳遞的實體通路，包括書面、口頭、視訊、電子媒介。
回饋 feedback	收訊者吸收資訊後的反應，可提供發訊者檢視所發訊息，是否被正確了解。
噪音或干擾 noise	在溝通過程中，所有可能阻礙溝通效果的各種因素。

模擬題試煉

一、基礎題

( ) **1** 溝通是指將資訊與訊息傳達給他人以達共同理解的過程，成功達成共同理解的溝通會表現在下列何種情形？ (A)訊息傳送者與接收者有共同的觀點 (B)訊息接收者成功地接收到訊息 (C)雙方達成互相的了解 (D)訊息傳送者徹底清除溝通障礙。

( ) **2** 以下何者不是溝通可以達成的功能？ (A)傳遞訊息 (B)強化控制 (C)提高動機 (D)附加價值。

( ) **3** 溝通程序通常不包括下列哪一項要素？ (A)發訊者 (B)指揮 (C)通路 (D)回饋。

( ) **4** 在溝通的過程中，發話者將想法及感覺轉成訊息的過程，稱之為： (A)解碼 (B)回饋 (C)編碼 (D)干擾。

( ) **5** 組織中常見的溝通媒介有哪些？ (A)會議 (B)信件 (C)電子郵件 (D)以上皆是。

( ) **6** 依循指揮或層級系統來進行溝通，稱為： (A)正式溝通 (B)人際溝通 (C)非正式溝通 (D)向上溝通。

( ) **7** 溝通經由組織內各種社會關係，超越部門，而形成的一種溝通形式，稱為： (A)正式溝通 (B)斜向溝通 (C)水平溝通 (D)非正式溝通。

( ) **8** 在各種溝通方式當中，訊息傳遞及回饋速度最快者為： (A)書面式溝通 (B)行為式溝通 (C)口頭式溝通 (D)電子媒體溝通

( ) **9** 下列何者不是溝通的主要障礙因素？ (A)時間壓力 (B)傳播謠言 (C)層級過多 (D)辭不達意。

( ) **10** 下列各項敘述何者不是改善組織溝通的技能及做法？ (A)鼓勵反饋 (B)有效的傾聽 (C)給予部屬適當的指示 (D)使用簡單的語言。

二、進階題

( ) **11** 組織是一群個體所組成的系統，人際間的訊息交流因人際互動而頻繁，小道消息也充斥其間；管理上所重視的組織內有意義的訊息轉移指的是何項？ (A)規劃 (B)控制 (C)領導 (D)溝通。

( ) **12** 下列那一項對溝通的敘述是錯誤的？ (A)溝通只限於語言或文字 (B)訊息必須有被聽者接收 (C)接收訊息者要對訊息有正確的了解 (D)接收者不一定要同意或贊成該意思。

( ) **13** 溝通過程中，說話者使用外語或方言，聽者無法瞭解，這是那一個環節出問題？ (A)編碼 (B)發訊 (C)解碼 (D)傳遞。

( ) **14** 下列那一項不是受到溝通干擾的情況？ (A)受人打斷 (B)錯誤溝通路線 (C)有效回饋 (D)時間壓力，不能暢所欲言。

( ) **15** 電子媒介對現存社會形式的衝擊，最主要的是速度與空間的無遠弗屆，以下何者不是電子媒介所提供的溝通工具？ (A)智慧型手機 (B)語氣聲音 (C)網際網路 (D)視訊APP。

( ) **16** 組織中的非正式溝通具有何種特質？ (A)消息傳遞比較準確 (B)溝通方式有規則可循 (C)溝通大多在無意之中進行 (D)溝通系統來自法規的明文規定。

( ) **17** 管理者在與員工的溝通過程中，員工往往傾向於聽取他們想聽取的訊息，而忽略不想聽的訊息，此種溝通誤差是屬於下列何種溝通障礙？ (A)選擇性認知 (B)資訊氾濫 (C)過濾作用 (D)情緒影響。

( ) **18** 溝通障礙的克服不包括那一項？ (A)專注傾聽 (B)保持雙向溝通 (C)加強說服的技巧 (D)善用回饋的技巧。

解答與解析

一、基礎題

1 (C)。溝通是指意念的表達與瞭解。

2 (D)。增加滿足。

3 (B)。編碼、解碼、受訊者、回饋。

4 (C)。訊息發送者將溝通內容轉化為詞句。

5 (D)

6 (A)。指經由組織正式層級結構以及指揮與報告系統所進行的溝通，又可分為上行、下行、平行、斜行溝通四種溝通方式。

7 (D)。建立在組織份子的社會關係上，由人員間的社會交互行為而產生。

8 (C)。優點是速度快、能馬上接收到對方反應（回饋），但缺點是不夠正式、口說無憑。

9 (B)。另有：情感障礙、價值差異、資訊超載、過濾作用等。

10 (C)。其他有：控制情緒、培養同理心、建立信任、運用例外管理等。

二、進階題

11 (D)。溝通是訊息、觀念或態度之分享，並在傳訊者與受訊者間產生某種理解程度。

12 (A)。尚有肢體的溝通、電子媒介的溝通等。

13 (C)。將發送者訊息再次轉譯的過程。

14 (C)。是有效溝通的途徑。

15 (B)。不是透過電子設備來從事溝通的方法。

16 (C)。(A)(B)(D)為正式溝通的特質。

17 (A)。溝通時會基於個人的需求、經驗背景來選擇聽聞的事物。

18 (C)

實戰大進擊

( ) 1 某餐飲業企業在進行服務人員的教育訓練時，台上的教師將所要傳達的訓練內容製作成有趣的教材，以讓參與教育訓練的學員瞭解內容。此過程是溝通程序中的何者？ (A)管道 (B)解碼 (C)回饋 (D)編碼。 【103台酒】

( ) 2 承上題，當參與的學員在接收訊息前，需將教材內容轉譯成學員能瞭解的內容，此過程為溝通程序中的何者？ (A)管道 (B)解碼 (C)回饋 (D)編碼。 【103台酒】

( ) 3 為了確認資訊是否被正確地傳達與理解，組織溝通中下列何者的建立是不可或缺的重要機制？ (A)回饋系統 (B)控制系統 (C)領導系統 (D)分類系統。 【104自來水升】

( ) 4 下列何者「不是」溝通過程的要素？ (A)編碼（encoding） (B)解碼（decoding） (C)回饋（feedback） (D)控制（control）。 【105台酒】

(　　) **5** 最能反應人們真實想法和態度的是：　(A)口語溝通　(B)文字溝通　(C)身體語言　(D)電子郵件。　【103自來水】

(　　) **6** 每天的e-mail信箱都會收到上百封的e-mail，要逐封仔細閱讀並回覆是不可能的，對工作者而言，他正承受了什麼溝通上的問題？　(A)資訊不足　(B)資訊超載　(C)溝通管道受限　(D)資訊不及時。　【103台糖】

(　　) **7** 管理者使用例外管理（management by exception），主要可解決何種溝通障礙？　(A)組織層級　(B)組織地位　(C)資訊超載　(D)資訊模糊。　【104港務】

(　　) **8** 下列何者並非克服人際溝通障礙的可行方法？　(A)利用回饋　(B)主動傾聽　(C)注意非語言的暗示　(D)重複說明。　【102郵政】

(　　) **9** 收訊者會將送訊者的訊息轉譯回來，即符號觀念化，稱為：　(A)解碼　(B)編碼　(C)通路　(D)回饋。　【106桃機】

(　　) **10** 下列何者並非溝通的功能？　(A)資訊傳遞　(B)提高動機　(C)降低參與　(D)強化控制。　【107郵政】

(　　) **11** 下列何者不是溝通過程中不可或缺的元素？　(A)發訊者　(B)解碼者　(C)溝通管道　(D)回饋。　【107郵政】

解答

1(D)　**2(B)**　**3(A)**　**4(D)**　**5(C)**　**6(B)**　**7(C)**　**8(D)**　**9(A)**　**10(C)**
11(B)

絕技22 溝通的種類與方式

命題戰情室：正式溝通管道如同指揮鏈一樣分為垂直（上行）、水平（平行）、斜向三種型式，非正式溝通則發展於組織正式架構之外，一種傳聞或謠言。這些重點都是命題的焦點，但往往會以實例題出現。另外，群體溝通方式、溝通障礙與克服亦須略加注意。

重點訓練站

一、正式溝通

經由組織正式層級結構以及指揮與報告系統所進行的溝通，可分為下列四種：

類型	說明	方式
上行溝通	下級人員以報告或建議等方式，對上級反應其意	建言、提案、報告
平行溝通	組織中同一層級的人員或部門之間的溝通	公文會簽、協調會報
下行溝通	即是依組織系統路線，由上層傳至下層	命令、指示、法規
斜行溝通	指機關組織內不同層級的單位或人員間的溝通	專案小組

二、非正式溝通

指在組織結構之外，來自人員的自發行動所形成的溝通網路，由於其分佈廣泛，所以常成為組織溝通的重要管道。非正式溝通乃是非正式組織的副產品，它一方面可滿足員工的需求，另一方面也彌補了正式溝通系統之不足。

戴維斯（Davis）將非正式組織溝通分為四種類型：

(一) **集群連鎖**（cluster chain）：在溝通過程中，可能有幾個中心人物，由他轉告某些人，而且有某種程度的選擇性，此種類型最常見。

(二) **閒談連鎖**（gossip chain）：由一個人告知所有其他人，又稱密語連鎖。
(三) **機遇連鎖**（probability chain）：資訊傳送並無特定的對象，隨緣傳播，碰到什麼人就轉告什麼人。
(四) **單線連鎖**（single chain）：資訊由一人轉告另一人，此種情況最為少見。

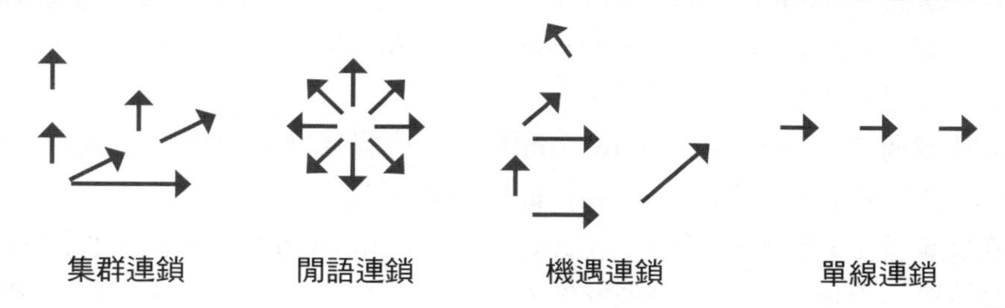

三、溝通方式

(一) **書面的溝通**：利用文字或圖畫方式進行溝通活動。包括公文、報告、通告、公報、信件及組織定期刊物等。
(二) **口頭的溝通**：利用聲音或語言方式進行的溝通活動。例如演講、訓話、面談、宣佈、口頭報告、電話交談等。
(三) **非口語溝通**：在進行面對面溝通時，雙方可藉由身體各部分動作，而增加表達力的一種方式，可分肢體語言的溝通方式與口語的音調變化方式。如表情、語氣、舉止態度。
(四) **電子媒介**：由於科技發達，溝通方式以進入數位時代，影音兼具，如視訊、手機、電腦、傳真機、公共通訊系統等。

其優缺點比較如下：

方式／優劣	優點	缺點
口頭的溝通	訊息快速傳遞、立即回饋、可面對面交流、使對方感到親切	傳遞過程的扭曲、欠缺深思熟慮、口出無憑不正式、無法永久保存
書面的溝通	書面較具正式性、不易扭曲、可周詳考量、可以永久保存	資訊傳遞慢、無法立即回饋、無法雙向交流、太過冗長則效果打折
非口語溝通	可增強口語溝通的效果	容易產生信賴缺口
電子媒介	能迅速正確地傳遞效果引起注意	成本太高、容易資訊超載

四、群體溝通

兩個以上的人員所進行的正式或非正式溝通。Berelson & Steiner以五種型態，來說明群體溝通的方式：

(一) **鏈型溝通**（chain communication）：溝通流向隨著正式指揮鏈上下流動。

(二) Y**狀溝通**（Y form communication）：代表二個部屬向一位上司報告，而此位上司上面還有二個層級。

(三) **輪狀溝通**（wheel communication）：有一個強勢的領導者，成員間的訊息收發均透過他來進行，成員彼此間無溝通發生。

(四) **環狀溝通（或稱圈式溝通）**（circle communication）：不似輪狀溝通有明顯的核心人物存在，而是彼此間水平地位，由一人傳給一人，逐一傳遞再回到原點。

(五) **交錯型溝通（或稱網狀、星型溝通）**（all channel communication）：成員可以和所有的其他成員彼此互動與溝通，無核心人物，成員彼此間立於均等地位。

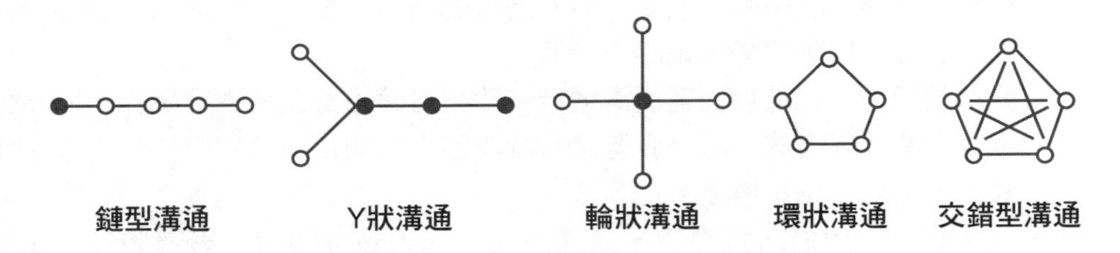

●代表上司　○代表部屬

準則	鏈狀	Y字型	輪狀	環狀	交錯型
速度	適中	適中	迅速	慢	迅速
正確性	高	高	高	低	適中
出現核心人物	適中	適中	高	無	無
士氣	適中	適中	低	高	高

五、溝通障礙

(一) **個人的溝通障礙**：訊息扭曲（曲解、過濾及粉飾）、刻板印象（偏見）、語言涵義（雞同鴨講）、干擾（噪音、環境的干擾）、訊息的不一致。

(二) **組織的溝通障礙**：專業化（本位主義）、組織層級（下情無法上達）、組織地位、組織文化、目標不一致。

六、溝通障礙的克服

保持主動傾聽、使用對方容易瞭解的語言、開放的心胸、應考慮對方的立場、保持雙向溝通、避免在溝通中加入情緒、善用回饋的技巧、注意非語言線索（言行須一致，保持信譽）。

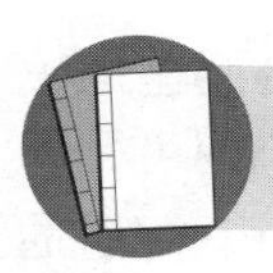

資料補給站

溝通風格：

侵略型	溝通者只求達成自己的目標，不考慮是否造成對方的負面效果。
果斷型	溝通者以創造雙贏為目標，透過情、理兼具方式來達成協議。
非果斷型	溝通者會想盡辦法避免衝突。
操控型	溝通者藉著高壓、請求、表達善意等方式來博取對方同意。
智慧型	溝通者以理性邏輯分析，精準的判斷，佐以具體資訊來說服對方。

易錯診療站

葡萄藤溝通（Grapevine）即組織的非正式溝通，係指組織內不是循著組織層級的正式程序，所進行的溝通。通常藉由小道消息、謠言傳播，並非管理層所能控制，且大部分員工都認為比正式公告更具有可信度，所以其影響無所不在，訊息傳播速度與衝擊程度往往遠比正式溝通還大。

模擬題試煉

一、基礎題

( ) 1 下列哪一種溝通模式不屬於正式組織溝通的類型？ (A)上行溝通 (B)平行溝通 (C)斜行溝通 (D)葡萄藤溝通。

( ) 2 管理者作出決策時，透過指揮鏈向下發佈訊息，通知員工是屬於下列哪一種溝通管道？ (A)上行溝通 (B)下行溝通 (C)平行溝通 (D)斜向溝通。

( ) 3 「員工抱怨程序」或「員工意見箱」的設置，是屬於組織的何種溝通方式？ (A)上行溝通 (B)下行溝通 (C)平行溝通 (D)斜行溝通。

( ) 4 建立在組織份子的社會關係上，由人員間的社會交互行為而產生，並來自人員的工作專長及愛好閒談之習慣，其溝通並無規則可循，且大多在無意中進行，這稱之為： (A)上行溝通 (B)下行溝通 (C)平行溝通 (D)非正式溝通。

( ) 5 戴維斯（Davis）將非正式組織溝通分為四種類型，以下何者不是？ (A)單向式 (B)複向式 (C)集群式 (D)隨機式。

( ) 6 兩種最常發生的葡萄藤溝通型態為何者？ (A)輪式和鏈式 (B)網式和圈式 (C)集群和閒語 (D)輪式和網式。

( ) 7 下列何者屬於非正式溝通的型態？ (A)對角溝通 (B)平行溝通 (C)下行溝通 (D)隨機傳播。

( ) 8 以下那一項不是書面溝通的方式？ (A)演講 (B)備忘錄 (C)期刊 (D)書信。

( ) 9 現在企業強調團隊合作，所以應採取何種溝通網路型態較佳？ (A)鏈型網路 (B)Y型網路 (C)網型網路 (D)環型網路。

( ) 10 組織中的溝通網路型式，溝通的方向只有最簡單的向上或向下，沒有平行的交流，更不能越級溝通，是為何種溝通型態？ (A)鏈型網路 (B)輪型網路 (C)Y型網路 (D)圈型網路。

( ) **11** 下列何種群體溝通型態的資訊正確性最低？ (A)環狀 (B)輪狀 (C)鏈狀 (D)Y狀。

( ) **12** (甲)使用資訊科技 (乙)職位的差異 (丙)過濾作用 (丁)主動傾聽 (戊)選擇性知覺。上述何者屬於溝通障礙的項目？ (A)甲乙丙 (B)乙丙丁 (C)乙丙戊 (D)甲丙戊。

( ) **13** 下列何者並非個人克服溝通障礙的方法？ (A)避免考量對方的立場 (B)使用對方可理解的語言 (C)有效的傾聽 (D)保持自己的信譽。

二、進階題

( ) **14** 某連鎖企業早班主管與晚班主管在交接、換班時的溝通，是屬於何種溝通方式？ (A)向上 (B)向下 (C)水平 (D)斜向。

( ) **15** 行銷部門的經理與財務部門課長討論有關新年度業務人員的訓練計畫，此為何種溝通方式？ (A)橋形溝通 (B)斜行溝通 (C)上行溝通 (D)下行溝通。

( ) **16** 在下述何種情況，非正式溝通的傳言（grapevine）會比較盛行？ (A)情況資訊超載 (B)情況溝通扭曲 (C)情況資訊錯漏 (D)情況模糊不清。

( ) **17** 下列何種溝通型態通常為組織的隱藏性通路？ (A)上行溝通 (B)下行溝通 (C)平行溝通 (D)非正式溝通。

( ) **18** 某家公司的總裁突發心臟病並緊急送醫時，這個消息立即傳遍整個公司，是由一個員工告訴其他所有的員工，這種葡萄藤溝通模式為何者？ (A)閒語 (B)機遇 (C)單線 (D)集群。

( ) **19** 有關「溝通」的敘述，下列何者不正確？ (A)電子郵件的普及造就了斜向溝通 (B)正式溝通是指按組織指揮鏈的溝通 (C)非正式溝通可滿足員工對社交的需求 (D)下行溝通指由員工流向管理者的溝通方式。

( ) **20** 在組織的溝通網路中，那一種型式的網路在溝通進行時必須完全依賴居於中心之人，其他成員彼此並無管道聯繫？ (A)Y型網路 (B)輪型網路 (C)圈型網路 (D)星型網路。

(　　) **21** 網路社群是由一群有相同興趣的人所組成，他們對共同興趣的主題進行分享、討論。當社群成員針對某一特定主題進行討論時，他們各自發表看法，這是屬於何種溝通類型？ (A)鏈式 (B)網式 (C)圈式 (D)Y式。

(　　) **22** 根據黎維特（H.J.Leavitt）的實驗研究結果，下列那一種溝通網路結構，其解決問題的速度最快？ (A)圓形網路 (B)輪形網路 (C)鏈形網路 (D)Y 形網路。

(　　) **23** 下列那種情況，最有可能包含所有組織溝通的類型？ (A)同事間協調專案的細節 (B)意見箱制度 (C)來自總經理的一張備忘錄（memo） (D)每天的同仁會議（daily staff meeting）。

(　　) **24** 關於組織溝通的敘述，何者有誤？ (A)溝通可以減少不必要的浪費 (B)容易滋生謠言是文字溝通的缺點 (C)正式溝通分為上行、下行、平行和斜行 (D)非正式溝通是非正式組織的副產品。

解答與解析

一、基礎題

1 (D)。是指非正式溝通。

2 (B)。根據依組織系統路線，由上層傳至下層。

3 (A)。指下級人員以報告或建議等方式，對上級反映其意見。

4 (D)。非正式溝通（informal communication）指在一個組織中的成員，不依循組織層級方式，進行彼此之間訊息的傳遞，以促進成員之間意見交換與情感聯繫。

5 (B)。戴維斯（K.Davis）認為非正式溝通管道的型態有單向式、集群式、隨機式、閒談式。

6 (C)

7 (D)。即碰到什麼人就轉告什麼人，並無一定中心人物或選擇性。

8 (A)。口頭或口語溝通。

9 (C)。又稱「星型網路」，允許每個成員彼此溝通傳遞訊息，組織中並無任何尊卑之分，彼此之間一律平等。

10 (A)。採層級傳遞，最高主管人員依次將訊息傳給基層人員。

11 (A)。組織允許成員與鄰近成員溝通，成員滿足感高，但溝通速度慢且無特定領導者。

12 (C)

13 (A)。應盡量考量到對方的立場。

二、進階題

14 (C)。或稱「平行溝通」，指組織中同一層級的人員或部門之間的溝通，以及業務與幕僚之間的溝通。

15 (B)。組織內不同層級的單位或人員間的溝通，亦即不同單位職位不相稱人員間的溝通。

16 (D)。傳言會比較盛行情況有三種：(1)情況重要；(2)模糊不清；(3)好奇或關心。

17 (D)。是指組織結構層級所未定義的組織溝通方式。

18 (A)。或稱「密語連鎖」，是由一人告知所有其他人。

19 (D)。指任何由管理者對下屬員工的溝通。

20 (B)。即主管人員，扮演著組織溝通的權威核心，分別向其他下級人員作連繫溝通，屬於較高度集權的溝通網路型態。

21 (B)。又稱：全方位型網路、星型、交錯型、交互式、完全接觸式等，所有成員彼此間皆可隨意溝通。

22 (B)。解決問題速度快，士氣非常低，容易產生領袖進行領導。

23 (D)。所有成員包括主管、部屬均會參與。

24 (B)。容易滋生謠言是口頭溝通的缺點。

實戰大進擊

(　　) **1** 下列何者不是組織中會見到的溝通流向？　(A)跳躍溝通　(B)上行溝通　(C)下行溝通　(D)平行溝通。　【103台糖】

(　　) **2** 員工的小團體會議屬於：　(A)向上溝通　(B)向下溝通　(C)斜向溝通　(D)水平溝通。　【104農會】

(　　) **3** 企業內屬於同一個組織層級的員工，彼此之間的溝通，稱之為：(A)下行溝通（downward communication）　(B)上行溝通（upward communication）　(C)橫向溝通（lateral communication）　(D)斜向溝通（diagonal communication）。　【103中油】

(　　) **4** 業務專員因客戶需求而與研發部門經理討論，要提供給客戶什麼的產品設計與規格，此種溝通方式，稱之為：　(A)下行溝通（downward communication）　(B)上行溝通（upward communication）　(C)橫向溝通（lateral communication）　(D)斜向溝通（diagonal communication）。　【105中油】

(　) **5** 下列何種溝通方式用在橫跨工作領域及組織層級的溝通上，即不同層級不同部門間的溝通？　(A)上行溝通　(B)斜向溝通　(C)橫向溝通　(D)正式溝通。【104自來水升】

(　) **6** 下列哪一種溝通方法，是經由朋友和熟人所組成的網路關係，透過謠言和其他非官方資訊，在人們之間傳遞訊息的方式？　(A)平行溝通　(B)葡萄藤　(C)肢體語言　(D)正式溝通。【105自來水、106桃機】

(　) **7** 下列關於組織非正式溝通的敘述，何者錯誤？　(A)資訊多為小道消息，毫無事實根據，管理者無須重視　(B)其途徑被比喻為葡萄藤（grapevine）　(C)其溝通的速度與範圍常比正式溝通要快及廣　(D)與組織層級及指揮鏈無關。【104、105自來水】

(　) **8** 美國經理人認為有效溝通的關鍵在發訊者身上，他們偏好明確且A的協定，因為潛在的誤解容易發生在B溝通中。請問A及B分別為何？　(A)口頭；口頭　(B)書面；口頭　(C)口頭；書面　(D)非言辭；書面。【104郵政第2次】

(　) **9** 以下何種溝通管道提供了最好的資訊豐富度（information richness）？　(A)網路郵件　(B)面對面溝通　(C)紙本文件　(D)以上皆非。【105農會】

(　) **10** 下列哪一種型態是正式的組織溝通網絡（communication networks），團隊員工彼此可互相溝通且滿意度會最高？　(A)網狀（all-channel）型式　(B)輪狀（wheel）型式　(C)鏈狀（chain）型式　(D)葡萄藤（grapevine）型式。【105中油】

(　) **11** 若要增進組織成員的滿意度，下列哪一種形式的正式溝通網絡最有效？　(A)輪狀式（wheel）　(B)全方位式（all channel）　(C)鏈狀式（chain）　(D)葡萄藤式（grapevine）。【105郵政】

(　) **12** 常見的組織溝通網路的形式中，哪一種溝通網路形式的特性是「速度快、員工滿意度高、正確性中等、且無領導的明顯性」？　(A)網狀式（all-channel）　(B)輪狀式（wheel）　(C)Y字式　(D)鏈狀式（chain）【105台糖】

( ) **13** 下列哪一種溝通網絡型式，員工的滿意度最高？ (A)葡萄藤（grapevine） (B)鏈狀（chain） (C)輪狀（wheel） (D)網狀（all-channel）。 【104自來水升】

( ) **14** 下列哪一項在「溝通模式」中屬於「高時空限制」？ (A)群體面對面會議 (B)email郵件 (C)facebook社群分享 (D)line討論。 【106台糖】

( ) **15** 主動傾聽（Active Listening）能降低溝通的障礙。下列何者並非主動傾聽的行為？ (A)保持目光的接觸 (B)盡量不要提出問題 (C)善用身體語言回應 (D)設身處地以發訊者的立場思考。 【106桃機】

( ) **16** 下列何者不是溝通中主動傾聽的行為技巧？ (A)設身處地 (B)保持目光接觸 (C)不提問題 (D)用自己的話重述。 【108郵政】

( ) **17** 速度快、員工滿意度高但無領導的明確性，是下列何者組織溝通網路？ (A)直線式 (B)網狀式（all-channel） (C)輪狀式（wheel） (D)鍊狀式（chain）。 【108郵政】

( ) **18** 早班工讀生與晚班工讀生在交接、換班時的溝通，可稱為下列何種溝通？ (A)垂直 (B)向上 (C)向下 (D)水平。 【111經濟部】

解答

1(A) **2**(D) **3**(C) **4**(D) **5**(B) **6**(B) **7**(A) **8**(B) **9**(B) **10**(A)
11(B) **12**(A) **13**(D) **14**(A) **15**(B) **16**(C) **17**(B) **18**(D)

絕技23 控制

命題戰情室：從歷年的題目可以看出本絕技比較會考的重點有：控制定義、程序或步驟、控制種類的時程劃分（事前、事中、事後控制），不過在管理功能命題所佔的比率最少，每次可能僅出1、2題。

重點訓練站

控制適用以確保活動能按計畫完成並矯正任何重大的偏離監視活動之程序。

一、控制程序

有效的控制系統可以協助組織完成既定的目標，應包含四個前後關聯的步驟：

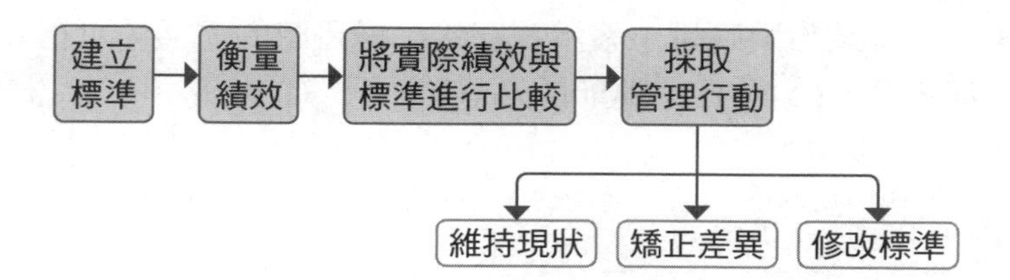

二、控制型態

(一) **內部控制**：可依控制的時程劃分為下列三種類型：

類型	說明	釋例
事前（前饋）控制	是一種前向性的控制，防範未然	政策、計畫
事中（同步）控制	是一種即時性的控制，立即修正	走動式管理
事後（回饋）控制	是一種後應式控制，亡羊補牢	顧客滿意調查

(二) **外部控制**：根據UCLA的威廉・大內教授所述，組織控制可以採用三大類策略：官僚控制、市場控制與黨派控制。

控制系統	特點	要求
官僚控制	使用正式規則、標準、階層及合法職權。	在作業內容確定起員工獨立作業時效果最好。
市場控制	使用價格、競爭、利潤中心、交易關係。	在產出可以辨識的實體，而且可以在各團體間建立市場機制時效果最好。
黨派控制	涉及文化、共享的價值觀、信念、期望與信任。	在「沒有最好的工作方式」，而且賦予員工制定決策權時效果最好。

三、有效控制系統的特徵

力其曼（Richman）與法墨（Farmer）認為有效的控制系統應具備五個特徵：

(一) **相關性**：即控制之績效項目，若包括有某些不相干或無關緊要之標準在內，就屬於過度控制。

(二) **效率性**：設置控制系統時，必須利用成本效益分析評估，其價值是否一致，又稱為控制之經濟性考量。

(三) **安全性**：控制系統一旦發生問題，應有立即警告與處置措施。

(四) **數量性**：若控制系統所用標準及資料數量化，則控制效率大為增加。

(五) **反應性**：控制系統與管理人員之間應有良好的溝通方式與反應。

四、控制組織績效的工具

財務控制工具	財務比率分析、預算分析。
平衡計分卡	一種不限於由財務觀點來評量組織績效的方法，它是由四個角度：財務、顧客、內部流程、組織學習來衡量它們對公司績效貢獻度的方法。
管理資訊系統	一個定期提供管理所需資訊的系統。
標竿管理	從競爭或非競爭者中，找出可使公司達到優越績效的最佳作法。

五、造成控制失能的原因

(一) **不當的控制標準**：錯誤的目標會引導錯誤的行動，有時控制失能的產生，便是因為選擇了不當的控制標準。

(二) **無法達成的目標**：當所制定的目標過高，即使知道了實際的績效與期望的水準有所差距，但不論採取何種修正行動都無法彌補差距。

(三) **不可衡量的標準**：有些標準很難衡量且模糊不清，因此是否產生偏差或需要進行修正行動，往往並不明確，進而可能錯失良好的控制時機。

(四) **員工對情境不具控制力**：評估的目的是要找出差距，但如果差距是來自於組織成員所不能控制的因素，則表示員工對情境不具控制力，便可能無法採取必要的修正行動。

(五) **互相衝突的控制標準**：同時對兩個互相衝突的目標進行控制時，往往會產生顧此失彼的結果，因而造成控制失能。

六、解決控制失能的方法

(一) **取得控制的正當性**：控制要為員工所接受，首先要取得控制的正當性與合法性。

(二) **目標明確**：所要控制的標準要相當清楚，包括所要控制的對象、行為或事物。

(三) **控制標準要切實可行**：用來控制的標準需要界定清楚外，也要能切實可行。

(四) **資訊的即時回饋**：修正行動的發動必須藉助於即時績效資訊的回饋來檢定偏差是否產生。

(五) **準確的資訊**：控制機能有效與否在於資訊的正確性，不正確的資訊無法產生有效的控制。

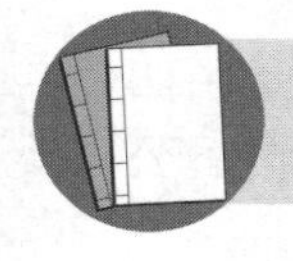

資料補給站

一、建立控制標準時需注意的原則

(一) 控制標準必須能被衡量。
(二) 控制標準需與組織的利益一致。
(三) 控制標準必須公平合理。
(四) 控制標準的設計必須有助於績效提升。
(五) 提供回饋資訊，讓員工知道工作的成果，並將績效與獎酬系統連結在一起。

但當大部分的員工都無法達成時，就不是一個好的目標，必須即時修改標準。

二、走動管理（Management By Wandering Around, MBWA）

概念起源於美國管理學者彼得斯（T.Peters）與沃特曼（R. Waterman）在1982年出版的名著《追求卓越》一書。書中提到，表現卓越的知名企業中，高階主管不是成天待在豪華的辦公室中，等候部屬的報告，而是在日理萬機之餘，仍能經常到各個單位或部門走動走動。所以走動管理，是指高階主管應利用時間經常抽空前往各個辦公室走動，以獲得更豐富、更直接的員工工作問題，並及時瞭解所屬員工工作困境的一種策略。（MBAlib）

三、組織有兩個主要的結構控制形式

機械式控制（mechanistic control）及有機式控制（organic control）。

(一) **機械控制**：指廣泛地運用規則與程序、從上而下的威權、嚴格規範的書面工作說明書，以及其他的正式方法，來防範與修正期望行為和結果的偏差。其特點為：員工順從、嚴懲的規則、正式的控制、嚴謹的階層關係、以個人績效為基礎、達到績效可被接受的最低水準、組織結構的階層數較多，溝通由上而下。

(二) **有機控制**：使用彈性職權、採取相當鬆散的工作說明、強調個人的自我控制，以及使用其他非正式方法，來防範與修正偏差。其特點為：員工承諾、團隊的規範、自我控制、超越績效可被接受的最低水準、扁平組織結構、分享溝通、以團隊績效為基礎。

四、組織控制三大類策略的比較

控制類型	定義	使用時機	優點	缺點
官僚	透過制度、規則、程序、科層組織，來指引監督組織運作。	績效模糊性中等、目標不一性中等。	較適用現實狀況，如大量生產製造業及政府部門。	組織僵化、缺乏彈性、捏造不實資訊、績效難以衡量。
市場	透過價格機制，來進行公平的交換。	績效模糊性低、目標不一致高等。	公平、有效率、交易成本最低。	完全競爭市場不存在、資訊延遲或扭曲。
派閥	依賴互惠、價值信仰，來運作。	績效模糊性高、目標不一致低等。	易產生高度共識、個人目標與組織目標一致。	交易成本高、所需時間比較長。

易錯診療站

一、事前控制（Precontrol）或前饋型控制（Feedforward）

用於輸入階段，亦即控制活動發生在實際活動前，管理者能預見問題所在，採取防範未然、未雨綢繆的方式，是最佳的控制類型。例如原物料的入廠檢驗、人員的甄選與教育訓練、公司手冊規章、飛機保養、ISO9000認證等。

二、事中控制（Concurrent Control）或同步型控制（Concurrent）

用於轉換階段，亦即在工作進行中也同步實施控制，即時糾正，例如領班直接監督生產線上員工作業、高階主管採取走動式管理。

三、事後控制（Postcontrol）或回饋型控制（Feedback）

往往是指控制發生在行動之後，為一種「亡羊補牢」的方式，但能提供事實資料，可應用於將來改進上。例如顧客的反應、財務報表等。

模擬題試煉

一、基礎題

(　　) **1** 檢驗實際的工作成果是否與原計畫相符稱為：　(A)用人　(B)組織　(C)控制　(D)領導。

(　　) **2** 以下有關控制的程序，何者正確？　(A)建立績效標準→比較標準與實際績效差異→衡量實際績效→評估差異結果，並採取修正行動　(B)建立績效標準→比較標準與實際績效差異→評估差異結果並採取修正行動→衡量實際績效　(C)衡量實際績效→比較標準與實際績效差異→評估差異結果並採取修正行動→建立績效標準　(D)建立績效標準→衡量實際績效→比較標準與實際績效差異→評估差異結果，並採取修正行動。

(　　) **3** 當實際績效與標準相去不遠時，此時管理者最可能採取何種管理行動？　(A)維持現狀　(B)矯正差異　(C)修改標準　(D)以上皆是。

( ) **4** 控制常用的衡量方式有那些？ (A)觀察 (B)統計報告 (C)口頭報告 (D)以上皆是。

( ) **5** 在控制的類型中，著重於預測偏差和問題的事前防範是： (A)前向控制 (B)後向控制 (C)即時控制 (D)回饋控制。

( ) **6** 「在問題已經發生且造成組織的損害後，對偏差進行檢討。」是屬於下列何種控制型態？ (A)事前控制 (B)事中控制 (C)事後控制 (D)以上皆非。

( ) **7** 最有效但卻最難做到的是何種控制類型？ (A)前向控制 (B)同步控制 (C)回饋控制 (D)後向控制。

( ) **8** 以組織內部管理制度作為控制的基礎稱為： (A)市場控制 (B)自由控制 (C)部族控制 (D)科層控制。

( ) **9** 公司各部門常會轉為利潤中心，並以其在公司總利潤所佔的百分比作為部門績效評估的標準，是屬於哪一種控制類型？ (A)科層控制（bureaucratic control） (B)市場控制（market control） (C)部族控制（clan control） (D)財務控制（finance control）。

( ) **10** 下列那一項是有效控制系統的特徵？ (A)彈性的 (B)動態的 (C)高標準的 (D)成本與效益均衡。

( ) **11** 從相關的競爭者或非競爭者中，尋找學習對象或找出使企業績效優異的方法，稱之為何？ (A)情境管理 (B)品管圈 (C)標竿學習 (D)全面品質管理。

( ) **12** 員工滿意度在平衡計分卡績效衡量構面中，是屬於那一個構面指標？ (A)財務構面 (B)顧客構面 (C)內部流程構面 (D)學習與成長構面。

二、進階題

( ) **13** 中央銀行經常對國內銀行進行年度的稽核工作，這是哪一種管理活動？ (A)規劃 (B)組織 (C)領導 (D)控制。

( ) **14** 在基本控制程序中，以下何者為第三步驟？ (A)蒐集資訊 (B)進行比較 (C)採取行動 (D)建立標準。

( ) **15** 防患未然和亡羊補牢各屬於以下何種控制類型？ (A)事前與事後控制 (B)因素與功能控制 (C)封閉與開放控制 (D)策略與作業控制。

( ) **16** 一家生鮮超市在營業期間，隨時注意冰櫃的溫度有無維持在標準的範圍內、售出的商品有無及時補貨、顧客等候結帳的人數是過多，有無必要開新的收銀機等。此種控制是屬於： (A)前饋控制（Feedforward Control） (B)同步控制（Concurrent Control） (C)即時控制（In-time Control） (D)回饋控制（Feedback Control）。〔應選2項〕

( ) **17** 各航空公司所排定的飛機預防性保養計畫，都是為了事先察覺及預防結構上的損害，以避免空難發生，此舉著眼於未來並防範問題於未然，在問題未發生前，就採取必要的管理行為，是屬於何種控制型態？ (A)同步控制 (B)即時控制 (C)事中控制 (D)事前控制。

( ) **18** 根據《史記・孟嘗君列傳》記載「孟嘗君門下一共養了三千個食客」請問其對門客控制方式屬於何者？ (A)官僚控制 (B)市場控制 (C)黨派控制 (D)政權控制。

( ) **19** 一種從財務、顧客、內部流程、人力創新資產來衡量公司績效的方法稱為： (A)平衡計分卡 (B)360度回饋 (C)全面品質管理 (D)顧客服務導向管理。

( ) **20** 有關標竿管理（benchmarking）的敘述，下列何者正確？ (A)標竿管理的學習對象一定是競爭對手 (B)小公司無法從標竿管理中受益 (C)標竿管理之目的是要使企業達到較優越的績效 (D)因為有文化差異，所以標竿管理不建議模仿外國公司。

( ) **21** 在控制方法中，員工受到企業價值觀、規範、儀式、信念和其他組織文化所限制。此種控制稱為： (A)市場（market）控制 (B)集團（clan）控制 (C)官僚體制（bureaucratic）控制 (D)回饋（feedback）控制。

( ) **22** 造成控制失能（the dyfunction of control）的原因有很多，但不包括？ (A)員工對情境具控制力 (B)不適當的控制標準 (C)無法達成的目標 (D)標準衡量不易且模糊。

解答與解析

一、基礎題

1 **(C)**。用來確保活動能按計畫完成，並藉此矯正重大偏差的監督活動過程。

2 **(D)**。標準－衡量－比較－修正。

3 **(A)**

4 **(D)**。常用的衡量方法有：個人觀察、口頭報告、書面報告和統計報告。

5 **(A)**。防範問題於未然，是最好的控制類型，但需要即時而精確的資訊配合。

6 **(C)**。亡羊補牢，是在行動完成後才進行控制，是最常見的控制類型。

7 **(A)**

8 **(D)**。或稱「官僚控制」，強調組織權威，依靠行政規定、條例、程序及政策等來行事。

9 **(B)**。借用外部的市場機制來進行控制。一般採用此法的企業，多採取利潤中心的制度，並以利潤為績效評核的主要指標。

10 **(A)**。其特質有：精確、適時、經濟、彈性、易於理解、合理的指標、策略配置、對例外事件的強調、多元的指標、矯正措施。

11 **(C)**。標竿學習（benchmarking）是經營創意的重要來源，旨在尋找並應用最佳實務（best practice），俾利迎頭趕上，逆勢成長。

12 **(D)**。與組織透過人力、系統與組織程序來創造長期成長和改善有關之評估指標，如員工潛能的增強、資訊系統能力的增強及目標達成能力增強等，重視員工之成長與素質。

二、進階題

13 **(D)**。是一種程序，其功能是監控作業，藉此找出重大的偏差，然後予以修正。

14 **(B)**。標準－衡量－比較－修正。

15 **(A)**。事前控制（Precontrol）是指在問題實際發生之前所做的控制方式，事後控制（Postcontrol）則其依賴回饋的產生來進行控制。

16 **(B)(C)**。指控制是安排在活動進行當中來實施，也就是在工作進行中也同步實施控制，可即時改正問題。

17 **(D)**。避免發生預期之問題所施行的控制，屬防範未然導向的控制。

18 **(C)**。或稱「集團控制」，強調員工的行為受公司的價值觀、規範、傳統和其它組織文化所限制。

19 **(A)**。平衡計分卡（Balanced Score Card, BSC）於1992年由哈佛大學卡普蘭及諾頓（Kaplan & Norton）首度提出，其最早的用意在於解決傳統的績效評核制度過於偏重財務構面的問題，但在實際運用後又發現平衡計分卡要與企業的營運策略相互結合，才能發揮企業績效衡量的真正效益與目的，因此平衡計分卡不僅是一個績效衡量系統，更是一個企業營運策略的管理工具。平衡計分卡的內容包括財務、客戶、內部流程、學習與成長四個方面。

20 **(C)**。(A)學習對象不一定是競爭對手。(B)小公司也可以從標竿管理中受益。(D)標竿管理強調最佳實務或典範的學習，所以並無限制國內外的公司。

21 **(B)**。(A)以價格、交換關係或利潤中心的設立來進行控制。(C)以階級、職務、角色與工作內容的劃分來進行控制。(D)又稱事後控制或成果控制，是在轉換過程完成後，對產出結果進行的檢驗。

22 **(A)**。員工對情境不具控制力。

實戰大進擊

( ) **1** 管理涉及到四個基本功能，而管理程序的最後一個步驟是什麼？此步驟的內容包括設立標準（例如銷售額度及品質標準）、比較實際績效與標準，然後採取必要的矯正行為。 (A)組織 (B)領導 (C)控制 (D)規劃。 【103台糖】

( ) **2** 監督業務的進行，指出問題進行修正，以確保目標達成的程序是：(A)規劃 (B)組織 (C)領導 (D)控制。 【103自來水】

( ) **3** 控制程序由四個單獨步驟所組成：a.衡量實際的績效；b.建立績效標準；c.比較績效標準與實際績效間的差異；d.評估差異的結果並採取必要的修正行動。下列何者為控制程序正確的順序？ (A)acbd (B)bacd (C)dabc (D)abcd。 【104自來水升】

( ) **4** 下列何者並非控制的程序之一？ (A)設定績效目標 (B)衡量實際績效 (C)將實際績效與標準比較 (D)採取管理行動修正偏差。【104自來水升】

( ) **5** 某保險公司規定員工每月的業績為5,000萬元，結果造成許多員工因壓力過大而紛紛離職。從控制過程的角度，管理者應採取下列何種行動？ (A)修改標準 (B)矯正差異 (C)維持現狀 (D)提供贈品。 【104郵政第2次】

( ) **6** 控制程序的四個步驟，依序為： (A)衡量實際績效→將實際績效與目標及標準比較→建立目標及標準→採取必要行動 (B)建立目標及標準→衡量實際績效→將實際績效與目標及標準比較→採取必要行動 (C)建立目標及標準→採取必要行動→衡量實際績效→將實際績

效與目標及標準比較 (D)衡量實際績效→建立目標及標準→將實際績效與目標及標準比較→採取必要行動。【103中華電】

( ) **7** 航空公司所排定各班機的預防性保養計劃，此種控制方式屬於：(A)事前控制 (B)即時控制 (C)資訊控制 (D)事後控制。【105中油】

( ) **8** 建築工地建立一套工作安全標準，要求所有工作人員遵守。此為下列哪一種控制？ (A)回饋控制 (B)同步控制 (C)前瞻控制 (D)事後控制。【105台酒】

( ) **9** 資本預算是屬於哪一種控制技術？ (A)事前控制 (B)事中控制 (C)事後控制 (D)回饋控制。【104自來水】

( ) **10** 公司在新產品生產線開始運作時，在過程中不斷觀察工廠設備是否有問題需要修正，過程中不斷的觀察與改善，以使生產線能順利運作，達到目標，下列哪個選項最能解釋此種管理程序？ (A)事前控制 (B)事中控制 (C)事後控制 (D)事前規劃。【103台酒】

( ) **11** 直接監督生產線上員工作業是屬於下列何種控制？ (A)事前控制 (B)事中控制 (C)事後控制 (D)反向控制。【104自來水升】

( ) **12** 走動式管理（management by walking around）是屬於下列哪一種控制工具？ (A)事前控制 (B)即時控制 (C)事後控制 (D)資訊控制。【105郵政】

( ) **13** 走動式管理（management by walking around）屬於哪一種控制類型？ (A)事前控制（feedforward control） (B)即時控制（concurrent control） (C)事後控制（feedback control） (D)資訊控制（information control）。【104自來水升】

( ) **14** 走動式管理（management by walking around）的控制方法，是屬於哪一種控制法？ (A)事前控制（feed-forward control） (B)事中控制（concurrent control） (C)事後控制（feedback control） (D)資訊控制（information control）。【103中油】

( ) **15** 管理者在工作區域中直接與員工進行互動的「走動式管理」是屬於何種控制類型？ (A)事前控制，預測問題 (B)平行控制，防患於

未然 (C)事後控制，問題發生後予以矯正 (D)即時控制，在問題擴大前加以導正。【104台電】

( ) **16** 財務報表分析是下列哪一種控制技術？ (A)事前控制 (B)事中控制 (C)事後控制 (D)行為替代。【104自來水升】

( ) **17** 下列敘述，何者錯誤？ (A)事前控制又稱前瞻、輸入、初始控制 (B)事後控制是過去導向思維 (C)事中控制關注的焦點在於投入資源的整備上 (D)事中控制的優點在於防微杜漸。【105台糖】

( ) **18** Ouchi提出控制類型中，強調績效模糊性中等、目標不一致中等時，採取何種控制方式？ (A)派閥（clan） (B)官僚 (C)市場 (D)事後。【103經濟部】

( ) **19** 控制程序中一種分析完成某計畫工作，估計完成各項工作的所需時間，以及找出完成總計畫所需的最少時間的方法為： (A)物料需求規劃（MRP） (B)計畫評核術（PERT） (C)電腦輔助設計（CAD） (D)電腦輔助製造（CAM）。【103台酒】

( ) **20** 組織有兩個主要的結構控制形式：機械式控制（mechanistic control）及有機式控制（organic control）。下列何者不是機械式控制的特點？ (A)員工順從 (B)嚴懲的規則 (C)以個人績效為基礎 (D)扁平式組織。【103台糖】

( ) **21** 下列何者是一種組織績效的衡量工具，其不僅考慮財務指標，而是由財務、顧客、內部程序與人力資產四個角度來衡量公司績效貢獻度？ (A)市場附加價值 (B)經濟附加價值 (C)平衡計分卡 (D)資訊控制。【104自來水】

( ) **22** 平衡計分卡方法（balance scorecard approach）的主要用途是： (A)利用財務槓桿平衡企業資產 (B)從不同構面評量組織績效 (C)評估整體產業環境之優勢與劣勢 (D)提供客觀的人員考核標準。【104台電】

( ) **23** 有關標竿學習的敘述，下列何者正確？ (A)尋找到標竿企業通常是一件很容易的事 (B)標竿的學習對象不僅限於同產業的競爭者 (C)標竿企業只能是國內公司，以避免文化差異的問題　(D)只需要集中心力蒐集標竿企業的資料，不需要檢視組織內部的現狀。【104自來水升】

(　) 24 企業經理人衡量營運的結果並與原定的目標進行比較，請問他是在執行下列哪一個管理的功能？　(A)引導　(B)組織　(C)分析　(D)控制。【106台糖】

(　) 25 陳大明領班在工作現場採用直接監督，這是屬於何種控制類型？(A)事前控制　(B)事中控制　(C)事後控制　(D)全程控制。【106桃機】

(　) 26 下列何者指管理者在工作區域中直接與員工互動？　(A)事前管理　(B)行為管理　(C)走動管理　(D)事後管理。【106台糖】

(　) 27 企業管理者定期比較「預期績效」與「實際績效」是否相符的活動，是屬於下列哪一項管理活動？　(A)規劃　(B)控制　(C)組織　(D)領導。【107郵政】

(　) 28 平衡計分卡不包括下列何種構面？　(A)財務　(B)馬基維利主義　(C)顧客　(D)內部流程。【107郵政】

(　) 29 控制未能達成原來所設定的目標稱為　(A)控制失焦　(B)控制的失調　(C)控制的失能　(D)控制失衡。【107農會】

(　) 30 企業管理功能中的「控制」是指：　(A)激勵團隊成員，化解成員之間糾紛　(B)擬訂組織目標與達成目標之策略　(C)分派資源、安排工作以達成目標　(D)比較實際工作進度與預期進度之落差，並採取必要的修正。【108台酒】

(　) 31 下列何者是屬於「控制」的程序？　(A)比較　(B)策略　(C)激勵　(D)結構。【108郵政】

(　) 32 下列何者是事前控制強調的特點？　(A)同步矯正問題　(B)預測問題　(C)走動式管理　(D)直接監督。【108郵政】

(　) 33 下列何者為控制的必要程序：A.設定績效標準；B.採取校正行動；C.衡量績效；D.改善衝突；E.比較績效與標準　(A)ABDE　(B)CDEB　(C)CBAD　(D)ACEB。【111台鐵】

( ) **34** 「航空公司監控飛行，直接和機組人員溝通飛行狀況」屬於下列何種控制？ (A)事前控制 (B)事中控制 (C)事後控制 (D)自主控制。【111經濟部】

( ) **35** 在王品集團旗下的餐廳用完餐後，通常都會受到請求填寫顧客意見調查表，此屬於王品集團施行的何種控制模式？ (A)前向控制（forward control） (B)同步控制（concurrent control） (C)回饋控制（feedback control） (D)預算控制（budget control）。【111台鐵】

( ) **36** 有關控制的管理功能，下列何者有誤？ (A)控制包括將實際績效與績效標準做比較 (B)控制包括採取管理行動來改正偏離或不當的標準 (C)怎麼衡量比衡量什麼更重要 (D)事後控制常採用財務績效做為衡量。【111經濟部】

解答

1(C)	2(D)	3(B)	4(A)	5(A)	6(B)	7(A)	8(C)	9(A)	10(B)
11(B)	12(B)	13(B)	14(B)	15(D)	16(C)	17(C)	18(B)	19(B)	20(D)
21(C)	22(B)	23(B)	24(D)	25(B)	26(C)	27(B)	28(B)	29(C)	30(D)
31(A)	32(B)	33(D)	34(B)	35(C)	36(C)				

絕技 24 生產系統與設計

命題戰情室：本單元出題的比率並不算太高，都集中在製程的設計與廠址的選擇部分，可稍加留意以獲取更高的分數。

重點訓練站

一、概念

生產作業管理係指生產要素在投入後，經由轉換過程的設計、運作與控制，而產出產品或服務的過程。

二、生產系統的分類

	分類基礎	類別		說明
生產事業	產品需求來源	訂貨生產		依據客戶訂單生產。
生產事業	產品需求來源	存貨生產		依據公司之市場需求估計生產。
生產事業	生產批量大小	大量生產		單一規格產品大量生產。
生產事業	生產批量大小	小批量生產		每一批量之規格不同，分批生產。
生產事業	生產批量大小	零工式生產		單一批量數量少，或單一或數個產品。
生產事業	處理過程	連續性生產	連續流程	固定管線流程生產。
生產事業	處理過程	連續性生產	裝配線	輸送帶式加工組裝生產。
生產事業	處理過程	間斷性生產	批量生產	以加工中心方式按批量生產。
生產事業	處理過程	間斷性生產	專案生產	為單一產品或極少數批量設計生產。

	分類基礎	類別	說明
服務業	服務形式	專業服務	配合顧客特性，以滿足顧客個別需求。
		量販服務	同一時間內對眾多顧客提供服務，不考慮顧客特殊需求。
		店面服務	服務人員被賦予適當權限，盡可能滿足顧客需求。

三、生產系統設計

(一) 產品設計

產品設計是生產系統設計的基礎，其步驟與過程為：

產品概念產生→初步篩選→產品觀念→經濟分析→初步設計→初步試驗→細部設計與發展。

(二) 製程設計

1. **連續性生產**：機器使用時間較長，連續重覆使用次數較高的生產型態。
   (1) **連續流程生產**：採全自動化方式，經由固定管線，將原料投入，經由加工程序處理後，產生所需產品，例如：化學製品、石油提煉。
   (2) **裝配線式生產**：以輸送帶傳送產品經過每一個加工站，而每一個加工站負責裝配固定的零附件，以完成產品的全部製造過程，例如：家電用品、電腦電視。
2. **間斷性生產**：機器使用時間較短、且間歇而反覆使用的生產型態。
   (1) **加工中心**：在各加工中心或處理站依加工次序移動加工，屬少量多樣產品，例如：傢俱桌椅。
   (2) **零工式生產**：將一群具有相同功能的機器設備（如銑床、鑽床、組裝設備）擺在一起。當製程在不同的工作中心進行時，同時可進行不同的加工程序。例如：汽車維修。
   (3) **專案式生產**：單一大型產品、批量內容差異大，即須專門設計與生產規劃，例如：飛機、船舶。

(三) 廠房佈置

1. **程序佈置（Process layout）**：又稱功能性佈置，是將相同功能的設備，集中於某一區域的佈置方式，如將車床集中在同一個區域。
2. **產品佈置（Product layout）**：是依據產品製造的步驟來安排設施，每個零件的製造路徑都是直線的，如化工生產線。

3. **固定位置佈置**（Fixed-position layout）：產品因為體型或重量的因素，是固定於某個地點上，製造設備須移動至產品所在地，如建築工地、造船廠。
4. **單元佈置**（Group technology layout）：又稱群組技術佈置，係將不同的機器，分配至同一個製造單元，以生產相同形狀與作業需求的產品。

(四) **廠址選擇**

1. **運輸因素**：接近原料／接近顧客。
2. **勞工因素**：當地勞工供給質與量。
3. **基礎建設因素**：能源、水電、交通等
4. **社區因素**：居民態度與生活成本。
5. **環境與氣候因素**：污染排放、溫度、濕度、地震等。

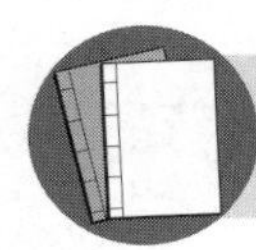

資料補給站

一、資訊科技在生產管理的應用

電腦數值控制（CNC）	以數位設備來控制生產設備。
電腦輔助設計（CAD）	以電腦軟體處理繪圖與計算從事產品設計。
電腦輔助製造（CAM）	以電腦來指揮多台數值控制機具設備。
彈性製造系統（FMS）	在電腦控制下以生產線生產少量多樣的產品。
電腦整合製造（CIM）	結合CAD/CAM、FMS及生產排程等功能。
機器人（Robot）	以機械臂執行實際生產的工作。

二、代工的型態

委託製造代工（OEM）	指供應商依據買主所提供的產品設計與產品生產的相關技術協助，提供勞務為其生產所指定產品的供應方式。如鴻海、台積電。
委託設計代工（ODM）	結合供應商本身的產品研發技術，展開產品設計工作，並依買主對產品的需求、依照買主指定的品牌來交貨的供應方式。如寶成鞋業。
自我品牌（OBM）	連結產品開發設計、生產組裝、品牌行銷，乃至配送銷售等價值鏈階段活動，以自有品牌產品進軍國際市場。如巨大、華碩。

三、銷售與配銷模組服務系統

存貨式生產 Make-to-Stock, MTS	依據銷售預測生產，以保持某一定水準的成品庫存量，並在接受客戶訂單後，直接由成品庫存出貨。
訂單式生產 Make-to-Order, MTO	依客戶訂單進行的生產，客戶可能對產品提出各種要求，如性能、質量、數量等。
訂單式組裝 Assembly-to-Order, ATO	依客戶需求預測，事先計畫採購及生產，並儲存倉庫中，接到客戶訂單後從倉庫內領出關鍵零組件組裝後出貨。
接單式設計 Engineering-to-Order, ETO	無特定成品規格限定，主要依據客戶需要接單後才設計。

四、產品設計準則

(一) **顧客導向設計**：重視顧客需求，並從顧客需求的角度切入來設計產品。

(二) **品質機能展開（QFD）**：將顧客需求轉換成產品設計規格的工具。

(三) **價值分析／價值工程**：在較低的成本或是更高的績效下，提供相同功能的產品的功能。

五、產品開發流程

指企業從確認概念、設計到產品上市的步驟。

一般包含六個主要階段：
規畫→概念發展→系統整體設計→細部設計→測試與修正→試產

規劃	必須評估市場機會。
概念發展	需要評估生產的可行性。
系統整體設計	發展產品方案與擴展產品群。
細部設計	必須定義生產流程。
測試與修正	可靠度測試並發展促銷計畫。
試產	啟動生產系統作業並評估初步生產成效。

易錯診療站

一、製程選擇與設計可採取方式：

(一) **連續流程：固定管線流程生產，屬大量生產、單位成本低、產能固定。如石油提煉、化學製品**等。

(二) **裝配線：輸送帶式加工組裝生產，如家電用品**等。

(三) **批量生產：以加工中心方式按批量生產，產品種類多，但同一個批次產量較少，如：成衣廠**。

(四) **專案生產：為單一大型產品或極少數批量設計生產，如飛機、遊艇、太空梭**等。

二、Woodward依技術複雜度合併成三大基本技術群：

(一) **小批量與單位生產方式：廠商傾向於製造和裝配小量的訂單，以符合顧客的特定需求。**小批量與單位生產方式較依賴人員的操作，機械化程度低，如**西裝店**。

(二) **大批量生產方式：製造過程特徵為具有標準化零件的生產流程**，除了訂單以外的產量就成為存貨，因為顧客沒有特殊要求所以存貨的流動也很大。如**冰箱、汽車生產**。

(三) **連續生產方式：生產過程中都是機械化與標準化，以自動化的機械控制整個連續的流程**，且產出是可以高度預測的。如**製藥業、石化業**。

模擬題試煉

一、基礎題

( ) **1** 運用資源（resources）如人力、財力和物力，去製造有價值的產品與服務的過程，稱為： (A)生產管理 (B)行銷管理 (C)財務管理 (D)資訊管理。

( ) **2** 中石化煉油的過程比較適合何種型態的製程？ (A)批量生產 (B)專案生產 (C)連續流程生產 (D)裝配線式生產。

( ) **3** 家電用品如電視、冰箱適用於何種生產方式？ (A)連續性生產 (B)裝配線生產 (C)批量生產 (D)間斷性生產。

( ) **4** 下列何項生產系統是利用自動化的機器設備與標準作業程序所進行的生產作業系統，且在生產過程中不需依賴作業人員太多的個人判斷？ (A)小批量生產 (B)客製化生產 (C)即時生產 (D)大量生產。

( ) **5** 直線式或連續式的生產作業流程適用何種設備佈置？ (A)產品佈置 (B)製程佈置 (C)功能佈置 (D)固定位置佈置。

( ) **6** 下列何者為一般廠址選擇時，考慮要靠近的因素？ (A)市場 (B)人力來源 (C)原料來源 (D)以上皆是。

( ) **7** 透過電腦網路來溝通，使用共同的資料庫，整合所有製造層面的系統（CAD、CAM等），稱為： (A)CIM (B)CNS (C)FMS (D)CTM。

( ) **8** 在銷售與配銷模組中，需求反應策略可以劃分為數種：(1)存貨生產（MTS）；(2)訂單生產（MTO）；(3)大量生產（MP）；(4)專案生產（PP）；(5)訂單裝配（ATO）；(6)訂單設計（ETO）以下何者正確？
(A)(1)(2)(3)(4) (B)(1)(2)(5)(6) (C)(3)(4)(5)(6) (D)(1)(2)(3)(6)。

( ) **9** 應用「品質機能展開（Quality Function Deployment）」於產品開發時，下列敘述何者錯誤？ (A)將顧客聲音納入設計與製造過程中 (B)可改善組織內的溝通 (C)可減少產品上市後之修改次數與時間 (D)因考慮因素增加，會增加產品開發時間。

二、進階題

( ) **10** 有關生產管理之敘述，下列何者錯誤？ (A)產品的生產與服務的提供，是為企業的基本使命 (B)生產管理係以合理的成本，在適當的時間內產出合乎顧客所需要的產品 (C)機器替代人力後，在生產效能提高的同時，也使得管理的工作變得簡單 (D)生產管理的原則不僅適用於製造業，同時亦適用於服務業或其他組織。

( ) **11** 下列關於連續生產（continuous production）之敘述，何者不正確？ (A)使用特殊用途的專用機器或自動化生產方式 (B)員工技術水準較低 (C)產品標準化且產量龐大 (D)容易變更產品種類與產出率。

(　) **12** 何種佈置，特別適合相類似的一組產品必須經過相同的生產作業流程？ (A)程序佈置 (B)產品佈置 (C)單元佈置 (D)以上皆是。

(　) **13** 何種生產的關鍵在於物料管理，原物料與零組件必須以穩定的品質和規格送交到組裝線上？ (A)小批量生產 (B)大量生產 (C)彈性生產 (D)功能生產。

(　) **14** 下列何項非屬服務業的製程類型？ (A)專業服務 (B)量販服務 (C)網路服務 (D)店面服務。

(　) **15** 近年來，在產業界盛行之現代化生產管理科技，如電腦整合製造、彈性製造系統、及時化生產系統、群組技術等，其核心目標主要在於追求縮短？ (A)裝設時間 (B)失效時間 (C)產品上市時間 (D)儲存時間。

(　) **16** 在銷售與配銷模組中，依Higgins（1996）等人提出之供應鏈中各種策略下顧客訂單之分歧點（Decoupling Point）的看法，以「成品」為顧客訂單分歧點的需求反應策略為？ (A)ETO (B)MTO (C)ATO (D)MTS。

解答與解析

一、基礎題

1 (A)。將管理的原則如規劃、組織、領導與控制等應用於生產作業中，使投入至產出的全部轉化過程能有效的進行，以配合企業的整體目標。

2 (C)。製造過程前後順序不能中斷，也不能更易，屬大量生產、單位成本低、產能固定。

3 (B)。以輸送帶式加工組裝生產。

4 (D)。將產品標準化，以有效結合人員與機械設備，進行大規模生產。

5 (A)。依據產品製造的步驟來安排設施，每個零件的製造路徑都是直線。

6 (D)。亦有版本採：(1)主要條件：市場、原料、勞工、運輸、燃料問題。(2)次要條件：法律、稅賦、環境與氣候、金融、水電供應問題。

7 (A)。電腦整合製造（CIM）。

8 (B)

9 (D)。品質機能展開（Quality function Deployment，QFD）是將顧客聲音轉換成產品設計規格的方法。其設計者赤尾洋二認為品質機能展開是「將非量化的顧客需求轉換為量化參數的方法並且展開那些組成品質的機能、將組成品質的機能展開成子系統及零件、最終展開到製造程序中的參數。」用QFD不但能增加滿足顧客聲音的保證、減少由於工程知識所引起的設計變更、識別互相衝突的設計要求、更可縮短產品開發週期、減少製程和服務的成本、改善產品和服務的品質。(維基百科)

二、進階題

10 (C)。管理的工作不會變得簡單。

11 (D)。固定管線流程生產,不易變更產品種類。

12 (B)。依據產品製造的步驟來安排設施。

13 (B)。係將產品標準化,以有效結合人員與機械設備,進行大規模生產。

14 (C)　**15 (A)**

16 (D)。MTS依據銷售預測生產,以保持某一定水準的成品庫存量,並在接受客戶訂單後,直接由成品庫存出貨。

實戰大進擊

(　　) **1** 「透過協調與管理土地、勞力、資本以及企業家精神等要素以確保產品或服務得以順利產出」,稱為: (A)資源整合 (B)供應鏈管理 (C)生產管理 (D)採購管理。【108郵政】

(　　) **2** 訂製遊艇的生產方式是採用: (A)連續性生產 (B)間斷性生產 (C)大批量生產 (D)專案生產。【103台酒】

(　　) **3** 下列何項生產系統是利用自動化的機器設備與標準作業程序所進行的生產作業系統,且在生產過程中不需依賴作業人員太多的個人判斷? (A)小批量生產 (B)客製化生產 (C)即時生產 (D)大量生產。【101郵政】

(　　) **4** 食品業近年來為了維護產品品質並降低成本,在生產方面從原物料開始到最後包裝都是一貫作業的大量生產,其採取的生產方法稱為: (A)大批量組裝 (B)連續性生產 (C)客製化生產 (D)小批量生產。【108台酒】

(　　) **5** 下列何者「不是」實體產品之廠址規劃的主要考量因素? (A)產地的稅率與法令 (B)勞工的供應是否充足 (C)實體產品的價格 (D)能源與運輸成本的高低。【105台酒】

( ) **6** 下列何項規劃必須考量生產地點是否接近市場與原物料的供應地、勞工的供應是否充足、能源與運輸成本高低等因素？ (A)廠址規劃 (B)產能規劃 (C)廠房佈置規劃 (D)程序佈置規劃。 【101郵政】

( ) **7** 水泥廠大都設在礦區附近，主要是考量下列哪項因素？ (A)基礎建設 (B)運輸因素 (C)勞工因素 (D)氣候因素。 【104自來水】

( ) **8** 應用微笑曲線來比較OEM、ODM、OBM三種經營型態的整體效益，以下敘述何者正確？ (A)OEM＞ODM＞OBM (B)ODM＞OEM＞OBM (C)OBM＞OEM＞ODM (D)OBM＞ODM＞OEM。 【105台糖】

( ) **9** 下列服務系統中，何者可為客戶達到最高度的客製化（customization）？ (A)存貨式生產（Make-to-Stock） (B)訂單式生產（Make-to-Order） (C)訂單式組裝（Assembly-to-Order） (D)接單式設計（Engineering-to-Order）。 【105台北自來水】

( ) **10** 下列何者並非「產品設計準則」？ (A)顧客導向設計 (B)品質機能展開 (C)完全成本中心設計 (D)價值分析／價值工程。【107台北自來水】

( ) **11** 有關產品開發流程，下列敘述何者錯誤？ (A)以製造面來看，「概念發展」階段需要評估生產的可行性 (B)以設計面來看，「系統設計」階段必須定義零件型態 (C)以行銷面來看，「規劃」階段必須評估市場機會 (D)以製造面來看，「細部設計」階段必須定義生產流程。 【107台北自來水】

( ) **12** 在廠房布置中，將相同功能的機器設備集中於加工中心，產品在加工中心按步驟完成，小批量生產多採此方式，這是下列那一種布置方式？ (A)程序布置（process layout） (B)產品布置（product layout） (C)固定位置布置（fixed-position layout） (D)群組技術布置（group technology layout）。 【111台鐵】

解答

1(C) **2(D)** **3(D)** **4(B)** **5(C)** **6(A)** **7(B)** **8(D)** **9(D)** **10(C)** **11(B)** **12(A)**

絕技25 生產規劃與控制

命題戰情室：存貨ABC控制技術、及時生產（JIT）系統、排程工具是本單元必考的重點，另外，經濟訂購量（EOQ）會考計算題，務必加強練習。

重點訓練站

生產規劃係指在合理成本下，於規劃時間內產出符合品質標準及所需數量的產品。生產規劃依規劃時間長短可分為：

長期產能規劃	估計最大產出水準、作為建廠規劃的依據。
中期整體規劃	在既定的條件下達成產品數量需求的規劃，用以調整產能配合需求。
短期生產日程計畫	將實際需求納入生產排程，作為日常運作之準繩。

生產控制則是管理當局事先根據生產計畫內所定之工作程序、方法加以控制，以能在預訂日程內，以最低成本製造預期質量良好的產品。其步驟包括：排列製造途程→排定製造日程→分派製造工作→催查製造工作。

一、物料需求規劃（material requirement planning, MRP）

企業藉由整合主生產排程、物料清單（BOM）及庫存管理的資訊，產生對於原物料的需求、採購、儲存、調度與生產排程計畫，藉以降低整體企業的總生產成本。MRP分別由經濟訂購量、安全存量、物料清單與工單四個基本功能所組成。

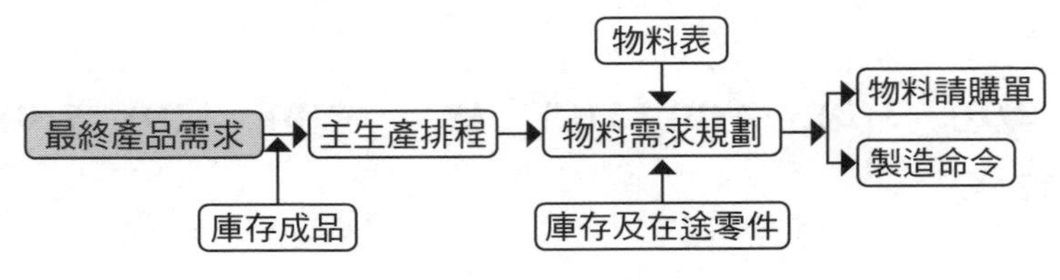

二、物料管理

係指計畫、協調並控制各部門的業務活動，以經濟合理的方法供應各單位物料的科學與技術，目的為5R：適時、適地、適質、適量、適價。其流程包括：需求或訂單的採購、物料進廠檢驗、物料分類與編號、倉儲保管、裝載搬運、存量管制、呆料的處理等。

三、工作研究

主要係針對作業系統之活動，運用科學方法進行研究及衡量。而其目的在確保原料生產與轉換過程中，作業人員能夠有效地實施其工作。所運用的方法包括：動作研究、時間研究、人體工學（設計適合人類使用的設備與環境）、人因工程（配合人的實體構造所進行的工具改善）、系統工程等。

四、存貨管理

一套政策與管理措施，其目的在監控庫存量與決定必須保持量與每次採購數量。可分為：

(一) **最高最低存量法**：某項物料在某一特定時間內或一個生產週期內應保持之最少最多存量的界限。

(二) **經濟產量（EPQ）**：指單位生產成本與存貨費用之均衡點為最低的每批生產數量。

(三) **經濟訂購量（EOQ）**：指物料之採購成本與持有成本為最低之採購量，亦即存貨成本為最低的採購量。

$$Q_{opt}=\sqrt{\frac{2DS}{H}}$$

（Q：每批訂購數量、D：每年需求量、S：每次訂購成本、H：每單位每年的儲存成本）

(四) **ABC存貨控制法**：應用「80%的存貨價值只存在20%的存貨項目上」的柏拉圖（Pareto）法則，20/80法則。將存貨依其價值分成A、B、C等三類，係為降低庫存成本，對於不同類別的存貨項目，控制的緊鬆也不相同。

A類物料	為數量少價值高的物料，是控制的重點，應詳細記載，嚴密監控。
B類物料	為數量價值均多的物料，可利用最低存貨控制，每月盤點定量訂購。
C類物料	數量多價值少的物料，可用安全存量控制，每季定期盤查，定期訂購方式管理。

五、產能排程

排程是一個決策過程，在最佳化特定目標函數下，決定各個工作在各資源上的執行順序。

(一) **甘特圖**（Gantt Chart）：1917年由甘特（H.Gantt）所開發，又稱條狀圖。基本是一條線條圖，橫軸表示時間，縱軸表示活動項目，條形圖表示在整個期間上計畫和實際的活動完成狀況，可用來控制生產流程及進度。

(二) **要徑法**（CPM）：1957年由Kelly和Walker所發展出來，係利用網狀圖將作業活動之開始，到最後一項作業完成之活動路線描繪出來，並尋求其中需時最長的途徑，適用於預測生產時間可較準確掌握時。

(三) **計畫評核術**（PERT）：1958年由美國海軍發展出來用以針對潛艇的建造計畫，係一套採網狀圖作為生產計畫管制技術，主要目的是針對不確定較高的工作項目，以網路圖規劃整個專案，以排定期望的專案時程。

六、及時生產系統（Just-in-time, JIT）

由日本豐田汽車前副總裁大野耐一（Daiichi Ohno）於1945年所創設的一種生產方式，其目標是要求在100%的品質水準下，維持原物料的零庫存。亦即在製造商需要原物料時，供應商能夠及時運抵工廠，而製造商亦能即時上線生產，此種方式可使存貨接近於「零庫存」。其特點有：適用小批量生產、採用看板系統、強調多能工、顧客取向生產方式（拉的生產系統）與供應商緊密連結。

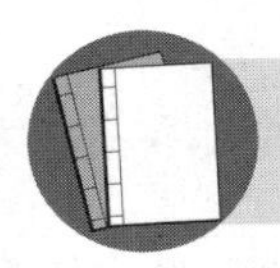

資料補給站

一、**豐田生產系統**（Toyota Production System，TPS）的兩大中心：即時管理系統（JIT）與看板管理系統（Kanban），其實都是Toyota汽車創辦人豐田喜一郎（Kiichiro Toyoda）早年在父親的豐田自動織機製作所擔任生產部門常務經理時，觀察紡織機工廠作業流程、並交由過去也曾經在豐田自動織機製作所任職的Toyota汽車副總裁大野耐一（Taiichi Ohno）實踐在汽車生產線上的生產作業方式。簡單來說，JIT就是「只在有需要的時候，生產需要數量的產品」，而「看板」則是為了實現JIT所誕生的管理與改善工具。其目的在於徹底消除浪費，不斷追求製造方法上的合理性，進而創造出成功的生產方式。

二、**精實生產**（lean production）或稱精益生產方式，是由沃馬克（James P.Womack）與瓊斯（Daniel T. Jones）在研究日本豐田汽車的卓越生產方式後，於1990年出版《改變世界的機器》（The Machine That Changed the World）一書中首先提出。認為精實生產目標是追求完美，不斷設法降低成本、追求無缺點、零庫存及產品的多樣化。其生產方式主要的特質有：
(一)減少資源的浪費。
(二)持續性改進生產績效。
(三)以最終使用者為創造產品價值之思考點。
(四)以流程觀點檢視作業與作業之間的關係。
(五)強調組織內成員能運作一致並學習成長。

易錯診療站

一、ABC存貨控制法

(一) A**類物料**：為數量少價值高的物料，是控制的重點，應詳細記載，嚴密監控。
(二) B**類物料**：為數量價值均多的物料，可利用最低存貨控制，每月盤點定量訂購。
(三) C**類物料**：數量多價值少的物料，可用安全存量控制，每季定期盤查，定期訂購方式管理。

二、經濟訂購量（economic order quantity model, EOQ）

物料採購成本與持有成本最低之採購量，亦即存貨成本最低之採購量。

經濟訂購量（EOQ）計算如右：$Q=\sqrt{\frac{2\times D\times S}{H}}$

三、「JIT」（Just-In-Time，及時生產系統）

是指將需要的物品在必要的時間供應必需的品質與數量到需要的地點。其目的在徹底消除浪費，以減少不必要的庫存，增加資本週轉率，因而提高企業的利潤。運用JIT即時化生產系統之「看板制度」，來做零組件交貨資訊，以小批量多頻度的交貨，拉的生產方式，降低物料庫存成本，使達到及時生產之理想目標。

模擬題試煉

一、基礎題

( ) **1** 下列何者是建廠前從事產能規劃時首先必須做的事？ (A)估計銷貨成本 (B)分析生產方式 (C)預估銷貨需求 (D)分析人力與設備比。

( ) **2** 物料管理中所謂的「五適」是指適時、適地、適質以及何者？ (A)適量、適價 (B)適量、適人 (C)適量、適用 (D)適用、適法。

( ) **3** 企業進行存貨管理時，根據過去用量、目前實際用量及未來預估用量，來設定存貨在某期間內的存貨量上限與下限，以及適當的請購點和請購數量，是屬於哪一種存貨管理方法？ (A)最高最低存量控制法 (B)ABC存貨控制法 (C)經濟訂購量 (D)存貨週轉率控制法。

( ) **4** 存貨管理採取經濟訂購量法（EOQ），下列何者不屬於其考慮因素？ (A)全年需求量 (B)每次採購成本 (C)單位儲存成本 (D)廠商供給量。

( ) **5** 某輪胎行一年可銷售類型的某輪行一年可銷售類型的2,500個，若每輪胎的年持有成本是成本是100元，訂購一次的成本是50元。請問經濟訂購量（EOQ）為多少？ (A)50 (B)100 (C)250 (D)500 個。

( ) **6** 存貨ABC分析法中，A類存貨是指： (A)價值最低 (B)次高價值 (C)價值最高 (D)訂購數量。

( ) **7** 企業若以ABC存貨分析法來控制庫存物料，係以下列何者為分類標準？ (A)庫存價值 (B)庫存方法 (C)庫存地點 (D)庫存時間。

( ) **8** 甘特圖（Gantt Chart）主要是由二軸所組成；其中一軸是「活動」，而另一軸是： (A)預算 (B)人員 (C)設備 (D)時間。

( ) **9** 用於控制生產進度用途的「要徑法」其英文簡稱為： (A)PERT (B)CPM (C)ISO (D)TQC。

( ) **10** 將計劃所需的各項活動用先後順序及所需時間來呈現，以協助計劃主持人評估各項活動的必要性，並找出需要特別關注的活動，係為何種方案評估與檢視技巧？ (A)PERT（計劃評核術） (B)MRP（物料需求計劃） (C)CAD（電腦輔助設計） (D)損益平衡分析。

(　) **11** 在汽車的裝配上，當汽車裝配程序到達安裝輪胎的時候，製造輪胎的部門必須恰好送來四只指定規格的輪胎，以上敘述指的是何種系統？ (A)CRM（Customer Relationship Management） (B)CTI（Computer Telephony Integration） (C)JIT（Just in Time） (D)POS（Point of Sale）。

(　) **12** 即時生產系統（JIT）將庫存（Inventory）視為是： (A)解決產銷問題的最佳途徑 (B)創造高品質的方法 (C)降低風險的緩衝數量 (D)一種浪費。

(　) **13** 對於JIT採購與傳統式採購的比較敘述，下列何者錯誤？ (A)JIT的存貨極少 (B)JIT採大批量交貨 (C)JIT採長期的採購協定 (D)JIT需考慮供應商的地理接近程度。

二、進階題

(　) **14** 下列何者是長期產能規劃（production capacity planning）所必須考量的面向？ (A)製程選擇 (B)設施規劃 (C)工作系統設計 (D)以上皆是。

(　) **15** 公司年需32,000電晶體，已知每個單價$10，每次採購費用為$24，每個電晶體的保管成本為產品單價的6%，則該公司欲達成最佳經濟訂購量，每年應採購幾次？ (A)10次 (B)15次 (C)20次 (D)25次。

(　) **16** 某書局對企業管理書本的需求量每年12000本，每次採購成本18000元，每本存貨的每月儲存成本9元，試問最佳經濟採購量為多少本？每年需採購幾次？ (A)600本，20次 (B)1000本，12次 (C)1500本，8次 (D)2000本，6次。

(　) **17** 在ABC管理法中，何類物料可用經濟訂購量法訂購？ (A)A類 (B)B類 (C)C類 (D)D類。

(　) **18** 下列有關物料管理ABC分析法，何者有誤？ (A)將C類庫存管理清楚，加強交貨與出貨 (B)是重點管理的觀念 (C)將A類施以嚴格控制 (D)A類是少量項目。

(　) **19** 在生產系統中，生產進度規劃與控制是重要的工作，下列哪一項工具或方法經常使用於生產進度的規劃與控制？ (A)損益兩平分析 (B)線性規劃 (C)作業成本矩陣 (D)甘特圖。

( ) **20** 有關及時生產系統（Just in Time, JIT），下列何者為非？ (A)採用標準零件 (B)大量生產 (C)彈性的廠房佈置 (D)拉的物流方式。

( ) **21** 下列何者非實行JIT的前提條件？ (A)實行全面品質管制 (B)需有穩定的生產排程 (C)改善生產設計 (D)不需要庫存存貨。

( ) **22** 有關生產控制的技術與方法，何者敘述有誤？ (A)甘特圖的縱軸為「時間」項目 (B)經濟採購量（EOQ）是使總存貨成本為最低之訂購量 (C)要徑法（CPM）及計畫評核術（PERT）基本上皆利用網狀圖來表現按計畫各部分活動及其先後關係與所需時間 (D)及時存貨控制（JIT）係將最少存貨存放在工廠，而零件、物料及其它需求都及時被遞送至生產線。

( ) **23** 下列何者不為精益生產（lean production）的主張？ (A)強調零庫存 (B)由生產推動市場需求 (C)重視品質改善活動 (D)生產多樣少量的產品來滿足市場多樣化的需求。

解答與解析

一、基礎題

1 (C)

2 (A)。適時、適地、適質、適量、適價。

3 (A)。某項物料在某一特定時間內或一個生產週期內應保持之最少最多存量的界限。

4 (D)

5 (A)。經濟訂購量（EOQ）計算如下：$Q=\sqrt{\frac{2\times D\times S}{H}}=\sqrt{\frac{2\times 2,500\times 50}{100}}$ =50個。

6 (C)。數量最少、價值最高。

7 (A)。存貨價值。

8 (D)。又稱「條型圖」，係以「排程活動」為縱軸，以「時間」為橫軸所畫出之長條圖，用以控制工作進度，使產量大幅提高。

9 (B)

10 (A)。計劃評核術（Program Evaluation and Review Techniques; PERT）是一種規劃與控制的方法，主要是用來安排大型計畫的專案管理方法，利用網狀圖（network），標示出整個計劃中每一種作業（activity）之間的相互關係，同時利用數學統計方法，精確估算出每一個作業所需要耗用的資源。

11 (C)。JIT強調在恰當的時候進入恰當的地方，生產出恰當質量的產品。這種方法可以減少庫存，縮短工時，降低成本，提高生產效率。

12 (D)。將需要的物品在必要的時間供應必需的品質與數量到需要的地點。其目的在徹底消除浪費，以減少不必要的庫存。

13 (B)。JIT採小批量交貨。

二、進階題

14 (D)。地點選擇亦是考量面向。

15 (C)。經濟訂購量（EOQ）計算如下：

$$Q=\sqrt{\frac{2\times D\times S}{H}}=\sqrt{\frac{2\times 32,000\times 24}{10\times 6\%}}$$

=1600個，每年應採購次數

=32000÷1600=20次。

16 (D)。經濟訂購量（EOQ）計算如下：

$$Q=\sqrt{\frac{2\times D\times S}{H}}=\sqrt{\frac{2\times 12,000\times 18,000}{9\times 12}}$$

=2000本，每年應採購次數

=12000÷2000=6次。

17 (B)。其原則介於A、C類之間，庫存量必須隨時調整以應需要，可按EOQ定期進貨。(A)進行嚴密的管制活動，並隨時保持完整的、精確的存貨異動資訊。(C)可以大量訂購以取得數量折扣，並簡化採購程序，採用定期盤點方式。

18 (A)。C類數量多價值少的物料，可用安全存量控制，每季定期盤查，定期訂購方式管理。

19 (D)。甘特圖（Gantt Chart）係以時間為橫軸，特定任務活動為縱軸所結合而成的進度控制圖，常使用於生產進度的規劃與控制。

20 (B)。整備時間短，使能快速換線，適於小批量生產。

21 (D)。以零庫存為目標。

22 (A)。甘特圖的縱軸為「工作或活動」項目。

23 (B)。由顧客推動市場需求。

實戰大進擊

( ) **1** 下列何者不屬於生產或作業管理的長期規劃決策？ (A)品質規劃 (B)廠址規劃 (C)產能規劃 (D)排程規劃。 【103中油】

( ) **2** 程序控制是指針對作業程序及生產進度所做的控制，下列何者不是程序控制所用的控制工具？ (A)要徑法（CPM） (B)計劃評核術（PERT） (C)經濟訂購量（EOQ） (D)甘特圖。 【105台糖】

( ) **3** 作業管理中，指出什麼產品被製造以及什麼時候被製造的戰術規劃工具，稱之為： (A)產能規劃（capacity planning） (B)區位規劃（location planning） (C)主排程（master schedule） (D)材料需求規劃（material requirements planning）。 【105中油】

(　　) **4** 下則哪一項活動不屬於物料管理活動（material management）？ (A)供應商挑選 (B)採購 (C)生產排程 (D)運輸。 【105中油】

(　　) **5** 智慧型手機在某市場之年需求量為10,000隻，每隻智慧型手機售價16,000元，A公司在該市場之市占率為80%，每次訂購成本12,000元，其每隻手機庫存成本為產品售價30%，則A公司之經濟訂購量（EOQ）與年採購次數為何？（計算至整數，以下四捨五入） (A)224隻、45次 (B)200隻、50次 (C)224隻、40次 (D)200隻、40次。 【102經濟部】

(　　) **6** 假設中華飯店每年毛巾的需求量為1,000打，若每打的年持有成本為10元，每次訂購成本為50元，請問飯店毛巾的EOQ為多少？ (A)20打 (B)70打 (C)100打 (D)120打。 【102郵政】

(　　) **7** 存貨ABC控制技術，又稱為： (A)重點分類管理 (B)安全存貨控制 (C)經濟採購量 (D)預算控制。 【104農會】

(　　) **8** ABC存貨管理將物料分為三級，當中C類存貨指的是： (A)價值低，數量多 (B)價值高，數量少 (C)價值和數量皆為中等 (D)價值高，數量多。 【103台酒】

(　　) **9** 存貨ABC分析法中，價值小，庫存金額少，但其項目卻十分繁多，是歸為何類存貨？ (A)C類 (B)B類 (C)A類 (D)ABC類。【102中油】

(　　) **10** 在生產系統中，生產進度規劃與控制是重要的工作，下列哪一項工具或方法經常使用於生產進度的規劃與控制？ (A)損益兩平分析 (B)線性規劃 (C)作業成本矩陣 (D)甘特圖。 【104郵政】

(　　) **11** 下列哪一個不是生產規劃與產能排程的工具？ (A)甘特圖 (B)計畫評核術 (C)要徑分析 (D)損益兩平分析。 【103台北自來水】

(　　) **12** 要徑法（CPM）是下列哪一項管理工作常用的分析技術？ (A)廠房佈置規劃 (B)廠址選擇 (C)專案管理 (D)供應商管理。 【104自來水】

(　　) **13** 有關Just-in-time（JIT）的敘述，下列何者錯誤？ (A)是一種存貨控制技術，存貨品項在生產過程中可隨時進庫備料儲存 (B)是由日本豐田汽車公司所發展的一種制度 (C)在每個生產階段，都盡可能地在最近時間內，送達最可能的最小數量存貨　(D)JIT效益的關鍵是，製造商與供應商必須發展出正面的合夥關係。【105台酒】

(　　) **14** 建置及時生產（JIT）系統，在生產程序中特別強調以下因素才能成功，何者為非？　(A)縮短物料需求的前置時間　(B)注重預防性維修　(C)注重降低設備（Setup）的時間及成本品質之持續改善　(D)提高產能以大量生產。【103經濟部】

(　　) **15** 甲工廠每年可售出電風扇10,000台，每次訂購費用為$3,000，每台單價為$1,500，每季之儲存成本為電風扇單價的4%，試問此款電風扇的經濟訂購量（EOQ）為多少？　(A)500個　(B)1,250個　(C)250個　(D)1,000個。【107台酒】

(　　) **16** ABC存貨控制法中A級物料是：　(A)少量價高　(B)少量價低　(C)多量價高　(D)多量價低。【107台酒】

(　　) **17** 甘特圖（Gantt's Chart）主要功能為何？　(A)了解工作預期時程與進度　(B)了解工廠廠房布置規劃　(C)了解成本控制狀況　(D)了解損益兩平點。【108台酒】

解答

1(D)　**2**(C)　**3**(C)　**4**(C)　**5**(D)　**6**(C)　**7**(A)　**8**(A)　**9**(A)　**10**(D)
11(D)　**12**(C)　**13**(A)　**14**(D)　**15**(D)　**16**(A)　**17**(A)

絕技 26 品質管理

命題戰情室：「品質管理」是「生產作業管理」科目中重點的重點，主要命題仍集中在全面品質管理（TQM）、PDCA循環、六個標準差（6σ）等觀念，應熟讀並加強練習，以獲取高分。

重點訓練站

品質（quality）是指某種產品或服務符合顧客需求或超越顧客期望的能力，而不同的顧客會有不同的需求，所以品質的定義是取決於顧客。品質管理係透過組織的控制，使得產品或服務各項顧客重視的特性，均可達到卓越的表現。

一、品質觀念的演進

費根堡博士認為品質管制的演進是歷經下列五個階段：

(一) **品質是檢驗出來的**：品質制度僅建立在依靠檢查的「品質檢驗」。

(二) **品質是製造出來的**：產品製造時就必須採取回饋與預防措施。

(三) **品質是設計出來的**：顧客需求、產品設計為主的「品質保證制度」。

(四) **品質是管理出來的**：品質不再只存在於產品面上，已擴展到工作面及提供服務層面上的「全面品質管制（TQC）制度」。

(五) **品質是習慣出來的**：員工應該在工作上重視顧客需求，塑造企業文化，從教育訓練而產生個人態度的改變，再到個人行為的改變，進而影響品質。重視「全面品質保證（TQA）制度」及「全面品質管理（TQM）制度」。

二、品質管理的發展

1951年費根堡提出了「全面品質管制」（TQC）的概念，將品保範圍由製造擴大至從設計到銷售的各機能中。1955年JUSE邀請朱蘭教授到日本指導TQC，管理者這時開始參與品質改進工作，到了1960年領班開始參與品質改進工作，到了1962年基層工人參與品質改進，這就是品質圈（Quality Control Circle, QCC）。到了

1965年，公司員工都開始投入到品質改善中，這實際是對TQC的一種延續，但日本人為將其對外稱全公司品質管制（Company Wide Quality Control, CWQC）。到了1980年認為品質是組織一切作業活動的核心，所有部門單位和人員都應參與，並且都應負起責任，並由戴明推廣，是為全面品質管理（TQM）。

三、現代品質大師的重要貢獻

(一) **蕭華德**（Shewhart）：管制圖
(二) **朱蘭**（Juran）：品質三部曲
(三) **費根堡**（Feigenbaum）：全面品質管制成功10項準則
(四) **克勞斯比**（Crosby）：品質提升14點原則
(五) **戴明**（Deming）：全面品質管理14點原則
(六) **彼得斯**（Peters）：品質革命12項屬性
(七) **石川馨**（Ishikawa）：特性要因圖、品管圈
(八) **田口玄一**：田口損失函數
(九) **大野耐一與新鄉重夫**：持續改善

四、全面品質管理（TQM）

最早應用在製造業，而戴明（W.Deming）將之在日本發揚光大。TQM是一種管理概念，也是一種實務運作方法。藉由全員參與和團隊合作方式，來推動所有流程的持續改善，以確保產品、服務與組織每個層面的品質效率，並滿足顧客的需求與期望。TQM的基本運作方式為PDCA循環（Plan-Do-Check-Action Cycle, PDCA）或稱戴明循環，為一系列不斷循環的持續改進活動。

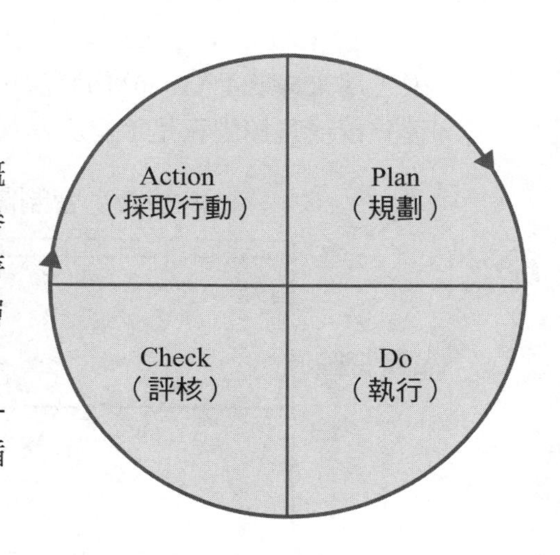

五、六個標準差（6σ）

1987年由摩托羅拉（Motorola）所提出，1995年奇異（GE）公司總裁傑克威爾許（Jack Welch）在股東會議及多數場合不斷地倡導與推動，強調「從流程改造著手」的6σ，使得GE一年獲利增加七億五千萬美元。6σ是統計中用來衡量群體中個體間變異程度的符號，稱為「標準差」，此變數提供了一個辨識每

百萬個樣本的失敗機率，6σ的統計意義是每百萬個產品中最多只有3.4個不良品（3.4ppm），因而在6σ的品質管制中產品的合格率為99.99966%，已接近零缺點的要求。6σ改善方案的實行步驟（DMAIC）為：定義（Define）、衡量（Measure）、分析（Analyze）、改善（Improve）及控制（Control）。

六、品質認證系統

起源於歐洲，是由國際標準組織所認可，並在1987年正式採用的一系列品質管理系統。

(一) ISO9000**系列**：達成滿足顧客需求與期望的品質系統。

(二) ISO14000**系列**：除顧客需求外，尚包括相關團體需求及社會對環境保護的需求。

七、品質控制的技術

品質控制（QC）七大手法被公認為改進品質之非常有用的工具，品質實務方面幾乎離不開這七種手法。

(一) **管制圖（Control Charts）**：應用統計方法訂定一個品質管制的上下界限，用來檢驗品質的分佈狀況，由薛華德（Shewhart）所提出，可用在製程分析或監控製程是否有異常發生。

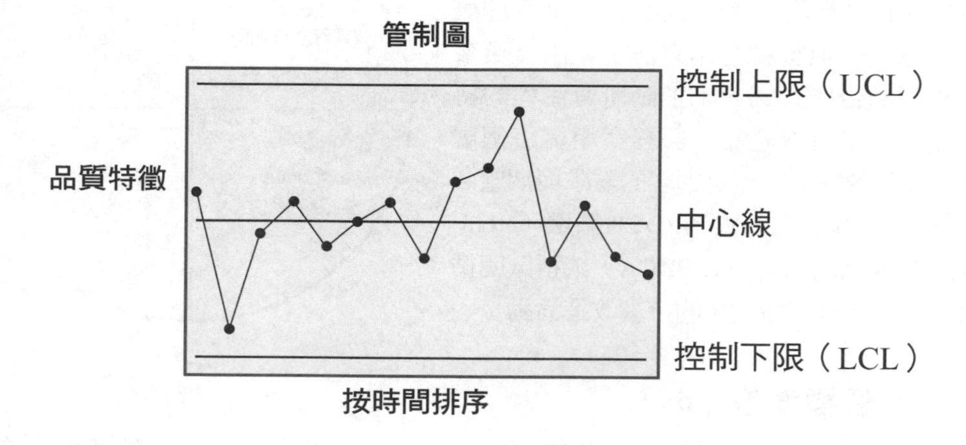

(二) **檢核表（Check Sheet）**：一種用來收集及分析數據簡單而有效率的圖形方法，運用簡單的符號標記出工作目標是否達成或對特定事件發生給予累積紀錄。

○○公司					
不良原因檢核表			編號		
主管		檢核人		日期	
符號	○：良好　△：普通　×：較差				
說明：					
分類		檢核項目	○	△	×
品管單位	教育訓練	1.教育訓練是否實施？			
		2.教育訓練的教材準備？			
		3.教育訓練成果有無記錄並考核			
	檢驗設備	1.有無量測和檢驗設備？			
		2.設備是否按時檢驗？			
		3.機具、儀器是否標示檢測情況？			
		4.檢驗人員是否按標準程序進行檢驗？			

(三) **直方圖**（Histograms）：將所收集之數據整理成機率分佈長條圖，縱軸代表發生次數，橫軸代表品質特性，可提供管理者掌握品質狀況。

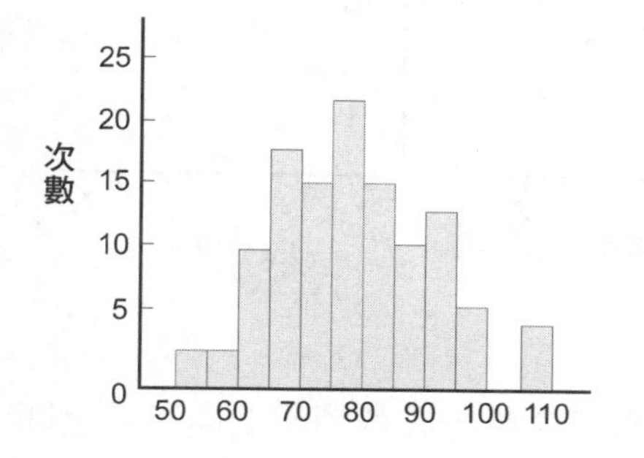

(四) **柏拉圖**（Pareto Diagram）：又稱「重點分析圖」，乃一長條圖，是直方圖的一種，其長條之長度代該項目出現之頻率，頻率最高之項目靠左，頻率最低者靠右，依次排列。

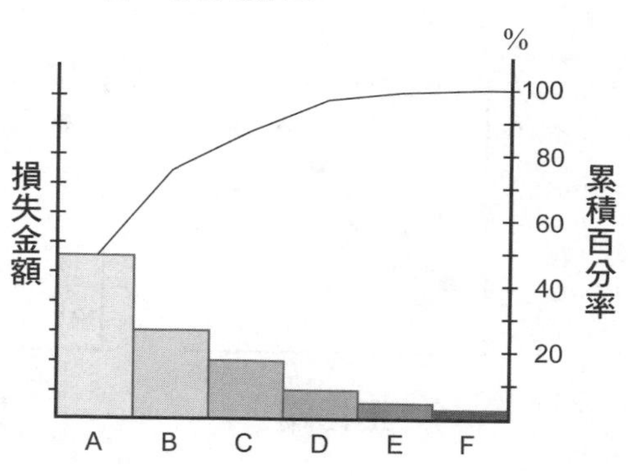

(五) **特性要因圖**（Cause and Effect Diagram）：又稱「魚骨圖」（Fishbone Diagram），由石川馨所提出，因其外觀看起來像是一張魚骨而得名。將造成產品品質不良的原因，依其關聯性歸納匯集而成。

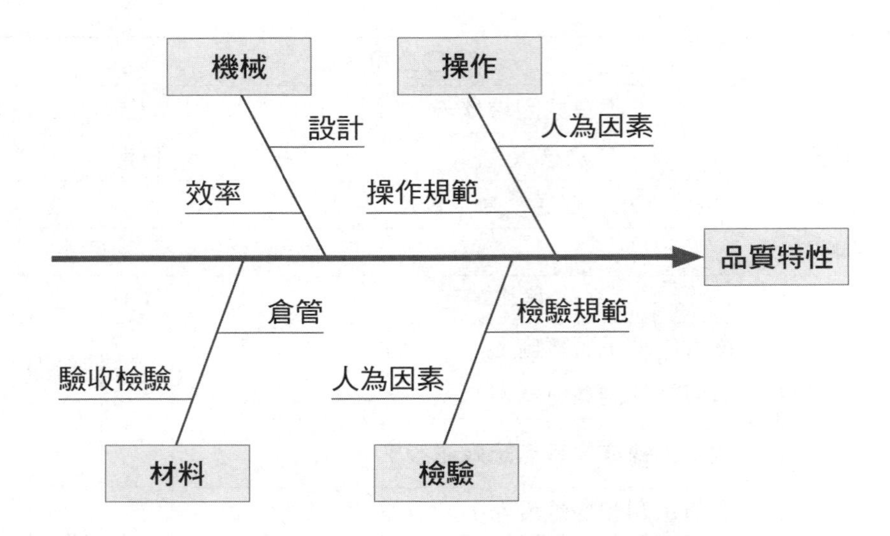

(六) **散布圖**（Scatter Diagram）：用來分析一對參數間之關係，將成對之數據繪製在X-Y圖上，藉此找出兩者間之關係，可分為「正相關」、「負相關」與「無相關」三種情況。

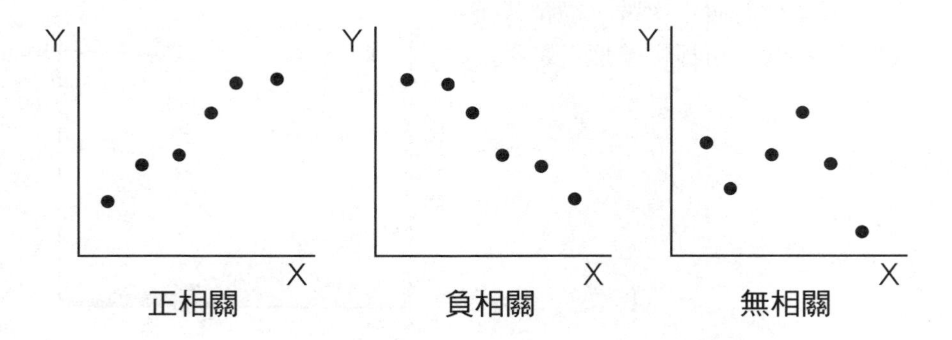

(七) **流程圖**（Flow Chart）：由圖形符號來代表系統間各項作業與程序之間的關係，易於瞭解品質控制的問題所在。

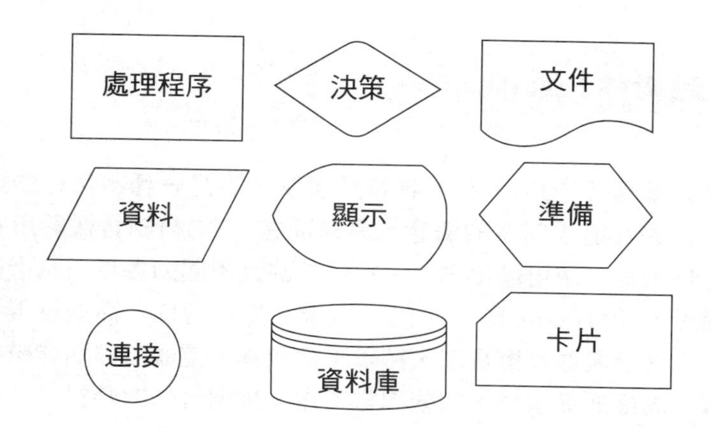

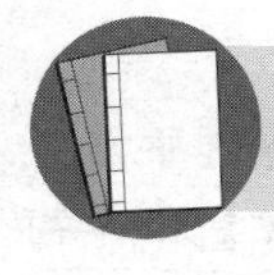

資料補給站

一、品質成本可區分為三種

(一) **鑑定或檢驗成本**（appraisal costs）：有關檢驗、測試與其他可揭露不良產品或服務的活動，即保證符合品質標準之有關各種檢查的成本。

(二) **預防成本**（prevention costs）：有關企圖預防缺點發生的成本，含產品設計與製程設計等有關成本。

(三) **失敗成本**（failure costs）：源自於不良零件或產品或是不完美服務的成本。

1. **內部失敗**（internal failures）：製造過程中發現的問題，即產品、組件、物料在出廠前未達成品質要求所造成的成本。
2. **外部失敗**（external failures）：產品出廠後顧客發現品質不良所造成的成本，因而造成的維修、退貨、商譽損失或法律訴訟等。

二、ISO9000品質保證認證制度

(一) ISO9001：設計、開發、生產、安裝、服務。

(二) ISO9002：生產、安裝、服務。

(三) ISO9003：檢驗與測試。

(四) ISO9000：2000：整合ISO9001、ISO9002、ISO9003成為一個品質體系。

易錯診療站

一、全面品質管理（TQM）是一種管理哲學，也是一種數量化的過程改進方式，其目的在追求顧客的滿意。具體而言，TQM結合機關所有管理人員與非管理人員，使用量化方法，持續地改進機關的各項服務過程，使顧客感到滿意。（Mizaur,1993）TQM具有：顧客導向、高層管理者的領導與支持、全員參與並授權員工、持續不斷改善、重視流程而非結果、強調教育訓練、高度組織承諾、加強團隊工作、協調合作的特質。

二、品管學者戴明（Deming）認為品管就是P（Plan規劃）、D（Do執行）、C（Check查核）、A（Action行動）的循環過程。

三、六個標準差（6 Sigma）是摩托羅拉（Motorola）發展出來的管理手法，它是以顧客為中心的全面品質管理哲學，其意義為「在流程操作當中，每一百萬次的操作機會，只可以容許多少次的失誤3.4次。因此在六標準差的品質管制中產品的合格率為99.99966%。6σ概念就是企圖將每一項產品、製程以及操作方面的變異，控制在接近「零缺點」的品質目標。

模擬題試煉

一、基礎題

( ) **1** 下列那一項最不可能是品質管制的目的之一？ (A)降低生產成本 (B)提高產品品質 (C)減少不良產品的產生 (D)縮短產品交貨時間。

( ) **2** 同單位的人員組成品管圈，每圈人數以多少人為宜？ (A)超過十五人 (B)不超過十五人 (C)超過二十五人 (D)約六人。

( ) **3** 品管圈活動的目標為何？ (A)確保品質 (B)發掘問題 (C)無缺點的發生 (D)以上皆是。

( ) **4** 全面管理（TQM）的「品質」意涵是？ (A)遵守法令 (B)產品優良 (C)精簡流程 (D)滿足顧客需求。

( ) **5** 下列何項不屬全面品質管理（TQM）的哲學內涵？ (A)持續改善 (B)以顧客為導向 (C)成本為重 (D)全員參與。

( ) **6** PDCA循環是品質管理循環，其中PDCA是指下列何者？ (A)P（流程）、D（設計）、C（比較）與A（行動） (B)P（流程）、D（執行）、C（比較）與A（行動） (C)P（規劃）、D（設計）、C（查核）與A（行動） (D)P（規劃）、D（執行）、C（查核）與A（行動）。

( ) **7** 近年來，企業流行以「六個標準差（6σ）」作為品質管制的目標，此6σ是要求產品的不良率或製造過程中的錯誤率不能超過： (A)千分之3.4 (B)萬分之3.4 (C)十萬分之3.4 (D)百萬分之3.4。

( ) **8** 由國際標準組織所制定的一系列國際品質管理標準，規定生產程序的共同原則與標準，以確保品質符合顧客的需求。此一標準系統稱之為： (A)ISO9000 (B)6 Sigma (C)TQM (D)MBO。

( ) **9** 下列那一項法規、公約或標準對企業在自然環境的維護方面影響最大？ (A)消費者保護法 (B)ISO14000 (C)日內瓦公約 (D)ISO9000。

( ) **10** 下列何種品管工具適用於「分析原因」的階段？ (A)散布圖 (B)管制圖 (C)檢核表 (D)特性要因圖。

( ) **11** 在生產過程中發現不良品，所造成的成本稱為： (A)內部失敗成本 (B)外部失敗成本 (C)鑑定成本 (D)預防成本。

( ) **12** 為了解兩個品質特性間或原因影響結果的相關程度或相關軌跡的技法為： (A)魚骨圖 (B)柏拉圖 (C)散佈圖 (D)層別圖。

二、進階題

( ) **13** 有關品管圈（QCC）的敘述，下列何者錯誤？ (A)由同一部門的一群人定期聚會，討論並解決與自己工作有關的問題 (B)要實施品管圈之前要先訓練組織成員 (C)將決策權收回至管理階層 (D)品管圈成員多數來自第一線員工。

( ) **14** 全面品質管制圖是以抽樣檢驗的方法，並應用何種科學的知識？ (A)心理學 (B)統計學 (C)會計學 (D)管理學。

( ) **15** 以下何者不是全面品質管理（TQM）的核心觀點？ (A)特別強調顧客 (B)正確的衡量 (C)持續的改進 (D)加強對員工的控制。

( ) **16** 所謂的戴明循環（Deming cycle）指的是下列何者？ (A)SWOT (B)PDCA (C)SDCA (D)AIDMA。

( ) **17** 有關「六個標準差」（6 Sigma）的觀念運用在管理上，下列何者為誤？ (A)它著重在消除錯誤、浪費和工作重疊 (B)其終極目標為提高客戶滿意度增加利潤 (C)代表每操作百萬次之中只有34次的瑕疵 (D)概念中，每一件事都可用數目表示。

( ) **18** 有關品管圈中的六個標準差（6σ）之描述，下列何者錯誤？ (A)指某個流程或產品的觀測值中，每百萬次的觀測值中，只容許3.4次錯誤 (B)高階管理者應該扮演支持導入六個標準差的關鍵角色 (C)六個標準差讓員工在遇見問題時先衡量現況，找出原因加以改善 (D)主要是由Chrysler的李・艾科卡（Lee Iacocca）倡導與推動。

( ) **19** ISO9000是一套： (A)品質保證標準 (B)財務稽核標準 (C)國際貿易標準 (D)員工招募標準。

( ) **20** 化學工廠常被檢舉排放汙水廢氣，如欲符合ISO標準規定，應申請何種認證？ (A)ISO9000 (B)ISO9001 (C)ISO14000 (D)ISO18000。

( ) **21** 下列何者為外部失敗作業（external failure activity）： (A)產品重製 (B)殘料處理 (C)製程品管 (D)保證維修。

( ) **22** 以下何者不是品質管理七大手法？ (A)特性要因圖（Cause and Effect Diagrams） (B)柏拉圖（Pareto Diagrams） (C)直方圖（Histograms） (D)箭頭圖法（Arrow Diagram）。

( ) **23** 為了解眾多品質變異的原因中，何者為重大原因或影響有多大時，可使用： (A)魚骨圖 (B)柏拉圖 (C)散佈圖 (D)層別圖。

解答與解析

一、基礎題

1 (C)。品質管制（QC：Quality Control）之目的：(1)降低生產成本；(2)提高產品品質；(3)縮短交貨時間；(4)增加銷售數量；(5)提昇公司形象。

2 (B)。品管圈（Quality control circle, QCC）是一種團體解決問題的技術，以六至十五人為一組，每個月於上班時間固定聚會數次，共同研究並解決影響生產的問題。

3 (D)

4 (D)。品質就是符合內外部顧客的需求。

5 (C)。品質為重。

6 (D)。「PDCA」又稱為戴明循環（Deming's Cycle）。

7 (D)。六個標準差的衡量是對產品可變率的衡量，意味著客戶的規範界限（即客戶所願意接受的產品質量）為平均值上下的6個標準差，即客戶在100萬件產品中僅能找出3.4件的瑕疵。

8 (A)。ISO9000是一套品質保證標準。

9 (B)。ISO14000認證標準：企業規劃納入系統發展與環境責任。

10 (D)。將不良品或不合理的原因加以整理，確定相互之間的因果關係並查出真正原因，由於形狀像魚骨又稱魚骨圖，也有人説它的目的是在説明因果關係所以又叫因果圖。

11 (A)。「失敗成本」可分為：
(1) 內部失敗成本：製造過程中發現的問題。
(2) 外部失敗成本：遞給顧客後發現的問題。

12 (C)。又稱「分佈圖」，用於決定兩變數值之間是否有關聯性，此種關聯性指出可能問題的原因。

二、進階題

13 (C)。藉由成員的共識來決定事務，鼓勵開放溝通。

14 (B)。Shewart在1931年以統計的觀念發展出一套在平均數上下三個標準差的統計管制圖，用來監控生產過程的前後一致性及變異問題的診斷。

15 (D)。授權員工與團隊工作。

16 (B)。戴明循環（Deming cycle），即有效運作PDCA（Plan-Do-Check-Act）循環。

17 (C)。代表每操作百萬次之中只有3.4次的瑕疵。

18 (D)。主要是由GE的傑克威爾許（Jack Welch）倡導與推動。

19 (A)。ISO9000是一套品質保證認證制度。

20 (C)。強調企業對自然環境的維護。

21 (D)。由工廠沒有經過任何檢驗過程直接送到顧客手中，只有在顧客抱怨時才採取對策，稱為外部失敗成本。

22 (D)

23 (B)。將注意力集中在最重要問題的方法，其觀念表示，約80%的問題來自20%的項目。

實戰大進擊

( ) **1** 下列何者的主張為非？ (A)Deming-14點原則 (B)Juran-品管三部曲 (C)Crosby-14點原則 (D)Ishikawa-改善（Kaizen）。 【103經濟部】

( ) **2** 下列何者不是全面品管的觀念？ (A)品質僅是品管部門的職責 (B)品質是每一個人的職責 (C)品質是策略性問題 (D)品質是規劃出來的。 【104自來水升】

( ) **3** 有關全面品質管理（TQM：Total Quality Management）的敘述，下列何者有誤？ (A)用廣義的品質觀念，持續改進組織所做任何事的品質 (B)公司全體成員要負品管之責 (C)著重以文字語言描述品質問題，不要求應用數據資料 (D)特別強調客戶，包括組織內外與產品或勞務相關的人員。 【104台電】

( ) **4** TQM的理念強調： (A)維持組織文化尊嚴 (B)紀律的絕對服從 (C)實行專業分工 (D)廠商應與供應者及顧客溝通。 【104農會】

( ) **5** 戴明循環是一項在品質持續改善活動中經常被引用的概念，請問戴明循環的步驟是： (A)DMAIC (B)PEST (C)SMART (D)PDCA。 【104郵政】

( ) **6** PDCA循環是修訂自戴明循環而來，當中的D是指？ (A)規劃 (B)行動 (C)執行 (D)檢討。 【103台酒】

( ) **7** 有關PDCA的敘述，下列何者錯誤？ (A)又稱為「戴明循環」 (B)是品質管理循環，針對品質工作按PDCA來進行管理，以確保品質目標之達成，並進而促使品質持續改善 (C)D代表（Do）執行 (D)A代表（Attitude）態度。 【102中油】

( ) **8** 下列哪一種品質管制手法可用來作重點分析？ (A)特性要因圖 (B)管制圖 (C)直方圖 (D)柏拉圖。 【103台電】

( ) **9** 「六個希格瑪（6σ）」，是屬於下列哪一種目前較為常見的「追蹤術」控制技術與方法？ (A)資訊包含了年齡、性別、教育程度、工作經驗、能力、知識、技術與證照要求等控制 (B)生產及作業控制 (C)財務控制 (D)工作品質。 【105台糖】

( ) **10** 摩托羅拉公司所發展的六個標準差，是指每百萬零件或程序中：(A)低於0.034件不良品的目標 (B)低於0.34件不良品的目標 (C)低於3.4件不良品的目標 (D)低於34件不良品的目標。 【102台糖】

( ) **11** ISO 9000是屬於下列哪種功能系統？ (A)人才與職能認證系統 (B)行銷品牌與形象系統 (C)國際區域與關稅系統 (D)品質管理系統與保證標準。 【105自來水】

( ) **12** 品質管理的七大手法（Q7）中，下列何種技術可用來鑑別品質問題之潛在起因？ (A)柏瑞托（Pareto）圖 (B)魚骨（Fishbone）圖 (C)管制（Control）圖 (D)流程（Flow）圖。 【102經濟部】

( ) **13** 從品質管理的角度而言，企業在處理產品服務保證、客戶抱怨及訴訟等業務時所產生的成本，是屬於： (A)內部失敗成本 (B)外部失敗成本 (C)檢驗成本 (D)預防成本。 【105自來水】

( ) **14** 產品銷售出去後，因品質不良造成的退貨、維修、商譽損失等，稱之為： (A)內部失靈成本 (B)外部失靈成本 (C)檢驗成本 (D)預防成本。 【102中華電】

( ) **15** 品質成本中加強員工品質教育訓練、設計製造過程的費用係屬於： (A)鑑定成本 (B)預防成本 (C)內部失敗成本 (D)外部失敗成本。 【102中油】

( ) **16** 有關全面品質管理（Total Quality Management，TQM）之敘述，下列何者正確？ (A)管理者必須完整授權整個TQM計畫之進行，並不參與干擾其執行 (B)以顧客為焦點，建立一個有效率的TQM計畫 (C)所有的業務產品製造流程，必須依標準化作業要求，不得改變 (D)只要組織內主管級以上幹部都接受TQM相關訓練，便能執行並達成目標。 【106桃機】

(　　) **17** 六標準差有多重意義，從統計上來講是指每百萬次，其缺失數不超過：(A)6.4 (B)5.2 (C)6 (D)3.4。【106桃機】

(　　) **18** 六標準差（6σ）是指每百萬個產品中最多有幾個不良品數目？(A)0.6個 (B)6個 (C)4.3個 (D)3.4個。【106桃捷】

(　　) **19** ISO9000是屬於下列哪種功能系統？ (A)人才與職能認證系統 (B)行銷品牌與形象系統 (C)國際區域與關稅系統 (D)品質管理系統與保證標準。【106桃機】

(　　) **20** 戴明博士所提出的PDCA品質管理循環中，下列何者錯誤？ (A)P是指規劃（Plan） (B)D是指執行（Do） (C)C是指機會（Chance） (D)A是指行動（Act）。【108台酒】

(　　) **21** 全面品質管理的相關工具中，有關六個標準差，是指每百萬次的觀測中只容許幾次的錯誤？ (A)3.0 (B)3.4 (C)4.0 (D)4.4。【111台鐵】

(　　) **22** 良好的品質管理需要用心經營，品質的付出是有成本的，例如保固期的免費維修是屬於： (A)內部失靈成本 (B)外部失靈成本 (C)檢驗成本 (D)預防成本。【111台鐵】

解答

1 (D) **2 (A)** **3 (C)** **4 (D)** **5 (D)** **6 (C)** **7 (D)** **8 (D)** **9 (B)** **10 (C)**
11 (D) **12 (B)** **13 (B)** **14 (B)** **15 (B)** **16 (B)** **17 (D)** **18 (D)** **19 (D)** **20 (C)**
21 (B) **22 (B)**

絕技27 行銷概論

命題戰情室：本單元為行銷管理的入門基礎，行銷管理觀念（行銷哲學）的演進是第1個必須熟記的重點。但因事業單位內勤皆為營運職，須面對顧客並從事行銷，所以有時候試卷中《行銷管理》的題目比率會加重。故本書題目選取會有一部分來自行銷管理考科，藉以厚植實力。但實際上，並不見得一定會考得那麼深入。

重點訓練站

行銷學大師科特勒（Philip Kotler）認為「行銷」是為個人或團體創造產品或價值，與他人交換以滿足其需要與慾望的過程。

一、行銷管理的意義

透過管理功能，用最有效率的方法來研究市場環境與決定行銷活動，以滿足顧客的需要並達成企業的目標。

二、行銷管理觀念的演進

生產觀念 → 產品觀念 → 銷售觀念 → 行銷觀念 → 社會行銷觀念

(一) **生產導向觀念**（production concept）：關心生產效率及定價的高低
最老式的經營理念，無市場競爭者，市場需求大於供給時適用。
企業不必做促銷工作，只要改進生產方式，提高產量即可。

(二) **產品導向觀念**（product concept）：重視產品品質
假設消費者會選擇品質、功能和特色最好的產品。

企業著重產品改良，卻忽略產品未來趨勢與顧客需求，易產生「行銷近視症」。

(三) **銷售導向觀念**（selling concept）：重視產品銷售情形
許多生產者所奉行，認為企業除非極力銷售，否則消費者不會踴躍購買。企業致力於產品銷售的達成，忽略了售後服務的重要性。

(四) **行銷導向觀念**（marketing concept）：重視消費者的需求
一種較新的企業哲學，認為要達成公司目標，關鍵在於探究目標市場的需求，並能較其競爭者更有效能地滿足消費者的需求。

(五) **社會行銷觀念**（societal marketing concept）：重視社會公益的訴求
未來行銷之主流，認為社會行銷須有企業利潤、消費者需求與權益、社會利益三者的平衡考量。

三、行銷創造的效用（utility）

行銷可以為消費者創造形式效用、地點效用、時間效用、資訊效用與擁有權效用。

(一) **形式效用**（form utility）：企業把原料或零件組合在一起，而創造了某種形式供人使用。
實例：家電工廠將各式配件組裝而製造出家電用品。

(二) **地點（空間）效用**（place utility）：行銷活動將產品運送到恰當的地點讓消費者方便購買或使用。
實例：可利用網路訂購火車票並在附近郵局領票。

(三) **時間效用**（time utility）：行銷活動讓消費者在恰當的時間取得產品。
實例：宅配服務在指定時間內將新鮮水果送達。

(四) **資訊效用**（information utility）：經由產品包裝上的說明、廣告及人員銷售等，行銷活動將產品資訊傳達給消費者。
實例：例如保養品上包裝讓消費者可瞭解產品的功能、權益等。

(五) **擁有權（占有）效用**（possession utility）：消費者接受某產品的價格在購買之後，就可合法佔有及使用該產品。
實例：上班族購買汽車代步，就擁有對該汽車的所有權與使用權。

四、市場需求與行銷任務

行銷在不同的市場需求型態下，扮演不同的角色：

(一) 負需求（negative demand）

市場現象	消費者不喜歡該產品，甚至避開該產品。
行銷任務	矯正需求，扭轉消費者觀念，將不喜歡變為可接受。
行銷方式	加強促銷或說服。
行銷任務名稱	扭轉性行銷。

實例：大腸癌大便潛血檢查。

(二) 無需求（no demand）

市場現象	消費者認為沒有必要購買，多餘的。
行銷任務	創造需求，即刺激消費者，將不需要變成需要。
行銷方式	結合消費者的興趣，使他產生需求。
行銷任務名稱	刺激性行銷。

實例：青少年對傳統戲曲。

(三) 潛在需求（latent demand）

市場現象	消費者對產品具有強烈的潛在需求，但現有產品無法滿足需要或無力購買。
行銷任務	開發需求，即衡量潛在市場的大小，並配合需求來開發產品。
行銷方式	擬定行銷組合策略，加強開發產品。
行銷任務名稱	開發性行銷。

實例：終身免於感冒的疫苗。

(四) 衰退需求（declining demand）

市場現象	需求逐下滑漸衰。
行銷任務	恢復需求，即改變產品形式或行銷策略，重新進入市場，使之復甦。

行銷方式	了解原因，對症下藥。
行銷任務名稱	再行銷。

實例：國人米食量下降。

(五) **不規則（波動）需求**（irregular demand）

市場現象	因時間、季節、地點的不同造成消費需求不一樣。
行銷任務	平衡需求，即平衡整體市場，使產品不受淡旺季的影響。
行銷方式	淡季時，利用彈性定價方式或促銷方式鼓勵消費者使用。
行銷任務名稱	調和性（同步、平衡）行銷。

實例：夏季與平常用電。

(六) **飽和需求**（full demand）

市場現象	市場已達飽和狀態。
行銷任務	維持需求，即維持市場需求，使銷售量保持尖峰狀態。
行銷方式	隨時了解顧客滿意度，加強服務品質。
行銷任務名稱	維護（持）性行銷。

實例：錄放影機。

(七) **過度需求**（over demand）

市場現象	產品供不應求。
行銷任務	減低需求，即降低顧客需求。
行銷方式	限制購買量、減少促銷活動或提高售價。
行銷任務名稱	抑制（低）行銷。

實例：連續假期高速公路。

(八) **病態（有害）需求**（unwholesome demand）

市場現象	對健康具危害性之產品。
行銷任務	消滅需求，即消滅或降低市場之需求。
行銷方式	反促銷廣告，提醒消費者該產品對身體的危害。
行銷任務名稱	反行銷。

實例：毒品、檳榔、槍枝等。

五、消費者市場

根據購買者特性與購買目的，市場可分為：消費者市場（consumer market）和組織市場（organization market）。

消費者市場	由個人與家庭組成，為了個人或家庭消費無營利動機。 **特點**：人數眾多、單次購買量少、多次購買、非專家購買。 **購買決策角色**：提議者、影響者、決定者、購買者、使用者。 **購買決策過程**：需求確認→資訊蒐集→方案評估→購買決策→購後行為。
組織市場	由工廠（生產者）、中間商、政府部門、非營利組織所組成，為了加工、營利或組織營運。 **特點**：理性購買、運用租賃方式、購買者數目少但規模較大、購買者有地理集中的傾向、專業購買、直接採購、互惠採購、買賣雙方關係密切、複雜購買決策。 **購買決策角色**：發起者、影響者、把關者、決定者、核准者、採購者、使用者。 **購買決策過程**：確認問題→描繪需求→決定產品規格→搜尋供應商→徵求報價→選擇供應商→確認訂單相關內容→績效評估。

六、影響消費行為的因素

社會	文化	個人	心理
家庭	文化	年齡與家庭生命週期階段	動機
參考群體與意見領袖	次文化	人格與自我觀念	認知
角色與地位	社會階層	生活型態	學習
—	—	職業與經濟狀態	信念與態度

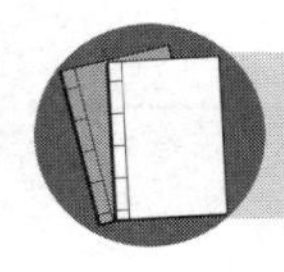

資料補給站

一、行銷研究方法

(一) **參與觀察**：研究人員以參與者的身份進行觀察。

(二) **非參與觀察**：研究人員以旁觀者的身份進行觀察。

(三) **投射技術**：將參與者置於模擬活動的情境中，希望可以透露出某些直接問問不出來的東西。

(四) **次級資料蒐集法**：又稱「文獻探討法」或「文件分析法」，係蒐集並分析機關或民間機構已發行的資料，做為自己研究資料的題材。

(五) **焦點訪談法**：邀請6-10名受訪者一起前來座談，並針對行銷人員所關切的特定主題進行深入的討論與意見交換，訪談所需時間約2-3小時。

(六) **民族誌研究法**：對人類特定社會的描述性研究項目或研究過程。

二、AIO（Activity, Interests, Opinion Inventory）量表

顧名思義就是以消費者的活動（Activity）、興趣（Interest）和意見（Opinion）作為衡量生活型態的指標。VALS（Values and Life Styles）量表由史丹佛研究機構（Stanford Research Institute）提出，主要是在生活型態的AIO量表中，加入價值觀（Value）的概念。

活動 Activities	為一種具體、明顯可見之行動，如購物、運動，而這些行動可藉由觀察得知，但是其原因卻不易衡量。
興趣 Interests	意指人們對於某些事物、主體、主題所引發之特別或連續性的注意。
意見 Opinions	乃指個人在外界情境刺激下，對於所產生的問題給予口頭或書面之回答，它可以用來描述對於問題的解釋、期望與評價。

三、涉入程度（involvement）

指對購買行動或產品的注意、在意、感興趣的程度。一般而言，購買重要、昂貴、複雜的產品時，涉入程度相當高。相反地，購買較不重要、便宜、簡單的產品，涉入程度較低。但仍須強調的是，涉入程度的高低，並不完全取決於產品本身；消費者的知覺風險、對產品的瞭解、購買動機、產品的使用情境等也決定了涉入程度。

易錯診療站

一、行銷活動可採用五種經營哲學

(一) **生產觀念**：專注製造、大量生產與降低成本。
(二) **產品觀念**：著重產品設計與改良。
(三) **銷售觀念**：專注銷售管理。
(四) **行銷觀念**：強調顧客的需求與滿足感。
(五) **社會行銷觀念**：將社會大眾權益納入行銷活動。

二、企業提供的基本效用

(一) **形式效用**：將原料轉換成可用的產品形式。
(二) **地點效用**：讓消費者在恰當地點取得產品。
(三) **時間效用**：讓消費者在恰當時間取得產品。
(四) **資訊效用**：傳達有用的資訊給消費者。
(五) **擁有權效用**：讓消費者佔有及使用產品。

三、行銷需求管理

(一) **負需求**：消費者不喜歡某一產品。
　　行銷方式：扭轉性行銷。
(二) **無需求**：消費者對某一產品無興趣或毫無所悉。
　　行銷方式：刺激性行銷。
(三) **潛在需求**：消費者雖擁有強烈需求，但現有產品無法滿足他們或無力購買。
　　行銷方式：開發性行銷。
(四) **衰退需求**：消費者已對特定產品降低購買。
　　行銷方式：再行銷。
(五) **不規則需求**：消費者對特定產品需求購買有高低起伏。
　　行銷方式：調和性行銷。
(六) **飽和需求**：消費者試場需求已達飽和。
　　行銷方式：維護行銷。
(七) **過度需求**：消費者需求已超過廠商所能供給水準。
　　行銷方式：低行銷。

(八) **病態需求**：消費者的需求不但無益且有害。
行銷方式：反行銷。

模擬題試煉

一、基礎題

( ) **1** 有關行銷之觀念如下 (1)行銷觀念 (2)銷售觀念 (3)生產觀念 (4)社會行銷觀念 (5)產品觀念；請就其演進過程依序排列，正確者為何者？ (A)(1)(2)(3)(4)(5) (B)(3)(5)(2)(1)(4) (C)(1)(3)(5)(2)(4) (D)(3)(4)(1)(2)(5)。

( ) **2** 某一企業若以生產需要為中心，所有活動都要配合生產部門等工作需要，則視該公司為何種行銷導向的公司？ (A)生產 (B)行銷 (C)銷售 (D)市場。

( ) **3**「東西既然製造出來了，為了賺錢謀利，就要設法將東西賣出去」，這是行銷導向中的何者？ (A)生產導向 (B)銷售導向 (C)行銷導向 (D)社會行銷導向。

( ) **4** 採取下列何項觀念常會導致「行銷近視症」？ (A)生產導向 (B)銷售導向 (C)產品導向 (D)社會行銷導向。

( ) **5** 下列何者的精神，是始於顧客，終於顧客，一切以顧客為依歸，隨時隨地為顧客著想？ (A)生產導向觀念 (B)銷售導向觀念 (C)行銷導向觀念 (D)社會行銷導向觀念。

( ) **6** 下列何種觀念最能被環境保護團體接受？ (A)生產觀念 (B)銷售觀念 (C)行銷觀念 (D)社會行銷觀念。

( ) **7** 企業調劑供需，移轉商品的所有權，自生產者轉於消費者手中產生？ (A)所有權效用 (B)地點效用 (C)時間效用 (D)人力效用。

( ) **8** 對已達生命衰退週期的產品，再創造一個新的生命週期是為何種行銷方式？ (A)扭轉行銷 (B)再行銷 (C)反行銷 (D)開發行銷。

(　　) 9 鐵路局為緩和春節期間的旅客人潮，乃降低尖峰以外時間的票價，此種行銷策略是：　(A)低行銷　(B)開發行銷　(C)維護性行銷　(D)調和性行銷。

(　　) 10 何者是為行銷的最終市場，重視個人或家計單位的需求？　(A)政府市場　(B)消費者市場　(C)生產者市場　(D)機構市場。

(　　) 11 下列何者不是購買決策中的重要角色？　(A)發起者　(B)影響者　(C)決策者　(D)傾聽者。

(　　) 12 組織市場（Organization market）有一些特性不同於個人消費市場，下列何者不是組織市場的特性？　(A)較少的購買者　(B)衍生性需求　(C)專業化購買　(D)購買者地區較分散。

(　　) 13 有關焦點群體訪談法（focus group interview,FGI）敘述何者錯誤？
(A)是行銷探索性研究的一種方法
(B)進行過程中會有一主持人及受邀成員
(C)主持人必須引導討論的過程，並加入討論的行列
(D)針對行銷人員所關切的主題進行深入探討與意見交換。

二、進階題

(　　) 14 比較銷售觀念和行銷觀念的不同，下列敘述何者有誤？　(A)銷售觀念以銷售者之需求為前提　(B)行銷觀念著重於購買者之需求　(C)行銷觀念是經由銷售量增加而獲利　(D)銷售觀念重視銷售與促銷手段，忽視顧客利益。

(　　) 15 最早期的福特汽車大量生產車子，將其推銷給大眾，其行銷概念為：　(A)生產概念　(B)產品概念　(C)銷售觀念　(D)行銷觀念。

(　　) 16 行銷導向（marketing oriented）的經營理念為何？　(A)企業營運重心為尋求最大產出　(B)以消費者為主體，以消費者之利益為出發點　(C)以產品來引導消費者的消費趨勢與方向　(D)以各式促銷手法，將產品順利銷售出去。

(　　) 17 鐵路局將保麗龍套餐盒改為紙盒，乃是符合下列何種觀念？　(A)產品觀念　(B)銷售觀念　(C)行銷觀念　(D)社會行銷觀念。

(　　) **18** 某保養品業者長年實施「空瓶回收可折抵消費金額」活動，這是符合下列何種觀念？ (A)生產觀念 (B)產品觀念 (C)銷售觀點 (D)社會行銷。

(　　) **19** 屏東縣枋山鄉的頂級愛文芒果在地零售價格一公斤80元，在台北市一公斤零售價格可賣到160元，這種因移轉物品的地點，使物品的經濟價值增加所產生的效用，稱為： (A)佔有效用 (B)空間（地域）效用 (C)時間效用 (D)感動效用。

(　　) **20** 某行動電話的廣告鮮活有趣，你認為青少年朋友就行動電話市場而言，是處於哪一種需求狀況？ (A)潛在需求 (B)過度需求 (C)感受需求 (D)無需求。

(　　) **21** 旅遊業都有淡、旺季之分，於是旅遊業者推出淡季優惠措施希望能刺激業績的成長。請問旅遊業者的做法是執行哪一項行銷任務？ (A)開發性行銷 (B)再行銷 (C)調和行銷 (D)刺激性行銷。

(　　) **22** 在美國銷售動物內臟不但會賣不出去，還會引起消費者的反感，請問這是因為美國對動物內臟有何種型態的需求？ (A)零需求 (B)負需求 (C)衰退需求 (D)病態需求。

(　　) **23** 曉晴將進行一份各大夜市飲食習慣的市場調查，她的主管提醒她問卷中要放入AIO量表，請問AIO量表是用來衡量什麼？ (A)生活型態 (B)社經地位 (C)品牌偏好 (D)消費者滿意度。

(　　) **24** 小華吵著要去動物園玩，媽媽原本不答應，但是爺爺因為疼愛小華幫他替媽媽求情，媽媽才決定讓他去玩，最後由爸爸出錢讓小華跟姐姐一起去玩。下列敘述何者正確？ (A)爺爺是決定者、小華是發起者、媽媽是影響者 (B)小華是發起者、媽媽是影響者、姐姐是使用者 (C)爸爸是購買者、小華是使用者、媽媽是決定者 (D)媽媽是決定者、爺爺是影響者、爸爸是使用者。

(　　) **25** 公司的採購中心是指公司的採購決策單位，包括所有參與採購決策過程的個人與團體。採購中心的成員在決策過程中可分為七種角色，其中何者是指公司中使用該採購產品或服務者？ (A)使用者 (B)決定者 (C)發起者 (D)守門者。

解答與解析

一、基礎題

1 (B)。生產觀念→產品觀念→銷售觀念→行銷觀念→社會行銷觀念。

2 (A)。需求大於供給，產業受到保護，企業專注在製造、大量生產與降低成本。

3 (B)。強力推銷企業的商品，顧客的需求與利益是次要的。

4 (C)。只看到眼前的產品，卻忽略了行銷環境的變化與消費者真正的需求。

5 (C)。行銷導向強調顧客的需求與滿足感。

6 (D)。在滿足顧客與賺取利潤同時，企業應該維護整體社會與自然環境的長遠利益。

7 (A)。將商品轉交給消費者持有。

8 (B)。改變產品形式或行銷策略。

9 (D)。又稱同步行銷或平衡行銷，當出現不規則需求時便需要平衡需求。

10 (B)。由個人與家庭組成，為了個人或家庭消費無營利動機。

11 (D)。發起者、影響者、決定者、購買者、使用者。

12 (D)。其特點有：理性購買、運用租賃方式、購買者數目少但規模較大、購買者有地理集中的傾向、專業購買、直接採購、互惠採購、買賣雙方關係密 、複雜購買決策。

13 (C)。主持人必須確定每一位參與成員都加入討論，並確保討論的重點是放在主題上，同時也必須阻止有強烈個人意識者主導討論過程。

二、進階題

14 (C)。行銷觀念先考慮消費者的需求，然後提供符合其利益的產品以創造消費者滿足感，並使企業獲利。

15 (A)。企業營運重心為大量生產。

16 (B)。(A)生產導向。(C)產品導向。(D)銷售導向。

17 (D)。除了必須秉持行銷導向之基本原則外，也必須兼顧環保議題，強調企業的社會責任。

18 (D)。以目標市場作起點，滿足顧客需求的同時，並顧及社會群體利益之行銷觀念。

19 (B)。在不同的地點場合提供消費者產品。

20 (A)。消費者雖擁有強烈需求但無力購買，行銷方式可採開發性行銷。

21 (C)。屬於不規則需求，行銷方式應採調和性行銷。

22 (B)。消費者不喜歡該產品，甚至避開該產品。

23 (A)。AIO（Activity, Interests, Opinion Inventory）量表，顧名思義就是以消費者的活動（Activity）、興趣（Interest）和意見（Opinion）作為衡量生活型態的指標。

24 (C)。小華是發起者、爺爺是影響者、媽媽是決定者、爸爸是購買者、小華與姊姊是使用者。

25 (A)

實戰大進擊

( ) **1** 在行銷的概念中，銷售觀念係指下列何者？ (A)生產所能賣的產品 (B)賣所生產的產品 (C)賣品牌價值高的產品 (D)生產高利潤產品。 【105郵政】

( ) **2** 當公司產能過剩時，大多數公司會傾向採用何種市場行銷哲學：(A)生產（production）觀念 (B)產品（product）觀念 (C)銷售（selling）觀念 (D)行銷（marketing）觀念。 【104郵政第2次】

( ) **3** 某手機廠商設計出最高等級產品，認為消費者喜歡功能特殊、效能高的手機，此為： (A)生產觀念 (B)產品觀念 (C)銷售觀念 (D)行銷觀念。 【103中華電】

( ) **4** 下列何者「不是」行銷的觀念？ (A)顧客至上、以客為尊的觀念 (B)應該採取整合性的作法來行銷產品 (C)著重於賣我們所生產出來的產品 (D)顧客滿意與企業目標同步達成。 【105台酒】

( ) **5** 強調同時達成企業的利潤與顧客需要，而且必須符合社會福祉的是下列何者？ (A)銷售觀念 (B)行銷觀念 (C)社會行銷觀念 (D)生命週期觀念。 【105台北自來水】

( ) **6** 美體小舖（THE BODY SHOP）強調其為第一間推動社區公平交易原料採購模式的化妝品公司，並強調環保，反對動物實驗。根據上述文字，您認為美體小舖符合何種觀念？ (A)生產觀念 (B)產品觀念 (C)行銷觀念 (D)社會行銷觀念。 【103台酒】

( ) **7** 下列哪一類效用（utility）不是零售業會為顧客創造的主要效用？ (A)時間效用 (B)地點效用 (C)形式效用 (D)所有權效用。 【103中油】

(　　) **8** 企業將低使用效率的物質，經由轉換程序，變更為高使用價值的財貨，稱為：　(A)資源的形式效用　(B)資源的地點效用　(C)資源的時間效用　(D)資源的持有效用。【103台酒】

(　　) **9** 廠商將夏季的西瓜加以冷藏，等到冬季時再拿出來銷售，廠商這麼做創造何種行銷效用（utility）？　(A)空間效用　(B)價值效用　(C)資訊效用　(D)時間效用。【104郵政第2次】

(　　) **10** 有些銀行延長服務時段至晚間7點，這為消費者創造了何種效用？　(A)形式效用　(B)資訊效用　(C)地點效用　(D)時間效用。【102中華電】

(　　) **11** 社群媒體的流行，造就許多消費者會在做決策前搜尋許多資訊，例如上網看論壇與在社群媒體發問，請問此種行為屬於下列何種程序？　(A)問題確認　(B)資訊收集與評估方案　(C)購買後行為　(D)制定決策。【105郵政】

(　　) **12** 某金融機構提供服務給非營利的慈善團體、教會、大學，這些顧客是屬於：　(A)中間商市場　(B)政府市場　(C)消費者市場　(D)機構市場。【103中華電】

(　　) **13** 相對於一般消費者市場（customer market）的購買型態，下列何者不屬於企業對企業市場（business-to business）銷售之特色？　(A)企業購買者的數量較多　(B)購買者較大型　(C)比較專業的採購　(D)較強調長期持續性關係的建立。【105台糖】

(　　) **14** 有關企業市場（business-to-business market）購買行為之敘述，下列何者錯誤？　(A)企業採購是一種引伸需求，基於客戶需求而採購　(B)企業在進行新任務購買時，決策影響者比較多　(C)企業購買者與供應商常建立持續性關係　(D)企業採購的價格彈性較大，價格上漲時購買量會大幅下降。【105中油】

(　　) **15** 某企業為了瞭解消費者對新產品的看法，於是在產品上市前，招募8位消費者前來看新產品的實體，並邀請這8名消費者試用產品，並在現場分享試用心得，在過程中研究人員除仔細聆聽顧客想法外，亦透過單面鏡來觀察參與者的狀態。這種資料收集的方法稱為：　(A)問卷調查　(B)次級資料蒐集法　(C)焦點群體訪談法　(D)民族誌法。【103台酒】

( ) **16** 商店請人假扮為神秘顧客來暗中評估銷售人員的服務態度及方式，它是屬於下列何種觀察研究？ (A)參與觀察 (B)非參與觀察 (C)焦點觀察 (D)投射技術。 【104郵政第2次】

( ) **17** 人們對環境有一種持續而穩定的反應，可藉由個人的AIO來加以辨別，所謂A是指活動（Activities），I是指興趣（Interests），O則是指： (A)目標（Objectives） (B)意見（Opinions） (C)機會（Opportunities） (D)作業（Operations）。 【104郵政第2次】

( ) **18** 在公司所有部門中，哪個部門對公司的策略制訂具有重要性的影響？ (A)人力資源 (B)資訊 (C)行銷 (D)會計。 【106桃捷】

( ) **19** 消費者的心理因素對其購買決策的影響很大，下列何者並不屬於心理因素？ (A)社會角色 (B)動機 (C)認知 (D)信念。【106桃捷】

( ) **20** 有關焦點團體討論法（Focus-Group Discussions），以下敘述何者錯誤？ (A)屬於一對一的面對面訪談法 (B)主持人負責會場引導運作 (C)針對特定主題來討論互動 (D)透過腦力激盪形成共識。 【106桃機】

( ) **21** 小林在開咖啡店前，先自行設計問卷蒐集附近消費者資料，此種資料稱為？ (A)二手資料 (B)一手資料 (C)商業資料庫 (D)網路資料。 【106桃捷】

( ) **22** 將產品或勞務從生產者移轉到消費者的過程中，所採取的各種活動，稱為： (A)分配 (B)行銷 (C)銷售 (D)消費。 【107台酒】

( ) **23** 下列有關銷售觀念及行銷觀念之比較，何者有誤？ (A)銷售觀念重視業績的提升 (B)銷售觀念重視顧客的滿意度 (C)行銷觀念著重於滿足消費者的需求 (D)銷售觀念注重在運用各種銷售技巧將產品賣出去。 【107台酒】

( ) **24** 企業須節能減碳、克盡環境保護責任的行銷觀念是： (A)全球行銷導向 (B)社會行銷導向 (C)銷售導向 (D)生產導向。 【107台酒】

( ) **25** 年底汽車公司提供36期分期付款的優惠，請問此創造何種效用？ (A)所有權效用 (B)地域效用 (C)形式效用 (D)時間效用。 【107台酒】

(　) **26** 「先了解市場上的消費者可能會想要購買哪一類的產品或服務，再透過提供可以滿足或超越消費者期望的產品或服務，以獲取消費者青睞並賺取利潤」較符合下列哪一類的行銷思維？ (A)生產導向 (B)利潤導向 (C)顧客導向 (D)成本導向。 【108郵政】

(　) **27** 「消費者可以在特定的時間購買到所需的產品」是行銷中間商（Marketing Intermediaries）所能提供的哪一類效用？ (A)地點的效用 (B)形式的效用 (C)擁有的效用 (D)時間的效用。 【108郵政】

(　) **28** 企業組織透過發放實體問卷、進行顧客訪談或實施電話調查所收集到的資料，稱為： (A)初級（或第一手）資料 (B)次級（或第二手）資料 (C)無偏差資料 (D)偏差資料。 【108郵政】

(　) **29** 下列那一個行銷哲學演進階段，因為出發角度的關係，比較不會有行銷短視症（marketing myopia）的問題？ (A)生產觀念 (B)產品觀念 (C)銷售觀念 (D)社會行銷觀念。 【111台鐵】

解答

1(B) **2**(C) **3**(B) **4**(C) **5**(C) **6**(D) **7**(C) **8**(A) **9**(D) **10**(D)
11(B) **12**(D) **13**(A) **14**(D) **15**(C) **16**(A) **17**(B) **18**(C) **19**(A) **20**(A)
21(B) **22**(B) **23**(B) **24**(B) **25**(D) **26**(C) **27**(D) **28**(A) **29**(D)

絕技28 目標行銷與行銷組合

命題戰情室：目標行銷、行銷組合是行銷命題不會放過的重點，舉凡STP、市場區隔變數、市場區隔的條件、目標市場策略、定位意涵、行銷4P都會是考點，尤應注意。

重點訓練站

一、目標行銷

指將一個大市場分割成眾多的小市場，再針對一個或數個小區隔市場來發展他們所喜歡的產品及擬定行銷策略，其步驟為：

(一) **市場區隔**（Segmenting）：明確區隔條件、分析各區隔市場。
(二) **市場選擇**（Targeting）：衡量區隔後各市場的可行性，選定目標市場。
(三) **市場定位**（Positioning）：針對目標市場作產品定位、擬定行銷組合。

市場區隔	市場選擇	市場定位
1. 確認市場區隔的變數 2. 分割各個區隔市場	1. 衡量各區隔市場的吸引力 2. 選定目標市場	1. 目標市場定位 2. 針對各目標市場擬定行銷組合

二、市場區隔

將一個不同性質的廣大市場，區分為有意義且相似並可以視為許多小的同質群體或區隔市場的程序。企業常用的市場區隔變數有：

人口	地理	心理	行為
性別、年齡	氣候	社會階層	使用率
所得、職業	國家	價值觀	忠誠度
教育、種族	區域	人格特質	使用狀態

人口	地理	心理	行為
國籍、宗教	城鄉	生活型態	使用時機
家庭人數	人口密度	—	追求利益
家庭生命週期	地理位置	—	反應層級

而**有效市場區隔的條件**：

(一) **可衡量性**：區隔市場大小及其購買力可衡量程度。
(二) **可接近性**：能夠有效接觸與服務區隔市場的程度。
(三) **足量性**：區隔市場的規模夠大或其獲利性高值得企業去開發的程度。
(四) **可差異性**：在概念上具有足夠的差異性可以切割市場的程度。
(五) **可行動性**：有能力提出並落實行銷方案，以吸引區隔市場的程度。

影響市場區隔吸引力的主要因素：

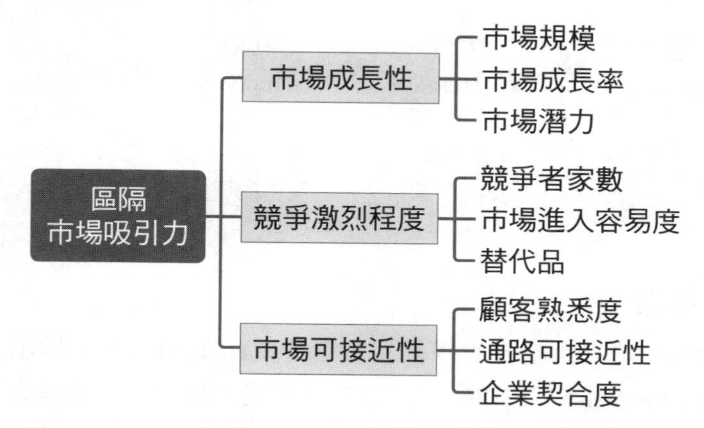

影響區隔市場吸引力的主要因素

三、目標市場策略（目標市場涵蓋策略）

無差異行銷－差異行銷－集中行銷－利基行銷－微觀行銷
目標市場廣闊←⋯⋯⋯⋯⋯⋯⋯⋯⋯⋯→目標市場狹隘

(一) **無差異行銷**：又稱大量行銷，強調消費者的共同需要而非差異，透過單一行銷方案，藉由大量廣告，以期吸引最多的購買者。
(二) **差異行銷**：又稱區隔行銷，廠商設計不同的產品及其對應的行銷組合，進入兩個或以上市場。

(三) **集中行銷**：企業集中全力於單一區隔，並以一套行銷方案鎖定此特定的目標區隔。

(四) **利基行銷**：以企業本身獨特的優勢為基礎，選取有利可圖的次區隔，作為專業經營的市場基礎，又可分產品專業化、市場專業化策略。

(五) **微觀行銷**：目標市場狹隘化的極致代表，又可分為地區性行銷、個別化行銷。

四、定位基礎

定位（Positioning）是指「在消費者腦海中，為某個品牌建立有別於競爭者的形象」的過程。定位的基礎（AFBP）包括品牌屬性（Attributes）、功能（Functions）、利益（Benefits）、個性（Personalities）。

消費者感受到的品牌四大構面：AFBP

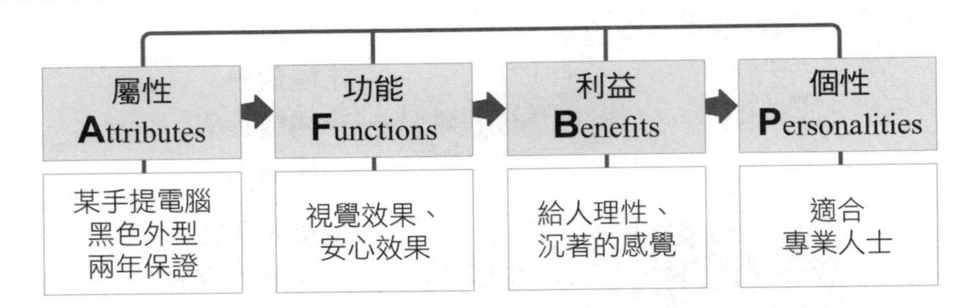

五、行銷組合

行銷組合的概念最初由哈佛大學教授博頓（N.H.Borden）所提出，其後麥卡錫（Jerome McCarthy）在1960年出版的《基礎市場行銷：管理方法》書中，率先提出了行銷組合的4P因素，即產品（Product）、通路（Place）、價格（Price）、推廣（Promotion），使其更加具體化。

行銷組合	說明
產品	發展設計以提供目標市場適合的產品或服務。
價格	運用定價方法訂定適當的價格來符合消費者的需求。
通路	運用不同配銷通路把產品送至目標市場。
推廣	利用各種行銷手法推銷產品以增加銷售量。

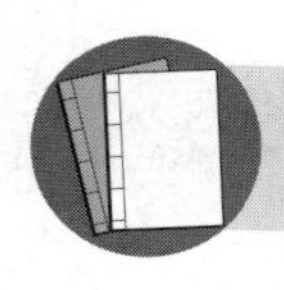

資料補給站

一、4P是廠商導向下的產物，基於行銷是以顧客為核心的操作，勞特朋（Robert F. Lauterborn）在1990年以消費者需求為導向，重新設定了市場行銷組合的四個基本要素：即**消費者（Consumer）、成本（Cost）、便利性（Convenience）和溝通（Communication）**。強調企業首先應該把追求顧客滿意放在第一位，其次是努力降低顧客的購買成本，然後要充分注意到顧客購買過程中的便利性，最後還應以消費者為中心實施有效的行銷溝通。兩者比較如下：

行銷4P	行銷4C
產品（Product）	顧客的需求解決方案（Customer Solution）
價格（Price）	顧客願意支付出成本（Customer Cost）
通路（Place）	顧客購買的方便性（Convenience）
推廣（Promotion）	與顧客充分溝通方式（Communication）

二、各種行銷組合方法的區別

(一) 1967年科特勒（Philip Kotler）在其暢銷書《行銷管理：分析、規劃與控制》第一版進一步確認了以4Ps為核心的行銷組合方法，即產品（Product）、價格（Price）、分銷（Place）、促銷（Promotion），此後隨著該書的暢銷，4Ps組合理論得到廣泛傳播和接受。70年代服務行銷的研究開始興起。

(二) 1981年Booms and Bitner提出了服務行銷的7Ps組合理論，即在原來4Ps的基礎上增加：實體證明（Physical Evidence）、標準化流程（Process）、人（People）。

(三) 1986年，科特勒又提出了大行銷的6Ps組合理論（Megamarketing Mix Theory），即在原來4Ps的基礎上增加：政治權力（Policy Power）、公共關係（Public Relation）。這是由於對行銷戰略計畫的逐漸重視。

(四) 1986年6月30日，科特勒在對外經貿大學的演講中，又提出在大行銷的6Ps之外，還要加上戰略4P，即探查（Probing）、劃分（Partitioning）、優先（Prioritizing）、定位（Positioning）；因為這樣，到90年代初，人們普遍認同把原來大行銷的6Ps組合理論再加入戰略行銷的4P，形成一個比較完整的10Ps行銷組合理論。

【MBA智庫百科】

易錯診療站

一、目標行銷

指銷售者將整個市場區分為許多不同的部分，從中選擇一個或數個小區隔市場，針對該目標市場擬定產品及行銷策略。有效的目標行銷，必須採取三個步驟（STP**程序**）：**市場區隔**（Segment）、**目標市場選擇**（Target）、**產品定位**（Position）。

二、區隔變數（segmentation variable）

是劃分市場所使用的判別標準，在消費者市場方面，可分為四大類：

1	**地理區隔變數** geographic variables	城鎮規模與人口密度、氣候、區域。
2	**人口統計變數** demographic variables	性別、年齡、家庭生命週期、職業。
3	**心理統計變數** psychographic variables	人格特質、生活型態、社會階層、價值觀。
4	**行為變數** behavioral variables	追求的利益、使用率、時機、忠誠度。

三、目標市場主要的選擇方式

無差異行銷 undifferentiated marketing	消費者需求沒有很大的差異，該市場又稱大眾市場（mass market）。
差異行銷 differentiated marketing	企業設計不同的產品及對應的行銷策略，以進入兩個或以上的市場。
集中行銷 concentrated marketing	廠商資源有限，集中全力經營次要市場，該市場可創造一定利潤。

四、定位

在消費者腦海中，為某個品牌建立有別於競爭者的形象基礎。

模擬題試煉

一、基礎題

( ) **1** STP程序，指的是下列何者？ (A)產品、定價、推廣 (B)市場滲透、市場開發、產品開發 (C)市場區隔、目標市場選擇、產品定位 (D)成本領導、差異化、集中。

( ) **2** 公司將市場區隔成經理人員、職員及學生等三類，請問這屬於那一種區隔化？ (A)人口統計的區隔化 (B)心理特性區隔化 (C)行為方面區隔化 (D)地理特性區隔化。

( ) **3** 下列何者不是有效市場區隔必備的條件？ (A)可衡量性 (B)可接近性 (C)足量性 (D)財務性。

( ) **4** 下列何者不是市場區隔策略？ (A)差異行銷策略 (B)無差異行銷策略 (C)分散行銷策略 (D)集中行銷策略。

( ) **5** 企業打算同時進入兩個或兩個以上的區隔市場，針對不同區隔的市場設計不同的行銷組合策略，提供多種具有不同特色、樣式、品質的產品以供消費者選擇，這是何種行銷策略發展？ (A)大量行銷 (B)差異性行銷 (C)無差異行銷 (D)集中行銷。

( ) **6** Swatch手錶針對15到25歲的年輕人進行行銷，這是： (A)大量行銷 (B)目標行銷 (C)定位 (D)草根行銷。

( ) **7** 下列目標市場，其區域結構的吸引力何者較大？ (A)區隔內無替代品存在 (B)區隔內的供應商有能力任意調整原料價格 (C)區隔內包含很多強而有力的競爭者 (D)區隔內的消費者擁有強的議價能力。

( ) **8** 凡設計產品或形象，以使顧客感覺這項產品非常具有價值，而且跟其他產品大不相同，稱為： (A)市場區隔 (B)目標市場選擇 (C)推廣 (D)定位。

(　　) **9** 以下何者不是行銷管理中的4Ps？　(A)產品　(B)定價　(C)品牌　(D)推廣。

(　　) **10** 7-11便利商店主打部分商品，如飲料第二件5折，這是屬於行銷組合中的哪一項？　(A)產品　(B)價格　(C)通路　(D)推廣。

二、進階題

(　　) **11** 關於STP三階段　a.產品定位　b.目標市場選擇　c.市場區隔的順序為：　(A)cba　(B)abc　(C)bac　(D)沒有順序的先後。

(　　) **12** 下列何者沒有區隔市場？　(A)飲料分為高糖與低糖消費者　(B)汽車依車子的用途，分為商用車與RV車　(C)提供高脂與低脂奶品，給不同年齡的消費者　(D)僅提供一式早餐服務所有消費者。

(　　) **13** 研究消費者行為時，以消費者對品牌的忠誠度作為市場區隔的標準是下列何者？　(A)心理變數　(B)人口統計變數　(C)行為變數　(D)地理環境變數。

(　　) **14** 消費者購買牙膏時，考慮使用牙膏的防蛀、美白、敏感或口氣清新，因此可進行：　(A)利益區隔　(B)場合區隔　(C)準備階段的區隔　(D)使用者狀態的區隔。

(　　) **15** 經區隔後的各次級市場，可分別經由不同的通路或媒體來提供合適之產品與行銷訊息，是符合有效市場區隔條件的何者？　(A)可衡量性　(B)可接近性　(C)足量性　(D)可行動性。

(　　) **16** 某一生產食用油的廠商以「不含膽固醇，照顧全家人的健康」為廣告訴求，係屬於：　(A)無差異行銷　(B)集中式行銷　(C)差異性行銷　(D)分散性行銷。

(　　) **17** 下列那一個不屬行銷4P的內容？　(A)Product　(B)Package　(C)Promotion　(D)Place。

(　　) **18** 近年來許多餐飲業者，將年菜透過網路或是便利商店的管道來增加銷售，這是屬於市場行銷4P組合中的哪一項？　(A)通路（place）　(B)價格（price）　(C)產品（product）　(D)促銷（promotion）。

(　　) **19** 從銷售者的觀點來看，4C是從顧客的觀點來看，請問4P中的place是對應4C中的哪一項？　(A)customer needs and wants　(B)cost to the customer　(C)convenience　(D)communication。

解答與解析

一、基礎題

1 (C)。市場區隔（Segment）、目標市場選擇（Target）、產品定位（Position）。

2 (A)。性別、年齡、所得、職業、種族、家庭生命週期等。

3 (D)。企業若要使其市場區隔達成功效，必須具有可接近性、足量性、可區別（差異）性、可行動性及可衡量性等特性。

4 (C)。利基行銷、微觀行銷（個人行銷、地區行銷）。

5 (B)。又稱區隔行銷。

6 (B)。即選擇一個或數個小區隔市場，針對該目標市場擬定產品及行銷策略。

7 (A)。(B)區隔內的供應商沒有能力任意調整原料價格；(C)區隔內沒有很強而有力的競爭者；(D)區隔內的消費者沒有很強的議價能力。

8 (D)。利用行銷方式，使其產品在消費者心目中，佔有一個獨特且有價值的位置。

9 (C)。行銷組合的組成部分主要有：(C)產品（product）、價格（price）、推廣（promotion）、通路（place）。

10 (D)。透過短期性的促銷措施，以加速促成商品的購買。

二、進階題

11 (A)。目標行銷又稱為STP，係指市場區隔、目標市場及產品定位的活動。其順序為：市場區隔→目標市場選擇→產品定位。

12 (D)。考慮市場的同質性因素，將一個存在的大市場切割成幾個小市場的方法。

13 (C)。根據不同的行為變數，如所追求的利益、使用率等，將市場予以區隔。

14 (A)。每位顧客想獲得的利益不同。

15 (B)。(A)指市場區隔的大小及購買力是可以被衡量的。(C)經區隔後的市場須有足以開發產品及展開行銷組合的需求量。(D)指區隔後之市場，可用有效行銷組合或行銷方案來吸引消費者。

16 (A)。不重視市場區隔間的差異，以一種行銷組合，吸引市場中絕大多數的顧客。

17 (B)。行銷組合通常區分為四大類：
(1)產品組合（Product）。

(2) 價格組合（Price）。
(3) 通路組合（Place）。
(4) 推廣組合（Promotion）。

18 (A)。由介於廠商與顧客間的行銷中介單位所構成，通路運作的任務就是在適當的時間，把適當的產品送到適當的地點，並以適當的陳列方式，將產品呈現在顧客面前，使廠商獲得最大績效，並能使顧客滿意。

19 (C)。(A)4P中的product。(B)4P中的price。(D)4P中的promotion。

實戰大進擊

( ) **1** 在STP行銷的差異行銷概念中，第一個步驟S為何？ (A)市場選定 (B)市場區隔 (C)產品定位 (D)市場重整。 【105郵政】

( ) **2** 經由嚴謹的分析，以特定的標準或構面，將整個市場分為多個區塊，每個區塊內的客戶有高度的同質性，很容易與其他客戶加以區別，這樣的作法是屬於下列何者？ (A)市場區隔 (B)大量行銷 (C)產品定位 (D)差異化行銷。 【105自來水】

( ) **3** 下列何者為市場區隔的心理變數？ (A)人格 (B)性別 (C)忠誠度 (D)區域。 【103中華電】

( ) **4** 行銷人員常用地理區域、人口特徵與心理特徵作為市場區隔的依據，下列何者不是消費者的人口特徵？ (A)收入 (B)性別 (C)生活型態 (D)教育程度。 【105郵政】

( ) **5** 企業通常會根據消費者的人口特徵區隔市場，以便選取其目標市場。下列何者不是「消費者的人口特徵」？ (A)教育程度 (B)性別 (C)年齡 (D)忠誠度。 【104自來水升】

( ) **6** 依性別、年齡、職業等作為市場區隔變數，稱為什麼？ (A)人口統計變數 (B)行為變數 (C)地理變數 (D)心理變數。 【103經濟部】

( ) **7** 牙膏市場分為抗敏感、防蛀以及潔白等，這是按照下列哪一市場區隔變數區分市場？ (A)行為變數 (B)心理變數 (C)地理變數 (D)人口統計變數。 【105台酒】

(　　) **8** 下列哪一項「不是」常用的描繪區隔市場剖面的購買行為變數？ (A)區隔市場成長率 (B)偏好的配銷通路 (C)購買產品的價格間 (D)購買頻次。 【105台酒】

(　　) **9** 有關差異行銷的敘述，下列何者錯誤？ (A)差異行銷的主要三步驟為：市場區隔、區隔選定、產品定位 (B)市場區隔的目的是將大的異質市場，藉由區隔變為許多小的異質市場 (C)依據區隔市場的吸引力，排序並選定目標的區隔市場 (D)針對選定的區隔市場，尋求可能的定位概念，並透過行銷組合發展與傳達。 【105台酒】

(　　) **10** 一個有效的行銷計劃需要成功的配銷策略，將適量產品在適當的時間和地點從生產者流向消費者的路徑，屬於行銷4P中的何者？ (A)Process 程序 (B)Promotion 促銷推廣 (C)Product產品 (D)Place 通路。 【105自來水】

(　　) **11** 下列何者不屬於行銷組合的4P？ (A)通路（place） (B)流程（process） (C)推廣（promotion） (D)產品（product）。 【104郵政】

(　　) **12** 下列那一項不屬於行銷組合之一？ (A)定價 (B)促銷 (C)成本控制 (D)通路。 【104農會】

(　　) **13** 下列何者非屬行銷4P活動？ (A)Pay (B)Product (C)Place (D)Promotion。 【103台北自來水】

(　　) **14** 行銷組合（marketing mix）不包括下列哪一類變數？ (A)廣告 (B)產品 (C)定價 (D)通路。 【103中油】

(　　) **15** 傳統行銷4P組合係由賣方角度出發，為發展最合適的行銷策略，現今更強調對應消費者角度思考的4C組合，包含：顧客價值（customer value）、顧客成本（cost to the customer）、便利性（convenience）以及： (A)連結（connection） (B)控制（control） (C)集中（concentration） (D)溝通（communication）。 【104郵政第2次】

(　　) **16** 下列何者並非企業行銷策略關注的要點？ (A)選擇目標市場 (B)執行產品促銷活動 (C)擬定產品配銷管道 (D)銷售相關會計運作。 【106台糖】

( ) **17** 下列何者不屬於人口統計學變數？ (A)婚姻狀態 (B)種族 (C)生活型態 (D)教育背景。 【106台糖】

( ) **18** 手機通訊業者針對不同使用率的市場，推出不同的月租費方案，以此作為市場區隔的基礎。此種市場區隔變數，稱為？ (A)心理變數 (B)地理變數 (C)行為變數 (D)人口統計變數。 【106桃機】

( ) **19** 當行銷人員以數個市場區隔為目標市場，並分別為其設計行銷組合時，他是在執行？ (A)理念行銷 (B)無差異行銷 (C)差異化行銷 (D)集中行銷。 【106桃捷】

( ) **20** 下列何者並非是企業發展行銷組合過程中所會進行的活動？ (A)確立行銷預算 (B)發展符合目標市場需求的產品 (C)為產品訂定適當的價格 (D)告知潛在顧客相關的產品訊息。 【106台糖】

( ) **21** 企業進行市場區隔時可以用消費者的地理位置、人口特徵與心理特徵來區隔市場，下列何者屬於消費者的人口特徵？ (A)態度 (B)興趣 (C)生活型態 (D)教育程度。 【107郵政】

( ) **22** 目標行銷的步驟依序是： (A)市場區隔、市場選擇、市場定位 (B)市場區隔、市場定位、市場選擇 (C)市場定位、市場區隔、市場選擇 (D)市場選擇、市場區隔、市場定位。 【107台酒】

( ) **23** 企業進行目標行銷的步驟： (A)目標市場選擇→市場區隔→市場定位 (B)市場區隔→市場定位→目標市場選擇 (C)市場區隔→目標市場選擇→市場定位 (D)市場定位→市場區隔→目標市場選擇。 【107台酒】

( ) **24** 將市場類似需求歸類在一起，並將整個市場區分為許多小市場，企業根據不同小市場的需求，分別進行產品設計與行銷，稱之為：(A)市場整合 (B)市場定位 (C)市場區隔 (D)市場選擇。【107台酒】

( ) **25** 大大百貨公司為了服務多元客群，在許多縣市展店；其中，台北館以「兒童與青少年」為目標市場，中壢館以「中年人」為目標市場，嘉義館以「銀髮族」為目標市場。大大百貨公司根據不同的都市行政區，鎖定不同年齡層的客群，請問該百貨是以哪些區隔變數來進行市場區隔？ (A)行為變數、心理變數 (B)心理變數、人口統計變數 (C)地理變數、人口統計變數 (D)地理變數、行為變數。【107台酒】

( ) **26** 臺灣逐漸步入高齡化社會，小王經過市場調查後，認為銀髮族旅遊的市場成長可期，因此決定投資「樂齡逍遙旅遊」事業。請問小王的決策最符合哪一種目標市場的選擇策略？ (A)差異化行銷 (B)置入性行銷 (C)無差異行銷 (D)集中化行銷。【107台酒】

( ) **27** 下列有關採用行銷策略的敘述何者錯誤？ (A)企業資源有限時宜採集中行銷 (B)市場具同質偏好時應採無差異行銷 (C)新產品上市宜採差異化行銷 (D)競爭者進行市場區隔成功時不宜採無差異行銷。【107台酒】

( ) **28** 在行銷管理原來4Ps的基礎上增加：政治權力（Policy Power）及公共關係（Public Relation），科特勒（Kotler）將此稱為： (A)大行銷（megamarketing） (B)定價管理（pricing management） (C)績效品質（performance quality） (D)競爭優勢（competitive advantage）。【107台北自來水】

( ) **29** 大學附近的餐廳多半以學生為目標顧客，請問此種顧客區隔方式是以何種變來進行市場區隔？ (A)性別 (B)職業 (C)婚姻狀況 (D)品牌忠誠度。【108台酒】

( ) **30** 一般所謂行銷組合4P，下列哪一部分不包括在內？ (A)政策（policy） (B)訂價（price） (C)通路（place） (D)推廣（promotion）。【108台酒】

( ) **31** 下列何者不是行銷組合（Marketing Mix）的要素之一？ (A)產品（Product） (B)售價（Price） (C)促銷（Promotion） (D)公關（Public Relations）。【108郵政】

( ) **32** 企業為有效佈署資源，擬定行銷策略時所進行的STP之中，S是指將市場區隔化（Segmentation）；而針對消費者市場的區隔，下列何者非屬常採用的區隔基礎類別？ (A)人口統計變數 (B)心理變數 (C)經濟變數 (D)行為變數。【111經濟部】

( ) **33** 下列何者是消費者的人口特徵？ (A)消費者的興趣 (B)消費者的教育程度 (C)消費者的態度 (D)消費者的偏好。 【111台酒】

( ) **34** 企業評估市場的可衡量性、可接近性、足量性等問題，以區分成不同的小市場，這是屬於目標行銷內涵的： (A)區隔市場 (B)市場定位 (C)目標市場選定 (D)產品定位。 【111台鐵】

( ) **35** 行銷組合（marketing mix）四個基本要素，是指定價（pricing）、通路（place）、促銷（promotion）及下列何者？ (A)產品 (B)定位 (C)人員 (D)程序。 【111台酒】

解答

1 (B) **2 (A)** **3 (A)** **4 (C)** **5 (D)** **6 (A)** **7 (A)** **8 (A)** **9 (B)** **10 (D)**
11 (B) **12 (C)** **13 (A)** **14 (A)** **15 (D)** **16 (D)** **17 (C)** **18 (C)** **19 (C)** **20 (A)**
21 (D) **22 (A)** **23 (C)** **24 (C)** **25 (C)** **26 (D)** **27 (C)** **28 (A)** **29 (B)** **30 (A)**
31 (D) **32 (C)** **33 (B)** **34 (A)** **35 (A)**

絕技 29 產品策略

命題戰情室：產品是任何提供給市場，以滿足消費者某方面需求或利益的東西。本絕技比較會考的重點為：產品的層次、消費品的種類、產品生命週期（PLC）各階段的特色。

重點訓練站

產品（Product）是指市場上任何可供注意、購買、使用或消費以滿足慾望或需求的東西，包括實體產品、服務、活動、地方、個人與組織、理念等。

一、產品內涵

產品的內涵可分為五個層次：

產品內涵	說明	例子（洗衣機）
核心產品	消費者真正想要得到的核心利益。	方便清洗衣物
有形產品	看得到、摸得到的實體，亦即產品涵蓋的基本功能。	品牌名稱、外型、功能
期望產品	消費者在購買時所期望看到或得到的產品。	不損壞衣物、省水、靜音、安全
引伸產品	附加的服務或利益。	運送、安裝、維修、保固
潛在產品	目前市面上還未出現的，但將來有可能會實現的產品屬性。	燙衣服功能

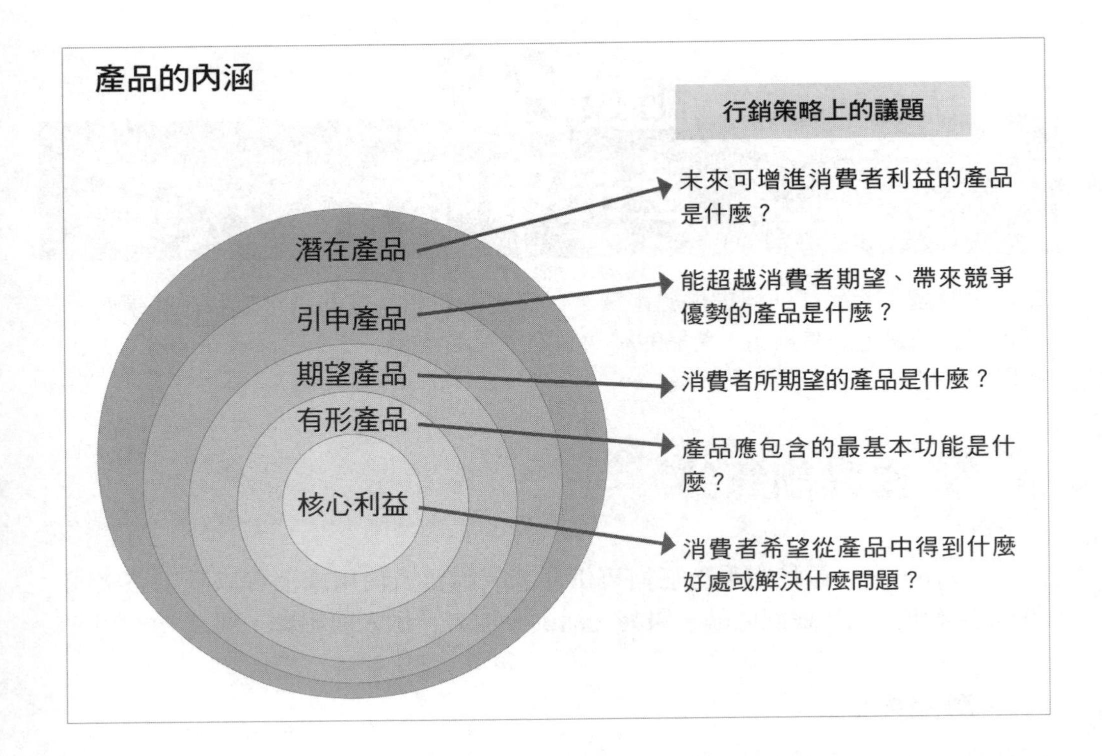

二、產品分類

消費品	便利品	消費者經常、立即購買且不必花精力去比較所購買的商品	肥皂、洗髮精、衛生紙等民生用品
	選購品	消費者在選擇與購買過程中，經常會比較適用性、品質、價格及樣式等	家具、服飾、家電用品等
	特殊品	具有獨特性質及高品牌知名度的商品	高級汽車、鑽石珠寶
	冷門品	消費者對此商品缺乏興趣，也不會主動搜尋	生命契約、靈骨塔
工業品	資本財	協助企業生產活動的耐久財	土地、廠房、機器
	原物料	用來組成最終產品	原料、零組件
	耗材	間接協助生產活動的消耗品	碳粉、掃把

三、產品組合的結構

產品組合（product mix）是指企業內所有的產品。產品線（product line）則是由一群在功能、價格、通路或銷售對象等方面有相關的產品所組成。產品組合的構面有：

產品組合構面	說明
廣度	擁有產品線的數目
長度	所有產品的數目
深度	產品線中每一產品品項有多少種不同的樣式
一致性	產品線之間在用途、通路、生產條件相似的程度

四、產品生命週期（Product Life Cycle, PLC）

指產品從推出到被市場淘汰為止的期間。一般可以將產品生命週期分為導入期、成長期、成熟期和衰退期四個階段。生命週期曲線如圖所示，其中橫軸為時間（Time），縱軸為銷售量（Sales Volume）

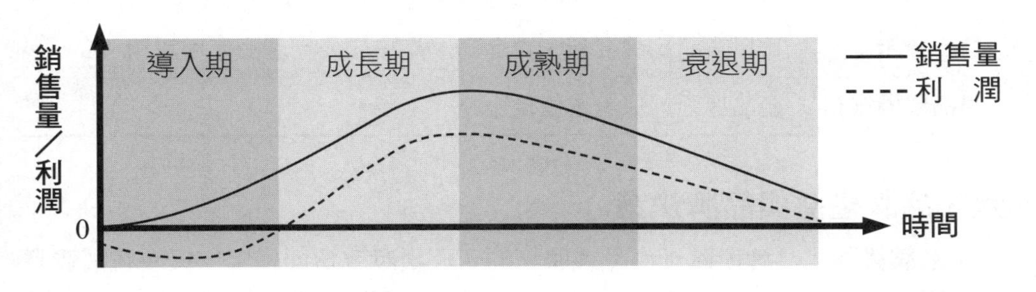

階段	市場特徵	行銷目標	目標市場選擇策略
導入期	1.銷售量成長緩慢 2.價格偏高 3.配銷通路有限 4.競爭者少	建立產品知名度	集中化策略
成長期	1.開始大量生產 2.售價有降價空間 3.品質有改進空間 4.出現競爭產品	建立消費者信心與品牌偏好，追求市場占有率極大化	選擇性專業化策略

階段	市場特徵	行銷目標	目標市場選擇策略
成熟期	1.銷售量穩定，有下降趨勢 2.產量過剩導致降價求售 3.市場競爭最激烈 4.較弱的競爭者開始退出市場	維持消費者對品牌的忠誠及市場占有率	差異化策略
衰退期	大多數企業已退出市場	吸收市場剩餘的精華	無差異化策略

五、個別產品決策

產品屬性	產品款式、設計、品質、特色。
品牌	一個名稱、術語、標記、符號或設計用以區別競爭者產品。
包裝	用以盛裝產品或保護產品的容器。
標示	可以辨認品牌名稱、製造商、產品成分、產品使用說明。
產品附屬服務	產品保固、保證或售後服務。

六、品牌權益與品牌決策

(一) **品牌權益**：品牌所賦予產品或服務的正面貢獻或負面拖累，反映在消費者對品牌的認知、感覺以及行動上。品牌權益可反應出顧客因偏好某家品牌，而願意支付較高的價格。

(二) **品牌決策**：

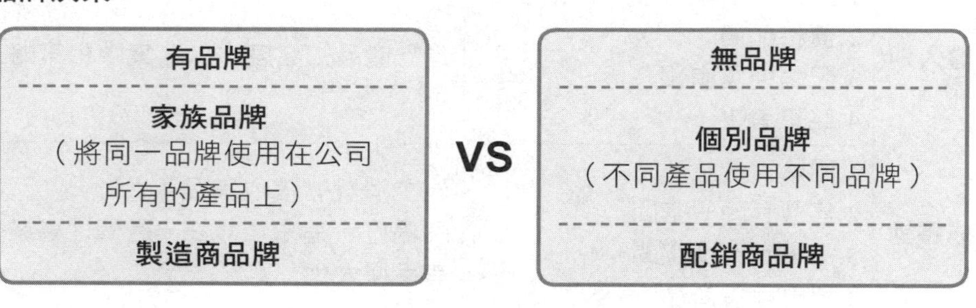

七、品牌發展策略

	現有產品類別	新產品類別
現有品牌	產品線延伸	品牌延伸
新品牌	多品牌	新品牌

(一) **產品線延伸**：在現有的產品類別裡，推出新口味、款式或包裝，如咖哩洋芋片。

(二) **品牌延伸**：將現有品牌延伸到新產品，如芭比家具、芭比化妝品。

(三) **多品牌**：在現有產品類別裡推出新品牌，如P&G推出飛柔、沙宣、潘婷洗髮精。

(四) **新品牌**：在一個新的產品類別裡推出新的品牌。

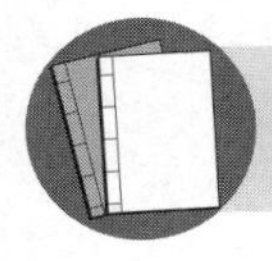

資料補給站

一、包裝（Packaging）

往往是令顧客願意掏出荷包的關鍵因素，又稱為「無聲的推銷員」一般來說，包裝可分為三個層次：

(一) **主要包裝**：或稱內層包裝，和內容物直接接觸，如香水的瓶子。

(二) **次要包裝**：或稱外層包裝，在內層包裝之外，如裝香水瓶的紙盒。

(三) **運送包裝**：是為了方便運輸、儲存、辨識等使用的包裝，如裝香水的瓦楞紙箱。

而產品包裝的用途：保護作用、容易使用、與顧客溝通、市場區隔作用、通路合作作用、有利新品的推廣。

二、便利品（convenience）

可進一步細分為：

(一) **日常用品**：消費者例行購買以供日常使用的便利品，如牙膏、毛巾、飲料等。

(二) **衝動性購買品**：消費者未事先規劃，只因外在刺激而臨時衝動購買，如巧克力。

(三) **緊急用品**：消費者緊急需要時所購買的便利品，如突然下雨時雨傘的需求。

三、涉入程度

係指消費者對某項產品或購買決策所感受到的攸關性與重要程度。基本上，涉入程度愈高的產品或購買決策，所投入的時間、心力，以及關切的程度自然就會隨之增高，在其中，當產品愈昂貴，認知風險程度愈高、購買頻率偏低、自我展現程度愈高或對消費者有特殊重要性時，涉入程度也就愈高。學者指出，影響涉入程度主要因素可分為個人因素（自我形象、健康、美麗）、產品因素（價格、對消費者特殊意義）及情境因素（購買與消費情境的影響）。

易錯診療站

一、消費品種類

(一) **便利品**：不會蒐集資訊，會立即購買。

(二) **選購品**：會貨比三家。

(三) **特殊品**：消費者具有強烈的品牌偏好。

(四) **冷門品**：或譯為「未覓求品」或「未搜尋品」，指消費者不知道的新產品或知道現在並無購買意願。

二、產品生命週期

描述產品每個生命階段的銷售額與利潤。

(一) **導入期**

1. **產品現象**：剛進入市場，產品知名度低，需龐大的推廣與配銷費用，消費者的喜好與接受程度比較低。
2. 銷售額：上升速度相當緩慢。
3. 利潤：甚少獲利常有虧損。

(二) **成長期**

1. **產品現象**：之前的推廣活動與通路鋪貨開始產生效益，產品打開了知名度並獲得消費者的接納。
2. 銷售額：快速增加。
3. 利潤：大有斬獲。

(三) **成熟期**

1. **產品現象**：面對競爭激烈趨於飽和的市場，價格下降為保護市場也維持著相當的行銷費用。
2. 銷售額：開始減緩。
3. 利潤：減少。

(四) **衰退期**

1. **產品現象**：產品不再受到歡迎，市場開始萎縮。
2. 銷售額：快速下降。
3. 利潤：微薄，甚至是無利可圖。

模擬題試煉

一、基礎題

(　　) **1** 行銷人員在規劃產品時，必須思考五個產品層次，因為每個產品層次都會增加顧客的價值。下列何者不屬於五個產品層次？　(A)核心利益　(B)品質權益　(C)基本產品　(D)期望產品。

(　　) **2** 產品能帶給消費者的利益是屬於何種層次的產品？　(A)核心產品　(B)有形產品　(C)引伸產品　(D)擴大產品。

(　　) **3** 電器公司最主要是銷售家電產品，但也有提供售後服務。請問售後服務是屬於哪一類？　(A)核心產品　(B)有形產品　(C)延伸產品　(D)期望產品。

(　　) **4** 消費者對某品牌情有獨鍾再貴亦不計較這種商品稱為：　(A)特殊品　(B)選購品　(C)未覓求　(D)便利品。

(　　) **5** 製造商的「機器設備」是屬於：　(A)原物料　(B)消耗材　(C)資本財　(D)非耐久財。

( ) **6** 有關產品組合的構面中，公司所擁有不同產品線的數目為下列何者？ (A)廣度 (B)深度 (C)長度 (D)一致性。

( ) **7** 廠商常用來描述、瞭解與預測產品銷售變化軌跡的行銷概念，一般可分為導入、成長、成熟、衰退四期，此一概念稱為： (A)產業生命週期 (B)產品生命週期 (C)市場發展週期 (D)新產品開發階段。

( ) **8** 依Kotler所提出的產品生命週期，銷售開始直線上升，利潤增加的階段為下列者？ (A)導入期 (B)成長期 (C)成熟期 (D)衰退期。

( ) **9** 根據產品生命週期中，重點在於創造產品的差異性、降低成本及使用各種行銷手段來吸引顧客的屬於何種階段？ (A)導入期 (B)成長期 (C)衰退期 (D)成熟期。

( ) **10** iPhone智慧型手機剛推出時，張小姐便立即購買。在下列產品生命週期中，她在哪個階段購買產品？ (A)導入期 (B)成長期 (C)成熟期 (D)衰退期。

( ) **11** 將品牌延伸至新產品類別是品牌決策中的何者？ (A)產品線延用 (B)新品牌 (C)品牌延伸 (D)多品牌。

( ) **12** 下列何者因設計的優劣會直接影響購買慾望，因此被稱為「無聲的推銷員」？ (A)品牌 (B)包裝 (C)廣告 (D)商標。

( ) **13** 有關產品包裝（package），下列敘述何者錯誤？ (A)包裝可以刺激消費者的購買動機 (B)包裝可以保護產品 (C)包裝無法吸引顧客注意 (D)包裝可以達到行銷的目的。

二、進階題

( ) **14** 化妝品公司的廣告中強調「我們賣的不是化妝品，而是青春與美麗」，請問這是產品的何種內涵？ (A)核心產品 (B)基本產品 (C)期望產品 (D)潛在產品。

( ) **15** 飯店的卡拉OK設備是屬於產品的何種層次？ (A)潛在產品 (B)基本產品 (C)期望產品 (D)擴大產品。

( ) **16** 從產品概念層次來看，洗衣機具備定時、衣物不打結及脫水功能，是屬於哪一層次？ (A)核心產品 (B)期望產品 (C)基本產品 (D)擴大產品。

( ) **17** 就消費品的種類而言，下列何者是選購品? (A)機器傭人 (B)報紙 (C)冷氣機 (D)名錶。

( ) **18** 寶僑企業有五條不同的產品線，分別為生產2種、3種、4種、5種及6種產品，則其產品組合的長度為： (A)6 (B)20 (C)14 (D)32。

( ) **19** 銷售成長漸緩，同時為了應付劇烈的競爭，花費將增加以保住產品地位，利潤逐漸減少，是屬於產品生命週期之哪一階段？ (A)導入期 (B)成長期 (C)成熟期 (D)衰退期。

( ) **20** 一般家庭使用的衛生紙產品，因市場已達飽和，所以廠商競爭激烈，價格相當便宜。若將產品生命週期分為導入、成長、成熟和衰退四個階段，上述的衛生紙產品，目前最可能處於哪個階段？ (A)導入期 (B)成長期 (C)成熟期 (D)衰退期。

( ) **21** 下列關於品牌與包裝的敘述，何者錯誤？ (A)品牌有助於銷售者作市場區隔 (B)包裝是推廣的一部份 (C)包裝是無聲的推銷員 (D)深受歡迎的品牌可以忍受較強的價格競爭。

( ) **22** 黑松公司針對咖啡使用歐香品牌名稱，針對機能飲品類使用FIN品牌名稱，請問黑松公司在該兩類產品的品牌命名決策屬於哪一種？ (A)個別品牌 (B)授權品牌 (C)混合品牌 (D)家族品牌。

( ) **23** 寶僑（P&G）在洗髮精市場中推出沙宣、潘婷及海倫仙度絲等品牌，此為採用何種品牌策略？ (A)品牌延伸策略 (B)品牌重定位策略 (C)多品牌策略 (D)個別品牌策略。

( ) **24** 產品之包裝可視為第5P，其重要性不言而喻。若我們從購物網站買了一瓶香水並宅配到府，請問這瓶香水的初級包裝（primary package）為何？ (A)香水本身的瓶子 (B)香水瓶外的紙板盒 (C)宅急便的小紙箱 (D)香水的使用說明書。

(　　) **25** 有關新產品開發的步驟，下列何者為真？a.商業化分析；b.初步篩選；c.創意產生；d.產品發展；e.上市；f.試銷　(A)abcdef　(B)abcde　(C)cbadfe　(D)bcadf。

解答與解析

一、基礎題

1 **(B)**。引申產品、潛在產品。

2 **(A)**。為最基本的層次，係顧客購買產品真正所要求的目的。

3 **(C)**。或稱擴大產品，伴隨有形產品所提供的附帶服務和利益。

4 **(A)**。顧客有特殊偏好的產品，常會指名認購。

5 **(C)**。協助企業生產活動的耐久財。

6 **(A)**。廣度：指產品線的數目。
長度：指所有產品的數目。
深度：指個別產品有多少種規格或樣式。
一致性：指產品線之間在用途、通路、生產條件等方面的關聯程度。

7 **(B)**。簡稱PLC。

8 **(B)**。為產品銷售量急速攀升，開始獲利的階段。

9 **(D)**

10 **(A)**。產品剛進入市場的階段。

11 **(C)**。品牌發展策略有：

	現有產品類別	新產品類別
現有品牌	產品線延伸	品牌延伸
新品牌	多品牌	新品牌

12 **(B)**

13 **(C)**。包裝可以吸引顧客注意，又稱為「無聲的推銷員」。

二、進階題

14 **(A)**。消費者希望從產品中得到的好處或利益。

15 **(D)**。又稱引申或延伸產品。

16 **(B)**。指購買者在購買產品時期望得到的與產品密切相關的一整套屬性和條件。

17 **(C)**。購買過程，會貨比三家。

18 **(B)**。指所有產品的數目。

19 **(C)**。面對競爭激烈趨於飽和的市場。

20 **(C)**

21 (B)。包裝是產品的一部份。

22 (A)。即每一種產品有特定的品牌名稱。

23 (C)。在現有產品類別裡推出新品牌。

24 (A)

25 (C)。創意產生→初步篩選→商業化分析→產品發展→試銷→上市。

實戰大進擊

(　　) **1** 在行銷規劃中，產品是一種包容性的觀念，分為不同的產品層次。請問「產品的運送、安裝、品質保證與售後服務」屬於下列何者？ (A)核心產品 (B)有形產品 (C)延伸產品 (D)附加產品。 【105自來水】

(　　) **2** 一般而言，「礦泉水」是屬於下列何者？ (A)便利品 (B)選購品 (C)特殊品 (D)工業品。 【105郵政】

(　　) **3** 消費品依使用者的購買行為模式分類，下列何者是指消費者日常使用的物品，其產品同質性高，供應商多，消費者多依其購買時的方便而採購，並不會仔細選擇比較？ (A)選購品 (B)特殊品 (C)未追求品 (D)便利品。 【105自來水】

(　　) **4** 在商店內的人潮聚集處或是放在收銀機櫃台附近醒目的位置，以引發消費者臨時起意購買的衝動購買品（impulse goods），如口香糖、雜誌等，根據消費者的購買習慣，此類產品屬於下列哪一種類型的消費品？ (A)便利品（convenience goods） (B)選購品（shopping goods） (C)特殊品（specialty goods） (D)忽略品（unsought goods）。 【103台酒-行銷管理】

(　　) **5** 消費者所購買的商品中，屬於不常購買、較昂貴的商品且在購買時常會貨比三家，此類商品稱為： (A)選購品 (B)便利品 (C)潛力品 (D)特殊品。 【104郵政】

(　　) **6** 企業銷售的全部產品內，企業所擁有產品線的數目，是為： (A)產品深度 (B)產品長度 (C)產品廣度 (D)產品一致性。 【105台酒】

(　　) **7** 依產品生命週期階段，行銷目標以追求最大利潤保持市場占有率，獲利最高的階段是：(A)成長期 (B)成熟期 (C)導入期 (D)衰退期。【103台電】

(　　) **8** 由於產品已被大多數的潛在顧客所接受，故銷售成平坦現象的時期是屬於產品生命週期（product life cycle，PLC）四個主要階段中的哪一個階段？(A)導入期 (B)成長期 (C)成熟期 (D)衰退期。【105台糖】

(　　) **9** 在產業生命週期中，成長速度開始減緩的是：(A)初生期 (B)成長期 (C)成熟期 (D)衰退期。【103台酒】

(　　) **10** 不同產品生命週期階段的行銷策略建議，下列何者正確？(A)導入期時，要推出多樣化產品，建立品牌忠誠 (B)成長期時，市場競爭最激烈，且利潤最低 (C)成熟期時，要進行密集配銷，並因應價格競爭 (D)衰退期時，要大量投資推廣，建立配銷管道。【105中油】

(　　) **11** 下列何者在行銷學中又稱為「沉默的推銷員」？(A)品牌名稱 (B)包裝 (C)產品條碼 (D)公司網頁。【104郵政第2次】

(　　) **12** 「品牌與包裝」是屬於行銷組合4P的哪一項內涵？(A)產品 (B)推廣 (C)定價 (D)通路。【103台酒-行銷管理】

(　　) **13** 宏碁公司的產品品牌為「Acer」是以下哪一種品牌類型？(A)製造商品牌 (B)私人品牌 (C)授權品牌 (D)中間商品牌。【103台酒-行銷管理】

(　　) **14** 下列何者是指在交換的過程中，對交換的對手而言具有價值，並可在市場上進行交換的任何標的？(A)商標 (B)產品 (C)價格 (D)有形商品。【106桃捷】

(　　) **15** 通常較低價，有眾多的零售點，滿足消費者追求的便利性，是指下列何者選項？(A)便利品 (B)特殊品 (C)選購品 (D)非主動搜尋品。【106桃捷】

(　　) **16** 下列何種產品類型消費者的購買頻次較少，但通常每次都會仔細比較其耐久性、品質、價格與產品風格？(A)便利品 (B)特殊品 (C)選購品 (D)非主動搜尋品。【106桃捷】

(　　) **17** 依據消費品的分類，若有一群消費者願意支付更多的購買努力取得具有獨特性或高度品牌知名度的產品，例如：音響零件，這是為下列何者？ (A)便利品 (B)非搜尋品 (C)特殊品 (D)選購品。 【106桃機】

(　　) **18** 下列何者不是產品生命週期的階段？ (A)成長期 (B)成熟期 (C)發展期 (D)衰退期。 【106台糖】

(　　) **19** 在產品生命週期的哪一時期，銷售量會急劇攀升，許多競爭者會先後進入市場，而這時期的顧客大多是早期採用者？ (A)導入期 (B)成長期 (C)成熟期 (D)衰退期。 【106桃機】

(　　) **20** 用來提升與市場上其他競品間差異性的文字、聲音或符號，稱為：(A)說明書 (B)標籤 (C)保固 (D)品牌。 【106台糖】

(　　) **21** 關於企業品牌的用途，下列何者錯誤？ (A)讓目標顧客進行產品辨認 (B)強化重購意願 (C)連結企業整體策略性規劃 (D)利用知名度促進新產品銷售。 【106桃機】

(　　) **22** 廠商採用品牌延伸策略時，希望獲得何種成效？ (A)希望成為領導品牌 (B)希望新產品延用知名品牌，以延伸消費者對原有品牌形象到新產品 (C)希望能打擊競爭者的品牌 (D)希望創造新的產品品牌形象價值。 【106桃捷】

(　　) **23** 廠商在原有之商品下推出新的品牌名稱，如P&G推出沙宣、飛柔、潘婷、海倫仙度絲等，此為品牌策略中之何種策略？ (A)多品牌 (B)產品線延伸 (C)品牌延伸 (D)新品牌。 【106桃捷】

(　　) **24** 兩個或以上屬於不同廠商的知名品牌，一起出現在產品上，其中一個品牌採用另一個品牌作為配件，稱為何種品牌策略？ (A)混合品牌 (B)品牌延伸 (C)品牌聯想 (D)共同品牌。 【106桃捷】

(　　) **25** 一般而言，消費者對下列哪一種產品的涉入程度最高？ (A)牙膏 (B)零食 (C)車子 (D)汽水。 【106桃捷】

(　　) **26** 產品生命週期可以分介入期、成長期、成熟期與衰退期，下列哪一期銷售量會急速上升？ (A)介入期 (B)成長期 (C)成熟期 (D)衰退期。 【107郵政】

(　　) **27** 產品帶給消費者實質的利益或服務，是一種無形的滿足，可解決顧客最關心的問題，例如買化妝品是希望增加美麗及魅力。以上是產品層次中的　(A)基本產品　(B)期望產品　(C)核心產品　(D)潛在產品。【107台酒】

(　　) **28** 假設臺酒公司的產品只包含臺灣啤酒、葡萄酒及高粱酒等產品線，各產品線分別生產5種、3種、6種產品項目，則此產品組合的「廣度」為：　(A)5　(B)3　(C)6　(D)14。【107台酒】

(　　) **29** 在產品生命週期的哪一個階段，產品的銷售量達到最高點，但利潤卻開始下降？　(A)導入期　(B)成長期　(C)成熟期　(D)衰退期。【107台酒】

(　　) **30** 有關產品生命週期的敘述，下列何者正確？　(A)在導入期企業就可以取得高額的獲利　(B)競爭者在成長期開始加入市場競爭　(C)在成熟期產品的銷售量開始大幅成長　(D)企業應該在衰退期推出改良版本的產品。【107台糖】

(　　) **31** 統一超商委託製造商代工生產日常生活物品及餅乾，再冠上自有品牌來銷售，此屬於：　(A)單一家族品牌決策　(B)授權品牌決策　(C)製造商品牌決策　(D)中間商品牌決策。【107台酒】

(　　) **32** 產品的內涵包括三種層次，其中品牌是屬於下列那一個層次？　(A)核心產品（core product）　(B)實體產品（actual product）　(C)引申產品（augmented product）　(D)期望產品（expected product）。【111台鐵】

(　　) **33** 假設有一產品銷售成長開始趨緩，業者的市場定價開始使用削價競爭，導致毛利減少，隨後，銷售量甚至逐漸下滑，業者也開始採取差異化、客製化的競爭策略，請問通常此時這個產品在其生命週期的何種階段？　(A)導入期（Introduction Stage）的前期階段　(B)成長期（Growth Stage）的前期階段　(C)成熟飽和期（Maturity Stage）的後期階段　(D)衰退期（Decline Stage）的後期階段。【111經濟部】

(　　) **34** 關於建構品牌（Branding）的敘述，下列何者最不正確？　(A)品牌有助於消費者節省購物的時間　(B)品牌有助於製造廠商形塑產品差異化　(C)當無法立即由外觀判斷產品品質時，品牌有助於降低消費者誤判品質的風險　(D)品牌有助於消費者進行產品組成原料的比較。
【111經濟部】

解答

1 (C)(D) 2 (A) 3 (D) 4 (A) 5 (A) 6 (C) 7 (A)(B) 8 (C) 9 (C) 10 (C)
11 (B) 12 (A) 13 (A) 14 (B) 15 (A) 16 (C) 17 (C) 18 (C) 19 (B) 20 (D)
21 (C) 22 (B) 23 (A) 24 (D) 25 (C) 26 (B) 27 (C) 28 (B) 29 (C) 30 (B)
31 (D) 32 (B) 33 (C) 34 (D)

NOTE

絕技30 價格策略

命題戰情室：刮脂（榨脂或吸脂）定價法、滲透定價法是二個絕對必考的重點，另外，差異定價法也同樣不可忽略。

重點訓練站

價格（price）在行銷組合中最讓人在乎的一個部分，因為它能為公司創造收益，也可能造成公司面臨嚴重的虧損。

一、定價3C模式

以顧客（customer）、成本（cost）、競爭者（competitors）3C為基礎，企業即可著手制定價格。

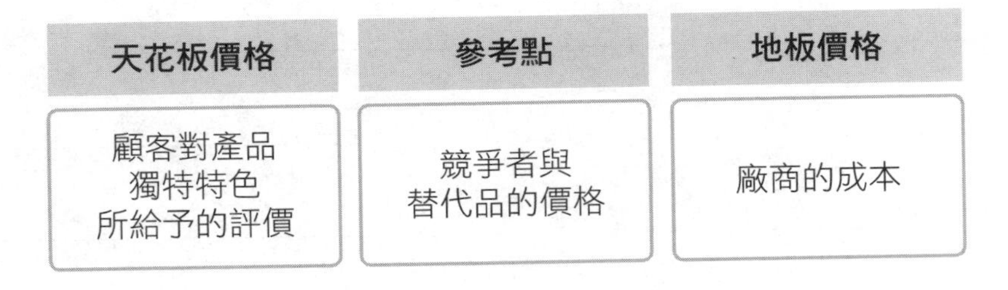

二、常見的定價方法

以3C模式為基礎，可以將常見的定價方法區分為三大類：

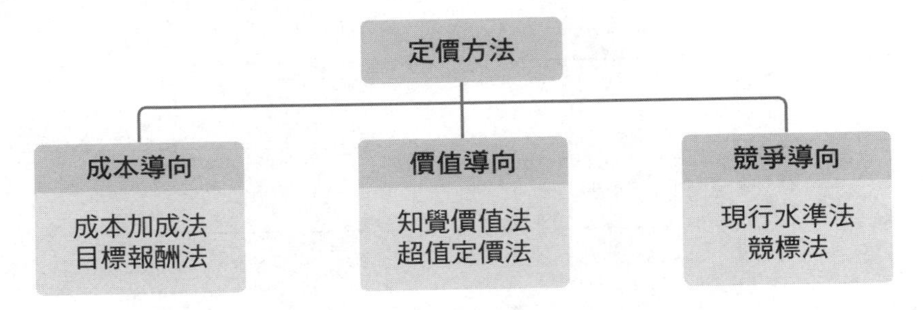

(一) **成本加成定價法**：為最基本的定價法是將產品加計某標準的加成。

$$價格 = \frac{單位成本}{(1-加成百分比)}$$

(二) **目標報酬定價法**：廠商訂出一個能夠獲取一定目標投資報酬率的價格。

$$價格 = 單位成本 + \frac{所投資資金 \times 目標報酬率}{銷售量}$$

(三) **認知價值定價法**：以消費者對產品或服務所認知的價格高低來定價。

(四) **超值定價法**：又稱價值定價法，以相對較低的合理價格提供品質優異的產品，讓消費者覺得物超所值。

(五) **現行水準定價法**：參考競爭者的價格做為定價的基礎。

(六) **競標定價法**：多用在私人及政府機構的重大工程與採購上，以公開招標的方式，以便選擇競標價格最低的承包商。

三、新產品定價法

企業打算推出新產品時，常使用的定價法包括：

吸脂定價 Skimming pricing	透過新產品之高定價，以較高利潤彌補新產品開發的成本。等到銷售額下降時，則降價以吸引願意付較低價的消費者。 先決條件： (1)市場上有不同價格敏感度的消費者。 (2)產品新穎、奇特。 (3)產品品質或形象與能配合高價位。 (4)競爭者有進入障礙。
滲透定價 Penetration pricing	採低價使消費者對新產品產生接受，期獲得較大市佔率，並建立消費者使用習慣與忠誠度。 先決條件： (1)市場需求對價格高度敏感，低價會刺激市場需求迅速成長。 (2)生產成與配銷成本會隨生產經營經驗的累積而降低。 (3)低價可以有效嚇阻實際與潛在的競爭者。

四、差別定價法

(一) **依顧客特性**：針對不同的顧客群體，同一種產品或服務收取不同價格。
電影院、公共運輸、遊樂園票價可分軍警、小孩、老人票。

(二) **依產品形式**：針對不同的產品形式訂定不同的產品價格。
汽車、成衣因顏色、款式不同，價格也有差異。

(三) **依形象差異**：根據所設定的形象差異，將同樣的產品賦予不同的價格水準。
香水公司將香水裝在不同瓶子，賦予不同品牌與形象。

(四) **使用通路**：因為通路不同，相同產品可能會有不同售價。
一罐可樂在自動販賣機、餐廳、便利商店、量販店價格會不一樣。

(五) **消費地點**：根據地點的不同收取不同的價格。
演唱會、籃球賽的座位位置不同而有價格差異。

(六) **消費時間**：按照時間的不同，而訂定不同的價格。
電話費率在離峰、深夜時段有別於一般時段的不同費率。

五、心理定價

考慮消費者對於價格的心理反應而決定某個價位。

(一) **畸零定價法**：不採整數，而是以畸零的數字來定價，讓消費者在心理上將價格歸類在比較便宜的區間之內。

(二) **名望定價**：特地使用高價，以便讓消費者覺得產品具有較高的聲望和品質。

(三) **習慣定價法**：根據消費者對某個產品長期的、不易改變認知價格來定價。

(四) **參考價格定價法**：指以參考價格為基礎的定價法。例如將產品刻意陳列在價格較高的產品旁，藉由刻意比較，以凸顯售價相對的便宜。

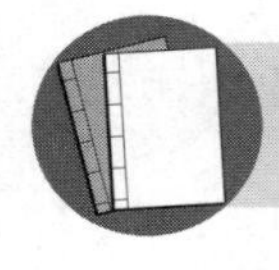

資料補給站

一、聲望定價法

指產品訂在高價位，讓消費者感覺該產品具有高品質、高格調與高聲望的象徵，又稱為炫耀定價法、名望定價法。例如：法拉利跑車、勞力士手錶、GUCCI名牌包，其昂貴價格讓消費者聯想到高身分地位。

二、習慣定價法

指根據消費者對某個產品長期的、不易改變的認知價格來定價。例如：市面上牛肉麵的價格多為100元到120元，若高於此價格消費者覺得太貴，而不願消費。

三、君子定價（Prestige pricing）

介於吸脂定價法及滲透定價法間的定價策略，由於企業優良地位，本可定一高價來取得較大利潤。但企業已獲良好的利潤，為取得大眾良好印象，不妨定一溫和價格，更可獲得各方尊敬而樂於購買。

易錯診療站

一、吸脂定價（Skimming Pricing）

一種考慮市場中某些顧客常願意付較高價格購買以滿足需求的心理。亦即**廠商先訂定高價格賺取較高利潤，然後再逐段降價，以吸引其他不同價格接受的顧客群的定價方式**。吸脂定價下的價格常高於其他競爭產品，廠商通常對於新產品上市時會傾向使用此種定價政策。

二、滲透定價（Penetration Pricing）

以低價格來爭取市場佔有率的定價方式。

三、差別定價（Discriminatory Pricing）

以兩種成本以上的價格出售同一產品或服務，而這價格不一定完全反應成本上的差異。

(一) **顧客區隔定價**：因顧客群體之不同，而訂定不同的價格。

(二) **產品型式定價**：因產品型式不同而訂定不同的價格。

(三) **形象定價**：根據形象的差異而訂定不同的價格。

(四) **地點定價**：針對不同的消費地點訂定不同的價格。

(五) **時間定價**：價格隨季節、日期、甚至小時而變動。

(六) **通路定價**：因為通路不同，相同產品可能會有不同售價。

四、心理定價策略

(一) **畸零定價**：以畸零的數字（99、199）定價，讓消費者覺得比較便宜。

(二) **名望定價**：用高價讓消費者覺得產品有較高的聲望或品質，常用於象徵身份、地位、品味的產品。

(三) **習慣定價**：根據消費者對某個產品長期、不易改變的認知價格來定價。

模擬題試煉

一、基礎題

(　　) **1** 在行銷組合中，消費者對下列哪一項因素具有極高的敏感度，且此項因素與產品的價值有很高的關連性，也是企業獲得較高利潤的重要影響因素？ (A)產品 (B)價格 (C)通路 (D)促銷。

(　　) **2** 下列何者不是成本導向定價法？ (A)成本加成定價法 (B)投資報酬率定價法 (C)損益兩平點定價法 (D)市場競爭定價法。

(　　) **3** 以下何種定價方式可激起顧客心理上不同的反應，直覺的認為價格較為低廉，而引起購買的慾望？ (A)畸零定價法 (B)價值定價法 (C)競爭定價法 (D)差異定價法。〔應選兩項〕

(　　) **4** 投標定價法是屬於哪一種定價法？ (A)競爭導向定價法 (B)需求導向定價法 (C)成本導向定價法 (D)顧客認知定價法。

(　　) **5** 追求每單位產品之銷售利潤最高，且適用於創新產品之定價方式稱為： (A)吸脂定價法 (B)市場滲透定價法 (C)模仿定價法 (D)事件定價法。

(　　) **6** 新型電腦遊戲主機（如PS3, XBOX）上市時，常將價格訂在成本以下，這種定價法為何？ (A)市場榨取定價法（market skimming pricing） (B)市場滲透定價法（market penetrating pricing） (C)心理定價法（psychological pricing） (D)目標利潤定價法（target profit pricing）。

(　　) **7** 電影票分成人票、軍警票、學生票，這是因應顧客不同而採取的何種定價法？ (A)心理定價 (B)差別定價 (C)地理性定價 (D)座位定價。

(　　) **8** 演唱會或表演常常可看到前、中及後排座位的票價不同，此種定價策略稱為： (A)成本加成定價法 (B)流行水準定價法 (C)競爭定價法 (D)差別定價法。

(　　) **9** 藥妝店把洗面乳定價為99元，讓顧客感覺較便宜而引起購買慾望，試問此為何種定價策略？ (A)認知價值定價法 (B)高價榨取法 (C)奇數定價法 (D)差別定價法。

(　　) **10** 網際網路科技的發展，提供買賣雙方的議價空間，可提供買方量身訂作的價格，助長何種定價策略的發展？ (A)配套定價 (B)差別定價 (C)市場滲透定價 (D)高價吸脂定價。

二、進階題

(　　) **11** 網路拍賣最常見的是賣方先設定產品底價，再由買方追高價格，最後由最高者得標，這種定價方式稱為： (A)習慣性價格法 (B)競標法 (C)追隨領袖價格法 (D)模仿定價法。

(　　) **12** 企業生產某項產品是採用與同業相仿的價格，並加強服務品質來吸引顧客的購買，此稱為： (A)現行水準定價 (B)習慣價格定價 (C)追隨領袖價格定價 (D)競標法定價。

(　　) **13** 紅海企業投資新台幣2億元製造液晶電視，預期銷售量為20,000台及預期投資報酬率為15%，若單位成本為15,000元，依目標利潤定價法，其電視的定價應為多少元？ (A)16,000元 (B)16,500元 (C)25,000元 (D)30,000元。

(　　) **14** 下列哪項產品適合採用市場滲透定價法？ (A)珠寶 (B)名牌包包 (C)汽車 (D)衛生紙。

(　　) **15** iPhone剛推出上市初期定價為一般手機的數倍高，請問是採那一種定價方式？ (A)市場滲透定價 (B)市場榨取定價 (C)促銷定價 (D)差別定價。

( ) **16** 某名牌高級服飾專賣店一推出當季新款流行服飾，為迅速回收成本、並傳達服飾高品質形象，適合採取何種定價策略？ (A)競爭定價法 (B)現行價格定價法 (C)低價滲透法 (D)高價榨取法。

( ) **17** 台電的營業用電和家庭用電採不同計費標準是屬下列哪一種定價政策？ (A)差別定價 (B)心理性定價 (C)滲透性定價 (D)折扣與讓價。

( ) **18** 中國石油與台塑石油只要一家降價另外一家也會隨之降價，反之亦然，上述是依據何種定價法？ (A)目標利潤定價法 (B)顧客認知定價法 (C)產品差異定價法 (D)比較定價法。

( ) **19** 企業訂價時企業目標愈明確，訂價就愈容易，下列敘述何者為非？ (A)追求生存為公司主要目標時，只要價格大於平均固定成本公司就會繼續維持 (B)以市場滲透訂價法來追求市場占有率最大化 (C)開發新技術的企業都偏好設定高價位來榨取市場 (D)產品品質的領導者，致力成為買得起的奢華，也就是產品品質高、價格稍高但還在消費者負擔範圍內為其訂價考量。

解答與解析

一、基礎題

1 (B)

2 (D)。競爭導向定價法。

3 (A)(B)。認為物超所值，或在心理上將價格歸類在比較便宜。

4 (A)。競爭導向定價主要考量競爭者的狀況。

5 (A)。透過新產品之高定價，以及依銷售額逐漸調降價格，讓企業於產品上市初期，有較高的利潤回流來攤平產品的研發及廣告費用。

6 (B)。新產品導入時，訂定低價格以吸引大量購買者，並贏得較大之市場占有率的定價策略。

7 (B)。依顧客特性來區別。

8 (D)。消費地點差別定價。

9 (C)。將價格的尾數訂為奇數，以影響消費者對於產品價格的認知。

10 (B)。以相同生產成本的產品或勞務對不同市場，不同銷售對象或不同的銷售數量，訂定不同的價格。

二、進階題

11 (B)。競標法又稱「拍賣式定價法」，已日益盛行，其中最主要是用在企業處理過多的庫存與用過的二手貨上。例如，eBay就是靠提供

網路拍賣平台起家的重量級業者。（蕭富峰，2009：368）

12 (A)。以同一行業的產品平均價格來定價。

13 (B)。

$$價格=單位成本+\frac{所投資資金\times 目標報酬率}{銷售量}$$

$$價格=15,000+\frac{200,0000,000\times 15\%}{20,000}$$

價格＝16,500元。

14 (D)。以低廉價格占有市場，即「薄利多銷」。

15 (B)。廠商刻意為新產品訂定高價，以期從願意為新產品支付高價的區隔市場裡逐步榨取最大的收益。

16 (D)

17 (A)。以顧客區隔為基礎定價法。

18 (D)

19 (A)。Kotler & Armstrong（1996）在其《行銷原理》中指出，常見的公司定價目標有求生存、追求利潤最大化、市場佔有率、產品品質。以追求生存為公司主要目標，常發生在公司產能過剩、競爭激烈、消費者的需求變動，為使工廠能開工且存貨週轉，可設定低價以便進入市場或以競爭者之價格為基礎以穩固市場，維繫顧客忠誠度等。暫時的降價可以刺激更多顧客購買，或者是刺激顧客購買其他產品線之產品等。

實戰大進擊

(　　) **1** 成熟產業的產品訂價方法比較適合何種訂價方法？ (A)成本導向 (B)顧客導向 (C)利潤導向 (D)競爭導向。 【105自來水】

(　　) **2** 企業在沒有競爭對手的情況下推出新產品，通常採取訂定高價的作法，此稱為： (A)心理定價策略 (B)成本加成定價策略 (C)滲透策略 (D)吸脂策略。 【104郵政第2次】

(　　) **3** 將新產品的價格訂得很高，這樣可以在市場上競爭較小的情況下，獲取最大利潤，是何種定價策略？ (A)滲透定價策略 (B)高低定價策略 (C)吸脂定價策略 (D)心理定價策略。 【103台酒】

(　　) **4** 當新產品推出時，先訂定高價，以便快速回收新產品開發成本，之後，再逐漸降價。以上定價方式陳述屬於何種定價法？ (A)心理定價法（psychological pricing） (B)滲透定價法（penetration pricing） (C)吸脂定價法（skimming pricing） (D)加成定價法（markup pricing）。 【103中油】

( ) **5** 在行銷管理的訂價概念中，以相對較低價格為出發點，快速進入市場及提升市佔率的概念，係屬下列何者？ (A)滲透訂價 (B)刮脂訂價 (C)成本訂價 (D)市場訂價。 【105郵政】

( ) **6** 何種定價方式一開始會訂定一個相對較低的價格，以便快速地攫取大多數的市場，獲得廣大占有率？ (A)聲望定價 (B)損益平衡定價 (C)刮脂定價（skimming pricing） (D)滲透定價（penetration pricing）。 【103中華電】

( ) **7** 下列何者是行銷人員為了使產品能薄利多銷，以低價格吸引大多數的消費者，並增加市場占有率的定價法？ (A)犧牲品定價法（loss-leader pricing） (B)跟隨定價法（Going-rate pricing） (C)滲透定價法（Marketing penetration pricing） (D)畸零定價法（odd-pricing）。 【103台電】

( ) **8** 有關刮脂定價與滲透定價，下列敘述何者正確？ (A)刮脂定價是指對產品訂定一個相對低的價格，以便快速攫取大多數市場 (B)滲透定價下的價格通常高於其他競爭產品 (C)企業通常對於進入障礙很高的新產品會傾向使用刮脂定價 (D)刮脂定價通常應用於產品生命週期的末端。 【104自來水】

( ) **9** 廠商根據不同顧客訂定不同價格，這是： (A)心理定價 (B)差別定價 (C)特殊事件定價 (D)犧牲打定價。 【103中華電】

( ) **10** 企業在訂定產品價格時，若以顧客心中值來訂定價格，此種定價方法稱為： (A)競爭基礎定價法 (B)心理定價法 (C)滲透定價法 (D)價值基礎定法。 【104郵政】

( ) **11** 企業經常將商品的價格訂為99元、199元、999元，請問這種定價策略稱為： (A)滲透定價 (B)心理定價 (C)吸脂定價 (D)奇數定價。 【104郵政】

( ) **12** 電信業的699吃到飽上網，可以讓消費者覺得只要花6百多元，就能有吃到飽的無限上網，目的是讓消費者在心理上將價格歸類在比較便宜的區間之內，這種定價方式稱為： (A)參考定價 (B)習慣定價 (C)畸零定價 (D)名望定價。 【103台北自來水】

(　　) **13** 以較低的價格打入市場，以期能夠在短時間內加速市場成長，犧牲高毛利率以取得較高的銷售量以及市場佔有率的定價方式，稱為下列何者？ (A)吸脂定價法 (B)配套定價法 (C)滲透定價法 (D)成本加乘定價法。 【107郵政】

(　　) **14** 世界知名品牌LV（Louis Vuitton）向來以高品質頂級皮包與高價位的形象聞名，常推出以知名設計師精心打造、質感精美的皮包，則該公司產品較適宜採取哪一種訂價方法？ (A)吸脂訂價法 (B)差別訂價法 (C)滲透訂價法 (D)追隨領袖訂價法。 【107台酒】

(　　) **15** 許多企業在對產品進行定價時，會以「可負擔的奢華（Affordable Luxuries）」為訴求。這樣的定價方式其目標為： (A)利潤最大化 (B)市場占有率最大化 (C)市場吸脂訂價法 (D)成為產品－品質領導者。 【107台北自來水】

(　　) **16** A公司產品材料與人工成本100元，老闆希望獲利兩成，因此將產品訂價為120元，此種訂價方式稱為： (A)刮脂定價法（skimming pricing） (B)滲透性訂價法（penetration pricing） (C)成本加成訂價法（makeup pricing） (D)認知價值訂價法（perceived–value pricing）。 【108台酒】

(　　) **17** 新產品上市時經常為了搶占市場占有率，採用低價來刺激銷售，此種訂價法稱為： (A)刮脂定價法（skimming pricing） (B)滲透性訂價法（penetration pricing） (C)成本加成訂價法（makeup pricing） (D)認知價值訂價法（perceived–value pricing）。 【108台酒】

(　　) **18** 在新產品推出之初以低價格引起消費者的興趣，以及激發消費者的購買欲望，希望儘快取得市場佔有率，此為下列何種定價方法？ (A)滲透定價法 (B)吸脂定價法 (C)心理定價法 (D)奇偶定價法。 【111經濟部】

解答

1(D) **2**(D) **3**(C) **4**(C) **5**(A) **6**(D) **7**(C) **8**(C) **9**(B) **10**(D)
11(B)(D) **12**(C) **13**(C) **14**(A) **15**(D) **16**(C) **17**(B) **18**(A)

絕技31 通路策略

命題戰情室：當公司擁有具有特色的商品或專利時，不一定能在市場佔有一席之地，它必須仰賴「通路」才能使顧客了解並進一步使用。本絕技會考的重點包括：通路階層、市場涵蓋密度、推的策略與拉的策略、通路的衝突與整合。

重點訓練站

配銷通路（distribution channel）包含兩層意義。配銷是指產品從製造商配送到消費者的過程；通路則是指由介於賣方與買方之間，專職產品配送與銷售工作的個人與機構（代理商、批發商、零售商）所形成的網絡體系。

一、通路階層

行銷通路依階層可分為零階、一階、二階、三階通路。

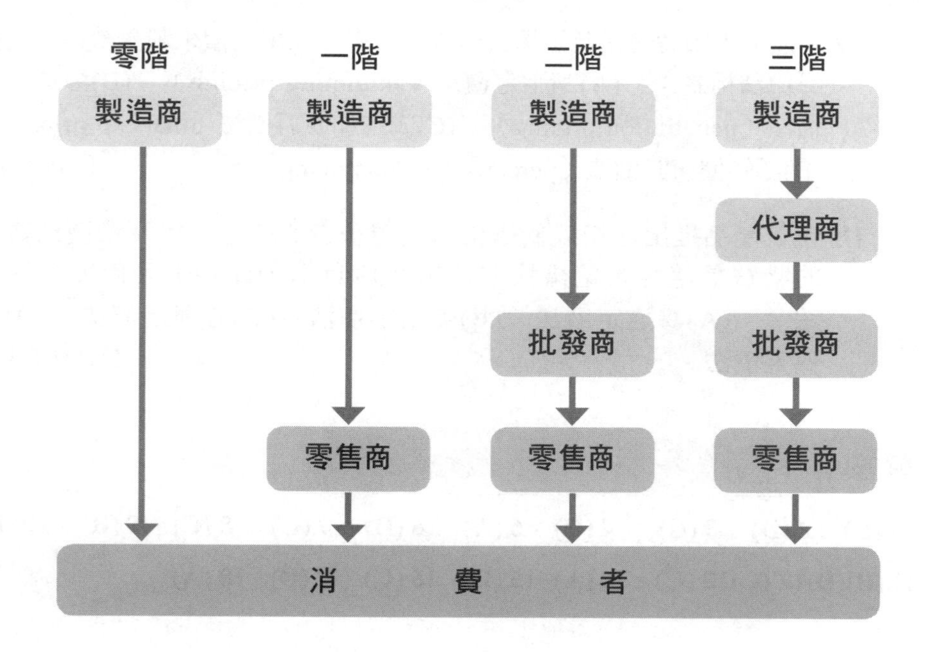

二、市場涵蓋密度

指在一個銷售區域內零售點的數目與分佈情況，可說是通路的廣度。可分為：

(一) **密集式配銷**（intensive distribution）：零售區域內盡量鋪貨，以提高產品的能見度。適合便利品，如飲料、日常用品。

(二) **獨家式配銷**（exclusive distribution）：零售區域內一位或極少數店家。廠商刻意限制中間商數目，適合於特殊產品。

(三) **選擇式配銷**（selective distribution）：零售區域內有一些零售點，介於密集式與獨家式配銷之間，適合於選購品。

三、通路的整合方式

(一) **傳統行銷系統**：通路成員的活動各自為政，沒有合作協調。

(二) **水平式行銷系統**：同層級的組織所形成的合作體系，如迪士尼與麥當勞合作。

(三) **垂直式行銷系統**：整合上、中、下游的廠商，以有效管理通路成員的行動。

四、推的策略與拉的策略

(一) **推的策略**（push strategy）：製造商運用行銷活動，積極地將產品推到通路成員手上，然後，通路成員也會運用行銷活動，將產品由上往下地推到消費者手上。

(二) **拉的策略**（pull strategy）：製造商跳過通路成員，直接以最終消費者作為行銷活動的目標對象，以刺激消費者對產品的需求與購買。

五、零售業

零售係將企業產品直接銷售給最終使用者，目前零售商的類型大致包括以下幾種：

(一) **專賣店**：產品線狹窄，產品搭配頗深，同時各產品線內的產品種類較齊全。

(二) **超級市場**：以大規模、低成本、低毛利、自助式的營運方式提供消費者相關商品。

(三) **便利商店**：規模小且營業時間長、設立在住宅區附近，銷售一些週轉率高的商品。

(四) **折扣商品店**：以低價吸引消費者，銷售一些毛利較低，同時為大量包裝的商品。

(五) **百貨市場**：營業面積比較大，產品線相當多元，產品較精緻，但價格較昂貴。

(六) **量販店或大賣場**：超大型商場，容納的產品組合相當廣，低價位高週轉產品為主。

另外，在少部分的零售交易中，消費者無需到店面去購買。這種不需要實際店面的零售活動，稱為無店面零售（nonstore retailing）。一般而言，可區分為四大類別：人員直接銷售、直效行銷、自動販賣機、網路行銷。

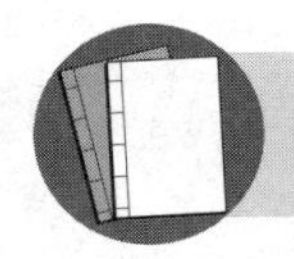

資料補給站

一、通路衝突

是指通路成員對於目標、角色、獎賞即所追求的利益產生歧見。其主要型態包括：

(一) **垂直通路衝突**：是指上下游間的衝突，如車商與旗下經銷商衝突。

(二) **水平通路衝突**：同一階層間的衝突，如傳統零售店抱怨量販店售價太低。

(三) **多重通路衝突**：是指不同通路之間的衝突，如實體通路與網路通路的衝突。

二、通路整合決策

將行銷通路中不同階層的成員加以有效整合，最常見方式有：

(一) **管理式垂直行銷系統**（Vertical Marketing System, VMS）：服從某廠商的領導，維持通路運作，如7-11超商、家樂福量販店。

(二) **所有權式垂直行銷系統**（VMS）：通路系統屬於同一個公司，如La New除了製造皮鞋，尚有直營零售店。

(三) **契約式垂直行銷系統**（VMS）：依靠契約維持通路運作，如連鎖體系的「特許加盟」。

三、逆向通路

在某些情況下，通路會出現逆向往後移動的方式，由消費者端流回廠商端。主要包括回收（再利用或再處理）、退貨、召回三種類型。

四、行銷通路

依美國行銷學會的定義，行銷通路（marketing channel）是企業間的組織單位，和企業外的代理商、經銷商、批發商與零售商，等分配機制，即行銷中間機構（marketing intermediaries），所形成的組織架構。經由此一架構，企業得以行銷各種產品與服務。

(一) 通路長度：將產品送達市場所需要的中間商階層數目。

(二) 通路的廣度：通路中每一類中間商的家數。

五、長鞭效應（bullwhip effect）

最早是由J.Forrester於1961年在Industrial Dynamics中提出。在一般的商業活動中，往往因為下游需求的微小變動便造成上游巨大的生產變異。

易錯診療站

一、零階通路

又稱為直接通路（direct channel）或直效行銷（direct marketing），是製造商將產品直接銷售給顧客，如型錄、郵購、電視購物台、網路購物、電話行銷皆屬之。

二、行銷階層

在製造商跟顧客之間有一層通路，稱為一階通路；有二層通路，稱為二階通路；有三層通路，稱為三階通路，最多為三階通路。

三、通路的廣度

(一) **密集性配銷**：盡可能**採用最大數目的零售商來配銷產品**，其目的是讓產品的涵蓋面達到最大，較適用於**價值較低且經常購買的低涉入便利品**。

(二) **獨占性配銷**：在某一地理區中**只允許一家或非常少數的零售商或經銷商來配銷**其產品，這是市場涵蓋面最受到限制的方式，適用於**高涉入的特殊品**。

(三) **選擇性配銷**：藉由**挑選經銷商，使其在單一地區只有少數幾家經銷商**，較適合**選購品**。

四、推的策略（push strategy）

著重由生產者推產品給通路中間商，再由中間商將產品推給消費者。

五、拉的策略（pull strategy）

指生產者對消費者直接進行推廣活動、產生強勁力的顧客需求。

模擬題試煉

一、基礎題

( ) 1 產品經由便利商店販賣給消費者或由生產者直接賣給消費者的行銷過程稱為： (A)促銷 (B)定價 (C)廣告 (D)配銷 通路。

( ) 2 產品由生產者製造後透過批發商、零售商而達到最後消費者手中，此為： (A)零階 (B)一階 (C)二階 (D)三階 通路。

( ) 3 零售商從製造商處採購產品然後轉賣給消費者，上述的通路長度為： (A)零階 (B)一階 (C)二階 (D)三階。

( ) 4 產品直接由生產者移轉給消費者是屬於何種通路型態？ (A)零階 (B)一階 (C)二階 (D)三階 通路。

( ) 5 下列何者是指「在一個區域內只授權一家經銷商負責此產品的銷售」？ (A)普及性配銷 (B)獨家性配銷 (C)選擇性配銷 (D)以上皆非。

( ) 6 普及性、獨家性、選擇性配銷是依照何者來劃分通路？ (A)長度 (B)市場密度 (C)廣度 (D)中間商功能。

( ) 7 下列何者不屬於垂直行銷系統之種類？ (A)所有權式 (B)契約式 (C)直接式 (D)管理式。

( ) 8 由兩家或兩家以上的通路聯合發展的體系，或是不同業別結合的行銷系統是指何種行銷系統？ (A)所有權式垂直行銷系統 (B)契約式垂直行銷系統 (C)水平行銷系統 (D)管理式垂直行銷系統。

(　　) **9** 對消費者實施充分的商品或商標之廣告，以喚起需要，吸引他們自動地到商店來購買商品，謂之為：　(A)拖式策略　(B)拉式策略　(C)推式策略　(D)價格戰略。

(　　) **10** 由製造商到零售商的整個通路系統都屬於同一企業，這是屬於何種行銷系統？　(A)所有權垂直　(B)管理式垂直　(C)合約式垂直　(D)水平行銷系統。

(　　) **11** 廠商通常以印刷品或型錄來提供其所銷售的商品，且以郵遞或電話的方式接受訂貨，稱為：　(A)折扣商店　(B)連鎖商店　(C)百貨公司　(D)郵購商店。

二、進階題

(　　) **12** 阿信利用假日帶家人到大湖觀光果園採草莓，此為通路階層中的何種型態？　(A)零階通路　(B)一階通路　(C)二階通路　(D)三階通路。

(　　) **13** 文具製造廠商將產品賣給中盤商，再由中盤商配銷至書局，書局再出售給消費者。這種通路型態屬於：　(A)零階通路　(B)一階通路　(C)二階通路　(D)三階通路。

(　　) **14** 在特定的地區只選擇幾家優先的零售商銷售之零售配銷策略為：　(A)密集配銷　(B)選擇配銷　(C)獨家配銷　(D)唯一配銷。

(　　) **15** 民生必需品柴、米、油、鹽、醬、醋、茶等，較適合下列何種通路密度決策？　(A)密集式分配　(B)選擇式分配　(C)獨家式分配　(D)零階通路。

(　　) **16** 超商7-Eleven因為具有眾多的零售據點和可觀的集客能力，讓許多供應商必須與他們合作，藉以依賴其零售體系進行銷售。請問這是屬於哪種行銷系統？　(A)企業式垂直行銷系統　(B)管理式垂直行銷系統　(C)所有權式垂直行銷系統　(D)契約式垂直行銷系統。

(　　) **17** Nike的經銷商、零售商度願意聽從Nike的規範，如願意配合其推廣及價格策略。請問這是屬於哪一類型的垂直行銷系統？　(A)所有權式垂直行銷系統　(B)契約式垂直行銷系統　(C)管理式垂直行銷系統　(D)以上皆非。

( ) **18** 大型量販店通常與銀行合作發行聯名卡，會員卡友在賣場內刷卡，享有銀行相關的優惠辦法。此一合作方式是屬於哪一種通路系統？ (A)水平行銷系統 (B)管理式垂直行銷系統 (C)契約式垂直行銷系統 (D)所有權式垂直行銷系統。

( ) **19** Yahoo奇摩購物、博客來網路書店都屬於何種零售商？ (A)倉庫型零售店 (B)自動販賣機 (C)電視購物 (D)無店面零售商。

( ) **20** 下列何者屬於水平通路衝突？ (A)便利商店與其供應商的衝突 (B)某汽車公司與其經銷商發生利益的摩擦 (C)二家眼鏡公司的競爭 (D)顧客與零售商的爭執。

解答與解析

一、基礎題

1 (D)。或稱「分配通路」，指貨品製成後經由中間商至消費者，或由生產者直接至消費者之行銷過程。

2 (C)。在製造商跟消費者之間有二層（批發商、零售商）通路。

3 (B)

4 (A)。又稱為「直效行銷」。

5 (B)。是市場涵蓋面最受到限制的方式，適用於高涉入的特殊品。

6 (B)。探討究竟要部署多少數量的中間商。

7 (C)

8 (C)。兩家或兩家以上不相關的公司共同結合資源以開拓新的行銷機會。

9 (B)。指生產者對消費者直接進行推廣活動，產生強勁力之顧客需求。

10 (A)。指在單一所有權下的垂直整合。

11 (D)

二、進階題

12 (A)。因為栽種水果的製造商和消費者之間沒有其它的銷售通路，所以是零階通路。

13 (C)。在製造商跟顧客之間還有兩層通路，所以稱為二階通路。

14 (B)。選擇夠格的零售商配合。

15 (A)。為了讓消費者隨處都可方便購買到商品。

16 (B)。由一家具優勢力量的通路成員來管理整個通路。

17 (C)。通常是通路的領導者具有一定的影響力。

18 (A)。水平行銷系統是在同一層次上兩家或兩家以上的公司聯合共同開拓新市場機會。

19 (D)。消費者無需到店面去購買。

20 (C)。指同一階層間的衝突。

實戰大進擊

( ) 1 業界俗稱的直銷是屬於： (A)零階通路 (B)一階通路 (C)二階通路 (D)多階通路。 【104自來水升】

( ) 2 製造商直接把產品銷售給最終顧客的通路模式是屬於： (A)零階通路 (B)一階通路 (C)二階通路 (D)三階通路。 【103台酒】

( ) 3 郵購、電話行銷、逐戶推銷是由製造商直接銷售產品給最終顧客的通路方式，是屬於： (A)一階通路 (B)三階通路 (C)二階通路 (D)零階通路。 【102郵政】

( ) 4 下列哪一個產品適用選擇式配銷（Selective Distribution）？ (A)鮮奶 (B)3C產品 (C)高價汽車 (D)房屋。 【103台北自來水】

( ) 5 在某一地理區域中，只允許一家經銷商來配銷產品的配銷方式為： (A)獨家性配銷 (B)密集性配銷 (C)選擇性配銷 (D)水平性配銷。 【103中華電】

( ) 6 企業如果想要達到最大市場涵蓋範圍，以及提供最大的產品涵蓋面，應該採用下列哪一種通路策略？ (A)密集性配銷 (B)獨佔性配銷 (C)選擇性配銷 (D)混合配銷。 【104自來水】

( ) 7 製造商運用銷售團隊、推廣方式來引導中間商的支持與協助推廣產品給最終使用者，這種策略稱為： (A)推式策略 (B)拖式策略 (C)拉式策略 (D)拔式策略。 【103中華電】

( ) 8 下列何者是指「將產品直接銷售給最終消費者的中間商」？ (A)中盤批發商 (B)零售商 (C)大盤批發商 (D)小盤批發商。 【104自來水】

( ) 9 直接與最終消費者接觸的通路成員為下列何者？ (A)供應商 (B)零售商 (C)批發商 (D)販賣商。 【102郵政】

( ) 10 下列何者為無店面零售？ (A)自動販賣機 (B)便利商店 (C)照相器材行 (D)型錄展示店。 【103中華電】

(　　) **11** 下列哪一個不是「非店鋪零售商」主要成長的方式？　(A)便利商店　(B)購物頻道　(C)網路銷售　(D)電話行銷。【105自來水】

(　　) **12** 下列何者屬於「無店面銷售」？　(A)便利商店　(B)網路零售商　(C)百貨公司　(D)大賣場。【104自來水】

(　　) **13** 企業在面臨不同通路交錯使用時，常會遇到線上商店與實體商店存貨不同，或者管理方式不同等，此問題屬於行銷管理中的：　(A)通路開拓　(B)通路衝突　(C)配銷虧損　(D)通路縮減。【105郵政】

(　　) **14** 屈臣氏主打「每個人都該有兩個屈臣氏」，主要克服哪一種型態的通路衝突？　(A)垂直通路衝突　(B)多重通路衝突　(C)單一通路衝突　(D)水平通路衝突。【103台北自來水】

(　　) **15** 從其他企業購入產品並主要銷售給一般大眾的企業稱為：　(A)零售商　(B)批發商　(C)配銷商　(D)加盟商。【106台糖】

(　　) **16** 下列哪個業者因為需要大量服務人員，降低員工流動率的重要性較其他三者更高？　(A)批發商　(B)零售商　(C)即時供貨商　(D)食品加工商。【106台糖】

(　　) **17** 關於「批發商」與「零售商」的敘述，下列何者正確？　(A)「批發商」與「零售商」均為中間商　(B)零售商的主要活動是將產品賣給其他企業作為轉售之用　(C)超級市場是批發商　(D)批發商的主要活動是將產品直接賣給消費者。【107郵政】

(　　) **18** 窄通路與寬通路的主要區分依據為：　(A)流通產品的數量　(B)中間商數目的多寡　(C)進入市場的難度　(D)運輸的交通方式。【107台酒】

(　　) **19** 果農將水果賣給盤商，盤商再把水果賣給水果店，消費者最後去水果店買水果，試問這種通路型態屬於：　(A)一階通路　(B)二階通路　(C)三階通路　(D)四階通路。【107台酒】

(　　) **20** 下列何者不是配銷通路的中間業者？　(A)經銷商　(B)代理商　(C)製造商　(D)零售商。【108郵政】

(　　) **21** 茶和碳酸飲料等便利商品由於價值低、經常購買且品牌忠誠度較低，通常在通路策略上採用下列何種策略？　(A)密集性配銷　(B)選擇性配銷　(C)獨佔性配銷　(D)直銷。【108台酒】

(　　) **22** 在傳統商業通路中愈往通路上游走，訂單變異性愈增大的現象，就是：(A)長鞭效應　(B)變異原理　(C)通路法則　(D)需求變化。【108郵政】

解答

1 (A)　2 (A)　3 (D)　4 (B)　5 (A)　6 (A)　7 (A)　8 (B)　9 (B)　10 (A)
11 (A)　12 (B)　13 (B)　14 (B)　15 (A)　16 (B)　17 (A)　18 (B)　19 (B)　20 (C)
21 (A)　22 (A)

絕技32 服務策略

命題戰情室：服務業泛指農林漁牧礦與工業以外的行業，所以事業單位亦屬服務業。相對而言，服務的特性、服務行銷金三角尤其重要，服務行銷組合、P.Z.B.服務品質觀念模型亦須留意。不過因本單元所討論的內容涉及服務業，很容易跨考到《服務業管理》的內容，像107年度台北自來水就拿來命題，已遠遠的超出企管的範圍。

重點訓練站

一、服務的本質

不在於萃取、加工或製造天然資源、材料與零組件，而是在透過某種行為、活動或程序，為消費者的健康、安全、知識、情緒、外貌、財物等加分。

二、服務的特性

服務特性	說明	克服問題作法
無形性 intangibility	消費者在未購買服務前，根本看不到、感覺得到或觸摸得到。	設法將服務具體化、有形化。 強調專業服務的組織，以建立消費者信賴感。
不可分割性 inseparbility	生產與消費難以分割，業者在生產服務時，消費者同時也在消費這些服務。	妥善處理或協助消費者參與。 管理服務影響消費者反應的所有因素。
易變性 variability	服務結果多樣化、品質不穩定（因服務環境、服務人員及顧客所引起）。	甄選與訓練員工以穩定的服務水準。 服務標準化、自動化。
不可儲存性 perishability	服務無法保存下來，挪到其他時段使用。	調整價格與服務，縮短供需差距。

三、服務行銷金三角

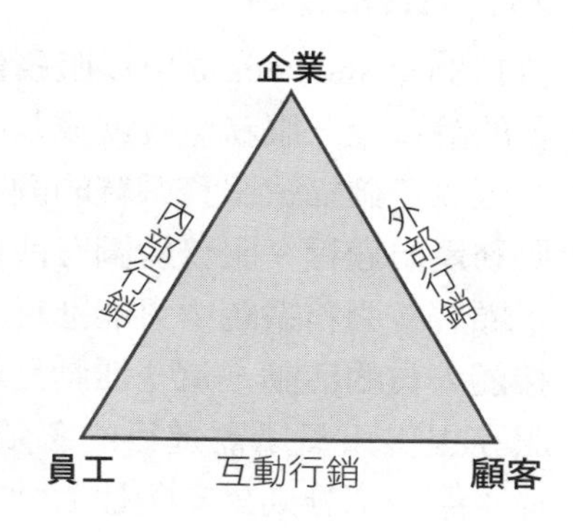

任何服務組織均存在著三種不同行銷作法：外部行銷、內部行銷與互動行銷。

(一) **外部行銷**：針對外部顧客所提供的一套行銷或優惠方案，設定對顧客承諾，如促銷、配送等經常性的服務。

(二) **內部行銷**：將員工視為「內部顧客」，其重點在於灌輸員工行銷導向與顧客服務觀念，並訓練與激勵員工，以提升員工提供服務，履行承諾的能力與意願。

(三) **互動行銷**：服務人員以專業知識及互動技巧，為個別顧客提供服務，並有效履行外部行銷對外部顧客所作的承諾。

四、服務的類型

售後服務 After Service	提供完善的售後服務。
售前服務 Before Service	加強顧客對服務的認識。
顧問諮詢服務 Consultant Service	服務過程遇疑難，提供顧客諮詢服務。
主動出擊服務 Detective Service	主動調查、主動提供顧客服務。

五、服務行銷組合

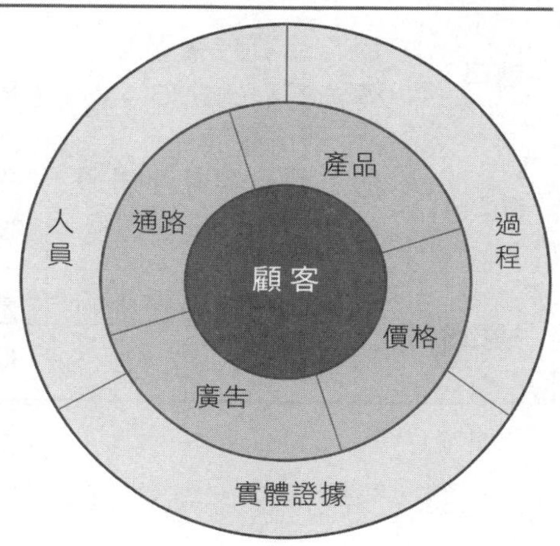

學者Booms and Bitner（1981）將傳統行銷組合（產品、價格、通路、促銷4P），另加入實體環境（physical environment）、服務人員（personnel）與服務過程（process），稱為服務行銷組合7P，以彌補傳統行銷組合之不足。

六、服務藍圖

自1984年Shostack提出以服務藍圖（Service Blueprinting）來檢視服務產出過程的論述後，服務藍圖就成為服務流程分析的重要工具之一。所謂服務藍圖是一張以正確描繪服務系統的圖案或地圖，猶如工廠的作業流程圖，可用來檢視服務產出過程。服務藍圖有四個主要的部分。第一部分描述顧客的活動，包括了顧客在服務系統中可能進行的活動或採行的步驟；第二部分則是前場與顧客接觸人員的活動，這些活動是顧客所看得見的；第三部分是後場人員支援前場服務提供人員所需進行的各項活動，這些活動與前場服務提供人員有直接關係；第四部分則是支援性活動，與前場服務提供人員有間接關係。

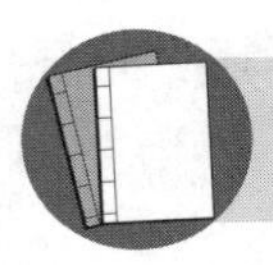

資料補給站

一、P.Z.B.服務品質觀念模型

PZB模式是於1985年由英國劍橋大學的三位教授Parasuraman, Zeithaml and Berry所提出的服務品質概念模式，簡稱為PZB模式。其核心概念為顧客是服務品質的決定者，企業要滿足顧客的需求，就必須要彌平此模式的五項缺口。

缺口1	顧客期望與經營管理者之間的認知缺口。	企業不了解顧客的期待時，便無法提供讓顧客滿意的服務。
缺口2	經營管理者與服務規格之間的缺口。	企業可能會受限於資源及市場條件的限制，而無法達成標準化的服務。
缺口3	服務品質規格與服務傳達過程的缺口。	企業的員工素質或訓練無法標準化時，會影響顧客對服務品質的認知。
缺口4	服務傳達與外部溝通的缺口。	過於誇大的廣告，造成消費者期望過高，使實際接受服務卻不如預期。
缺口5	顧客期望與體驗後的服務缺口。	顧客接受服務後的知覺上的差距，此項缺口是由顧客決定缺口大小。

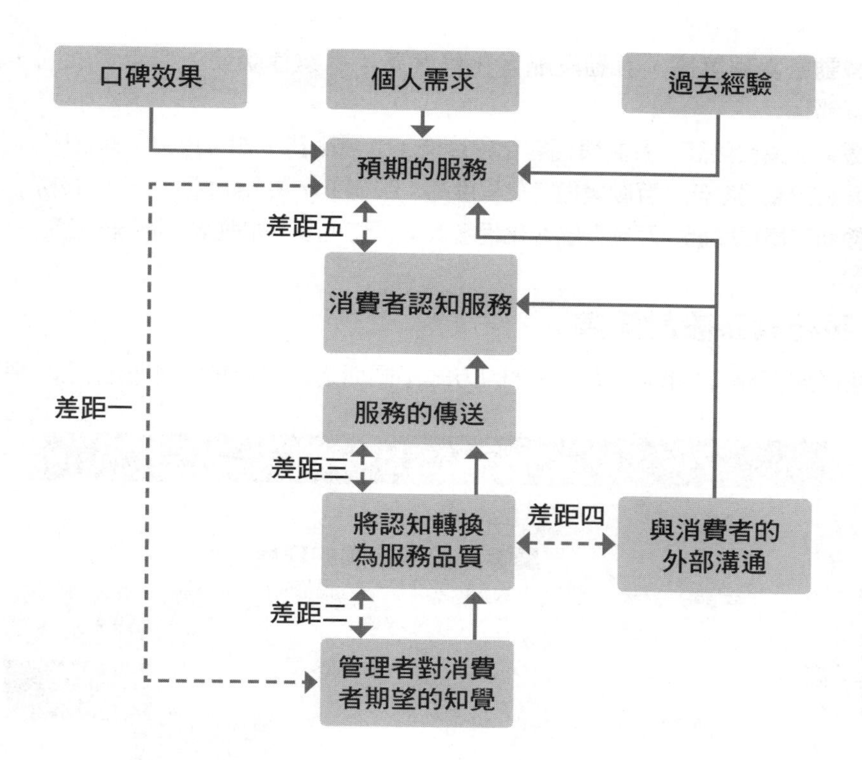

二、服務作業分類

「顧客接觸」表示顧客出現在服務系統時，「服務產生」指提供服務本身的作業流程。可分為：

(一) **高度顧客接觸**（high degree of customer contact）：顧客參與服務流程比例高，服務的時間、服務的本質與品質及認知的品質較難控制。

(二) **低度顧客接觸**（low degree of customer contact）：服務時間、品質與作業合理化較容易。

三、服務業種類

Schmenner（1986）依照勞動密集程度高低以及顧客互動性和服務顧客化程度建立服務業間研究架構，並將服務業區分為四大類。其中顧客互動性高低意指能介入服務過程的隨意程度。而服務顧客化程度的高低是指是否能滿足顧客個人特殊需求的能力而言。

(一) **勞動密集程度高、互動與顧客化程度高**：專業性服務，如企管顧問、會計事務。

(二) **勞動密集程度高、互動與顧客化程度低**：大量服務，如零售業、速食店。

(三) **勞動密集程度低、互動與顧客化程度高**：服務工作站，如醫院、修理服務。

(四) **勞動密集程度低、互動與顧客化程度低**：服務工廠，如航空、運輸、旅館。

四、服務體系設計矩陣

是一種根據與顧客接觸的服務事件的方式不同而進行優化設計服務體系的手段。

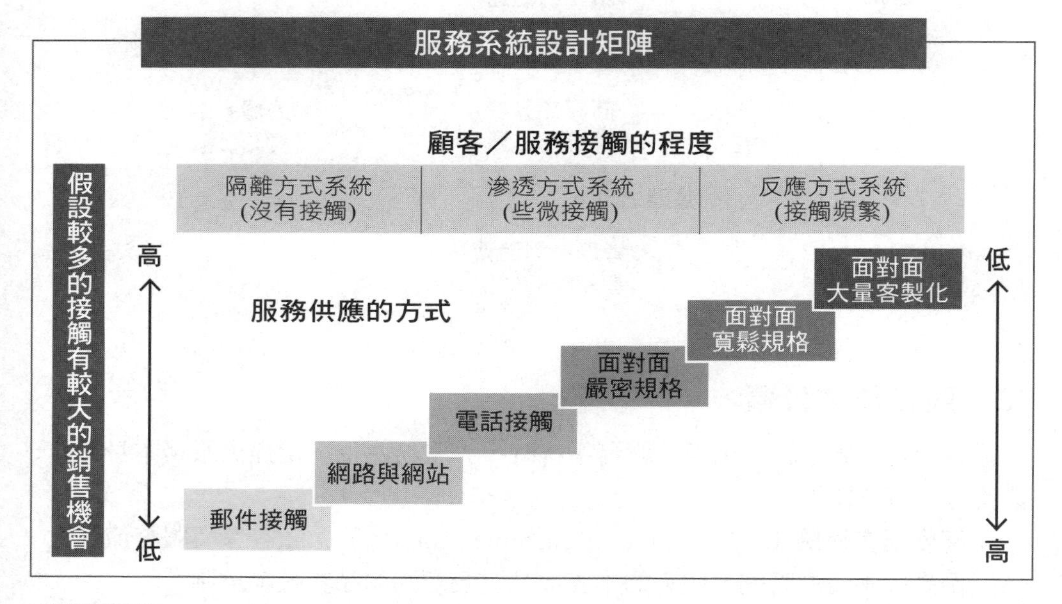

矩陣說明：

(一) 矩陣的最上端表示顧客與服務接觸的程度：

1. 隔離方式表示服務與顧客是分離的。
2. 滲透方式表示與顧客的接觸是利用電話或面對面溝通。
3. 反應方式既要接受又要回應顧客的要求。

(二) 矩陣的左邊表示一個符合邏輯的市場，也就是說，與顧客接觸的越多，賣出商品的機會也就越多。

(三) 矩陣的右邊表示隨著顧客的運作施加影響的增加，服務效率的變化。

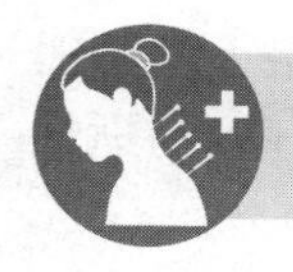

易錯診療站

一、本質的四種特色

1988年Parasuraman, Zeithaml and Berry提出服務的本質的四種特色：

(一) **無形性**（intangibility）：有別於產品具有實體，**服務卻是無形的**。

(二) **不可分割性**（inseparability）：**在生產的瞬間顧客同時也在消費**。

(三) **異質性**（heterogeneity）：**相同的服務會因個人感知或經驗而有所差異**。

(四) **易逝性**（perishability）：由於生產消費的同時性，所以**服務無法被儲存**。

二、服務的金三角

(一) **內部行銷**：將員工視為內部顧客，透過制度與訓練灌輸員工正確顧客服務精神。

(二) **外部行銷**：公司**針對外部顧客所採行的各種行銷活動**。

(三) **互動行銷**：指**公司在提供服務及和顧客接觸的過程中，員工所應具備的各種技能**。

模擬題試煉

一、基礎題

(　　) **1** 服務的四項特性中，下列何者錯誤？　(A)無形性　(B)易變性　(C)不可分離性　(D)不易消逝性。

(　　) **2** 即便是同一服務項目，消費者在接受服務的過程中，常因服務人員的不同而使服務成果有所差異，此乃導因於服務的何種特性？　(A)無形性（Intangibility）　(B)變異性（Heterogeneity）　(C)易逝性（Perishability）　(D)不可分割性（Inseparability）。

(　　) **3** 航空公司某班班機沒賣出去的機位，不可能將其儲存起來留待下個航班銷售，此為服務的何種特性？　(A)無形性　(B)變異性　(C)生產與消費同時性　(D)不可儲存性。

(　　) **4** 會計師事務所、醫療診所、律師事務所，會在營業廳內掛上執照與證書。主要在克服服務作業的何種特性？　(A)無形性　(B)易逝性　(C)異質性　(D)無法儲存性。

(　　) **5** 服務行銷三角形中，服務企業將公司內的員工視為一顧客群來推銷服務理念、服務商品，屬何種行銷觀念？　(A)內部行銷　(B)外部行銷　(C)互動行銷　(D)整合行銷。

(　　) **6** 服務行銷組合7P將傳統行銷組合（產品、價格、通路、促銷）再加上3P，下列何者不屬於服務行銷組合？　(A)實體證據（physical evidence）　(B)服務參與者（participants）　(C)服務過程（process）　(D)服務績效（performance）。

(　　) **7** 根據P.Z.B.服務品質觀念模型，以下那一項不是影響消費者服務期望（expected service）的因素？　(A)口碑　(B)個人需求　(C)公司的規定　(D)過去的經驗。

(　　) **8** 下列何種服務業的作業流程非屬於高度顧客接觸（high degree of customer contact）的系統？　(A)醫院　(B)化學工廠　(C)大眾運輸　(D)餐廳。

(　　) **9** 以下何者可以用來協助廠商繪製服務作業流程？　(A)服務品質訓練　(B)服務劇場演練　(C)服務藍圖　(D)顧客滿意度調查。

二、進階題

(　　) **10** 有關服務業的特性，何者有誤？　(A)服務品質的知覺會每人相同　(B)服務業與消費者的接觸比製造業多　(C)服務業的生產與傳遞是同時發生　(D)服務業的產出是無形的。

(　　) **11** 服務（service）與實體產品存在著許多差異，比如實體產品通常在工廠生產，再配銷到市面上讓消費者購買與消費，但許多服務業者在生產服務的同時，消費者也同時在使用消費這些服務，例如：髮型師在修剪顧客頭髮的同時，這些顧客也同時在享用消費這些美髮的服務，這種生產與消費同時發生的特性，即為下列哪一種服務的特性？　(A)無形性（intangibility）　(B)不可分割性

（inseparability）　(C)易變性（variability）　(D)易消逝性／不可儲存性（perishability）。

(　　) **12** 全家便利連鎖商店於全臺各據點，提供相當一致性之擺設與服務，是一種克服何種服務特性的作法？　(A)不可分割性　(B)無形性　(C)異質性　(D)無法儲存性。

(　　) **13** 「服務」無法儲存，沒有立即消費即不存在，對顧客的需求變動無法以存貨來調節，供給又缺乏產能彈性，這是服務的下列哪一種特性？　(A)易逝性　(B)變異性　(C)不可分割性　(D)無形性。

(　　) **14** 服務人員以顧客需求為出發點，以專業知識及互動技巧為顧客提供高品質的服務，這是服務金三角的何種行銷內容？　(A)內部行銷　(B)外部行銷　(C)互動行銷　(D)全員行銷。

(　　) **15** 下列那一項為P.Z.B.等學者所提出之服務品質觀念性模型之缺口二（gapII）？　(A)顧客期望與實際感受之差異　(B)外部溝通與顧客期望之差異　(C)顧客期望與管理者對顧客期望之差異　(D)管理者對顧客期望認知與服務品質規範之差異。

(　　) **16** 根據 Schmenner（1986）對服務業的分類，以下何者屬於勞動密集程度高、互動與顧客化程度低的行業？　(A)醫院　(B)速食店　(C)運輸業　(D)法律顧問。

(　　) **17** 服務的關鍵時刻（moment of truth）是指：　(A)服務失誤（service failure）　(B)服務缺口（service gap）　(C)服務接觸（service encounter）　(D)服務補救（service recovery）。

解答與解析

一、基礎題

1 (D)。易逝性或不可儲存性。

2 (B)。又稱「易變性」，指服務的可塑性很大，可因人、因事、因地而異。

3 (D)。服務不能被保留、儲存、再銷售或退讓。

4 (A)。為了克服無形性特點，應盡可能將無形服務有形化，以拉近與顧客間距離。

5 (A)。企業加強對員工訓練與激勵工作，以使員工提供更佳的服務給顧客。

6 (D) **7(C)**

8 (B)。屬於低度顧客接觸（low degree of customer contact）的系統。

9 (C)。服務藍圖包括服務傳送的程序，員工與顧客的角色、服務之有形與可見成分等部分。（Shostack,1985）

二、進階題

10 (A)。服務品質的知覺會因人而異。

11 (B)。大多數的服務事先銷售，然後生產與消費同時進行，此種現象稱為生產與消費的不可分割性。

12 (C)。為避免變異性造成服務品質起伏，企業可採招募優秀人才、加強訓練、清楚服務標準、顧客抱怨機制等。

13 (A)。又稱不可儲存性。

14 (C)。強調感性服務，真誠感動顧客。

15 (D)。(A)服務缺口五。(B)服務缺口四。(C)服務缺口一。

16 (B)。(A)勞動密集程度低、互動與顧客化程度高。(C)勞動密集程度低、互動與顧客化程度低。(D)勞動密集程度高、互動與顧客化程度高。

17 (C)。「關鍵時刻」（Moments of Truth，MOT）這一理論是由北歐航空公司前總裁詹・卡爾森創造的。他認為，關鍵時刻就是顧客與北歐航空公司的職員面對面相互交流的時刻，放大之，就是指客戶與企業的各種資源發生接觸的那一刻，這個時刻決定了企業未來的成敗。「服務接觸」是指顧客與服務機構直接互動的過程，也就是顧客與服務傳遞系統的互動，包括顧客、服務組織、服務人員等三項因素，是服務組織的重要課題。服務的關鍵時刻（moment of truth）理論告訴企業顧客導向的重要性。

實戰大進擊

( ) **1** 在交易中不涉及所有權轉移的是： (A)消費品 (B)工業品 (C)服務 (D)特殊品。 【103台酒】

( ) **2** 服務不具有下敘何種特性？ (A)易逝性 (B)異質性 (C)可靠性 (D)無形性。 【105農會】

( ) **3** 服務業與傳統製造產業之差異，在於服務本身之特性上，請問下列何者非服務之特性？ (A)不可分離性 (B)易變性 (C)易儲存性 (D)無形性。 【104郵政】

( ) **4** 服務（service）的特性，不包括下列何者？ (A)無形性 (B)可分割性 (C)異質性 (D)易逝性。 【104郵政第2次】

( ) **5** 下列哪一項不是服務的特性？ (A)有形性 (B)不可分離性 (C)易變性 (D)易消逝性（不可儲存）。 【104自來水】

( ) **6** 下列何者非屬服務的主要特性？ (A)無形性 (B)實體性 (C)不可分離性 (D)易變性。 【103中華電】

( ) **7** 病患到醫院掛號就醫時，常經歷不同醫護人員可能在不同的診療時段或不同人員有不同的服務品質，此為服務特性中的哪一項？ (A)無形性 (B)不可分割性 (C)易逝性／不可儲存性 (D)易變性。 【103台酒】

( ) **8** 由於服務與消費同步進行，因此服務無法加以儲存，稱為： (A)無形性 (B)易變性 (C)易消逝性 (D)同質性。 【105台北自來水】

( ) **9** 高速鐵路公司促銷離峰時段的車票，這是因為服務業的： (A)無形性 (B)變動性 (C)不可分割性 (D)易逝性。 【103中華電】

( ) **10** 服務業者會採用尖峰、離峰不同時段定價，是為了克服服務的何種特性？ (A)無形性 (B)不可儲藏性 (C)多樣性 (D)不可分割性。 【104台電】

( ) **11** 有關服務業的敘述，下列何者正確？ (A)產出為有形 (B)客戶接觸程度低 (C)生產力（Productivity）不易衡量 (D)產出標準化程度高。 【105台北自來水】

( ) **12** 服務作業（service operation）與貨品生產（goods production）的主要差異處，不包括哪一項？ (A)服務作業比較重視效率 (B)服務作業與顧客互動性較高 (C)大多數的服務具有無形性，而難以管理 (D)有些服務難以儲存。 【103中油】

( ) **13** 服務業為了追求顧客滿意，必須考慮影響服務品質的各種因素；所謂服務三角形（service triangle）可代表企業瞭解顧客對其服務品質滿意與否的主要影響面向。下列何者不屬於服務三角形的面向？ (A)整合行銷 (B)內部行銷 (C)外部行銷 (D)互動行銷。 【105自來水】

( ) **14** 設法讓組織的全體員工在服務客戶時都具有人人行銷的觀念與行動，這是： (A)內部行銷 (B)外部行銷 (C)互動行銷 (D)整合行銷。 【103中華電】

( ) **15** 下列何者非屬PZB服務缺口？ (A)顧客期望與經營管理者之間的認知缺口 (B)服務品質規格與服務傳達過程的缺口 (C)顧客期望與體驗後的服務缺口 (D)顧客知識的缺口。 【103台北自來水】

( ) **16** 下列何種服務業的作業流程屬於低度接觸系統（low-contact system）？ (A)網路銀行 (B)理容院 (C)產後護理之家 (D)牙醫診所。 【105中油】

( ) **17** 關於服務業的敘述，下列何者錯誤？ (A)服務業對已開發經濟體的重要性較低 (B)服務業通常對人力的需求較高 (C)服務業的產出往往較為無形 (D)服務的好壞通常較難以衡量。 【106台糖】

( ) **18** 由於服務與消費是同步的，服務無法儲存的特性稱之為 (A)易變性 (B)易消逝性 (C)無形性 (D)不可分離性。 【107台酒】

( ) **19** 下列何者非優良服務系統的特性？ (A)容易使用 (B)符合成本效益 (C)讓顧客看到服務價值 (D)前台與後台的連結出現斷點。 【107台北自來水】

( ) **20** 有關服務藍圖的優缺點，下列敘述何者正確？ (A)服務藍圖不只能在一個靜態的場景描繪服務，也能夠記錄動態的系統 (B)服務藍圖能客觀地描繪服務中的可見要素，而對非可見要素無法描繪 (C)能夠讓企業完全滿足所有顧客的個別要求，使服務提供過程更合理 (D)有助於企業建立完善的員工培訓。 【107台北自來水】

( ) **21** 在服務系統設計矩陣（service-system design matrix）中，一個面對面、完全客製化的服務接觸（service encounter）預期會有下列何者？ (A)低銷售機會 (B)低生產效率 (C)高生產效率 (D)低顧客／服務者接觸。 【107台北自來水】

( ) **22** 航空服務業在管理上常遇到尖峰時座位不夠、離峰時沒客人的問題，這主要是因為服務業之下列何種特性所導致？ (A)易逝性 (B)無形性 (C)不可分割性 (D)易變性。 【108台酒】

( ) **23** 有關商品和服務分類之敘述，下列何者有誤？ (A)都可依買家的性質分類為B2B和B2C (B)商品多是有形的，服務多是無形的 (C)商品比服務更涉及消費者參與流程 (D)商品可儲存而有存貨，服務多無法儲存。

【111經濟部】

解答

1(C) **2**(C) **3**(C) **4**(B) **5**(A) **6**(B) **7**(D) **8**(C) **9**(D) **10**(B)
11(C) **12**(A) **13**(A) **14**(A) **15**(D) **16**(A) **17**(A) **18**(B) **19**(D) **20**(D)
21(B) **22**(A) **23**(C)

NOTE

絕技33 推廣策略與關係行銷

命題戰情室：推廣策略係指企業如何透過廣告、人員推銷、促銷、公共關係與直效行銷等促銷方式，向消費者傳遞產品資訊，引起他們的注意，激發其購買慾望和行為，以達到擴大營業額的目標。所以上述推廣的五大要素均應留意，尤其是廣告、公共關係、置入性行銷經常是考試的重點。

重點訓練站

整合性行銷溝通（IMC）的觀念從1990年代初期開始發展，強調所有的推廣細部作法，應有整合性的規劃，以免各自運作未能發揮經營上的綜效。而一個公司整合性的行銷溝通組合（Marketing Communication Mix），又稱推廣組合，應包括：廣告（advertising）、促銷（sales promotion）、人員銷售（personal selling）、公共關係（public relation）及直效行銷（direct marketing）等要素所組合而成。

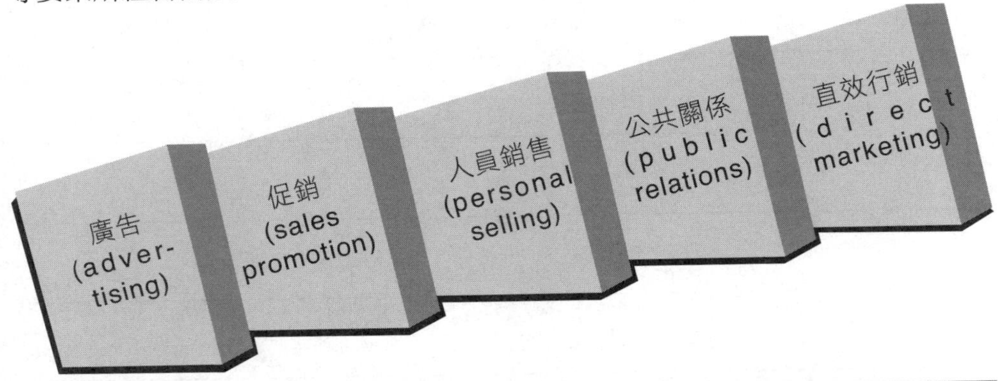

推廣組合	說明
廣告	由特定贊助者付費，藉由電視、收音機、報紙及戶外宣傳等傳播訊息的溝通方式。
促銷	是一種短期內激勵消費者或中間商購買的活動，如折扣、抽獎、買二送一等。

推廣組合	說明
人員銷售	商店內的銷售人員、主動登門造訪或在街上攔截路人兜售產品的業務員等。
公共關係	主要目的在建立組織良好的形象，採用方式包括贊助社區活動、開放工廠民眾參觀、支持公益活動、爭取新聞正面的報導等。
直效行銷	利用非人員的接觸工具，如電子郵件、電話、傳真、信件等，和目標顧客及潛在消費者溝通，以刺激購買。

一、推廣的溝通模式（SMCR）

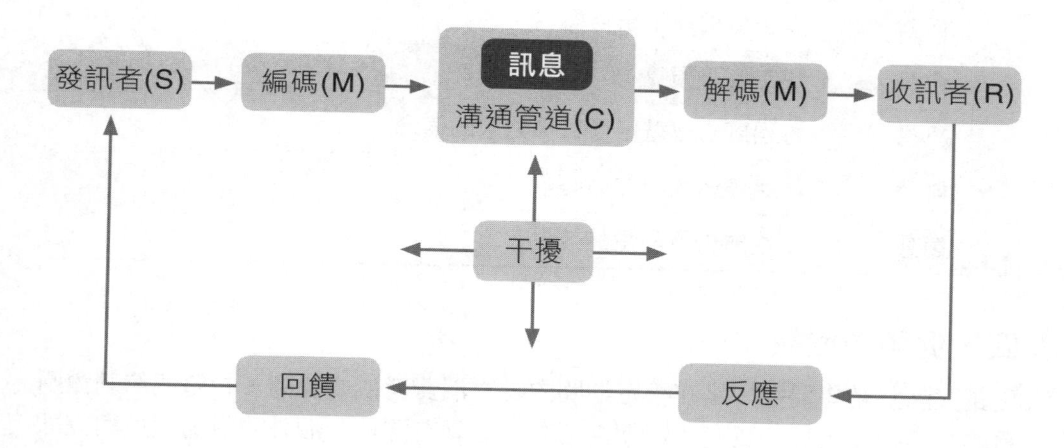

二、AIDA模式

消費者面對行銷溝通訊息的反應模式包括：引起注意（Attention）→引發興趣（Interest）→激發渴望（Desire）→敦促行動（Action）。

三、產品廣告的主要目標和廣告五M

種類	說明	例子
告知性廣告	推廣全新或經過改良的產品，多用於產品導入期。	牙膏的最新配方

種類	說明	例子
說服性廣告	創造產品的喜愛偏好與信心，此類廣告會進一步變成比較性廣告，藉此突顯自己品牌的獨特性。	金頂鹼性電池的持久力更強
提醒性廣告	提醒消費者不致消費者對品牌印象模糊或淡忘。	Nike以運動員代言

「廣告的五個M」，分別為：任務（mission）、金錢（money）、訊息（message）、媒體（media）以及衡量（measurement）。

任務	廣告目標與銷售目標
金錢	決定廣告預算
訊息	透過廣告傳遞影響目標對象的信念
媒體	決定媒體的種類與時段
衡量	衡量廣告所產生的效果

四、促銷的種類

促銷又譯為銷售促進，是在一定期間內針對消費者或中間商，希望能夠刺激購買的一種推廣工具。具有：短期性活動、活動有彈性、額外的附加價值與立即反應特性。促銷的種類可分為：

(一) **消費者促銷**：免費贈品、贈品、特價品、折價券、店面展示、示範、抽獎、捐助公益活動。

(二) **中間商促銷**：免費產品、贈品、購買折讓、津貼與獎金、銷售競賽、經銷商列名廣告、商業會議與商展。

五、建立公共關係的方式

公共關係室企業為了在公眾的心目中享有良好的聲譽與形象，所使用的推廣工具。其建立方式有：出版品、企業識別標誌、主管與員工的對外活動、舉辦或贊助活動、演說、網站、公益活動、公共報導。

六、直銷行銷

直銷行銷是針對個別消費者，以非面對面的方式進行雙向溝通，以期能獲得消費者立即回應與訂購的推廣方式，主要的種類有郵購和型錄行銷、電話行銷、電視和廣播行銷、網路行銷等。

七、關係行銷

指企業與顧客、供應商為了建立、發展和維持成功的長期關係，所投入的所有相關活動。關係行銷的特色有：長期的經營顧客、高度注重顧客的接受度、經常透過許多方式與顧客互動。

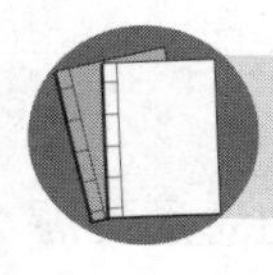

資料補給站

一、行銷新趨勢

(一) **整合行銷**：整合各種不同的傳播工具以與消費者進行雙向、互動的溝通。

(二) **事件行銷**：企業整合資源透過企劃或創意，創造大眾關心的話題、議題，轉而吸引媒體的報導與消費者參與，進而達到提升企業形象，以及銷售商品的目的。

(三) **置入性行銷**：指刻意將行銷事物以巧妙的手法置入既存媒體，以期藉由既存媒體的曝光率來達成廣告效果。

(四) **社會行銷**：是一種為了解決社會議題的策略，應用行銷原則與技術，影響目標族群接受、拒絕、放棄、修正某項行為，進而達到促進個人、團體或社會整體的福祉，如保護環境及社區議題等。

(五) **議題行銷**：將所欲行銷的產品，與當下消費大眾所關注的熱門議題做結合，再經由一定程度的宣傳後，引發群眾熱烈討論，以達到增加曝光率的目標。

(六) **體驗行銷**：讓消費者直接參與行銷內容，達到刺激銷售或感受品牌訴求。

(七) **口碑行銷**：主要來自於口語相傳，也就是以人傳人的方式，建立口碑。

(八) **病毒行銷**：行銷訊息像病毒般在網路上散播到網友電腦內，主要的傳播途徑為電子郵件，亦有從綁架瀏覽器的方式進行傳播。

(九) **理念行銷**：運用行銷的手法，宣導與說服社會大眾接受某一理念所展開的一連串行銷活動。

(十) **飢餓行銷**：指商品提供者有意調低產量，以期達到調控供需關係、製造供不應求假象、維持商品較高售價與利潤的目標。

二、全方位行銷

科特勒（Philip Kotler）和凱勒（Kevin Lane Keller）提出了「全方位行銷」（holistic marketing）的概念，主張包括顧客、員工、合作夥伴、競爭對手，以及社會整體等，一切都和行銷有關，以一個更為廣泛、整合觀點，有效地發揮行銷功能。全方位行銷4大元素，包括：關係行銷（relationship marketing）、整合行銷（integrated marketing）、內部行銷（internal marketing）、績效行銷（performance marketing）。

三、公共報導

藉由免費取得平面媒體或電子媒體的新聞版面或時段，以新聞報導的溝通型態宣傳特定產品、服務、理念、地方、人物或組織。

易錯診療站

一、企業為了與消費者達到溝通的目的，運用**廣告、促銷、公共關係、人員銷售及直效行銷等五項工具**，與消費者進行溝通，這五項工具又稱為「**推廣組合**」。

二、**廣告在付費的原則下，藉非人員直接說明的方式，以達到銷售的一種觀念、商品或服務之活動**。具有無遠弗屆、誇張表現、非人員溝通方式的特點。廣告訴求的方式有三種：

理性訴求	從利益面著手，對消費者說之以理，如家樂福「天天都便宜」。
感性訴求	刺激消費者正面或負面的情結或感受，使消費者動之以情，如德恩奈漱口水。
道德訴求	用來勸導人們支持某些具有普世價值的社會運動，如支持環保、男女平權等。

三、**促銷是一種短期內的激勵措施，以加速促成商品及服務的購買。促銷具有下列特性：(一)促銷是提供銷售對象平時所沒有的額外利益；(二)促銷活動是短暫的活動；(三)促銷是針對特定目標對象的活動；(四)促銷是促使銷售對象能採取行動；(五)促銷是行動導向的活動**。

四、促銷活動的八個步驟：(一)確定促銷活動的目的、目標；(二)進行資料收集和市場研究；(三)進行促銷創意；(四)編寫促銷方案；(五)試驗促銷方案；(六)改進完善促銷方案；(七)推廣實施促銷方案；(八)總結評估促銷方案。

五、**人員推銷係直接指派從業人員與顧客或潛在顧客接觸以促成交易**。此方式較有**彈性，但成本較高**。

六、**公共關係：透過有利的宣傳報導塑造良好的公司形象，重點在聲望的管理。公共關係的活動包括：議題管理、社區關係、政府關係、產業關係、員工關係、投資者關係、媒體關係、危機管理、公共報導等**。

七、**置入性行銷（Placement marketing）**：又稱置入式廣告、產品置入，指**刻意將行銷事物以巧妙的手法置入既存媒體，以期藉由既存媒體的曝光率來達成廣告效果**。

模擬題試煉

一、基礎題

( ) **1** 企業為了與消費者達到溝通的目的，運用廣告、促銷、公共關係、人員銷售及直效行銷等五項工具，與消費者進行溝通，這五項工具又稱為： (A)行銷組合 (B)推廣組合 (C)廣告組合 (D)溝通組合。

( ) **2** 消費品的推廣工具大多使用何項？ (A)銷售推廣 (B)人員銷售 (C)廣告 (D)宣傳報導。

( ) **3** 企業的產品廣告，一般可分為三類：即告知性廣告、說服式廣告及何項？ (A)報導式廣告 (B)贊助式廣告 (C)強迫式廣告 (D)提醒式廣告。

( ) **4** 利用贈品、摸彩券、折價券等來吸引消費者購買的方式，是屬於何種行銷溝通組合的要素？ (A)廣告 (B)促銷 (C)直效行銷 (D)公共關係。

( ) **5** 可配合顧客個別狀況來隨機應變，是屬於下列哪一種推廣活動？ (A)廣告 (B)促銷 (C)公共關係 (D)人員推廣。

( ) **6** 下列何者是企業建立公共關係的方式？ (A)電話行銷 (B)電視購物 (C)贊助公益活動 (D)買一送一。

( ) **7** 以下何者是指利用各種非人員面對面接觸的工具，直接和消費者互動，並能得到消費者快速回應的推廣方式？ (A)人員推銷 (B)直效行銷 (C)銷售促進 (D)廣告。

( ) **8** 對顧客保持一種長期的關注與興趣，創造「顧客終生價值」的一種行銷方式，稱為： (A)關係行銷 (B)社會行銷 (C)體驗行銷 (D)整合行銷。

( ) **9** 在大賣場中常可以看到服務人員遞上一小塊炸雞塊或茶飲，供消費者試吃或試喝。請問這是何種行銷手法？ (A)口碑行銷 (B)體驗行銷 (C)議題行銷 (D)置入行銷。

( ) **10** 企業藉由廣告等促銷作法來刺激、誘使消費者對該產品產生需求。這是指下列何者？ (A)向上推廣 (B)向下推廣 (C)拉式推廣 (D)推式推廣。

二、進階題

( ) **11** 促銷策略所使用的工具主要有五：廣告、人員銷售、銷售推廣、直效行銷與： (A)通路 (B)產品特色 (C)公共關係 (D)引申產品。

( ) **12** 廣告管理的5M是指廣告任務或目的、廣告訊息、廣告效果、廣告預算，與何者？ (A)媒體 (B)觀眾 (C)廣告訴求 (D)廣告公司。

( ) **13** 下列何項不是促銷（SP）所具有的特性？ (A)促銷活動是短暫的活動 (B)促銷是針對一般目標對象的活動 (C)促銷是行動導向的活動 (D)促銷是提供銷售對象平時所沒有的額外利益。

( ) **14** 美商玫琳凱化妝品公司贈送一輛休旅車給台中勵馨基金會，不但讓基金會協助更多需要幫助的婦女朋友，同時也可建立企業形象，由此可知玫琳凱公司善用何種促銷組合？ (A)廣告 (B)人員銷售 (C)銷售推廣 (D)公共關係。

(　　) **15** 公司管理者常常使用各種行銷公關工具，來協助企業或產品促銷並建立形象。下列何者不是公司常用的行銷公關工具？ (A)出版品 (B)社交應酬 (C)贊助活動 (D)新聞報導。

(　　) **16** 直效行銷是一種有效的傳銷工具，它能夠傳送更精準的個人化和具指標性的訊息給特定的消費者。下列何者不為直效行銷的工具？ (A)直接信函 (B)全國性廣告 (C)資料庫行銷 (D)電話行銷。

(　　) **17** 聯強國際提供產品維修的服務，讓消費者得到更全面的服務，進而提升企業形象，請問這是屬於哪種行銷手法？ (A)綠色行銷 (B)社會行銷 (C)關係行銷 (D)直效行銷。

(　　) **18** 電視偶像劇中，常不經意地出現主角使用某廠牌手機，此種產品推廣之方式稱為？ (A)直效行銷 (B)病毒行銷 (C)置入性行銷 (D)口碑行銷。

(　　) **19** 藉由一些事件的發生，來爭取公司產品的曝光率，稱為： (A)事件行銷 (B)行銷 (C)聲望行銷 (D)體驗行銷。

解答與解析

一、基礎題

1 (B)。又稱「行銷溝通組合」（Marketing Communication Mix）。

2 (C)。指廣告主以付費的方式，針對特定的對象，透過適當的媒體，傳遞經過設計的訊息。

3 (D)。廣告目標可依廣告的目的分成下列幾項包括：告知式廣告（information advertising）、說服式廣告（persuasive advertising）與提醒式廣告（reminder advertising）。

4 (B)。是一種短期內的激勵措施，以加速促成商品及服務的購買。

5 (D)。最傳統銷售方式，以一對一方式銷售。

6 (C)。透過有利的宣傳報導塑造良好的公司形象。

7 (B)。利用非人員互動機會，激起消費者立即回應的一種行銷方法。回應可能是消費者要求提供更多資訊，也可能是要求體驗產品或服務，也可能是直接採取購買行動。

8 (A)。把行銷活動看成是一個企業與消費者、供應商、分銷商、競爭者、政府機構及其他公眾發生互動作用的過程，其核心是建立和發展與這些公眾的良好關係。

9 (B)。消費者透過對事件的觀察或參與，感受到某些刺激所誘發的思維認同或購買行為。

10 (C)

二、進階題

11 (C)。推廣或促銷組合是指：廣告、促銷、人員銷售、直效行銷、公共關係。

12 (A)。廣告的五個M分別為：任務（mission）、金錢（money）、訊息（message）、媒體（media）以及衡量（measurement）。

13 (B)。促銷是針對特定目標對象的活動。

14 (D)。公共關係是用來提升與維護公司的聲譽。

15 (B)。其建立方式有：出版品、企業識別標誌、主管與員工的對外活動、舉辦或贊助活動、公共報導。

16 (B)。直效行銷（Direct Marketing）的範圍包括：型錄郵購、網路商店、電視購物。

17 (C)。以提供顧客產品與服務的最高價值，維持較佳的顧客滿意度為長期目標，持續改善對顧客的服務品質，稱之。

18 (C)。又稱「產品置入行銷」，指刻意將行銷事物以巧妙的手法置入既存媒體，以期藉由既存媒體的曝光率來達成廣告效果。

19 (A)

實戰大進擊

( ) **1** 下列何者不是行銷溝通組合（Marketing Communication Mix）之要素？ (A)廣告 (B)公共關係 (C)品牌 (D)人員銷售。 【102經濟部】

( ) **2** 要刺激產品或服務的重複購買，以及讓顧客知道不久的將來會用到該產品與服務，最好是利用： (A)強化式廣告 (B)提醒式廣告 (C)告知式廣告 (D)說服式廣告。 【103中華電】

( ) **3** 紐巴倫（New Balance）運動鞋推出以「總統的慢跑鞋」為標題廣告，這是哪一種廣告？ (A)提醒式廣告 (B)說服式廣告 (C)告知式廣告 (D)道德性廣告。 【103台酒】

( ) **4** 廣告的五個重要決策為： (A)任務、動機、訊息、媒體、人 (B)任務、動機、媒體、人、衡量 (C)任務、金錢、訊息、媒體、衡量 (D)任務、金錢、人、媒體、衡量。 【103中華電】

( ) **5** 下列哪一項不是針對消費者的促銷方式？ (A)特價品 (B)捐助公益活動 (C)津貼與獎金 (D)抽獎。 【103台酒】

( ) **6** 消費者免費專線是屬於哪一種行銷溝通工具？ (A)人員銷售 (B)促銷 (C)廣告 (D)公共關係。 【103台酒】

( ) **7** 下列哪一項不是企業建立公共關係的工具？ (A)出版品 (B)企業識別系統 (C)贊助活動 (D)愛用者回饋計畫。 【103台酒】

( ) **8** 廠商將商品在電影或電視情節中出現，這種作法稱為： (A)搭售廣告 (B)戶外廣告 (C)產品置入 (D)共同廣告。 【103中華電】

( ) **9** 關於關係行銷（Relationship Marketing），下列敘述何者有誤？ (A)著眼於顧客關係 (B)著眼於長期利潤 (C)採推銷式銷售方法 (D)焦點在顧客。 【102經濟部】

( ) **10** 企業對於綠色地球的贊助，這是一種： (A)理念行銷 (B)危機處理 (C)交易促銷 (D)體驗行銷。 【103台酒】

( ) **11** 下列何者不是推廣工具？ (A)戶外看板 (B)贊助社區活動 (C)優惠特價方案 (D)悠遊卡。 【103台酒】

( ) **12** 廠商有計劃地將行銷產品透過電視節目、電影等，刻意將行銷事物以巧妙手法出現在既存媒體，以期藉由既存媒體的曝光率來達成廣告效果。這種行銷行為屬於下列何者？ (A)公共報導 (B)置入性行銷 (C)口碑行銷 (D)社會行銷。 【105自來水】

( ) **13** 在電影中女主角穿著W品牌的服裝，造成此品牌服裝流行及大購買，請問此種行銷策略稱為： (A)體驗行銷 (B)置入行銷 (C)口碑行銷 (D)病毒式行銷。 【104郵政】

( ) **14** 在電影中，透過男主角開著Luxgen的SUV、手持HTC的手機，以達到品牌露出與提高知名度的作法，稱為： (A)口碑行銷 (B)體驗行銷 (C)置入性行銷 (D)病毒式行銷。 【104郵政第2次】

( ) **15** 推廣（Promotion）中說服的目標為何？ (A)建立品牌形象 (B)建立顧客忠誠度 (C)提醒消費者要去哪裡購買產品 (D)刺激消費者購買產品的意願與行動。 【106桃捷】

(　　) **16** 何謂「整合行銷溝通」？ (A)行銷人員在清楚確定目標與訊息重點之下，整合所有的推廣工具，以便產生一加一大於二的綜合效果 (B)行銷團隊面對決策時，必須協調溝通的過程 (C)行銷人員在面決策時，整合所有人的意見後，決定出行銷策略的過程 (D)行銷人員在面決策時，主管須迴避協調相關會議。【106桃捷】

(　　) **17** 某手機業者與電信公司共同刊登廣告，並分攤廣告費用，此稱為？ (A)提醒式廣告 (B)合作性廣告 (C)競爭性廣告(D)分享式廣告。【106桃機】

(　　) **18** 規劃促銷活動（Promotional Campaign）的第一個步驟是以下哪一個選項？ (A)選定促銷組合（Promotional Mix）的內容 (B)確立促銷活動的預算 (C)建構促銷活動的訊息 (D)確認促銷活動的目標。【108郵政】

(　　) **19** 許多企業經常辦理一些創意活動吸引媒體上門報導，此類報導更容易讓消費者採信，可以增加消費者對品牌的知名度與好感度，此種作法在行銷中稱為： (A)廣告 (B)推銷 (C)促銷 (D)公共關係。【108台酒】

(　　) **20** 1990年代之後，企業因應環境變化，意識到對市場經營需要採取更全面的觀念。有關Kotler & Keller所提出全方位行銷觀念下所涵蓋的構面，下列何者有誤？ (A)關係行銷（Relationship Marketing） (B)績效行銷（Performance Marketing） (C)整合行銷（Integrated Marketing） (D)互動行銷（Interacted Marketing）。【111經濟部】

解答

1(C)	2(B)	3(C)	4(C)	5(C)	6(D)	7(D)	8(C)	9(C)	10(A)
11(D)	12(B)	13(B)	14(C)	15(D)	16(A)	17(B)	18(D)	19(D)	20(D)

絕技34 人力資源管理的基礎

命題戰情室：從各事業單位的考試取向觀之，本單元必考的重點為：工作分析、工作說明書、工作規範，幾乎是人資的帝王級考題，會以實例題出現，一定要能清楚的辨別這三者的意涵，才能攻無不克。

重點訓練站

隨著知識經濟時代的來臨，組織所擁有的智慧資本成為決定競爭優勢的關鍵因素，而人力資本又是智慧資本的關鍵核心（Pfeffer,1994）。易言之，優秀人力將成為企業競爭優勢的重要來源，而人力資源管理也成為企業策略的一部分。

一、HRM、SHRM定義

(一) **人力資源管理**（Human Resource Management, HRM）：是用來培養人才、訓練職員、評鑑以及獎勵員工的一種管理機制。人力資源管理的範圍有：選才、用才、育才、留才。

(二) **策略人力資源管理**（Strategic Human Resource Management, SHRM）：是將人力資源的各項功能及活動融入組織的策略需求中。

二、人力資源管理的原則

原則	說明
發展原則	應考量員工的發展需求，同時配合企業未來的營運方向。
科學原則	不以主觀經驗做判斷，依科學方法從事管理來提高管理的效率與品質。
人性原則	制度的擬定與實施，須考慮人性層面（自尊心、企圖心、情緒），使員工樂於接受管理，並對企業組織產生向心力。

原則	說明
人才原則	發掘合適、優秀人員，同時要能培育與留住有用人才。
民主原則	採民主式管理，逐級授權，分層負責，尊重員工之間的差異。
參與原則	在合理範圍內，讓員工有參與決策的機會，以提高員工的榮譽感與歸屬感。
績效原則	依實際的績效論功行賞，賞罰分明，不以個人好惡來管理。
彈性原則	人力資源管理的制度和標準，須隨時空環境的變遷做適度的調整。

三、人力資源規劃

管理者為確保有效完成組織任務，而「適質適量」與「適時適地」配置員工的過程。人力資源規劃步驟可分為：評估現有的人力資源、評估未來人力資源需求以及發展一套符合人力資源需求的計畫。

四、工作設計

決定或創造工作特質與品質的程序。工作設計有以下的內容：

(一) **工作簡單化**：將複雜的工作分為數個較簡單的工作項目，由不同人負責。

(二) **工作擴大化**：在員工現有的工作上水平增加相關的工作內容。

(三) **工作豐富化**：增加員工單獨完成一項任務的工作份量，為垂直擴大。

(四) **工作輪調**：讓員工在不同職務，從事不同性質工作，以培養多樣技能。

五、人力資源盤點

對現有的人力資源的數量、質量、結構進行查核，以掌握目前組織人力資源狀況，人力資源盤點所根據的資料均來自員工的資料庫，如員工個人資料、教育程度、語文能力、工作能力、特殊技能等。

六、工作分析

又稱職務分析或是職務記載，係將各工作的任務、責任、性質以及從事工作人員的條件等，予以分析研究，做成工作說明書與工作規範兩種書面報告。工作分析的結果：

(一) **工作說明書**（job description）：又稱職位說明書，說明工作的內容、任務、責任、性質的書面紀錄。

(二) **工作規範**（job specification）：記載一項工作員工所應具備最低條件的書面記錄。

範例：財團法人法鼓山文教基金會金山園區總機約聘人員

職務類別：行政人員、電話客服類人員 工作待遇：依公司規定 工作性質：全職上班 地點：新北市金山區法鼓山世界佛教教育園區 管理責任：不需負擔管理責任 出差外派：無需出差外派 上班時段：日班，需輪班 休假制度：週休二日 可上班日：不限 需求人數：1人
工作內容
1.人力輪值排班 2.電話處理　3.接待事宜　4.公文及郵件收發 5.交通車登記　6.置物櫃及公共建物鑰匙管理　7.主管交辦業務
條件要求
接受身份：上班族 工作經歷：1年以上 學歷要求：高中、專科 科系要求：不拘 語文條件：台語－精通 擅長工具：Windows 2003、Windows XP、Adobe Acrobat、Excel、Internet Explorer、PowerPoint、Word 工作技能：不拘 具備駕照：輕型機車、普通重型機車 其他條件： 1.有佛學基礎，瞭解法鼓山。 2.熟悉電腦文書處理。 3.口齒清晰，國、台語流利。 4.具親和力，主動、積極、細心、耐心。 5.配合活動需要加班。

七、工作評價（job evaluation）

又稱工作分等或工作品評，係依據工作的難易程度、責任大小和所需資格條件等基礎，決定各項工作的相對價值、評定等級。最主要的目的是作為薪酬計算的標準。

八、職位分類

依工作性質、難易程度、責任輕重，及擔任該職位所需條件等標準，予以分析並區分所有職位的過程。職位分類的目的：達到同工同酬、適才適任、責任分明的目標。

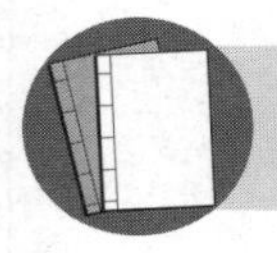

資料補給站

一、5P模型

舒勒（Schuler,1992）提出「5P模型」（5P model）來解釋策略性人力資源管理的內涵，5P模型主要應用在發展及執行策略性事業需求的各種人力資源管理活動，主要有五個部分：人力資源管理哲學（philosophy）、人力資源政策（policy）、人力資源計畫（planning）、人力資源實務（practice）以及人力資源過程（process）。

二、KASO技巧

Timothy P. Summers，Suzanne B.Summers（1997）提出的策略技能分析步驟，透過人力資本分析，將人力資源資料庫的資料應用在分析工作者所需的知識（Knowledge）、技能（Skill）、能力（Ability）與其他個人特性（Other personal characteristics）。KASO強調藉由工作分析，來確認工作職責及其所需的知能。

三、工作評價

工作評價是一項程序，用以確定組織中各種工作間的相對價值，以使各種工作，因其價值的不同，而給付不同的薪資。工作評價是工作分析的延伸，而工作分析是工作評價的基礎。工作評價的方法有：

(一) **排列法**：將工作性質類似或同一部門員工依工作繁簡難易、責任輕重比較，依序排列出等級高低。適用小型企業，為最傳統、最簡單方法。

(二) **評分法**：又稱點數法，將工作的構成因素進行分解，然後依事先所設計出的結構化量表對每種工作要素進行估算，用分數來表示工作價值的高低。適用於大企業，為最普遍的工作評價法。

(三) **因素比較法**：係排列法的改良，選用多項報酬因素來加以比較，分別給予對應的薪資價值，最後加總核算每個工作的薪資價值。

(四) **分級法**：訂定工作分等表，按職責輕重編薪資不同的等級表，再按工作的內容，將各項工作歸入適當的等級。

四、職涯階梯（career ladders）

分為向上發展與水平發展兩部分。「向上發展」是指員工職位晉升機制之設計，此種規劃是為企業員工提供一個升遷管道，使員工在就職生涯中能因能力、特殊貢獻或服務績效而獲得職位、地位的升遷、酬賞與回饋等。「水平發展」則是依照員工不同階段的興趣，或職務調配轉換不同職務工作，使其能在轉換職務的過程中，學習到更廣泛的工作技能。企業設置一系列職務階段，提高員工留任的意願，並促使員工專業成長與發展。另一方面，職涯階梯也可作為想獲得內部升遷或轉換職務之員工努力的方針，以提供公平競爭的機制。（張緯良，《人力資源管理》，前景文化。）

易錯診療站

一、工作分析

定義工作內容，與鑑定該工作所需的能力，工作分析的功用（目的）：

(一) 可作為工作評價的基礎。　**(二) 可作為甄選員工的依據。**

(三) 可作為績效評估的依據。　**(四) 可作為訓練員工的目標。**

(五) 達到同工同酬與適才適所。

工作分析通常包含7W：用誰（Who）；做什麼（What）；何時（When）；在何處（Where）；如何作（How）；為什麼（目的）（Why）；為誰（For whom）。

二、工作分析常用的方法

工作分析常用的方法有以下幾種：

(一) **觀察法**：透過直接的觀察或錄影，直接記錄員工在工作過程中的作業情形。

(二) **面談法**：對員工進行單獨的或集體的訪談，並將內容記錄下來。

(三) **問卷法**：透過問卷調查的方式，以獲取有關工作的內容。

(四) **利用技術會議**：由技術會議中的「專家」來界定該項工作特有的性質。

(五) **實作法**：直接到現場工作、學習，以記錄工作細節，通常需用到時間與動作研究。

(六) **工作日誌法**：要求工作者對每天工作活動做記錄，再由專家評估、歸納。

三、工作說明書

描述工作的一份書面文件，列出簡短的工作摘要與工作職責。

四、工作規範

完成某項工作，人員所需具備的最低資格。詳列工作人員所需的特質、技能及經驗。

模擬題試煉

一、基礎題

( ) **1** 用來培養人才、訓練職員、評鑑以及獎勵員工的一種管理機制為：(A)勞工管理 (B)人事管理 (C)人力資源管理 (D)策略性人力資源管理。

( ) **2** 下列何者不屬於人力資源規劃的範圍？ (A)薪酬管理 (B)教育訓練 (C)公共關係 (D)員工甄選。

( ) **3** 人力資源管理的工作屬於下列何者？ (A)僅是直線主管的責任 (B)僅是專業幕僚的工作 (C)僅是高階主管的職責 (D)應為專業幕僚和直線主管的共同工作。

(　　) **4** 人力資源的管理應因人、因事、因時、因地制宜，這是屬於那一項人力資源管理的原則？　(A)彈性原則　(B)民主原則　(C)科學原則　(D)人性原則。

(　　) **5** 人力資源管理程序的首要步驟是：　(A)人員甄選　(B)員工訓練　(C)績效評估　(D)人力資源規劃。

(　　) **6**「在員工現有的工作上增加更多的工作項目，但其工作的難易度並無太大的改變」，此應屬於工作設計的哪一項原則？　(A)工作簡單化　(B)工作擴大化　(C)工作輪調　(D)工作豐富化。

(　　) **7** 以更廣泛的工作內容，給予員工更多自主權與責任，為下列何種工作設計的方法？　(A)工作豐富化　(B)工作輪調　(C)工作擴大化　(D)工作簡單化。

(　　) **8** 將企業內各項工作之任務、責任及工作人員條件等，予以分析研究作成書面報告，以為人事管理之依據係為何者？　(A)職位分類　(B)工作評價　(C)績效評估　(D)工作分析。

(　　) **9** 下列何者可使員工瞭解其工作職責及內容？　(A)工作說明書　(B)工作評價　(C)工作契約　(D)工作規範。

(　　) **10** 龍騰數位科技公司要應徵電話客服人員，若人資主管想了解該職缺所需的「工作人員應具備條件」，他參考下列哪一種文件最恰當？　(A)工作評價表　(B)工作說明書　(C)工作規範　(D)工作契約書。

(　　) **11** 下列何者不是工作評價的方法？　(A)排列法　(B)因素比較法　(C)評分法　(D)圖表測量法。

二、進階題

(　　) **12** 針對策略性人力資源管理的發展，Schuler於1992年提出「5P模式」，其中不包括何項？　(A)人力資源哲學（philosophy）　(B)人力資源實務（practice）　(C)人力資源過程（process）　(D)人力資源方案（program）。

( ) **13** a.招募；b.職前訓練；c.人力資源規劃；d.績效評估；e.甄選。請將以上重要人事活動依一般人力資源管理的程序予以正確排列：(A)aecdb (B)caebd (C)eacdb (D)baecd。

( ) **14** 下列有關人力資源管理的敘述，何者有誤？ (A)人力資源管理的首要工作為選才 (B)人力資源管理的工具可協助企業用才 (C)企業進行人力資源管理的目的，在於人盡其才、事盡其功 (D)人力資源規劃常用的工具包括工作分析、工作評價、職能分析與工作設計。

( ) **15** 估計企業未來人力需求的種類與數量，並找尋補充人力的方法，稱之為： (A)工作設計 (B)工作分析 (C)人力資源規劃 (D)招募甄選。

( ) **16** 汽車公司改變汽車裝配線的人力配置方式，重新將員工分成各個團隊，賦予員工較大的工作責任，讓各團隊完整負責產品的製造、品質管制與製程改善。這在工作設計上是屬於何種方法？ (A)工作複雜化 (B)工作擴大化 (C)工作簡單化 (D)工作豐富化。

( ) **17**「工人必須用電弧或乙炔焊接設備焊接各種金屬。工作地點除了室內之外，也有室外工作。此職位的工人由焊接工廠主管直接管理。」上列描述符合下列何者？ (A)工作說明書 (B)工作規範 (C)工作評估 (D)工作分析。

( ) **18** 有關工作分析的敘述，下列何者錯誤？ (A)主要目的是做為人員訓練、任用、升遷、考核的依據 (B)是人力資源管理的基礎 (C)面談法為其資料收集方法之一 (D)為工作評價的延伸。

( ) **19** 關於工作說明書和工作規範敘述，下列有者有誤？ (A)工作說明書是說明工作內容的書面文件 (B)工作規範是說明工作人員所應具備最低條件 (C)兩者皆是工作分析的結果 (D)工作說明書是根據工作規範所編寫而成的。

( ) **20** 在工作評價方法中，目前最廣為使用的方式為： (A)排列法 (B)評分法 (C)分級法 (D)要素比較法。

解答與解析

一、基礎題

1 (C)。指組織內人力資源之取得、運用與維護等一切管理的過程與活動。

2 (C)。即選才、用才、育才、留才的程序。

3 (D)。並非只是人力資源主管的工作，應是每位主管的工作。

4 (A)。人力資源管理的制度和標準，需隨時空環境的變遷做適度的調整。

5 (D)

6 (B)。水平增加工作範圍的設計。

7 (A)。增加員工的工作深度與自主權。

8 (D)。工作分析包括工作說明書與工作規範。

9 (A)。對一項工作內容給予正式書面的陳述。

10 (C)。工作規範（job specification）指工作人員所需資格或何種人適合擔任此項工作。

11 (D)。應為分級法。

二、進階題

12 (D)。5P模式：人力資源管理哲學（philosophy）、人力資源政策（policy）、人力資源計畫（planning）、人力資源實務（practice）以及人力資源過程（process）。

13 (B)

14 (A)。首要工作是人力資源規劃。

15 (C)

16 (D)。增加員工自主性與裁量權。

17 (A)。(A)說明工作的內容、範圍、責任、性質的書面記錄。(B)記載一項工作員工所應具備最低條件資格的書面記錄。(C)根據工作分析的結果，按照一定的標準，對工作的性質、責任、複雜性及所需的任職資格等因素的差異程度，進行綜合評估的活動。(D)涵蓋「工作說明書」與「工作規範」，用以說明工作的內容、範圍、責任、性質及從事此項工作所具備的資格條件。

18 (D)。為工作評價的基礎。

19 (D)。工作規範是根據工作說明書所編寫而成的。

20 (B)。適用於大企業，為最普遍的工作評價法。

實戰大進擊

(　　) **1** 下列何者「不是」人力資源管理子系統之一？ (A)招募與訓練 (B)訓練與發展 (C)績效評估 (D)協調溝通。 【105台酒】

( ) **2** 從策略性人力資源管理角度，分析工作者所需的知識（knowledge）、技能（skill）與能力（ability）的理論，為下列何者？ (A)資源理論 (B)STP分析 (C)五力分析 (D)人力資本理論。 【103經濟部】

( ) **3** 從事人力資源管理應考慮到員工的情緒反應、自尊心、企圖心、向上心，此乃遵循人力資源的哪一項原則？ (A)彈性原則 (B)民主原則 (C)發展原則 (D)人性原則。 【105台糖】

( ) **4** 對人力需求規劃最主要的依據是： (A)組織整體策略 (B)各部門所提需求 (C)員工發展的需求 (D)外界環境的變化。 【103台酒】

( ) **5** 相較之下，下列何時不需要做工作分析？ (A)核定薪資時 (B)某工作的離職率特別高時 (C)環境改變時 (D)新組織建立時。 【105台糖】

( ) **6** 工作分析是人力資源開發與管理的最基本作業，請問何者不是其目的？ (A)分析環境對工作的機會與威脅 (B)做為績效評估的依據 (C)應用於甄選與招募員工 (D)顯示職權關係、工作關係、人際關係。 【104台電】

( ) **7** 蒐集一特定工作上關於職責、需要技能、預期產出及其工作環境等資訊，其中包含工作說明書（Job Description）和工作規範（Job Specification）等內容，是屬於下列哪一種活動？ (A)工作分析 (B)職務輪調 (C)接班人計劃 (D)策略夥伴。 【105自來水】

( ) **8** 工作分析是企業人力資源規劃（planning）的主要活動之一。當企業進行工作分析後會產生二項結果，下列何者是這二項結果？ (A)策略地圖與重置圖 (B)策略地圖與組織圖 (C)組織圖與重置圖 (D)工作說明書與工作規範。 【104自來水】

( ) **9** 有關「工作說明書」的敘述，下列何者錯誤？ (A)是對「事」的分析 (B)以「工作」為主角項目 (C)包含了年齡、性別、教育程度、工作經驗、能力、知識、技術與證照要求等 (D)包含每項工作的性質、任務、責任、內容與處理方法。 【105台糖】

( ) **10** 用以規範適合該特定工作的員工，所應具備的條件或要求之文件稱為： (A)工作規範書 (B)工作說明書 (C)人力資源計畫書 (D)人員招募規劃書。 【104郵政】

(　　) **11** 要求工作者具備相關證照的說明，為下列哪一項的內容？ (A)工作規範 (B)工作說明書 (C)工作證明書 (D)工作預覽。 【105台酒】

(　　) **12** 公司的人力資源部門，進行工作分析會產生兩種書面報告，當中在描述工作的目標、內容、責任與職務、工作條件，以及與其他功能部門間的關係是指： (A)工作說明書 (B)工作規範書 (C)薪資說明書 (D)工作評價。 【103台酒】

(　　) **13** 描述擔任某特定職務者的工作內容、執行方法、以及相關工作環境條件的文件為： (A)工作說明書 (B)工作規範 (C)工作範本 (D)工作指南。 【103自來水】

(　　) **14** 某公司在人力銀行張貼關於「門市服務人員」的求才公告，內容中載明門市服務人員所需具備的最低資格，如學歷、證照、工作經驗等，此應該是根據企業中的何種文件？ (A)工作說明書 (B)公司使命書 (C)工作規範書 (D)股東權益書。 【103台酒】

(　　) **15** 下列何者是評定企業內部每一工作職位的相對價值，以建立公平合理的獎工制度？ (A)工作分析 (B)工作評價 (C)工作獎評 (D)工作說明。 【103台電】

(　　) **16** 對職務與人員的內涵進行有系統的收集與觀察其工作基本的工作內容、行為標準及資格要求等資料進行分析與判斷，稱為？ (A)工作規範 (B)工作說明 (C)工作分析 (D)人力資源規劃。 【106桃機】

(　　) **17** 說明一個員工若要順利執行某一特定工作，必須具備的最低資格，有效執行該工作所要具備的知識、技術與能力的書面說明。上述描述內容，為以下何者？ (A)工作說明書 (B)工作規範書 (C)作業計畫書 (D)工作日誌。 【106桃機】

(　　) **18** 人力資源管理中，對於擔任各項工作的人員所需具備之資格或條件的訂定，係根據以下何者而來？ (A)職位分類 (B)職涯階梯 (C)工作分析 (D)工作評價。 【107台酒】

(　　) **19** 工作分析的內容可包含7個W，其中why的內容是指： (A)工作方式 (B)工作地點 (C)工作程序 (D)工作目的。 【107台酒】

(　　) **20** 能陳述員工完成工作所必須具備之資格條件的書面文件是： (A)工作說明書 (B)工作規範 (C)工作手冊 (D)組織圖。 【107台酒】

(　　) **21** 說明一個員工若要順利執行某一特定工作，必須具備的最低資格，有效執行該工作所要具備的知識、技術與能力的書面說明，稱為： (A)工作說明書 (B)工作規範書 (C)作業計畫書 (D)行銷企劃書。 【107台北自來水】

(　　) **22** 下列有關工作評價的敘述，錯誤的是： (A)評定各種工作之間的相對價值 (B)是計算員工薪資高低的標準 (C)是工作分析的基礎 (D)可達成同工同酬、異工異酬的目的。 【107台酒】

(　　) **23** 定義工作內容與鑑定該工作所需的能力是下列何者之定義？ (A)招募 (B)績效評估 (C)工作分析 (D)訓練。 【108台酒】

(　　) **24** 下列哪一份文件是描述企業組織對於負責執行某特定工作員工所需要具備的最低資格要求？ (A)工作說明書（Job Description） (B)績效評估表（Performance Review） (C)人力資源盤點（Human Resource Inventory） (D)工作規格書（Job Specification）。 【108郵政】

(　　) **25** 企業進行工作分析後會得出二項成果，來說明一項工作的內容、職責、工作環境，以及有效執行該工作所需的技能、資歷與資格，下列何者屬於這二項成果？ (A)工作輪調與與組織圖 (B)工作規範與工作輪調 (C)工作規範與工作說明書 (D)工作說明書與工作輪調說明書。 【111台酒】

解答

1(D) **2(D)** **3(D)** **4(A)** **5(A)** **6(A)** **7(A)** **8(D)** **9(C)** **10(A)**
11(A) **12(A)** **13(A)** **14(C)** **15(B)** **16(C)** **17(B)** **18(C)** **19(D)** **20(B)**
21(B) **22(C)** **23(C)** **24(D)** **25(C)**

絕技35 人力資源管理活動

命題戰情室：「人力資源管理」的內容範疇相當廣泛，大致可將之區分為求才、用才、育才、晉才及留才。不過在企管考科中大概只會考1到2題，實戰觀摩整理的就是最近幾年來曾出現過的題型，並歸納統整這些觀念，以能在最短時間掌握這些重點，獲得滿分。

重點訓練站

人力資源管理的程序包括以下步驟：

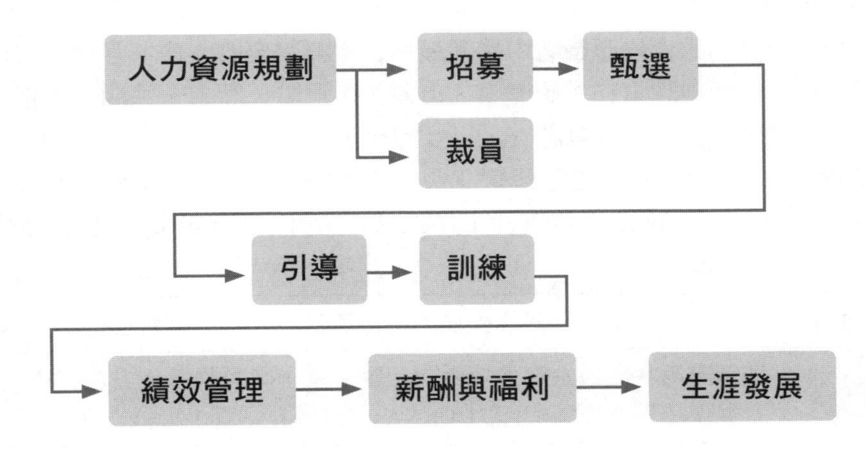

一、招募與裁員

招募指吸引合格的候選人前來應徵組織所提供職缺的努力。招募的方式可分為：**內部招募**（公告系統、內部刊物、員工推薦、內部晉升）、**外部招募**（廣告、職業介紹所、網路徵才、校園徵才、專業性雜誌、工作博覽會、聯合同業舉辦人才招募等）。而其優缺點整理如下：

(一) **內部招募利益**：成本較低、招募程序快、新人訓練時間縮短、熟悉組織文化、提昇員工士氣、能準確地評估其表現。缺點：選擇性較少、減少創意、易提拔親信。

(二) **外部招募利益**：為組織注入新血、使組織成員來源多元化、帶來新構想、可針對特定團體招募。缺點：招募與訓練成本較高、容易打擊舊員工士氣。

裁員是企業基於政策考量而減少僱用人力，管理者面對汰減員工的選項有：

(一) **解僱或資遣**：採取永久性且非自願性的方式來終止某些職位。

(二) **留職停薪**：指暫時性終止某些職位。

(三) **人事凍結**：對於自願辭職或正常退休所產生的空位，不再遞補。

(四) **轉調職務**：藉由平行或向下調動員工，來紓緩組織內職位的供需不平衡。

(五) **降低工時**：在業務清淡時期，將員工每週工作的時數減少，或是強迫員工無薪休假，或是將專職工作改為兼職。

(六) **提早退休**：藉由提供誘因給較資深的員工，使其選擇提早在正常退休日期前辦理退休。

(七) **工作分攤**：由兩個兼職員工來共同分擔一個全職的職位，以降低成本。

二、甄選與引導

甄選係從所招募到的合格應徵者中挑選最適合組織需要的人才。管理者常用的甄選工具包括書面申請資料（履歷表、自傳）、測驗（智力、性向、人格、知能）、實做測試、面談、背景調查，以及體檢等。

員工甄選的主要目的是，透過甄選工具的運用來找到適合的人。員工進入組織後，必須先進行實作測試包括工作抽樣（Work Sampling）和評量中心（Assessment Centers）。

工作抽樣	例行工作中選取一些代表性的工作項目，來對求職者進行測試。
評量中心	通常應用在高級主管的培訓與評鑑，是一套採用多種方法，讓受測者展現知識、技術與能力（KSAs）的評量過程。

面談種類：

結構化面談	事先擬妥綱要，進行面談。
半結構化面談	主試者預先準備好主要問題，但仍有足夠的彈性運用刺探等技巧評量應徵者的長處和短處。
非結構化面談	不事先擬妥面談綱要，採開放式的問題。

情境面談	使用投射技巧，使應徵者設想自己處於某工作情境中，看看應徵者在該情境裡會有何反應。
壓力面談	應徵者置於有壓力的情形下接受面談，測試受試者的情緒穩定性。例如，主試者針對受測者背景上的弱點提出尖銳問題，或持敵對相反的態度。
團體面談	多位受測者被安排在同一時間，一齊接受面談。

甄選或評量工具的信度與效度：

信度 reliability	測量分數的一致性或穩定性。
效度 validity	指測驗或其他甄選工具能夠測出它所想要評量的特質或功能的程度。

引導係針對新進員工，提供企業概況和工作內容介紹等類似的活動，又稱為「員工職前引導」。

三、員工訓練

對個人的知識及能力的培養，並且進一步提昇發展能力，員工訓練可分為：

(一) **職前訓練**：正式就職前對新任職位工作需求所施以之訓練，幫助新進員工了解工作內容，與完成工作所需技能、知識，如建教合作、現場實習。

(二) **在職訓練**：對現職人員在工作現場的再教育，藉由實際工作中訓練，如工作輪調、教練法、顧問與輔導法、導師學徒制等。

(三) **職外訓練**：員工暫時離開工作崗位接受短期訓練，如課堂講授、影片及錄影帶教學、模擬練習、預習入門訓練、外界進修學校、參加研討會。

(四) **進階訓練**：員工為晉升更高職位，接掌更重職務所受的儲備訓練。如晉升訓練法、代理制度、複式管理。

四、績效管理

指管理者與員工之間就目標與如何實現目標上達成共識的基礎上，透過激勵和幫助員工取得優異績效從而實現組織目標的管理方法。績效評估又稱考績，即對員工的能力與工作成果考評，以作為升遷、加薪、分配獎金的依據。

五、薪酬與福利

薪酬是雇主對工作人員的報酬，包括薪給與工資。一般而言，按實際工作時間計算的報酬叫工資。定期發給相同金額的報酬叫薪給。

(一) **薪酬制度的擬定原則包括：**

原則	說明
公平原則	依工作難易、責任輕重，給付不同的薪資，即同工同酬。
合理原則	薪資標準不能低於法定基本工資或同業水準。
激勵原則	具激勵性的薪資制度才能積極的促進員工發揮工作效能。
簡單原則	設計薪資制度的結構和計算方式應簡單、易懂。
安定原則	滿足員工基本生活所需，以安定工作情緒及工作意願。
彈性原則	薪資制度的設計要能配合環境、物價指數的變化而適度調整。
經濟原則	須視企業的營運狀況，考量成本及利潤。

(二) **薪資訂定的基礎：**薪資訂定基礎上可區別成以下四大類別：

保健基礎	指必須滿足員工所能接受的最低薪資水準。
職務基礎	指的是反映出工作的相對價值。
績效基礎	指的是根據員工的績效計算薪資。
技能基礎	依照其所擁有的技能不同，而給予不同的薪資水準。

(三) **薪資制度所採用的方式有：**

方式	說明	適用狀況
計時制	以工作時間為支付薪資的標準	產品品質較產量重要工作
計件制	以工作量為支付薪資的標準	適用於容易計件，產量重於品質工作
年資制	以工作年資為計薪標準	強調人事穩定、工作經驗
任務制	在一定期間內須完成任務做計薪標準	計時制與計件制優點，可獨力完成的工作
考績制	以工作績效優劣作為支薪標準	成果能夠量化

福利是指除了薪資之外，企業額外給予員工的獎勵。福利的內容可分為：

經濟性福利	提供員工財務方面的補助或支援，如三節獎金、生育補助等。
娛樂性福利	提供員工參與社交與康樂活動的機會，如旅遊、慶生會等。
設施性福利	提供員工生活與日常需要的設備或服務，如交通車、醫療服務。
教育性福利	提供員工增進知識與技能的服務，如教育課程、出國考察。

六、生涯發展

配合組織長期發展目標與人力需求，提供員工個人在組織中發展的機會，以整合個人的目標與組織的目標，達成雙贏的局面。

七、勞資關係

廣義的勞資關係指產業中雇主與受僱者之間的所有關係，狹義而言則是指工會與雇主間的集體關係。

近年各國政府普遍承認勞工的三項重要權力，又稱認識勞動三權，分別是：團結權（right to organize）、協商權（right to bargain）、爭議權（right to dispute）。

團結權	指勞工為了維持或改善其勞動條件，並且以進行集體協商為目的，而組織或加入工會的權利。
協商權	又稱團體協商權，係指勞工藉著團結權組成的工會，有與雇主或雇主組織協商勞動條件及相關事項的權利。
爭議權	又稱罷工權，係指工會在與雇主協商時，有進行爭議行為，如罷工、怠工等的權利。

依據我國《工會法》的相關規定，工會組織類型可分為企業工會、產業工會、職業工會。然而，截至2017年3月31日勞動部統計資料，其中我國的全國工會組織率約為33.5%，但是企業、產業勞工的組織率只有7.7%。因此，仍無法充分為勞工提供完善服務，且制度化協商機制尚未完備。團體協商是勞資雙方共同決策的過程，雙方本著誠信，談判出有關工資、工時、工作條件和勞資關係的協約，進而執行此一協約。因此，工會可透過團體協商，爭取更好的勞動條

件；若未能爭取更佳之勞動條件，如果團體協約能視公司之經營內容及特性，給予更細緻的補充性約定，則仍可貼近勞資雙方的需求。

八、人力資源管理的新趨勢

(一) **職場靈性**（workplace spirituality）：並非在職場中說服個人接受特定信念或信仰，而是讓處於組織中的個人明瞭其本身具備靈性的存在，並從工作中陶冶其靈性，讓個人除了在職場中發展工作所需的技巧外，還能兼顧個人生活，促進內在生命的活化，從工作中找尋意義，並與工作社群產生連結，共同面對現代組織所帶來的孤獨。其強調將靈性應用於職場中，在職場中發展個人的靈性，就此Ashmos與Duchon（2000）認為職場靈性的主要內涵為：內在生命的活化（inner life）、工作意義的確立（meaningful work）、社群感的聯結（community）。（謝書怡、許金田《企業社會責任知覺與組織公民行為之關聯性研究—以職場靈性為中介變項》）

(二) **組織公民行為**（Organizational Citizenship Behavior, OCB）：其概念最早是由Katz（1964）提倡之角色理論開始，說明組織運作除員工完成組織要求的工作以及為組織效忠的角色內行為之外，員工仍需表現出角色外行為即為自動自發、合作、創新來達成組織目標的行為。

(三) **職場多樣性**（workforce diversity）：組織內各個成員間的差異及相似的程度。又可分為：
表層的職場多樣性：年齡、種族、性別等外在的多樣化，很容易受刻板印象影響。
深層的職場多樣性：價值觀、個性、工作偏好等，這種多樣化影響了組織內成員對於工作獎賞、溝通、對領導者的反應以及工作舉止。
若能明確地定義職場的多樣化，將可幫助企業聚焦企業成功所需的多樣化及其內容。

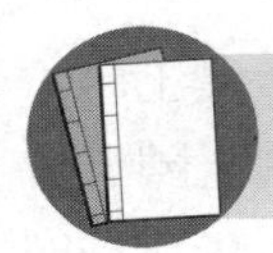

資料補給站

一、實際工作預覽（Realistic Job Preview, RJP）

在甄選時讓應徵者有實際工作預覽的機會，包括工作正面與負面資訊的提供，以防新進員工的錯誤期待與高離職率。

二、評鑑中心（Assessment Center）

訓練方法的一種，指在標準化的條件下，讓應試者表現工作所需之技能的各種不同之測驗技術（Jointer, 1984），主要在鑑別現職員工或工作應徵者未來潛力的評鑑過程。

三、公文籃（In-basket）訓練

訓練主管如何規劃眾多的公文、報告、備忘錄以及其他往來信件中擇定優先順序以及處理的訓練，通常此法伴隨評鑑中心方法為之。

代理制度	由暫時代理，來訓練員工正式接替。
複式管理	讓中低階層管理者，參與高階管理者的規劃與決策。

四、激勵性薪資設計

(一) **利潤分享制**：一種將公司利潤按預定方案依一定比例分配給員工。
(二) **員工認股制度**：公司與員工訂立認股權契約，員工取得認股權，並由公司發給員工認股權憑證，作為行使權利的憑證。
(三) **史坎隆計劃**：提案改善流程，降低成本，其中的一部份回饋給提案單位。
(四) **成果分享計畫**：評估組織在生產力與效率上的提升程度，獎勵組織內全體人員。

五、自助式（彈性）福利

自助式（彈性）福利是企業設計了眾多的福利項目供員工自由選擇。家庭親善福利：照顧員工在工作與生活間的平衡。

易錯診療站

一、招募方法

包括登內部尋找、廣告、員工推薦、職業介紹所、校園徵才、網路求才等。甄試方法包括考試、面試、推薦、實地測驗、心理測驗。

裁員方式：資遣、解僱、遇缺不補、調職、減少工時、提早退休等。

二、訓練方法

訓練方法可分為：

(一) **職前訓練：新進人員講習、建教合作、現場實習。**

(二) **在職訓練：工作輪調、教練法、學徒制。**

(三) **職外訓練：課堂演講、影片與模擬訓練。**

(四) **進階訓練：晉升訓練法、代理制度、複式管理。**

模擬題試煉

一、基礎題

(　　) **1** 何者不是人力資源管理的範圍？ (A)選才 (B)用才 (C)晉才 (D)流才。

(　　) **2** 下列那一項不是外部人才招募來源？ (A)報紙雜誌 (B)校園徵才 (C)員工徵召 (D)人才仲介。

(　　) **3** 企業採取永久性且非自願性的方式來終止某些職位，是為那一種裁減人員的方式？ (A)資遣 (B)無薪假 (C)遇缺不補 (D)自然淘汰。

(　　) **4** 下列那一項不是甄選所要的程序？ (A)面談 (B)測試 (C)資料查核 (D)生涯規劃。

(　　) **5** 面談問題條列，每個應徵者都問同樣問題，這種面談方式為何種？ (A)結構式 (B)非結構式 (C)半結構式 (D)座談面談。

(　　) **6** 選用員工較客觀、公平的方法是何種？ (A)面談 (B)推薦 (C)介紹 (D)考試。

(　　) **7** 目前各大企業莫不強化何種活動，其目的在使員工知道如何去工作及利用更好的方法去工作？ (A)考核 (B)甄選 (C)訓練 (D)調職。

(　　) **8** 下列何者著重與工作有關的知識和技能的加強？ (A)職前訓練 (B)在職訓練 (C)進階訓練 (D)晉升訓練。

(　　) **9** 下列何者是對員工工作情況的一個評估與溝通的過程？ (A)績效考核 (B)工作評價 (C)工作分析 (D)工作輪調。

(　　) **10** 凡規模較小，強調產品品質之企業，應採何種薪資計算方式？ (A)計件制　(B)年資制　(C)計時制　(D)考績制。

(　　) **11** 「一方面使員工有足夠的收入，另一方面也使公司有足夠的利潤」，是薪工制度原則中的何者？ (A)公平原則　(B)控制原則　(C)經濟原則　(D)彈性原則。

(　　) **12** 下列何者不屬於設施性福利？ (A)員工宿舍　(B)慶生會　(C)健身房　(D)圖書館。

(　　) **13** 企業欲有效留住人才，透過何種方式最為實際？ (A)人力規劃　(B)薪資獎勵　(C)教育訓練　(D)招募徵選。

(　　) **14** 勞動三權不包含下列何者？ (A)團結權　(B)協商權　(C)爭議權　(D)訴訟權。

二、進階題

(　　) **15** 有關企業人力來源的說明，下列各項敘述何者有誤？ (A)可分為內部來源與外部來源　(B)外部來源較能掌握被錄用者的才能　(C)直接晉升內部員工可激勵士氣　(D)可經由就業輔導機構或教育界尋覓人才。

(　　) **16** 下列那一項是內部招募的來源？ (A)報紙廣告　(B)專業雜誌　(C)就輔機構　(D)現職員工。

(　　) **17** 外部招募法可帶來的利益不包括以下何項？ (A)提昇員工士氣　(B)為組織注入新血　(C)使組織成員來源多元化　(D)可針對特定團體招募。

(　　) **18** 在員工甄選時，鑑定個人可能發展的潛力，預測人員經訓練後可從事某種工作的測驗是： (A)性向測驗　(B)智力測驗　(C)性格測驗　(D)成就測驗。

(　　) **19** A航空招募活動，特別看重空服員口語表達能力與應對態度，若由此需求來看，A航空應提高何種甄選方式的比重？ (A)筆試　(B)推薦　(C)測驗　(D)面談。

(　　) **20** 企業提供工作場所予職業學校學生實習，此種建教合作是屬於：(A)進階訓練　(B)在職訓練　(C)職前訓練　(D)職工福利。

(　　) **21** 企業召募部門主管，使用下列那一種甄選方法效度最高？　(A)工作抽樣　(B)評鑑中心　(C)應徵資料審核　(D)面談方式。

(　　) **22** 對於績效評估的敘述中，何者錯誤？　(A)必須公正客觀　(B)包括評估工作以外的事項　(C)必須以工作分析為基礎　(D)標準必須清楚明確。

(　　) **23** 薪酬結構的內涵是由下列何者決定的？　(A)工作分析　(B)工作規範　(C)工作評價　(D)評價中心。

(　　) **24** 集團招待員工到韓國旅遊，請問上述做法屬於哪一種員工福利措施？　(A)設施性福利　(B)娛樂性福利　(C)經濟性福利　(D)教育性福利。

(　　) **25** 下列何者不屬於組織公民行為下列何者不屬於組織公民行為？(A)未在工作說明書中載者　(B)超額貢獻　(C)積極建言　(D)朝9晚5按規定工作。

(　　) **26** 日月光半導體公司委託貝司特人力資源公司為其尋找短期人力，以符合業務淡旺季的不同生產量需求。上述的人員招募方式，稱為：(A)工作設計　(B)建教合作　(C)人力派遣　(D)工作輪調。

解答與解析

一、基礎題

1 (D)。選才、用才、育才、晉才、留才。

2 (C)。是內部人才招募來源。

3 (A)。解僱或資遣。

4 (D)

5 (A)。事先擬妥綱要，進行面談。

6 (D)。大部分國營企業均以正式考試（筆試）來遴選人才，無論是否會有錯用，但未嘗不是一種較系統化、標準化且公平的甄選方式。

7 (C)

8 (B)。亦稱進修教育，著重研究知識、新技能等項目。

9 (A)。又稱績效評估。

10 (C)。計時制係以工作時間為支付薪資的標準，適用於產品品質較產量為重的工作。

11 (C)。須視企業的營運狀況，考量成本及利潤。

12 (B)。屬於娛樂性福利。

13 (B)

14 (D)。包含：團結權（right to organize）、集體協商權（right to bargain collectively）、爭議權（right to dispute）。勞動三權雖然是三種權利，但是彼此緊密連結。團結權是集體協商權與爭議權的根源，集體協商權是三種權利的核心，集體協商要能貫徹，必須有爭議權作為後盾。

二、進階題

15 (B)。提拔內部人才較能掌握被提拔者才能。

16 (D)

17 (A)。是內部招募法的優點。

18 (A)。可鑑定一個人對某職業的發展潛能。

19 (D)。透過面談可以更進一步了解應徵者的特質，如儀表、反應、表達能力等。

20 (C)。指學生一方面在學校就讀，同時也在企業擔任實習工作，待畢業後須至企業服務一段期間的制度。

21 (B)。主要在鑑別現職員工或工作應徵者未來潛力的評鑑過程。

22 (B)。包括評估工作以內的事項。

23 (C)。指依據工作難易程度、責任輕重、所需能力高低等項目，評定企業內各項工作的價值，並依據其價值的高低給予不同報酬的程序，目的在使員工在同工同酬的基礎上，得到公平的待遇。

24 (B)。提供員工參與社交與康樂活動的機會。

25 (D)。激發員工做額外的努力，而不僅是強調分內工作。

26 (C)。根據邀派企業提供人力需求條件，由派遣公司招募、甄選及訓練派遣員工，並將其派駐至邀派企業指定地點工作、聽從邀派企業之指揮與命令，而員工之薪資及管理皆可由派遣公司代為服務處理。

實戰大進擊

(　　) 1 在招募員工過程中，下列何者為選取錯誤（go-error）？　(A)選擇不正確的升遷制度　(B)錯誤的將合適人員剔除　(C)任用不合適的人員　(D)錯誤選擇獎勵制度。　【105郵政】

( ) 2 關於組織招募內部或外部人才來源的敘述，下列何者錯誤？ (A)由內部擢升高階主管會有激勵士氣的效果 (B)組織內部人力來源的員工，對組織已有一定的瞭解 (C)相對於外部人力，內部人力來源較容易有新的觀念與作法 (D)外部人力市場較大，可以有較多的選擇。 【105自來水】

( ) 3 企業進行人員招募時可由內部招募。有關「內部招募」的敘述，下列何者正確？ (A)內部招募是由企業外部招募人員 (B)校園徵才是內部招募的方式 (C)內部人員晉升是內部招募的方式之一 (D)內部招募無法激勵內部員工士氣。 【105郵政】

( ) 4 下列何者不是在企業組織內部招募人才所可能得到的好處？ (A)建立士氣 (B)留住優秀員工 (C)適當的接替者易於找尋 (D)員工對企業組織已有相當程度的認識。 【104郵政】

( ) 5 企業招募人才可以從內部與外部招募。下列何者不屬於「外部招募」？ (A)校園徵才 (B)網路徵才 (C)人才仲介機構徵才 (D)內部晉升。 【104自來水】

( ) 6 當組織在對現有人力進行分析時發現，A部門有人力過剩的現象，下列哪一種方式不適用於處理這種狀況？ (A)裁員 (B)轉調其他部門 (C)校園徵才 (D)鼓勵提早退休。 【103台糖】

( ) 7 當企業為主管職位網羅人才而採用外進政策時，乃基於： (A)員工容易配合 (B)鼓勵新觀念 (C)激勵員工士氣 (D)提昇工作滿足。 【104農會】

( ) 8 企業面試員工所採用的一種甄選方式，其特色是主考官會應用一套標準的題目，確實記載資訊，並給予應徵者標準化的評比，這種方式是屬於下列何者？ (A)結構化面談 (B)工作抽樣 (C)背景調查 (D)非結構化面談。 【105自來水】

( ) 9 企業在面談「電話客服人員」的應徵者時，當下請其接聽顧客抱怨電話，並觀察其反應及與客戶的應對方式，此種面談為以下何種方法？ (A)集體面談 (B)結構式面談 (C)情境式面談 (D)焦點群體面談。 【103台酒】

(　　) **10** 在面試時，企業同時提供應徵者有關該職位與該公司正面及負面的資訊，此作法稱為：　(A)員工引導（orientation）　(B)實際工作預覽（realistic job preview）　(C)績效模擬測驗（performance-simulation test）　(D)360度評估（360-degree appraisal）。　【103中油】

(　　) **11** 在考量甄選員工的工具時，是否能測出它應該測的結果，是指測試工具的：　(A)信度　(B)態度　(C)效度　(D)行為。　【105自來水】

(　　) **12** 問卷填答者隔了四個月再填一次問卷，兩次填答的結果非常類似，則我們可以說此調查工具：　(A)相關係數很高　(B)效度很高　(C)信度很高　(D)以上皆非。　【105農會】

(　　) **13** 在進行績效評估時，若績效評估結果能實際反應工作要求與工作成果時，稱為此績效評估具有：　(A)信度性　(B)效度性　(C)公平性　(D)簡便性。　【104郵政】

(　　) **14** 關於OJT（On-the-job Training）的特性，下列何者錯誤？　(A)可一面訓練一面工作　(B)會增加龐大培訓費用　(C)建立主管與員工之間的溝通管道　(D)上司不一定具教學能力，所以效果可能不一。　【105自來水】

(　　) **15** 下列何者為職外（off-the-job）的訓練方法？　(A)實習指派　(B)工作輪調　(C)顧問與輔導法　(D)課堂授課。　【103中油】

(　　) **16** 下列何者非屬報酬的決定性因素？　(A)專業知識　(B)技能　(C)個性　(D)責任。　【103中華電】

(　　) **17** 公司為每一個員工設定福利的額度，並列出多個福利項目供員工選擇，在設定的額度範圍內，員工可以視個人需求自由地選擇福利項目的搭配，這是下列哪一種制度？　(A)彈性福利計劃　(B)退休福利計畫　(C)共福利金計劃　(D)團體保險福利計劃。　【105自來水】

(　　) **18** 現今的工作場所越來越受重視職場靈性（Workplace spirituality）是因為它：　(A)能提升組織效能　(B)把宗教帶入職場　(C)使員工有強烈的目標感及有意義感　(D)能提升組織利潤。　【103台糖】

( ) **19** 在正式工作要求之外，員工從事對組織營運有益的自願性行為，稱為下列何者？ (A)工作投入（job involvement） (B)組織公民行為（OCB） (C)員工生產力 (D)員工支持。 【105自來水】

( ) **20** 表層的職場多樣性（Workplace diversity）與深層的職場多樣性最主要的差別為何？ (A)表層的職場多樣性會影響人們對他人的知覺，特別是刻板印象，而深層的職場多樣性則可能會影響人們在工作中的行為方式 (B)表層的職場多樣性較重要因為它使人們有機會去瞭解他人，而深層的職場多樣性則在增進人際間的熟悉度上顯得較無關聯 (C)表層的職場多樣性反映出人格和價值觀的差異，而深層的職場多樣性則受到年齡和種族差異所影響 (D)表層的職場多樣性會影響人們看待組織報酬及與他們的溝通的方式，而深層的職場多樣性則並不一定會反映出人們真正的想法或感覺。 【105台糖】

( ) **21** 下列各招募方法的比較，何者正確？ (A)員工推薦的招募方法雖然成本較低，但是所招募的員工滿意度也較低 (B)校園徵才所招募的員工流動率較低 (C)報紙廣告所招募的人才績效較員工推薦的為低 (D)不管職位高低，都應該要找獵人頭公司招募。 【106桃捷】

( ) **22** 甄選工具和某些甄選準則間，必須存有經證實的關係，屬於： (A)信度 (B)效度 (C)適度 (D)廣度。 【106桃機】

( ) **23** 業務經理連續對小張進行兩次績效評估，所得出結果相近，這是指績效評估具備何種特性？ (A)信度 (B)效度 (C)準確度 (D)彈性。 【106桃捷】

( ) **24** 下列對於員工福利之敘述，何者正確？ (A)員工福利包含薪資與獎金等直接報酬 (B)員工福利越好，人員流動率越高 (C)企業不得提供超過政府法令限制之福利內容 (D)一般而言，公司所提供福利與個人績效並無直接關係。 【106桃捷】

( ) **25** 以設定的價格，讓員工購買股票，使員工成為公司的所有者，將促使他們努力為公司盡力，是為下列何者？ (A)股票選擇權 (B)績效薪酬制 (C)按件計酬制 (D)公開帳目管理。 【106桃機】

(　　) **26** 人力資源管理活動中，員工發展主要著重於下列何者？ (A)壓力管理 (B)個人成長 (C)道德提昇 (D)目前工作所需技能。【106桃機】

(　　) **27** (1)組織人力易老化 (2)降低工作士氣 (3)人員訓練成本高 (4)組織運作易僵化，以上哪些為員工招募採用內部人才（內陞）的缺點？ (A)(2)(3) (B)(1)(4) (C)(1)(3) (D)(2)(4)。【107台酒】

(　　) **28** 有關薪資訂定的原則，下列敘述何者錯誤？ (A)安定原則：滿足員工生活所需，以穩定員工情緒與工作意願 (B)公平原則：依工作之難易程度與責任大小，給付不同工資，使同工同酬 (C)競爭原則：薪資的高低需考量公司內部員工彼此比較之心理感受 (D)經濟原則：薪資的高低需考量企業營運狀況、成本與支付能力。【107台酒】

(　　) **29** 關於我國工會組織的敘述，下列何者錯誤？ (1)團體協約是工會對制定工時的主要影響力 (2)現今已建立相當完善的制度化協商機制 (3)目前已充分為勞工提供完善服務 (4)若未能發揮團體協商的功能，則難以為勞工爭取權益 (A)(1)(2)(3) (B)(2)(3) (C)(1)(4) (D)(1)(2)(3)(4)。【107台酒】

(　　) **30** 內部招募人才可能的缺點是： (A)成本較高 (B)增加訓練成本 (C)員工不熟悉組織 (D)員工缺乏新創意。【108台酒】

(　　) **31** 管理者所用的甄選工具之敘述，下列何者錯誤？ (A)效度是指甄選工具衡量同樣事物時，是否有一致性的結果 (B)效度強調必須證明所用的甄選工具和應徵者日後的工作績效是有關聯的 (C)甄選工具中的面談對管理職位而言相當有效 (D)具有效度是指甄選工具和某些準則間，必須存在經證實的關係。【108郵政】

(　　) **32** 有關組織公民行為之敘述，下列何者正確？ (A)衡量員工的效率和效能表現 (B)一種非正式規範要求，但卻會影響到組織效能的行為 (C)員工看待工作的態度 (D)員工蓄意而可能傷害組織的行為。【108郵政】

(　　) **33** 有關員工甄選時，強調適用於例行工作中選取一些代表性的工作項目，來對求職者進行測試，這樣的實作測試稱為？ (A)工作分配 (B)工作多樣 (C)工作抽樣 (D)評量中心。【111台鐵】

( ) **34** 有關薪資設計的訂定基礎中，強調以工作條件本身來做為價值衡量，例如主管加給是屬於： (A)保健基礎 (B)職務基礎 (C)績效基礎 (D)技能基礎。 【111台鐵】

( ) **35** 有關人力資源管理的敘述，下列何者有誤？ (A)360度回饋是指管理者由公司內有接觸的所有人，進行全面性的績效考核 (B)所謂功績薪給制度（Merit Salary System）是屬於銷售職位的獎勵辦法 (C)職場也應該注意多元性別認同以及女性公平參與的問題 (D)所謂交換式性騷擾是指騷擾者提供有價值之事物以交換性服務。 【111經濟部】

解答

1(C) **2(C)** **3(C)** **4(C)** **5(D)** **6(C)** **7(B)** **8(A)** **9(C)** **10(B)**
11(C) **12(C)** **13(B)** **14(B)** **15(D)** **16(C)** **17(A)** **18(C)** **19(B)** **20(A)**
21(C) **22(B)** **23(A)** **24(D)** **25(A)** **26(B)** **27(B)** **28(C)** **29(A)** **30(D)**
31(A) **32(B)** **33(C)** **34(B)** **35(B)**

絕技36 研究與發展

命題戰情室：研究與發展是公司最重要的競爭優勢的基礎，雖然研究與發展的投資不一定都能成功，但只要一成功，就可能成為企業競爭優勢的另一個主要來源。此單元是企業功能命題比率較少的部分，都集中在研發性質、研發特性、Miles&Snow的技術策略、技術採用生命週期等少數觀念。

重點訓練站

研究發展（R&D）是指為開發新產品或新生產技術，或對現有產品或生產技術做重大修改所從事之一系列相關活動。

一、研究發展的重要性

(一) 提昇單位資源投入的產出量以發展經濟。

(二) 經由產業昇級以提高產業與國家的競爭力。

(三) 台灣經濟轉型以高科技替代勞力密集產業在國際市場上競爭，其競爭力的提昇有賴於研究發展。

二、研究發展的性質

(一) **基礎研究**：實驗或理論的創見。

(二) **應用研究**：對新知識的實際應用（產品）。

(三) **技術發展**：對新知有系統的加以應用（技術）。

(四) **商業化應用**：新技術用於商品雛型開發或量產。

三、研究發展的特性

(一) **高風險**：研發成功與否充滿不確定性。

(二) **高報酬**：研發成功可以創造一個獨佔產業。

(三) **回收時間長**：長時間的累積才可獲致良好的成果。
(四) **人力依賴重**：有研發人才，才有研發成果。

四、研究發展管理的程序

(一) **產業技術分析**：瞭解產業的技術特性與可能發展方向。
(二) **技術預測**：掌握產業核心科技現況及其未來發展。
(三) **企業競爭策略分析**：了解企業競爭策略及其與科技的關係。
(四) **擬定技術政策**：技術來源、取得方式、競爭時機、研發預算等。
(五) **選擇技術主題**：產品、關鍵零組件、製程、其他。
(六) **研究發展實施**：部門組織、設備建置、執行。
(七) **研究發展績效評估**：新產品、專利數、貢獻度、預算與時程。

五、技術的意涵與種類

技術是將科學技術有系統的應用到新產品、製程或服務之中。史提爾（L.Steele）指出技術的種類可以分別由創造－應用和實質兩個層面說明。

(一) **創造－應用層面**：由基本研究、應用研究、一直到產品進入市場階段的產品服務。
(二) **實質層面**：企業內部實際從事技術工作，包括產品、製造與管理相關技術。

六、技術策略

(一) **技術的選擇**：可選擇產品技術、製程技術、管理技術。
(二) **技術能力水準**：是否發展最先進的技術。
(三) **技術來源**：自行研發、合作研發、直接引進。
(四) **研究發展投資程度**：研發費用佔營業額的比率。
(五) **競爭時機**：可依主動－被動程度分前瞻者、分析者、防禦者、反應者。
(六) **研發組織與政策**：高階主管介入的程度。

七、技術來源與策略選擇

(一) 技術來源與取得方式

1. **企業技術來源**：大專院校、政府研究機構、財團法人研究機構、私人研究機構、公民營企業、供應商、客戶、同業競爭者或國外相關機構。

2. **技術取得方式**：技術授權、購買專利、委託研究、合作研究發展、聯合委託研究、策略聯盟、購併技術公司。

(二) **競爭時機中的策略選擇**

1. **前瞻者**：追求在技術、產品、市場領先。
2. **分析者**：老二主義，模仿修改前瞻者的成功技術。
3. **防禦者**：在一定的產品範圍內努力、防止他人進入。
4. **反應者**：只有在面臨重大壓力時才會反應。

八、技術採用生命週期

學者莫爾（Geoffrey Moore）和麥克肯納（Regis McKenna）提出的「技術採用生命週期（Technology Adoption Life Cycle）」。

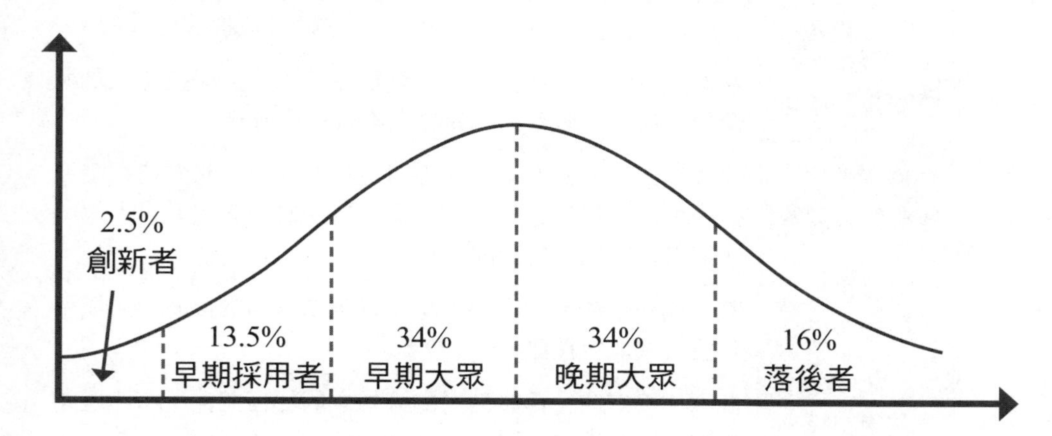

(一) **創新者**：科技狂熱份子，積極尋求新型科技產品，最先接受新科技產品。具獨立判斷、主動積極、敢於冒險與自信特質。佔2.5%。

(二) **早期採用者**：在最初階段便認同新產品的觀念，容易去想像、瞭解和接納新科技所帶來之利益，通常是其他人的意見領袖。佔13.5%。

(三) **早期大眾**：具備技術的聯想能力，受實用性所驅策，會在一定條件下接受新科技。佔34%。

(四) **晚期大眾**：等到標準完全確立，服務支援體系就緒，才接受新科技，以確保萬無一失。亦即「很多人有了，我才用」型。佔34%。

(五) **落後者**：基於各種理由，不願意與新技術發生任何瓜葛，態度保守最後一批使用者。佔16%。

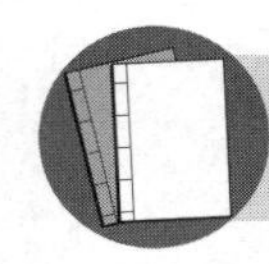

資料補給站

一、創新是一種創造力激發的具體表現，主要集中在應用上的改進或突破，包括技術改變或做事方法的改變。創新種類可分為：

(一)**漸進式創新**：對應用上的改進採取漸進的方式，但由於改變幅度不大，消費者不易察覺。

(二)**突破式創新**：對某項特定功能、產品或技術作徹底式的改革。

(三)**全面性創新**：對現有系統或功能做重新的組合或更新。

二、在許多產業中，新技術的主要來源為使用這些技術的組織，而如何取得技術是一項自製或外購決策，一般而言最普遍的選擇方案有：

內部發展	在公司內部發展新技術，具備保有技術所有權的潛在優勢。
購買技術專利	在開放市場中可買到大部分發展完備的產品與技術，是最簡單、最快、最容易、最具成本效益的方式。
簽訂發展契約	如果技術不容易取得，而公司也缺乏資源或時間自行發展該技術時，可考慮和其他公司、獨立研究實驗室、大學、政府機構訂立發展契約。
取得授權	某些無法像產品的零件一樣可以輕易買到的技術，可以用付費方式取得授權。
技術交換	此種交換有時會用在敵對的公司之間，但並非所有的產業都有分享技術的意願。
共同研發與合資	共同研發是指共同追求特定新技術發展，合資在各方面都與共同研究相似，但合資的結果是成為一家更具特性全新的公司。
購併技術的擁有者	如果公司缺乏所需技術，但又是希望獲得其所有權時，可以考慮購併有這項技術的公司。

三、逆向工程（reverse engineering），又稱為「反向工程」或「還原工程」，係指針對可公開取得之已知產品，經由逆向程序，逐步解析以獲得該產品之規格、功能、組成成分、製作過程或運作程序等技術資訊之方法。其主要目的在於取得該技術資料後，予以複製、改作成市場上相競爭之商品或製造相容性之產品。

四、創造力（creativity）：是一種創造的能力，具無中生有或首創的性質，可稱之為創新思考能力。組織可以促進員工創造力與創新的因素包含：(1)組織結構（組織文化、有機式結構等）；(2)員工自主性程度；(3)獎酬系統；(4)充裕的資源（設備、訊息、資金、人力）與訓練；(5)主管的激勵與支持；(6)鼓勵冒險進取與創新精神。

五、開放式創新（open innovation）係組織為產生新的創意、產品及服務，而積極尋求大學、供應商及消費者等外部關係人參與創新活動，其特點是知識的管理與分享需做很大的改變。

易錯診療站

一、研究發展的性質

(一) **基礎研究：實驗或理論的創見。**

(二) **應用研究：對新知識的實際應用。**

(三) **技術發展：對新知有系統的加以應用。**

(四) **商業化應用：新技術用於商品雛型開發或量產。**

二、**研究發展具有高風險、高報酬、回收期間長、對人力依賴重的四種特質。**

三、**Miles&Snow由策略積極度觀點將企業創新策略分為四類：前瞻者、分析者、防禦者和反應者。**

類型	作法
前瞻者	廠商致力於追求在新產品、新技術與新市場居領先地位
分析者	廠商不致力於率先投入新產品研發，而以老二自居
防禦者	廠商於一定範圍努力，以維護既有利基為主要目標
反應者	廠商對市場維護並不積極，面臨壓力才有回應

四、**新技術產品吸引各種類型消費者的過程分成五個階段，包括創新者、早期採用者、早期大眾、晚期大眾與落伍者。**前述五個階段佔整體使用人數比例分別為2.5%、13.5%、34%、34%與16%。

模擬題試煉

一、基礎題

(　　) 1 下列哪一項職能是企業最重要的競爭優勢的基礎？　(A)M&A　(B)P&D　(C)B&R　(D)R&D。

(　　) 2 為將研究成果應用在企業或為特定實用目的而進行之研究活動是：　(A)基礎研究　(B)應用研究　(C)發展研究　(D)設計研究。

(　　) 3 一般而言，研究與發展具有之特質，下列何者非屬之？　(A)低風險　(B)高報酬　(C)回收時間長　(D)對人力依賴重。

(　　) 4 研究發展管理程序的第一個步驟是何者？　(A)企業競爭策略分析　(B)產業技術分析　(C)技術預測　(D)選擇技術主題。

(　　) 5 提出策略適應性模式，並將策略劃分為防禦者（defender）、前瞻者（prospector）、分析者（analyzer）和反應者（reactor）四類型的學者為：　(A)Lawrence和Lorsch（1967）　(B)Mintzberg（1979）　(C)Burns和Stralker（1961）　(D)Miles和Snow（1978）。

(　　) 6 在Miles&Snow的創新策略中，廠商並不致力於率先投入新產品的研發，常以「老二」地位自居，並在領先者提出新產品後，再推出較領導者所開發之產品更好產品的策略稱之為：　(A)前瞻者　(B)分析者　(C)防禦者　(D)反應者。

(　　) 7 有關企業之新產品，其新產品採用者類別，不含何者在內？　(A)創新者　(B)落後者　(C)早期採用者　(D)跟隨者。

(　　) 8 有關對創造力的描述何者正確？　(A)並不重視問題的解決　(B)並非獨特的心智活動　(C)創造力的產生受到個人特質、認知能力、與社會環境等因素的影響　(D)以上皆是。

二、進階題

(　　) 9 下列何者為企業技術取得方式？　(A)技術授權　(B)策略聯盟　(C)購買專利　(D)以上皆是。

( ) **10** 下列何項研究係以發現新知識為目的，偏向科學理論面，無法對企業有立即的效益貢獻？ (A)基礎研究 (B)應用研究 (C)行銷研究 (D)作業研究。

( ) **11** 從IBM當初進入個人電腦市場係追隨已成功者Apple之創新策略表現，可判斷它屬於何種策略類型？ (A)防衛者（defender） (B)前瞻者（prospector） (C)分析者（analyzer） (D)反應者（reactor）。

( ) **12** 在Miles and Snow的適應性模式策略中，選定某一個區隔市場生產有限產品，同時利用規模經濟的優勢以防止對手進入市場，係為何種策略？ (A)前瞻策略 (B)分析策略 (C)反應策略 (D)防禦策略。

( ) **13** 在下列新產品採用者的類型中，社區中的「意見領袖」是屬於那一類型？ (A)創新者 (B)早期採用者 (C)早期大眾 (D)晚期大眾。

( ) **14** 莫爾和麥克肯納所提出的技術採用生命週期中，大多數科技的狂熱份子或玩家，非常積極的尋求新型科技產品稱之為： (A)創新者 (B)早期採用者 (C)早期大眾 (D)晚期大眾。

解答與解析

一、基礎題

1 (D)。研究與發展（R&D）是企業最重要的競爭優勢的基礎。

2 (B)。對新知識的實際應用。

3 (A)。高風險、高報酬、回收時間長、人力依賴重。

4 (B)。瞭解產業的技術特性與可能發展方向。

5 (D)

6 (B)。模仿修改前瞻者的成功技術。

7 (D)。早期大眾、晚期大眾。

8 (C)。創造力重視問題的解決，是獨特的心智活動。

二、進階題

9 (D)。另有：委託研究、合作研究發展、聯合委託研究、購併技術公司。

10 (A)。實驗或理論的創見。

11 (C)。老二主義。

12 (D)。防止競爭者進入，屬利基生存。

13 (B)。態度比創新者更小心，但對新產品的接納比大多數人早，通常是其他人的意見領袖。

14 (A)。勇於接受新產品，具獨立判斷、主動積極、敢於冒險與自信的特質。通常較年輕且教育程度與收入較高、佔採用者的極少數。

實戰大進擊

( ) **1** 下列何項研究係以發現新知識為目的，偏向科學理論面，無法對企業有立即的效益貢獻？ (A)基礎研究 (B)應用研究 (C)行銷研究 (D)作業研究。 【102郵政】

( ) **2** 實驗或理論的創見性工作，研究結果是一種知識的發現，並未預期任何特定應用目的性質的研究，稱為： (A)基礎研究 (B)應用研究 (C)技術發展 (D)商業化應用。 【102中華電】

( ) **3** 研究發展可以維持與強化市場的競爭地位、持續企業的成長與生存。下列哪一個不屬於研究發展的特性？ (A)具高度的風險性 (B)是屬於高報酬的事業 (C)短期的投入通常就會有結果 (D)高度依賴專業人才。 【105自來水】

( ) **4** 取得技術的各種來源中，最快的方式為： (A)自主研究 (B)委託研究 (C)合作研究 (D)購買技術專利。 【102中華電】

( ) **5** 在技術策略的競爭時機中，前瞻者會： (A)在一定的產品範圍內努力、防止他人進入 (B)追求在技術、產品、市場領先 (C)採老二主義，模仿修改他人的成功技術 (D)只有在面臨重大壓力時才會反應。 【103自來水】

( ) **6** 在競爭時機中，採取老二主義，以模仿修改競爭者成功技術的是： (A)前瞻者 (B)分析者 (C)防禦者 (D)反應者。 【103台酒】

( ) **7** 在技術採用生命週期中，具備技術的聯想能力，受實用性所驅策的是哪一個階段？ (A)早期採用者 (B)早期大眾 (C)晚期大眾 (D)落後者。 【103台酒】

( ) **8** 學者莫爾（Geoffrey Moore）和麥克肯納（Regis McKenna）所提出的「技術採用生命週期（Technology Adoption Life Cycle）」中的鴻溝（cracks）係指： (A)創新者和早期採用者之間的位置 (B)早期採用者和早期大眾之間的位置 (C)早期大眾和晚期大眾之間的位置 (D)晚期大眾和落後者之間的位置。【102中華電】

( ) **9** 下列敘述何者錯誤？ (A)當替代技術成熟到足以商業化，它將會取代原有的技術，此為「典範轉移」 (B)新的技術使原先產業結構產生巨大的變動，這些技術稱為「破壞性技術」 (C)技術環境是為組織的內部環境 (D)「商業模式」是企業賴以獲利的方式。【105台酒】

( ) **10** 福特汽車公司以「反向工程（Reverse Engineering）」的方式刺激研發人員新產品的設計創意。請問這種創意來源是屬於： (A)供應鏈 (B)競爭者 (C)研究 (D)客戶。【105台北自來水】

( ) **11** 影響組織成員的創造力的因素不包括下列何者？ (A)組織規模 (B)自主性程度 (C)獎酬系統 (D)激勵與支持。【105農會】

( ) **12** 有關創新的敘述，下列何者錯誤？ (A)漸進性創新屬於現有產品/技術的改良 (B)激進性創新是指以重大發明的方式開發出全新類型的產品或技術服務 (C)激進性創新通常會對現有科技與市場產生重大衝擊 (D)任何創新都包含技術上的突破。【108台酒】

( ) **13** 下列何者不是開放式創新（open innovation）的特點？ (A)幫助組織回應複雜的問題 (B)提供顧客發聲的管道 (C)幫助解決產品開發的不確定性 (D)知識的管理與分享不需做很大的改變。【108郵政】

解答

1 (A) **2** (A) **3** (C) **4** (D) **5** (B) **6** (B) **7** (B) **8** (B) **9** (C) **10** (B)
11 (A) **12** (D) **13** (B)

絕技37 財務管理基本概念與財務報表

命題戰情室：「財務管理」是大學企管系或財金系必修的科目，但在修「財務管理」之前必須修過「會計學」，所以會計科目、會計恆等式與財務四表都是財務管理的基礎，或修習門檻。當然在事業單位考科中也是熱門題目，對非商學科系或非高商畢業者來講或許讀起來比較吃力，但花一點時間把它弄懂並不困難。

重點訓練站

財務管理結合了經濟學和會計學、法律知識的理論，主要目的為協助企業釐訂策略，有效地運用公司可用的資金及獲得最有利的資金，以提供企業營運資源並增加收益。

財務管理可分為「公司理財」、「投資學」與「金融市場」三大領域，其功能有：利潤最大化、風險控制、財務調度彈性與流動性。

一、會計基本概念

會計恆等式（accounting equation）：
資產＝負債＋業主權益

資產負債表

資產	負債 股東權益

(一) **資產**：凡透過各種交易或其他事項所獲得或控制的經濟資源，能以貨幣衡量並預期未來能提供經濟效益者，包括流動資產、長期投資、應收款、準備金、固定資產、無形資產及其他資產等。

會計科目	定義	子目
流動資產	將於一年內變現、出售或耗用的資產。	現金、短期投資、應收款項、存貨、預付款項、短期代墊款。

會計科目	定義	子目
長期投資	凡因融資、作業上需要從事長期性投資。	長期債券投資、準備金。
固定資產	長期供作業使用具未來經濟效益資產。	土地、土地改良物、房屋及建築、機械及設備、運輸設備、什項設備。
無形資產	無實體存在之各種排他專用權皆屬之。	專利權、特許權、商標、著作權、開辦權。
其他資產	凡不屬於以上之其他資產皆屬之。	閒置資產、委託處分資產、其他非業務用資產、什項資產。

(二) **負債**：凡過去交易或其他事項所發生的經濟義務，能以貨幣衡量，並將以提供勞務或支付經濟資源之方式償付者，包括流動負債、長期負債、其他負債等。

會計科目	定義	子目
流動負債	將於一年內需以流動資產償還者。	短期債務（銀行透支、短期借款）、應付款項、預收款項。
長期負債	到期日在一年以上之債務皆屬之。	應付債券、長期借款、應付長期工程款、應付租賃款。
其他負債	凡不屬於以上之負債皆屬之。	什項負債（存入保證金、應付保管款、應付退休及離職金）、內部往來。

(三) **股東權益**：或稱業主權益或淨值，凡全部資產減除全部負債後之餘額者屬之，包括股本、公積及保留盈餘等。

會計科目	定義	子目
股本	股東繳足並向主管機關登記之資本額。	普通股、特別股。
資本公積	公司資本性交易所產生之盈餘。	股票溢價收入、土地重估增值、固定資產增值、受贈公積。
保留盈餘	公司歷年累積純益轉為資本或資本公積者。	法定盈餘公積、特別盈餘公積、未提撥保留盈餘。

二、財務報表

係以會計科目記錄企業所有發生的交易活動及其結果。企業主要財務報表包括：資產負債表、損益表、股東（業主）權益變動表以及現金流量表等四大報表。

(一) **資產負債表**：記錄一家企業在某一特定時間點上（通常為年底12月31日）的資產、負債、股東權益餘額及其相互之間的關係。亦即某一時點公司的財務狀況、資產結構，為存量的觀念，屬於靜態報表。

(二) **損益表**：記錄企業在某一會計期間內通常為一年的經營成果，藉以衡量獲利情況。亦即某一特定期間營業的表現，為流量觀念，屬於動態報表。

(三) **股東權益變動表**：描述某一期間股東權益的變動狀況，主要為盈餘與股利的變化。

(四) **現金流量表**：指將一定期間內企業所有現金收入及支出納入，比較期初與期末資產負債表中現金及約當現金以外之所有科目。

企業以永續經營為目標，站在財務報表立場，企業會將每一期間的經營成果，由損益表中注入資產負債表的股東權益部分，週而復始。因此不論站在哪一個時點都可以得知當日的資產、負債與股東權益之餘額與項目。

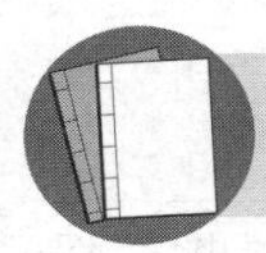

資料補給站

一、企業的商業活動分類

(一) **投資層面**：指企業本身長期性投資規劃與評估，包括購買廠房、設備，甚至投資一家新的公司等。

(二) **營運層面**：指企業實際投入生產製造或提供服務之活動，此時會有營業收入的資金流入和支付營業成本的資金流出，並產生營業利益。

(三) **融資層面**：企業營運所需資金的來源，並將營運活動所產生的利潤做適當地處置，亦即分配給資金供應者，如資金供應者為銀行則需支付利息；若為股東則發放股利。

二、公司治理

「**公司治理**」就是透過公司內、外部完善機制的建立與運行，確保管理者公平對待所有股東，並使管理者保有經營的誘因及自由度來創造最佳績效，進而極大化公司價值，使所有利害關係人皆能受惠。根據OECD的報告，良好的公司治理必須符合合公平性、透明性、課責性、責任性四個原則：

公平性	對公司各投資人以及利害關係人予以公平合理的對待。
透明性	公司財務以及其他相關資訊，必須適時適當地揭露。
課責性	公司董事以及高階主管的角色與責任應該明確劃分。
責任性	公司應遵守法律以及社會期待的價值規範。

我國「上市上櫃公司治理實務守則」揭示之建立公司治理制度的五大原則：(一)保障股東權益；(二)強化董事會職能；(三)發揮監察人功能；(四)尊重利害關係人權益；(五)提升資訊透明度。

易錯診療站

一、管理者、投資者及其他利害關係人最常使用的四種財務報表：資產負債表、損益表、現金流量表與股東權益變動表。

(一)**資產負債表：代表一企業在特定日期之財務狀況的靜態報表**。

(二)**損益表：表達一企業在特定期間經營結果之動態報表**。

(三)**股東權益變動表：表達一企業在特定期間股東權益變動情形之動態報表**。

(四)**現金流量表：表達一企業在特定期間現金流入與流出的情形之動態報表**。

二、損益表的內容由十一個主要項目組成，順序如下：

1	營業收入	公司銷售貨物或服務得到的金額 銷貨收入－銷貨退回及折讓＝銷貨收入淨額
2	營業成本	商品的成本及勞務的成本支出 期初存貨＋本期進貨＋本期進貨運費－期末存貨＝營業成本
3	營業毛利	企業正常獲利的來源 營業收入－營業成本＝營業毛利
4	營業費用	在銷售或提供服務過程中的成本，又稱「間接成本」，主要包括：研究發展費用、管理費用、行銷費用（銷管費用）等。

5	**營業損益**	看公司在本業上賺錢還虧錢 營業毛利－營業費用＝營業損益
6	**營業外收入**	副業產生的收益，如利息收入、處分固定資產利益、技術服務收入、其他收入。
7	**營業外費用**	副業產生的支出，如按權益法認列的投資淨損、利息費用、保險費用、處分固定資產損失、兌換淨損、災害損失淨額等。
8	**稅前損益**	看公司經營本業及非本業是獲利還是虧損 營業損益＋營業外收入－營業外費用＝稅前損益
9	**所得稅費用**	公司在當年度所支付的各種稅務費用，例如營利事業所得稅、房屋稅、地價稅等。
10	**本期損益**	一切營運活動的損益總和 稅前損益－所得稅費用＝稅後淨利（本期損益）
11	**每股盈餘**	每股普通股能賺得的錢 （本期稅後淨利－特別股股利）÷本期流通在外普通股加權平均股數

模擬題試煉

一、基礎題

( ) **1** 以營利為目的之企業財務管理的目標是何者？ (A)追求企業的市場佔有率最大 (B)追求企業的每股盈餘最大 (C)追求企業的經濟利潤最大 (D)追求企業的股東財富最大。

( ) **2** 下列何項不是財務管理研究的範疇？ (A)公司理財 (B)資金投資 (C)存貨管理 (D)金融市場。

( ) **3** 商標是屬於何種資產？ (A)流動資產 (B)固定資產 (C)無形資產 (D)遞延資產。

( ) **4** 下列何者不屬於流動資產？ (A)廠房與設備 (B)應收帳款 (C)銀行本票 (D)存貨。

(　　) 5 下列何者是「企業的流動負債」？　(A)現金　(B)應收帳款　(C)應付帳款　(D)股票。

(　　) 6 某企業發行公司債是屬於何種會計科目？　(A)流動負債　(B)長期負債　(C)遞延資產　(D)其他負債。

(　　) 7 下列何者為虛帳戶？　(A)資產　(B)收益　(C)業主權益　(D)負債。

(　　) 8 根據公司法的規定公司於完納一切稅捐後，分派盈餘時，應先提出多少比率為法定盈餘公積？　(A)10%　(B)20%　(C)30%　(D)沒有規定。

(　　) 9 報導企業特定日財務狀況之報表為：　(A)資產負債表　(B)現金流量表　(C)業主權益變動表　(D)損益表。

(　　) 10 企業主要財務報表中代表企業在某一特定期間經營成果之報表為何？　(A)利潤預算表　(B)現金流量表　(C)股東權益變動表　(D)損益表。

(　　) 11 以下列哪一個會計科目不會出現在損益表中？　(A)銷貨收入　(B)短期投資　(C)利息費用　(D)兌換淨損。

二、進階題

(　　) 12 下列何者不屬於財務管理之基本功能或內容？　(A)為籌措建廠資金，任命新的財務經理，來整合財務部的相關工作　(B)為籌措建廠資金，財務部發行公司債　(C)依據財務規劃控制資金之支付　(D)為籌措建廠資金，財務部評估發行特別股之成本與風險。

(　　) 13 迪士尼公司對於米老鼠、唐老鴨等卡通之出版、銷售權利，應列為：　(A)商標　(B)商譽　(C)著作權　(D)專利權。

(　　) 14 下列何者不屬於速動資產？　(A)現金　(B)銀行存款　(C)應收帳款　(D)存貨。

(　　) 15 一紙應收票據二年後才能收到現金，則在資產負債表上應將其歸類為：　(A)流動資產　(B)投資　(C)財產、廠房及設備　(D)無形資產。

( ) **16** 下列流動資產中，流動性最低的是何項？ (A)應收帳款 (B)應收票據 (C)銀行存款 (D)存貨。

( ) **17** 流動資產不包含下列哪一項？ (A)現金 (B)應付帳款 (C)存貨 (D)有價證券。

( ) **18** 下列何種報表分為營業、投資、融資三種活動？ (A)資產負債表 (B)損益表 (C)現金流量表 (D)股東權益變動表。

( ) **19** 下列何者是指「描述企業當年度收入、費用及獲利或虧損數字的報表」？ (A)現金流量表 (B)損益表 (C)股東權益變動表 (D)資產負債表。

( ) **20** 若流動資產為$100，淨固定資產為$500，短期負債為$70，長期負債為$200，則股東權益為何？ (A)$400 (B)$270 (C)$330 (D)$600。

( ) **21** 有關公司治理，下列何者錯誤？ (A)企業透過法律的管控制衡，有效監督企業組織的活動 (B)確保責任制，透明化與公平性 (C)確保公司與投資人的利益能獲得保障 (D)經理人替董事會獲取最大利益的經營理念，董事會則負責督導管理階層是否符合公司的目標。

解答與解析

一、基礎題

1 (D)。亦即普通股增值。

2 (C)。是生產作業管理的範疇。

3 (C)。無實體形式，非貨幣性資產。常見可辨認之無形資產有：專利權、著作權、商標權、電腦軟體、許可權、發展中之無形資產等。

4 (A)。為固定資產。

5 (C)。短期借款、應付票據、預收款項等皆屬之。

6 (B)。到期日在在一年以上的債務。

7 (B)。損益表中收入費用的科目，均屬虛帳戶。

8 (A)。查公司法第237條規定：「公司於完納一切稅捐後，分派盈餘時，應先提出百分之十為法定盈餘公積」。

9 (A)。說明企業在某一特定日期的財務狀況，亦即企業在某一特定日期下所擁有的資產、負債與主權益狀況。

10 (D)。説明企業在某一特定期間的營收入、成本，以及營業費用，並指出該期間的總利潤或損失。

11 (B)。為流動資產。另外，利息費用、兌換淨損、處分固定資產損失均屬於營業外費用。

二、進階題

12 (A)。屬於人力資源管理之基本功能或內容。

13 (C)。著作權法所稱的「著作」，指屬於文學、科學、藝術或其他學術範圍的創作，著作權是智慧財產權的一種。

14 (D)。速動資產是指流動資產減去變現能力較差且不穩定的存貨、預付帳款、一年內到期的非流動資產和其他流動資產等之後的餘額。

15 (B)

16 (D)。變現能力較差。

17 (B)。屬於流動負債。

18 (C)。呈現了企業在某一特定期間的現金流入與流出狀況。

19 (B)。企業在某一會計期間內的經營成果，可使投資人瞭解公司營運狀態。

20 (C)。資產＝負債＋股東權益
（\$100＋\$500）＝（\$70＋\$200）＋股東權益
\$330＝股東權益

21 (D)。經理人替股東獲取最大利益。

實戰大進擊

(　　) 1 下列何者是「企業的流動負債」？ (A)現金 (B)應收帳款 (C)應付帳款 (D)股票。 【104自來水升】

(　　) 2 在企業的財務報表上，專利權、商標、著作權及加盟權權利金等稱為： (A)固定資產 (B)無形資產 (C)流動資產 (D)業主權益。 【103中油】

(　　) 3 下列何者不會呈現在資產負債表（balance sheet）內？ (A)資產 (B)負債 (C)業主權益 (D)營業利得。 【105郵政】

(　　) 4 下列哪一個會計科目不會出現在資產負債表中？ (A)應收票據貼現 (B)處分固定資產損失 (C)備抵呆帳 (D)機器設備。【104郵政第2次】

(　　) 5 有關資產負債表的基本公式，下列何者正確？ (A)資產 + 負債 = 業主權益 (B)資產 + 業主權益 = 負債 (C)業主權益 + 負債 = 資產 (D)業者權益–負債 = 資產。 【105台酒】

( ) **6** 下列何者為「會計恆等式（accounting equation）」？ (A)資產＝負債 (B)收入＝成本 (C)資產＝負債＋業主權益 (D)資產＝存貨。 【104自來水】

( ) **7** 在T型資產負債表中，左邊欄位通常呈現的會計科目為： (A)資產 (B)負債 (C)股東權益 (D)損益科目。 【104郵政】

( ) **8** 目前企業編製對外公開的主要財務報表是哪些？ (A)管銷費用表、淨利表、負債比率表 (B)成本預算表、投資報酬表、融資計畫表 (C)資產負債表、損益表、現金流量表 (D)現金收入表、資金規劃表、營運支出表。 【104台電】

( ) **9** 說明企業在某一特定日期的財務狀況的報表為： (A)損益表 (B)現金流量表 (C)權益變動表 (D)資產負債表。 【103中華電】

( ) **10** 下列何者是指「描述企業當年度收入、費用及獲利或虧損數字的報表」？ (A)現金流量表 (B)損益表 (C)股東權益變動表 (D)資產負債表。 【104自來水升】

( ) **11** 下列關於財務報表之敘述，何者正確？ (A)資產負債表代表企業某一段期間財務狀況之報表 (B)現金流量表代表企業貸款之報表 (C)股東權益變動表代表企業股票募集狀況之報表 (D)損益表代表企業某一段期間經營成果之報表。 【103台酒】

( ) **12** 良好的公司治理必須符合公平性、責任性、課責性、透明性四個原則，其中強調公司財務以及其他相關資訊必須適當地揭露，此為何項原則？ (A)公平性原則 (B)責任性原則 (C)課責性原則 (D)透明性原則。 【103中華電】

( ) **13** 有關公司治理（Corporate Governance）的基本精神，下列敘述何者有誤？ (A)獨立董事擁有多數股權並協助企業經營 (B)強化董事運作 (C)追求股東利潤最大化 (D)加強經營資訊透明化。 【102經濟部】

( ) **14** 百分之十（10%）是我國依公司法第237條規定： (A)公司於完納一切稅捐前，分派盈餘時需先提撥的法定盈餘公積 (B)公司於完納一切稅捐後，分派盈餘時需現場提撥的法定盈餘公積 (C)公司於完納一切稅捐前，分派盈餘時需現場提撥的法定盈餘公積 (D)公司於完納一切稅捐後，分派盈餘時需先提撥的法定盈餘公積。【106桃捷】

( ) **15** 下列何者是用來呈現企業在一定期間（如一年）內的收入、費用、獲利或虧損數字的報表？ (A)成本差異分析表 (B)資產負債表 (C)損益表 (D)現金流量表。【106桃機】

( ) **16** 下列何者不是「資產負債表」內的項目？ (A)業主權益 (B)負債 (C)資產 (D)銷貨收入。【107郵政】

( ) **17** 下列何者屬於「損益表」內的項目？ (A)銷管費用 (B)短期負債 (C)存貨 (D)商標。【107郵政】

( ) **18** 說明企業一年內現金收入與現金支出情形的報表，是指下列何者？ (A)損益表 (B)資產負債表 (C)股權變動表 (D)現金流量表。【107郵政】

( ) **19** (1)現金流量表 (2)損益表 (3)資產負債表 (4)股東權益變動表，以上四個財務報表，屬於「存量」概念的是： (A)(2)(3)(4) (B)(3) (C)(1)(2)(4) (D)(4)。【107台酒】

( ) **20** 企業擁有的現金，屬於下列哪項資產？ (A)固定資產 (B)變現資產 (C)發展資產 (D)流動資產。【108郵政】

( ) **21** 揭露企業在特定期間的收入、成本、費用及獲利狀況的經營成果報表，稱為： (A)損益表 (B)資產負債表 (C)現金流量表 (D)經營預算表。【108台酒】

( ) **22** 紀錄企業全年收支狀況及獲利情形的財務報表，稱為： (A)損益表 (B)現金流量表 (C)帳目表 (D)獲利表。【108郵政】

( ) **23** 企業組織透過銷售產品或服務向顧客所收取而來的金錢，稱為：(A)利潤 (B)營收 (C)損失 (D)保留盈餘。【108郵政】

( ) **24** 下列何者屬於現金流量表的現金流入？ (A)存貨增加 (B)折舊攤提 (C)固定資產增加 (D)長期負債降低。【108郵政】

(　　) **25** 有關公司治理，下列敘述何者正確？ (A)實際經營者和出資人之間存在代理關係 (B)大型企業通常由董事會負責企業日常營運 (C)大型企業通常經營權與所有權合一 (D)外部董事通常也參與企業日常的經營活動。【108台酒】

(　　) **26** 在資產負債表中，企業的商譽是屬於下列何者？ (A)無形資產 (B)流動資產 (C)固定資產 (D)業主權益。【111台酒】

(　　) **27** 下列何者能夠詳列企業的收入與費用，並可反映公司年度盈餘或虧損數字的報表？ (A)股權變動表 (B)資產負債表 (C)現金流量表 (D)損益表。【111台酒】

(　　) **28** 某公司在某一特定期間營業收入100萬元，營業費用25萬元，營業成本25萬元，流動資產10萬元，業外收入50萬元，業外損失10萬元，請問該公司稅前純益為多少？ (A)100萬元 (B)90萬元 (C)80萬元 (D)70萬元。【111台鐵】

解答

1(C)	2(B)	3(D)	4(B)	5(C)	6(C)	7(A)	8(C)	9(D)	10(B)
11(D)	12(D)	13(A)	14(D)	15(C)	16(D)	17(A)	18(D)	19(B)	20(D)
21(A)	22(A)	23(B)	24(B)	25(A)	26(A)	27(D)	28(B)		

絕技38 財務比率分析

命題戰情室：財務比率分析獲勝的不二法則就是必須熟記公式，不管是計算題、敘述性題目，或者直接考公式，都可迎刃而解。

重點訓練站

財務報表分析乃是運用各種分析工具與技術，對於財務報表及相關資訊進行分析、解釋，俾得出對特定決策有用的參考值或衡量關係的過程或程序。

一、財報分析目的

財務報表分析之主要目的在於協助分析者對企業未來之經營狀況作最佳之預測。更具體的說，就是協助必須仰賴財務報表分析做成決策的人士，縮小決策的可能風險。

二、財報分析方法

(一) **共同比比較法**：是以「垂直分析的概念計算，以全部總額或各分項總額作為，以得出每一分項內各科目對分項總額之比率，或對全部總額之比率。

(二) **變動金額與百分比法**：是以「橫向分析」的方式計算，就不同年度之相同項目加以比較，以瞭解其增減變動情形及其變動趨勢。

(三) **比率分析法**：用來衡量財務報表中二個以上具有意義相關科目來計算比率，據以判斷某種隱含的意義，但需依過去趨勢、既定標準或同業比率來比較。

(四) **趨勢分析**：將橫向分析的觀察期間擴展到若干期，以瞭解財報內的各個項目在過去的變動軌跡，並藉以預測未來的變動方向。

三、財務比率分析

財務比率係以同期報表中的數字化為特定的比率作比較，以顯示企業在特定項目上的營運績效。可分為：短期償債能力比率、負債管理比率、資產管理比率、和獲利能力比率。

(一) **短期償債能力**

流動比率＝流動資產÷流動負債

可反應企業償還短期債務能力的比率。

速動比率＝（流動資產－存貨－預付費用）÷流動負債

更適合衡量企業短期償債能力，又稱「酸性測試比率」。

營運資金＝流動資產－流動負債

(二) **負債管理比率**

負債比率＝（負債總額÷資產總額）×100%

衡量企業企業長期償債能力。

利息保障倍數＝所得稅及利息費用前純益÷本期利息支出

衡量企業償債能力的指標。

(三) **資產管理比率**

存貨週轉率＝銷貨成本÷平均存貨水準

平均售貨日數＝365÷存貨週轉率

應收帳款週轉率＝銷貨收入÷平均應收帳款

平均收現日數＝365÷應收款項週轉率

總資產週轉率＝銷貨收入÷平均總資產

(四) **獲利能力比率**

股東權益報酬率（ROE）＝（稅後淨利÷平均股東權益）×100%

每一元股東權益所賺得的稅後淨利。

總資產報酬率（ROA）＝（稅後淨利÷平均總資產）×100%

衡量每一元資產所賺得的稅後淨利。

純益率＝（稅後損益÷銷貨淨額）×100%

每股盈餘＝（稅後淨利–特別股股利）÷加權平均已發行股數

(五) **市場價值比率**

本益比：普通股每股市價÷每股盈餘

衡量企業未來成長潛力。

四、經營分析（財務五力分析）

對大多數企業而言，五力分析不失為一種有效而能涵蓋全部經營活動意義的計量分析方式，所謂財務五力包括收益力、活動力、安定力、成長力及生產力。

(一) **收益力分析（獲利率）**：係五力分析之首，同時也可作為前導目標。診斷企業的獲利能力，收益力是企業持續存在和發展的必要條件，也是股東最關心的部分，企業經營應有必要的利潤，才能支持企業永續的生存和發展。

衡量指標：股東權益報酬率、總資產報酬率、總資產稅前淨利率、稅後淨利率。

(二) **活動力分析（週轉率）**：衡量企業資源週轉程度，透過活動力可以了解企業經營效率，是否企業擁有活力。

衡量指標：總資產週轉率、固定資產週轉率、應收款項週轉率、存貨週轉率。

(三) **安定力分析（償債力）**：五大分析中的基礎分析，測試企業的經營基礎是否穩固、財務結構是否合理、償債能力是否具備的指標。係強化企業生存與鞏固企業基礎的基本指標。

衡量指標：流動比率、速動比率、現金比率、自有資本比率、利息保障倍數。

(四) **成長力分析（成長性）**：衡量企業發展潛能與成長狀況，透過成長力可以了解企業未來發展能力。

衡量指標：營業收入成長率、稅後淨利成長率、總資產成長率、固定資產成長率、股東權益成長率。

(五) **生產力分析（生產效能）**：五大分析中的核心，係診斷企業為維持其永續生存，從事生產活動所創造的附加價值。

衡量指標：每個員工營業額、使用人力生產力。

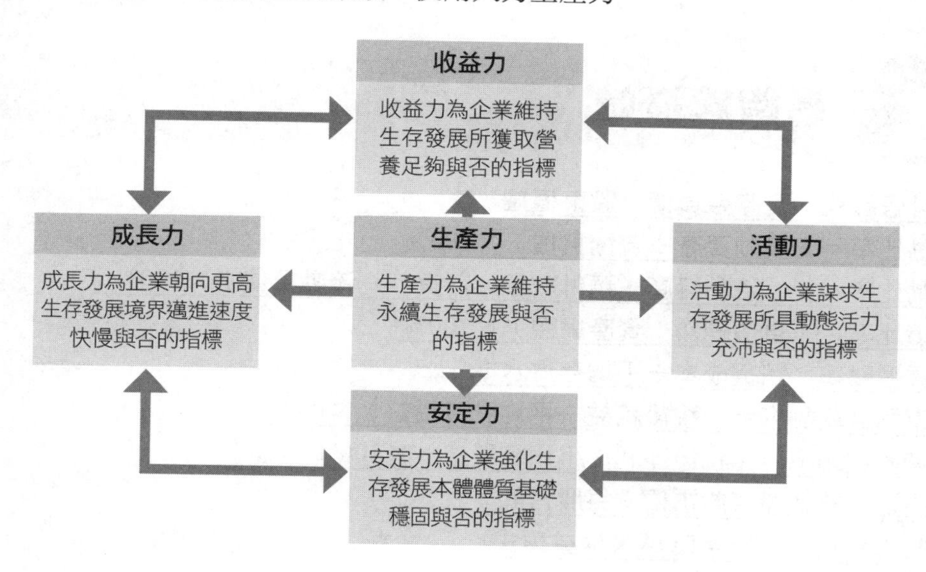

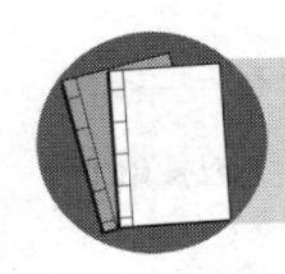

資料補給站

一、杜邦財務分析方程式

杜邦（DuPont）公司於1920年代，利用會計的基本關係，發展出杜邦財務分析方程式（DuPont Financial Analysis Equation），用來說明影響資產報酬率與股東權益報酬率的因素有哪些。

$$資產報酬率=\frac{稅後純益}{資產總額}=\frac{稅後純益}{銷貨}\times\frac{銷貨}{資產總額}$$

＝（純益率）×（總資產週轉率）

$$股東權益報酬率=\frac{稅後純益}{股東權益}=\frac{稅後純益}{資產總額}\times\frac{資產總額}{股東權益}$$

＝（資產報酬率）×（權益乘數）

股東權益報酬率＝（純益率）×（總資產週轉率）×（權益乘數）

二、營業槓桿度＝（營業收入淨額－變動營業成本及費用）÷營業利益

財務槓桿度＝營業利益÷（營業利益－利息費用）。

三、銷售毛利率：簡稱為毛利率，用以衡量企業毛利在銷售收入中的比率，毛利率=毛利÷銷售收入。其中毛利是銷售收入與銷售成本的差額。

投資報酬率：表示投資者投資成本和投資報酬之間的關係，可衡量股票投資價值的比率。投資報酬率= 每股盈餘 ÷ 每股市價

易錯診療站

會計恆等式：資產＝負債＋股東權益

流動比率＝（流動資產÷流動負債）×100%

速動比率＝〔（流動資產－預付款項－存貨）÷流動負債〕×100%

負債比率＝（負債總額÷資產總額）×100%

存貨週轉率＝銷貨成本÷平均存貨水準

股東權益報酬率＝（稅後純益÷平均股東權益）×100%

總資產報酬率＝（稅後淨利÷平均總資產）×100%

本益比：普通股每股市價÷每股盈餘

杜邦方程式：ROE＝ROA×權益乘式

模擬題試煉

一、基礎題

(　　) 1 下列那一項財務比率又稱為「酸性測驗比率」？ (A)流動比率 (B)負債比率 (C)速動比率 (D)純益率。

(　　) 2 以下對「負債比率」的敘述何者正確？ (A)衡量業主權益對費用之關係 (B)反映出企業財務的風險性 (C)僅供銀行評估貸款使用 (D)衡量負債與銷貨收入淨額之關係。

(　　) 3 速動比率與流動比率是財務分析中衡量企業的： (A)經營能力 (B)短期償債能力 (C)短期財務結構 (D)長期償債能力。

(　　) 4 某公司有流動資產1,000萬，流動負債400萬，存貨200萬，下列何者是該公司的速動比率？ (A)2.5 (B)2 (C)0.5 (D)0.4。

(　　) 5 下列何者不是企業之經營能力？ (A)應收帳款週轉率 (B)總資產週轉率 (C)存貨週轉率 (D)速動比率。

(　　) 6 下列何者為常見的獲利能力財務指標？ (A)應收帳款週轉率（turnover rate of AR） (B)速動比率（quick ratio） (C)股東權益報酬率（ROE） (D)負債比率（debt ratio）。

(　　) 7 本益比是指股票價格除以何者？ (A)營業收入淨額 (B)本期淨利 (C)資產總額 (D)每股盈餘。

(　　) 8 從事財務分析時比率計算值愈高對企業愈有利的是何者？ (A)本益比 (B)股東權益報酬率 (C)負債比率 (D)營業比率。

(　　) 9 公司相關資料如下：每股東權益為18元、每股市價為60元、每股營收為60元、每股盈餘為3元、每股股利為6元，是問該公司之本益比為何？ (A)10 (B)15 (C)20 (D)30。

(　　) 10 下列何者不適合作為短期償債能力分析的指標？ (A)流動比率 (B)現金比率 (C)速動比率 (D)負債比率。

(　　) **11** 為企業經營綜合診斷的首要項目，並且為經營績效的重要指標是：(A)成長力診斷 (B)生產力診斷 (C)收益力診斷 (D)活動力診斷。

(　　) **12** 上好公司年底結算，其流動資產為300,000元，總資產為800,000元，總負債為200,000元，並有營業盈餘100,000元，請問該公司之負債比率為： (A)25% (B)30% (C)35% (D)40%。

二、進階題

(　　) **13** 若某公司的流動比率上升，但速動比率下降，該公司可能有下列哪一問題？ (A)存貨大量積壓 (B)應收帳款週轉不靈 (C)現金與約當現金過少 (D)應付帳款成長太快。

(　　) **14** 維中企業財報中股東權益為$70,000，負債總額為$50,000，非流動資產的資產總額為$40,000，存貨為$20,000，長期負債為$30,000，則速動比率為何？ (A)4 (B)3 (C)2 (D)1。

(　　) **15** 優美公司今年的布偶銷貨淨額為800,000元，平均存貨總額為40,000元，平均應收帳款為25,000元，平均資產總額為4,000,000元，則今年的應收帳款週轉率為何者？ (A)0.2次 (B)5次 (C)20次 (D)32次。

(　　) **16** 下列敘述何者有誤？ (A)純益率愈高，表示公司獲利能力愈大 (B)存貨週轉率愈高，表示積壓存貨愈多 (C)速動比率愈高，表示公司償還短期負債的能力愈強 (D)固定資產週轉率愈高，表示固定資產的運用效率也愈高。

(　　) **17** 倘若您是一個公司的總經理，當面對財務報表分析時，下列敘述何者錯誤？ (A)股東權益報酬率的比率越高，表示公司獲利能力越佳 (B)股票的本益比＝每股股價÷每股稅後盈餘 (C)應收帳款週轉率＝營業收入÷各期平均應收款項餘額 (D)流動比率過高，表示公司可能發生週轉不靈。

(　　) **18** 甲公司的流動資產260萬，存貨40萬，預付費用20萬，流動負債100萬，則： (A)速動比率為2 (B)流動比率為2.5 (C)營運資金為200萬 (D)流動比率比速動比率小。

( ) **19** 企業診斷常採用財務報表分析，其中應收帳款週轉率是診斷企業的何種能力？ (A)安定力 (B)成長力 (C)活動力 (D)生產力。

( ) **20** 依杜邦等式（Du-Pont Identity），如果某公司的股東權益乘數為1.75，總資產周轉率為1.20，邊際利潤率為8.5%，則ROE為多少？ (A)17.85% (B)18.50% (C)19.25% (D)20%。

( ) **21** 新竹公司在106年12月31日相關的財務數字如下：流動負債50萬，速動資產80萬，存貨20萬。全年度銷貨淨額200萬，銷貨成本120萬，營業費用30萬。則該公司的速動比率是： (A)4倍 (B)2.4倍 (C)2倍 (D)1.6倍。

( ) **22** 某公司去年期初存貨$80,000元，期末存貨為100,000元，已知去年存貨週轉率為4次，試求去年銷貨成本為何？ (A)360,000元 (B)400,000元 (C)430,000元 (D)全部皆非。

( ) **23** 超群公司106年之利息保障倍數為3，利息費用為$10,000，若所得稅率為25%，則稅後淨利為多少？ (A)$5,000元 (B)$10,000元 (C)$15,000元 (D)$20,000元。

解答與解析

一、基礎題

1 (C)。速動比率=〔（流動資產－預付款項－存貨）÷流動負債〕×100%。用以測定企業的短期償債能力，亦即每一元短期負債可有幾元的速動資產以供償還，比率愈大償債能力愈強。

2 (B)。負債比率=〔負債÷資產總額〕×100%。
負債比率又稱財務槓桿，可衡量公司長期的償債能力。負債比率越高代表公司面對較高的財務（違約）風險，在景氣不好時，容易週轉不靈，無法償還負債。

3 (B)

4 (B)。速動比率=速動資產÷流動負債
=（流動資產－存貨－預付費用）÷流動負債
=（1,000－200）÷400=2

5 (D)。速動比率，又稱酸性測驗比率，更適合衡量企業短期償債能力。

6 (C)

7 (D)。普通股每股市價÷每股盈餘。

8 (B)。獲利比率愈高愈好。

9 (C)。普通股每股市價÷每股盈餘＝60÷3＝20倍。

10 (D)。負債比率適合作為長期償債能力分析的指標。

11 (C)。收益力是企業持續存在和發展的必要條件，也是股東最關心的部分。

12 (A)。負債比率
＝負債總額÷資產總額
＝$200,000÷$800,000
＝25%

二、進階題

13 (A)。流動比率＝流動資產÷流動負債
速動比率＝速動資產 ÷ 流動負債
＝（流動資產－存貨－預付費用）÷流動負債
流動比率上升，但速動比率下降，最有可能是存貨、預付費用增加。

14 (B)。資產＝（負債＋股東權益）
＝（$50,000＋$70,000）
＝$120,000
流動資產＝$120,000－$40,000
＝$80,000
速動比率＝速動資產÷流動負債
＝（流動資產－存貨－預付費用）÷流動負債
＝（$80,000－$20,000）÷（$50,000－$30,000）
＝3

15 (D)。應收帳款週轉率
＝銷貨收入÷平均應收帳款
＝800,000÷25,000
＝32次。

16 (B)。存貨週轉率愈高，表示積壓存貨愈少。

17 (D)。流動比率過低，表示公司可能發生週轉不靈。

18 (A)。流動比率＝流動資產÷流動負債
＝260萬÷100萬＝2.6
速動比率＝（流動資產－存貨－預付費用）÷流動負債
＝（260萬－40萬－20萬）÷100萬＝2
營運資金＝流動資產÷流動負債
＝260萬－100萬
＝160萬元。

19 (C)。衡量企業資源週轉程度，透過活動力可以了解企業經營效率，是否企業擁有活力。

20 (A)。ROE＝1.75×1.20×8.5%＝17.85%。

21 (D)。速動比率＝速動資產÷流動負債
＝（流動資產－存貨－預付費用）÷流動負債
＝80萬÷50萬
＝1.6倍。

22 (A)。存貨週轉率＝銷貨成本÷平均存貨水準
4＝銷貨成本÷〔（$80,000+$100,000）÷2〕
銷貨成本＝360,000元。

23 (C)。利息保障倍數＝所得稅及利息費用前純益（EBIT）÷本期利息支出
3＝EBIT÷$10,000
EBIT＝$30,000
所得稅＝（$30,000－$10,000）×25%
＝$5,000。

所以稅後淨利＝$30,000－$10,000－$5,000＝$15,000。

※EBIT（Earn Before interest and tax）又稱息前稅前盈餘。

實戰大進擊

(　　) **1** 下列何者是用以衡量企業償債能力的指標？ (A)流動比率 (B)存貨週轉率 (C)市場佔有率 (D)資產收益率。 【105郵政】

(　　) **2** 下列哪一指標可以衡量一個企業的短期償債能力？ (A)流動比率 (B)固定資產周轉率 (C)稅後淨利率 (D)本益比。 【104自來水升】

(　　) **3** 在財務管理中，所謂「速動比率」是指： (A)速動資產除以速動負債 (B)速動資產除以流動負債 (C)流動資產除以速動負債 (D)流動資產除以流動負債。 【104台電】

(　　) **4** 由（流動資產－存貨）／（流動負債）所計算出之比率稱為： (A)週轉率 (B)速動比率 (C)流動比率 (D)收益率。 【104郵政】

(　　) **5** 流動性比率（liquidity ratio）經常被組織用來檢測其資產轉為現金的能力，其中常見的財務控制指標「速動比率」是指： (A)流動資產／流動負債 (B)流動資產減去存貨／流動負債 (C)總負債／總資產 (D)銷貨成本／存貨。 【104郵政第2次】

(　　) **6** 小明公司102年度銷貨淨額為800,000元，銷貨成本為400,000元，期初存貨金額60,000元，期末存貨金額為20,000元，則存貨週轉率為多少？ (A)15次 (B)20次 (C)10次 (D)5次。 【103台電】

(　　) **7** 公司銷貨成本為$480,000，期初存貨為$220,000，期末存貨為$260,000，則存貨週轉率為何？ (A)2 (B)2.18 (C)1.85 (D)2.5。 【103台酒】

(　　) **8** 下列何種指標是用以衡量公司資產如何適當地被轉換或投入，以創造銷售額的方法？ (A)存貨週轉率 (B)資產週轉率 (C)速動比率 (D)純益率。 【103台酒】

( ) **9** 下列何者不是透過財務分析衡量「企業獲利能力」的重要指標？ (A)稅後淨利率 (B)總資產報酬率 (C)流動比率 (D)普通股權益報酬率。【105自來水】

( ) **10** 下列哪一種財務比率可以瞭解各產品所創造的利潤？ (A)存貨週轉率 (B)總資產週轉率 (C)銷售毛利率 (D)投資報酬率。【105中油】

( ) **11** 當資金所創造的利潤高於其成本時，就可透過舉債來增加企業的業主權益報酬率。因此，適度的舉債是企業經營所不可或缺的一環。此乃為： (A)營運槓桿 (B)資產槓桿 (C)財務槓桿 (D)權益槓桿。【103中華電】

( ) **12** 有關財務分析比率的敘述，下列何者錯誤？ (A)權益比率過高，表示過度保守，獲利力低，對債權人有利 (B)存貨週轉率衡量銷售能力與庫存量，比率愈高表示週轉快、存貨積壓或陳舊過時之風險低 (C)應收帳款週轉率衡量收款能力，比率愈高，呆帳發生可能性愈大 (D)速動比率衡量極短期償債能力，比率愈高償債能力愈強。【105台糖】

( ) **13** 不同財務比率有不同的分析目的，下列敘述何者錯誤？ (A)速動比率是一種流動性比率 (B)負債資產比率是一種獲利能力比率 (C)存貨週轉率是一種經營效能比率 (D)利息保障倍數是一種槓桿比率。【103中油】

( ) **14** 下列有關財務比率分析的敘述，何者有誤？ (A)應收帳款週轉率愈高，表示公司呆帳風險愈高 (B)流動比率愈高，表示公司短期償債能力愈強 (C)利息保障倍數愈高，表示公司按時支付利息的能力愈強 (D)業主權益比率愈高，表示公司對債權人愈有保障。【103台電】

( ) **15** 下列何種診斷為「企業經營五力分析中之基本分析，亦是強化企業生存與鞏固企業基礎的基本指標」？ (A)成長力診斷 (B)收益力診斷 (C)安定力診斷 (D)活動力診斷。【103台電】

( ) **16** 何種財務比率可用來衡量企業的安定力？ (A)自有資本比率 (B)固定資產週轉率 (C)應收帳款週轉率 (D)總資產週轉率。【104台電】

( ) **17** 對於企業會計的敘述，下列何者正確？ (A)業主權益＝負債－資產 (B)企業將部分淨利不發放給股東而保留下來，稱為資本公積

(C)每股盈餘為淨利除以總發行在外的普通與特別數 (D)存貨週轉率可用來評估企業經營效能。 【104郵政】

( ) **18** 下列何者不是用來衡量公司短期償還債務的能力？ (A)現金比率 (B)速動比率 (C)流動比率 (D)存貨周轉率。 【106桃捷】

( ) **19** 速動比率與流動比率是財務分析中衡量企業的？ (A)經營能力 (B)短期償債能力 (C)短期財務結構 (D)長期償債能力。 【106桃機】

( ) **20** 企業主要目標之一即為獲利，管理者需能仔細分析當季營收報告，並能計算幾種不同的財務比率，才能作好財務控制。而獲利能力比率是指哪兩種比率項目？ (A)銷售毛利率與投資報酬率 (B)存貨週轉率與總資產週轉率 (C)負債資產比與利息保障倍數 (D)流動比率與速動比率。 【106台糖】

( ) **21** 下列何者是衡量企業以流動資產，償付流動負債的能力？ (A)流動比率 (B)槓桿比率 (C)活動比率 (D)每股盈餘。 【107郵政】

( ) **22** 下列何者是衡量企業獲利能力的指標？ (A)槓桿比率 (B)流動比率 (C)每股盈餘 (D)活動比率。 【107郵政】

( ) **23** 新竹公司在106年12月31日相關的財務數字如下：流動負債50萬，速動資產80萬，存貨20萬。全年度銷貨淨額200萬，銷貨成本120萬，營業費用30萬。則該公司的速動比率是： (A)4倍 (B)2.4倍 (C)2倍 (D)1.6倍。 【107台酒】

( ) **24** 關於償債能力指標的敘述，下列何者錯誤？ (A)速動比率又稱酸性測驗比率 (B)流動比率以2較為恰當 (C)速動比率可用於衡量企業迅速償債能力 (D)速動比率小於1，表示企業迅速償債能力良好。 【107台酒】

( ) **25** 下列那一項財務比率指標數值太低，會降低財務槓桿作用？ (A)股東權益報酬率 (B)純益率 (C)流動比率 (D)負債比率。 【107台酒】

( ) **26** 某鬆餅店門口總是大排長龍，店家因此限定客人在店用餐時間為一小時。請問店家這樣做的目的是： (A)降低在製品數目 (B)提高存貨周轉率 (C)達到生產線平衡 (D)降低生產成本。 【107台北自來水】

(　　) **27** 某公司去年期初存貨$80,000元，期末存貨為100,000元，已知去年存貨週轉率為4次，試求去年銷貨成本為何？ (A)360,000元 (B)400,000元 (C)430,000元 (D)全部皆非。 【107台酒】

(　　) **28** 流動比率的計算公式為： (A)流動資產／營運資金 (B)流動資產／流動負債 (C)營運資產／流動負債 (D)營運資產／營運資金。 【108郵政】

(　　) **29** 下列何者是衡量企業的變現能力及償還短期債務能力？ (A)槓桿比率 (B)股東報酬率 (C)流動比率 (D)存貨週轉率。 【111台酒】

(　　) **30** 某公司在年底的財務報表數字如下：流動資產100萬元，流動負債50萬元，速動資產50萬元，銷貨淨額250萬元，銷貨成本100萬元，營業費用25萬元，請問該公司的速動比率為： (A)1 (B)0.5 (C)2 (D)2.5。 【111台鐵】

(　　) **31** 企業常會透過財務報表分析了解經營績效的各個面向，有一個財務指標稱為利息保障倍數，主要是了解企業的那個績效面向？ (A)獲利能力 (B)財務槓桿 (C)償債能力 (D)營業績效。 【111台鐵】

解答

1(A) **2(A)** **3(B)** **4(B)** **5(B)** **6(C)** **7(A)** **8(B)** **9(C)** **10(C)**
11(C) **12(C)** **13(B)** **14(A)** **15(C)** **16(A)** **17(D)** **18(D)** **19(B)** **20(A)**
21(A) **22(C)** **23(D)** **24(D)** **25(D)** **26(B)** **27(A)** **28(B)** **29(C)** **30(A)**
31(B)(C)

絕技39 貨幣時間價值和投資組合

命題戰情室：「貨幣時間價值」可以說是財務管理學中投資與評價最重要的基礎。此部分國營事業單位考題中偶而會出現，因為是計算題型式，所以公式一定要熟背。尤其是年金現值與年金終值的計算。

重點訓練站

貨幣時間價值（Time Value of Money）是指貨幣隨著時間的推移而發生的增值，也稱為資金時間價值。

一、終值與現值

終值（Future Value）是貨幣在未來特定時點的價值，隱含了貨幣的時間價值，係複利的結果。而現值（Present Value）則是指未來的貨幣在今日的價值，是一種折現（discount）的計算。

$FV = PV \times (1+i)^n$

$PV = FV \times [1 \div (1+i)^n]$

※FV：終值　PV：現值　i：利率　n：期數。

二、年金終值與年金現值

年金為一特定期間內，定期支付的等額現金流量。年金的開始支付時點在第1期期末者稱為普通年金（ordinary annuity），在第1期期初者稱為期初年金（annuity due）。

年金終值：「一連串定期等額現金支付的個別終值之總和年金未來值」可表達如下：

$FVOA = PMT \times [(1+i)^{n-1} + \cdots\cdots + (1+i) + 1]$

$PVA = PMT \times [1 \div (1+i) + \cdots\cdots + 1 \div (1+i)^n]$

※FVA：年金終值　PMT：年金支付額　PVA：年金現值　i：利率　n：期數
普通年金與期初年金關係：期初年金終值＝普通年金終值×（1＋期間利率）

三、永續年金

永續年金（Perpetuity）」是指沒有到期日的年金，亦即無限期的年金，其現值的計算公式為：

PVA＝PMT÷i

※PVOA：永續年金　PMT：年金支付額　i：利率。

四、投資組合

投資可選擇兩種報酬完全負相關的資產，並按其標準差分配資金比重，形成風險為零的投資組合。亦可透過增加投資標的，即投資多角化來達到預期報酬不變，而投資風險降低的目的。因此，投資組合是由多種證券或資產所構成投資標的之集合體，本質上為資金分配的結果。

五、報酬與風險

「高風險、高報酬」更是財務必備的基本觀念，投資報酬率係涵蓋資本利得與收益利得兩種。因此，其計算公式為：

總報酬率＝（資產期末價值－資產期初價值＋收益利得）÷資產期初價值×100%。

風險乃是等待期間內，實質報酬率與預期報酬率產生差異的可能性。風險依其來源可分為八種：

風險種類	說明
利率風險	因利率變動導致實際報酬率發生變化而產生風險。
財務風險	企業無法按期支付利息、償還本金，而有倒閉可能的風險。又稱「違約風險」。
營運風險	企業在經營過程中，由於產業景氣、管理能力或生產技術等因素，導致營業額或成本不穩定，引起利潤下降的情形。
市場風險	足以影響金融市場中所有資產報酬的非預期事件，其衝擊是全面性的。又稱「系統風險」。

風險種類	說明
主權風險	投資當地的政府的穩定程度，包括政治、經濟、法律等層面。
外匯風險	指跨國投資因匯率變動對財務狀況影響。
流動性風險	購入資產後，將來無法順利脫手的可能性。
購買力風險	因物價持續上漲對投資實質報酬產生不利影響的風險。

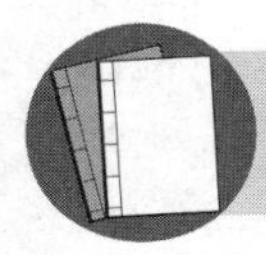

資料補給站

一、現值轉換成終值的過程稱為複利。

(一)複利隱含的意涵是買進持有（Buy and hold），中間不做任何的更動。

(二)單利隱含的意涵是每期投入的金額固定。

二、現值：金錢在目前的價值。

終值（未來值）：金錢在未來特定時點的價值。

折現：將終值轉換成現值的過程。

折現率：用來計算現值的利率或報酬率。

三、名目利率（APR）係一般市面上或銀行所引用之年利率。而有效利率（EAR）則是一年期實質得到的真正利率。公式為：

$$EAR=\left(1+\frac{i_{nom}}{m}\right)^{m}-1.0$$

EAR：有效年利率；i_{nom}：名目年利率（金融機構的掛牌利率）；

m：期間（複利的次數）

易錯診療站

一、下列公式請熟記：

$FV=PV\times(1+i)^{n}$

$PV=FV\times[1\div(1+i)^{n}]$

$FVOA=PMT\times[(1+i)^{n-1}+\cdots\cdots+(1+i)+1]$

$PVA=PMT\times[1\div(1+i)+\cdots\cdots+1\div(1+i)^{n}]$

二、投資風險可依其來源分為：**利率風險、市場風險、購買力風險、營運風險、財務風險、流動性風險、主權風險、外匯風險**。

模擬題試煉

一、基礎題

(　　) **1** 某甲在A銀行存入$100,000元，年利率固定為8%，每年複利一次，則5年後的存款金額為多少？（四捨五入）　(A)$136,049　(B)146,933　(C)136,000　(D)142,367。

(　　) **2** 若年利率固定為6%，某人希望5年後有$50,000收入，則目前應存入的金額為何？　(A)35000　(B)36625　(C)37363　(D)38732。

(　　) **3** 倘您看中了一項年報酬率12%的投資，所以在每年年初均固定投資$400，若連續每年複利下，請問於第3年年底時，您可累積多少錢？　(A)$1,512　(B)$1,446　(C)$1,398　(D)$1,350。

(　　) **4** 未來三年每年可回收10,000元的投資計畫，其現值為何（年利率以10%計算）？　(A)24,868元　(B)25,777元　(C)27,355元　(D)28,699元。

(　　) **5** 企業因為原物料上漲，導致銷貨成本增加，進而降低利潤，試問此種危機屬於下列何種風險？　(A)物價風險　(B)營運風險　(C)財務風險　(D)存貨風險。

(　　) **6** 由於企業利用負債代替自有資本，進行投資決策所冒得不償失之風險，是指：　(A)購買力風險　(B)市場風險　(C)業務風險　(D)財務槓桿風險。

二、進階題

(　　) **7** 某企業有一張帶息期票，面額為1200元，票面利率為4%，出票日期6月15日，8月14日到期（共60天），則到期時利息為多少？（假設一年360天）　(A)6元　(B)8元　(C)10元　(D)12元。

(　　) **8** 老張在小明15歲時約定，自該年除夕起每年給小明1,000元的壓歲錢，小明到了20歲時，壓歲錢的總和為何？（假設利率為10%）(A)$6,715.6　(B)$6,105.1　(C)$6,235.4　(D)$6,678.2。

(　　) **9** 如果花旗銀行信用卡的名目年利率為18%，則其有效年利率為何？(A)18%　(B)19%　(C)19.56%　(D)20%。

(　　) **10** 某輪胎公司進入越南投資設廠，未料遇到2008年金融海嘯，使得該期間的獲利不如預期。請問這是屬於何種風險？　(A)技術風險　(B)經營風險　(C)災害風險　(D)市場風險。

(　　) **11** 若排除市場風險，股票之個別風險為：　(A)系統的、可透過投資組合分散的　(B)非系統的、可透過投資組合分散的　(C)系統的、不可分散的　(D)非系統的、不可分散的。

解答與解析

一、基礎題

1 (B)。$FV=PV\times(1+i)^{n}$
$FV=\$100{,}000\times(1+8\%)^{5}$
$=146{,}932.8$

2 (C)。$PV=FV\times[1\div(1+i)^{n}]$
$PV=\$50{,}000\times[1\div(1+6\%)^{5}]$
$=\$37{,}362.91$。

3 (A)。FVOA（普通年金終值）＝$PMT\times[(1+i)^{n-1}+\cdots\cdots+(1+i)]$
$=\$400\times[(1+12\%)^{3-1}+(1+12\%)^{3-2}+(1+12\%)^{3-3}]$
$=\$400\times[(1+12\%)^{2}+(1+12\%)^{1}+(1+12\%)^{0}]$
$=\$1{,}349.76$
由於期初年金相較普通年金多經過1年複利，所以尚須由普通年金終值轉換為期初年金終值，即：
FVA（期初年金終值）
$=\$1{,}349.76\times(1+12\%)$
$=\$1{,}511.73$
其計算亦可為：
$\$400\times[(1+12\%)^{3}+(1+12\%)^{2}+(1+12\%)]=\$1{,}511.73$。

4 (A)。PVA（年金現值）
$=PMT\times[1\div(1+i)+\cdots\cdots+1\div(1+i)^{n}]$
$=10{,}000\times[1\div(1+10\%)+1\div(1+i)^{2}+1\div(1+i)^{3}]$
$=2{,}4868.519$

5 (B)。個別公司在經營過程中，由於產業景氣、管理能力或生產技術等個體因素，使企業營業額或成本不穩定，引起利潤變動的可能性。

6 (D)。指企業無法按期支付利息、償還本金，而有倒閉可能的風險，又稱財務風險或違約風險。

二、進階題

7 (B)。利息＝1200×4%×（60÷360）
＝8元。

8 (A)。FVOA＝PMT×[（1＋i）$^{n-1}$＋……＋（1＋i）＋1]×（1＋i）
期初年金現值＝普通年金現值×（1＋期間利率）
FVA＝$1,000×[（1＋10%）^{5}＋……＋（1＋i）]
＝$6,715.61

9 (C)。信用卡每月計算利息，因此年有效利率如下：

$$EAR = (1+\frac{0.18}{12})^{12} - 1.0 = 19.56\%$$

10 (D)。又稱系統風險，指足以影響金融市場中所有資產報酬的非預期事件，其衝擊是全面性的，如天災人禍。

11 (B)。投資組合風險包括系統風險與非系統風險，系統的風險無法規避，而非系統的風險可透過投資組合加以分散。

實戰大進擊

( ) **1** 將未來的營收轉換為相當於今日的價值，是一種＿＿＿＿的計算。空格中應為下列何者？ (A)折現（discount） (B)股利政策（dividend policy） (C)財務預測（forecast） (D)現金流量（case flow）。 【102郵政】

( ) **2** 倘您看中了一項年報酬率12%的投資，所以在每年年初均固定投資$400，若連續每年複利下，請問於第3年年底時，您可累積多少錢？ (A)$1,512 (B)$1,446 (C)$1,398 (D)$1,350。 【101郵政】

( ) **3** 未來三年每年可回收10,000元的投資計畫，其現值為何（年利率以10%計算）？ (A)24,868元 (B)25,777元 (C)27,355元 (D)28,699元。 【98中華電】

解答

1 (A) **2 (A)** **3 (A)**

絕技40 流動與固定資產投資

命題戰情室：資金成本和資本預算的計算、資本結構的理論較屬企管考科（財管部分）的進階內容；但營運資金、信用風險評估的5C原則、現金折扣定義則是不能不記的重點。

重點訓練站

一、資金成本

指企業運用所籌措而來的資金所須負擔的成本，資金來源包含了短期負債、長期負債、普通股、特別股與保留盈餘。不同資金來源，其成本各有不同，資金成本高低順序：（由低至高）

保留盈餘→銀行借款→浮動利率債券→抵押債券→無擔保固定利率債券→可轉換公司債→特別股→普通股→認股權證→員工股票選擇權。

加權平均資本成本（WACC）的意義：「資本成本」是公司某段期間內，資金提供者所期望的報酬率，估計方式如下：

$WACC = Wd \times Kd \times (1-t) + Wp \times Kp + Ws \times Ks$

※Wd、Wp、Ws分別為負債、特別股、普通股的比重，Kd、Kp、Ks分別為負債、特別股、普通股的「資金成本」，t為所得稅平均稅率。

二、資本結構

主要在探討企業各類長期資本的分配比例，公司籌措長期資金的方式有：發行普通股或特別股、發行公司債、發行可轉換公司債、向銀行融資（中長期銀行貸款）、海外籌資（存託憑證、歐洲債券、國際銀行聯貸等）。米勒模型對於資本結構理論的主張：（Modigliani&Miller,1958、1963）

(一) **「M&M無關論」的定理主張**：「公司價值與其資本結構無關」。

(二) **「M&M有關論」的定理主張**：「資本結構中的負債愈多，公司價值就愈高」。

三、資本預算

指企業對本身長期投資的規劃與評估，包括購買、更新、改良長期資產，以期擴充業務或改善營運，進而帶來現金流入。資本預算技術包括回收期間法、淨現值法、內部報酬法、獲能力指數法、平均會計報酬法。

(一) **回收期間法**：在資本預算中，回收原始投資金額所需要的時間。
還本期間＝完整回收年數＋不足1年回收年數（尚未回收投資餘額÷回收年度現金流量）。

(二) **淨現值法（NPV）**：將所有現金流量以資金成本折現，使其產生的時間回到決策時點，並在相同時點上比較各其淨現金總和與投入成本之大小。

(三) **內部報酬法（IRR）**：計算出一個能使投資計畫產生的現金流量折現值總和等於期初投入成本的折現率。

(四) **獲利能力指數法（PI）**：將此投資計畫在未來所產生的現金流量折現總值，除以期初投入成本所得比率。

(五) **平均會計報酬法（AAR）**：透過會計報酬率以評估可否接受投資案。
AAR＝投資期間的每期平均淨利÷投資期間的每期平均投資金額。

四、營運資金管理

廣義的營運資金是指流動資產總額，又稱毛營運資金；狹義的營運資金則指流動資產－流動負債，又稱淨營運資金。營運資金的種類可分為：

種類	說明
永久性營運資金	支應公司日常營運活動最少時的流動資產水準
暫時性營運資金	支應公司於淡季時營運活動所需額外流動資產水準
特別性營運資金	支應公司因應特別事件所需額外流動資產水準

五、應收帳款管理

(一) **一般傳統上評估客戶的信用評等，主要有五項標準依據（5C制度）**：

1. **品格（Character）**：指客戶償還債務的意願。
2. **能力（Capacity）**：指客戶的償債能力。
3. **資本（Capital）**：指該公司的財務狀況。
4. **擔保品（Collateral）**：客戶提供擔保用途的資產，以取得交易信用。

5. **情勢（Condition）**：外在環境的變動對客戶造成的影響，因而影響到償債能力。

(二) **企業收款政策與現金折扣**：指對過期帳款的催收程序。通常公司為了讓客戶能儘速付款通常會提供「現金折扣」，如「2/10,n/30」，代表在10天內付款可享有2%之折扣，最後付款期為30天。

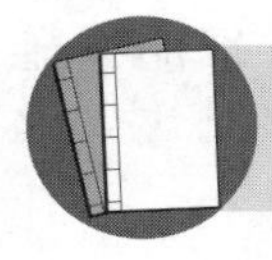

資料補給站

一、資本資產定價模式（Capital Asset Pricing Model）

簡稱CAPM，可用於計算股東所要求的普通股報酬率，或評估投資人承擔風險下的期望報酬率。即為普通股公司資金成本。其計算公式為：

Ke＝Rf＋βx（Rm－Rf）

※Rf：無風險利率　β：系統風險值　Rm：市場報酬率。

二、存託憑證（Depository Receipt, DR）

國內發行公司委託國外投資銀行，在國外證券市場發行可表彰國內股票之一種證券。目前我國發行方式有美國存託憑證（ADR）與國全球存託憑證（GDR）兩種。

三、營運資金

營運資金是指企業在正常營運循環中所需營運週轉的資金，又稱週轉資金、循環資金，包括現金、有價證券、存貨、應收帳款等流動資產。營運資金可分為：

(一) **固定需要**

1. **創業營運資金**：為企業在創業籌備階段所需準備之營運資金。
2. **經常營運資金**：為備供企業維持業務正常營運所需資金數額。

(二) **變動需要**

1. **季節性營運資金**：指企業在正常營運中，為因應季節性變動所需的資金。如在淡季時須購置存貨，以備加工製造，供旺季銷售之用，故所需資金勢必較多。
2. **特殊性營運資金**：為因應特殊額外需要而準備的營運資金。如在經濟景氣變動、意外或緊急事故、新產品或新市場開發、技術創新等需額外的管銷研成本。

(三) 營運資金通常具有

1. **壽命短暫**：此些資產的壽命通常不會超過1年。
2. **可迅速轉換為其他資產型態**：如現金可轉換成存貨、存貨可轉換成應收帳款、應收帳款可轉換成現金。
3. **資產型態與營運水準同步化**：生產、銷售、收帳因非同時發生，增加不確定因素，營運資金管理顯得格外重要。

四、加權平均資金成本

WACC（Weighted Average Cost of Capital）是對一個公司資本成本的計算，也是一種在現金流折現估價模型（DCF）中的成本計算。WACC是指企業以各種資本在企業全部資本中所占的比重為權數，對各種長期資金的資本成本加權平均計算出來的資本總成本。加權平均資本成本可用來確定具有平均風險投資項目所要求的收益率。

易錯診療站

一、資本預算技術包括回收期間法、淨現值法、內部報酬法、獲能力指數法、平均會計報酬法。

二、淨營運資金＝流動資產－流動負債。

三、信用風險評估：

(一) **五C原則**：品格（Character）、能力（Capacity）、資本（Capital）、擔保品（Collateral）、整體經濟情況（Conditions）。

(二) **銀行五P原則**：借款戶（People）、資金用途（Purpose）、還款財源（Payment）、債權保障（Protection）、授信展望（Perspective）。

模擬題試煉

一、基礎題

(　) **1** 下列何種資金來源，對企業而言成本是最低的？ (A)普通股 (B)銀行貸款 (C)保留盈餘 (D)可轉換公司債。

(　　) **2** 根據MM的資本結構理論，假設市場是完美的，且無公司所得稅與個人所得稅時，公司的價值（在其他條件不變下）：　(A)會受到舉債與否的影響　(B)不會受到舉債與否的影響　(C)會與舉債金額呈比例增加　(D)以上皆非。

(　　) **3** 在財務管理中，資本預算決策的評估方法，包括回收期間法、平均會計報酬率法內部報酬率法與獲利能力指數法，還有哪一種常用的方法？　(A)市場佔有率法　(B)速動比率法　(C)現金流量法　(D)淨現值法。

(　　) **4** 算出投資專案期間中可產生的現金流量，然後折算成現值再扣除？(A)淨現值法　(B)會計報酬率法　(C)回收期間法　(D)內部報酬率法。

(　　) **5** 在資本預算決策中，「投資計劃的平均年度預期淨收入除以平均淨投資額」又稱之為何？　(A)回收期間法　(B)淨現值法　(C)內部報酬率法　(D)會計報酬法。

(　　) **6** 企業流動資產與流動負債之差稱為：　(A)股東權益　(B)保留盈餘　(C)淨營運資金　(D)資本公積。

(　　) **7** 當公司所列的購貨付款條件為1/10，N/60，表示其信用期間為：(A)10天　(B)30天　(C)60天　(D)無期限。

(　　) **8** 對於賒帳顧客的最低信用要求謂之信用標準，下列何者不屬於信用5C？　(A)顧客的能力　(B)顧客的性別　(C)顧客的擔保品　(D)顧客的資本。

二、進階題

(　　) **9** 青山公司102年度發行不同的融資商品，下列何者不屬於長期融資管道？　(A)發行普通股　(B)發行可轉換公司債　(C)發行商業本票　(D)發行特別股。

(　　) **10** 有關公司廠房設備的投資是屬於下列何者的決策範圍？　(A)股利政策　(B)資本預算　(C)資本結構　(D)營運資金管理。

(　　) **11** 環科公司有一個10年的投資計畫，期初投入627萬元，爾後每年的現金流量為75萬元，則期回收期間須幾年？ (A)5.37年 (B)6.54年 (C)8.36年 (D)9.75年。

(　　) **12** 某公司有流動資產\$100，淨固定資產\$500，短期負債\$70，長期負債\$200，請問淨營運資金為何？ (A)\$330 (B)\$600 (C)\$270 (D)\$30。

(　　) **13** 昇陽企業在4月5日賒購一批商品\$300,000，付款條件是：2/10，1/20，n/30，則下列敘述何者正確？ (A)昇陽企業最遲應該在同年4月30日付款 (B)如果昇陽企業在同年4月9日才付款，應付\$240,000 (C)如果昇陽企業在同年4月17日才付款，應付\$297,000 (D)如果昇陽企業在同年4月28日才付款，應付\$294,000。

(　　) **14** 假設市場無風險利率為3%，市場投資組合的預期報酬率為10%。品冠公司目前的貝他係數為1.4，若根據CAPM，該公司的預期報酬率應該是多少？ (A)12.8% (B)13.6% (C)14.5% (D)16.8%。

解答與解析

一、基礎題

1 (C)。資金成本高低順序：（由低至高）保留盈餘→銀行借款→浮動利率債券→抵押債券→無擔保固定利率債券→可轉換公司債→特別股→普通股→認股權證→員工股票選擇權。

2 (B)。Miller&Modigliani（1958）提出在不考慮所得稅之下，資本結構的改變對企業價值無影響的理論。

3 (D)

4 (A)。將所有現金流量以資金成本折現，使其產生的時間回到決策時點，並在相同時點上比較各其淨現金總和與投入成本之大小。

5 (D)。AAR＝投資期間的每期平均淨利÷投資期間的每期平均投資金額。

6 (C)。狹義的營運資金（淨營運資金）：流動資產－流動負債。

7 (C)。代表在10天內付款可享有1%之折扣，最後付款期為60天。

8 (B)。品格、情勢。

二、進階題

9 (C)。發行商業本票屬於短期融資管道。

10 (B)。企業對本身長期投資的規劃與評估。

11 (C)。627萬元÷75萬元＝8.36年。

12 (D)。淨營運資金＝流動資產－流動負債＝\$100－\$70＝\$30。

13 (C)。(A)最遲5月5日付款。(B)10天內享2%折扣（\$6000），所以應繳294,000。(D)超過20天無折扣，應繳\$300,000。

14 (A)。$Ke=Rf+\beta\times(Rm-Rf)$
$=3\%+(10\%-3\%)\times1.4$
$=12.8\%$。

實戰大進擊

(　　) **1** 在各種資金取得來源成本最高的通常是：　(A)短期負債　(B)長期負債　(C)普通股　(D)特別股。　【103台酒】

(　　) **2** 企業在從事長期投資時，評估投資案的可行性及衡量風險的程序與方法稱為？　(A)風險管理　(B)長期融資決策　(C)營運資金管理　(D)資本預算決策。　【104台電】

(　　) **3** 淨營運資金＝________，空格中應填入下列何者？　(A)資產－負債　(B)負債＋股東權益　(C)流動資產＋流動負債　(D)流動資產－流動負債。　【102中油】

(　　) **4** 營運資金是指企業的流動資產與流動負債的差額，是用來衡量：(A)企業獲利的能力　(B)企業償付長期債務的能力　(C)企業償付短期債務的能力　(D)借貸資金以從事投資的能力。　【100郵政】

(　　) **5** 若以資金的用途分類，企業為維持在業務旺季時可正常營運，所需調度的流動資金，稱為：　(A)創業性流動資金　(B)季節性流動資金　(C)固定性流動資金　(D)特殊性流動資金。　【107台酒】

(　　) **6** 下列何者最不適用於評估企業內重大設備投資？　(A)內部報酬率　(B)淨現值　(C)加權平均資金成本　(D)資產報酬率。　【111經濟部】

解答

1 (C)　**2 (D)**　**3 (D)**　**4 (C)**　**5 (B)**　**6 (D)**

絕技 41 金融市場

命題戰情室：金融市場概念、證券市場評價中的股利固定成長的股利折現模式、效率市場假說（EMH）在各種財金類考試是3個必考的重點，務必把公式與觀念弄清楚。雖然在企管考科中偶而才會出現，但仍是獲取滿分的關鍵點。

重點訓練站

一、金融市場

係指各種金融工具的買賣雙方，決定交易標的價格與數量的市場。

其型態可分為：

(一) 依金融程序區分

1. **直接金融**：資金需求者以發行股票、債券證券或其他金融工具，並出售資金剩餘者，作為金融性資產，以換取資金。
2. **間接金融**：資金需求者向握有大筆閒置資金的金融機關，簽訂借貸契約以取得資金。

(二) 依到期期限區分

1. **貨幣市場**：指到期期間一年以內的證券交易市場，主要交易工具有國庫券、可轉讓定期存單、銀行承兌匯票、商業本票、附買回協議。
2. **資本市場**：指到期期間在一年以上的證券交易市場，如公債、公司債、股票等交易工具。

(三) 依發行時點區分

1. **初級市場**：發行新證券的市場，IPO。
2. **次級市場**：證券發行後可相互買賣的市場。

二、股票與債券

(一) 股票（Stocks）

是公司籌措長期資金的工具，同時也是投資人對公司表徵所有權的金融工具。股票依其權利義務的不同，可分為普通股與特別股。

1.普通股：可表徵對公司所有權，其特性為具投票權、股利分配權剩餘請求權及優先認股權。

2.特別股：一種兼具債券與普通股部份特性的證券。股利必須較普通股利優先發放，但沒有投票權。

(二) **股票評價模式（股票理論價格）**

股利零成長股價：P＝D÷R

股利固定成長股價：P＝[D×（1＋g）]÷（R－g）

※ P：股價　　D：本期每股股利

g：股利固定成長率　　R：折現率（必要報酬率）

(三) **債券（Bonds）**

是發行人（政府或企業）向債權人募集資金的憑證，在約定的時間內按時償付利息給債權人，至到期日依面額償還本金給債權人。債券依發行單位可分為：政府公債、金融債券及公司債。政府公債由政府所發行，其風險最低；金融債由商業銀行、專業銀行或票券金融公司所發行，作為專業性投資與中長期放款使用；而公司債則由民間公司發行，為另一種融資工具。

三、效率市場假說（The Efficient Market Hypothesis, EMH）

財務學者法瑪（Fama）於1970年依可獲得的「資訊內容」不同，將效率市場分為三個層次：

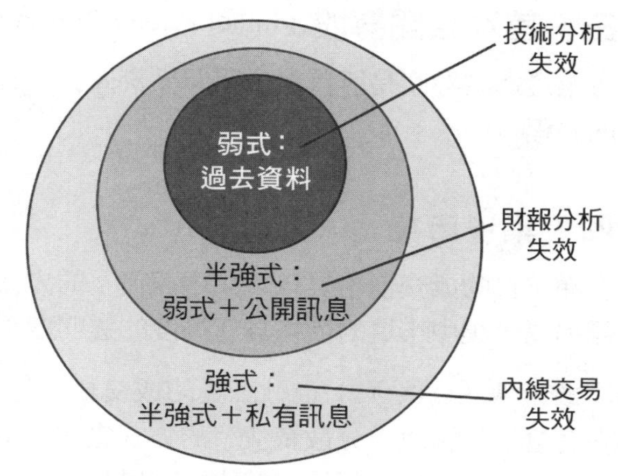

(一) **弱式效率市場假說（weak form efficiency）**：目前證券價格已經完全反映歷史資料。因此，投資者利用各種方法對證券過去之價格從事分析與預測後，並不能提高其選取證券之能力。也就是說，投資者並不能因此而獲得超額利潤。

(二) **半強式效率市場假說（semi-strong form efficiency）**：目前證券價格已完全充分地反映所有市場上已經公開的情報。因此，投資者無法因分析這些情報而獲得較佳之投資績效。

(三) **強式效率市場假說（strong form efficiency）**：目前證券價格完全充分反

映已公開及未公開之所有情報。尚未公開的內幕消息，投資者已藉各種方式取得，早已成為公開的秘密，證券價格也已調整。因此，所有人皆無法從證券交易中獲得超額報酬。

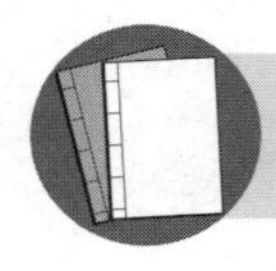

資料補給站

一、中央銀行的貨幣政策工具

公開市場操作、調整重貼現率、短期融通、變動法定準備率、郵政儲金轉存、外匯操作、對政府融通、選擇性信用管制、道德說服。

二、股票市場

可分為發行市場、流通市場。

(一) **發行市場**：股票首次上市上櫃的場所。

(二) **流通市場**：已上市上櫃股票之流通交易場所。

牛市又稱多頭市場，熊市又稱空頭市場。

三、首次公開募股（Initial Public Offering, IPO）

企業透過證券交易所首次公開向投資人發行股票，以期募集用於企業發展資金的過程。

四、集中市場

金融工具的成交價格是以「集中競價」的方式決定，並即時對所有市場人士公開揭露。集中市場的價格具有高度的透明度。

店頭市場（OTC）：金融工具的成交價格是以「議價」的方式決定，不論是在各營業櫃檯以「分散議價」的方式完成，或是透過電子交易系統以「集中議價」的方式進行，都是一個店頭市場。

五、道瓊工業平均指數（Dow Jones Industrial Average, DJIA）

由華爾街日報和道瓊公司創建者查爾斯・道創造的幾種股票市場指數之一。他把這個指數作為測量美國股票市場上工業構成的發展，是歷史最悠久的美國市場指數。

易錯診療站

一、金融市場基本上可分為**資本市場（Capital Market）及貨幣市場（Money Market），前者指長期資金的供需交易市場，後者則為短期資金的交易市場**。

二、股利固定成長股價：P＝〔D×（1＋g）〉÷（R－g〕

三、法瑪（Fama）提出效率市場三種類型：

(一) **弱式效率性：凡所有影響過去移動趨勢資訊，都已完全反映在股價中。依據技術分析、無法賺取超常報酬。**

(二) **半強式效率性：若市場中股票的市場反映出所有「已公開」資訊。利用財報分析無法賺取超常報酬。**

(三) **強式效率性：股票目前市價已反映所有已公開或未公開資訊。指利用內線交易無法獲取超常報酬。**

模擬題試煉

一、基礎題

(　　) **1** 資金剩餘者直接購買資金不足者所發行之有價證券（如：股票、政府公債、公司債、商業本票等）。稱為：　(A)間接金融　(B)直接金融　(C)財務金融　(D)以上皆非。

(　　) **2** 資金剩餘者將剩餘之資金存入金融機構，金融機構再間接將此資金貸放給資金不足者或購買資金不足者所發行之有價證券。稱為：(A)間接金融　(B)直接金融　(C)財務金融　(D)以上皆非。

(　　) **3** 下列何者是提供到期期間在一年以內有價證券進行交易之金融市場？　(A)資本市場　(B)貨幣市場　(C)外匯市場　(D)證券市場。

(　　) **4** 普通股股票是屬於下列何種市場的信用工具？　(A)資本市場　(B)貨幣市場　(C)外匯市場　(D)票券市場。

(　　) **5** 發行公司可以自下列何種市場募集資金？　(A)次級市場　(B)初級市場　(C)法人市場　(D)散戶市場。

( ) **6** 下列那個市場主要是買賣已發行流通的證券？ (A)發行市場 (B)現貨市場 (C)初級市場 (D)次級市場。

( ) **7** 何者不是普通股之特性？ (A)公司控制權 (B)優先認股權 (C)優先分配股利的權利 (D)剩餘資產求償權。

( ) **8** 公司已上市，已知其明天將發放股利每股2元，該公司股利每年固定成長7%，市場折現率為12%，試問其股價今天約值多少元？ (A)40 (B)42.8 (C)44.8 (D)以上皆非。

( ) **9** 證券價格若能充分迅速反應所有相關資訊，此一市場稱為： (A)多頭市場 (B)空頭市場 (C)投機市場 (D)效率市場。

( ) **10** 若透過技術分析，也無法得到超常報酬，則此市場無法拒絕何種效率市場假說： (A)弱式效率市場 (B)半強式效率市場 (C)強式效率市場 (D)以上皆非。

( ) **11** 若現在的股價能反應所有已公開的資訊，則稱此種交易市場為： (A)弱式效率市場 (B)半強式效率市場 (C)強式效率市場 (D)超強式效率市場。

( ) **12** 于珊擔任數家上市公司董事，以公司內部消息從股票買賣，但卻未獲利。此種現象支持下列哪一個假說？ (A)弱式效率市場假說 (B)半強式效率市場假說 (C)強式效率市場假說 (D)無效率市場假說。

( ) **13** 在資金運用之各種方法中，獲利性最低者為： (A)操作外匯 (B)投資不動產 (C)購買有價證券 (D)持有現金。

( ) **14** 企業取得長期資金方法很多，若想以長期負債方式籌措資金，可以發行： (A)國庫券 (B)公司債 (C)商業本票 (D)政府公債。

二、進階題

( ) **15** 資金需求者以發行證券方式來向大眾募集資金者稱為： (A)直接金融 (B)間接金融 (C)再融資金融 (D)機構金融。

( ) **16** 下列何者為間接金融？ (A)發行股票 (B)發行短期票券 (C)發行公司債 (D)向銀行借款。

(　　) **17** 以下列何者是在資本市場進行交易之有價證券？　(A)國庫券　(B)公司債　(C)商業本票　(D)銀行承兌匯票。

(　　) **18** 下列何項不屬於貨幣市場工具？　(A)商業本票　(B)可轉讓定期存單　(C)可轉換公司債　(D)銀行承兌匯票。

(　　) **19** 有關金融市場的構成，下列何者正確？　(A)一般根據金融市場上交易工具的期限，把金融市場分為貨幣市場和資本市場兩大類　(B)貨幣市場是融通長期資金的市場　(C)資本市場是融通短期資金的市場　(D)以上皆是。

(　　) **20** 下列何者不是次級市場交易？　(A)個別投資人透過他的經紀商買入中鋼公司股票　(B)機構法人透過它的經紀商出售一些台積電股票　(C)台塑公司透過承銷商發行新股　(D)上述大部分為次級市場之交易。

(　　) **21** 有關特別股之描述，下列何者錯誤？　(A)兼具債券與普通股優先發放　(B)求償次序較普通股優先　(C)股利較普通股優先發放　(D)特別股具有優先投票權。

(　　) **22** 長虹公司預計1年後之現金股利為每股2.4元，且將以每年10%的成長率穩定成長，若該股票之價值為每股66元，根據股利成長模式，該公司的必要報酬為：　(A)16%　(B)14%　(C)12%　(D)10%。

(　　) **23** 大大公司營運良好，該公司現欲發行特別股，每張（1,000股）每年支付股利$2,000，如果市場認為該公司必要報酬率為10%，假設大大公司為永續經營，則其理論股價應為何？　(A)$10　(B)$20　(C)$30　(D)不一定。

(　　) **24** 在半強式效率市場之假設下，下列敘述何者不正確？　(A)使用技術分析無法獲得超額報酬　(B)使用基本分析無法獲得超額報酬　(C)使用內線消息無法獲得超額報酬　(D)投資人經由刊物分析股票無效。

(　　) **25** 政府為提振經濟，下列政策何者無效？　(A)公開市場賣出操作　(B)降低重貼現率　(C)降低法定準備率　(D)降低保證金比率。

( ) **26** 劉先生開設公司從事電子產品買賣需要短期的融通資金，下列何者不是可用的方式？ (A)使用商業信用融資 (B)發行商業本票 (C)公開發行公司股票 (D)向銀行票據貼現。

解答與解析

一、基礎題

1 (B)。或資金需求者以發行股票、債券證券或其他金融工具，以換取資金。

2 (A)。透過金融中介機構獲取資金。

3 (B)。主要交易工具有國庫券、可轉讓定期存單、銀行承兌匯票、商業本票、附買回協議。

4 (A)。到期期間在一年以上的證券交易市場。

5 (B)。初級市場又稱作發行市場，是新證券首次亮相的市場，也是企業募集資金的市場。

6 (D)。又稱作流通市場，當一批全新的證券在初級市場完成第一次的賣出後，接下來無數次的交易換手都是在次級市場進行。

7 (C)。相較於普通股股東，特別股股東享有優先分配股利、優先分配公司剩餘資產等權利。

8 (B)。P＝[D×（1＋g）]÷（R－g）
股價＝[2×（1＋7%）]÷（12%－7%）
＝2.14÷0.05＝42.8元。

9 (D)

10 (A)。股價已反應過去市場交易所有資訊，技術分析無效。

11 (B)。股價已反應所有公開可獲得之資訊除了過去的價格外，尚包括公司營運面的基本資料，基本分析無效。

12 (C)。股價已反應了公司所有的資訊，甚至包括公司內部資訊，內線消息無效。

13 (D)

14 (B)。屬於資本市場的工具。

二、進階題

15 (A) **16 (D)**

17 (B)。到期期間在一年以上的證券交易市場。

18 (C)。屬於資本市場工具。

19 (A)。(B)貨幣市場是融通短期資金的市場。(C)資本市場是融通長期資金的市場。

20 (C)。是初級市場交易。

21 (D)。特別股沒有投票權。

22 (B)。P＝[D×（1＋g）]÷（R－g）
66＝[2.4×（1＋10%）]÷（R－10%）
66×（R－10%）＝[2.4×（1＋10%）]
66R–6.6＝2.4＋0.24
66R＝9.24
R＝9.24÷66＝0.14（14%）。

23 (B)。特別股股價應為未來所有股利的現值：

$$P=PMT\times\left[\frac{1}{(1+i)}+\frac{1}{(1+i)^2}+\ldots+\frac{1}{(1+i)^n}+\ldots\right]$$

$$=\frac{PMT}{i}$$

$$P=\frac{PMT}{i}=\frac{\$2}{0.1}=20$$

24 (C)。強式效率市場之假設。

25 (A)。公開市場買進操作。

26 (C)。與發行公司債同屬長期的融通資金方式。

實戰大進擊

(　　) **1** 下列何者並非是企業長期融資（long term financing）的來源？ (A)商業本票（commercial paper） (B)保留盈餘（retained earnings） (C)公司債（debentures） (D)特別股（preferred stock）。 【105中油】

(　　) **2** 下列何者「不是」長期資金的來源？ (A)負債融資 (B)增股籌資 (C)創投基金 (D)商業本票。 【105台酒】

(　　) **3** 下列何者係指企業透過證券交易所首次公開向投資者增發股票，以期募集用於企業發展資金的過程？ (A)風險管理 (B)循環信用條款 (C)槓桿作用 (D)初次公開發行。 【105台糖】

(　　) **4** 企業透過證券交易所首次公開向投資人發行股票，以期募集用於企業發展資金的過程，簡稱為何？ (A)IPO (B)OTC (C)DJIA (D)S&P500。 【102郵政】

(　　) **5** E公司已上市，已知其明天將發放股利每股2元，該公司股利每年固定成長7%，市場折現率為12%，試問其股價今天約值多少元？ (A)40 (B)42.8 (C)44.8 (D)以上皆非。 【98經濟部】

(　　) **6** 效率市場可分為不同形式，其中沒有任何一個投資者可以利用過去價格資訊進行交易而獲取超額利潤稱為： (A)弱式效率市場 (B)半強式效率市場 (C)強式效率市場 (D)半弱式效率市場。 【104台酒】

(　　) **7** 在下列那一市場下，內線交易無效？ (A)強式效率市場 (B)半強式效率市場 (C)弱式效率市場 (D)半弱式效率市場。 【98經濟部】

(　　) **8** 若現在的股價能反應所有已公開的資訊，則稱此種交易市場為：(A)弱式效率市場　(B)半強式效率市場　(C)強式效率市場　(D)以上皆非。【97自來水】

(　　) **9** 對於管理企業財務，下列敘述何者錯誤？　(A)內線交易係指利用公司的特殊相關資訊，買賣股票以獲得不法利益的行為　(B)牛市又稱多頭市場，是指股市或經濟呈現長期上漲多頭格局的向上趨勢　(C)一股普通股的帳面價值是以業主權益除以所有股東持有的普通股股數　(D)那斯達克綜合指數為歷史最悠久，且最廣為引用的美國市場指數。【104郵政】

(　　) **10** 以下何者是企業短期融資的工具（方式）？　(A)發行普通股　(B)發行公司債　(C)向金融機構進行票據貼現　(D)向銀行抵押貸款。【107台酒】

(　　) **11** 貨幣市場中常用的工具，主要是由企業發行，到期期間一年以下的負債證券，可配合企業資金調度之彈性需求，讓企業快速取得所需的短期資金是指那一種工具？　(A)國庫券　(B)商業本票　(C)承兌匯票　(D)可轉讓定期存單。【111台鐵】

解答

1 (A)　**2 (D)**　**3 (D)**　**4 (A)**　**5 (B)**　**6 (A)**　**7 (A)**　**8 (B)**　**9 (D)**　**10 (C)**
11 (B)

絕技 42 資訊管理

命題戰情室：隨著知識經濟時代的來臨，資訊管理是企業非常重要機能，資訊系統在企業運用更是日新月異。本絕技比較會考的重點是管理資訊系統（MIS）、決策支援系統（DSS）、企業資源規劃（ERP）、供應鏈管理（SCM）、顧客關係管理（CRM）、知識管理（KM）等觀念都應仔細閱讀，並透過題目反覆練習。

重點訓練站

資訊管理係組織為有效達成使命目標，針對影響組織運作有關之內外在環境因素，所進行之資訊蒐集、資訊分析、資訊解釋、資訊分派、資訊應用及資訊儲存等管理活動，其目的在促進企業效率、提升決策品質與有效解決問題。

一、資訊系統的分類

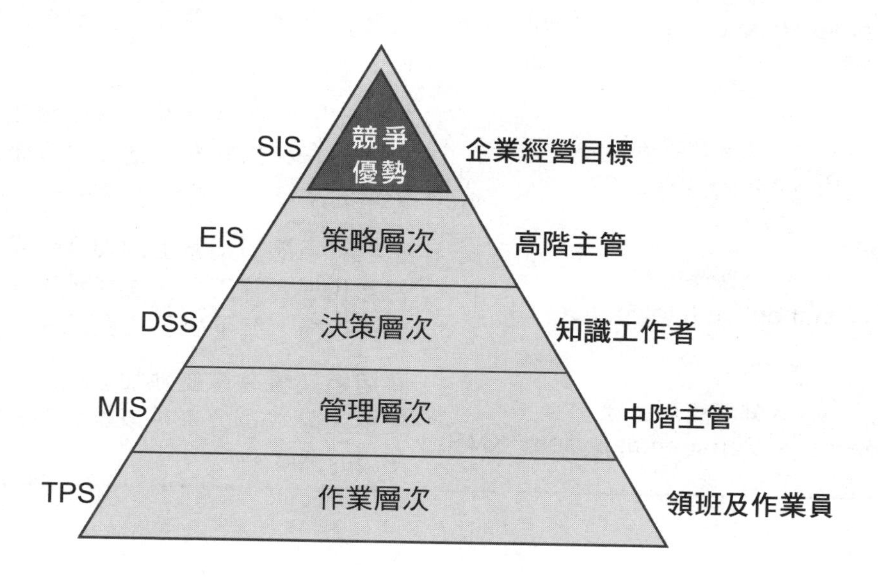

系統名稱	簡稱	系統功能
交易處理系統	TPS	處理日常交易的資訊系統
管理資訊系統	MIS	提供管理資訊的資訊系統
決策支援系統	DSS	提供決策支援的資訊系統
主管資訊系統	EIS	提供高階主管策略資訊的資訊系統
策略資訊系統	SIS	能為組織創造競爭優勢的資訊系統

二、企業資訊應用新趨勢

90年代以後企業的資訊應用，出現一些新的趨勢，並廣為企業界所採用：

企業資源規劃 Enterprise Resources Planning, ERP	整合企業內部人事、財務、製造、行銷等資訊流快速提供決策資訊，以提升企業的營運績效。
供應鏈管理 Supply Chain Management, SCM	整合供應商、經銷商與顧客，經由系統化的協調與整合，以追求產銷過程最佳化。
顧客關係管理 Customer Relation Management, CRM	透過顧客資訊的整合性蒐集與分析，來區隔有潛力市場，或提供客製化服務，使顧客感受到最大價值。
商業智慧系統 Business Intelligence, BI	讓管理者能夠及時獲得有用資訊，以做出正確的判斷，進而提升企業決策的品質、改善營運績效。
競爭智慧 Competitive Intelligence, CI	企業利用網際網路上的搜尋引擎、智慧代理人等工具，快速地蒐集和分析市場、競爭對手、產品等。
知識管理系統 Knowledge Managemnt Sysem, KMS	將組織知識有系統地加以儲存，並提供組織成員分享，以擴大資訊與知識的價值。

三、資料庫管理

形態	說明
資料倉儲 Data Warehouse, DW	一種管理性資料庫，能快速支援使用者的管理決策。
資訊超市 Data Mart	一部分子集合之資料的組合，支援某些特定的部門。
線上分析處理 Online Analysis Processing	架在DW上能即時地、快速地提供整合性的決策資訊。
資料探勘 Data Mining, DM	利用統計、人工智慧或其他分析技術，在大型資料庫內尋找發掘各種資料間關係，作為決策制定參考。

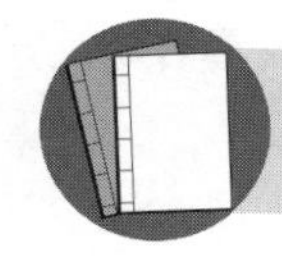

資料補給站

一、資料→資訊→知識→智慧。

類別	說明
資料	未經處理的事實或數字
資訊	經過處理後對使用者有意義的資料
知識	歸納資料再輔以經驗以利成員共享
智慧	運用知識以創造新的效果與價值
資訊系統	處理資訊並使資訊產生意義，進而創造價值

二、資訊系統包含電腦硬體、軟體、資料庫、作業模式及人員五個部份。

三、**協同商務**（Collaborative Commerce, C-Commerce）：企業透過網際網路與供應商、合作夥伴、配銷商及顧客等，在彼此商務往來的作業上（例如產品設計、行銷），同步地透過資訊、知識的分享來協同合作，以提升整個價值鏈的競爭優勢。

四、**夥伴關係管理**（Partner Relationship Management, PRM）：利用網際網路有效地管理並傳遞價值給與企業有合作關係的夥伴廠商。

五、**銷售時點管理系統**（point of sale, POS）：能提供每種產品某特定期間的銷售情況，管理者可針對重大變動採取必要措施。

六、勤業管理顧問公司提出知識管理KPIS公式。

$K=(P+I)^{S}$

知識＝（人員＋資訊）^{共享}

K（Knowledge）知識，P（People）人員，I（Information）資訊，S（Share）共享。

七、**資訊系統開發生命週期**（System Development Life Cycle, SDLC）：可分為系統規劃、系統分析、系統設計、系統建置、系統維護。

系統規劃	界定系統目標與範圍的工作
系統分析	將使用者需求轉換為系統開發文件，以供系統開發人員作為開發系統的依據
系統設計	依據使用者的需求來設計各項資訊處理之系統
系統建置	實際建置設計好的新系統
系統維護	維持系統的正常運作

易錯診療站

一、顧客關係管理（CRM）和企業資源規劃（ERP）是隨著電子商業（e-Business）的發展而興起的兩個概念，它們從不同的角度來推動著企業電子化的發展，從而提高企業的競爭力。

(一)**企業資源規劃**（ERP）：「**快速因應市場的需求，能及時整合與規劃企業一切的資源，做最佳化配置的資訊系統**」。ERP系統的導入是企業電子化的基礎，**ERP能將全公司中所有的部門與功能，整合於一個單一的電腦系統，其能服務所有部門的之特定需要：如財務、人資、生產、物料管理、行銷方面的需要。**

(二)**顧客關係管理（CRM）系統透過管理企業與顧客之間的互動關係來獲取、增強和維繫顧客的使用經驗，以提高與保持顧客滿意度與忠誠度**，同時，透過流程優化、資訊共用和業務協同來增加企業的收益，是供應鏈的核心部分。

二、Battaglia（1994）將**供應鏈管理（SCM）定義為「整合了倉庫、運輸、生產規劃、存貨以及所有其他物流的分割活動，使原料從取得到傳送，以及最終產品的消費過程中，資訊和產品流程能夠達到最佳化的過程。**」

模擬題試煉

一、基礎題

(　) **1** 企業組織最基本的電腦化作業系統，其功能在於用電腦處理以代替人工從事紀錄保存的作業是：　(A)DSS　(B)EIS　(C)MIS　(D)TPS。

(　) **2** 請問「管理資訊系統」之英文簡稱為何？　(A)ERP　(B)MBO　(C)MIS　(D)DSS。

(　) **3** 可直接與電腦溝通，而獲得決策時所需資訊的系統，且可用於產品發展、投資分析等方面的系統是何者？　(A)DSS　(B)EIS　(C)MIS　(D)TPS。

(　) **4** 為了協助高階主管作規劃、分析及人際溝通，並提供內、外部環境資訊，以支援高階主管進行決策的資訊系統是：　(A)DSS　(B)EIS　(C)MIS　(D)TPS。

(　) **5** 一個大型模組化、整合性的流程導向系統，其整合企業內部財會、製造、進銷存、人力資源與一般行政管理等資訊流，此系統即是：(A)CRM　(B)MIS　(C)KM　(D)ERP。

(　) **6** 利用一連串有效率的方法，來整合供應商、製造商、倉庫和商店，使得商品能以正確的數量生產，並在正確的時間配送到正確的地點，主要目的是要達到一個令人滿意的服務水準，並使得整體系統成本最小化，此即為：　(A)企業流程再造（BPR）　(B)企業資源管理（ERP）　(C)供應鏈管理（SCM）　(D)知識管理（KM）。

( ) **7** 使用資訊科技建立與客戶互動的管道，蒐集、分析、整合各項顧客資料及資訊，以提高對客戶的了解，藉此發展出適合顧客個別需要的產品或服務，是指下列何者？ (A)企業資源規劃 (B)供應鏈管理 (C)顧客關係管理 (D)知識管理。

( ) **8** $K=(P+I)^S$這個方程式是指： (A)資訊管理 (B)專家系統 (C)商業智慧 (D)知識管理。

( ) **9** 請選出不正確的配對？ (A)CRM：顧客關係管理 (B)ERP：決策支援系統 (C)SCM：供應鏈管理 (D)MIS：管理資訊系統。

( ) **10** 在大量的資料中，找出資料彼此之間關聯性之過程，稱為： (A)資料採礦 (B)資料倉儲 (C)資料蒐集 (D)資料傳送。

( ) **11** 在供應鏈中，下游的訂單產生變異時，愈往中上游走，其訂單數量的變異性愈大，此為： (A)鐘擺效應 (B)牛鞭效應 (C)月暈效應 (D)長尾效應。

( ) **12** 資訊系統開發生命週期中，下列何者非屬生命週期五個階段之一？ (A)需求分析 (B)系統交換 (C)系統建置 (D)系統維護。

( ) **13** 顧客關係管理其最終目的為何？ (A)提升銷售總額 (B)建立可信賴的資料庫 (C)提升市場佔有率 (D)創造高的顧客權益。

二、進階題

( ) **14** 以下內容中的哪些是一個組織的資訊系統的例子？ (A)召開視訊會議 (B)網際網路 (C)電子郵件 (D)以上皆是。

( ) **15** 管理資訊系統（MIS）主要特性包括： (A)支援中階管理階層的規劃與控制 (B)大部分為結構性、例行性問題的支援 (C)需要交易處理系統（TPS）提供資料 (D)以上皆是。

( ) **16** 有關TPS與MIS的比較何者為真？ (A)TPS重效率，MIS重效果 (B)TPS的使用者是中階主管 (C)MIS的使用者是基層員工 (D)TPS的使用頻率很低。

( ) **17** 在企業電子化（Electronic Business）的架構中，企業與供應商或策略夥伴間的跨組織整合，所依賴的資訊系統為下列何者？ (A)顧客關係管理系統（CRM） (B)知識管理系統（KM） (C)供應鏈管理系統（SCM） (D)企業資源規劃系統（ERP）。

( ) **18** 可登公司希望能導入一套新系統來改善企業內部流程與資訊不對稱的問題，該系統亦能提供應用程式中的有用資料支援組織內部的活動，該系統應該為？ (A)物流需求規劃系統（MRP） (B)企業資訊規劃系統（ERP） (C)決策支援系統（DSS） (D)管理資訊系統（MIS）。

( ) **19** 企業資源規劃（ERP）與生產流程的關係，以下何者正確？ (A)可縮短訂單與付款間的時間 (B)MRP是ERP的進化版 (C)造成存貨增加 (D)增加處理業務的人力。

( ) **20** 企業從名稱不同的角度來區別與瞭解顧客，已發展出適合的個別顧客需求的產品與服務的一種企業程序與資訊科技的組合模式，其目的在於維護既有顧客並吸引新顧客。以上描述是指以下哪一項目？ (A)企業資源規劃 (B)知識管理 (C)供應鏈管理 (D)顧客關係管理。

( ) **21** 收集商品販賣種類、數量、時間、消費者需求等情報，以作為營運決策的參考，為下列哪一個資訊系統？
(A)POS (B)EDI (C)EOS (D)CIS。

( ) **22** 資訊系統的建立步驟有 甲、系統分析 乙、系統實施 丙、系統開發 丁、系統設計 戊、可行性分析，下列何者是正確的？ (A)戊甲乙丙丁 (B)戊甲丁乙丙 (C)戊甲丁丙乙 (D)戊乙甲丙丁。

( ) **23** 在資訊系統開發生命週期過程中，界定系統目標與範圍的工作是屬於哪一個階段？ (A)系統規劃 (B)系統分析 (C)系統設計 (D)系統建置。

解答與解析

一、基礎題

1 (D)。交易處理系統（Transaction Processing System, TPS）或稱EDP，處理日常交易的資訊系統。

2 (C)。管理資訊系統（Management Information System, MIS）的最主要功能是協助管理決策。

3 (A)。決策支援系統（Decision Support System，DSS）提供給管理者有關的資訊，以支援其進行決策，而非取代決策。

4 (B)。主管資訊系統（Executive Information System, EIS）。

5 (D)。能快速因應市場競爭之需求、整合企業一切可用之資源及對資源做最佳化配置的企業經營管理資訊系統。
企業內部電腦系統能整合企業活動，包括財務、會計、物流及生產功能等。

6 (C)。將價值鏈之觀念串聯整合而成的企業運籌體系。

7 (C)。利用資訊科技達到落實持續性關係行銷，創造顧客價值的程序。

8 (D)。知識管理KPIS公式，是由勤業管理顧問公司所提出。

9 (B)。DSS：決策支援系統。

10 (A)。資料採礦（Data Mining）又譯為數據挖掘、資料挖掘、資料探勘。

11 (B)。牛鞭效應（Bull whip effect）主要描述市場的細微變化會引起供應鏈環節廠商產量的急劇變化，供應鏈環節離終端顧客越遠，這種放大效應越明顯。

12 (B)。系統規劃、系統分析、系統設計、系統建置、系統運作與維護。

13 (D)。透過管理企業與顧客之間的互動關係來獲取、增強和維繫顧客的使用經驗，以提高與保持顧客滿意度。

二、進階題

14 (D)

15 (D)。根據Gordon Davis所提出的管理資訊系統的定義是：「一種整合性的人機系統，可以提供資訊以支援組織的日常作業、管理及決策活動。」

16 (A)。(B)TPS的使用者是低階主管與操作層級。(C)MIS的使用者是中階管理階層。(D)TPS的使用頻率很高。

17 (C)。利用資訊科技處理並整合從企業上游的供應商到最終顧客間物料規劃與管制。

18 (B)。能快速因應市場競爭之需求、整合企業一切可用之資源及對資源做最佳化配置的企業經營管理資訊系統。

19 (A)。(B)ERP是MRP的進化版。(C)存貨減少。(D)減少處理業務的人力。

20 (D)

21 (A)。銷售時點管理系統（Point Of Sale, POS）。

22 (C)。可行性分析→系統分析→系統設計→系統開發→系統實施。

23 (A)。界定問題本質、系統目標與範圍及評估可行性。

實戰大進擊

( ) **1** 一般在企業使用的系統中，以便利商店為例，多屬於下列何種系統型態？ (A)知識管理系統 (B)主管支援系統 (C)交易處理系統 (D)決策支援系統。 【105郵政】

( ) **2** 管理資訊系統（MIS）一般而言，對那些管理功能較為有用？ (A)規劃、指導 (B)決策、控制 (C)控制、指導 (D)決策、協調。 【104農會】

( ) **3** 關於企業資源規劃的概念，不包含下列何者？ (A)改善企業流程效率 (B)整合系統與資源 (C)強化人員管理與溝通 (D)減少浪費與降低成本。 【105郵政】

( ) **4** 企業內部電腦系統能整合企業活動，包括財務、會計、物流及生產功能等，此為何種系統？ (A)顧客關係管理（CRM） (B)電子資料交換（EDI） (C)供應鏈（SCM） (D)企業資源規劃（ERP）。 【104台電】

( ) **5** 以電腦為中樞之生產作業系統，將多家公司連結成一個整合的生產單位，結合管理各合作廠的作業（財務、規劃、人力資源與訂單生產），是指： (A)企業資源規劃（ERP） (B)及時存貨控制（JIT inventory control） (C)電腦輔助設計（CAD） (D)電腦輔助製造（CAM）。 【103台酒】

( ) **6** 由於市場快速變化，使得企業內部管理日益複雜；因而公司需要透過何方式來整合企業各部門作業流程所需的資訊或資源，並作最佳化配置以符合企業的經營和運籌，滿足顧客需求及提升產品或服務水準？ (A)企業資源規劃 (B)產品組合規劃 (C)SWOT分析 (D)企業組合分析。 【103中華電】

( ) **7** 供應鏈管理（Supply Chain Management）主要概念為下列何者？ (A)將供應廠商利潤最大化 (B)將物料管理成本最低化 (C)將企業策略性目標與利潤強化 (D)將供應商、中間商以及顧客連結，以強化效率與效能。【105郵政】

( ) **8** 下列何者是指「企業管理者利用電子技術，從事搜尋、篩檢與重組資料群，以便發掘有用資訊的過程」？ (A)資料庫（data bank） (B)資料倉儲（data warehousing） (C)資料傳遞（data communication） (D)資料採礦（data mining）。【104自來水】

( ) **9** 利用電子技術，從事搜尋、篩檢與重組資料，以發掘有用資訊的過程，稱之為： (A)資訊系統（information system） (B)資料採礦（data mining） (C)資料倉儲（data warehousing） (D)資訊處理（information processing）。【103中油】

( ) **10** 將使用者需求轉換成系統開發文件，以供系統開發人員作為開發資訊系統的依據。此項工作是為下列何者？ (A)系統設計 (B)系統分析 (C)系統建置 (D)程式設計。【104、105自來水】

( ) **11** 企業採用資訊通訊科技所產生的利益，不包括下列何者？ (A)改善營運的生產力 (B)提供客製化彈性 (C)進行遠距顧客的服務 (D)降低市場的競爭程度。【103中油】

( ) **12** 在顧客關係管理中，下列何者是發展與建立顧客關係的主要關鍵？ (A)顧客選擇及產品的提供 (B)顧客價值及顧客滿意度 (C)產品性能及顧客價值 (D)顧客期望及顧客滿意。【106桃捷】

( ) **13** 參與「將產品從原物料加工、製造成半成品到最終產品階段，並傳遞到顧客手中」這一連串流程的群體稱為下列何者？ (A)多功能網絡 (B)配銷管道 (C)供應鏈 (D)競爭對手。【107郵政】

( ) **14** 在現今蓬勃的商業活動中，資訊流常運用於蒐集及傳遞商業情報等資訊，但下列何者並非資訊流的工具？ (A)銷售時點管理系統（POS） (B)電子訂貨系統（EOS） (C)無線射頻辨識系統（RFID） (D)企業識別系統（CIS）。【107台酒】

( ) **15** 利用某種設備與方法加以分類整理，成為具有意義的情報稱之為？ (A)資料 (B)資訊 (C)知識 (D)智慧。 【107農會】

( ) **16** 企業用於管理及處理資訊的設備與技術，通稱為： (A)資訊科技 (B)資訊管理 (C)資訊作業 (D)資訊取得。 【108郵政】

( ) **17** 下列何者是顧客關係管理（Customer Relationship Management）的要素？ (A)確保產品或服務的價格永遠低於競爭者 (B)想辦法獲取最大的市場佔有率 (C)讓顧客參與企業組織內部的管理決策 (D)全面性提高對顧客的了解。 【108郵政】

( ) **18** 下列何者是指企業為提升競爭力，對從原物料採購到最終產品交付給消費者的整個流程的管理？ (A)企業資源管理 (B)採購物流管理 (C)作業管理 (D)供應鏈管理。 【110台酒】

( ) **19** 當消費者登入Amazon的購物平台時，Amazon就會依消費者的數位足跡推播其可能感興趣的產品，下列何者最能貼切描述此種電子商務實務所對應的技術？ (A)資料探勘 (B)邊緣運算 (C)雲端運算 (D)顧客關係管理。 【111經濟部】

解答

1 (C) **2** (A) **3** (C) **4** (D) **5** (A) **6** (A) **7** (D) **8** (D) **9** (B) **10** (B)
11 (D) **12** (B) **13** (C) **14** (D) **15** (B) **16** (A) **17** (D) **18** (D) **19** (A)

絕技43 電子商務（E-Commerce）

命題戰情室：一般經濟社會學家稱資訊革命，為第三波革命又稱白色革命。管理大師杜拉克則認為真正帶來革命性變化的是資訊革命之後的電子商務，其無遠弗屆威力，又稱之為第四波革命。「電子商務」在《商業概論》是很重要的議題，事業單位偶有題目出現，應能清楚的區別電子商務的四種類型、長尾效應（Long Tail）的意涵。

重點訓練站

電子商務（Electronic Commerce, EC）的發展，改變了傳統行銷通路結構，並使企業對企業之「全球運籌模式」日益重要。

一、定義

指透過網際網路（Internet），在線上完成商業交易活動。

二、類型

電子商務有四種類型：企業對企業（B2B）、企業對個人（B2C）、個人對企業（C2B）、個人對個人（C2C）。

電子商務B2B模式	「企業與特定企業間，特別是同一產業中之上、中、下游企業（供應商、製造商、顧客）間，透過Internet與專屬的網路，一起在線上進行商業活動」。 **例如**：Nike、寶成（為Nike球鞋之代工廠）、寶成之原料供應商，共同建立一套網路系統。
電子商務B2C模式	「企業透過網路及電子媒體，對商品或服務進行推銷及提供資訊，以便吸引消費者利用網路進行購物」。 **例如**：亞馬遜（Amazon）網路書店透過Internet的方便性，使消費者可以在家中透過網路書店查閱書籍並購買。

電子商務C2B模式	「消費者透過網路及電子媒體，對商品或服務進行出價，以便吸引企業提供報價以完成網路購物」。 **例如**：Priceline.com從事C2B的電子商務公司，消費者在其網站上自行出價訂購機票、旅館等旅遊產品，然後再由各個出售機票的公司、旅館業者向消費者報價，可以獲得較多的折扣。
電子商務C2C模式	「消費者透過網路及電子媒體，對自己不要的商品或服務進行推銷及提供資訊，以便吸引需要的消費者利用網路進行購物」。 **例如**：可將自己不能穿的衣服、鞋子、CD、手機、數位相機、音響及二手車等上網賣掉。

三、電子商務的商業應用層次

企業商業網路系統分為內部網（Intranet）、外部網（Extranet）和互聯網（Internet）。即企業內部使用的企業網路（Intranet）、企業對企業的企業間網路（Extranet）與企業與消費者間的網際網路（Internet）。企業可透過這三者與各種整合型的資訊系統，將企業內部的價值鏈與外部顧客、供應商、策略夥伴間的各種交易相關活動，包括溝通、協調與資訊分享等功能整合，以達到企業經營效率的提昇。

四、電子商務的四流

(一) **商流**：指資產所有權的轉移，亦即商品由製造商、物流中心、零售商到消費者的所有權轉移過程。

(二) **物流**：指實體物品流動或運送傳遞，如由原料轉換成完成品，最終送到消費者手中之實體物品流動的過程。

(三) **金流**：電子商務中資金的流通過程，亦即因為資產所有權的移動而造成的金錢或帳務的移動。

(四) **資訊流**：指資訊的交換，即為達上述三項流動而造成的資訊交換。

五、電子商務相關名詞

(一) **梅特卡夫定律（Metcalfe's Law）**

由全球知名網路設備領商3Com創辦人梅特卡夫（Robert Metcalfe）所提出的網路效應：「網路的價值，為使用者的平方」，亦即：$v=n^2$
v代表網路的價值，n代表連結網路的使用者或節點總數。

(二) **摩爾定律**（Moor's Law）

由英特爾（Intel）名譽董事長摩爾經過長期觀察所發現。指一個尺寸相同的晶片上，所容納的電晶體數量，因製程技術的提升，每十八個月會加倍，但售價相同。

(三) **長尾效應**（Long Tail）

由安德森（Chris Anderson）所提出，係指經由網路科技的帶動，過去一向不被重視、少量多樣、在統計圖上像尾巴一樣的小眾商品，卻能變成比一般最受重視的暢銷大賣商品有更大的商機。長尾理論強調非暢銷產品的重要性，此種現象剛好與80/20法則（80%收益來自於20%的頂端客群）相反，網路世界的發達促使長尾效應成為一常見的現象。

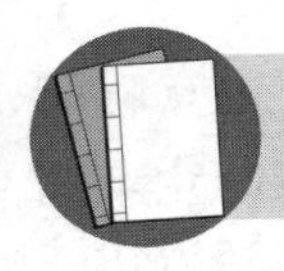

資料補給站

一、**網路行銷的優勢與限制：**

(一) **優勢**：可降低成本、快速回應顧客需求、不需店面租金、可以減少購買者的搜尋成本、可在任何時間地點交易、減少商品目錄製作與郵寄成本。

(二) **限制**：投資金額大、交易風險大、無法實際看到產品、交貨速度太慢、資料容易外洩、僅適用標準化及規格化的產品。

二、**安德森「長尾理論」具有三大力量：**

(一) 生產工具大眾化，使生產者倍增：藉由個人電腦、數位軟體、數位攝影機等數位工具的普及，人人都能成為製作者。

(二) 配銷大眾化，使消費成本降低：因整合者其配銷以網路傳輸，運送費用幾乎等於零，使消費者更易接觸到利基商品。

(三) 連接供給與需求：利用電腦的搜尋引擎、網路推薦與評比、口碑等，可減少消費者尋找成本，有助於迅速找到所需商品，激發潛在的需求。

三、**與企業相關的電腦網路大概有以下四種：**

(一) **網際網路**（Internet）：是要把座落於世界各地的電腦，透過某種連結方法來高速地進行訊息交換。

(二) **企業網路**（Intranet）：是指某一企業內部的網路。

(三) **商際網路**（Extranet）：企業將其內部網路開放給一些經篩選過的外部的個人或企業使用，通常是開放給顧客和供應商。

(四) **虛擬網路**：是利用公眾網路的骨幹進行私人資料的傳輸，也就是在公共的網際網路上使用密道及加密方法來建立起一種私人且安全的網路。

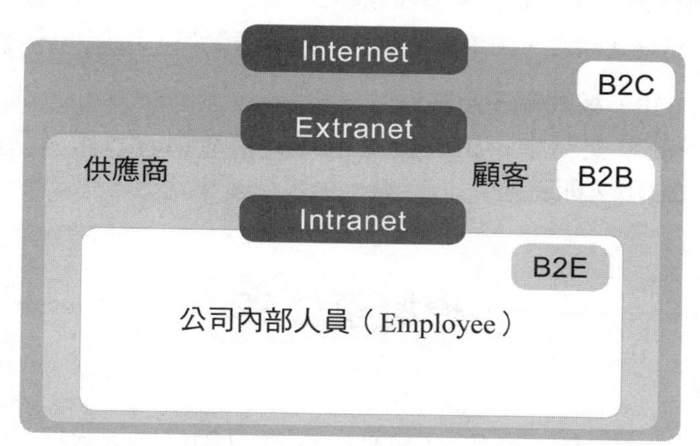

四、隨著互聯網的快速發展，電子商務模式除了原有的B2B、B2C、C2C商業模式之外，近來有一種新型的消費模式O2O（Online To Offline）已快速在市場上發展起來。O2O又稱離線商務模式，是指線上行銷、線上購買帶動線下經營和線下消費。O2O透過打折、提供信息、服務預訂等方式，把線下商店的消息推送給互聯網用戶，從而將他們轉換為自己的線下客戶，這就特別適合必須到店消費的商品和服務，比如餐飲、健身、看電影和演出、美容美髮等。

易錯診療站

電子商務依交易對象可分為：

一、**企業對企業（B2B）電子商務模式**

係在電子商務交易中，組成份子為企業與其相關夥伴。例如，企業直接在網路上與另一企業進行交易活動。例如：Commerce One。

二、**企業對消費者（B2C）電子商務模式**

企業直接將商品或服務推上網路，並提供充足資訊與便利的界面吸引消費者選購，是網路上最常見的銷售模式。例如：博客來網路書店、東森購物平台。

三、消費者對企業（C2B）電子商務模式

消費者透過網路直接與企業進行交易，又稱匯聚行銷。例如，團購、揪購團。

四、消費者對消費者（C2C）電子商務模式

係在電子商務交易中，由消費者直接與消費者交易。例如：eBay拍賣網站。

五、點對點（P2P）模式電子商務

係在電子商務交易中，組成份子主要以物易物的方式來交易。例如：ezpeer、LINE、即時通。

模擬題試煉

一、基礎題

(　　) **1** 何謂e-Commerce？　(A)電子商業　(B)供應鏈管理　(C)電子商務　(D)顧客關係管理。

(　　) **2** 在電子商務交易中，組成份子為企業與其相關夥伴，為下列何種型態？　(A)B2B　(B)B2C　(C)C2C　(D)C2B。

(　　) **3** 在電子商務交易中，由消費者對消費者交易，為下列何種型態？(A)B2B　(B)B2C　(C)C2C　(D)C2B。

(　　) **4** 下列何者不屬於B2C電子商務的應用？　(A)電子零售　(B)軟體銷售　(C)廣告行銷　(D)供應商管理。

(　　) **5** 一般來說，佔整個電子商務市場中交易金額最高的是哪一種類？(A)C2C　(B)B2B　(C)C2B　(D)B2C。

(　　) **6** 以下何者不屬於電子商務的主要四個流（flow）？　(A)金流(B)潮流　(C)商流　(D)資訊流。

(　　) **7** 商品由製造商、物流中心、零售商到消費者的所有權轉移過程，指的是？　(A)金流　(B)物流　(C)商流　(D)資訊流。

(　　) **8** 「網路的效用將與使用者的平方成正比」，是指何者？(A)Metcalfe's Law　(B)The long tail　(C)Moor's Law　(D)The bullwhip effect。

二、進階題

(　　) **9** 唐先生打破太太的蟠龍花瓶後，最後在e-Bay網站找到了相同的商品，請問e-Bay拍賣網站是提供下列哪一類型的電子商務服務？ (A)B2B (B)B2C (C)C2C (D)G2C。

(　　) **10** 台積電為讓相關晶圓設計公司能夠直接在網路上進行下單，則有必要建立下列何種系統？ (A)B2C電子商務系統 (B)POS銷售時點管理系統 (C)B2B電子商務系統 (D)C2B電子商務系統。

(　　) **11** Yahoo!即時通，屬於那一種模式？ (A)B2B (B)B2C (C)C2C (D)P2P。

(　　) **12** 下列知名企業的電子商務經營描述，哪些分類最接近該企業的原始的核心應用類型？ (A)Amazon網路書店是屬於B2C的經營類型 (B)Yahoo奇摩拍賣網站是屬於B2C的經營類型 (C)BeeCrazy蜂買團購是屬於B2B的經營類型 (D)麥當勞與可口可樂中的商業夥伴合作屬於C2B的經營類型。

(　　) **13** 企業將網際網路平台及其技術應用在企業內部事務的e化，是屬於何種型式？ (A)Internet (B)Intranet (C)Extranet (D)Outranet。

(　　) **14** 一個前亞馬遜公司員工曾精闢地描述了他們公司：「現在我們所賣的那些過去根本賣不動的書比我們現在所賣的那些過去可以賣得動的書多得多。」這正足以說明何種網路效應的發揮？ (A)漣波效應 (B)長鞭效應 (C)長尾效應 (D)鯰魚效應。

解答與解析

一、基礎題

1 (C)。(A)e-Business。(B)SCM。(D)CRM。

2 (A)。企業對企業電子商務模式。

3 (C)。(A)企業對企業。(B)企業對消費者。(D)消費者對企業。

4 (D)。B2B電子商務的應用。

5 (B)

6 (B)。

7 (C)。商流（product flow）是指由零售商處接獲訂貨訊息、向供貨商訂貨的一系列商業活動；亦即商品流動過程中的所有權轉移。

8 (A)。梅特卡夫定律（Metcalfe's Law）。

二、進階題

9 (C)。由消費者直接與消費者交易的方式。

10 (C)。企業對企業（B2B）電子商務模式。

11 (D)。Peer to Peer在線上以物易物的方式進行交易。

12 (A)。(B)C2C的經營類型。(C)C2B的經營類型。(D)B2B的經營類型。

13 (B)。供企業內部使用的企業網路（Intranet）。

14 (C)。(A)描述一件事物所造成的影響漸漸擴散的情形。(B)當供應鏈下游需求略微變動，變動量會向供應鏈上游擴大，而愈上游廠商的訂貨及存貨量波動就愈大。(D)指透過引入強者，激發弱者變強的一種效應。

實戰大進擊

( ) **1** 下列何者主要是透過網站對消費者進行通知、銷售與配銷活動的銷售者？ (A)百貨公司 (B)超級市場 (C)便利商店 (D)電子零售商。 【105郵政】

( ) **2** 電子家庭（PChome）經營的「露天拍賣」是下列哪一種電子商務的經營模式？ (A)B2C（Business To Consumer） (B)B2B（Business To Business） (C)C2C（Consumer To Consumer） (D)C2B（Consumer To Business）。 【104自來水】

( ) **3** 電子商務是一種現代企業經營方式，在電子商務分類中CtoB為： (A)企業對企業 (B)企業對個人 (C)個人對企業 (D)個人對個人。 【104郵政】

( ) **4** 王先生在博客來網路書店買了一本「賈伯斯傳」。請問這屬於何種電子商務模式？ (A)B2B (B)C2C (C)B2C (D)C2B。【101台酒】

( ) **5** 企業將其內部網路開放給一些經篩選過的外部個人或企業使用的網路，一般稱為什麼？ (A)商際網路 (B)網際網路 (C)企業網路 (D)虛擬網路。 【103經濟部】

( ) **6** 網際網路的崛起已打破80/20法則定律，把冷門商品的市場加總，甚至可以與熱門暢銷商品抗衡，此種現象稱之為： (A)漣波效應

（Ripple effect） (B)網路外部性（Network externality） (C)長鞭效應（The bullwhip effect） (D)長尾理論（The long tail theory）。 【103鐵路】

( ) 7 根據Anderson的「長尾理論（Long Tail Theory）」，透過互聯互享之特性，使網路發揮篩選功能，而將商機從熱門商品轉至利基商品的力量為何？ (A)連結供給與需求 (B)生產工具大眾化 (C)配銷工具大眾化 (D)行銷工具客製化。 【103經濟部】

( ) 8 關於電子商務的敘述，下列何者錯誤？ (A)節省開發廣告費用 (B)直接開發目標市場、增加產品通路 (C)直接聯繫客戶，線上售後服務 (D)資訊透明，交易安全大幅提升。 【105自來水】

( ) 9 在電子商務及網路行銷盛行的情況下，下列何者是業者及消費者最關心的事情？ (A)使用者隱私權 (B)隨時收到新產品訊息 (C)網路色情 (D)資訊泛濫。 【106桃捷】

( ) 10 企業利用網路科技來分享商業資訊、維持與其他企業間的關係，並執行企業間的交易，可稱為： (A)供應鏈管理 (B)顧客關係管理 (C)電子商務 (D)知識管理。 【107台酒】

( ) 11 關於電子商務的敘述，何者正確？ (A)團購網以集合網友團購力量，與各地商店議價，進行商品購買，此屬於B2C模式 (B)小亮上網去金石堂網路書店買書，此屬於C2C模式 (C)企業利用網路與上下游廠商進行交易的傳輸，此屬於B2B模式 (D)透過Yahoo!奇摩拍賣網以競標方式，由出價高的買家買到商品，買賣雙方自行進行交貨與付款，此屬於C2B模式。 【107台酒】

( ) 12 在進行交易時，一般多將商品所有權流通的通路稱為 (A)商流 (B)物流 (C)金流 (D)資訊流。 【107台酒】

( ) 13 在中華郵政集郵電子購物商城上交易可使用信用卡或Web ATM付款。請問付款機制屬於電子商務四流當中的哪一項？ (A)金流 (B)物流 (C)商流 (D)資訊流。 【109郵政】

解答

1 (D) 2 (C) 3 (C) 4 (C) 5 (A) 6 (D) 7 (A) 8 (D) 9 (A) 10 (C)
11 (C) 12 (A) 13 (A)

NOTE

絕技44 策略管理

命題戰情室：優勢（Strength）、弱勢（Weakness）、機會（Opportunity）及威脅（Threat）之SWOT分析，是本單元必考的重點，一定要熟記，並能清楚的辨識其差異。其他如7S架構、使命或任務（mission）也要留意。

重點訓練站

策略管理是決定組織長期績效的一套管理決策與行動。策略管理程序可分為策略規劃(1)～(6)、策略執行(7)與策略控制(8)等階段，如下圖所示：

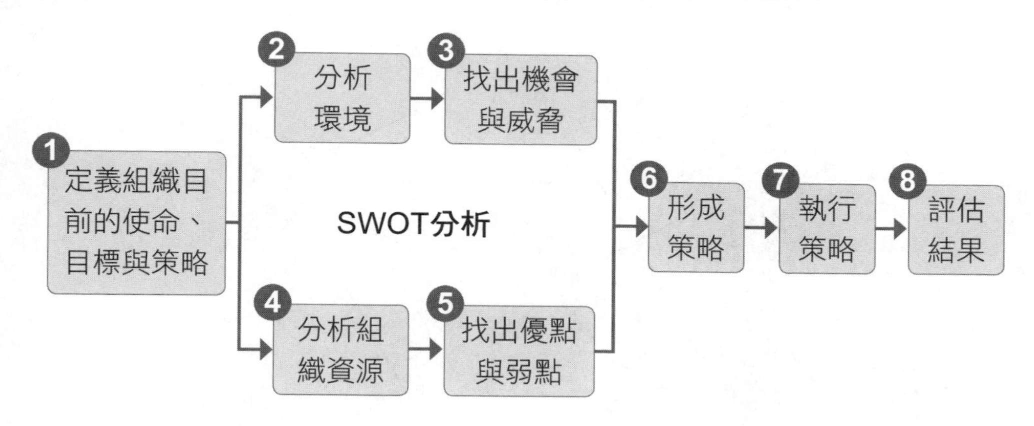

一、**願景（vision）**：是組織成員對未來方向的共識，亦即組織願望景象、組織未來發展的藍圖。

二、**使命（mission）**：一個組織存在的理由，用來描述組織的價值觀、未來的方向及存在的責任。

三、**策略規劃**：一套決策管理的程序，藉以發展與維持企業的目標，並促使組織的內、外部資源能做最有效的配置。

四、**SWOT分析（SWOT analysis）**：1965年由史坦納（Steiner）所提出，是一種分析環境與本身優劣勢的思考工具。亦即在組織面臨的機會與威脅之下，評估本身主要的優勢與劣勢。主要成分包括內部優勢（S：Strengths）、劣勢（W：Weaknesses）、外部機會（O：Opportunities）、威脅（T：Threats）。
優劣勢（SW）分析主要是著眼於企業自身的實力及其與競爭對手的比較。
機會和威脅（OT）分析將注意力放在外部環境的變化及對企業的可能的影響。

五、**策略執行**：將所建構的策略付諸實現，需要組織結構及組織文化的配合，才有成功的機會。彼得斯（T.Peters）和沃特曼（R.Waterman）兩位學者，訪問了美國62家歷史悠久大公司所得，提出7S**模型**（Mckinsey 7S Model）**指出企業在發展過程中必須全面地考慮各方面的情況，包括結構**（Structure）、**制度**（Systems）、**風格**（Style）、**員工**（Staff）、**技能**（Skills）、**戰略**（Strategy）、**共同價值觀**（Shared Values）。其中策略、結構與制度被認為是企業成功經營的「硬體」；而員工、風格、技能、共同價值觀被認為是企業成功經營的「軟體」。

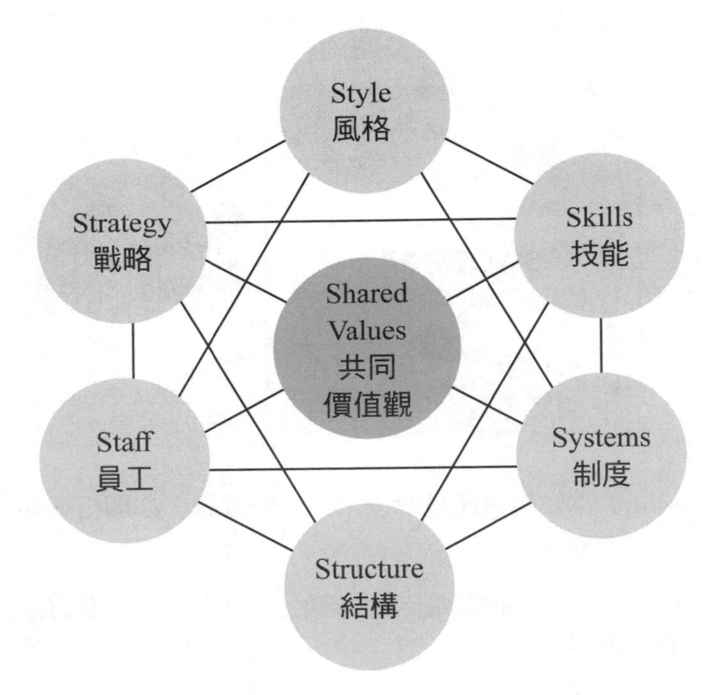

六、**策略控制**：為了達成策略目標所從事的衡量、比較、修正與調整的過程。

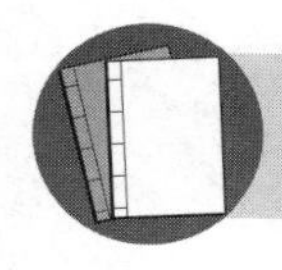

資料補給站

一、明茲柏格（Henry Mintzberg）曾從五個不同的角度定義策略，稱為「策略的五P」，可以讓我們對於「策略」的本質有完整的理解。

策略是一種計畫（plan）	對於未來的、尚未發生的事情的設想與模擬。
策略是一種類型（pattern）	策略是組織因應實際情況的行動。
策略是一種定位（position）	企業組織所生產的某種產品在某一特殊市場中的地位。
策略是一種展望（perspective）	從組織內部觀察組織的信念、價值與行為方針。
策略是一種手段（ploy）	對於組織所處環境可能有的潛在問題先擬定應變對策。

二、Weihrich（1982）提到SWOT交叉分析，將組織內部的優勢與劣勢及外部的機會與威脅等相互配對，形成SWOT矩陣，並研擬出適當的因應策略。

外部／內部	優勢（S）	劣勢（W）
機會（O）	SO：Max-Max 攻擊策略	WO：Min-Max 防禦策略
威脅（T）	ST：Max-Min 穩定策略	WT：Min-Min 退守策略

易錯診療站

SWOT分析（SWOT analysis）主要分析內部與外部的環境因素，在總體與特定環境中找出有助於組織成長茁壯的機會（Opportunities），以及可能不利於組織生存發展的威脅（Threats）。同時經由內部環境分析並與同業比較，確認組織是否擁有優於競爭對手的優勢（Strengths），以及不如對手或不利於經營績效的劣勢（Weaknesses），進而制定企業最佳戰略的方法。

模擬題試煉

一、基礎題

( ) 1 為達成某特定目的所採的手段，並表現對重要資源的調配方式，稱之為： (A)規定 (B)策略 (C)政策 (D)預算。

( ) 2 所有的組織都要定義其存在的目的，以及回答「我們究竟屬於什麼行業？或屬於那些行業？」之問題，乃是在界定下列何者？ (A)願景 (B)使命 (C)策略 (D)目標。

( ) 3 策略規劃若依時間長短界定，則應屬於何種類型？ (A)長期規劃 (B)中期規劃 (C)短期規劃 (D)以上皆可。

( ) 4 下列何者是為SWOT分析工具？ (A)優勢 (B)劣勢 (C)機會 (D)威脅 (E)以上皆是。

( ) 5 管理者利用SWOT分析觀察組織的優勢、劣勢、機會以及以下的那一項？ (A)科技 (B)創新 (C)組織文化 (D)威脅。

( ) 6 SWOT分析中的O指的是： (A)優勢 (B)劣勢 (C)機會 (D)威脅。

( ) 7 SWOT分析中的S（強勢）和W（弱勢）係指： (A)企業所處的外在環境 (B)企業本身的條件 (C)企業的策略目標 (D)企業的成長願景。

( ) 8 「近來原油價格高漲，造成許多從事太陽能產業的企業（如茂迪）接單暢旺」，上述對茂迪而言是屬SWOT分析中哪一項？ (A)S (B)W (C)O (D)T。

( ) 9 分析外在環境對企業的影響，例如政府政策、少子化、景氣的問題等等，這種分析是SWOT分析的何項？ (A)W-T (B)S-O (C)O-T (D)S-W分析。

( ) 10 彼得斯（T.Peters）和沃特曼（R.Waterman）提出企業發展的7S模型（Mckinsey 7S Model），以下何者不在其中？ (A)文化 (B)結構 (C)技能 (D)制度。

二、進階題

(　　) **11** 組織未來可能的藍圖，也是組織成員對未來方向的共識是：　(A)使命　(B)政策　(C)目標　(D)願景。

(　　) **12** 學者Mintzberg提出了策略5P，下列敘述何者錯誤？　(A)策略是一種利潤（Profits）　(B)策略是一種手段（Ploy）　(C)策略是一種型態（Pattern）　(D)策略是一種定位（Position）。

(　　) **13** 綜合組織的優點、弱點、機會與威脅是下列那一種分析架構？　(A)五力分析　(B)SWOT分析　(C)BCG矩陣分析　(D)GE分析。

(　　) **14** 企業組織的「核心競爭力」（core competencies）是屬於SWOT的那一項？　(A)優勢　(B)劣勢　(C)機會　(D)威脅。

(　　) **15** 某家傳統製造商分析網路消費行為的轉變，發現線上機票與旅遊服務商機，而設立旅遊網站，此一決策分析主要屬於SWOT分析的哪一層面？　(A)Strength　(B)Weakness　(C)Opportunity　(D)Threat。

(　　) **16** 在進行策略規劃時，經常會使用「SWOT分析方法」，下列敘述何者正確？　(A)SW是針對組織內部的分析，OT是針對外在環境的評估　(B)SO是針對組織內部的分析，WT是針對外在環境的評估　(C)ST是針對組織內部的分析，WO是針對外在環境的評估　(D)OT是針對組織內部的分析，SW是針對外在環境的評估。

(　　) **17** SWOT分析所使用之重要工具為配對矩陣，當內部優勢與外部威脅交集時，應採：　(A)攻擊策略　(B)穩定策略　(C)防禦策略　(D)退守策略。

解答與解析

一、基礎題

1 (B)。一套針對未來企業發展方向與經營方式的行動與投資計畫決策。

2 (B)。使命（mission）是一個組織存在的理由，用來描述組織的價值觀、未來的方向及存在的責任。使命定義了其存在的目的，並回答下述問題：我們究竟屬於什麼行業？或屬於哪些行業？

3 (A)。採用長期且整體的角度，同時考慮外部環境的反應與內部資源的運用，來形成構想與規劃行動。

4 (E)

5 (D)。SWOT分析（Strength優勢，Weakness劣勢，Opportunity機會，Threat威脅）：又稱為優劣機威分析，是希望協助分析企業外在環境的機會與威脅，以及企業本身的強勢與弱勢，讓企業經理人在充分掌握資訊的情境下，進行最適當的決策，以累積組織競爭優勢。

6 (C)。Opportunity機會，有助於組織成長的契機。

7 (B)。(A)O（機會）和W（威脅）。

8 (C)。Opportunity機會。

9 (C)。針對企業所處的外在環境來分析。

10 (A)。結構（Structure）、制度（Systems）、風格（Style）、員工（Staff）、技能（Skills）、戰略（Strategy）、共同價值觀（Shared Values）。

二、進階題

11 (D)。願望景象。

12 (A)。策略是一種計畫（plan）、展望（perspective）。

13 (B)

14 (A)。「核心競爭力」是屬於企業的強項。

15 (C)。機會。

16 (A)。內部分析（S強勢及W弱勢）有助於企業瞭解自己的優點及缺點。外部分析（O機會與T威脅）有助於企業瞭解外部環境的變化，尤其是產業結構的改變。

17 (B)

實戰大進擊

( ) **1** 下列有關策略規劃的說明，何者為最正確？ (A)決定企業的基本使命、目標與資源配置方式的過程 (B)擬定出的計畫經常是各項例行作業 (C)擬定者多為部門主管 (D)所做的規劃涵蓋時間短。【104台電】

( ) **2** 組織會建立許多目標。一般而言，這些目標會隨著階層、範圍及時間幅度的不同而異。請問下列何項目標的階層最高？ (A)願景 (B)策略目標 (C)戰術目標 (D)作業目標。【103台糖】

( ) **3** 下列何者不屬於SWOT分析的內容？ (A)標準 (B)機會 (C)優勢 (D)威脅。【104郵政】

( ) 4 SWOT分析不包括： (A)外在環境的機會分析 (B)內部的威脅分析 (C)企業擁有資源的優勢分析 (D)內部的劣勢的分析。 【103中油】

( ) 5 所謂SWOT分析中的"S"是指？ (A)Satisfaction (B)Supply (C)Strength (D)Scale。 【103台糖】

( ) 6 管理上常用的SWOT分析，其中的「O」是指： (A)機會 (B)優勢 (C)威脅 (D)劣勢。 【105台酒】

( ) 7 策略規劃使用SWOT分析，下列何者係就組織的外在環境進行分析？ (A)優勢和劣勢 (B)劣勢和威脅 (C)優勢和機會 (D)機會和威脅。 【103台電】

( ) 8 SWOT分析中，下列何者所包含的為分析組織所面對的外在環境？ (A)SW (B)OT (C)ST (D)WO。 【104自來水】

( ) 9 下列何者不屬於SWOT分析的內容？ (A)廠商的創新能力薄弱 (B)新興經濟體前瞻性看好 (C)已開發國家停止貨幣寬鬆政策 (D)執行多角化策略。 【104郵政第2次】

( ) 10 企業經常使用SWOT分析來分析其所面對的環境因素。請問若A公司認為「海峽兩岸服務貿易協議」對其為不利因素，則應該將本項列於SWOT分析中的哪個部份？ (A)優勢 (B)劣勢 (C)威脅 (D)機會。 【103台酒】

( ) 11 當企業面臨外在機會大於威脅，且內在優勢小於劣勢，此時應採取何種策略？ (A)退守策略 (B)攻擊策略 (C)防禦策略 (D)穩定策略。 【103台北自來水】

( ) 12 下列何者不屬於麥肯錫顧問公司所提倡之策略7S架構之要素？ (A)Service (B)Style (C)System (D)Skill。 【104郵政第2次】

( ) 13 策略管理的第三步驟是辨識和分析與下列何者環境有關的機會和威脅？ (A)外部環境 (B)內部環境 (C)總體環境 (D)個體環境。 【106桃捷】

( ) 14 下列何者是SWOT中的組織外部分析？ (A)優勢 (B)劣勢 (C)機會 (D)人才盤點。 【107郵政】

( ) **15** 對未來的憧憬以及實現的行動指的是？ (A)使命 (B)願景 (C)理想 (D)計畫。 【107農會】

( ) **16** 面臨少子化情形，導致經營狀況不佳的私立學校招生不足的現象，屬於SWOT分析中的： (A)優勢 (B)劣勢 (C)機會 (D)威脅。 【107台酒】

( ) **17** 美食集團這些年的經營相當成功，在消費者對其餐飲與服務感到滿意的同時，美食集團也瞭解到消費不同需求，於是「燒肉同話」、「這一鍋」等不同訴求的餐廳也一一成立；請問美食集團這種乘勝追擊的策略稱為何種策略？ (A)SO策略 (B)ST策略 (C)WO策略 (D)WT策略。 【107台酒】

( ) **18** 在進行策略規劃時，經常會使用「SWOT分析方法」，下列敘述何者正確？ (A)SW是針對組織內部的分析，OT是針對外在環境的評估 (B)SO是針對組織內部的分析，WT是針對外在環境的評估 (C)ST是針對組織內部的分析，WO是針對外在環境的評估 (D)OT是針對組織內部的分析，SW是針對外在環境的評估。 【107台北自來水、台酒】

( ) **19** 下列何者是策略管理程序的第一個步驟？ (A)定義組織目前的使命、目標與策略 (B)外部分析 (C)形成策略 (D)優勢與劣勢分析。 【111台酒】

( ) **20** 中華郵政以成為「卓越服務與全民信賴的郵政公司」，作為：(A)工作 (B)目標 (C)願景 (D)任務。 【108郵政】

( ) **21** 企業進行策略分析時常用的SWOT分析，其中有關內部分析是指下列何者 (A)OT (B)SW (C)ST (D)WO。 【108台酒】

( ) **22** 策略規劃包括：A.形成策略、B.確認組織當前目標與策略、C.分析組織資源、D.界定優勢與弱勢，關於策略規劃之程序，下列何者正確？ (A)B.C.D.A. (B)A.B.C.D (C)B.D.C.A. (D)C.D.A.B.。 【111經濟部】

( ) **23** 「SWOT 分析方法」是企業進行策略規劃時的入門工具，關於該工具的敘述，下列何者正確？ (A)OT是針對組織內部的分析，SW是針對外在環境的評估 (B)SO是針對組織內部的分析，WT是針

對外在環境的評估　(C)ST是針對組織內部的分析，WO是針對外在環境的評估　(D)SW是針對組織內部的分析，OT是針對外在環境的評估。
【111台鐵】

解答

1 (A)　2 (A)　3 (A)　4 (B)　5 (C)　6 (A)　7 (D)　8 (B)　9 (D)　10 (C)
11 (C)　12 (A)　13 (A)　14 (C)　15 (B)　16 (D)　17 (A)　18 (A)　19 (A)　20 (C)
21 (B)　22 (A)　23 (D)

絕技45 競爭策略

命題戰情室：麥可・波特（Michael E.Porter）是哈佛大學校聘講座教授，常在《哈佛商業評論》發表文章，六度榮獲本刊麥肯錫獎（McKinsey Award）。以「競爭策略」研究著稱，1980起連續出版《競爭策略》、《競爭優勢》、《國家競爭優勢》、《競爭論》、《醫療革命》等書，被譽為當代經營策略大師。其理論如：價值鏈、五力分析、三種競爭策略更是《策略管理》必考的重點。

重點訓練站

一、價值鏈（value chain）

1985年由波特（Michael Porter）提出，指企業從原料投入到產品產出，再到運送產品至最終顧客的手中，所必須經歷的各種價值活動。又分為主要活動（primary activities）與支援活動（support activities）。

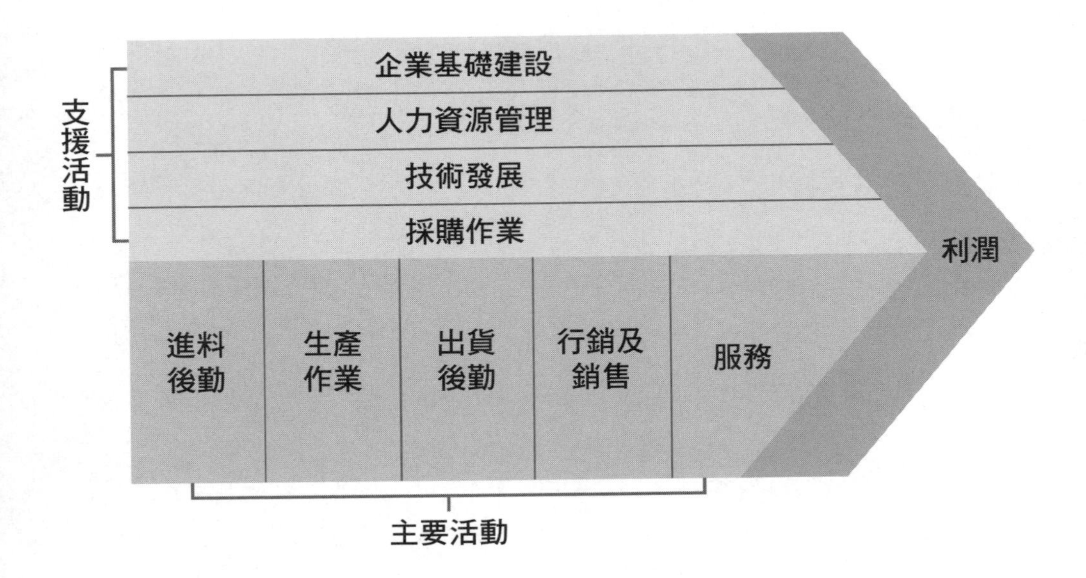

主要活動	進料後勤	生產資源的接收、儲存與傳遞的活動。
	生產作業	原料投入、轉換成最終產品的過程。
	出貨後勤	將最終產品或服務提供給消費者。
	行銷及銷售	使顧客得之產品或服務特性並創造價值。
	服務	提供顧客售後的服務及所需的支援。
支援活動	採購作業	取得企業價值活動中所需投入的資源。
	技術發展	支援價值創造活動，提升附加價值。
	人力資源管理	企業內部人員的招募、甄選、聘用、訓練等。
	企業基礎建設	涵蓋經營理念、文化、制度、管理活動，協助給主要活動。

二、五力分析模型（Five Forces Model）

波特（M.Porter）認為在任何產業中，競爭規則都受到潛在競爭者進入的威脅、供應商的議價能力、購買者的議價能力、替代品的威脅、現存同業的競爭強度等五種力量所支配。這五種力量也決定了產業的吸引力及獲利性，故管理者可利用該五項因素評估一個產業的吸引力。

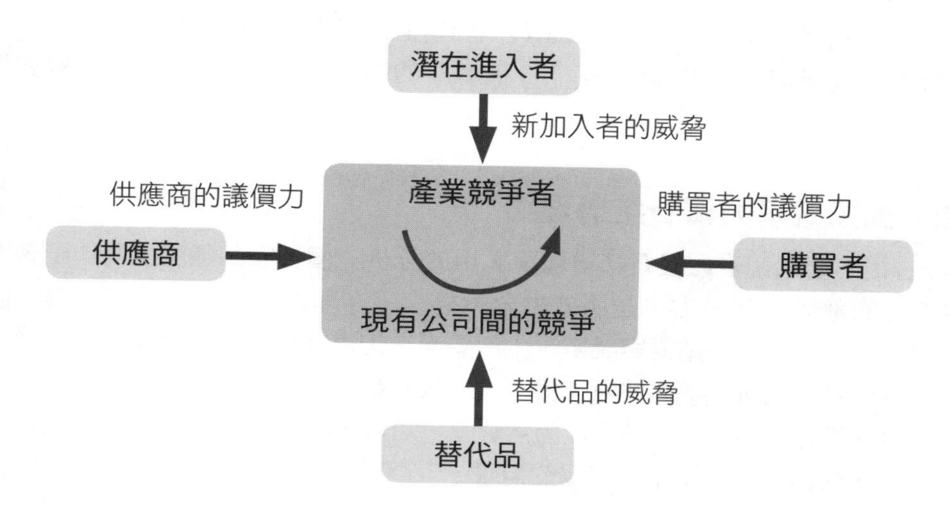

潛在進入者的威脅	有能力進入原有業者所經營的現有市場，但尚未進入的廠商，關鍵在於進入障礙的高低。
現有競爭者的競爭	指現有產業內競爭者間競爭的程度，競爭程度強弱會影響廠商間的獲利情況。
替代品的威脅	指其他產業的產品可提供類似本產業產品的功能，滿足消費者需求。
購買者的議價能力	指下游購買廠商或消費者，相對於企業本身的談判能力。
供應商的議價能力	指上游的供應商，相對於企業本身的談判能力。

三、競爭策略（competitive strategy）

波特亦認為企業為維持長遠的競爭力，至少必須擬定與執行下述三種策略中的一項：

(一) **成本領導策略**（cost-leadership strategy）：專注於生產、行銷成本降低。成本優勢源自：學習曲線效果、規模經濟、投入成本、生產技術、產品設計、產能使用、管理因素。

(二) **差異化策略**（differentiation strategy）：強調與競爭對手有不同的經營優勢，可能在產品設計、產品品質、配銷通路及迅速回應上。

(三) **集中化策略**（focus strategy）：在較小的範圍中，建立成本優勢或差異化優勢。

四、國家競爭力鑽石結構理論

Porter提出國家競爭力鑽石結構理論，用於分析一個國家某種產業為什麼會在國際上有較強的競爭力。是將五力分析擴大，亦即將影響企業策略規劃的因素，擴大為企業策略結構與競爭、生產要素、需求條件、相關及支援性產業，並考量外界環境所提供的機會（機運）、政府政策等。

(一) **生產要素**：包括人力資源、天然資源、知識資源、資本資源、基礎設施。

(二) **需求條件**：主要是本國市場的需求。

(三) **相關產業和支援產業的表現**：這些產業和相關上游產業是否有國際競爭力。

(四) **企業的策略、結構、競爭對手的表現。**

在四大要素之外還存在兩大變數：政府與機會。機會是無法控制的，政府政策的影響是不可漠視的。

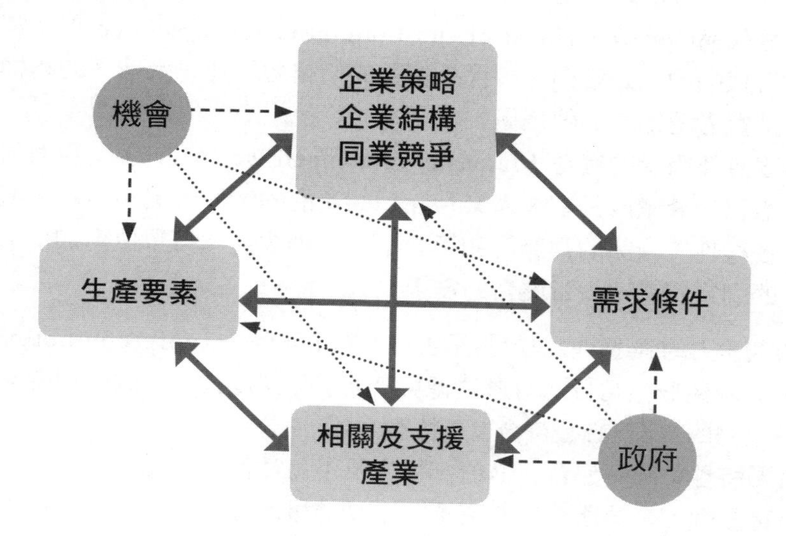

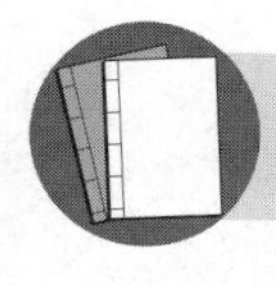

資料補給站

一、**競爭策略**：決定組織如何在所處的產業環境中競爭與獲利。

二、策略事業單位（Strategic Business Unit, SBU）：企業有很多事業單位，且各事業單位間彼此獨立可自定其發展策略。集團企業可依據產品、顧客等指標，將集團旗下的企業，分割成幾個獨立利潤中心，每個利潤中心就是一個SBU。

三、五力模式的影響要素：

(一)**潛在進入者的威脅**（Threat of new entrants）：進入障礙、規模經濟、品牌權益、轉換成本、強大的資本需求、掌控通路能力、絕對成本優勢、學習曲線、政府政策。

(二)**消費者的議價能力**（Bargaining power of customers）：消費者集中度、談判槓桿、消費者購買數量、消費者相對於廠商的轉換成本、消費者獲取資訊的能力、消費者垂直整合的程度。

(三) **供應商的議價能力**（Bargaining power of suppliers）：供應商相對於廠商的轉換成本、投入原料的差異化程度、現存的替代原料、供應商集中度、供應商垂直整合的程度、原料價格佔產品售價的比例。

(四) **替代品的威脅**（Threat of substitute products or services）：消費者對替代品的偏好傾向、替代品相對的價格效用比、消費者的轉換成本、消費者認知的品牌差異。

(五) **現有競爭者的威脅**（Intensity of competitive rivalry）：現有競爭者的數目、產業成長率、產業存在超額產能的情況、退出障礙、競爭者的多樣性、資訊的複雜度和不對稱、品牌權益、每單位附加價值攤提到的固定資產、大量廣告的需求。

四、企業競爭力的強弱，取決於其是否擁有核心競爭力(core competence)，而資源的內涵概括可分為有形資源與無形資源兩大類。可為公司帶來持續性競爭優勢的資源，必須符合以下特徵：

(一) **獨特性**：同時包含有價值、稀少及不可替代性三點。

(二) **專屬性**：企業所專用的資源，不易轉移或分割。

(三) **模糊性**：企業核心資源與競爭優勢之間的因果關係，不容易清楚的釐清，使得競爭者無從學習。

易錯診療站

一、**價值鏈分析**（value chain analysis）則是將企業的經營管理活動「拆解」成許多彼此連結的價值創造活動，Porter將之分為：

(一) **主要活動－向內運送、生產、向外運送、行銷與銷售、服務有關的活動。**

(二) **支援活動－企業基礎設施、人力資源管理、採購作業和技術的開發等。**

二、**五力分析由麥可・波特（Michael E.Porter）在1980年提出**。它是分析某一產業結構與競爭對手的一種工具。波特認為**影響產業競爭態勢的因素有五項**，分別是：**(一)潛在新進入者的威脅；(二)現有廠商的競爭強度；(三)替代性產品的威脅；(四)購買者的談判力；(五)供應商的談判能力。**

三、針對事業單位層次策略，Porter提出以下策略：

(一) **低成本策略**（Low-cost）**：在產業中保持最低成本。**

(二) **差異化策略**（Differentiation）**：在產業中保持特殊性。**

(三)**集中策略（Focused）：選擇一個較窄範圍的市場區隔（利基）**來達到低成本或差異化策略。

模擬題試煉

一、基礎題

( ) **1** 在波特（Porter）的價值鏈（Value Chain）模式中，價值活動可分為主要活動與支援活動，請問下列何者不屬於主要活動？ (A)研發 (B)進料後勤 (C)生產 (D)行銷。

( ) **2** 下列何項是波特價值鏈分析（value chain）的支援活動？ (A)後勤進貨 (B)生產製造 (C)行銷與銷售 (D)人力資源。

( ) **3** 波特（Porter）提出五力分析以作為產業分析工具，下列何者不在五力之中？ (A)潛在進入者 (B)互補者 (C)競爭者 (D)替代者。

( ) **4** 有關麥可．波特（Michael Porter）的五力分析，下列敘述何者錯誤？ (A)現存競爭者的競爭強度 (B)新進入者的威脅 (C)供應商的議價能力 (D)進口商品的威脅。

( ) **5** 下列哪一個策略不是波特的基本策略？ (A)差異化策略 (B)集中策略 (C)成本領導策略 (D)區隔化策略。

( ) **6** 企業在維持品質不變的前提下，採取降低成本，提供比競爭對手更低價的產品及服務來吸引消費者購買，這是採取哪一種策略？ (A)集中策略 (B)差異化策略 (C)多角化策略 (D)成本領導策略。

( ) **7** 「Vovlo利用電視廣告呈現其車款的撞擊測試，企圖使消費者留下其車款建構良好並為市場上最安全的車款之一的印象。」以上呈現出哪一種競爭企業策略？ (A)差異化（differentiation） (B)總成本領導（overall cost leadership） (C)集中化（focus） (D)分析者（analyzer）。

( ) **8** 當大部分化妝品及清潔用品公司將重心放在生產成人用的洗髮精，卻有一家企業致力於生產嬰兒用洗髮精。Porter稱此為何種策略為何？ (A)差異化 (B)低成本 (C)集中化 (D)以上皆非。

( ) **9** 有關「差異化策略」的敘述，下列何者正確？ (A)顧客化是讓顧客設計自己的產品 (B)BCG模式中，特別強調差異化是創造競爭優勢最有效的辦法 (C)組織應強調創造力、創新及滿足不同客群的需要 (D)不同員工的特質間常有很大的差異，主管在分配工作上應該適才適所。

( ) **10** 在Porter提出國家競爭力鑽石結構理論中，除四大要素之外還存在哪一個變數？ (A)政府 (B)創新 (C)流程 (D)品質。

二、進階題

( ) **11** 有關價值鏈（value chain）的觀念，下列敘述何者錯誤？ (A)價值鏈的焦點是如何產生利潤 (B)價值鏈觀念最早由Michael Porter提出 (C)價值鏈包括主要活動與支援活動 (D)價值鏈是指企業從原料投入到產出乃至運送到最終顧客之各類價值活動。

( ) **12** 依價值分析（Value analysis）的意義，下列哪一種情形不會使價值提高？ (A)產品功能提高，成本不變 (B)產品功能提高，成本降低 (C)產品功能不變，成本降低 (D)產品功能不變，成本提高。

( ) **13** 美國管理大師麥可波特（Michael E.Porter）所提出的五個影響目標市場長期吸引力的因素，不包括下列何者？ (A)替代品 (B)互補品 (C)同業的競爭 (D)購買者的議價力量。

( ) **14** 在波特（Michael Porter）教授的產業競爭分析架構中，和企業站在既競爭又合作的立場的是： (A)產業現有競爭者 (B)供應商與購買者 (C)替代品 (D)潛在進入者。

( ) **15** 波特教授（Michael Porter）所提出的事業層次三個一般化競爭策略指： (A)多角化、垂直整合、擴充產能 (B)購併、合併、策略聯盟 (C)入新市場、推出新產品、進入新領域 (D)全面成本領導、差異化、專注。

( ) **16** 從Porter的競爭策略來看，平價的貴族牛排相對於王品牛排，他用的是那一種競爭策略？ (A)差異化 (B)集中化 (C)低成本 (D)多角化。

(　　) **17** 某家糖果廠專門生產高價巧克力，並只供應給五星級飯店及高檔餐館，此屬於何種競爭策略？ (A)焦點策略（focus strategy） (B)成本領導策略（cost-leadership strategy） (C)成長策略（growth strategy） (D)緊縮策略（retrenchment strategy）。

(　　) **18** 下列何者並非產業進入障礙之一？ (A)規模經濟 (B)品牌忠誠度 (C)絕對成本優勢 (D)高顧客議價力量。

解答與解析

一、基礎題

1 (A)。屬於支援活動。

2 (D)。尚有採購作業、人力資源管理、技術的開發、企業基礎結構。

3 (B)。供應商、顧客、現有競爭者。

4 (D)。替代者的威脅。

5 (D)

6 (D)。組織較競爭對手有效率地製造產品，藉由較低的價格吸引顧客而獲取競爭優勢的策略。

7 (A)。強調其獨特性。

8 (C)。選擇一個較窄範圍的市場區隔來達到低成本或差異化策略。

9 (C)

10 (A)。另一為機會。

二、進階題

11 (A)

12 (D)。成本降低。

13 (B)。潛在進入者。

14 (B)。供應商與購買者。

15 (D)

16 (C)。企圖成為產業中成本最低的生產者時。

17 (A)。又稱集中化策略，指將產品聚焦鎖定於某個領域或範圍中進行發展。

18 (D)。低顧客議價力量或高顧客轉換成本。

實戰大進擊

(　　) **1** 下列何者不屬於價值鏈（value chain）活動中的支援活動？ (A)組織文化 (B)採購 (C)人力資源管理 (D)向內的後勤支援（in-bound logistics）。
【104郵政第2次】

(　　) **2** 下列何者非屬學者麥可波特（Michael Porter）所提出價值鏈上的支援活動（Support activities）？ (A)研究與開發 (B)人力資源管理 (C)採購與物料管理 (D)出貨運送。【103台北自來水】

(　　) **3** 下列何者為企業價值鏈中的「支援活動」？ (A)行銷活動 (B)生產製造 (C)人力資源管理 (D)銷售活動。【103台酒】

(　　) **4** Michael Porter 以五力模式來評估環境與產業結構。下列何者不在其內？ (A)科技 (B)潛在的進入者 (C)競爭者 (D)供應商的議價能力。【105台糖】

(　　) **5** 下列何者「不是」波特（M. Porter）五力模型的要素？ (A)產業內競爭者的態勢 (B)供應商的影響力 (C)顧客的影響力 (D)政府的法令規章。【105台酒】

(　　) **6** 在分析產業獲利能力的競爭力時，下面何者不屬於波特（Michael E.Porter）的五力分析內容？ (A)替代品的威脅 (B)購買者的議價能力 (C)潛在進入者的威脅 (D)消費者的資料安全。【105自來水】

(　　) **7** 根據麥克波特（Michael Porter）五力分析的觀點，下列何種狀況對該產業的廠商較為有利？ (A)可選擇的供應商數目少 (B)產業內的競爭強度高 (C)潛在競爭者的進入門檻低 (D)替代品的威脅小。【105台北自來水】

(　　) **8** 策略學者麥可波特（Michael Porter）提出的五力模式，不包含下列哪一種力量？ (A)新進入者的威脅 (B)購買者的議價能力 (C)互補品的力量 (D)替代品的威脅。【105郵政】

(　　) **9** 下列何者不屬於Michael Porter提出的五力（five forces）？ (A)同業相爭的力量 (B)潛在加入者 (C)供應商的議價能力 (D)互補品。【104郵政第二次】

(　　) **10** 產業結構分析常採用Michael Porter的五力分析架構，請問下列何者非屬五力分析的構面？ (A)供應商的議價力 (B)潛在競爭者的威脅 (C)現有同業的競爭壓力 (D)組織結構分析。【103中華電】

( ) **11** 在麥克波特教授所提出的產業競爭中，最主要的競爭對手是： (A)產業現有競爭者 (B)替代品 (C)潛在進入者 (D)供應商。【103台酒】

( ) **12** 若產業中的替代品之替代程度高，則： (A)競爭程度越小 (B)替代品的威脅越小 (C)購買者的議價力越小 (D)替代品的威脅越大。【103中華電】

( ) **13** 下列何種情況會使購買者具有更大的議價空間？ (A)很少的賣方家數 (B)購買的產品是標準或無差異性 (C)轉移向其它賣方購買的成本很高（亦即移轉成本很高） (D)購買的數量很少。【104自來水】

( ) **14** 產業進入障礙及政府政策的影響等是屬於五力分析中 ________ 的影響因素。 (A)現有企業間的競爭強度 (B)供應商的議價能力 (C)採購者的議價能力 (D)潛在競爭者的威脅。【104港務】

( ) **15** Michael Porter的三大基本策略（generic strategies），不包括下列哪一項？ (A)成本領導 (B)利基 (C)垂直整合 (D)差異化。【104郵政】

( ) **16** 當某一公司採取「成本領導策略」時，其應訂定下列何種人力資源策略？ (A)強調創新與彈性 (B)以團隊為基礎進行訓練 (C)強調營運效率 (D)依個人表現敘薪。【104郵政第2次】

( ) **17** 近年來便利商店間競爭激烈，每一間品牌便利商店都致力於推出新的獨家服務或獨家新產品，例如：ibon服務限7-11才有，請問廠商致力於推出新的獨家服務或獨家新產品是採用下列何種策略？ (A)成本領導策略 (B)差異化策略 (C)集中化策略 (D)權變策略。【105台北自來水】

( ) **18** 下列何種策略聚焦在一個或以上的利基市場上以尋求市場競爭優勢，將產品的銷售對象侷限於某個地區或某一層級之消費者？ (A)成本領導策略 (B)差異化策略 (C)集中化策略 (D)全面策略。【104自來水升】

( ) **19** 某公司希望在產業內具有獨特性的策略，強調其獨特的創新服務，此策略為何種競爭策略？ (A)成本領導策略 (B)差異化策略 (C)混合策略 (D)縮減策略。【103台酒】

( ) **20** 「天仁集團專注聚焦於『茶』務經營，期許成為領航世界茶風的第一品牌」，這是屬於哪一種事業策略？ (A)集中策略 (B)成本領袖策略 (C)差異化策略 (D)重整策略。 【104自來水】

( ) **21** Porter策略大師提出國家競爭力鑽石結構理論，下列何者為非？ (A)要素條件 (B)需求條件 (C)機運 (D)文化發展。【103經濟部】

( ) **22** 美國管理大師麥克？波特（Michael E. Porter）所提出的五個影響目標市場長期吸引力的因素，不包括下列何者？ (A)替代品 (B)互補品 (C)同業的競爭 (D)購買者的議價力量。 【106桃機】

( ) **23** 下列何者屬於價值鏈中的支援活動？ (A)人力資源 (B)生產製造 (C)行銷銷售 (D)進貨後勤。 【107郵政】

( ) **24** 波特所提出企業組織三項基本的競爭策略不包含下列何者？ (A)成本領導策略 (B)追求藍海策略 (C)差異化策略 (D)目標集中策略。 【107郵政】

( ) **25** 在波特（Porter）的價值鏈（Value Chain）模式中，價值活動可分為主要活動與支援活動，請問下列何者不屬於主要活動？ (A)研發 (B)進料後勤 (C)生產 (D)行銷。 【107台北自來水】

( ) **26** 五力分析中，下列何者會使產業競爭愈激烈？ (A)同業競爭者愈少 (B)替代品愈少 (C)潛在競爭者愈少 (D)購買者議價能力愈高。 【107台酒】

( ) **27** 根據波特（M. Poter）的五力分析模型，企業需先進行產業結構分析，接著進行競爭者分析，並建議企業可在市場上可選擇三種策略，分別是差異化策略、集中化策略及： (A)漲價策略 (B)低成本策略 (C)吸脂策略 (D)聯合經營策略。 【107台酒】

( ) **28** 有關麥可波特的產業五力分析，下列敘述何者錯誤？ (A)是一種產業分析的工具 (B)主要目的在分析該產業利潤潛力 (C)包括五種威脅力量的分析，分別是現有競爭者、潛在競爭者、互補品、供應商與顧客的威脅 (D)可用來協助企業進行外部分析。 【108台酒】

( ) **29** 學者麥可波特所提出來的一般化策略中，以塑造產品／服務的獨特性，造成較其他競爭者有利的優勢，這是何種策略？ (A)差異化策略 (B)成本領導策略 (C)集中化策略 (D)藍海策略。 【108台酒】

( ) **30** 發明便利貼的3M公司重視優良品質與創新設計，是屬於下列何種策略？ (A)緊縮策略 (B)轉型策略 (C)差異化策略 (D)成本領導策略。 【108郵政】

( ) **31** 麥可．波特（Michael Porter）的價值鏈（value chain）模式中，下列何者不屬於主要活動？ (A)生產作業（operation） (B)行銷（marketing） (C)內向後勤（inbound logistics） (D)人力資源（human resource）。 【111台鐵】

( ) **32** 下列關於麥可．波特（Michael Porter）五力分析模型的敘述，何者錯誤？ (A)企業可以利用五力分析判斷產業的吸引力或獲利性 (B)互補品的支援程度為重要評估因素之一 (C)五力分析是以競爭為導向的策略分析工具 (D)現存的競爭者會影響廠商間的競爭程度。 【111台鐵】

( ) **33** 在市場競爭過程中，市場共同性高、資源相似性低，是下列何者的特徵？ (A)替代者 (B)直接競爭者 (C)非競爭者 (D)潛在競爭者。 【111經濟部】

( ) **34** 「某化妝品公司的電視廣告主打專為男性設計」，以上敘述屬於下列麥可波特（Michael Porter）競爭策略中的何項？ (A)組合策略 (B)成本領導策略 (C)聚焦策略 (D)功能性策略。 【110自來水】

( ) **35** Tesla汽車強調其電動車製造良好，並以市場上最創新的車種來當訴求，為麥可．波特（Michael Porter）策略分類中之何種策略？ (A)成本領導（cost leadership） (B)差異化（differentiation） (C)集中市場（focus） (D)模組化（modularization）。 【111台鐵】

解答

1 (D)	2 (D)	3 (C)	4 (A)	5 (D)	6 (D)	7 (D)	8 (C)	9 (D)	10 (D)
11 (A)	12 (D)	13 (B)	14 (D)	15 (C)	16 (C)	17 (B)	18 (C)	19 (B)	20 (A)
21 (D)	22 (B)	23 (A)	24 (B)	25 (A)	26 (D)	27 (B)	28 (C)	29 (A)	30 (C)
31 (D)	32 (B)	33 (A)	34 (C)	35 (B)					

NOTE

絕技46
事業組合規劃

命題戰情室：BCG矩陣是事業單位考試的熱門考點，對明星事業（Stars）、金牛事業（Cash Cows）、問題事業（Question Marks）、苟延殘喘事業（Dogs），四種不同的事業群應熟記。

重點訓練站

一、BCG矩陣（Boston Consulting Group, BCG Matrix）

1970年由波士頓顧問團所開發出來，可作為集團策略分析的工具，將集團旗下的各事業單位根據其產業成長率與相對市場佔有率兩個構面，區分成明星事業（Stars）、金牛事業（Cash Cows）、問題事業（Question Marks），以及苟延殘喘事業（Dogs），以評估各事業單位所需的現金流量，以及事業單位未來的發展策略。

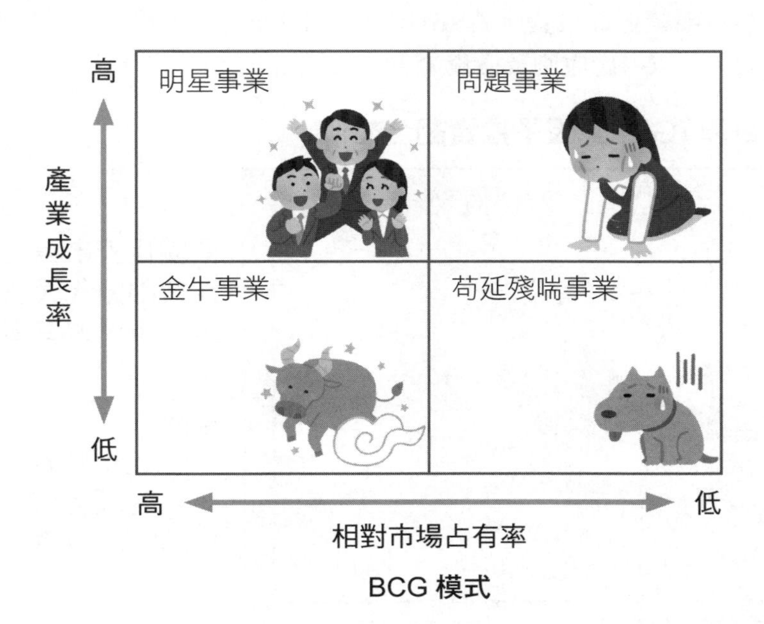

BCG 模式

(一) **明星事業**：具有高度成長率，以及高度佔有率的事業單位。此種事業單位初期通常需要大量現金來應付快速的成長。

(二) **金牛事業**：通常是成長率緩慢，但市場佔有率較高的事業單位，金牛事業賺取大量的現金可以讓公司支持其他花錢的事業單位的活動。

(三) **問題事業**：這是屬於成長率高，佔有率低的事業單位，此類事業單位需要大量的資金，管理局必須考量哪些問題事業應成為明星事業，哪些應加以精簡瘦身。

(四) **苟延殘喘事業**：這是成長率低佔有率也低的事業單位，它或許可以自給自足，但無法提供大量的現金來源。

二、GE多因子投資組合矩陣

由奇異公司（General Electronic）最先採用，可用來評估每個SBU之表現，模式中橫軸代表公司優勢（business strength），縱軸代表市場（行業）吸引力（market attractiveness）。GE模式主要針對BCG矩陣存在的許多缺點，提出改善的投資組合分析方法。

(一) 市場吸引力的變數，代表著該產業未來的發展前景。

(二) 公司優勢的變數，代表著該企業擁有之組織能力。

GE模式共可區分成9個方格，若SBU位於左上角的3塊方格，代表著該SBU具有潛力，可以繼續增加投資。若SBU位於右下角的3塊方格，代表著該SBU不具任何潛力，可以考慮收割及撤資。

奇異 (GE) 多因子投資組合矩陣

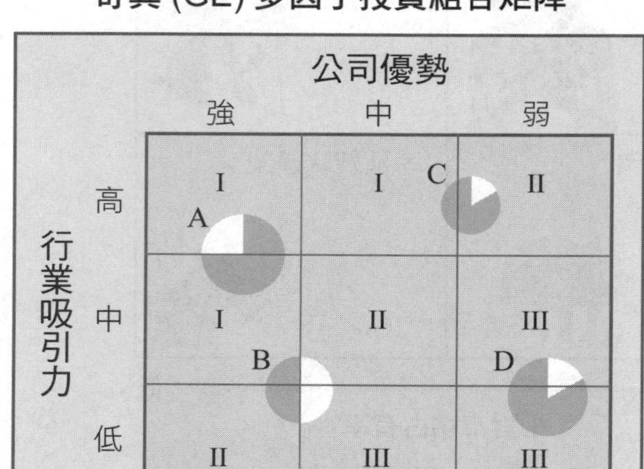

圓圈代表市場大小
空白部分代表該事業之市場占有率

策略：
Ⅰ：投資 / 成長
Ⅱ：選擇性投資 / 盈餘
Ⅲ：收割 / 撤資

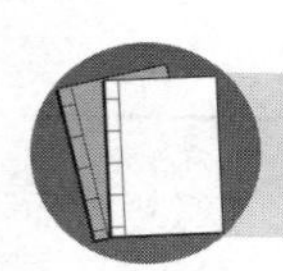

資料補給站

波士頓顧問群模式（Boston Consulting Group ；BCG）是一家著名的管理顧問公司所開發的事業組合矩陣（corporate portfolio matrix），水平軸表示相對市場占有率，垂直軸表示預期的市場成長率，用一個2×2的矩陣畫分成四種事業群。BCG矩陣可顯示哪一個SBU深具潛力，哪一個SBU耗損組織的資源。並採取以下策略：

事業類型	特色	可能發展方向
問題 question mark	增加投資才能趕上競爭者；但也有可能變錢坑，毫無起色。	1.擴展成明星 2.收割或放棄
明星 star	需大量資金維持領導地位，但有機會成為金牛事業。	1.擴展成金牛 2.收割
金牛 cash cow	市場成長趨緩，但市佔率偏高，可帶入大量資金。	1.固守市場 2.收割
老狗 dog	利潤單薄，未來不被看好。	收割或放棄

易錯診療站

BCG矩陣是一個2×2矩陣，橫軸是相對市場佔有率，縱軸是市場成長率，負責人員分析企業內所有業務或產品表現，並將表現標於圖內位置。

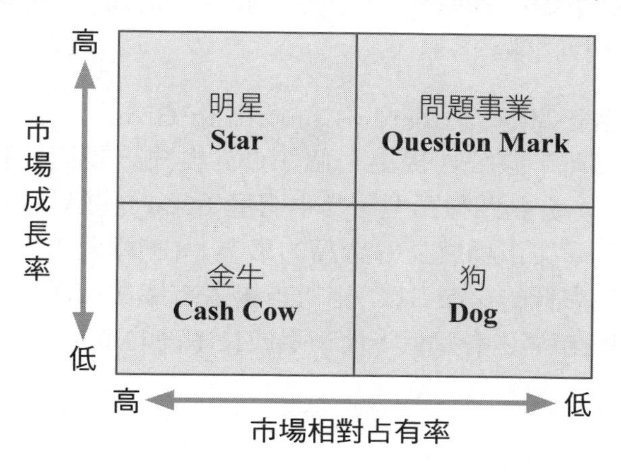

模擬題試煉

一、基礎題

( ) **1** 如果組織重大策略必須同時考量數個部門或策略群組未來發展方向，並進行經費與資源分配，則企業經理人可運用何種投資組合矩陣以協助達成資源有效分配？ (A)ABC矩陣 (B)SWOT矩陣 (C)BCG矩陣 (D)管理矩陣。

( ) **2** 波士頓顧問團所建立的BCG模型是分析事業組合之工具（包括金牛、明星、問題、及流浪狗四種事業），本模型用了三種變數分析，下列何者不是？ (A)相對市場占有率 (B)產業優勢 (C)市場成長率 (D)現金流量。

( ) **3** 下列哪一種分類不是BCG模式中的策略現象？ (A)明日之星 (B)狗兒 (C)金牛 (D)千里馬。

( ) **4** 以下列何者是BCG矩陣「問題事業」的特色？ (A)高市場占有率，高預期市場成長率 (B)高市場占有率，低預期市場成長率 (C)低市場占有率，高預期市場成長率 (D)低市場占有率，低預期市場成長率。

( ) **5** 依照BCG模式將策略事業單位分為四種經營型態，雖市場占有率高，而所處產業的市場成長率低的事業為何？ (A)明星事業 (B)金牛事業 (C)問題事業 (D)落水狗事業。

( ) **6** 在投資組合分析中的波士頓顧問群模型中，何者具有低市場成長率與低市場占有率？ (A)明星事業 (B)金牛事業 (C)問題事業 (D)看門狗事業。

( ) **7** 波士頓顧問團（Boston Consulting Group）是一家著名的管理顧問公司，該公司提出一個 BCG 模式，該模式將策略事業單位（SBU）分為四種類型，其中明星（Star）事業係指： (A)相對市場占有率與市場成長率皆高的事業 (B)相對市場占有率高，而市場成長率低的事業 (C)相對市場占有率與市場成長率皆低的事業 (D)相對市場占有率低，而市場成長率高的事業。

(　　) **8** BCG模式中所提到之四種事業單位定位中，何種定位無法在資金上自給自足，仍須資金挹注？　(A)金牛　(B)明星　(C)落水狗　(D)問題小孩。

(　　) **9** 有關BCG模式的敘述，下列何者為真？　(A)是由波特（Porter）發展出來的一種策略規劃工具　(B)狗（dogs）為低成長、低占有率的事業，應採擴大投資策略　(C)問題（Question Marks）為市場高度成長但低占有率的事業　(D)明星（Stars）為組織產生許多現金流入，其為低成長市場中的領導廠商　(E)金牛（Cash Cows）為高度成長市場中的領導廠商。

二、進階題

(　　) **10** 利用BCG矩陣來分析，企業的事業單位屬於低成長且市場占有率低，該事業單位屬於下列何種事業？　(A)落水狗事業　(B)問題事業　(C)明星事業　(D)金牛事業。

(　　) **11** 新創的事業往往是屬於BCG矩陣中的何種事業？　(A)明星事業　(B)金牛事業　(C)問題事業　(D)落水狗事業。

(　　) **12** 在波斯頓顧問團模式中，資金的提供者主要是：　(A)明星（stars）　(B)金牛（Cash cows）　(C)老狗（dogs）　(D)問題兒童（question marks）。

(　　) **13** BCG矩陣中，何者產品特別具有較高風險？　(A)金牛事業　(B)明星事業　(C)癩皮狗事業　(D)問題兒童事業。

(　　) **14** 下列哪一種策略不是BCG模式中可能採取的策略？　(A)縮減策略　(B)撤資策略　(C)收割策略　(D)固守策略。

(　　) **15** 依波士頓顧問團（Boston Consulting Group）所研擬模式，下列描述何者正確？　(A)市場成長率高、相對占有率低時為「問題事業」，應審慎評估，減少投資　(B)「明星事業」是高成長市場的領導者，但並不表示可為公司帶來很多現金　(C)「金牛事業」係指公司擁有較大市場佔有率，且該市場成長率亦高　(D)對「苟延殘喘事業（dogs）」公司必須持續增加投注資金，以使其起死回生。

(　　) **16** GE矩陣相較於BCG矩陣有哪一些不同點？ (A)以市場／行業吸引力代替市場成長率，涵蓋更多的考量因素 (B)公司優勢代替相對市場佔有率，可對每一個事業單元的競爭地位進行評估分析 (C)GE矩陣有9個象限，而BCG矩陣只有4個象限，使得GE矩陣結構更複雜、分析更準確 (D)以上皆是。

解答與解析

一、基礎題

1 (C)。由波士頓顧問公司（Boston Consulting Group）於1970年所提出，該矩陣之縱座標為產品的市場成長率，橫座標則為與業界最大競爭者之間的相對市占率。以垂直座標的兩軸和中間值為界形成一個含有四方格的矩陣。

2 (B)

3 (D)。問題（Question Marks）或稱「問題兒童」（Problem Children）或「野貓」（Wild Cat）。

4 (C)。在具有吸引力、成長性的市場中營運，但市占率卻很低。因此，必須支援現金以求成長，有可能變成明日之星。但相反的，失敗則成落水狗。

5 (B)。金牛產業是指相對於最大競爭對手之市場占有率高但市場成長率低的事業，通常會有大量正向的現金流量。

6 (D)。又稱落水狗（dogs），指市場成長率低且相對市場占有率低的明日黃花產業。

7 (A)。(B)金牛（Cash Cows）事業
(C)落水狗（Dogs）事業
(D)問題（Question Marks）事業。

8 (D)。雖然處在較高成長的產業中，不過其相對市場佔有率較低，現階段對資金創造能力低，但需求高。

9 (C)。(A)由波士頓顧問針對策略事業單位所提出之成長佔有率模式。(B)應採撤資策略。(D)金牛（Cash Cows）。(E)明星（Stars）。

二、進階題

10 (A)。在低成長率的市場中，市場占有率亦低，對集團來說已經沒有太大貢獻率的事業單位。

11 (C)。為業務面高成長的市場，故需要公司大量的投資。但因為市場占有率低，未能替公司帶來可觀的收入。

12 (B)。擁有高市場占有率及低預期成長率的事業。通常可為企業帶來現金收入。

13 (D)。具有高成長率但相對市場占有率相對偏低的事業，都出現在新產品剛投入市場的階段，公司需投入大筆資金，惟其成敗尚在未定之天，須審慎考量。

14 (A)。建立或拓展策略。

15 (B)。(A)努力培養「問題事業」為「明星事業」，但須注意風險，宜評估後決定是否要投資。(C)較大市場占有率，但市場成長率低。(D)應盡早出售或結束。

16 (D)

實戰大進擊

( ) **1** 依據波斯頓顧問團（BCG）事業組合矩陣，若市場成長率低但市場佔有率高，是屬於下列何種事業？ (A)問題兒童事業 (B)明星事業 (C)落水狗事業 (D)金牛事業。 【105台酒】

( ) **2** 根據 BCG 矩陣，若企業被歸屬至金牛（Cash Cow），這表示其在該產業中為： (A)低預期成長率、高相對市場占有率 (B)高預期成長率、高相對市場占有率 (C)高預期成長率、低相對市場占有率 (D)低預期成長率、低相對市場占有率 【105台北自來水】

( ) **3** 在BCG模式中，市場佔有率高但產業成長率低的事業稱為： (A)明星事業 (B)金牛事業 (C)問題事業 (D)落水狗事業。 【104郵政】

( ) **4** 根據BCG的分析，如果某一產業的成長率很高，但某一家公司的事業相對市場佔有率很低，則該事業稱為： (A)金牛型事業 (B)明星型事業 (C)苟延殘喘事業 (D)問題兒童事業。 【104郵政第2次】

( ) **5** 在BCG矩陣中，具有高市場成長率和低相對市場占有率之特徵的是何種事業型態？ (A)明星事業 (B)金牛事業 (C)問題事業 (D)落水狗事業。 【103台酒】

( ) **6** Boston企管顧問公司提出BCG矩陣（Boston Consulting Group），其中「市場佔有率高且市場成長性低」的事業單位，稱為：(A)明星事業（Stars） (B)問題兒童（Question marks） (C)狗（Dogs） (D)金牛（Cash Cows）。 【103台北自來水】

( ) **7** 關於波士頓顧問團所提的BCG矩陣，下列何者錯誤？ (A)目的是協助企業分析其業務和產品系列的表現，協助企業更妥善地分配資源 (B)市場占有率高，成長率高的事業單位，被稱為「金牛」事業（Cash cows） (C)成長率和占有率都低的事業單位，被稱為「瘦狗」事業（dog） (D)市場占有率低但成長率高的事業單位，被稱為「問題」事業（question mark）。 【105自來水】

( ) **8** 運用波士頓顧問群矩陣（BCG matrix）分析事業單位的策略，下列陳述何者錯誤？ (A)市場佔有率低且預期市場成長率低的事業，應加強投資以提昇市佔率 (B)市場佔有率高且預期市場成長率低的事業，應限制投資並盡可能獲取現金 (C)市場佔有率高且預期市場成長率高的事業，應繼續投資以維持高市佔率 (D)市場佔有率低且預期市場成長率高的事業，應審慎分析再決定要不要投資。 【105中油】

( ) **9** 關於BCG模型（Boston Consulting Group Model），下列敘述何者有誤？ (A)單以市場佔有率，無法完整顯示組織競爭力，應該再考慮市場成長率 (B)屬於問題兒童（question marks）和狗（dogs）的策略事業單位或產品，是企業的資源耗用者，若不能改善，應予以捨棄 (C)被歸類為金牛（Cash cows）的策略事業單位或產品，是組織資源的提供者和未來的接班人 (D)此模型用於探討企業中不同事業單位在整個企業中所應扮演的角色，以及其與資源分配的關係。 【104港務】

( ) **10** 在策略管理中，有關BCG model公司組合矩陣的陳述，下列何者正確？ (A)該矩陣模式的兩軸分別代表市場佔有率及市場獲利率 (B)「問號」（question marks）代表市場佔有率低，故沒有任何獲利能力 (C)「金牛」（cash cow）代表市場佔有率高，且未來的市場潛力大 (D)「明星」（stars）代表市場佔有率高，且市場持續擴增。 【104台電】

( ) **11** 有關BCG矩陣所劃分出的四類型事業，下列敘述何者正確？ (A)金牛型事業可以作為開發其他類型事業的後盾 (B)問題型事業的市場佔有率高，不過市場成長率較低 (C)落水狗事業儘管市場佔有率較低卻也不應該放棄 (D)明星型事業成長快速，但目前市場佔有率並不高。 【103中油】

( ) **12** BCG矩陣模式中，下列敘述何者正確？ (A)問題事業（question marks）代表預期市場成長率低、相對市場占有率低的事業 (B)落水狗事業（dogs）代表預期市場成長率低、相對市場占有率高的事業 (C)明星事業（stars）代表預期市場成長率高、相對市場占有率

低的事業 (D)金牛事業（Cash cows）代表預期市場成長率低、相對市場占有率高的事業。
【103台電】

( ) **13** 企業可以使用BCG（Boston Consulting Group）矩陣來分析產品組合或事業單位組合的表現，進而決定如何有效配置公司資源。根據BCG矩陣，下列何種產業會有大量的現金收入，只需少量的投資來維持市場佔有率？ (A)金牛產業 (B)明星產業 (C)問號產業 (D)落水狗產業。
【104自來水升】

( ) **14** 在波斯頓顧問團模式中，對問題兒童應該如何處理？ (A)增加投資 (B)放棄 (C)維持 (D)仔細評估後決定是否要增加投資或放棄。
【103台酒】

( ) **15** 組織的總體策略包含數個事業時，管理者可利用投資組合矩陣（corporate portfolio matrix）來管理，BCG矩陣（BCG matrix）係由波士頓顧問群所發展出，藉由2×2矩陣來評估並描繪組織的各事業單位，並幫助管理者安排資源分配的先後順位。請問BCG矩陣四個分類為何？ (A)明星事業、創新事業、問題事業、多角化事業 (B)多角化事業、問題事業、明星事業、金牛事業 (C)金牛事業、明星事業、問題事業、落水狗事業 (D)明星事業、落水狗事業、金牛事業、創新事業。
【106台糖】

( ) **16** 利用預期市場成長率以及市場佔有率，來瞭解不同事業的發展潛力，並據以分配資源。上述描述係指何種政策分析工具？ (A)產業生命週期分析 (B)SWOT分析 (C)BCG矩陣 (D)創新擴散模式。
【106桃機】

( ) **17** 在波士頓顧問團（BCG）模式中，資金的提供者主要是： (A)金牛 (B)明星 (C)問題兒童 (D)狗。
【106桃機】

( ) **18** 需要大量投資，通常會逐漸成為金牛事業，屬於： (A)金牛事業 (B)明星事業 (C)問題兒童事業 (D)落水狗事業。
【106桃機】

( ) **19** 在BCG矩陣中，市場成長性小而相對市場佔有率卻偏高的區塊被稱為下列何者？ (A)金牛 (B)明日之星 (C)問號 (D)落水狗。
【107郵政】

( ) **20** 依據波斯頓顧問團（BCG）事業組合矩陣，若市場成長率高但市場佔有率低，是屬於下列何種事業？ (A)問題事業 (B)明星事業 (C)落水狗事業 (D)金牛事業。 【107台酒】

( ) **21** 在低成長市場中低市場佔有率的事業，此種事業可能利潤很低，甚至產生虧損，稱為： (A)問題事業 (B)明星事業 (C)金牛事業 (D)土狗事業。 【107台酒】

( ) **22** 在BCG矩陣中，低市場佔有率／高市場預期成長率，是下列何種事業單位？ (A)問題事業 (B)金牛事業 (C)落水狗事業 (D)明星事業。 【108郵政】

( ) **23** 強調高市場佔有率與低市場預期成長率的事業單位為下列何者？(A)明星事業 (B)金牛事業 (C)問題事業 (D)落水狗事業。【108台酒】

( ) **24** 高市場占有率和低預期市場成長率是屬於下列何種事業？ (A)金牛 (B)明星 (C)問題 (D)落水狗。 【111台酒】

解答

1 (D) **2** (A) **3** (B) **4** (D) **5** (C) **6** (D) **7** (B) **8** (A) **9** (C) **10** (D)
11 (A) **12** (D) **13** (A) **14** (D) **15** (C) **16** (C) **17** (A) **18** (B) **19** (A) **20** (A)
21 (D) **22** (A) **23** (B) **24** (A)

絕技47 組織的策略規劃

命題戰情室：組織策略規劃可以分成三個層次，由上而下分別為：公司層次、事業部層次及功能層次（functional-level）。其中以公司的成長策略最重要，例如Ansoff的「產品／市場擴張矩陣」、整合成長策略、Porter的競爭策略，更是重點中的重點。

重點訓練站

策略規劃（strategic planning）是一套決策管理的程序，藉以發展與維持企業的目標，並促使組織的內、外部資源能做最有效的配置。一般組織的策略規劃由上而下分三個層次：總公司或集團層次（corporate level）、事業部層次（business level）、功能層次（functional level）。

組織層級	策略層級	策略種類
公司層次	企業策略	穩定、成長、退縮策略
事業部層次	競爭策略	Porter、Miles＆Snow策略
功能層次	功能策略	計畫

一、總體策略

著眼於組織整體利益與運作的計畫，決定組織在何種產業中發展，以及如何發展等議題，包括決定組織的使命、目標，以及組織內各事業部未來發展時所扮演的角色。可採以下三種策略：

穩定策略	維持現有規模，或在可控制的情形下緩慢成長。
成長策略	擴充公司現有規模、市佔率或產品數目。
退縮策略	裁減、收割或放棄以縮減產品、市場的規模。

企業成長的策略，可採：密集成長（intensive growth）、整合成長（integrative growth）及多角化（diversification）成長等方式。

密集成長	**整合成長**	**多角化成長**
市場滲透	向後垂直整合	相關多角化
市場開發	水平整合	集中多角化
產品發展	向前垂直整合	非相關多角化

(一) **密集成長策略**：指在產品（現有或新產品）與市場（現有或新市場）兩構面做選擇，依據Ansoff（1957）的「產品——市場成長矩陣」可分為：市場滲透、市場發展、產品發展及多角化策略，如下圖所示：

	現有產品	新產品
現有市場	市場滲透	產品發展
新市場	市場發展	多角化

安索夫矩陣

1. **市場滲透**（market penetration）：以現有產品在現有市場中，繼續深耕該市場，增加市場佔有率及增加產品使用率。
2. **市場開發（發展）**（market development）：以現有產品打入新市場，擴張新銷售地區或顧客群，尋找新市場區隔。
3. **產品開發（發展）**（product development）：在現有市場中，開發新一代產品、修改產品及增加產品特色。
4. **多角化**（diversification）：針對新的顧客群推出新的產品或服務類別。

(二) **整合成長策略**

1. **向前整合**（forward integration）：即收購下游廠商或通路，以提高企業的競爭力。
2. **向後整合**（backward integration）：即收購上游廠商或供應商，以提高企業的競爭力。
3. **水平整合**（horizontal integration）：即收購該產業中性質相同之廠商，以提高企業的競爭力。

(三) **多角化策略**

1. **相關多角化**（related diversification）：即進入一個與該企業市場及產品有相關的產業，新產品與原有產品可共同使用生產設備與技術等資源，產生綜效。
2. **集中多角化**（concentric diversification）：即進入一個與該企業之市場相同但產品完全不同的產業，其目的是吸引原有顧客購買新產品。
3. **非相關多角化**（unrelated diversification）：即進入一個與該企業之市場及產品完全不同的產業，其目的是以多角化的經營方式，來降低營運風險。

二、事業策略（business strategy）

專注於事業單位在其產業內與對手競爭客戶的策略。

(一) 波特（Michael E.Porter）的競爭策略架構指出，管理者可選擇的策略包括<u>成本領導、差異化及集中化策略</u>。

(二) 邁爾斯與史努（Miles&Snow,1978）在〈組織策略、結構與流程〉提出分策略適應性模式：

1. **前瞻者**（prospector）：追求在技術、產品、市場領先。
2. **分析者**（analyzer）：老二主義，模仿修改前瞻者的成功技術。
3. **防禦者**（defender）：在一定的產品範圍內努力、防止他人進入。
4. **反應者**（reactor）：只有在面臨重大壓力時才會反應。

三、功能策略（functional strategy）

個別事業單位內部的各個功能部門如何支援其事業或競爭策略。

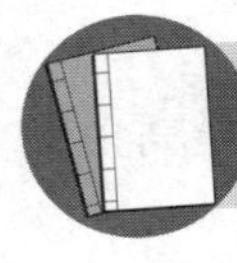

資料補給站

一、委外或外包（outsourcing）是指組織將某些經營活動交由其他業者處理，並以「採購」的形式向這些業者取得所需的產品或服務。

二、技術聯盟（technology alliance）指企業整合水平或垂直廠商，進行產業間的技術交流，實現技術資源互補、減少個別企業的開發風險及投入成本，並促進技術創新。

三、購併包括收購（Acquisitions）與合併（Mergers），收購分為股權收購和資產收購，前者是收購發動者在股票集中市場或直接向目標公司股東購入股權，使目標公司成為其轉投資事業的一種方式。而合併則可區分為：(一)消滅公司申請解散，存續公司辦理變更登記之吸收合併。(二)進行合併之公司共同成立一新的公司，原舊公司同時消滅之新設合併。

四、併購類型：

(一) 水平式併購（Horizontal M&A）：在同一產業中，對從事相同業務公司之併購。

(二) 垂直式併購（Vertical M&A）：指在同一產業中，上游與下游公司間之併購。又可分為：向前整合與向後整合。

(三) 關聯併購（Congeneric M&A）：指在同一產業中，業務性質不完全相同，且無業務往來之公司進行併購。

(四) 非關聯併購（Conglomerate M&A）：指公司居於不同產業，且無業務上往來所進行之併購。

五、策略聯盟（strategic alliance）：與同業與異業之間建立各種形式的長期合作關係，以解決成本過高、規模經濟不足等問題，進而提升經營績效。

六、(一)綜效（Synergy）：指整合後的公司績效將超過原來的個別部份。亦即整體價值會大於個別價值總和，產生「1＋1＞2」的效果。

(二) 規模經濟（economies of scale）：指在一定的產量範圍內，隨著產量的增加，平均成本不斷降低的事實。

(三) 範疇經濟（economies of scope）：單一廠商同時生產兩項以上物品和服務的成本比分別由專業廠商生產的成本更低廉。

易錯診療站

一、安索夫（Ansoff）曾提出一個產品／市場擴張矩陣（Product／Market Grid），以產品與市場兩個變數來劃分四種策略替代方案：市場滲透策略、市場開發（發展）策略、產品開發（發展）策略、多角化策略。

	現有產品	**新產品**
現有市場	市場滲透	產品開發
新市場	市場開發	多角化

二、**與供應商做相同的生意稱為「向上整合」或「向後整合」，與通路做相同的生意稱為「向下整合」或「向前整合」**。

三、**相關多角化：所進入或併購的新事業與目前的事業或產業有關係**。
非相關多角化：所進入或併購的新事業與目前的事業或產業沒有關係。

四、**邁爾斯與史努（Miles & Snow）的策略適應性模式：**

前瞻者	主動積極開發市場以及新產品，強調透過持續性的創新來維持成長的動力，追求彈性和創新。
分析者	模仿市場領導者或是成功進入新市場或開發新產品的人。
反應者	原則上並不知道要採取什麼策略，往往等環境改變後，才有所行動，此類型組織容易被市場淘汰。
防禦者	以有限的產品或服務維持市場份額，不會主動追求擴張市場，求穩定和效率。

模擬題試煉

一、基礎題

( ) **1** 組織策略規劃的三層次包括：(1)功能層次（functional-level）、(2)公司層次（corporate-level）、(3)事業部層次（business-level），請問由上至下的排序為何？ (A)(2)(1)(3) (B)(3)(1)(2) (C)(1)(2)(3) (D)(2)(3)(1)。

( ) **2** 透過企業本身經營範疇的擴大，並以其為中心所發展起若干新事業體，我們稱之為： (A)公營事業 (B)集團企業 (C)鄉鎮企業 (D)聯合企業。

( ) **3** 依據安索夫（Ansoff）的產品／市場擴張矩陣（product/market expansion grid），以現有產品進入現有市場的行銷策略為何？ (A)市場開發策略 (B)市場滲透策略 (C)產品開發策略 (D)多角化策略。

( ) **4** 針對原有市場或顧客以提供新產品，包括增加產品特性的策略、擴張產品線的策略及開發新產品的策略，稱之為： (A)市場滲透 (B)市場開發的成長策略 (C)產品開發的成長策略 (D)多角化的成長策略。

( ) **5** 企業將上游供應商或者下游配銷通路納入經營範圍的經營策略稱為？ (A)垂直整合 (B)專注於單一事業 (C)多角化經營 (D)國際擴張。

( ) **6** 組織為了獲得配銷的控制權而藉由成為自己的通路的方式，稱之為何？ (A)向後水平整合 (B)向前垂直整合 (C)向前水平整合 (D)向後垂直整合。

( ) **7** 企業以收購或新設立的方式，往上游進入原物料供應商，確保原物料供應無缺，這是採取哪一種策略？ (A)向後整合（backward integration） (B)水平整合（horizontal integration） (C)向前整合（forward integration） (D)多角化（diversification）。

( ) **8** 企業擴張規模時，收購或合併同業，如競爭者等，謂之： (A)垂直整合 (B)策略聯盟 (C)水平整合 (D)切線整合。

( ) **9** 多角化企業總部層次的策略思考是屬於何種策略：(A)網絡策略 (B)總體策略 (C)事業策略 (D)功能策略。

( ) **10** 依Michael E. Porter（1980）所提出的「競爭優勢策略」（competitive advantage strategy），何者不是他所提出的策略類型？ (A)收割 (B)差異化 (C)集中 (D)低成本。

二、進階題

( ) **11** 當百事公司想辦法結合百事可樂，國際七喜汽水的時候，這是發展那種層級的事業策略？ (A)功能 (B)管理 (C)公司 (D)事業部。

( ) **12** 國內某集團持續開發新產品以擴大市場佔有率，並向下游整合，跨足物流業，且經營連鎖超商，其所採取的策略為何？ (A)成長策略 (B)穩定策略 (C)縮減策略 (D)混合策略。

( ) **13** 福懋興業公司近十年來大量地將既有產品，包括傘布、傘骨、染整等產品轉移至中國大陸生產與銷售，此一策略稱為： (A)市場滲透 (B)市場發展 (C)產品發展 (D)多角化。

( ) **14** 可口可樂公司決定針對相同的市場區隔推出新成分或新包裝的飲料，請問這是屬於那一類型的公司策略？ (A)多角化策略 (B)產品滲透策略 (C)市場滲透策略 (D)產品發展策略。

( ) **15** 賓士汽車（Daimler Benz）與克萊斯勒（Chrysler）合併為戴姆勒克萊斯勒公司（Daimler-Chrysler），基本上是採取何種策略？ (A)水平整合 (B)垂直整合 (C)斜向整合 (D)多角化。

( ) **16** 台塑企業投資長庚醫院，是屬於何種多角化的策略？ (A)水平多角化 (B)垂直多角化 (C)關連性多角化 (D)非關連性多角化。

( ) **17** 王品集團旗下原有王品台塑牛排、西堤牛排、陶板屋等，之後又複製其品牌經營模式，增加舒果餐廳及石二鍋餐廳，這是採取哪一種策略？ (A)差異化策略 (B)相關多角化 (C)水平整合策略 (D)集中策略。

( ) **18** 三星推出智慧型手機係追隨已成功者Apple iPhone之創新策略表現，可判斷它屬於何種策略類型？ (A)防衛者（defender） (B)前瞻者（prospector） (C)分析者（analyzer） (D)反應者（reactor）。

( ) **19** 國內、外企業可依技術、權利、資金的不同進行國際間的企業合作，下列何者不是企業的合作方式？ (A)併購 (B)合資或管理契約 (C)契約生產 (D)授權許可。

解答與解析

一、基礎題

1 (D)。公司層次、事業部層次、功能層次。

2 (B)

3 (B)。(A)以現有產品進入新市場的行銷策略。(C)以新產品進入現有市場的行銷策略。(D)以新產品進入新市場的行銷策略。

4 (C)。

	現有產品	新產品
現有市場	市場滲透	產品開發
新市場	市場開發	多角化

5 (A)。垂直整合（vertical integration）指企業將上游供應商或者下游配銷通路納入經營範圍的經營策略。

6 (B)。企業將經營範圍向下游擴展至對消費者的各種服務。

7 (A)。企業將經營活動向上游延伸至各種原物料、零件的生產製造。

8 (C)。指企業應用既有的資源能力所做的水平方向發展。

9 (B) **10 (A)**

二、進階題

11 (C)。或稱集團層次，注重組織整體的發展。

12 (A)。擴充營業規模。(B)維持或保有現狀。(C)縮減營業規模。(D)同時採一個以上策略。

13 (B)。以現有產品開發新客群、進入新的配銷通路或進入新的地理區域。

14 (D)

15 (A)。有減少競爭、規模經濟、資源共享的好處。

16 (D)。或稱非相關多角化，指跨足不同的產業。

17 (B)。指跨足相關的產業。

18 (C)。該策略經評估進入市場、改良既有產品，即所謂的「老二主義」。

19 (A)。企業利用收購或合併的方式，侵吞產業內的競爭對手，以提升在現有產品市場中的競爭力或市佔率。

實戰大進擊

(　) **1** 下列何者不是企業的成長策略（corporate growth strategy）？(A)差異化策略　(B)垂直整合策略　(C)水平整合策略　(D)多角化策略。【103中油】

(　) **2** 根據Ansoff的產品市場擴展矩陣，利用現有產品在現有市場爭取更多市場佔有率的策略，稱之為：(A)市場滲透策略　(B)市場開發策略　(C)產品開發策略　(D)多角化策略。【105中油】

(　) **3** 企業在決定成長策略時，若是希望在新市場發展新產品的成長策略稱為：(A)市場滲透策略　(B)產品發展策略　(C)市場發展策略　(D)多角化策略。【104郵政】

(　) **4** 某家公司原經營家電及機電市場為主，後來引入速食產業，此種公司層級的經營策略屬於：(A)市場滲透策略　(B)市場發展策略　(C)產品發展策略　(D)多角化策略。【104郵政第2次】

(　) **5** 針對現有市場，公司將現有產品投入大量宣傳，進行深耕經營以提高銷售量，此策略屬於：(A)市場開發策略　(B)市場滲透策略　(C)產品開發策略　(D)多角化策略。【103台電】

(　) **6** 鴻海購併 Sharp 夏普，是屬於下列哪種企業策略？(A)垂直整合　(B)水平整合　(C)加盟制度　(D)成本領導。【105自來水】

(　) **7** 企業如果不再向既有的供應商採購（不論是原料、半成品或成品），並建立屬於自己的供應商，上述該行為是在進行：(A)向前垂直整合（forward vertical integration）　(B)向後垂直整合（backward vertical integration）　(C)水平整合（horizontal integration）　(D)策略聯盟（strategic alliance）。【103台糖】

(　) **8** 發展自有品牌已成為全球通路趨勢，統一超商推出自有品牌「7-SELECT」系列與全家便利商店推出自有品牌「FamilyMart collection」是屬於下列何種成長策略？ (A)向前垂直整合（forward vertical integration） (B)向後垂直整合（backward vertical integration） (C)水平整合（horizontal integration） (D)多角化（diversification）。 【104自來水升、105台酒】

( ) **9** 企業出售或結束一些不賺錢的事業達到精簡規模之目的，是為下列哪一種策略？ (A)外包策略 (B)重整策略 (C)整合策略 (D)策略聯盟。 【105台酒】

( ) **10** 當環境穩定不變，這時需要穩健，強調內部經營效率的策略。這是調適策略中的哪一種？ (A)前瞻者 (B)分析者 (C)防禦者 (D)反應者。 【105台酒】

( ) **11** 在競爭時機中，採取老二主義，以模仿修改競爭者成功技術的是：(A)前瞻者 (B)分析者 (C)防禦者 (D)反應者。 【103台酒】

( ) **12** 研發策略屬於何種層次的策略？ (A)公司總體層次（corporate level） (B)產業競爭層次（competitive level） (C)事業單位層次（business level） (D)功能部門層次（functional level）。 【105中油】

( ) **13** 若王品集團旗下的「藝奇新日本料理」正在思考應推出何種新的季節性甜點，此策略屬於何種決策層次？ (A)企業總體策略（corporate strategy） (B)事業單位策略（business unit strategy） (C)功能性策略（functional strategy） (D)穩定策略（stability strategy）。 【103台酒】

( ) **14** 日月光公司意欲併購矽品公司，此種合併型式屬於： (A)聚合式合併（conglomerate merger） (B)垂直式合併（vertical merger） (C)水平式合併（horizontal merger） (D)多角化合併（diversification merger）。 【105中油】

( ) **15** 「宏碁併購全國電子」這是屬於哪一種型態的併購？ (A)水平併購 (B)垂直併購 (C)關聯併購 (D)非關聯併購。 【104自來水】

( ) **16** 企業整合水平或垂直廠商，進行產業間的技術交流，稱為： (A)合資研發 (B)技術合作 (C)技術移轉 (D)技術聯盟。 【103台北自來水】

( ) **17** 企業保留核心的價值創造活動，而將一些非核心的價值創造活動，移轉至外界的獨立廠商。這是哪一種策略？ (A)多角化策略 (B)全球化策略 (C)重整策略 (D)外包策略。 【104自來水】

( ) **18** 根據安索夫（Ansoff）成長矩陣，下列何者屬於多角化發展策略的作法？ (A)透過降低價格，擴大市場佔有率 (B)透過新產品上市，開發新市場 (C)提高價格，進入高階市場 (D)透過國際化策略，進入海外市場。 【106桃機】

( ) **19** 企業與不同產業內的其他企業合併，稱為下列何者？ (A)垂直整合 (B)獨占市場 (C)托拉斯 (D)水平整合。 【107郵政】

( ) **20** 由一家公司買下另一家公司的現象，係指下列何者？ (A)收購 (B)合併 (C)合資 (D)策略聯盟。 【107郵政】

( ) **21** 企業多角化之動機中使資源產生綜效與範疇經濟是屬於？ (A)分散風險 (B)增加企業價值 (C)擴大或調整營運 (D)追求創新。 【107農會】

( ) **22** 在策略層級中，某特定產品／市場或相似性很高的產品／市場中的經營策略是屬於？ (A)總層級策略 (B)公司層級策略 (C)事業層級策略 (D)作業層級策略。 【107農會】

( ) **23** 不同的企業間建立夥伴關係以結合資源、能耐與核心競爭力，並從這樣的夥伴關係中獲得利益的過程稱為： (A)策略聯盟 (B)企業併購 (C)海外授權 (D)流程再造。 【107台糖】

( ) **24** 在不同的企業間建立一種夥伴關係，藉此可以結合彼此的資源、能耐，與核心競爭力，以獲取共同利益，稱為： (A)策略聯盟 (B)整合聯盟 (C)重整聯盟 (D)維持策略。 【107台北自來水】

( ) **25** 有關「外包」的敘述，下列何者錯誤？ (A)外包可以降低企業組織的營運成本 (B)外包是全球性的趨勢 (C)企業不能同時將製造與行銷外包 (D)外包造成原企業組織僱用人員減少。 【107台糖】

( ) **26** 組織會持續現有業務的公司總體策略是屬於下列何者？ (A)成長策略 (B)穩定策略 (C)更新策略 (D)轉型策略。 【108台酒】

(　　) **27** 筆電大廠決定併購電源供應器製造商，屬採行下列何種總體策略？　(A)水平整合　(B)向後整合　(C)向前整合　(D)穩定策略。【111經濟部】

(　　) **28** 若肯德基與麥當勞合併，這屬於下列那一種成長策略？　(A)水平整合（horizontal integration）　(B)相關多角化（related diversification）　(C)非相關多角化（unrelated diversification）　(D)垂直整合（vertical integration）。【111台鐵】

(　　) **29** 企業從事創新技術開發有主動與被動的態度，學者Miles & Snow把企業的創新策略分為四大類，強調不率先投入研發，採取老二策略，對老大競爭對手的活動觀察甚至模仿，是下列那一種類型？(A)前瞻者（prospector）　(B)分析者（analyzer）　(C)反應者（reactor）　(D)防禦者（defender）。【111台鐵】

解答

1 (A)　**2** (A)　**3** (D)　**4** (D)　**5** (B)　**6** (A)　**7** (B)　**8** (B)　**9** (B)　**10** (C)
11 (B)　**12** (D)　**13** (C)　**14** (C)　**15** (B)　**16** (D)　**17** (D)　**18** (B)　**19** (D)　**20** (A)
21 (B)　**22** (C)　**23** (A)　**24** (A)　**25** (C)　**26** (B)　**27** (B)　**28** (A)　**29** (B)

絕技48 管理變革與組織成長

命題戰情室：「組織變革」是近年頗受公私機構重視的議題，因此，舉凡黎溫（Lewin）的組織變革理論三階段、李維特（Leavitt）的組織變革三大途徑、顧林納（Larry Greiner）的組織成長模型都是必考的重點，且經常出現在各類考試試題之中。其他部分亦應稍加留意。

重點訓練站

面對全球競爭的動態環境，企業必須不斷的創新與成長，才能應付外在日益嚴峻的挑戰。

一、企業流程再造（Business Process Reengineering）

1993年Hammer提出企業流程再造是針對企業流程（process）進行「根本的（fundamental）重新思考，徹底的（radical）翻新作業流程，以便在衡量表現的關鍵因素上，如成本、品質、服務和速度等，獲得戲劇性（dramatic）的改善。」此一定義包含了四個關鍵字，說明如下：

(一) **根本**：藉著詢問最基本問題，迫使人們正視蘊含在工作背後的戰術規則與假定。

(二) **徹底**：徹底翻新流程，指從根本改造且另闢新徑來完成工作。

(三) **流程**：接受一個或多種投入且創造對顧客有價值產出的活動集合。

(四) **戲劇化**：並非緩和或漸進的改善，而係在績效達成定量上的大躍進。

二、組織創新（Organizational Innovation）

現代企業了實現管理目的，將企業資源進行重組與重置，採用新的管理方式和方法，新的組織結構和比例關係，使企業發揮更大效益的創新活動。

而促進組織創新的因素有三：

(一) **組織結構因素**：有機結構、充沛豐富的資源、單位間高度的溝通。
(二) **企業文化因素**：對模糊的接受、對不切實際或高創意忍受度高、外控程度低、對風險容忍度高、注意結果而非手段、強調開放式系統。
(三) **人力資源因素**：支持高度訓練與發展的人力資源政策、高度的工作保障、有創意的成員。

三、組織變革（Organizational Change）

指在組織中，人力、結構或技術上所發生的重大改變。組織變革的力量可能來自組織內部或外部，或兩者同時發生。

(一) **外部力量來源**：競爭者的加入、經濟及科技變化、政府的法令規章與人力市場等。
(二) **內部力量來源**：組織策略修訂、人員結構調整、引進新設備、員工態度改變等。

四、組織變革程度與種類

(一) 組織變革程度

變革過程觀點可用兩種極端比喻形容：

1. **「靜海行船」觀點**：管理者面對穩定且有秩序的環境，適用於1950、1960年代的企業，以李文（Lewin,1951）所提出的變革三部曲最具代表性。
2. **「急流泛舟」觀點**：管理者面對不確定性高且動盪的環境，適用於1990年代以後，管理者無法預知，只得在過程中邊做邊學，逐步累積經驗。

所以變革可依其程度區分為：

1. **漸進式變革**（incremental change）：重視持續改善，是線性且連續性的變革，組織僅作功能上的改變，並非全面性的變革。
2. **躍進式變革**（radical change）：重視脫胎換骨的改變，是多層面、多階層、非連續性且激進的改變，會重新架構組織的運作方式，屬於全面性變革。

(二) 組織變革種類

管理者進行組織變革的選擇方案可分為三種類別：結構（structure）、技術（technology）與員工（people）。如下表：

種類	說明
結構變革	改變複雜度、正式化、集中化程度；改變部門劃分、工作重新設計
技術變革	改變工作流程、技術方法、引進新設備、自動化、網路e化
人員變革	改變員工態度、期望、認知與行為

另外，Daft指出管理者可著重組織內的四種變革形式，以取得策略上的優勢：產品與服務的變革、策略與結構的變革、人員與文化的變革、科技的變革。

五、組織變革途徑

(一) Lewin變革三階段理論：

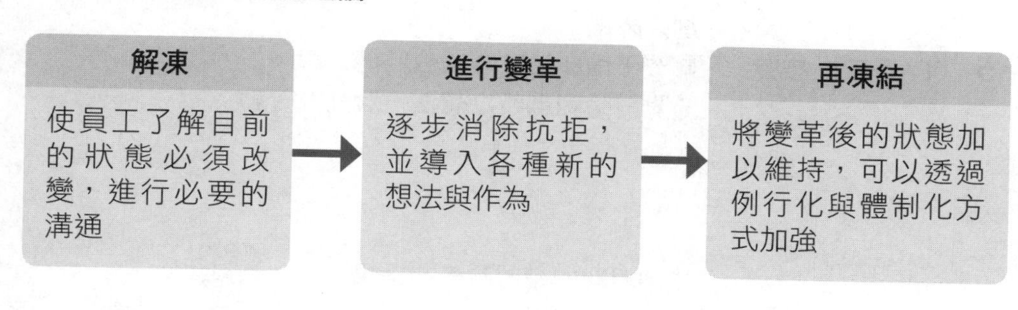

(二) Leavitt指出組織變革可以經由改變以下三者來進行：

1.組織結構：如工作設計、部門化等。

2.人員行為：如價值觀、態度、信念。

3.科技工具：如新機器設備、工作技巧等。

(三) Kotter的成功變革八階段流程：

科特（John P.Kotter,2000）認為企業欲成功轉型須依循以下步驟而行：

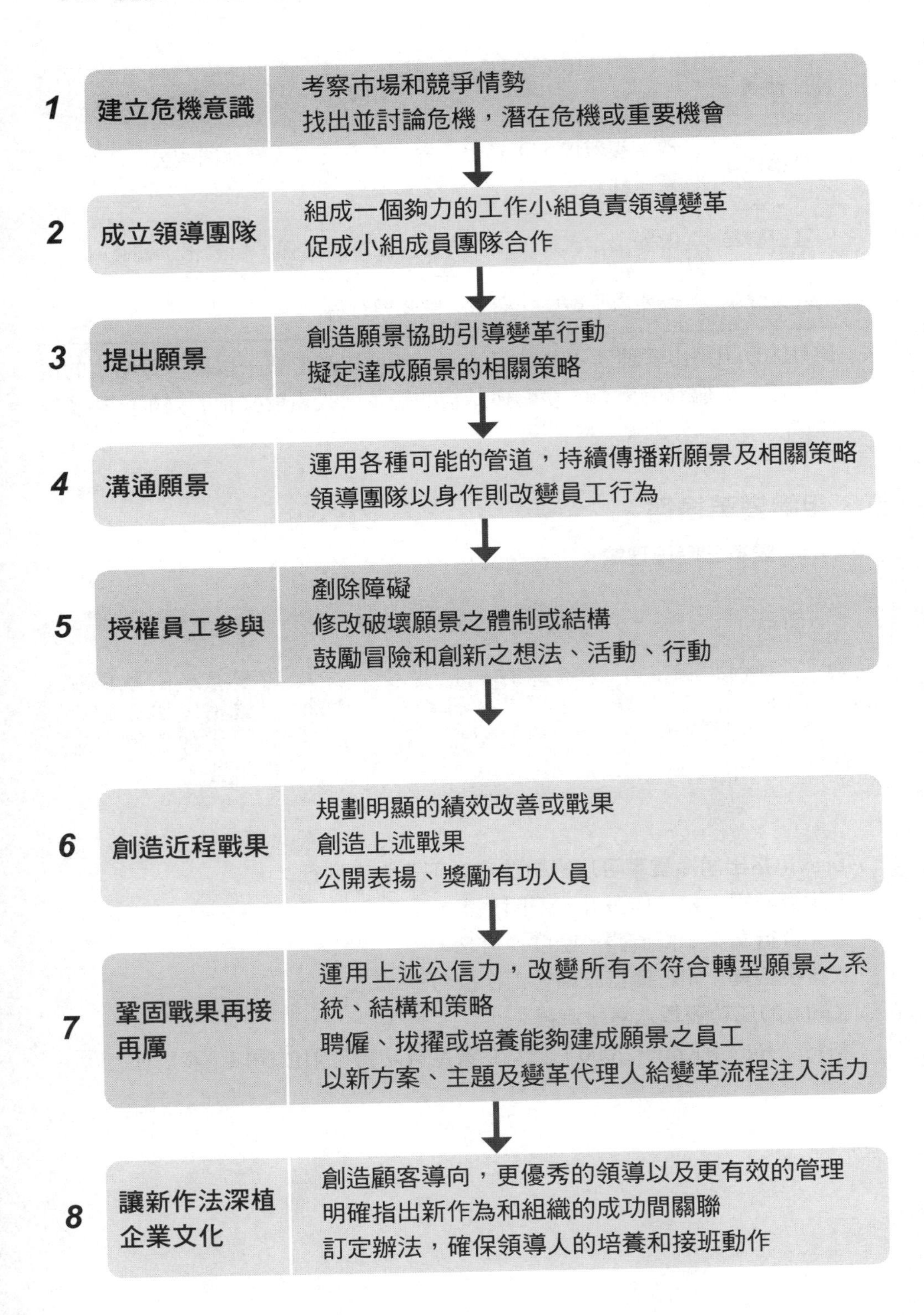
1
建立危機意識
考察市場和競爭情勢
找出並討論危機，潛在危機或重要機會
2
成立領導團隊
組成一個夠力的工作小組負責領導變革
促成小組成員團隊合作
3
提出願景
創造願景協助引導變革行動
擬定達成願景的相關策略
4
溝通願景
運用各種可能的管道，持續傳播新願景及相關策略
領導團隊以身作則改變員工行為
5
授權員工參與
剷除障礙
修改破壞願景之體制或結構
鼓勵冒險和創新之想法、活動、行動
6
創造近程戰果
規劃明顯的績效改善或戰果
創造上述戰果
公開表揚、獎勵有功人員
7
鞏固戰果再接再厲
運用上述公信力，改變所有不符合轉型願景之系統、結構和策略
聘僱、拔擢或培養能夠建成願景之員工
以新方案、主題及變革代理人給變革流程注入活力
8
讓新作法深植企業文化
創造顧客導向，更優秀的領導以及更有效的管理
明確指出新作為和組織的成功間關聯
訂定辦法，確保領導人的培養和接班動作

六、抗拒變革原因與因應之道

(一) 抗拒變革原因

Robbins：認為抗拒變革原因有三項因素：不確定性、擔心個人損失、變革對組織目標與最佳利益不符。

Daft&Steers（1986）認為抗拒變革的原因有：

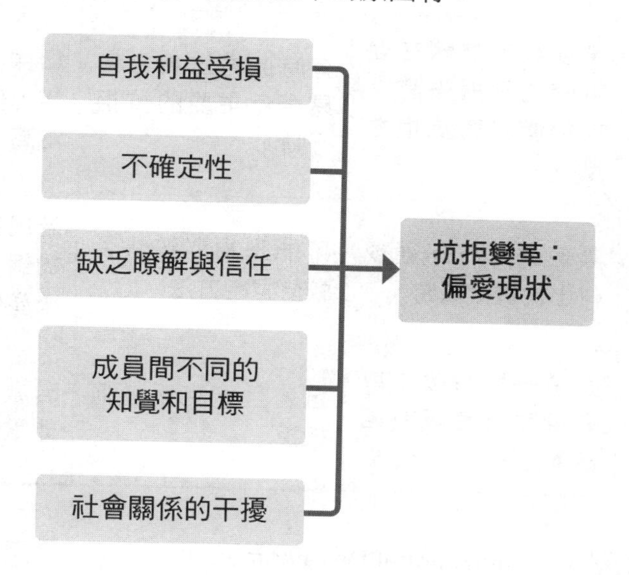

(二) 減少變革抗拒方法

Kotter&Schlesinger（1979）提出六種消除抗拒的策略：

方法	使用情境	優點	缺點
教育與溝通	當缺乏資料，或資料不正確與分析不正確時。	一旦被説服後，抗拒者將會協助變革之執行。	如果抗拒者人數眾多的話，這方法可能相當費時。
參與與投入	當變革推動者未具完整資訊以設計變革活動時；或成員具有相當的抗拒力量。	參與成員會承諾變革之執行，並會整合他們所獲得的相關資訊。	如果組織設計了一個不適當的變革計畫，此方法可能會很費時。

方法	使用情境	優點	缺點
協助與支持	因為調適問題而抗拒時。	沒有其他方法能像此方法更適合於處理調適性問題。	費時、昂貴，卻仍然可能失敗。
磋商與協議	某成員或群體在變革時遭致損失時；或群體具有抗拒力量時。	有時此方法相當容易避免主要的抗拒行動。	如果成員要求承諾，代價可能會相當高。
操縱與吸納	其他方法行不通或付出代價太高時。	可能是相對較快且較便宜的方法。	若成員感覺被操弄的話，可能導致未來產生若干問題。
明示與暗示強迫	必須爭取時效；或變革執行者具有相當權力時。	迅速且能克服任何抗拒。	若激怒成員，將會非常危險。

七、組織發展（Organizational Development）

專注在改變員工本身，以及改變工作群體間人際關係的品質與本質。較普遍的組織發展技巧，包括以下幾種：

敏感度訓練 sensitive training	藉由非結構化團體的互動來改變員工行為的方法。
調查回饋 survey feedback	透過問卷評估成員的態度與感受，找出差異，再根據調查結果釐清並解決問題。
程序諮商 process consultation	透過外界顧問協助，讓管理者瞭解內部的運作關係，並找出需要改進的程序。
團隊建立 team building	藉由互動交流以瞭解工作團隊成員的想法與作法。
團際發展 intergroup development	藉由透過不同團體間互動，以降低彼此之間偏見與刻板印象，又稱組織映像法。

優能探尋 appreciative inquiry	探尋個人、團體過去經驗或特殊優勢的過程，並以此為基礎來增進組織績效。
管理方格訓練 managerial grid	藉由各種管理型態，自我檢視，發覺自己管理風格，並經訓練，調整、改變成為理想的管理型態。
角色扮演 role play	選定一主題，據以設定狀況，並由參與成員扮演狀況中角色。

八、組織成長理論

顧林納（Greiner,1972）對組織成長的研究最為著名。他將組織的成長階段化。每個階段都有組織成長的方式，也都有每個階段的危機，有各自的問題。透過管理的策略，不斷的突破，達成組織的成長。

組織成長階段性理論（Greiner提出）：一般而言，會經歷五個階段（原動力與危機）。

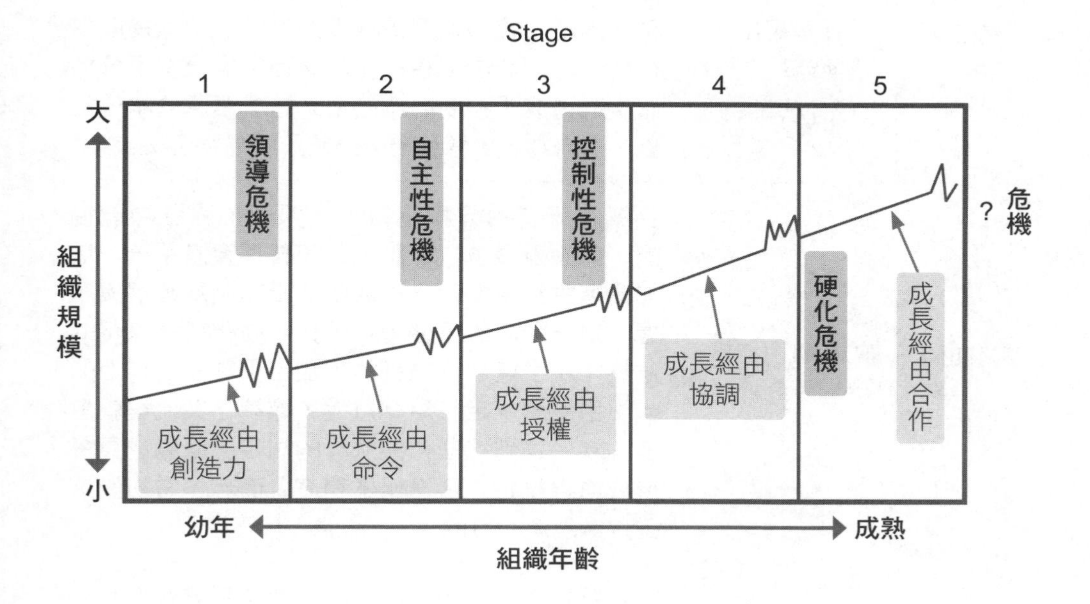

第一個階段	成長是經由創造力而產生的	創業者創造了產品及市場，掌握了組織的活動與發展。重視業務或技術；不重視管理活動。隨著組織成長，管理的問題愈來愈複雜，創業者愈來愈感覺到無法以個人非正式溝通和努力解決。這一個階段的瓶頸是管理問題層出不窮，產生「領導危機」。
第二個階段	成長是經由領導命令而產生	創業者將管理問題交給專業經理人，以專斷、集權管理方式來指揮各級管理者，而不是讓他們獨立自主。組織在此時得以成長、穩定。但隨之而來的是「自主危機」。即組織成長，事務漸繁多，事事請示，有待上級裁示，不能滿足需要，不習慣集權方式的紛紛求去。
第三個階段	成長是經由授權而產生	為了解決自主危機，高階主管採取授權方式管理，將權力下授，容許各級主管有較多的決策權。高階主管只保留最低限的控制。組織遂能取得進一步的發展。這個階段會因為過分採用分權制度而造成「控制的危機」，造成濃厚的本位主義，各自為政，意見十分分歧，不易整合。
第四個階段	成長經由協調以解決危機	企業在既有的分權組織下，採取加強各功能協調，如設委員會，整體規劃和管理資訊系統，增加高階主管對整個公司活動活動和發展瞭解與掌握。這一階段的危機來自老化，硬化或官僚化的危機。為了達到協調目的，加上了許多工作上的步驟手續和規定。組織愈大，標準作業流程就愈多，為了達到這些作業流程的規定，組織成員會形成重視規定、標準作業程序，而忘了當初設這些作業規章的目的。
第五個階段	成長是經由合作而成長的	為了解決老化，硬化的危機，透過團體合作和自我控制，以達協調配合的機制。經由這個階段的成長，會遇到什麼危機，顧林納本人也不敢確定。

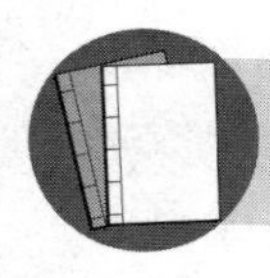

資料補給站

一、創造力（creativity）：藉由一種方法將不同的想法結合，或連結不同概念的能力。創新（innovation）：將創意轉變為一個有用的商品或工作方法的過程。

二、組織再造的五項關鍵要素，包括：顧客導向、目標取向、系統思考、資訊科技、流程中心。

三、總經理或CEO通常扮演變革領導人，或與一些高階主管組成變革領導團隊，負責變革願景、策略的規劃與溝通，在執行部分，則仰賴變革代理人，通常是由中階主管來擔任。

四、有助於組織文化的解凍情況：(一)組織重大危機的發生；(二)組織較年輕或小規模的組織；(三)弱勢文化；(四)領導者的更替。

五、創新企業的先行者第一個在市場推出新商品或使用新流程的組織稱為：先行者（First Mover），先行者的優點包括：(一)擁有創新者與產業領導者的聲譽；(二)成本和學習利益；(三)控制稀少的資源，並讓競爭者無法利用資源；(四)維繫和客戶的關係，以及建立顧客忠誠度的好機會。也稱為「先行者優勢」（First Mover Advantage）。但作為先行者仍有其缺點：(一)無法確定科技和市場的發展方向；(二)競爭者競相模仿，有被模仿的風險；(三)策略失敗風險、財務風險；(四)昂貴的研發成本。

易錯診療站

一、李文（Kurt Lewin）認為，成功的組織變革會遵循三個步驟：**先將現狀解凍（unfreezing），再推動（movement）新變革，最後再凍結（refreezing）**。

(一)**解凍**：目的在破除舊觀念，並激發改革動機。

(二)**改革**：推動改革以產生新的組織行為模式。

(三)**再凍結**：確保將改革後的成果加以定型化。

二、李維特（Leavitt）指出，企業面臨變革的壓力所採取的變革途徑可以歸納為：

(一) **結構性改變**：指改變組織結構或相關權責，以提升組織整體營運績效。

(二) **行為改變**：試圖改變組織成員的理念與做事態度，以改善工作效率。

(三) **技術性改變**：透過新科技、新材料、電腦化等作業，以提升競爭力。

三、Greiner認為一個企業在成長過程會有五個階段：

階段	成長的動力	成長的危機
1	創造力	領導
2	命令	自主
3	授權	控制
4	協調	硬化
5	合作	？

模擬題試煉

一、基礎題

(　　) **1** 就學者韓默（M.Hammer）與錢辟（J.Champy）的觀點來說，組織再造（organization re-engineering）就是一種：　(A)組織法規的再造　(B)組織成本的控制　(C)作業流程的再造　(D)組織問題的矯治。

(　　) **2** 組織再造強調以下何種核心觀念？　(A)組織流程的徹底檢討　(B)品質的持續改進　(C)人性的激發　(D)強調團隊合作的精神。

(　　) **3** 一個具創新的組織文化，通常必須具備以下何種特徵？　(A)封閉系統　(B)風險容忍度低　(C)高度的外部控制　(D)衝突容忍度高。

(　　) **4** 組織為因應外在環境的變遷與內部環境的需要，自主或被動的調整其內部子系統，達到均衡為止的一系列動態調整過程是為：(A)組織再造　(B)組織變革　(C)組織發展　(D)組織創新。

(　　) **5** 組織變革之類型不包括下列何者？　(A)環境變革　(B)技術變革　(C)人員變革　(D)結構變革。

(　　) **6** 強調「工作程序、方法或使用設備之修改」是哪一種變革型態？(A)結構變革　(B)人員變革　(C)領導變革　(D)技術變革。

( ) **7** Lewin提出的變革三部曲，其中不包含下列哪一步驟？ (A)變革 (B)維持 (C)解凍 (D)再凍結。

( ) **8** 透過解凍、改變、再凍結的過程來進行的變革稱為： (A)變革的靜水觀 (B)變革的惡水觀 (C)變革的促成者 (D)變革瀑布觀。

( ) **9** 李維特（Leavitt）認為進行組織變革有三大途徑，下列何者不在其中？ (A)行為 (B)技術 (C)任務 (D)結構。

( ) **10** 下列何者不是減低抗拒變革的方法？ (A)與員工溝通 (B)讓員工參與 (C)脅迫 (D)不予理會。

( ) **11** 改變人員行為與態度的主要技巧稱為： (A)組織變革 (B)組織發展 (C)組織再造 (D)組織創新。

( ) **12** 貴林納（Larry Greiner）提出組織成長模型，將組織成長分成五階段，其中在第三階段可能面臨控制危機，為了化解組織衝突，管理者應給予員工較多的自主權，因此，管理者須採用何種方式來促使組織成長？ (A)授權 (B)命令 (C)協調 (D)合作。

二、進階題

( ) **13** 所謂組織再造的根本意義為何？ (A)一種漸進式的改變 (B)一種工作流程的改變 (C)一種員工行為的改變 (D)重新思考，徹底翻新。

( ) **14** 何者非急流泛舟（white-water rapids）之組織變革觀點的主張？ (A)環境是高度不穩定的、是動態的 (B)管理者必須持續性的改變 (C)變革只是偶發的事件 (D)環境難以預測。

( ) **15** 當經理人告知員工變革的理由與目標時，應屬於Lewin變革三部曲之中的哪一階段？ (A)變革 (B)維持 (C)解凍 (D)再凍結。

( ) **16** 有助於組織文化解凍的情況是以下何項？ (A)組織規模大 (B)組織的強勢文化 (C)資深的領導者 (D)組織的弱勢文化。

( ) **17** 組織變革是許多企業組織不斷在推動的工作，對於組織變革的敘述，下列何者錯誤？ (A)李文（K.Lewin）所提三階段變革模式，其中改變（Changing）為第一階段 (B)組織策略與員工態度為變

革的內部力量 (C)人們常認為變革不符合組織最大利益的信念而抗拒改變 (D)組織可透過教育與溝通來減少變革抗拒。

( ) **18** 下列何者為李維特（Leavitt）所提出之組織改變三個途徑？ (A)自主性改變、行為性改變、結構性改變 (B)結構性改變、控制性改變、科技性改變 (C)控制性改變、科技性改變、自主性改變 (D)結構性改變、行為性改變、科技性改變。

( ) **19** 下列何者不為員工抗拒變革的理由？ (A)不確定性 (B)薪資增加責任加重 (C)損及個人利益 (D)對組織最佳利益不符。

( ) **20** 組織發展（Organizational Development）係以行為科學改善成員的學習態度、信念、價值觀等，使成員行為符合組織期待的過程，請問下列何者不是組織發展的技術？ (A)優能探詢 (B)程序諮商 (C)目標管理 (D)管理方格訓練。

( ) **21** 有關顧林納（Greiner）的組織成長階段理論（Stage Theory），下列何者敘述不正確？ (A)組織創立時，成長靠合作 (B)領導危機發生時，成長靠命令 (C)自主性危機發生時，成長靠授權 (D)控制危機發生時，成長靠協調。

( ) **22** 何種議題通常是伴隨著組織精簡（downsizing）而來？ (A)組織發展 (B)組織創新 (C)組織成長 (D)組織重整。

( ) **23** 市場先行者（First Mover）的優勢並不包含下列何者？ (A)享有創新者與產業領導者的聲譽 (B)有機會控制稀少的資源 (C)掌控科技與市場的發展方向 (D)有較佳的機會建立良好顧客關係。

解答與解析

一、基礎題

1 (C)。組織再造意指從根本重新思考並徹底翻新企業的運作流程，以便在成本、品質、服務和速度等用來衡量表現的關鍵指標上，獲得大幅度的績效改善。

2 (A)

3 (D)。(A)開放系統。(B)風險容忍度高。(C)低度的外部控制。

4 (B)。指在組織中，人力、結構或技術上所發生的重大改變。

5 **(A)**。大體而言，管理者進行組織變革時，主要可有結構、技術與人員上的變革。

6 **(D)**。早期多聚焦在技術的改變，近年則積極推展電腦化。

7 **(B)**。李文（K.Lewin）認為組織變革會歷經：解凍－變革－再凍結過程。

8 **(A)**

9 **(C)**。李維特（Leavitt）認為組織變革的途徑可經由結構、技術、行為三種不同的機能作用來完成。

10 **(D)**。尚有透過教育、協助與支持、談判和協商、操縱和拉攏等。

11 **(B)**。透過計畫性的方法，在組織的各種過程中使用行為科學的知識，進行有計畫的、全組織的以及自上層管理開始，致力於改變員工行為與態度，以增進組織效能與健全組織。

12 **(A)**。

階段	成長的動力	成長的危機
1	創造力	領導
2	命令	自主
3	授權	控制
4	協調	硬化
5	合作	?

二、進階題

13 **(D)**。指從根本改造且另闢新徑來完成工作。

14 **(B)**。適用於「靜海行船」觀點。

15 **(C)**。讓阻力削減並促使成員達到變革共識。

16 **(D)**。當組織文化屬弱勢文化時，其影響力本身便不太強，成員的共識較不高，要解凍相對比較容易。

17 **(A)**。其中解凍（unfreezing）是第一階段。

18 **(D)**

19 **(B)**。Robbins：認為抗拒變革原因有三項因素：不確定性、擔心個人損失、變革對組織目標與最佳利益不符。

20 **(C)**。目標管理（MBO）是一種授權的、參與的、合作的管理方式。

21 **(A)**。組織創立時，成長靠創造力。

22 **(D)**。組織重整包括組織結構的重新組合、增減、裁併等。

23 **(C)**。可享學習利益。

實戰大進擊

(　　) **1** 企業流程再造（Business Process Reengineering）不包含________。
(A)運作流程的改變　(B)成本支出的減少　(C)組織各面向的績效提升　(D)對舊有流程進行修正，提昇效率。　【104港務】

(　　) **2** 現代企業就是為了實現管理目的,將企業資源進行重組與重置,採用新的管理方式和方法,新的組織結構和比例關係,使企業發揮更大效益的創新活動,此組織活動稱為下列何者? (A)組織創新 (B)組織再造 (C)賦權(Empowerment) (D)組織變革。 【103經濟部】

(　　) **3** 下列哪一項因素可促進組織創新的發生? (A)高度制式化、集權化的機械式組織 (B)高度彈性、充分資訊分享的有機式組織 (C)對犯錯員工給予重懲的組織 (D)一言堂式的組織。 【105台北自來水】

(　　) **4** 組織激發創新的誘因可分屬於組織結構、組織文化和人力資源三種構面。下列哪一個誘因不屬於人力資源構面? (A)對衝突的容忍度 (B)具創造力的員工 (C)高度的工作保障 (D)致力於訓練與發展。 【105郵政】

(　　) **5** 下列哪一項因素可增進組織創新的發生? (A)機械式組織 (B)有機式組織 (C)官僚式組織 (D)科層式組織。 【104港務】

(　　) **6** 下列何者無法刺激組織創新? (A)具備充足資源的組織 (B)對不切實際或高創意忍受度低的企業文化 (C)對風險的忍受度高的企業文化 (D)支持高度訓練與發展的人力資源政策。 【104自來水升】

(　　) **7** 下列何者不屬於引發變革的組織內部環境因素? (A)組織策略修訂 (B)員工態度改變 (C)人員結構調整 (D)科技變化。 【104自來水升】

(　　) **8** 組織發展(organizational development, OD)屬於何種類型的組織變革? (A)結構變革 (B)技術變革 (C)人員變革 (D)流程變革。 【105中油】

(　　) **9** 企業導入CRM系統,是屬於何種變革類型? (A)組織結構變革 (B)行為變革 (C)人員變革 (D)技術變革。 【105自來水】

(　　) **10** 科學管理著重於藉由操作層面上改善以提昇工作效率,此種方式屬於下列何種組織變革? (A)技術變革 (B)結構變革 (C)員工變革 (D)回應變革。 【104自來水】

(　　) **11** 下列哪一種組織變革最不容易達成? (A)改變部門劃分 (B)工作重新設計 (C)改變工作流程 (D)改變員工態度。 【103中油】

( ) **12** 黎溫（Kurt Lewin）提出組織變革過程，其順序為何？ (A)改變、解凍、再結凍 (B)解凍、改變、再結凍 (C)解凍、再結凍、改變 (D)改變、再結凍、解凍。 【105台北自來水】

( ) **13** 學者列溫（Lewin）提出所謂的「組織變革三部曲」，依序為解凍、改變，然後為： (A)整合（integration） (B)再凍結（refreezing） (C)調適（adaptation） (D)改造（reengineering）。【104郵政第2次】

( ) **14** 科特（John P. Kotter）提出組織變革的八大步驟，其中的第一步驟為下列何者？ (A)提出願景和策略 (B)建立危機意識 (C)成立領導團隊 (D)創造近程戰果。 【103台北自來水】

( ) **15** 變革對於組織有相當大的影響，關於組織變革的幾項提醒，下列敘述何者正確？ (A)讓員工瞭解變革後組織的新願景與目標 (B)讓員工知覺到變革是利多於弊 (C)盡可能提供員工變革的相關資訊 (D)以上皆是。 【105農會】

( ) **16** 在組織變革程序中引進外界專家來作為變革促發者（Change agent）的最大缺點是： (A)專業能力不足 (B)經驗不足 (C)對組織的了解不足 (D)時間有限。 【103台酒】

( ) **17** 下列何者最不足以說明組織推動變革時會產生抗拒變革的理由？ (A)變革會損及個人的利益 (B)變革會帶給競爭者不勞而獲的機會 (C)變革導致個人或部門不能再以早已習慣的方式解決問題 (D)變革有可能導致組織生產力或產品品質的降低。 【105郵政】

( ) **18** 某位員工因為擔心組織結構調整後，他將無法跟原本熟悉的工作夥伴在同一單位工作，所以反對公司在組織結構調整上的變革，該員工抗拒變革的因素是屬於下列何者？ (A)管理階層因素 (B)員工個人利益因素 (C)群體因素 (D)員工個人價值觀因素。 【105台酒】

( ) **19** 員工之所以抗拒組織變革，通常不會是因為下列哪一個原因？ (A)害怕失去既有的利益 (B)變革的確定性 (C)員工的認知與目標不同 (D)企業組織內部的社會關係面臨重新建構。 【104郵政】

( ) **20** 關於變革與組織文化之間的關係，下列何者敘述正確？ (A)變革通常都能符合組織文化 (B)組織文化通常導致人員對變革的抗拒

(C)組織文化通常可在數月之間改變 (D)組織文化可容易地被有目的的改變。【104港務】

( ) **21** 在減少抗拒變革的方法中，透過扭曲事實、隱瞞負面資訊、或散播不實謠言等方式暗中影響結果，稱之為： (A)操縱（manipulation） (B)參與（participation） (C)支持（support） (D)教育（education）。【105中油】

( ) **22** 下列何者並非組織發展（organizational development）的技巧？ (A)調查回饋（survey feedback） (B)操縱籠絡（manipulation and co-optation） (C)程序諮商（process consultation） (D)團隊建立（team building）。【103中油】

( ) **23** 下列有關組織發展（organizational development）的敘述，何者有誤？ (A)組織發展是協助組織變革能夠成功的各種方法 (B)目標管理是屬於發展個人適應變革的技術之一 (C)角色扮演是讓管理者更換到不同的單位工作，學習更多的工作實務技巧 (D)敏感度訓練是利用群體討論的方式，以學習合適的人際關係與行為模式。【103台電】

( ) **24** 根據Greiner的組織成長階段理論，隨著組織規模逐漸擴大，組織可能經歷的危機依序為何？ (A)自主性→領導→硬化→控制 (B)控制→自主性→硬化→領導 (C)硬化→領導→自主性→控制 (D)領導→自主性→控制→硬化。【102經濟部】

( ) **25** 顧林納（Greiner）提出組織成長階段理論，將企業成長分為五個階段，在第三階段邁入第四階段時，企業將產生何種危機？ (A)領導危機 (B)控制危機 (C)自主性危機 (D)硬化危機。【103台電】

( ) **26** 在組織變革的類型中，工作程序、方法與設備的修改，是屬於下列哪一種類型的變革？ (A)技術變革 (B)結構變革 (C)人員變革 (D)文化變革。【106台糖】

( ) **27** 下列何者不是李文（Lewin）所提組織變革的三階段其中之一？ (A)解凍 (B)認知 (C)變革 (D)再凍結。【107郵政】

( ) **28** 針對組織內的部分做大幅修正或調整管理上稱為？ (A)組織規劃 (B)組織變革 (C)組織革命 (D)組織文化。【107農會】

( )**29** Lewin所提出組織變革過程所包含的步驟，不包括下列何者？ (A)變革（Implementation） (B)解凍（Unfreezing） (C)恢復（Recovery） (D)再凍結（Refreezing）。 【107台糖】

( )**30** 下列何者不是創新文化的特徵？ (A)高度的外部控制 (B)注重結果，而非手段 (C)授權的領導 (D)對不切實際的容忍度。 【108郵政】

( )**31** 下列何者是推動組職變革的內部力量？ (A)消費者需求的改變 (B)政府新的法令規章 (C)科技的改變 (D)員工態度的改變。 【108台酒】

( )**32** 下列何者不是減低抗拒變革的方法？ (A)教育與溝通 (B)談判 (C)協助與支持 (D)若無其事。 【108台酒】

( )**33** 下列何者是組織創新文化的特徵？ (A)高度的外部控制 (B)注重手段 (C)對風險的容忍度 (D)對衝突的低容忍度。 【111台酒】

( )**34** 在面對減輕抗拒變革時，下列何項技巧為當需要強大團體支持之使用時機？ (A)教育與溝通 (B)參與 (C)操弄與投票 (D)談判。 【111台酒】

( )**35** 強調報告對象與合作機制是屬於下列何種變革？ (A)策略 (B)結構 (C)技術 (D)人員。 【111台酒】

( )**36** 促進變革的外部驅動力不包括下列何者？ (A)技術革新 (B)經濟環境改變 (C)員工績效評估方式改變 (D)顧客需求改變。 【111台酒】

( )**37** 庫爾特・勒溫（Kurt Lewin）認為進行組織變革，應進行下列那些程序：A.變革；B.組織架構；C.解凍；D.再凍結 (A)A→B→C→D (B)C→B→A→D (C)C→A→D (D)A→B→D。 【111台鐵】

( )**38** 有關組織變革之敘述，下列何者有誤？ (A)組織變革意指組織結構、技術或人員的改變或調適 (B)變革程序的三步驟為結凍至解凍再至改變 (C)人們會抗拒組織變革的原因包括不確定性、習慣、害怕個人損失等 (D)可藉由員工參與提升支持度。 【111經濟部】

解答

1 (D)	2 (A)	3 (B)	4 (A)	5 (B)	6 (B)	7 (D)	8 (C)	9 (D)	10 (A)
11 (D)	12 (B)	13 (B)	14 (A)	15 (D)	16 (C)	17 (B)	18 (C)	19 (B)	20 (B)
21 (A)	22 (B)	23 (C)	24 (D)	25 (B)	26 (A)	27 (B)	28 (B)	29 (C)	30 (A)
31 (D)	32 (D)	33 (C)	34 (C)	35 (B)	36 (C)	37 (C)	38 (B)		

NOTE

絕技49 企業全球化

命題戰情室：隨著市場的開放，全球化的潮流已是企業經理人所必須面對的挑戰。本單元APEC、EU、ASEAN等區域經濟整合組織、全球化的驅力、企業進入海外市場的模式、Hofstede的國家的文化構面都是會考的重點。另外，時事議題也要稍加注意，例如台灣想要加入的世界性經濟組織。

重點訓練站

全球化（globalization）即是企業將全球視為目標市場，同時也將全球視為生產工廠。亦即企業追求市場的全球化與生產的全球化。

一、區域性的經濟整合

所謂經濟整合，意指兩個或兩個以上的國家嘗試藉由彼此協調，共同採取某些措施，以降低貿易限制，獲得自由貿易的好處。經濟整合有數個不同層次，由低到高依次為：自由貿易區（free trade area）、關稅同盟（custom union）、共同市場（common market）。

自由貿易區	在此區域內的成員國家會移除所有的貿易障礙，讓商品與服務可以非常自由地在會員國家中交易。
關稅同盟	除了移除成員成員國家間所有的貿易障礙外，也對非會員國家採取相同的貿易政策。
共同市場	國家間的貿易無障礙，成員國家對外實施相同的貿易政策，且生產要素可在會員國家間自由的移動。

二、區域整合組織

(一) 美加墨新貿易協定（USMCA）

1. 目前成員國：加拿大、美國與墨西哥。

2. 會員國人民超過三億人，生產總值超過六兆美金，貿易額占世界經濟的四分之一，是目前僅次於歐盟的第二大區域整合組織。
3. 2018.10.30由美加墨達成協定成立，取代《北美貿易協定》（NAFTA）。

(二) **東南亞國協**（Association of South East Asian Nations, ASEAN）

1. 目前成員國：10國+6，馬來西亞、泰國、新加坡、菲律賓、印尼、汶萊、越南、寮國、緬甸、柬埔寨，其後中國、日本、南韓、紐西蘭、澳洲、印度亦加入。
2. 在推動經貿自由化方面，目前東協已與中國、日本、南韓、紐西蘭、澳洲簽署自由貿易協定或全面經濟合作協定，最終將建立一擁有30億人口，年經濟產值達9兆美元之自由貿易網絡。
3. 由東南亞國家所成立的區域經濟合作組織。創始國為馬來西亞、泰國、新加坡、菲律賓、印尼在1967年於曼谷所創建，後來陸續加入汶萊、越南、寮國、緬甸與柬埔寨，共計十個國家。1997年，中國、日本、南韓亦加入該組織。

(三) **亞洲太平洋經濟合作會議**（Asia-Pacific Economic Cooperation, APEC）

1. 目前成員國：21國，澳洲、汶萊、加拿大、智利、中國、香港、印尼、日本、馬來西亞、墨西哥、紐西蘭、巴布亞紐幾內亞、菲律賓、新加坡、韓國、泰國、美國、祕魯、俄羅斯、越南等。台灣於1991年以「中華台北」的名義與中國及香港同時加入APEC。
2. 涵蓋26億人口與19兆美元的國民生產總值，佔全球之47%。
3. 成立於1989年，APEC是經濟合作的論壇平台，其運作是通過非約束性的承諾與成員的自願，強調開放對話及平等尊重各成員意見，不同於其他經由條約確立的政府間組織。

(四) **歐洲聯盟**（European Union, EU）

1. 目前成員國：德國、義大利、奧地利、法國、西班牙、瑞典、丹麥、比利時、愛爾蘭、荷蘭、盧森堡、馬爾他、塞浦路斯、波蘭、匈牙利、捷克、斯洛伐克、斯洛維尼亞、愛沙尼亞、拉脫維亞、立陶宛、羅馬尼亞、保加利亞、葡萄牙、希臘、芬蘭、克羅埃西亞等27國。

   註：英國於2016年經公投決定脫離歐盟。
2. 人口4.4億，歐盟的經濟實力已經超過美國居世界第一。
3. 根據1992年簽署的《歐洲聯盟條約》（又稱《馬斯垂克條約》）所建立的國際組織，現擁有27個會員國。歐盟的成立宣示的區域經濟整合力量重要性的提升，強調沒有內部界線存在的區域，協商共同的貿易、農業、文化、環境與能源政策。

(五) **跨太平洋戰略經濟伙伴關係協定**（The Trans-Pacific Partnership, TPP）

1. 目前成員國：11國，新加坡、智利、日本、越南、馬來西亞、汶萊、紐西蘭、澳洲、加拿大、墨西哥、祕魯。
2. 成員國GDP占全球總量：38%
3. 2005年由紐西蘭、新加坡、智利、汶萊四國發起，成員國彼此承諾了高度自由化的互惠待遇，為高品質、高標準的自由貿易協定。

(六) **區域全面經濟伙伴協定**（Regional Comprehensive Economic Partnership, RECP）

1. 目前成員國：16國，東協十國、中國、日本、韓國、紐西蘭、澳洲、印度。
2. 成員國GDP占全球總量：28.4%。
3. 「東協加N」的經濟整合從1997年即展開，至2012年已與中國、日本、韓國、澳洲、紐西蘭、印度簽署雙邊FTA並生效。2011年由於美國及俄羅斯加入，東協加六擴大為東協加八，但由於美國與俄羅斯尚未和東協簽署FTA，所以未納入成員國。至於香港，有希望成為第17個成員國。

(七) **跨大西洋貿易與投資伙伴協定**（Transatlantic Trade and Investment Partnership, TTIP）

1. 目前成員國：美國、歐盟。
2. 成員國GDP占全球總量：40%。
3. 歐盟與美國正在談判中的自由貿易條文，若簽訂完成，將覆蓋世界上較富有的8億人口。

註：英國於2016年經公投決定脫離歐盟，自啟動脫歐程序後，按照歐盟法律，英國需在2019年初完成與歐盟其他27個成員國的談判，2020年1月正式脫離歐盟；美國宣布於2017年1月以後退出TPP。

三、全球化的驅力

全球化的驅動力（drivers）有市場的驅力、競爭的驅力、成本的驅力、技術的驅力、政府的驅力。

市場的驅力	消費者雖身處不同國家，但卻需要相同的產品與服務，亦即需求同質性高的全球性顧客出現。
競爭的驅力	自由市場的改革開放創造出一批新的競爭者，或欲追隨主要競爭者的腳步，維持在全球上相對等的競爭力量。

成本的驅力	不同區域存有不同的資源優勢，可產生區位經濟，亦即將某一價值創造活動，在最適合該活動的地點來進行，以追求最佳的經濟效益。
技術的驅力	衛星、網際網路，和全球的電視網都是促成地球村的重要科技。使得企業可與全球各地企業相互聯繫，並讓實體的運送成本降低，時間大幅縮短。
政府的驅力	政府提出各種有利的貿易政策，如獎勵外國投資、共同的行銷規範、貼補、優惠稅率、輔導措施等。

四、國際企業擴張模式

針對海外市場所採取的進入模式，路特（F.Root,1987）認為海外市場的進入模式可分為三大類：出口進入模式、契約進入模式與投資進入模式。

出口進入模式	1. 間接出口（indirect export）；包括代理商／經銷商（direct agent／distributor） 2. 直接出口（direct export）；以銷售為主的分支機構／子公司（direct branch／subsidiary）
契約進入模式	1. 授權（licensing） 2. 特許加盟（franchising） 3. 技術合作（technical agreements） 4. 服務合約（service contracts） 5. 管理合約（management contracts） 6. 工程／整廠輸出（construction／turnkey） 7. 合約製造（contract manufacturing） 8. 合作生產協定（co-production agreements）
投資進入模式	1. 獨資—新設公司（new establishment）或完全控股子公司（wholly owned subsidiary） 2. 獨資—收購（acquisition） 3. 合資（joint venture）

而企業邁入市場的選擇方案有很多種，其中主要的幾種方案依其風險程度區分：（由低至高）

出口	直接出口，指企業直接銷售商品給海外市場的目標消費者。 間接出口，指企業依賴海外銷售代理商將商品銷售到國外。
授權	一家廠商受與另一家海外廠商在某段特定期間內於特定區域使用無形資產（如專利、商標等）的權利，通常以權利做為回報。
特許加盟	一家母公司以契約加上經營指導方式授與其他公司經營母公司事業的權利。
合資	兩家或兩家以上的企業共同參與某個企業，奉獻資產、共同擁有該公司、共同分擔風險。
完全控股子公司	外國公司擁有百分之百股權的企業。

五、全球企業

以「成本減縮壓力」與「當地回應壓力」兩個要素來剖析跨國企業在全球的策略佈局，有四大常見的型態：（Hill,1997）

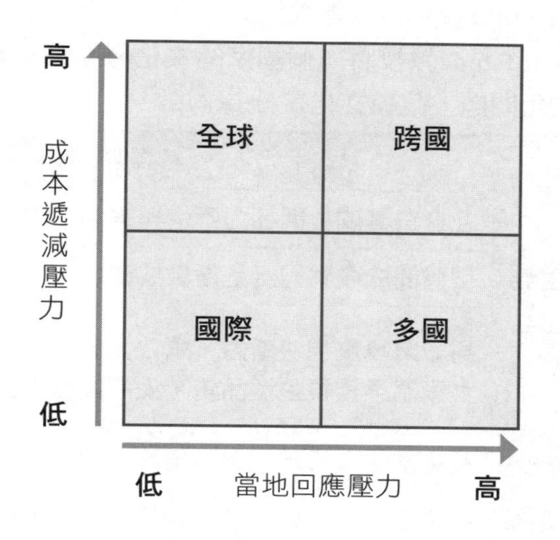

形態	說明	要素
國際企業	藉由轉移由母國所發展出的差異化產品到新的海外市場以創造價值，而產品創新功能則集中於母國。	較低的當地回應壓力和成本減縮壓力
多國企業	快速回應每一國家不同顧客的需求，同時將母國發生的技能和產品轉移到國外市場，並傾向於建立整套價值創造活動。	當地回應的壓力高而成本減縮壓力低
全球企業	企業將全球視為單一市場，在某些具有低成本優勢的地方生產標準化產品，然後供應全球市場。	當地回應的壓力低而成本減縮壓力高
跨國企業	企業必須利用以經驗為基礎的成本效益和區位經濟，轉移企業內的獨特能力，並同時注意當地回應的壓力。	當地回應的壓力與成本減縮壓力高

六、國家間的文化差異

荷蘭文化協會研究所所長吉爾特·霍夫斯泰德（Geert Hofstede），用20種語言從態度和價值觀方面，在收集了40個國家，包括從工人到博士和高層管理人員在內的、共116,000個問卷調查數據的基礎上，撰寫了著名的《文化的結局》一書。Geert Hofstede教授將一個國家的文化層面分解為五個方面，據以評價一個國家的文化問題。此種文化差分為：

不同價值觀	說明
權力距離	社會對其成員間權力不均與福利不均的接受程度。
個人主義與集體主義	個體間的聯繫程度是鬆散或密切。
男子氣概與女性溫柔（雄性與雌性）（陽性與陰性）	男子氣概重視決斷力、績效、成功、競爭與結果。 女子溫柔重視生活品質、人際關係、對弱勢族群照料。
不確定的規避	社會能夠容忍不確定與風險的程度。
長期傾向與短期傾向	社會對於人生與工作所抱持的是長期觀點或短期規劃。

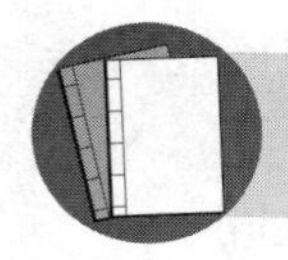

資料補給站

一、國際貿易（International Trade）

不同國家或地區間之人民或政府，從事貨物、勞務或技術等互通有無之交易行為。

二、自由貿易協定（Free Trade Agreement, FTA）

是兩國或多國、以及與區域貿易實體間所簽訂的具有法律約束力的契約，目的在於促進經濟一體化，消除貿易壁壘（例如關稅、貿易配額和優先順序別），允許貨品與服務在國家間自由流動。（維基百科）

三、兩岸經濟合作架構協議（Economic Cooperation Framework Agreement, ECFA）

兩岸共同簽訂協議使台灣商品免關稅進入中國市場，擴大產品在中國市場占有率，同時台灣也必須提高免關稅商品的比例，並大幅開放市場給中國。簽署內容：商品貿易、服務貿易、投資保障、智慧財產權、防衛措施、經濟合作，以及經貿爭端的解決機制等。

四、經濟合作暨發展組織（OECD）

於1961年成立，總部設於法國巴黎，另在德國波昂、日本東京、墨西哥市及美國華府設有辦事處。目前有38個會員國，素有智庫、監督機構、富人俱樂部、非學術性大學等不同稱號。

五、關稅暨貿易總協定（General Agreement on Tariffs and Trade, GATT）

簡稱關貿總協定，是在布雷頓森林體系中，為規範和促進國際貿易和發展而締結的國際協定。

六、全球市場哲學－EPRG架構

(一) **民粹中心導向：**認為凡是能在母國成功的產品，也一定會在世界其他各地得到成功。

(二) **多元中心導向**：認為每一地主國的市場都是獨特的，強調其獨特性與差異性。

(三) **區域中心導向**：認為此種差異性和獨特性應該存在於不同區域之間。

(四) **全球中心導向**：將全球視為一個潛在的市場，並且努力發展出一套高度整合的經營和行銷策略。

七、貿易壁壘

貿易壁壘（Trade barrier）又稱貿易障礙，指政府對外國商品進口所實施的限制，目的是保護國內產業、影響國際價格及維持貿易的公平性。最常見的手段包括：關稅、出口補貼、出口設限、進口配額、進口簽證、外匯管制、工業標準、反傾銷稅、通關檢查條件與時間等，這些措施會影響到商品的價格、供應和市場份額等各方面影響。

易錯診療站

一、**我國在1991年加入以區域經貿合作、整合為目標的「亞太經濟合作會議」（APEC）**，APEC也因此成為當時我國官方參與的最重要的政府間國際經貿組織。其後在**2002年1月1日**，在歷經近12年的努力後正式**成為世界貿易組織（World Trade Organization, WTO）的會員**，該進展也標示著我國對經貿自由化的參與已由區域性的層次進展到全球的層次。

二、Dersky（1994）認為國際市場進入策略的定義係指企業為因應國內市場飽和、國際競爭、開發新市場等，所採取進入順序的一種過程，起初會以**出口或授權、特許經營方式加以進行，爾後才會以合資或獨資方式進行海外投資**。

三、Ghoshal（1987）將全球化的競爭策略分為**全球性企業、多國企業、國際企業、跨國企業等四大類**：

多國籍企業	對於分散各國的營運，企業針對各國差異性來經營當地市場。
全球企業	企業將全球視作單一市場，集權式地進行全球生產的合理化，以獲得低成本的效率優勢。

國際企業	企業運用母公司的知識來進行世界性的推廣。
跨國企業	為了同時兼顧地方回應與整合壓力，企業以整合網路為架構，調整各地組織的角色與責任，建立跨國創新程序。

四、Geert Hofstede教授將一個國家的文化層面分解為五個方面，據以評價一個國家的文化問題。此種文化差異可分為：**權力距離**（power distance），**不確定性避免**（uncertainty avoidance index），**個人主義與集體主義**（individualism versus collectivism）、**男性度與女性度**（masculine versus feminality）**以及長遠導向與短期導向**（long-term orientation versus short-term orientation）。

模擬題試煉

一、基礎題

( ) **1** 在台灣，街上到處充斥著麥當勞、肯德基、摩斯漢堡等大大小小的速食連鎖店，請問這種現象反映什麼趨勢。 (A)全球化 (B)自由化 (C)本土化 (D)在地化。

( ) **2** 1980年正式成立之亞太經濟合作會議，其簡稱為下列何者？ (A)APEC (B)WTO (C)ECFA (D)GATT。

( ) **3** 臺灣在加入「亞太經濟合作會議」之後，再參加「世界貿易組織」，朝向貿易自由化與國際化的方向發展。請問：「世界貿易組織」的英文簡稱為何？ (A)EU (B)WTO (C)APEC (D)WHO。

( ) **4** 以下何者係達成亞太自由貿易區重要途徑之一，發展備受矚目。目前成員除東協10國外，尚包括中國大陸、印度及日本等亞太地區重要的大型經濟體？ (A)APEC (B)TPP (C)RCEP (D)ASEAN。

( ) **5** 如果有國際間貿易糾紛，可以尋求下列哪個單位的仲裁？ (A)紅十字會 (B)世界展望會 (C)世界衛生組織 (D)世界貿易組織。

( ) **6** 下列那一項不是促成全球化的驅動力量？ (A)人口的驅力 (B)市場的驅力 (C)技術的驅力 (D)政府的驅力。

(　　) **7** 企業進入國際市場的模式核者所面對風險最低？ (A)國際連鎖加盟（international franchising） (B)出口（exporting） (C)特殊模式（specialized modes） (D)國外直接投資（foreign direct investment）。

(　　) **8** 對企業獲利最有利的進入國際市場方式是何者？ (A)全球化經營 (B)接受委託生產 (C)技術授權 (D)產品出口。

(　　) **9** 進口商品會比較昂貴，有可能是下列何者因素造成？ (A)進口關稅 (B)市場阻力 (C)進口設限 (D)貨幣障礙。

(　　) **10** 何種公司類型致力於消除人為地理疆界？ (A)全球組織 (B)多國組織 (C)跨國組織 (D)國際組織。

(　　) **11** 下列何者非屬荷蘭學者Geert Hofstede所提的跟文化比較模型用以分析的面向？ (A)個人／集體傾向 (B)樂觀／悲觀傾向 (C)階層權力距離 (D)不確定性偏好/抗拒。

(　　) **12** 相較於中國，下列哪一種文化構面的類型比較能夠用來描述美國社會？ (A)權力距離遠（high power distance） (B)女性溫柔（femininity） (C)個人主義（individualism） (D)不確定性之規避高（high uncertainty avoidance）。

(　　) **13** 某跨國企業在國際經營環境中，係被歸類為全球整合的壓力大，但地方回應的壓力小，此企業最適合採用下列哪一項策略？ (A)International Strategy (B)Global Strategy (C)Multi-domestic Strategy (D)Transnational Strategy。

二、進階題

(　　) **14** 下列何者不是區域性的經濟整合組織？ (A)世界貿易組織（World Trade Organization） (B)國際貨幣基金組織（International Monetary Fund） (C)自由貿易區（Free Trade Area） (D)北美自由貿易協議（North American Free Trade Agreement）。

(　　) **15** 促使企業走向全球化的最重要驅力為何者？ (A)競爭的驅力 (B)成本的驅力 (C)市場的驅力 (D)技術的驅力。

(　　) **16** 國際市場進入策略可分為以下數種類型：出口、國際授權、國際連鎖加盟、國外直接投資等，您認為國內許多知名外商，如：麥當勞（McDonald's）、肯德基（KFC）、必勝客（Pizza Hut）等，所採用的是何種市場進入策略？ (A)出口 (B)國際授權 (C)國際連鎖加盟 (D)國外直接投資。

(　　) **17** 美國星巴克公司進入台灣市場，與統一集團旗下公司合作，在台灣開設經營Starbucks咖啡門市。星巴克公司採取的進入模式是哪一種？ (A)授權 (B)合資 (C)併購 (D)加盟。

(　　) **18** 可口可樂在世界各地供應原料配方，收取商標權利金方式稱為：(A)技術授權 (B)管理契約 (C)連鎖加盟 (D)策略聯盟。

(　　) **19** 以下哪種市場進入模式需要注意智慧財產權複製的問題？ (A)授權 (B)合資 (C)出口模式 (D)獨資經營。

(　　) **20** 首先在其自己的國內市場開發產品，然後把產品提供給國外的子公司進行銷售或改造，例如麥當勞米漢堡。這是屬於何種企業全球化的模式？ (A)全球企業 (B)國際企業 (C)跨國企業 (D)多國企業。

(　　) **21** Bartlett and Ghoshal（1987）將全球化的競爭策略分為全球性企業、多國企業、國際企業、跨國企業等四大類，依其特性何者主要競爭優勢是效率？ (A)全球性企業 (B)多國企業 (C)國際企業 (D)跨國企業。

(　　) **22** 社會心理學者Geert Hofstede，1980年提出國家文化價值觀模式的四因素論分別為：(1)個人主義／集體主義、(2)權力距離、(3)不確定性規避程度、(4)男性主義，之後Hofstede和Bond於1988年共同發展出第五個構面為何？ (A)價值觀主義 (B)長期導向主義 (C)道德觀主義 (D)硬式領導主義。

(　　) **23** 下列有關ECFA的敘述何者錯誤？ (A)又稱「兩岸經濟合作架構協議」 (B)可促進我國經貿投資「國際化」 (C)具早期收穫〔Early Harvest〕效益 (D)屬一般的「自由貿易協定（FTA）」。

(　　) **24** 以下何種敘述為回任管理（Repatriation Management）的主要目的？(A)減少外派任務的溝通誤差 (B)幫助外派員工順利回任母公司 (C)幫助員工適應外派分公司的領導與決策方式 (D)以上皆非。

解答與解析

一、基礎題

1 (A)

2 (A)。(B)世界貿易組織。(C)兩岸經濟合作架構協議。(D)關稅及貿易總協定。

3 (B)。WTO是負責監督成員經濟體之間各種貿易協議得到執行的一個國際組織。世貿總部位於瑞士日內瓦，是當代最重要的國際經濟組織之一，其成員間的貿易額佔世界貿易額的絕大多數，被稱為「經濟聯合國」。

4 (C)。區域全面經濟夥伴協定(RCEP)。

5 (D)。世界貿易組織（WTO）具有六項主要功能：(1)管理世界貿易組織各項協定；(2)仲裁貿易諮商；(3)監督貿易政策；(4)解決貿易爭端；(5)提供開發中國家技術協助及訓練；(6)與其他國際組織合作。

6 (A)。全球化的五種驅力：市場的驅力、競爭的驅力、成本的驅力、技術的驅力、政府的驅力。

7 (B)。國外直接投資的風險最高。

8 (A)

9 (A)。是一國政府在商品轉移過經濟或政治疆界時，加諸進口或是轉運貨品上的稅賦。

10 (C)。在許多國家擁有重要據點，並將決策權分散各地。

11 (B)。雄性與雌性傾向、長期與短期導向。

12 (C)。(A)權力距離低。(B)雄性陽剛。(D)不確定性之規避低。

13 (B)。全球化策略：為全球整合的壓力大，但地方回應的壓力小。(A)國際化策略：為全球整合的壓力中等，但地方回應的壓力中等。(C)多國化策略：為全球整合的壓力小，但地方回應的壓力大。(D)跨國化策略：為全球整合的壓力大，但地方回應的壓力大。

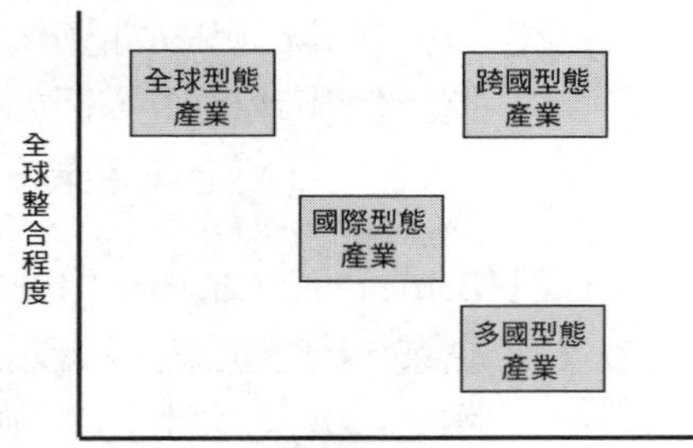

二、進階題

14 (B)。IMF於1945年12月27日成立，為世界兩大金融機構之一（另一個為世界銀行），職責是監察貨幣匯率和各國貿易情況、提供技術和資金協助，確保全球金融制度運作正常，其總部設置於美國華盛頓特區。

15 (C)

16 (C)。指加盟總公司和加盟者締結契約，加盟總公司將商標、商品、經營技術授權於加盟者。

17 (B)。尋求和當地政府有良好關係的在地夥伴。

18 (A)。A公司授與另一家海外廠商（B公司）在某段特定期間內於特定區域使用其專利的權利，B公司以權利金（royalty）作為回報方式。

19 (A)。授權（license mode）係指一家廠商透過公司無形資產，如商標、製程技術、專利等，轉移給另外一家海外企業使用的方式，而被授權者則是利用權利金作為償付的代價。但須注意的是：(1)授權者在將原先的權利釋出後，被授權者便無法在合約期間內針對產品在製造、行銷方面做控制；(2)被授權者亦要留意智慧財產權複製的問題。

20 (D)。又稱「多元地區企業」，係根據不同國家的不同市場，提供更能滿足當地市場需要的產品和服務。

21 (A)。將總公司設在某一國家，其他作業則分散於其他國家，由總部以集中的方式管理以達成外銷的主要目的，故透過經濟規模可達到有效率的競爭優勢。

22 (B)。「長期導向」構面上屬於高度傾向，表示該國家的人民節儉、會儲蓄、投資。

23 (D)。非屬一般的「自由貿易協定（FTA）」，是兩岸經濟合作。

24 (B)。回任（repatriation）的定義乃是「完成海外派遣任務，返回母國的程序」。

實戰大進擊

( ) **1** 兩個或兩個以上國家之間的經濟整合有不同層次，由低到高依次為： (A)自由貿易區→關稅聯盟→共同市場 (B)共同市場→關稅聯盟→自由貿易區 (C)關稅聯盟→共同市場→自由貿易區 (D)自由貿易區→共同市場→關稅聯盟。 【104自來水升】

( ) **2** 企業在考量國際環境時，區域性組織也是需要注意和考量的地方。下列何者不屬於亞洲的相關區域性組織？ (A)APEC (B)TPP (C)EU (D)ASEAN。 【105自來水】

( ) **3** 近來媒體經常提及FTA，請問FTA是： (A)世界貿易組織 (B)自由貿易協定 (C)經濟合作架構協議 (D)關稅及貿易總協。【104郵政】

( ) **4** 全球化之後，國與國之間所形成的經貿合作組織越來越多元，請問TPP指的是： (A)亞太經合會 (B)關貿總協定 (C)跨太平洋伙伴關係 (D)經濟合作架構協議。 【104郵政第2次】

(　　) **5** 2014年APEC在北京舉行，請問APEC是指哪一個國際經貿組織或區域經濟結盟？ (A)世界貿易組織 (B)亞洲太平洋經濟合作會議 (C)經濟合作暨發展組織 (D)歐洲共同市場。 【103台酒】

(　　) **6** 下列國際組織中，對我國經濟發展影響最重要的組織是：(A)歐洲聯盟 (B)北美自由貿易區 (C)聯合國 (D)東南亞國家協會。 【103台酒】

(　　) **7** 促使企業走向全球化的最重要驅力是： (A)競爭的驅力 (B)市場的驅力 (C)成本的驅力 (D)供應商的驅力。 【105台北自來水】

(　　) **8** 台商因為越南工資相對便宜而前往設廠，這是哪一種驅力促使企業走向全球化？ (A)市場驅力 (B)技術驅力 (C)成本驅力 (D)政府驅力。 【104自來水】

(　　) **9** A公司為製造業，A公司授與另一家海外廠商（B公司）在某段特定期間內於特定區域使用其專利的權利，B公司以權利金（royalty）作為回報方式。這種海外市場進入模式為： (A)授權 (B)特許加盟 (C)合資 (D)獨資。 【104郵政第2次】

(　　) **10** 下列何者是一種特殊的策略聯盟形式，其定義為：「兩家或兩家以上的企業共同參與某個企業，這些合作的企業會提供資產、共同擁有該企業、共同分擔風險」？ (A)服務合約 (B)獨資 (C)技術合作 (D)合資。 【104郵政第2次】

(　　) **11** 下列進入國外市場的方式，何者的投資程度與承擔風險的程度最大？ (A)出口（exporting） (B)合資（joint venture） (C)授權（licensing） (D)海外子公司（foreign subsidiary）。 【105中油】

(　　) **12** 下列何種國際化步驟的風險較低？ (A)進出口 (B)設立採購辦事處 (C)100%子公司 (D)合資。 【105台北自來水】

(　　) **13** 下列哪一種國際市場進入模式（entry mode）具有較高的風險？(A)出口（export） (B)外國直接投資（foreign direct investment）(C)授權（licensing） (D)合資（joint venture）。 【103中油】

(　　) **14** 企業國際化的發展順序，一般來說是下列哪個順序？ (A)國際貿易→多國企業→國際行銷→全球企業 (B)國際貿易→全球企業→多國企業→國際行銷 (C)國際貿易→國際行銷→多國企業→全球企業 (D)國際行銷→國際貿易→多國企業→全球企業。 【103台北自來水】

( ) **15** 有關國際貿易的敘述，下列何者錯誤？ (A)出口生產成本較低的商品或勞務 (B)進口其他國家生產之相對成本較低的商品或勞務 (C)在國外市場設立銷售據點，繼而進行各種銷售活動 (D)一手交錢、一手交貨的交易，不會到他國投資。 【103台北自來水】

( ) **16** 根據Bartlett and Ghoshal觀點，企業為了同時因應全球整合及地方回應這兩股驅動力，將採取何種國際經營策略？ (A)跨國策略（transnational strategy） (B)全球策略（global strategy） (C)多國策略（multinational strategy） (D)國際策略（International strategy）。 【105台糖】

( ) **17** 下列哪一種特性的公司，同時追求高效率、回應當地差異性與跨國據點間的學習？ (A)國際企業 (B)多國籍企業 (C)全球企業 (D)跨國企業。 【104郵政第2次】

( ) **18** 凡公司在許多國家內同時擁有一些重要的營運，而其管理皆集中於母國，這種公司稱為： (A)多國公司 (B)跨國公司 (C)全球運籌公司 (D)以上皆是。 【104農會】

( ) **19** 將全球市場視為一個整合市場，並將焦點放在追求全球效率最大化的企業，稱之為： (A)無疆界組織（borderless organizations） (B)多元地區企業（multidomestic corporation） (C)全球企業（global company） (D)跨國組織（transnational organizations）。 【103中油】

( ) **20** 過去幾年企業為了全球化，進行跨國企業的併購，BenQ與西門子則為當時有名案例之一，而最終失敗因素，主要在全球化的哪個構面上？ (A)文化 (B)競爭 (C)產品 (D)品牌。 【105郵政】

( ) **21** 下列哪一個評估國家文化的構面，不是由Geert Hofstede所提出？ (A)表現導向 (B)長程導向 (C)權力距離 (D)個人主義。 【105中油】

( ) **22** 荷蘭學者Geert Hofstede所提的跨文化比較模型是描繪何種文化特性？ (A)性別 (B)種族 (C)國家 (D)地區。 【103經濟部】

( ) **23** 根據Geert Hofstede的研究，國家的文化差異包含幾個構面，以下哪一項不屬於這些構面？ (A)權力距離 (B)個人主義或集體主義 (C)文化多元性 (D)不確定規避。 【103台糖】

( ) **24** 在傾向下列何者的國家中，人們注重的是個人在社會中的位置，強調的是集體的利益而非個人利益，人們也會遵守社會規範？ (A)個人主義 (B)集權主義 (C)男子氣概 (D)女性溫柔。 【104郵政第2次】

( ) **25** 下列何者是屬於NIKE球鞋、可口可樂、麥當勞的發展？ (A)營運成本降低 (B)市場全球化趨勢 (C)投資障礙降低 (D)只遵守美國政府規章。 【106桃捷】

( ) **26** 下列何者是由歐洲主要國家組成的組織？ (A)北美自由貿易協定（NAFTA） (B)歐盟（EU） (C)東南亞國協（ASEAN） (D)世界貿易組織（WTO）。 【106桃機】

( ) **27** 在國外進行包括購置工廠、建立銷售辦公室或是開設分店等正式營運活動，稱為： (A)國外直接投資 (B)合資 (C)授權 (D)策略聯盟。 【106台糖】

( ) **28** 下列哪一階段適用於國際市場進入模式中的「出口模式」？ (A)國際化中程階段 (B)國際化初始階段 (C)熟悉國外市場時 (D)不熟悉國外市場時。 【106桃捷】

( ) **29** Hofstede所提出用以衡量不同國家文化差異與價值取向的向度，不包含下列何者？ (A)權力距離 (B)個人主義與集體主義 (C)對享樂的追求程度 (D)長期取向與短期取向。 【107郵政】

( ) **30** 有關全球化經營環境的敘述，下列何者錯誤？ (A)不論是製造業或是文化娛樂產業都開始進行全球行銷 (B)為了避免外國勞工搶奪本地勞工的就業機會，應該要徹底禁止外國勞工在本地就業 (C)金融全球化的出現歸功於資訊及通信科技的進步 (D)製造全球化造就了跨國分工的全球生產網絡。 【107台北自來水】

( ) **31** 企業拓展國際多角化的主要動機為何？ (A)支援弱勢事業 (B)瞭解社會價值 (C)創造策略彈性 (D)創造範疇經濟。 【107台北自來水】

( ) **32** 下列何者之全球策略風險最低？ (A)合資 (B)策略聯盟 (C)授權／加盟 (D)進出口。 【107台北自來水】

( ) **33** 臺灣面臨全球化的情況，下列敘述何者正確？ (A)全球化的影響只會出現在少數產業 (B)全球化會提高本地勞工的就業機會 (C)資訊通訊技術的進步對全球化有正面的影響 (D)全球化不會造成不同國家間的資本流動。 【107台糖】

( ) **34** 全球化趨勢愈來愈明顯，企業不再僅侷限於母國進行營運，而是從全球觀點思考企業的布局。下列何者不是全球化背後的重要趨力？ (A)主要競爭者開始進行全球化布局 (B)尋求各地優勢的生產資源 (C)各國政府保護主義 (D)突破當地市場成長的限制。 【108台酒】

( ) **35** 下列何者是授權（licensing）的定義？ (A)將企業的名稱與經營手法授予另外組織使用 (B)將企業的技術或產品規格授予另外組織使用製造或銷售其產品 (C)設立一家獨立子公司，對當地直接進行投資 (D)在本國生產，在海外銷售。 【108台酒】

( ) **36** 由兩家以上的公司共同投資，以期能在特定市場營運並獲取利潤的企業組織，稱為： (A)連鎖加盟企業 (B)多國籍企業 (C)合資企業 (D)銷售代理企業。 【108郵政】

( ) **37** 學者Greet Hofstede強調的國家文化五大構面，不包括下列何者？ (A)個人主義 (B)權力距離 (C)長程思考 (D)表現導向。 【108郵政】

( ) **38** 企業走向全球化經營，管理者勢必面臨不同文化的挑戰。Hofstede提出5項對國家文化分析的構面，下列何者有誤？ (A)開放或保守 (B)雄性或雌性主義 (C)權力距離 (D)不確定性趨避。 【111經濟部】

( ) **39** 下列何種海外市場的全球進入策略的風險最低？ (A)合資（joint venture） (B)策略聯盟（strategic alliance） (C)授權/加盟（franchising） (D)進出口（import/export）。 【111台鐵】

( ) **40** 多國際企業（multinational corporation）分類中，把管理及決策權下放至各國分公司的是： (A)全球企業（global corporation） (B)跨國企業（transnational corporation） (C)無邊界企業（borderless corporation） (D)多元地區企業（multidomestic corporation）。 【111台鐵】

(　　) **41** 蘋果公司所生產的手機在全球銷售，研發、設計及行銷主要在美國進行，處理器的製造以及手機組裝則外包給海外公司。下列何者為蘋果公司所採用的策略？ (A)跨國（Transnational）策略 (B)全球（Global）策略 (C)多國（Multi-Domestic）策略 (D)國際（International）策略。 【111經濟部】

(　　) **42** 在電視新聞與許多媒體新聞中經常會聽到WTO這個名稱，WTO指的是下列何者？ (A)歐盟 (B)東南亞國協 (C)世界貿易組織 (D)關稅暨貿易總協定。 【110郵政】

(　　) **43** 下列何者非屬貿易障礙？ (A)出口補貼 (B)進口配額 (C)反傾銷稅 (D)反托拉斯規範。 【111經濟部】

解答

1 (A)　2 (C)　3 (B)　4 (C)　5 (B)　6 (D)　7 (B)　8 (C)　9 (A)　10 (D)
11 (D)　12 (A)　13 (B)　14 (C)　15 (C)　16 (A)　17 (D)　18 (C)　19 (C)　20 (A)
21 (A)　22 (C)　23 (C)　24 (B)　25 (B)　26 (B)　27 (A)　28 (B)　29 (C)　30 (B)
31 (D)　32 (D)　33 (C)　34 (C)　35 (B)　36 (C)　37 (D)　38 (A)　39 (D)　40 (D)
41 (B)　42 (C)　43 (D)

絕技 50 績效管理

命題戰情室：績效管理是企業獲致卓越競爭優勢不可或缺的管理活動過程。本絕技比較重要觀念如360度評估、平衡計分卡（BSC）方法、月暈效應、刻板印象都是經常考的重點，應特別熟記。

重點訓練站

績效管理乃是一套有系統的管理活動過程，用以建立組織與個人對目標以及如何達成該目標的共識，進而採行有效的員工管理方法，並提升目標達成的可能性。

績效評估為一套正式的、結構化的制度，用以衡量、評估以及影響和員工工作有關的特性、行為和結果，從而發現員工的工作成效、探究該員工未來是否能有更好的表現，以期員工與組織均能獲益。

一、績效管理的流程

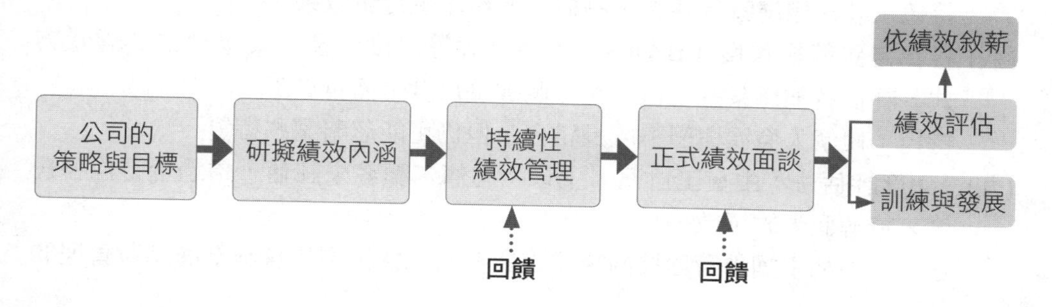

二、常用績效評估的方法

(一) **分等法（排列法）**：將同一部門的員工，依工作成果一一作比較，由優至劣依序排列。

適用：小型的組織。

特色：為最傳統、最簡單的考績制度、缺乏客觀。

(二) **配對比較法**：將每位被評估員工與其他員工兩兩比較，依每位員工的相對較優次數來排序。

適用：高階管理或研究人員、員工人數較少的組織。

特色：相當耗費人力成本與時間。

(三) **強迫分配法**：根據每一個工作要素的標準，將所有員工按照劃分等級的百分比予以評核。

適用：規模較大的企業。

特色：簡單易行、方便排列績效，但容易偏誤。

(四) **工作標準法**：先訂出每項工作內容的工作標準，再比較員工的實際表現與工作標準的差異。

適用：一般企業。

特色：較精確，但工作標準不易制訂。

(五) **交替排序法**：主管在評估員工績效時，先找出最佳與最差的員工，再找出次佳與次差者，直到所有人全都排序完。

特色：易於使用，但排名不夠精確。

(六) **重要事件法**：依平時記錄的重大優劣事件，作為日後評分的依據。

特色：較客觀、可明確回應員工努力訊息。

(七) **圖表測量法**：列出一組績效因素，評估者根據各項因素，分別在一個尺度上給予評分。為最古老的評估方法之一。

特色：評核標準較為客觀、易懂，但易產生月暈效果。

(八) **行為定錨等級尺度（BARS）**：結合評等尺度法及重要事件法的評量方式，評估者根據某些項目，在一個數量尺度上衡量員工。

特色：使個人發展與組織成長結合，但仍可能忽略某些特質。

(九) **360度評估法**：由員工自己、主管、同儕、顧客來評估，透過全方位各角度來瞭解個人的績效。

適用一些利用團隊管理技術來達成目標的工作，例如實施全面品質管理的公司。

特色：最為客觀、全面性的考核方式，但耗費時間。

三、團體績效評估的方法

(一) **平衡計分卡（BSC）**：由哈佛大學教授卡普蘭（R.Kaplan）與諾頓（D.Norton）所共同發展出來，主要目的在將組織「策略」轉化為具體行動，以創造競爭優勢，可分為財務、顧客、內部流程與員工學習成長四個構面。

(二) **目標管理（MBO）**：由主管與部屬共同訂定一個量化的合理工作目標，再以員工實際工作的成果與工作目標的差異，作為考核依據。

(三) **關鍵績效指標法（KPI）**：以組織年度目標為依據，透過對員工工作績效特徵的分析，據此確定反映組織、部門和員工個人一定期限內綜合業績的關鍵性量化指標，並以此作為基礎進行績效考核。

四、管理者衡量績效的資訊來源

在衡量績效時，管理者的資訊來源通常有以下數種：

資訊來源	優點	缺點
個人觀察	1.取得第一手訊息 2.資訊未經過濾 3.深入涵蓋工作活動在衡量績效時，管理者的資訊來源通常有四：個人觀察、統計報告、口頭報告及書面報告。	1.易受到個人偏見影響 2.費時 3.有失周全
統計報告	1.易於顯示 2.可以有效的顯示關係	1.提供的資訊有限 2.會忽略主觀因素
口頭報告	1.取得資訊的最快管道 2.可以得到語言和非語言的回應	1.資訊被過濾了 2.資訊不易被記載下來
書面報告	1.全面 2.正式 3.易於歸檔和檢索	要花許多時間準備

五、績效評估常犯的偏誤

(一) **月暈效果**：評估者根據被評估者單一特性或能力，來推論其整體績效表現。

(二) **刻板印象**：評估者根據其對某群體認知，來判斷屬於群體中成員。

(三) **尖角效應**：對壞的印象有先入為主觀念，而影響其對受評者的評價。
(四) **似己效應**：評估者將自己的人格特質投射在被評估者身上。
(五) **過寬或過嚴傾向**：評估者偏向兩極的評定，一律給予偏高或偏低的評定。
(六) **中間傾向**：評估者對所有的受評者，不論其實際績效好壞，均給予中等的評定。
(七) **順序偏誤**：在問卷設計上，回答者可能因問題的順序不同而有不同的問題答案。
(八) **對比效應**：評估者對考績的評定，係以受評者之間的相互比較來決定。
(九) **時近效果**：評估者過度重視受評者近期階段的工作表現，作為考績評定之依據。

六、獎懲實施原則

(一) **公平性**：強調公平合理。
(二) **時效性**：迅速、確實執行才能發揮獎懲功效。
(三) **目的性**：鼓勵士氣、防止違紀的目的。
(四) **實用性**：強調適應與配合性。

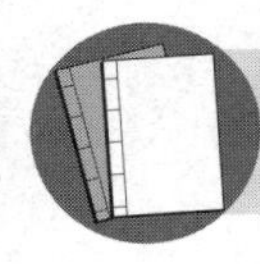

資料補給站

一、績效評估的目的

(一) 作為升遷與薪資報償調整的參考；(二)個人的前程發展管理的依據；(三) 誘導並改進部屬的行為及努力的方向；(四)提昇組織整體的績效。

二、績效評估可以分為三大類

(一) **特質評估**：主觀的判斷員工的表現，包括動機、領導與態度，並要求評估者指出員工所具備各種特質程度，容易主觀。
(二) **行為評估**：強調績效的可觀察面，著重於特定、明確的行為，可確定所有人都瞭解衡量的評等方式。
(三) **結果評估**：著重於產出資料，包括銷售量、產量、利潤、成本，較為客觀。

三、員工工作績效評估的主要影響因素

Robbins認為績效會受能力、激勵與機會三種因素的共同影響。

易錯診療站

一、360度績效評估法

是一種最為客觀、全面的考核方式，由員工自己、上司、直接部屬、同仁同事甚至顧客等全方位的各個角度來瞭解個人的績效。

二、平衡計分卡（Balanced Scorecard）

係由Robert Kaplan及David Norton二位管理大師於1992年所發表的策略管理工具，此工具可以將公司之策略，透過財務、顧客、內部流程及學習與成長等四個構面來檢視公司。每一構面皆包括了策略目標、行動計劃及衡量指標等三大部分。所謂「平衡」，是從三個角度來觀察：(1)外部及內部間的平衡，外部強調財務構面及顧客構面；而內部則強調內部流程構面及學習與成長構面；(2)財務及非財務構面衡量之平衡；(3)領先指標及落後指標之平衡等。

三、目標管理（Management by Objectives, MBO）

係由杜拉克（P. Drucker）於1954年所提出，是一種以建立目標體系為基礎的管理程序，特別強調員工與上司共同參與設定具體確實又能客觀衡量成果的目標。

四、月暈效果（the halo effect）

僅憑單一的特徵或事件，就據以判斷一個人的整體印象。

五、刻板印象（stereotyping）

以一個人所屬的團體為基礎機加以判斷而類化的現象，但卻忽略個體的獨個性。

六、對比效應（the contrast effect）

只依賴兩種刺激比對結果而下判斷的情況。

七、投射作用（projection）或似己效應

係以「他人都和自己相似」的假設來判斷別人，而不是根據事實的觀察。

模擬題試煉

一、基礎題

( ) **1** 下列哪一項結果，可作為機構獎懲的依據？ (A)工作分析 (B)工作評價 (C)績效評估 (D)工作說明書。

( ) **2** 依照既定的分配比療，將員工的績效考核分配到不同的等級，是指： (A)直接排序法 (B)交替排序法 (C)配對比較法 (D)強迫分配法。

( ) **3** 對每一項工作的數量、品質、時間或其他條件，預先訂出工作標準；事後比較員工實際表現與工作標準的差異，以做為考核依據的是何種績效評估方式？ (A)工作標準法 (B)配對比較法 (C)目標管理法 (D)重大事件法。

( ) **4** 在量化的績效尺度上，定位重要事件之績效考核法是指： (A)圖表評等尺度法 (B)重要事件法 (C)行為定位尺度法 (D)目標管理法。

( ) **5** 把每個考核項目區分優劣等級列在考核表上，考核人員根據該考核表逐一檢視員工的實際表現並進行評分，這種績效考核方式稱為： (A)工作標準法 (B)配對比較法 (C)目標管理法 (D)圖表測量法。

( ) **6** 以下對360度績效評估法的敘述何者正確？ (A)全年365天都評鑑員工績效 (B)利用360項指標來評估員工績效 (C)對員工在處理人、事、物等每一方面都給予考核評鑑 (D)主管、同事、下屬、供應商、客戶及員工自己等來評核員工的績效表現。

(　　) **7** 平衡計分卡（Balanced Scorecard）是由哈佛大學教授Kaplan與Norton所提出衡量組織績效的新觀念，請問平衡計分卡四大構面的內涵不包括下列何者？ (A)領導 (B)財務 (C)員工學習與成長 (D)內部流程。

(　　) **8** 由員工自己訂定工作目標，主管則依照工作目標的達成度來進行績效審核，此為績效評估中的何種方式？ (A)強迫分配法 (B)目標管理法 (C)重要事件法 (D)配對比較法。

(　　) **9** 當評估某人時，僅以某人某項顯著的特質來進行評估，如智力、外貌、社交能力等，而不自覺地將此顯著特質影響對某人的整體評價。此種評估偏誤為： (A)中間傾向 (B)刻板印象 (C)順序偏誤 (D)月暈效果。

(　　) **10** 因受評者之年齡、種族或性別不同時，會影響評等的結果，使其與實際績效不符，這種現象稱之為： (A)偏見效應（horn effect） (B)刻板印象（stereotypes） (C)趨中傾向（central tendency） (D)月暈效果（halo effect）。

(　　) **11** 績效考核時，「趨中傾向」指的是？ (A)被評為優等的員工集中在強勢部門 (B)主管集中地評核員工近期的表現 (C)主管把大多數員工評為中庸 (D)主管把員工集中在一起同時評核。

(　　) **12** 員工績效評估的目的較不包含下列哪個選項？ (A)作為升遷、調派及獎懲的依據 (B)尋求並吸引潛在員工 (C)可增加管理者對部屬的瞭解，而改善督導的方法 (D)協助員工擬定生涯規劃，評定發展潛力，作為訓練培植之依據。

(　　) **13** 通常主管評量績效，其實際績效的訊息來源不包括何項？ (A)人員觀察 (B)統計報告 (C)口頭報告 (D)個人臆測。

二、進階題

(　　) **14** 員工績效考核時，評估指標很多，下列何者為主觀指標？ (A)服務態度 (B)工作效率 (C)缺席次數 (D)銷售金額。

(　　) **15** 關於績效評估的敘述，下列何者不正確？ (A)善用績效評估可引導員工行為 (B)績效評估的功用是鼓勵優秀人員，警惕怠惰人員

(C)配對比較法適用於員工人數較多的組織　(D)圖表測量法是工商界最普遍應用的考績方法。

(　　) **16** 某企業的績效評估方式是將員工兩兩比較後，再以「＋」的多寡作優劣排序，請問此方法為：　(A)目標管理法　(B)360度績效評估　(C)強迫分配法　(D)配對比較法。

(　　) **17** 在員工績效評估中，一種利用管理者、員工、顧客、與同事的回饋，作為衡量依據的評估方法，稱為：　(A)全方位評估法　(B)360度回饋　(C)整合性績效評估　(D)多元性評估法。

(　　) **18** 有關平衡計分卡之敘述，下列何者錯誤？　(A)是由卡普蘭與諾頓（Kaplan and Norton）兩位學者所提出　(B)是一套同時重視結果與過程的績效管理制度　(C)可以加強部門間對策略意義的溝通　(D)其指標多為財務性指標。

(　　) **19** 拜耳（Bayer）集團提出「星星計畫」，讓企業各層級的員工一起訂出工作目標。若該企業根據員工實際工作成果與工作目標的差異來做為考核依據，此種績效評估法稱為：　(A)工作標準法　(B)目標管理法　(C)強迫分配法　(D)配對比較法。

(　　) **20** 若主管很重視員工出勤狀況，小漢是公司全勤獎的得主，導致該主管以為小漢在其他方面也都表現得很好。請問該主管在績效評估所犯的錯誤稱為：　(A)暈輪效果　(B)擴散效果　(C)對比效果　(D)趨中效果。

(　　) **21** 阿信在進行考核時，都避免作太高或太低的評價，以致於讓所有人評估結果都位在中間地帶，請問此種情況可能犯了何種偏誤？　(A)刻板印象　(B)月暈效果　(C)趨中傾向　(D)標準不明。

(　　) **22** A主管對員工進行考核時，都使用表現優良、表現不俗等模糊定義，請問他犯了何種績效評估的錯誤？　(A)標準不明　(B)刻板印象　(C)趨中傾向　(D)月暈效果。

(　　) **23** 下列何者為產出型考核法？　(A)圖表評等尺度法　(B)重要事件法　(C)行為定位尺度法　(D)目標管理法。

解答與解析

一、基礎題

1 (C)。績效評估可作為升遷與獎懲的依據。

2 (D)。將所有員工按照劃分等級的百分比予以評核。

3 (A)。先訂出每項工作內容的工作標準，再比較員工的表現與工作標準的差異。

4 (B)。將員工平時表現重要事件加以記載。

5 (D)。又稱「評等尺度法」。

6 (D)。為多元觀點的評估。

7 (A)。顧客。

8 (B)。目標管理法的特點為，主管與員工一起設立目標，並定期去檢討目標進度。

9 (D)。根據單一表徵，來產生對個人整體的印象。

10 (B)。以整體族群共同特質來判斷個體。

11 (C)。評估者對所有的受評者，不論其實際績效好壞，均給予中等的評定。

12 (B)

13 (D)。書面報告。

二、進階題

14 (A)。(B)(C)(D)為客觀指標。

15 (C)。適用於高階管理或研究人員、員工人數較少。

16 (D)。將每位被評估員工與其他員工兩兩比較，依每位員工的相對較優次數來排序。

17 (B)。可使客戶、同事、部屬等人共同評核受評者的績效表現。

18 (D)。包括財務性指標與非財務性指標。

19 (B)。主管在擬訂員工工作目標時與部屬共同討論後才決定，因此，所訂定目標可以是希望達成的結果。

20 (A)。評估者考核員工時，僅以一兩個最顯著的因素來進行評估，而不自覺地將此顯著因素的評估結果影響到其他因素之評分所產生的評分偏誤。

21 (C)。將所有被評估者的表現都評為平均值。

22 (A)。

23 (D)。(A)(B)(C)為行為考核法。

實戰大進擊

(　　) **1** 組織為了考核、獎勵員工績效，必須做定期或不定期的：(A)生涯規劃 (B)教育訓練 (C)工作輪調 (D)績效評估。【104農會】

(　　) **2** 關於績效評估的敘述，下列何者有誤？ (A)績效評估又稱考績 (B)配對比較法可節省人力成本與時間成本，適用於員工人數較多的組織 (C)工作標準法的評估項目較為精確，但工作標準不易制定 (D)績效評估的功能是鼓勵優秀人員，警惕怠惰人員。【104台電】

(　　) **3** 企業將隸屬於同一主管的工作人員，根據工作成果逐一作比較，自優至劣漸次排列，此為何種績效評估方法？ (A)人與人比較法 (B)分等法 (C)配對比較法 (D)工作標準法。【104台電】

(　　) **4** 結合重要事件法和評等尺度法，以連續的等級評選員工，且各等級反應出員工各種有效率和無效率的行為，這種績效評估方法，稱為下列何者？ (A)評等尺度法（graphic rating scale） (B)強迫分配法（forced attribution method） (C)360度評量（360-degree appraisal） (D)行為定向評估尺度法（Behaviorally anchored rating scales）。【105自來水】

(　　) **5** 企業在對王小五進行績效評估時，參考了主管、同仁、部屬、顧客的評估結果來衡量其績效，此績效評估方式稱為：(A)360度評估 (B)等級評價法 (C)重要事件法 (D)情境模擬法。【103台酒】

(　　) **6** 管理者為衡量員工的工作績效，設計每天處理文件數、每月推銷員拜訪顧客數等指標，這種觀點偏重控制，比較欠缺激勵性。你認為下列哪種衡量指標比較能夠融合控制和激勵兩種觀點在一起？ (A)每月業績 (B)良率 (C)每月業績成長率 (D)既設目標達成率。【104台電】

(　　) **7** 有關衡量績效方法優缺點之敘述，下列何者錯誤？ (A)藉由個人觀察，可取得第一手訊息 (B)採用統計報告會忽略主觀因素 (C)透過口頭報告可以迅速取得資訊 (D)利用書面報告有失周全且資訊不易保存。【105中油】

( ) **8** 平衡計分卡（Balanced Scorecard）將公司策略透過財務、顧客、內部流程及學習成長等四個構面來檢視公司。所謂平衡，非由以下角度視之？ (A)外部與內部間的平衡 (B)財務及非財務構面平衡 (C)領先指標與落後指標之平衡 (D)顧客與員工的平衡。【105自來水】

( ) **9** 平衡計分卡的績效衡量，除了傳統財務構面之外，尚包含了其他構面的績效，以下哪一項並不屬於該衡量系統的主要構面？ (A)實體環境 (B)學習與成長 (C)顧客 (D)內部流程。【104、105自來水】

( ) **10** 平衡計分卡方法（balance scorecard approach）的主要用途是： (A)利用財務槓桿平衡企業資產 (B)從不同構面評量組織績效 (C)評估整體產業環境之優勢與劣勢 (D)提供客觀的人員考核標準。【104台電】

( ) **11** 所謂平衡計分卡是指評估組織績效必須從四個面向：顧客、內部作業流程、財務績效以及： (A)產品品質 (B)公司規模 (C)員工學習和成長 (D)經營策略。【104郵政第2次】

( ) **12** 下列何者不是平衡計分卡的四個構面之一？ (A)財務面 (B)顧客面 (C)經濟面 (D)學習成長面。【102中油】

( ) **13** 當評估者考核員工時，會受到受評者所屬的社會團體或群體的影響，而以評估者對此群體的知覺為基礎來判斷受評者。此種評估偏誤稱為： (A)月暈效應 (B)中間傾向 (C)順序偏誤 (D)刻板印象。【103中華電】

( ) **14** 績效評估時常發生的偏誤其中之一為考評者根據被評估者單一特性或能力，如拿過獎、擔任過班代、長的好看等等，來推論其整體績效表現，係為下列何種偏誤？ (A)尖角效應（Horn Effect） (B)暈輪效應（Halo Effect） (C)對照偏失（Contrast Effect） (D)時近效果（Recent Effect）。【102中油】

( ) **15** 員工之工作績效評估，下列何者非主要影響因素？ (A)知識 (B)激勵 (C)能力 (D)機會。【105郵政】

( ) **16** 下列何種方法是利用來自主管、員工和同事的回饋的方法？ (A)圖尺度評價法 (B)兩兩比較法 (C)排序法 (D)360度績效評估。【106桃捷】

(　　) **17** 平衡計分卡（balanced scorecard）是一種從四個構面進行組織績效衡量的工具，也是組織發展策略的依據，關於四個構面，下列敘述何者正確？ (A)財務、資產、管理、人員／創新 (B)財務、人員／創新、內部程序、顧客 (C)規劃、組織、領導、控制 (D)規劃、內部程序、顧客、財務。【106台糖】

(　　) **18** 藉由各種管道的回饋，來為員工評分是下列何者？ (A)甄選 (B)訓練 (C)360度評估 (D)招募。【107郵政】

(　　) **19** 下列有關績效評估原則的敘述何者是錯誤的？ (A)評估過程要客觀公正 (B)評估標準要明確 (C)績效評估除針對工作作評核外，還包含工作績效以外的事項 (D)應對評估的職務先做工作分析，了解每項工作的內容、任務、性質、責任、績效標準，再作績效評估。【107台酒】

(　　) **20** 下列何者不是績效評估中「360度回饋」的特點？ (A)完整周全 (B)費時 (C)利用管理者、員工和同事的回饋作為衡量依據 (D)似乎傾向衡量評估者的寫作能力，而忽略了員工的實際績效。【108台酒】

(　　) **21** 企業在評估員工績效時，透過上司、同事、團隊成員、顧客以及供應商來了解其績效，此種評估方式稱為下列何者？ (A)目標管理 (B)360度評估 (C)多人比較 (D)行為定錨等級尺度。【110郵政】

(　　) **22** 下列何者非屬平衡計分卡的績效衡量指標？ (A)財務指標 (B)顧客指標 (C)內部流程指標 (D)銷售指標。【109郵政】

(　　) **23** 在平衡計分卡（Balanced Scorecard, BSC）績效管理系統中，人力資源績效指標通常歸屬於哪一個面向？ (A)財務 (B)客戶 (C)內部流程 (D)學習與成長。【110中油】

解答

1 (D)　2 (B)　3 (B)　4 (D)　5 (A)　6 (D)　7 (D)　8 (D)　9 (A)　10 (B)
11 (C)　12 (C)　13 (D)　14 (B)　15 (A)　16 (D)　17 (B)　18 (C)　19 (C)　20 (D)
21 (B)　22 (D)　23 (D)

絕技51 填充題精選

命題戰情室：填充題的命題方式，所選的題材通常是各章節的重點所在，不會像單選題那樣可命題的內容比較廣泛且瑣碎。提問方式不外乎是：

(1)名詞解釋：敘述完某段意涵後問，稱之為什麼？如：員工與管理者共同訂定目標，並依據此目標來評估員工績效方式，稱之為______。

(2)幾個要點挖空的克漏字：如企業機能、管理功能、五力分析、ERG、PDCA等。

(3)計算題：如財務比率、稅後淨利、損益兩平點、EOQ的計算等。

(4)敘述性的問題：一串敘述後再提問，如公司高階管理者每天早上會聚集員工進行10分鐘的會議宣布工作安全注意事項及表揚績效優良者，稱為______溝通。

(5)判斷題型：要看完題意後再判斷回答，如效率與效能係管理者所追求之績效。若將效率與效能分為「高」、「低」兩類，當管理者之目標選擇正確並且致力去完成，但資源的使用不當，可謂之______效率、______效能。

(6)排序題：要求排列順序，如管理者常以工作設計激勵員工，如：A.工作輪調、B.工作擴大化、C.工作豐富化、D.工作簡化，依其激勵程度之大小排列順序為______。

實戰大進擊

105年台電試題

1.由少數幾家廠商生產同質或異質的產品，彼此互相競爭或互相依賴的市場，稱為**寡占（佔）／寡頭壟斷**市場。

2.羅伯‧凱茲（Robert L. Katz）所描述的管理能力中，基層管理者最應具備的管理能力為**技術（性）／技能（性）**能力。

3.矩陣式組織的形成違反了費堯（Henri Fayol）「管理十四原則」中之**指揮（命令）統一／命令統一**原則。

4. 科學管理學派主張使用科學方法找尋完成工作之最佳方法，其中提出管理四大原則之學者為**泰勒／Taylor**。

5. 管理功能中，針對某種未來欲採取的行動，進行分析與選擇的過程，稱之為**規劃／計劃**。

6. 效率與效能係管理者所追求之績效。若將效率與效能分為「高」、「低」兩類，當管理者之目標選擇正確並且致力去完成，但資源的使用不當，可謂之**低**效率、**高**效能。

7. 員工與管理者共同訂定目標，並依據此目標來評估員工績效方式，稱之為**目標管理／MBO**。

8. 事情發生時，立即採取控制行動，稱之為**即時控制／事中控制**。

9. 阿德福（C. P. Alderfer）所提出之「**ERG理論**」中，生存／E需求與馬斯洛（Maslow）的五種需求層次中之生理需求及安全需求相對應。

10. 麥可・波特（Michael E. Porter）的「五力分析」常用來進行產業分析，其五項因素分別為：新進入者的威脅、替代品的威脅、供應商的議價能力、**購買者（消費者／顧客）的議價能力**及**現有競爭者的競爭（威脅）／既有競爭者（廠商）的競爭程度／產業內（現有）的競爭（威脅）**。

11. 某公司年底結算，其流動資產為300,000元，總資產為800,000元，總負債為200,000元，並有營業盈餘100,000元，請問該公司之負債比率為**0.25／25%／1／4**。

12. **工作規範（書）**係描述某特定職位（工作內容）所需之知識、能力、事業技術等條件，亦是擔任該職位所須具備之最基本條件。

13. 管理學者李維特（Leavitt）認為組織改變可經由三種途徑進行，除結構性改變外，尚包括**行為性改變（變革）／人員改變（變革）**及**科技性改變（變革）／技術性改變（變革）**。

14. 某些產品是消費者可能有需求但說不出來的項目，無從指名、無從描述，只有當消費者見到之後才能確定是否為其需要者，這種產品稱為**忽略品／冷門品／未覓求品／未尋覓品／非搜尋品／非尋求品**。

15. 管理者常以工作設計激勵員工，如：A.工作輪調、B.工作擴大化、C.工作豐富化、D.工作簡化，依其激勵程度之大小排列順序為C＞B＞A＞D。（以「＞」符號依序排列）

16. 群體溝通網絡型態中，若有一強勢領導者居於中心地位和組織成員溝通，稱之為**輪狀**溝通型態。

17. 在網際網路中，消費者主動將產品優惠內容或有趣的訊息自發性地轉寄給朋友，以聯繫朋友間情感。此一行銷活動方式稱為**病毒式／口碑**行銷。

18. 品管的七大手法中，用來掌握關鍵性之少數問題，即所謂80-20法則之工具為**柏拉圖／重點分析圖**。

19. 在ABC存量控制法下，須嚴格控制並減低存貨成本者，屬A類存貨。

20. 某商品之年需求量為200個，每個單價為9元，每次訂購成本為100元，而每個商品儲存成本為4元，若按經濟訂購量（EOQ）採購，則全年採購次數為2次。

106年台電試題

1. 企業機能有5項分別為：生產管理、行銷管理、人力資源管理、研究發展管理及**財務**管理。

2. 所謂**企業社會責任**係指企業承諾遵守道德規範，致力於經濟發展的同時，也兼顧改善員工個人及其家庭生活，增進當地社區與社會的生活品質。

3. 我國「公司法」規定，公司種類可分為以下4種：無限公司、有限公司、兩合公司及**股份有限公司**經營型態。

4. 李文（Lewin）提出的組織變革（遷）3步驟，分別為：**解凍**、執行變革（遷）及再結凍。

5. 在企業或組織中人力資源管理的5個作業範疇，包含：選才、用才、育才、晉才及**留才**。

6. 所謂**損益**表係揭露企業在某特定期間的收入、成本、費用及獲利狀況的經營成果報表，可看出該企業的獲利能力及經營績效。

7. 克里斯汀生（Christensen）教授提出**破壞**式創新，顛覆了原本以「性能」為主的技術創新概念，改以提供新商業模式來擴大和開發新市場，以低價、好用及便利等特色吸引特殊目標消費群。

8. 所謂顧客**關係**管理係指企業運用現代化資訊科技進行蒐集、處理及分析顧客資料，以找出顧客購買模式及購買群體，並制定有效的行銷策略滿足顧客的需求。

9. 責任中心制度依會計損益及組織權責分5種，例如：以貨幣金額投入、產出不易以貨幣金額衡量，且費用須控制在預算內之幕僚單位適用費用中心；如成立策略經營單位（SBU）或實施事業部單位適用**利潤**中心。

10. 實施全面品質管理時，管理大師戴明（Deming）所提出PDCA循環，其中P代表計畫、D代表**執行**。

11. 6個標準差（Six Sigma）所代表的意義換成品質管理的觀點，即每1百萬個產出中只容許3.4個不良。

12. 預算的類型依作業執行分為3類，當企業在訂定未來發展目標時，編制計畫對固定資產進行購置、擴充、改造或更新所需預算，稱之為**資本**預算。

13. 波特（Porter）提出產業競爭策略有3種，包含：成本領導策略、**差異化**策略及集中化策略。

14. 某公司有流動資產1,300萬元，流動負債400萬元，存貨100萬元，則該公司之速動比率為3。

15. 行銷組合係指企業用以滿足目標市場的一組行銷工具，麥肯錫（McCarthy）提出之4Ps架構包含：**產品**、價格、通路及推廣。

16. 組織中，一套組織成員共有的價值、信念與象徵的複雜組合，稱之為**組織文化**，它會影響組織成員的言行。

17. 韋伯（Weber）的理想型官僚制度係建構在權威的基礎上，其演進過程為傳統權威、超人權威及**合法理性**權威。

18. 所謂**品牌**係指一個名稱、符號、標記、設計或是以上綜合的使用，用來確認一個（群）銷售者的產品或服務，以與競爭者有所區別。

19. 我國「公開發行公司建立內部控制制度處理準則」規定，公開發行公司之內部控制制度，其組成要素應包括：控制環境、**風險評估**、控制作業、資訊與溝通及監督作業。

20. 我國「上市上櫃公司治理實務守則」規定，上市上櫃公司建立公司治理制度除應遵守法令及章程之規定等外，應依「保障股東權益、強化**董事會**職能、發揮監察人功能、尊重利害關係人權益及提升資訊透明度」原則為之。

107年台電試題

1. 企業的4大財務報表中，呈現企業在某個時間點財務狀況的報表為**資產負債表**。

2. 彼得聖吉（Peter Senge）的《第五項修練》提出有別於傳統組織，能不斷學習、適應及改變的組織稱為**學習型**組織。

3. 某公司106年之利息保障倍數為3，利息費用為$10,000，若所得稅率為25%，稅後淨利為$15,000。

4. 將企業部門的活動以時間為橫軸，排程活動為縱軸，所畫出的長條圖稱為**甘特**圖，可看出各活動執行進度及完成情形。

5. 組織面對的環境中，會受組織決策和行動影響的人或團體，如政府、競爭者、員工、顧客或產業工會等，均稱為**利害關係人**。

6. 依據麥克波特（Michael Porter）運用5力模式選擇的競爭策略，提供獨特而為顧客喜愛的產品，如蘋果公司（Apple）創新的產品設計，即是採取**差異化**策略。

7. 情境領導理論（situational leadership theory, SLT）使用任務與關係行為2項領導構面，考慮各構面的高低程度結合出4種領導風格，其中認為部屬處於有能力卻不願意去做的階段時，領導者應採取**參與**型領導風格，以獲得部屬支持。

8. 預算編列中總結不同單位的收入與支出預算，以計算各單位的利潤貢獻稱為**利潤**預算。

9. BCG矩陣中，問題事業（question marks）為低市場占有率及**高**預期市場成長率。

10. 組織中有些衝突能支持群體目標並改善群體績效，此類有建設性的衝突稱為**功能性**衝突。

11. 某公司流動比率為3，速動比率為2。若速動資產為$20,000，則流動資產為$30,000。

12. 有關French & Raven 所舉的5種權力中，因個人魅力或特質讓部屬心甘情願跟隨的權力稱為**參照**權。

13. 假設某飲料店每年營運的固定成本是10萬元，每瓶飲料變動成本為10元，售價為15元，須賣出**20000**瓶即可達到損益平衡。

14. 管理是一種持續進行的活動，而管理功能中的「控制」是提供由結果回饋到**規劃**之間的必要連結。

15. 管理者可在行動開始前、進行中或結束後執行控制，利用走動式管理直接監督是屬於其**期中／即時**控制。

16. 在評估員工績效時，利用管理者、員工和同事等回饋作為衡量依據的一種績效評估方法稱之為**360度**評估法。

17. 明茲伯格（Henry Mintzberg）的10種管理者角色，其中傳播者與發言人是屬**資訊**角色。

18. 企業為了解員工的人格特質進而預測員工的行為，常用MBTI（Myers-Briggs Type Indicator）性格評量測驗中，**認知**型的人顯現適應力強而且容忍度高。

19. 依組織溝通的4種流向，公司高階管理者每天早上會聚集員工進行10分鐘的會議，宣布工作安全注意事項及表揚績效優良者，稱為**下行**溝通。

20. 管理者從競爭者或非競爭者中找出該企業達到優越績效的最佳作法，稱為**標竿**管理。

模擬題試煉

1. 熊彼得（Joseph Schumpter）認為決定廠商生產的重要因素，除了有土地、勞力、資本外，還有**企業家精神**。

2. 根據我國相關法令規定，企業之經營型態因業主權利義務不同，可分為獨資、合夥和**公司**三大類。

3. 公司係以營利為目的，依照公司法組織、登記、成立的**社團**法人。根據公司法規定可分為無限、有限、兩合公司和股份有限公司四種。

4. 管理就是經由他人有效完成活動的過程，此過程代表了規劃、組織、**領導**與控制的功能或主要活動。

5. 管理的目的是運用組織資源，透過四項管理功能以達成組織目標或追求更好的績效。其中，**規劃**是指「設立績效目標，並決定達成這些目標的工作方法」。

6. **領導**強調透過影響力使組織發揮團隊精神，避免不良溝通衝突及低落工作效率，讓彼此能密切配合，共同完成目標。

7. 為了確保每件事都如預期發展，管理者必須監看組織績效，並將實際績效與預定績效加以比較。這種監看、比較、採行矯正的過程，就是**控制**功能。

8. 管理矩陣是管理功能與生產、行銷、**人力資源管理**、研究發展、財務之結合。

9. **效率（efficient）**是指工作的成果與投入的資源兩者的比值，Peter Drucker簡單扼要的將其定義為「把事情做對」（Doing the thing right）。

10. 明茲伯格（Henry Mintzberg）在1960年代末期觀察管理者所做的工作發現管理者扮演許多角色，其可區分為：人際角色、資訊角色以及**決策角色**。

11. 效能（effectiveness）係指決定適當企業目標的能力，亦即做正確的事，強調**目標達成程度**。

12. 羅伯・凱茲（Robert Katz）指出管理者應具備的三種能力為：技術能力、**人際關係**能力、概念化能力。

13. 以規劃、執行及控制三者功能而言，高階管理者是組織經營活動的負責人，須有較佳的思考創造能力，故其花在**規劃**的時間較多。

14. 泰勒（F. Taylor）在密得威鋼鐵公司工作時，詳細記錄每個工作的步驟及所需時間，並對每個工作制訂一定的工作標準量，規劃出一個標準的工作流程。因此被尊稱為**科學管理之父**。

15. 讓每個工作人員依據自己的專長，執行專業化的工作，如此可讓產出最大，此為費堯（H. Fayol）十四個原則中的**分工**原則。

16. 根據韋伯（M. Weber）的理想型組織（ideal-type），他把組織的權力來源稱作是**合法理性／理性法制權力（legal-rational authority）**。

17. 將管理由「科學管理」引入「行為科學」的是**霍桑實驗**，該實驗發現：人的心理因素對工作績效有重大的影響力。

18. **管理科學（management science）**又被稱作分析式管理（analytic management）或是計量管理學派（quantitative approach to management），亦即利用數學模型來幫助管理者做決策。

19. **權變**觀點（或理論）或稱情境理論，強調的是不同組織面對不同情境時，應採取不同的管理方式。

20. 企業面臨快速變遷之外部環境，而外部環境又分為總體環境與產業環境。總體環境可分為PESTL，即政治面、經濟面、社會文化面、科技面、**法律面**等五個要素。

21. 「為最多數人謀最大利益」的方式所做的決策，屬於企業道德的**功利或效用**觀點。

22. 「利用相關的資訊或資料，針對某一事務未來可能演變的情形，作為事前的估計與判斷，以減少未來的風險。」指的是**預測**。

23. 史坦納（George A. Steiner）所提出之整體規劃模式可分三大部分：規劃基礎、規劃主體及**規劃的實施與檢討**。

24. 目標管理（MBO）的主要四個要素是：清楚的目標、參與式的決策、明確的期限，以及**成果的檢視或績效回饋**。

25. 某超商的茶葉蛋每顆是$10，假如固定成本是每月$5,000，而變動成本是$4，則該店計算茶葉蛋的損益兩平點為每年銷售10,000個。

26. 決策樹（decision tree）可處理多階段決策問題，決策樹是屬**風險性**決策情境下的工具。

27. 在人際溝通過程中，收訊者將訊息發送給發訊者，使發訊者藉以判定溝通效果，這是指**回饋（feedback）**。

28. 請依控制幅度（Span of Control）的情境敘述，填入正確答案：
    (1)部屬愈能自動自發工作，則控制幅度**大／寬**；(2)工作愈重要，則控制幅度愈**小／窄**；(3)工作環境愈複雜，則控制幅度愈**小／窄**；(4)主管人員能力愈強，則控制幅度愈**大／寬**。

29. 組織結構的特徵，一般可由複雜化、**形式化／正式化**、集權化三個層面來做分析。

30. 在工作設計的過程中，注入更多激勵因子，例如自主性，好讓員工對工作能更認同與更有成就感，此乃**工作豐富化**。

31. 主管將某職權及職責指定某位下屬負擔，稱之為**授權**。

32. 無論任何工作，每位員工都應該指接受一位上司的命令，此項原則稱為：**指揮統一原則**。

33. 組織結構中常會產生決策遲緩、本位主義、責任歸屬困難的是**功能別**結構。

34. 矩陣式部門化是結合**功能別**與產品別兩種部門化方式結合在一起的作法。

35. **組織文化**是公司組織成員共享之價值觀、信念、共識和基準，且來源大部分來自企業之創辦人。

36. 在**派閥文化（clan culture）**類型的組織文化中，組織成員普遍以成為組織的一份子為榮，他們對組織有高度的認同感，並且認為所有成員應該齊心協力完成工作。

37. 管理學者聖吉（Peter M.Senge）有關學習型組織的主張中，所謂「第五項修練」（the fifth discipline）是指**系統思考**。

38. Hackman和Oldham提出的工作特徵途徑（job characteristics approach）認為工作核心構面可以引導出關鍵的心理狀態、提高工作動機、績效與滿意度，其中工作核心構面除了技能多樣性、**任務完整性**、任務重要性、自主性與回饋性。

39. 林經理在面談應徵者的過程中，發現該位應徵者大學成績優良，認為他進入公司後一定也有良好的工作績效表現，因此很快完成面談程序。這是**月暈效果**所產生面談缺失（偏誤）。

40. 人們傾向於將有利的結果歸於自己內在因素，而將失敗的結果歸於外在因素，此稱為：**自私自利的**偏誤。

41. 在行為的研究中，依照某人所屬的團體來判斷他的行為稱之為**刻板印象**。

42. 權力的種類與來源，學者法蘭屈與雷門（French & Raven）認為有法統權力、參考權力、獎賞權力、**專家權力**、強制權力等五種。

43. 布萊克與摩頓（Blake & Mouton）提出的管理方格理論，是由關心人員及關心工作的程度來代表兩個構面，其中（1,9）是關心人員，而不關心生產，即**鄉村俱樂部型（懷柔型）**領導。

44. 根據費德勒（Fiedler）的情境模式（contingency model），當領導者與部屬的關係良好、任務結構高，且領導者的職位權力強時，最適合採取**任務導向**領導風格。

45. Hersey & Blanchard的領導生命週期理論，能力不足但有意願工作的員工，管理者應採取**推銷型**領導方式。

46. 結合「期望理論」與「兩構面理論」要義的領導情境理論為：**「路徑－目標」或「途徑－目標」**理論。

47. 一位領導者會以部屬的內在需求與動機作為其影響的機制，並強調改變組織成員的態度和價值觀，此種領導型態稱為：**轉換型領導或轉式領導、變革型領導（transformational leadership）**。

48. 馬斯洛（Maslow）認為人類最低層次之需求是生理需要，最高層次需求是**自我實現**需要。

49. 根據Herzberg兩因素理論，**激勵因素**條件不存在的話，會讓員工「沒有」滿足感，但不會產生負面的不滿足。

50. Herzberg的「雙因子理論」中的保健因子，相當於馬斯洛需求層次理論中**生理與安全**層次的需求。

51. 阿道夫（Alderfer）所提出之ERG理論，所指的基本需要為：生存、**關係**、成長。

52. 麥克里南三需求理論（Three- Needs Theory），假設工作情境下有三主要需求或動機：成就需求（achievement）、權力需求（power）、**歸屬或情感需求（affiliation）**。

53. 麥克葛瑞格（Douglas McGregor）提出「XY人性論」，**X理論**的假設偏向於傳統嚴密監督制裁的管理，**Y理論**的假設偏向於民主式的管理。

54. **公平理論**主張人們是依據相對報償來決定他們的努力程度。

55. **期望**理論認為人們是為了獲得某項報酬而工作，而此報酬是人們所渴望得到的，且認為有機會獲得此報酬，則其激勵的力量就越強烈。

56. 個體表現出正確行為就給予獎賞，表現不當行為就給予懲罰，以使個體表現出我們想要的行為，或消除我們不想要的行為，此為**增強或強化理論**。

57. 根據洛克（E. Lock）之目標設定理論（goal setting theory），目標設定必須具備四個條件，包括：可明確衡量的（measurable）、可達成的（achievable）、**有報酬的（rewardable）**、可能承諾的（committable），才能達到激勵作用。

58. 針對企業各項活動所產生的現金流入與現金流出的計畫、執行與控制稱之為**現金流量管理**。

59. 將訊息由高層主管流向部屬的溝通形式，通常使用命令、指示、公文、會議或工作手冊，是組織溝通的**下行溝通**方式。

60. 非正式溝通又稱為**葡萄藤式（grapevine）**溝通，具有多種類型，如集群連鎖（cluster chain）、密語連鎖（gossip chain）、機遇連鎖（probability chain）、單線連鎖（single-line chain）等。

61. **事前控制**係預先設定投入標準，在投入階段進行評估、衡量的控制工作。

62. 平衡計分卡（Balance Scorecard）要求管理者從顧客、內部作業流程、財務績效、**學習成長**四個方向來評估組織的績效。

63. 管理者將重心放在組織中重大差異事件管理上，是符合有效控制的**例外管理**原則。

64. 在e化變革技術中，試圖利用數量技巧來整合供應商、製造工廠、倉儲、配銷中心、通路、消費者等資訊的方法是**供應鏈管理（SCM）**。

65. 依計畫評核術（PERT），假設估計時間如下：悲觀時間60分、樂觀時間40分、最可能時間35分，則根據β機率分配（貝他分配），其期望時間**40分鐘**。

66. 賽蒙（Herbert A.Simon）所提出的決策三部曲為：甲：設計活動；乙：智慧活動；丙：抉擇活動，依順序應為**乙甲丙**。

67. 李維特（Leavitt）認為組織變革的途徑可經由結構、技術、**行為**三種不同的機能作用來完成。

68. 在波特（Porter）的價值鏈（Value Chain）模式中，價值活動可分為主要活動與支援活動。其中支援活動包括：採購作業、**人力資源管理**、技術發展、企業基礎結構。

69. 策略大師波特（Porter）以五力分析來分析企業所面臨的競爭力量，此五個力量分別是：供應商的議價能力、消費者（顧客）的議價能力、潛在進入者的威脅、**替代品的威脅**、現有競爭者的威脅。

70. 企業做策略規劃，常須分析所處的外在環境與本身條件，以制定有效的策略，此一分析工具為：**SWOT分析**。

71. 在波士頓顧問團（Boston Consulting Group）提出的BCG矩陣中，相對市場佔有率高、市場成長率低的是**金牛**事業。

72. 麥克・波特（Michael E. Porter）指出，具競爭優勢的策略型態主要有三種：成本領導（Cost Leadership）策略、差異化（Differentiation）策略及**集中化（Focus）策略**。

73. 學者Ansoff提出企業成長方向矩陣，企業在原有的市場基礎下，持續不斷推出新產品，吸引原有的消費者選購，以達到成長目標，稱為**產品發展**。

74. 耐吉（Nike）公司專注於鞋型設計、氣墊技術研發，生產與製造的活動則委由一些亞洲國家的廠商生產，此種策略是屬於**策略性外包**類型。

75. 存貨ABC分析法中，價值小，庫存金額少，但其項目卻十分繁多，是歸為C類存貨。

76. 品管工具中，**柏拉圖（Pareto）**主要是用來分析造成多數問題的一些少數重要原因。

77. 近年來，企業在進行品質管理時，流行以「六標準差（6σ）」作為品質目標，此6σ是要求產品的不良率或製造過程中的錯誤率不能超過**百萬分之**3.4。

78. 某手錶經銷商每年電子錶之需求量為2,500個，若每個電子錶的年持有成本是100元，訂購一次的成本是50元。請問其電子錶之經濟訂購量（EOQ）為50個。

79. **及時生產**（Just in time,**簡稱**JIT）是一種庫存管理的方法，目的在降低庫存水準。將需求與供應達成至當需求產生時，供應就能及時到達去滿足需求的庫存管理方法，而這種方法應用於日本就被稱作看板系統（kanban system）。

80. 根據企業內部整合財會、生管、配送、人力資源、銷售、專案管理等作業流程，達到縮短生產時程、降低成本及增加效率，使企業適時提供顧客所需，以提升產品或服務水準，係指**企業資源規劃（ERP）**。

81. 由克里斯汀生（Clayton M. Christensen）所提出之理論，發明一個新的技術，改變了產品及製程的基本概念，並使得現有的競爭者毫無用武之地的創新，是屬於**破壞式創新**類型。

82. 肯德基在邁入亞洲市場前，發現雞肉相較於其他肉類較無任何宗教禁忌，因此決定以雞肉作為主打肉類，由此可知該公司在做國際行銷環境評估時，主要是以**社會文化**環境為考量。

83. 由於產品已被大多數的潛在顧客所接受，故銷售成平坦現象的時期是屬於產品生命週期（product life cycle, PLC）四個主要階段中的**成熟期**階段。

84. **置入性行銷（placement marketing）**是指刻意將行銷事物以巧妙的手法置入既存媒體，以期藉由既存媒體的曝光率來達成廣告效果。

85. 將價格訂得低於某個整數，刻意不超過消費者的心理關卡（例如：將1,000元的商品改為999元），給消費者一種錯覺，認為價格下降很多，促使銷售量大增的定價法稱為**畸零定價法**。

86. **吸脂定價（skimming pricing）**係初期採高價以較高利潤彌補新產品開發的成本，但隨著產品普及、市場競爭增強，再逐步降低價格。**滲透定價（penetration pricing）**則採低價，使消費者對新產品產生接受，期獲得較大市場佔有率。

87. 相對於實體產品，服務具有下列特性：無形性、**不可分割性（生產與消費的同時性）**、易變性、不可儲存性。

88. 公司的人力資源部門，進行工作分析會產生兩種書面報告，當中在描述工作的目標、內容、責任與職務、工作條件，以及與其他功能部門間的關係是指**工作說明書**。

89. 依各項工作之繁簡、責任之大小、所需人員之條件，藉以設定薪資尺度，稱之為**工作評價**。

90. 人在組織部門中升遷，最終會達到他們沒有能力執行任務的階層，此理論稱為**彼得定律**。

91. **預算**是將資源分配到特定活動的數字計畫，用以增進時間、空間和物資的利用，是組織最常使用和最廣泛適用的規劃技術。

92. 一般常使用財務報表與財務比率分析，以達到財務控制的目的，其中主要的財務報表有四種，包括：資產負債表、**損益表**、股東權益變動表及現金流量表。

93. 若流動資產為$100，淨固定資產為$500，短期負債為$70，長期負債為$200，則股東權益為<u>$330</u>。

94. 南僑公司相關資料如下：每股東權益為15元、每股市價為60元、每股營收為80元、每股盈餘為3元、每股股利為2元，其本益比為<u>20</u>。

95.電子商務（E-Commerce）是指透過網際網路（Internet），在線上完成商業交易活動。電子商務有四種類型：企業對企業（B-to-B）、消費者對消費者（C-to-C）、企業對消費者（B-to-C）、**消費者對企業（C-to-B）**。

96.Tuckman在1977年歸納出五階段團體發展模式分別為：形成期（Forming）、風暴期（Storming）、**規範期（Norman）**、表現期（Performing）、散會期（Adjourning）。

97.一個企業機構以某個國家為中心，而後至世界各地直接投資設立子公司，這種組織型態是屬於**多國性企業**。

98.麥肯錫顧問公司（Mckinsey）提出七S的觀念架構來診斷一家公司的經營績效，其中**共享價值（Shared Value）**位於七項組織構成要素之中樞地位。

99.網際網路的崛起已打破80／20法則定律，把冷門商品的市場加總，甚至可以與熱門暢銷商品抗衡，此種現象稱之為：**長尾理論（The long tail theory）**。

100.霍夫斯德Hofstede（1980）調查40多個國家的跨國企業後發現，發現國家文化對於員工的工作價值觀影響重大，並認為國家文化有以下四個構面：(1)個人主義／集體主義（Individualism／Collectivism）；(2)**權力的距離（Power Distance）**；(3)不確定之規避（Uncertainty Avoidance）；(4)生活的質與量／性別傾向（男性／女性特質）（Masculinity／Femininity）。

絕技52 簡答題精要

命題戰情室：申論題式的命題方式，主要出現在國考的行政類科或國營、交通事業人員的升資考試。但近年國營事業單位的人事逐漸進入世代交替的新陳代謝期，必須逐年遞補人力。

為求評量公平性所以題型也呈現多元化，例如單選、複選、填充、口試、術科等。不過相較於升資人員的申論題式考法，新進人員考試仍以簡答題方式為主。

至於如何應答，主要還是看題目配分的比率，例如解釋名詞每個小題3分，只需稍加解釋；工作特性模型（JCM）有哪5種核心構面，就不能只列出那5個構面，還必須逐一解釋。至於如果是25分的申論題，就必須詳細解析，還要加上實例或補充延伸，以爭取高分。

實戰大進擊

107年台糖試題

◎請簡述亞當斯（John Stacey Adams）所提出公平理論的內涵。當員工感受到不公平時，可能會出現什麼樣的行為，對管理者有什麼意涵？

答 公平理論（Equity theory）是由亞當斯（J.S.Adams）所提出，認為員工會比較自己和參考對象（Referent）的投入產出比率，並依據公平與否而影響其行為。參考對象包括：他人（other）、系統（system）與自己（self）。

當員工認為不公平時可能會採取以下措施：

(1)扭曲對自己或他人的投入報酬／比率的認知。

(2)促使他人改變他們的投入／報酬比率。

(3)改變自己的投入／報酬比率。

(4)選擇不同的參考對象。

(5)辭去原有的工作。

105年台電試題

1. 名詞解釋

(1)彼得原理（Peter's Principle） **(2)吸脂訂價法（Price Skimming）**
(3)控制幅度（Span of Control） **(4)月暈效應（Halo Effect）**
(5)霍桑效應（Hawthorne Effect）

答 (1)彼得原理：又稱為「才能遞減病態」，指在層級節制體系中，每一位成員傾向被擢升至其無法勝任的職位上，除非經過進修與訓練，否則將無以為繼。

(2)吸脂訂價法：指廠商刻意為新產品訂定高價，以期從願意為產品支付高價的區隔市場裡逐步榨取最大的收益。

(3)控制幅度：指一個機關組織或單位的主管能夠有效掌握控制的部屬數量。

(4)月暈效應：指人們僅根據對方的某項特質，如智商、能力、儀表等，而勾勒其整體的評價。

(5)霍桑效應：指當被觀察者知道自己成為被觀察對象而改變行為傾向的反應。

2. 請簡要說明亨利・明茲伯格（Henry Mintzberg）歸納出的管理者角色各為何？

答 亨利・明茲伯格（Henry Mintzberg）歸納出管理者的三大類十大角色：

(1)人際關係角色：形式領袖、領導者、聯絡人。

(2)資訊處理角色：監控者、傳播者、發言人。

(3)決策制定角色：創業家、問題處理者、資源分配者、談判者。

3. 管理者為因應內外在環境需求而進行組織變革時，常面臨強大的抗拒改變力量。請舉出5種降低組織變革阻力的方法，並簡述其內容。

答 降低組織變革阻力的方法：

(1)教育與溝通：與員工溝通，並讓員工了解變革的重要性與必要性。

(2)參與與投入：讓抗拒者參與決策者的制定過程，如果藉由抗拒者提供有意義的建議，也能提高變革的品質。

(3)協助與支持：當員工對於變革焦慮不安時，管理者應給予適當輔導與訓練。

(4)協商與協議：利用付出代價的方式，降低員工抗拒。亦即如有個人或團體因為變革而遭受損失，則管理者予以利益補償。

(5)操縱與吸納：利用掩飾缺點、扭曲事實的方式，讓變革變得有吸引力；隱瞞對變革的不利資訊，散布有利變革的謠言，促使員工接受變革。

106年台電試題

1. 麥克葛羅格（McGregor）在管理理論演進過程中，作不同的人性假定提出X理論（Theory X）及Y理論（Theory Y），請分別說明之。

答 麥克葛羅格（D. Mcgregor）著有《企業的人性面》（The Human Side of Enterprise）認為人性激勵的管理方式有兩種，即X理論與Y理論。

1.X理論對人性的假設：

(1)具有好逸惡勞的天性，盡可能規避工作。

(2)缺乏進取心，不喜歡負責，寧願被別人指導。

(3)具有反抗改變的天性。

(4)大多是為金錢及地位的報酬而工作。

(5)天性以自我為中心，對組織的需要漠不關心。

2.Y理論對人性的假設：

(1)一個人用於工作上心力與體力的消耗，正如同遊戲與休息一樣的自然。

(2)以外力控制或懲罰威脅，並非使人們朝向組織目標而努力的方法。

(3)對目標的承諾是對成就動機的一種獎勵。

(4)在適當情況下，不僅接受責任，並且要求責任。

(5)多數人均具有相當的想像力與創造力，以解決組織的問題。

研究結論：一個人對某事物所持的態度，顯著地影響著此人對該事物的行為方式。他認為，只有Y理論才能在管理上獲得成功。在Y理論的假設下，管理者的任務是發揮成員的潛力。

2. 何謂產品生命週期（Product Life Cycle）？產品生命週期分為哪4個階段期；並請逐一說明其內涵？

答 產品生命週期（Product Life Cycle, PLC）係描述產品在每個生命階段的銷售額與利潤。產品生命週期可分為導入期、成長期、成熟期、衰退期四個階段。如下圖所示：

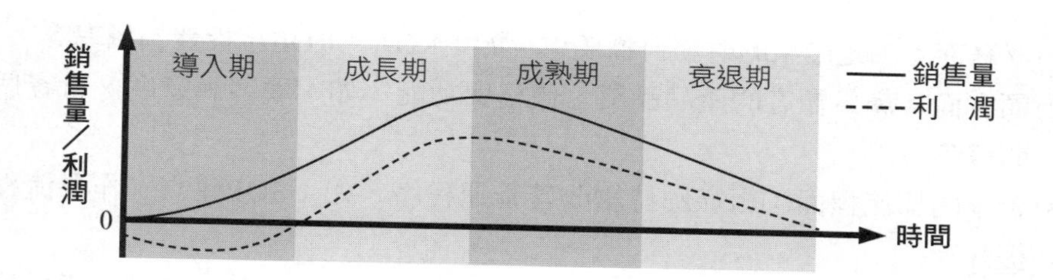

(1)導入期：產品甫進入市場，知名度太低，需龐大的推廣與配銷費用，銷售額上升速度緩慢，利潤上獲利少，甚至虧損。

(2)成長期：產品逐漸打開知名度並獲得消費者的接納，銷售額呈現快速增加，利潤也隨之增加。

(3)成熟期：面對競爭激烈市場已漸趨飽和，須透過降價或行銷費用支出來維持。銷售額達到頂點並已開始下降，利潤也逐漸減少。

(4)衰退期：產品不再受到歡迎，市場開始萎縮，銷售額快速下降，利潤微薄，甚至無利可圖。

3. 凱茲（Katz）認為管理者應具備哪3個重要的管理技能？前述技能隨著高、中、基層之管理層級不同，其重要性程度有所差異；請分別說明之。

答 凱茲（Robert L. Katz）指出管理者應具備的三種能力，分別是：技術性能力、人際關係能力與概念化能力。

(1)技術性能力：指精通特定的專業知識及技能。

(2)人際關係能力：指與他人或團隊融洽相處的能力。

(3)概念化能力：指管理者必須能思考，並將抽象或複雜的情境予以概念化。

其中高階管理者須具備較多概念化能力，低階管理者應具備較多的技術性能力，而人際關係能力對所有管理者都同樣重要。

4. 何謂平衡計分卡（Balanced Scorecard）？平衡計分卡分為哪4個構面；並請逐一說明其內涵？

答 諾頓（Nortan）與卡普蘭（Kaplan）將企業的願景、目標與決策透過財務與非財務、短期與長期、領先與落後、外部與內部的資訊整合考量，而提出有別於傳統的與具體的四構面績效衡量系統——「平衡計分卡」（Balanced Score Card），包括：財務、顧客、學習與成長、企業內部流程。

(1)財務面：滿足股東的財務目標要求，如：ROA、ROE、投資報酬率等。
(2)顧客面：滿足顧客的產品品質、價格與功能，如：顧客滿意度、新客戶開發等。
(3)企業內部流程面：組織應持續改善營運程序，如：SOP建立、作業流程提升等。
(4)學習與成長面：組織應不斷要求員工學習成長，如：員工培訓、組織學習等。

107年台電試題

1. **解釋名詞：**
   (1)**需求法則**（law of demand）
   (2)**均衡價格**（equilibrium price）
   (3)**國內生產毛額**（GDP）
   (4)**情緒智商**（emotional intelligence, EI）
   (5)**決策者的自我鞏固偏差**（confirmation bias）

答 (1)需求法則：在不考慮其他條件的情況下，當產品的價格下降時，購買者將會增加購買商品；反之，當產品的價格上升時，購買者將會減少購買商品。
(2)均衡價格：是商品的供給曲線與需求曲線相交時的價格，亦即商品的市場供給量與市場需求量相等，即商品的供給價格與需求價格相等時的價格。
(3)國內生產毛額（GDP）：是指一國在特定期間內，所有生產的勞務及最終商品的市場價值，GDP包含：消費、投資、政府支出與淨出口四大項目。國內生產毛額（GDP）是反映國家經濟力的指標，其數值愈高代表景氣愈好。
(4)情緒智商：是一種準確地察覺、評估、表現情緒的能力。
(5)決策者的自我鞏固偏差：刻意尋求與自己經驗吻合的資訊，而忽視與經驗牴觸的資訊，或對與他們看法不同的資訊抱持懷疑與批判的態度。

2. **企業關注組織決策與行為對自然環境造成的影響稱為「管理的綠化」（Greening of management），請略述組織在環境保護議題上採取管理綠化的4個途徑及其內涵為何？並以節約用電為例，試舉出3項實際的方法。**

答 管理的綠化係指組織的決策與行動及其對自然環境所造成的衝擊間，兩者有很密切的關係，管理者須對此一問題有所認知。

(1)組織在環境保護議題上可採取管理綠化的途徑有四種：

A. 守法途徑：反映的是社會義務，這類組織的環保敏感度很低，他們遵守法律的規範，但就僅止於此而已。

B. 市場途徑：組織會對顧客的環境偏好有所回應，顧客在環保上有任何要求，組織都會盡可能提供。

C. 利害關係人途徑：盡力滿足組織的所有利害關係人，如：員工、供應商或社區對環保的要求。

D. 積極途徑：極力尋求保護地球資源的方法，並展現最高程度的環保敏感度。

(2)如果我們在日常生活起居能有效地用電，不做浪費，不單能節省金錢，也有助於環境保護，並保障我們未來的社會。而實際做法有：

A. 關閉無人使用的電燈、電視機、電扇等電器。

B. 每兩週清洗空氣過濾網一次，空氣過濾網太髒時，容易造成電力浪費。

C. 上下班或休假旅遊多搭乘大眾運輸工具，如公車、捷運。

3. 行銷組合（marketing mix）的4個基本要素及其內涵為何？請舉例說明之。

答 行銷組合的概念最初由哈佛大學教授博頓（N.H.Borden）所提出，其後麥卡錫（Jerome McCarthy）在1960年出版的《基礎市場行銷：管理方法》一書中，率先提出了行銷組合的4P因素，即產品（Product）、通路（Place）、價格（Price）、促銷（Promotion），使其更加具體化。

(1)產品：不僅包含實體，更涵蓋其它因素，如：包裝、保證、售後服務、品牌、公司形象等。

(2)價格：需支付代價以便於換得產品。它是行銷組合中最具彈性的因素。

(3)通路：實體配送包含：產品之儲存及運輸至適當地點、時間，並保持良好之使用狀況。

(4)促銷：是藉著教育、說服、提醒消費者某一產品或組織之利益以提供雙方滿意的交換過程。包括個人銷售、廣告、銷售推廣及公共關係。

範例：85度C的行銷組合

(1)產品：24小時的咖啡、蛋糕專賣，消費者不論多晚休息、多早起床，都能享受到新鮮的咖啡、蛋糕等美食，讓消費者更能感受到85度C的貼心與服務。

(2)價格：訂價策略「五星級的品質，平民化的價格」，堅持價格低廉平民化。

(3)通路：開店必須要開在三角窗，因為三角窗的店面可以吸引許多顧客、人潮，並且可以提高店面的曝光率。

(4)促銷：定期推出各類活動結合85度C商品，如：年節伴手禮：咖啡蛋捲禮盒、牛軋糖禮盒、鳳梨酥禮盒等。

4. 管理者設計激勵性工作的方法，請簡述有關Hackman & Oldham的工作特性模型（Job Characteristics Model，JCM）有哪5種核心構面？以及在這5種核心構面上有哪些建議行動？

答 工作特性模式（Job Characteristics Model；JCM）係工作設計的理論基礎，由Hakman與Oldham所提出，包括：技能多樣性、任務完整性、任務重要性、自主性、回饋性等五項工作特性。

(1)工作特性模型（JCM）的5個核心構面：

A. 工作上需要多樣性活動的程度。

B. 工作上需要完成一個整體而明確工作的程度。

C. 該工作會影響他人工作及生活的程度。

D. 在排定工作時間與決定執行步驟上，個人擁有的自由、獨立性以及判斷性的程度。

E. 完成一項工作時，個人對其工作績效能得到直接與清楚訊息的程度。

(2)最可能改善五項核心構面的工作調整方法包括：

A. 合併工作：管理者應將原本支離破碎的工作予以合併，以形成一項新穎且較大的模組式工作。可藉以增加技能多樣性與工作的整體性。

B. 創造自然的工作單位：管理者應設計工作，使其成為一個可以辨識與有意義整體。可藉以增加員工對工作的「擁有權」，並視工作為有意義且重要的。

C. 建立客戶關係：管理者應該建立員工和客戶之間的直接關係。可藉以增加技能多樣性、自主性以及對員工回饋。

D. 將工作垂直擴充：垂直擴充會給予員工責任與控制權，可消除工作上「執行」與「控制」間部分隔閡，增進員工自主性。

E. 開放回饋管道：藉由回饋增加，員工可瞭解其績效表現。理想上，員工應能於完成工作後，立即得到績效回饋。

模擬題試煉

1. 公司是以營利為目的，依照公司法組織、登記、成立的社團法人。根據公司法規的規定其種類有哪些？

答 依公司法第2條規定：公司分為下列四種：

(1)無限公司：指二人以上股東所組織，對公司債務負連帶無限清償責任之公司。

(2)有限公司：由一人以上股東所組織，就其出資額為限，對公司負其責任之公司。

(3)兩合公司：指一人以上無限責任股東，與一人以上有限責任股東所組織，其無限責任股東對公司債務負連帶無限清償責任；有限責任股東就其出資額為限，對公司負其責任之公司。

(4)股份有限公司：指二人以上股東或政府、法人股東一人所組織，全部資本分為股份；股東就其所認股份，對公司負其責任之公司。

2. 何謂管理四大功能？並請敘述各個功能的意義。

答 管理是協調工作項目，使工作能藉由他人之力，有效率及有效能地完成。管理的功能有：

(1)規劃：制訂組織目標及達成的最佳策略，並設計完成的程序與作法。

(2)組織：建立完成目標所需要的角色、責任和權力結構與工作結構。

(3)領導：引導並啟發組織成員，使之努力完成組織目標。

(4)控制：評估組織成員的工作及成效，確定組織目標能順利完成。

3. 管理的目的在追求「效率」（efficiency）與「效果」（effectiveness），請說明此二者的涵義。

答 (1)效率（efficiency）：是把事情做對（doing things right）。由於管理者

所擁有的人力、物力是有限的，所以他必須注重資源的使用效率。在投入與產出的過程中，以最少的資源投入，而獲得最大的產出。

(2) 效果（effectiveness）：是做對的事情（doing the right things），亦即達成組織目標的程度。

效率強調的是方法、過程；效果強調結果。

4. 概略說明成功之管理者應擁有的能力。

答 羅伯・卡茲（Robert L. Katz）認為成功的管理者必須具備概念化能力、人際關係能力及技術能力。

(1) 概念化能力（conceptual skills）：管理者理解組織整體與其內外環境之間關係的洞察能力，此項能力對高階管理人員特別重要。

(2) 人際關係能力（interpersonal skills）：管理者與他人共事、指導、溝通與激勵他人的能力，此項能力對中階管理人員特別重要。

(3) 技術能力（technical skills）：管理者瞭解並且精通完成特定任務所需的能力，此項能力對第一線管理人員特別重要。

5. 描述明茲伯格管理者的三大類十種角色，以及如何用它們來解釋管理者的任務。

答 明茲伯格（Henry Mintzberg）在1973年的研究中，發現每位管理者都必須扮演許多角色，包括了人際關係角色、決策角色及資訊角色。

人際關係角色：指人與人之間關係的建立。

(1) 頭臉人物（figurehead）：執行儀式或象徵性的工作，如開幕致詞、簽署法律文件等。

(2) 領導者（leader）：強調和員工部屬之間的關係營造，包括溝通、訓練、激勵，以及影響員工等行為。

(3) 聯絡人（liaison）：發展一個對外的網絡，保持接觸並取得對組織成敗有影響者（供應商、重要顧客或政府官員）的支持。

資訊角色：逐步建構自己的資訊網，以利決策的擬定。

(1) 監督者（monitor）：不斷搜尋有關組織的情報，包括從不同來源搜集相關資訊，以便了解周遭環境。

(2) 傳播者（disseminator）：管理者必須將資訊傳達給組織內的員工。

(3)發言人（spokesperson）：代表組織對外發言，向外界報告有關其組織發展的各項狀況。

決策角色：在關鍵的時刻，作出決定。

(1)創業家（entrepreneur）：管理者必須擬定新計畫、尋找新機會，或改造組織以提升組織的績效。

(2)危機處理者（disturbance handler）：排解組織內的突發狀況或部門間的紛爭及衝突。

(3)資源分配者（resource allocator）：管理者必須分配組織資源，使其能做最有效的運用來達成組織預定的目標。

(4)協議者（negotiator）：代表組織參與重要的談判，如合資、併購事件進行磋商。

6. 解釋霍桑研究及其對管理實務的貢獻。

答 霍桑實驗（Hawthorne studies）是由哈佛大學的教授梅育（Mayo）與其同事於1927年至1932年間，在美國西方電器公司的霍桑工廠所進行一項新的試驗：照明設備與生產力的關係。在此實驗中，研究人員將六個女工分成兩組，分別放在不同的房間。經過四次的不同實驗，最後梅育發現：

(1)照明設備改善跟生產力高低非正相關。

(2)員工的產出會受到情緒的影響。

(3)團體對個人有顯著影響，團體績效水準會影響個人產出。

(4)非正式的工作群體，大大地影響生產力。

(5)員工的尊嚴與榮譽感可以成為管理上有利的因素。

霍桑實驗顛覆古典學派的思想，開啟了「行為科學學派」的研究先河。

7. 何謂「目標管理」（Management by Objectives; MBO）？並說明目標管理的構成要素為何？

答 目標管理（MBO）是由彼得・杜拉克（P. F. Drucker）於1954年在《管理實務》一書中所提出。係指上下級人員經由會談方式，共同訂定組織目標與各部門目標，而人員於執行目標過程中，需作自我控制，於目標執行完後，尚須作自我考核。亦即MBO是由上司與下屬共同訂出明確績效目標，定期評估，而報酬由達成度為基礎來分配。目標管理的四個基本要素包括：目標特定性、明確期限、參與性決策及績效回饋。

(1)目標特定性：可衡量評估的有形目標。

(2)參與性決策：由上司與下屬共同參與決定目標，以及建立如何達成目標的共識。

(3)明確期限：每一個目標應有一明確的完成日期。

(4)績效回饋：報酬由達成度為基礎來分配，達到目標給予回饋。

8. 群體決策（Group Decision-Making）有何優缺點？試說明之。

答 群體決策是為充分發揮集體的智慧，由多人共同參與決策分析並制定決策的整體過程。群體決策具有以下優缺點：

群體決策的相對優缺點

優點	缺點
1.集思廣益，匯集眾人所知所能	1.比較費時，成本高，效率差
2.產生較多且較好的替代方案	2.可能無釐清決策成敗的責任
3.對替代方案進行比較周詳的評估	3.可能因折衷妥協而減損決策品質
4.提高對決策的接受度	4.可能受到少數人操控
5.在決策的同時也進行溝通	5.可能因群體盲思而成為一言堂

資料來源：方至民、李世珍著，《管理學：內化與實踐》，前程文化。

9. 何謂組織文化（organization culture）？組織文化的傳達方式有哪些？

答 組織文化是組織內成員所共享的價值觀、信念、態度、行為準則與習慣，能夠使成員明瞭組織成立的目的、行事的準則與主要的價值觀。組織文化的傳達方式有：

(1)故事（stories）：透過故事了解組織過往經歷與處理問題的方式和原則，知道組織所重視的目標。

(2)儀式（rituals）：指一系列重複的活動，可強化組織的價值，以及何種員工對公司是有價值的。

(3)實質象徵（material symbols）：包括組織的設備、員工的穿著等，表達哪些行為或是形象是公司所預期和接受的。

(4)語言（language）：語言可用來辨認出某一文化的成員，經由特定的術語，除了展現組織文化，亦強化組織文化欲想表達的概念。

10.賀西（Paul Hersey）與布蘭查（Kenneth Blanchard）所提出的「情境領導模式」（Situational Leadership Theory）之內容為何？請說明之。

答 情境領導樣式：是一個著重在部屬成熟度的權變理論，可反映出部屬接受或拒絕領導者的事實。而領導風格可依任務與關係行為雙構面，區分四種類型：

(1)告知式：領導者定義工作角色，並告知人們要如何做。部屬成熟度偏向低度，他們既無能力又無意願。

(2)推銷式：領導者提供指導性和支援性的行為。部屬成熟度偏向中低度，人們無能力但卻有意願去做工作。

(3)參與型：領導者和部屬共同制定決策。部屬成熟度偏向中高度，人們有能力但卻不願去做領導者所要求的事。

(4)授權型：領導者提供很少的指導和協助。部屬成熟度偏向高度，人們能夠也願意去做領導者所要求的事。

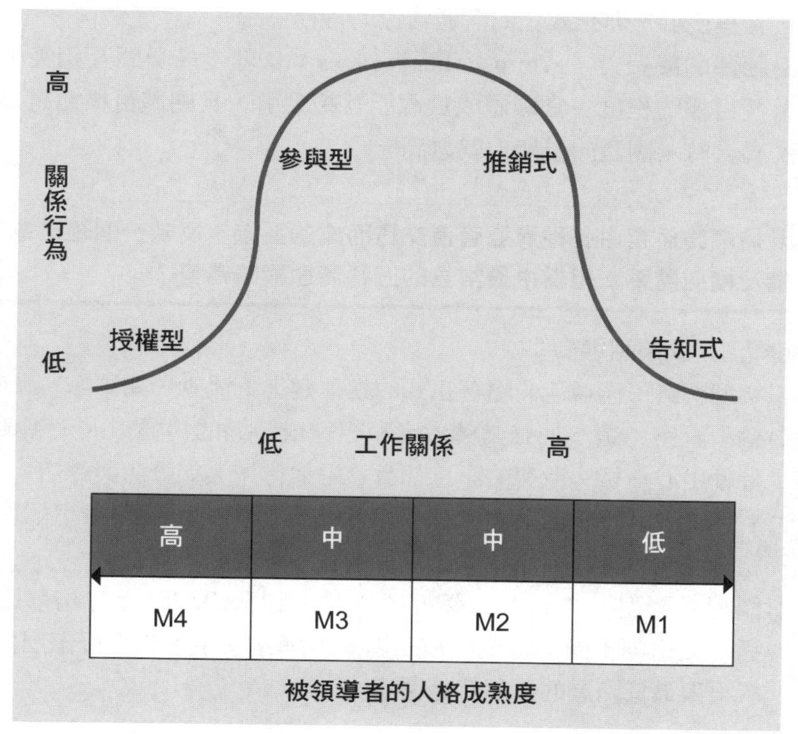

11. 請解釋下列名詞：
(1)期望理論（expectancy theory）。
(2)策略性計畫（strategic plans）。
(3)德懷術（Delphi Method）。
(4)有機式組織（organic organization）。
(5)團體的凝聚力（group cohesiveness）。

答 (1)期望理論（expectancy theory）：主張人們的工作的動機來自於藉由努力所達成的績效所換取酬賞的期望值，此酬賞須為當事人所重視。

(2)策略性計畫（strategic plans）：應用於整個組織與建立組織全面性目標的計畫。

(3)德懷術（Delphi Method）：是一種結合會議與問卷調查優點的研究法，藉由匿名書面問卷的溝通方式，逐步達成共識，成為研究結果的重要參考依據。

(4)有機式組織（organic organization）：是一種具備高度彈性的組織，沒有標準化的工作與規定，其鬆散的結構允許隨需要而迅速改變；具備集權程度低、非正式化的溝通管道的特性。

(5)團體的凝聚力（group cohesiveness）：就是成員間互相吸引及分享團體目標的程度。當團體成員愈能互相吸引，且團體目標愈是個人目標的聯合時，團體的凝聚力就愈高。

12. 溝通網路係指由各種溝通管道交織而成的系統，反映一個組織或團體的結構及權威體系。組織中最常見的五種溝通網路為何？

答 組織溝通網路型態有：

(1)鏈型網路：溝通流向隨著正式的指揮鏈上下流動，如軍隊。

(2)輪型網路：是一個強勢領導者和組織成員間的溝通方式，領導者就如同輪軸中心一樣，所有的訊息都會透過他傳遞，如分店與總店。

(3)Y型網路：一個部屬向二位主管報告的現象，這個現象可能發生在專案組織中，專案成員必須向原單位主管及專案經理報告。

(4)圈型（圓型）網路：向鄰近者傳遞，圓型的網路允許相鄰成員互相溝通，更遠則不能，這是一種三階層的網路：主管和直接部屬溝通，而後者再與最低階層的部屬互相溝通。

(5)星型（網狀）網路：又稱全方位型網路，所有團隊成員彼此間皆可隨意溝通。

13.控制程序應包括哪些步驟？並解釋其內涵？

答 控制指的是將實際績效與期望績效相比較，並採取糾正的行動。控制程序（control process）可分為：

(1)建立目標及標準：績效標準之建立應包括績效指標項目之決定、各績效指標項目所要求之績效水準高低。

(2)衡量實際績效：衡量組織實際績效，可以透過量化方式或者質化方式衡量。

(3)將實際結果與目標及標準比較：透過比較可以知道實際績效與預期標準之間的差距程度，若是超出誤差範圍，則管理者必須瞭解其原因並採取調整行動。

(4)採取必要修正行動：目標達不到很可能是訂定標準的問題，若標準過高，則需要下修，標準太低，則必須上調；但若檢討後，發現不是標準的問題而是績效表現的問題，則必須修正績效，如加強員工訓練、減少財務上的支出等。

14.企業倫理是企業行為的對錯信念，或遵循的道德原則與標準。請問倫理道德的四大觀點為何？

答 倫理是社會對行為對錯的道德判斷。倫理道德的四大觀點分別為：

(1)功利主義原則：提供最多數人的最大效用為道德原則。

(2)基本權利原則：強調每個人的權利與自由的重要性。

(3)公平正義原則：將可能的好處與壞處，依公平正義程序，分配給所有人。

(4)均衡務實原則：企業在處理道德議題時，同時考量決策的效用及後果對個人權益的影響，以及是否符合公平正義，以補足各自不足的地方。

15.BCG矩陣是由Boston Consulting Group於1970年所提出，主要目的是協助企業評估與分析其現有產品線，並利用企業現有現金以進行產品的有效配置（portfolio）與開發之分析模式。請說明BCG矩陣四大產品類型？

答 BCG矩陣是1970年由Boston Consulting Group於1970年所提出，主要目的

是協助企業評估與分析其現有產品線，並利用企業現有現金以進行產品的有效配置（portfolio）與開發之分析模式。BCG矩陣橫軸為相對市場佔有率（relative market share）（所謂的相對，即是相對於現有競爭對手），縱軸為市場成長率（market growth rate），如下圖所示，因此如果將橫軸與縱軸一分為二，那麼即可將此二維圖形分成四個象限，而根據此四個象限中即可區分為四種不同類型的產品（products），分別為問題事業（Question Marks）、明星（Stars）、金牛（Cash Cows）與狗（Dogs）。

市場成長率		高	低
	高	明星 Star	問題事業 Question mark
	低	金牛 Cash Cow	狗 Dog

市場相對佔有率

16. 請說明 Larry E. Greiner**所提出的五階段組織成長模型。**

答 顧林納（Greiner, 1972）將組織的成長階段化，每個階段都有組織成長的方式，也都有每個階段的危機，有各自的問題。透過管理的策略，不斷的突破，達成組織的成長。

第一個階段：這個階段的成長是經由創造力而產生。創業者創造了產品及市場，掌握了組織的活動與發展。重視業務或技術；不重視管理活動。隨著組織成長，管理的問題愈來愈複雜，創業者愈來愈感覺到無法以個人非正式溝通和努力解決。這一個階段的瓶頸是管理問題層出不窮，產生「領導危機」（crisis of leadership）。

第二個階段：這個階段的成長是經由領導命令（direction）而產生。創業者將管理問題交給專業經理人。以專斷、集權管理方式來指揮各級管理者，而不是讓他們獨立自主。組織在此時得以成長、穩定，但隨之而來的是「自主危機」（crisis of autonomy），即組織成長，事務漸繁多，事事請示，有待上級裁示，不能滿足需要，不習慣集權方式的紛紛求去。

第三個階段：此階段的成長是經由授權（delegation）而產生。為了解決自主危機，高階主管採取授權方式管理，將權力下授，容許各級主管有較多的決策權。高階主管只保留最低限的控制。組織遂能取得進一步的發展。這個階段會因為過分採用分權制度而造成「控制的危機」（crisis of control）。造成濃厚的本位主義，各自為政，意見十分分歧，不易整合。

第四個階段：此階段利用協調方式解決了控制危機。企業在既有的分權組織下，採取加強各功能協調，如設委員會、整體規劃和管理資訊系統，增加高階主管對整個公司活動和發展的瞭解與掌握。這一階段的危機來自老化、硬化或官僚化（red tape）。為了達到協調目的，加上了許多工作上的步驟手續和規定。組織愈大，標準作業流程就愈多，為了達到這些作業流程的規定，組織成員會形成重視規定、標準作業程序，而忘了當初設這些作業規章的目的。

第五個階段：此階段的成長是經由合作（cooperation）而產生。為了解決老化，硬化的危機，透過團體合作和自我控制，以達協調配合的機制。經由這個階段的成長，會遇到什麼危機，顧林納本人也不敢確定。

17. 請列出上市公司財務的四大報表並加以說明。

答 財務報表係表達企業經營活動所累積的會計資訊，依「一般公認會計原則」（GAAP）所編製，主要財務報表為「資產負債表」、「損益表」、「股東權益變動表」與「現金流量表」四種。

(1) 資產負債表：記錄一家企業在一定時間點上（通常為年底12月31日）的資產、負債、股東權益餘額及其相互之間的關係。
(2) 損益表：記錄企業在某一會計期間內通常為一年的經營成果，藉以衡量獲利情況。
(3) 股東權益變動表：描述某一期間股東權益的變動狀況，主要為盈餘與股利的變化。
(4) 現金流量表：指將一定期間內企業所有現金收入及支出納入，比較期初與期末資產負債表中現金及約當現金以外之所有科目。

18. 現代行銷哲學之演變過程有哪幾個階段，請分別扼要敘述之。

答 現代行銷哲學之演變可分為以下階段：

(1) 生產導向：認為「東西只要不錯，就可以賣出去」，廠商專注於製造、大量生產與降低成本。

(2)產品導向：認為「只要產品夠好，就一定會有人買」，廠商著重產品的設計與品質提升。

(3)銷售導向：認為「只有透過強力推銷，否則不會有人購買」，廠商專注於銷售管理。

(4)行銷導向：強調「以客為尊」，亦即先考慮顧客的需求，然後提供符合其利益的產品以創造消費者滿足感，並使企業獲利。廠商重視顧客需求。

(5)社會行銷導向：強調：「在滿足顧客與賺取利潤同時，企業應該維護整體社會與自然環境的長遠利益」。廠商將社會大眾權益納入行銷活動。

19.**解釋下列名詞：**

(1)**企業社會責任**（Corporate Social Responsibility）。

(2)**組織公民行為**（Organizational Citizenship Behavior）。

(3)SWOT**分析**。

(4)**企業資源規劃**（Enterprise Resource Planning）。

(5)**自由貿易協定**（Free-Trade Agreements）。

答 (1)企業社會責任（CSR）：泛指企業營運應負其於環境（Environment）、社會（Social）及治理（Governance）之責任，亦即企業在創造利潤、對股東利益負責的同時，還要承擔對員工、對社會和環境的社會責任，包括遵守商業道德、生產安全、職業健康、保護勞動者的合法權益、節約資源等。

(2)組織公民行為（OCB）：指員工在正式工作要求之外，仍自願從事無條件的付出行為，這種行為有助於提升組織效能。

(3)SWOT分析（Strength優勢、Weakness劣勢、Opportunity機會、Threat威脅）：又稱為優劣機威分析，是希望協助分析企業外在環境的機會與威脅，以及企業本身的強勢與弱勢，讓企業經理人在充分掌握資訊的情境下，進行最適當的決策，以累積組織競爭優勢。

(4)企業資源規劃（ERP）：是由美國管理諮詢公司Gartner Group Inc.於1990年提出，是由1970年代的物料需求計畫（MRP）與1980年代的製造資源規劃（MRP II）所逐漸演進而成。ERP是一個大型模組化、整合性的流程導向系統；整合企業內部財務會計、製造、行銷等資訊流，快速提供決策資訊，提升企業的營運績效與快速反應能力。簡單地說，ERP就是以資訊技術為基礎，運用系統化的管理思想，為企業決策層及員工提供決策運行手段的管理平台。

(5) 自由貿易協定（FTA）：是一種由數個國家協議，為移除彼此間的貿易障礙、促進國家間產品及服務的自由流動，並且共同建立一套對非成員國家貿易障礙的標準的聯盟。目前國際間有四個重要的自由貿易區，包括：歐盟（EU）、美國、墨西哥、加拿大協定（USMCA）、東南亞國家協會（ASEAN），以及南錐共同市場（MERCOSUR）。

20. 組織變革是一項改變現狀的過程，而任何企圖改變現狀的過程，或多或少，都會遭遇組織內部團體或個人之反對，而造成變革無法順利推展。減低抗拒的策略有哪些？

答 Kotter & Schlesinger（1979）提出六種可消除抗拒的策略：

(1) 教育與溝通：藉由溝通，讓員工瞭解改革必要性，進而減少對變革的抗拒。

(2) 參與與投入：在實施變革前，可讓潛在反對者參與決策的制訂，若能提出有意義的貢獻，不但可減少其排斥感，更可提高變革的品質。

(3) 協助與支持：藉由對員工之協助與支持來減少抗拒。當員工對變革感到焦慮不安時，給予適度關懷或施以輔導訓練等。

(4) 協商與協議：當個人或群體因變革而遭受損失時，可採用此策略給予補償，以降低其對變革的抗拒。

(5) 操縱與吸納：操縱是企圖利用掩飾缺點的方式，如扭曲事實使變革更具吸引力、隱藏不利資訊或製造有利變革謠言，以促使員工接受變革。

(6) 明示與暗示強迫：運用高壓策略，也就是直接對抗拒者施壓，如撤職、調職、降級、處分等方式處理。

絕技53 複選題精選

命題戰情室：複選題或稱多重選擇題，基本上與填充題相似，所選的題材通常是比較大的議題，像企業功能、管理功能、領導者的權力來源、學習型組織特性、行銷組合的4P、平衡計分卡的四個構面等。或給一段敘述，然後問何者正確或不正確？

模擬題試煉

107年台糖試題

( ) **1** 下列何者屬管理的四大功能？ (A)規劃 (B)組織 (C)用人 (D)控制。

( ) **2** 下列何者是企業組織所面對任務環境中的要素？ (A)顧客 (B)競爭者 (C)供應商 (D)配銷商。

( ) **3** 麥可波特（Michael Porter）所提出的一般性競爭策略，包含下列哪些？ (A)低成本策略 (B)高單價策略 (C)集中策略 (D)差異化策略。

( ) **4** 下列何者是結構化決策的特徵？ (A)發生頻率較低 (B)決策過程需要仔細思考相關的資源與限制 (C)決策者可以用一致的方式處理結構化決策 (D)結構化決策通常不需要花費過多時間。

( ) **5** 法蘭屈和雷文（French & Raven）所提出領導者的權力來源，包含下列哪些？ (A)合法權（Legitimate Power） (B)強迫權（Coercive Power） (C)參考權（Referent Power） (D)同意權（Agreement Power）。

( ) **6** 有關進入障礙，下列敘述何者正確？ (A)進入障礙越高，企業組織所面對的競爭者越多 (B)進入障礙越高，企業組織越有機會避免價

格競爭 (C)規模經濟是構成進入障礙的方式之一 (D)顧客對特定品牌的忠誠度越高，該品牌競爭者的進入障礙越低。

( ) **7** 有關「團體決策」的敘述，下列何者正確？ (A)可以同時間處理較多資訊 (B)可以產生較多決策選項 (C)所需要達成共識的時間較短 (D)較不會忽視少數人的意見。

( ) **8** 有關BCG矩陣（Boston Consulting Group Matrix）的敘述，下列何者正確？ (A)狗（Dogs）是指市場佔有率低而市場成長率也低的事業 (B)金牛（Cash Cow）是指市場佔有率高且市場成長率也很高的事業 (C)對於明星（Star）類型的事業企業應投入更多資源經營 (D)問題（Question Mark）是指市場佔有率低且市場成長率也低的事業。

解答

1 (ABD)	**2 (ABCD)**	**3 (ACD)**	**4 (CD)**	**5 (ABC)**
6 (BC)	**7 (AB)**	**8 (AC)**		

107年鐵路營運人員試題

( ) **1** 依據公司法規定，公司的種類有哪幾種？ (A)無限公司 (B)有限公司 (C)兩合公司 (D)集資公司。

( ) **2** 行銷策略分析（Marketing Strategy）即是行銷學上常稱STP流程（STP Process），STP包含哪些基本步驟？ (A)市場區隔 (B)目標市場選擇 (C)市場定位 (D)市場廣告宣傳。

( ) **3** 美國波士頓顧問團（Boston Consulting Group）發展出具體的投資組合評估模式，稱為成長率佔有率矩陣，其中的評估向度為下列哪些？ (A)市場成長率 (B)顧客成長率 (C)相對市場佔有率 (D)絕對市場佔有率。

( ) **4** 彼得聖吉（Senge, 1990）將學習型組織定義為，一群不停提升其能力以追求其目標的團隊，下列哪些特質屬於學習型組織的特性？ (A)建立共同願景 (B)自我超越 (C)系統思考 (D)改善心智模式。

( ) **5** 下列何者是組織成員抗拒變革的原因？ (A)由外界壓力造成 (B)變革產生不方便的感覺 (C)變革威脅到傳統規範與價值的改變 (D)組織穩定。

( ) **6** 甘特圖（Gantt Chart）包含哪二個元素？ (A)計畫 (B)人員 (C)時間 (D)預算。

( ) **7** 行銷組合的4P，包含下列何者？ (A)包裝 (B)通路 (C)產品 (D)價格。

( ) **8** 個人決策與群體決策之比較，下列哪些正確？ (A)群體決策較為耗費時間與成本，效率低 (B)個人決策品質較為單一主觀 (C)群體決策責任歸屬較為明確 (D)群體決策容易產生「風險移轉」的行為。

( ) **9** 費德勒情境領導模型中，所提出影響領導效能的情境變數為何？ (A)領導者與成員間的關係 (B)任務結構 (C)領導型態轉變的頻繁度 (D)地位權力。

( ) **10** 依Mintzberg觀察管理者所扮演的角色，下列哪些屬於資訊角色（Informational Role）？ (A)聯絡者（Liaison） (B)發言人（Spokesperson） (C)資源分配者（Resources Allocator） (D)監視者（Monitor）。

( ) **11** 以下對於「協調」的敘述哪些正確？ (A)協調是組織結構設計時必然要考慮的議題 (B)每個部門都想要為組織達到最好的績效，但如果少了協調的機制，部門間的任務目標可能就會產生牴觸 (C)不去考量部門間的差異並進行協調，是許多組織在變動環境中遭遇的困難 (D)現今管理者面臨全球化的環境，利用命令做為管控工具、勿需浪費時間進行協調，才是有效率的管理方式。

( ) **12** 下列哪些是員工學習組織文化的方法？ (A)重大儀式 (B)故事的傳講 (C)組織內特定的語言 (D)顧客關係管理。

(　　) **13** 促進有效溝通的方法有：　(A)簡化語言　(B)預設立場　(C)注意資訊流程的管理　(D)主動傾聽。

(　　) **14** 美國管理大師麥克波特（Michael E. Porter）所提出的五個影響目標市場長期吸引力的因素，包括：　(A)替代品　(B)互補品　(C)同業的競爭　(D)購買者的議價力量。

(　　) **15** 焦點群體研究（Focus Group）進行過程中會有一主持人，請問下列對主持人的工作敘述哪些正確？　(A)主持人必須確定每一位參與成員都加入討論　(B)主持人必須阻止有強烈個人意識者主導討論過程　(C)主持人必須引導討論的過程，自己也加入討論的行列　(D)主持人必須確保討論的重點是放在主題上。

解答

1 (ABC)	**2** (ABC)	**3** (AC)	**4** (ABCD)	**5** (ABC)
6 (AC)	**7** (BCD)	**8** (ABD)	**9** (ABD)	**10** (BD)
11 (ABC)	**12** (ABC)	**13** (ACD)	**14** (ACD)	**15** (ABD)

107年台鐵營運專員試題

(　　) **1** 企業招募人才可以由內部與外部進行招募，下列何者屬於內部招募方法？　(A)臨時人員升為正職　(B)內部人員晉升　(C)公開招考　(D)校園徵才。

(　　) **2** 企業進行工作分析後會產生哪二項結果？　(A)策略地圖　(B)工作說明書　(C)工作規範　(D)組織圖。

(　　) **3** 下列哪些屬於服務的特性？　(A)有形性　(B)可分割性　(C)易變性　(D)易逝性。

(　　) **4** 麥克林蘭（McClelland）認為人們工作的主要動機來自後天的需求，只要能滿足下列何種需求就能激勵員工？　(A)成就　(B)權力　(C)親密　(D)金錢。

( ) **5** 行銷組合的4C，包含下列何者？ (A)控制 (B)內容 (C)便利 (D)溝通。

( ) **6** 台灣高鐵採BOT模式處理，所謂的BOT是指下列何者？ (A)興建 (B)營運 (C)移轉 (D)運輸。

( ) **7** 美國波士頓顧問團（Boston Consulting Group）發展出具體的投資組合評估模式，稱為成長率佔有率矩陣（Grow／Share Matrix），下列敘述何者為是？ (A)以市場成長率與相對市場佔有率做為評估的兩軸 (B)高成長、高相對市場佔有率的是明星產品 (C)金牛事業所經營的產品常處於生命期中的衰退期 (D)低成長、低相對市場佔有率的是狗產品。

( ) **8** 下列何者為網路行銷的優勢？ (A)無國界之分 (B)可全年24小時不間斷的行銷傳播 (C)資料內容可隨時更新 (D)具有互動性。

( ) **9** 企業若能有效的評估團隊績效，將能為企業帶來什麼優點？ (A)增加人事成本 (B)強化組織的創造力 (C)提升組織解決複雜能力的問題 (D)縮短達成任務所需的時間。

( ) **10** 下列哪些屬於全方位360度評估的評估者？ (A)直屬主管 (B)顧客 (C)相關的主管 (D)同儕。

( ) **11** 組織文化會對下列哪些管理功能產生影響？ (A)規劃 (B)組織 (C)領導 (D)控制。

( ) **12** 下列哪些屬於人力資源管理的活動？ (A)訓練職員 (B)研究發展 (C)評鑑員工 (D)獎勵員工。

( ) **13** 下列哪些活動屬於在績效管理中「評估前的準備工作」？ (A)工作分析 (B)評量方法的選擇 (C)績效問題檢討 (D)評量者的訓練。

( ) **14** 下列對於「利害關係人」（Stakeholders）的敘述哪些正確？ (A)利害關係人的需求往往是一致的 (B)利害關係人指的是本身權益受到組織政策或行動影響者 (C)政府機構也是屬於企業的利害關係人 (D)企業必須設定滿足不同利害關係人的優先順序。

(　　) **15** 下列哪些對於效率（Efficient）的描述正確？ (A)以最少資源投入獲得最大產出 (B)是把事情做對（doing the things right） (C)是做對的事情（doing the right things） (D)在資源有限的狀況下顯得特別重要。

解答

1 (AB)	**2 (BC)**	**3 (CD)**	**4 (ABC)**	**5 (CD)**
6 (ABC)	**7 (ABD)**	**8 (ABCD)**	**9 (BCD)**	**10 (ABCD)**
11 (ABCD)	**12 (ACD)**	**13 (ABD)**	**14 (BCD)**	**15 (ABD)**

模擬題試煉

(　　) **1** 下列敘述何者為真？ (A)效率關注的是組織營運的結果 (B)效率是投入與產出的比例 (C)效能是指「做對的事」 (D)組織效能是指組織呈現的產出是否符合組織的利益關係人之要求。

(　　) **2** Henry Mintzberg將管理者角色分為三大類，下列何者為其所提的人際角色（Interpersonal Roles）？ (A)聯絡者（Liaison） (B)代表人物（Figurehead） (C)矯枉者（Disturbance Handler） (D)領導者（Leader）。

(　　) **3** 下列對於霍桑研究的敘述何者正確？ (A)研究照明設備對產量的影響 (B)霍桑是指研究者的名字 (C)引導了人群關係的研究 (D)研究結論認為影響員工工作績效的因素是照明設備與作業規範。

(　　) **4** 關於有限理性決策的描述，何者為真？ (A)決策者在資訊處理能力上是具有限制的 (B)決策者在進行決策時，以追求最佳解為目標 (C)決策者會在簡化的決策程序與範圍內作出理性決策 (D)決策者在決策時，仍會遵循理性的程序。

(　　) **5** 在多種激勵理論中，以下何者是以「內容」為中心的激勵理論？ (A)期望理論 (B)雙因子理論 (C)社會交換理論 (D)ERG理論。

( ) **6** 下列何者是控制排程之工具？ (A)計時制 (B)負荷圖 (C)甘特圖 (D)計畫評核術。

( ) **7** 有關學者提出之理論名稱配對，下列何者為真？ (A)赫茲伯格（Herzberg）－雙因子理論 (B)麥克里蘭（McClelland）－公平理論 (C)弗魯姆（Vroom）－期望理論 (D)洛克（Locke）－目標設定論。

( ) **8** 以下對早期管理理論的敘述，何者為真？ (A)又稱為傳統時期 (B)倡導科層體制的是韋伯 (C)科學管理之父是泰勒 (D)開創管理程序學派的是巴拜治。

( ) **9** 依據我國法律規定，下列哪一種企業組織具有法人資格？ (A)無限公司 (B)合夥企業 (C)有限公司 (D)股份有限公司。

( ) **10** 下列何者是正式的溝通管道？ (A)留言板 (B)備忘錄 (C)命令 (D)內部刊物。

( ) **11** 依據凱普藍（Kaplan）和諾頓（Norton）的看法，平衡計分卡（Balanced Scorecard, BSC）所考量的構面應包括那些？ (A)顧客 (B)財務 (C)外部流程 (D)創新與學習。

( ) **12** 從1940年代後期至1960年代中期，研究者將焦點移至領導者的行為表現而非個人特質，而形成領導的「行為理論」。以下何者屬於領導的行為理論？ (A)俄亥俄州立大學的LBDQ研究 (B)密西根大學的領導研究 (C)Blake和Mouton的管理方格理論 (D)Robert House的路徑目標理論。

( ) **13** 下列何者是電子商務的特性？ (A)進入障礙低 (B)大眾市場之興起 (C)互動式之媒體 (D)突破時空限制。

( ) **14** 有關科學管理與管理科學的比較，何者正確？ (A)科學管理可視為管理科學的延伸 (B)科學管理的工作重點在於工廠生產效率，管理科學則在於組織整體的運作效率 (C)科學管理以提高生產力，降低成本為目的，管理科學則以增進管理者的「決策能力」為目的 (D)科學管理使用的工具為實驗法，管理科學則是透過統計、數學與電腦來解決管理問題。

( ) **15** 下列何者不屬於雙因子理論（Two-factors Theory）的衛生（保健）因素？ (A)工作條件 (B)工作成就感 (C)人際關係 (D)工作本身。

( ) **16** 馬斯洛（Maslow）需求層級理論指出了人們有哪幾種需求？ (A)生理需求 (B)權力需求 (C)尊重需求 (D)自我實現的需求。

( ) **17** 有關控制的敘述，何者為誤？ (A)預算是一種事前控制 (B)控制愈嚴格，企業績效愈好 (C)招募適合的員工是一種同步控制 (D)主管進行工廠視察是一種回饋控制。

( ) **18** 下列何者不是東南亞國協（ASEAN）之會員國？ (A)寮國 (B)尼泊爾 (C)柬埔寨 (D)汶萊。

( ) **19** 消費者的購買決策受到心理因素影響很大，請問下列何者為心理因素？ (A)動機 (B)認知 (C)學習 (D)年齡。

( ) **20** 規劃中的預測（Forecasting）可分為量化及質化，以下何者屬於量化預測？ (A)時間序列分析 (B)替代效果 (C)顧客評量 (D)經濟指標。

( ) **21** 以下何者可視為生產管理之基本機能（範圍）？ (A)排程管理 (B)品質管理 (C)存貨管理 (D)物料需求規劃。

( ) **22** 企業內部分析時常採用之SWOT分析，下列敘述何者正確？ (A)SWOT是分析包括優勢、劣勢、機會、威脅 (B)SWOT分析是應用於特定產業 (C)優勢與劣勢包含有形與無形之描述 (D)機會與威脅屬於企業外部環境。

( ) **23** 下列何者屬於工作規範之要項？ (A)學經歷 (B)專業證照 (C)體力條件 (D)工作環境條件。

( ) **24** 有關總體環境的敘述，下列何者為真？ (A)總體環境包括政治、經濟、社會、科技等環境 (B)總體環境產生的影響不因特定企業而有所不同 (C)總體環境又稱為任務環境 (D)人口統計變數也是總體環境之一部分。

( ) **25** 就赫賽與布蘭查（Hersey & Blanchard）的領導情境模式而言，依部屬成熟度高低，一般可劃分為哪幾種的領導方式？ (A)授權型（delegating） (B)魅力型（charismatic） (C)銷售型（selling） (D)告知型（telling）。

( ) **26** 以下對消費性產品的敘述何者正確？ (A)一般消費者購買便利品時，通常會詳加比較產品的價格、品質、性能後，才決定購買 (B)一般消費者對特殊品有特別偏好，會謹慎評估後才購買 (C)便利品的分配通路宜採密集式配銷 (D)特殊品的分配通路可採獨家或選擇式配銷。

( ) **27** 有關價值鏈（value chain）的觀念，下列敘述何者為真？ (A)最早由Michael Porter提出 (B)價值鏈包括主要活動與支援活動 (C)價值鏈關切的焦點是如何產生利潤 (D)價值鏈是指企業從原料投入到產出乃至運送至最終顧客的各類價值活動。

( ) **28** 狄斯勒（Dessler,1999）認為未來的組織型態將表現出何種趨勢？(A)組織將走向小型化，平均僱用人數會降低 (B)員工會受到更多的賦權來做更多的決策 (C)新的組織將強調願景與價值 (D)垂直式組織將會成為未來發展的主流。

( ) **29** 何者屬於控制的道德問題範圍？ (A)非本公司員工禁止進入工廠 (B)監聽員工電話內容 (C)安裝隱藏式攝影機監看員工工作情形 (D)看員工的電子郵件。

( ) **30** 對於衝突管理的正面效果敘述，何者為真？ (A)衝突是一種溝通管道 (B)衝突是管理失敗的證明 (C)衝突能保持團體自省能力 (D)衝突可使員工具有改進動力。

( ) **31** 企業為了與消費者達到溝通的目，運用推廣組合工具來與消費者進行溝通，包括： (A)促銷 (B)公共關係 (C)人員銷售 (D)直效行銷。

( ) **32** 以下公平理論的敘述何者為真？ (A)個人僅以工作的薪水高低來和別人做比較 (B)參考對象包括：內比、他比與自比 (C)當不公平的感覺出現時會產生失調 (D)感覺不公平時可能會離職。

(　　) **33** 有關Fiedler的領導情境模式，下列那些敘述是對的？ (A)在情境最有利時，宜採取關係導向 (B)領導者與部屬的關係是情境因素之一 (C)領導風格可以隨情境而任意改變的 (D)LPC（Least Preferred Coworker）的得分越高，代表領導風格越是關係導向。

(　　) **34** 有效目標的特性，應包括： (A)時間幅度長 (B)形諸文字 (C)以數量來表示目標值 (D)具有挑戰性。

(　　) **35** 以下何者為全面品質管理的原則？ (A)焦點放在傳送顧客價值 (B)對症下藥，且未雨綢繆 (C)以個人作業來有效執行流程 (D)人是組織最重要的資源。

(　　) **36** 工廠廠址之選擇應考慮可量化與不可量化之成本因素，下列哪一個成本因素是屬於可量化之成本因素？ (A)環境污染與勞力供給 (B)生產要素取得成本 (C)生產轉換成本 (D)分配通路成本。

(　　) **37** 下列何者不是機械式科層組織的設計原則？ (A)統一指揮 (B)專業分工 (C)高度集權化 (D)彈性分權。

(　　) **38** 在Y理論的假設下，何者是員工應有的表現？ (A)願意學習新知識與技能 (B)樂於接受工作挑戰與責任 (C)缺乏企圖心並安於現狀 (D)工作是自然的事情。

(　　) **39** 下列何者是下行溝通的實例？ (A)員工意見箱制度 (B)標準作業程序（SOPs） (C)人事部門公佈的員工出缺席報告 (D)業務人員跟部門主管共同為銷售狀況所建檔的資料。

(　　) **40** 何者屬於工作豐富化（job enrichment）的作法？ (A)增加員工的責任 (B)增加工作的數量 (C)增加工作的難度 (D)讓員工擁有更大的自主權。

(　　) **41** 根據公平理論而言，若員工感到被不公平對待時，下列何者會是他採取的行為？ (A)增加投入量 (B)改變比較基準 (C)改變報酬 (D)離職或調職。

(　　) **42** 有關於現金管理方式如下，請問何者正確？ (A)盡量使現金流入量與流出量所發生的時間一致 (B)設專人不定期對各部門的現金管理

工作進行稽核 (C)減少現金管理人員的輪調 (D)現金帳冊盡量由現金保管員同時管理。

( ) **43** 群體決策（group decision）的優點？ (A)從眾的壓力較少 (B)提供更多的資訊 (C)提供較少的選擇方案 (D)評論方案的時間較長。

( ) **44** 下列有關「知識經濟」（knowledge economy）的敘述，何者正確？ (A)企業家使用土地、資本、勞動來生產是最重要的，知識僅扮演輔助的工具 (B)知識經濟重視知識資產的累積、傳遞與應用 (C)教育的投資是知識經濟成功的重要因素 (D)研發經費支出占國內生產毛額比重提高，是轉向知識經濟的特徵之一。

( ) **45** 波特（Michael Porter）的產業競爭分析有五種力量，其中具有共生關係的是： (A)現有競爭者 (B)潛在進入者 (C)供應商 (D)購買者。

( ) **46** 倫理觀點中，下列何者為真？ (A)保障員工組織工會的權利是屬於倫理的權利觀 (B)倫理的功利觀是以過程的正義公平作為判斷基準 (C)管理者不因種族、年齡、性別等差異來歧視員工是屬於倫理的正義觀 (D)為了兼顧效率和倫理，今日的管理者在決定「對」的事情中越來越困難。

( ) **47** 下列關於績效衡量的敘述，何者正確？ (A)績效的衡量必須具備效力，且應持續、一致的進行 (B)管理者可利用統計報告、書面報告等方式來獲取績效的資訊 (C)盡可能搭配使用判斷的衡量方式 (D)績效都可以用量化的形式來衡量。

( ) **48** 組織文化包含四個層次，請問下列何者包含在內？ (A)文化表象 (B)組織型態 (C)行為型態 (D)基本假設。

( ) **49** 非正式溝通通常具備哪些的特質？ (A)以報告或建議方式進行 (B)建立在組織分子的社會關係上 (C)溝通並無規則可循 (D)大多在無意中進行。

( ) **50** 以下哪些技術經常被運用於組織發展的領域？ (A)敏感性訓練 (B)團隊建立 (C)調查回饋 (D)程序諮商。

解答

1 (BCD)	2 (ABD)	3 (AC)	4 (ACD)	5 (BD)
6 (BCD)	7 (ACD)	8 (ABC)	9 (ACD)	10 (BCD)
11 (ABD)	12 (ABC)	13 (ACD)	14 (BCD)	15 (AC)
16 (ACD)	17 (BCD)	18 (ACD)	19 (ABC)	20 (ABD)
21 (ABCD)	22 (ACD)	23 (ABC)	24 (ABD)	25 (ACD)
26 (BCD)	27 (ABD)	28 (ABC)	29 (BCD)	30 (ACD)
31 (ABCD)	32 (BCD)	33 (BD)	34 (BCD)	35 (ABD)
36 (BCD)	37 (ABC)	38 (ABD)	39 (BC)	40 (ACD)
41 (BCD)	42 (AB)	43 (BD)	44 (BCD)	45 (CD)
46 (ACD)	47 (ABD)	48 (ACD)	49 (BCD)	50 (ABCD)

絕技54 近年試題

112年台電試題

一、填充題

1. 組織生命週期（Organizational Life Cycle）有4個階段，分別為設立期、成長期、**成熟**期及衰退期。

2. **職權／authority**係指在某職位上所擁有或被賦予的權力，此種權力是從屬於該職位，當離開該職位，此權力即消失。

3. 克雷頓阿德佛（Clayton Alderfer）將馬斯洛（Maslow）的需求層次理論（Hierarchy of Needs Theory）簡化為3大類需求，稱為ERG理論，其中包含了**生存／Existence**、關係及成長。

   解析 阿德佛（C.Alderfer）將Maslow的五種需求層次簡化為三種需求類別，分別是：生存需求（existence needs）、關係需求（relatedness needs）、成長需要（growth needs）。

4. 發訊者將欲傳遞之訊息轉為符號的形式，透過不同的語言、文字、肢體或語調等，做特定形式包裝，稱之為**編碼／encode**。

5. 負荷圖（Load Chart）橫軸為時間、縱軸為**資源**，其常被運用於生產管理，在於讓決策者瞭解組織中各機器設備使用情形，以利安排生產排程。

6. 明茲伯格（Mintzberg）將管理者分為10種角色，其中代表組織對外發表企業政策、計畫及成果的角色，稱之為**發言人／spokesman**。

7. 策略規劃管理須注重市場分析，流程步驟為STP，分別為市場區隔、**目標市場／targeting**及市場定位。

8. **微笑曲線**理論為宏碁集團創辦人施振榮先生所提出，其認為研發和行銷才能創造高附加價值，因此企業只能不斷往附加價值高的區塊移動與定位，才能持續發展與永續經營。

9. 懷特及利普特（White & Lippett）將領導風格區分為3大類，分別為專制式、**民主**式及放任式。

10. 某甲年初以20元買進A公司股票1張，到了年中，獲得配發2元的現金股利及1元的股票股利，隨後於年底以30元賣出該張股票和所配發的零股，此次交易報酬率為75%。

    解析 某甲交易報酬率=〔（30×1100+2000）-（20×1000）〕÷〔20×1000〕=0.75或75%

11. 在組織中管理者能夠直接且有效控管的部屬人數，稱之為**控制幅度／管理幅度**／Span of Control。

12. 決策係為了解決特定問題，從眾多方案中做出選擇的程序，理性決策過程為：界定問題→確認決策的評估標準→決定評估標準的權重→發展可行方案→分析方案→選擇方案→**執行／執行方案**→評估決策效能。

13. 公司透過金融機構發行憑證，使公司借入款項而獲得現金，並承諾於固定時間支付利息且於到期日償還本金，此種憑證稱之為**公司債／公司債券**。

14. 戴明（Deming）提出PDCA循環，認為品質管制工作的進行係循環運轉的，由計劃、執行、**檢查**／check及行動等4項活動組成，且不是運作一次就結束，而是周而復始地運作。

15. 赫茲伯格（Herzberg）提出雙因子理（Two-factor Theory），其中**保健**／hygiene因子存在時，能防止員工工作不滿足，而激勵因子存在時，則能激勵員工提升工作滿足感。

16. 產品訂價策略倘依「每增加一單位產量所須增加之成本」來進行，稱之為**邊際成本**訂價法。

17. 費德勒（Fiedler）的權變模型，主張領導風格可區分為2種導向，其中當領導者處於極端有利或極端不利之情境時，**任務**／task-oriented導向之領導風格所獲績效較高。

18. 企業不能僅以追求獲得最大利潤為主，更應兼顧本身成長與社會福祉，對社會付出更大的貢獻，讓企業與大眾共享經營的成果，為追求永續發展，企業應從ESG之3大面向發展，包含環境、社會及**公司治理**。

解析 ESG是聯合國全球契約（UN Global Compact）於 2004 年所提出的概念，被視為是評估一間企業經營的指標。ESG指標所代表意涵為：環境（E，environment）、社會（S，social）及公司治理（G，governance）。

19. 美國波士頓顧問團（Boston Consulting Group）提出BCG矩陣（BCG matrix），縱軸坐標為該產品市場**成長**率，橫軸坐標則是相對於最大競爭者的市場占有率。

20. 某公司有流動資產$500,000，淨固定資產$800,000，流動負債$250,000，長期借款$300,000，其淨營運資金為$250,000／25**萬**。

解析 淨營運資金=流動資產－流動負債=$500,000－$250,000=$250,000。

二、問答題

1.**名詞解釋**

(1)**馬基維利主義**（Machiavellianism） (2)**熱爐法則**（Hot Stove Rule）
(3)**長鞭效應**（Bullwhip Effect） (4)**社會賦閒**（Social Loafing）
(5)**木桶定律**（Cannikin Law）

答 (1)馬基維利主義（Machiavellianism）：即個體利用他人達成個人目標的一種行為傾向，主張為達目的不擇手段的權謀術主義。

(2)熱爐法則（Hot Stove Rule）：指組織中任何人觸犯規章制度都要受到受到處罰，它是由於觸摸熱爐與實行懲罰之間有許多相似之處而得名。熱爐法則帶有警示性、一致性、即時性和公平性。

(3)長鞭效應（Bullwhip Effect）：在商品的供應鏈中，下游客戶端產生變異時，越往中上游變數就越多。即市場需求的微小改變，將使製造商面對重大改變。

(4)社會賦閒（Social Loafing）：指當群體成員人數愈多時，成員愈容易傾向投入較少的努力，是一種搭便車現象。

(5)木桶定律（Cannikin Law）：又稱「短板效應」，一隻木桶盛水的多少，並不取決於桶壁上最高的那塊木塊，而往往取決於桶壁上最短的那塊。在管理學上的應用是組織的各部分往往是優劣不齊的，但劣勢部分卻決定組織整體的水準。

2.何謂群體決策？群體決策的優缺點為何，請各列舉3項並說明。

答 (1)群體決策是為充分發揮集體的智慧，由多人共同參與決策分析並制定決策的整體過程。大部分的組織都會透過委員會、任務小組、評議會、研究團隊，或其他類似的群體來做決策。

(2)群體決策相較於個人決策的優點：A.群體決策集思廣益可提供更完整的資訊及知識。B.群體擁有較多而廣泛的資訊來源，因此可以較個人提出更多的方案，也可以增加方案被接受的程度。C.群體決策可增加合理性及決策的正當性。

(3)群體決策的缺點：A.群體在達成解決方案的共識上，會比個人決策花費更多時間。B.群體迷思會抑制群體內之批判性思考的發展，而影響到決策的品質。C.在群體中成員共負成敗的責任，但每一個成員該負何種責任？並不是很明確。容易造成責任模糊。

3.請說明管理方格理論（Managerial Grid Theory）？並說明包含哪些代表型領導方式。

答 布雷克（R.Black）與莫頓（J.Mouton）於1964年出版《管理格道論》一書，並於1978年又合寫《新管理格道》，將管理格道理論精緻化。認為管理者要達成組織特定目的，在從事管理活動時，必須具有某種程度的關心生產及人員。而管理者對於兩者的關心情況就決定了他所採取的領導型態與其使用職權方式。依其所見，管理者可能在81種不同組合之管理格道中呈現其中一種領導方式。而其所重視者係以下五種方式：任務型（9.1）、鄉村俱樂部型（1.9）、放任型（1.1）、平衡型（5.5）、團隊型（9.9）。

任務型(9.1)	關心生產，而較不關心人員，要求達成任務和效率，但忽視人員的需求滿足。
鄉村俱樂部型(1.9)	較不關心生產，但特別關心人員；注意人員需要是否獲得滿足，重視友誼氣氛和關係的培養。
放任型(1.1)	對於生產和人員的關心程度均低，採取無為而治的領導態度，只要不出差錯，多一事不如少一事。

平衡型(5.5型)	採中庸之道的領導方式，對於生產和人員均給予適度的關懷。
團隊型(9.9型)	對於生產和人員都非常關心；藉由溝通和群體合作以達成組織的目標和任務。

4. Roberts Fama將效率市場分成3種型態，請逐一列舉並說明之。

答 財務學者法瑪（Roberts Fama）於1970年依可獲得的「資訊內容」不同，將效率市場分為三種型態：

(1) 弱式效率市場：凡所有影響股價過去移動趨勢資訊，都已經完全反映在現行股價中。因此，使用技術分析，無法賺取超常報酬。

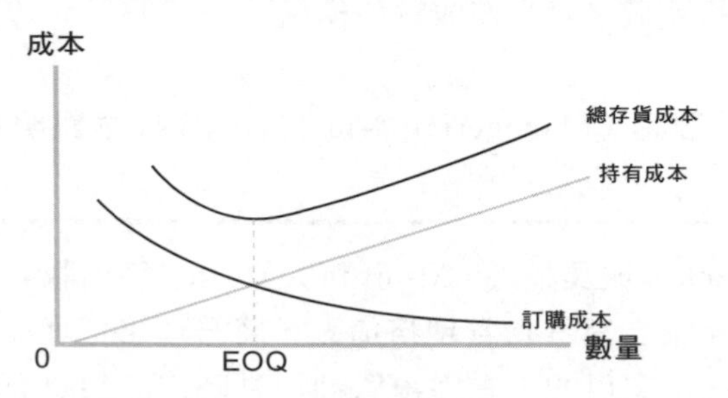

(2) 半強式效率市場：市場中股票的市價反映出所有「已公開」資訊。因此，利用財報分析無法獲取超常報酬。

(3) 強式效率市場：股票目前市價已反映所有已公開或未公開資訊。因此，利用內線交易也無法獲取超常報酬。

2B251121	捷運法規及常識(含捷運系統概述) 榮登博客來暢銷榜	白崑成	560元
2B321121	人力資源管理(含概要) 榮登金石堂暢銷榜	陳月娥、周毓敏	590元
2B351101	行銷學(適用行銷管理、行銷管理學) 榮登金石堂暢銷榜	陳金城	550元
2B421121	流體力學（機械）·工程力學（材料）精要解析	邱寬厚	650元
2B491121	基本電學致勝攻略 榮登金石堂暢銷榜	陳新	690元
2B501131	工程力學(含應用力學、材料力學) 榮登金石堂暢銷榜	祝裕	630元
2B581111	機械設計(含概要) 榮登金石堂暢銷榜	祝裕	580元
2B661121	機械原理(含概要與大意)奪分寶典	祝裕	630元
2B671101	機械製造學(含概要、大意)	張千易、陳正棋	570元
2B691121	電工機械(電機機械)致勝攻略	鄭祥瑞	590元
2B701111	一書搞定機械力學概要	祝裕	630元
2B741091	機械原理(含概要、大意)實力養成	周家輔	570元
2B751111	會計學(包含國際會計準則IFRS) 榮登金石堂暢銷榜	歐欣亞、陳智音	550元
2B831081	企業管理(適用管理概論)	陳金城	610元
2B841131	政府採購法10日速成 榮登博客來、金石堂暢銷榜	王俊英	近期出版
2B851121	8堂政府採購法必修課：法規+實務一本go！ 榮登博客來、金石堂暢銷榜	李昀	500元
2B871091	企業概論與管理學	陳金城	610元
2B881131	法學緒論大全(包括法律常識)	成宜	近期出版
2B911131	普通物理實力養成	曾禹童	650元
2B921101	普通化學實力養成	陳名	530元
2B951131	企業管理(適用管理概論)滿分必殺絕技	楊均	630元

以上定價，以正式出版書籍封底之標價為準

國家圖書館出版品預行編目(CIP)資料

(國民營事業)企業管理(適用管理概論)滿分必殺絕技 / 楊均編著. -- 第六版. -- 新北市：千華數位文化股份有限公司, 2023.10

面； 公分

ISBN 978-626-380-056-4 (平裝)

1.CST: 企業管理

494 112016602

[國民營事業]

企業管理(適用管理概論)滿分必殺絕技

編　著　者：楊　均

發　行　人：廖　雪　鳳
登　記　證：行政院新聞局局版台業字第 3388 號
出　版　者：千華數位文化股份有限公司
地址／新北市中和區中山路三段 136 巷 10 弄 17 號
電話／ (02)2228-9070　　傳真／ (02)2228-9076
郵撥／第 19924628 號　千華數位文化公司帳戶
千華公職資訊網：http://www.chienhua.com.tw
千華網路書店：http://www.chienhua.com.tw/bookstore
網路客服信箱：chienhua@chienhua.com.tw

法律顧問：永然聯合法律事務所
編輯經理：甯開遠
主　　編：甯開遠
執行編輯：陳資穎
校　　對：千華資深編輯群
排版主任：陳春花
排　　版：林婕瀅

出版日期：2023 年 10 月 15 日　　第六版／第一刷

本書如有勘誤或其他補充資料，
將刊於千華公職資訊網　http://www.chienhua.com.tw
歡迎上網下載。